高职高专“十二五”规划教材

炼铁生产技术

主　编　王　勇
副主编　王　戈　王悦祥

北　京
冶 金 工 业 出 版 社
2015

内容提要

本书对高炉炼铁生产工艺过程，炼铁用原燃料性质、产品种类及主要技术经济指标，炼铁基本原理和基本操作制度，高炉冶炼、炉前、开炉、停炉和热风炉等方面的操作技术，炼铁常用计算和简易计算方法进行了介绍，重点对高炉炉况的判断和调剂方法，以及失常炉况的判断和处理方法等进行了阐述。本书内容紧密结合生产实际，实用性强。

本书可作为职业院校冶金工程专业及相关专业的教材。也可供相关专业的工程技术人员、一线操作人员参考。

图书在版编目(CIP)数据

炼铁生产技术/王勇主编. —北京：冶金工业出版社，2015. 8

高职高专“十二五”规划教材

ISBN 978-7-5024-6996-2

Ⅰ. ①炼… Ⅱ. ①王… Ⅲ. ①炼铁—生产技术—高等职业教育—教材 Ⅳ. ①TF5

中国版本图书馆 CIP 数据核字（2015）第 158122 号

出 版 人 谭学余

地 址 北京市东城区嵩祝院北巷 39 号 邮编 100009 电话 (010)64027926

网 址 www. cnmip. com. cn 电子信箱 yjcbs@ cnmip. com. cn

责任编辑 俞跃春 杨 敏 美术编辑 吕欣童 版式设计 葛新霞

责任校对 石 静 责任印制 牛晓波

ISBN 978-7-5024-6996-2

冶金工业出版社出版发行；各地新华书店经销；北京印刷一厂印刷

2015 年 8 月第 1 版，2015 年 8 月第 1 次印刷

787mm×1092mm 1/16；32 印张；774 千字；498 页

65. 00 元

冶金工业出版社 投稿电话 (010)64027932 投稿信箱 tougao@cnmip. com. cn

冶金工业出版社营销中心 电话 (010)64044283 传真 (010)64027893

冶金书店 地址 北京市东四西大街46号(100010) 电话 (010)65289081(兼传真)

冶金工业出版社天猫旗舰店 yjgycbs. tmall. com

（本书如有印装质量问题，本社营销中心负责退换）

前　言

近年来，我国炼铁工业处于高速发展阶段，对冶炼人才的需求不断加大。为了顺应炼铁行业的发展，必须提高冶炼技术人员的知识和技术水平，使其在炼铁生产过程中搞好高炉操作，这是获得炉况顺行、稳定以及改善各项技术经济指标、提高企业综合效益的关键环节。为此，笔者根据多年在生产现场从事高炉操作和技术管理工作中积累的实践经验，结合从大量教科书、论文和参考资料中收集的有关资料，编写了《炼铁生产技术》这本实践性、操作性、指导性兼具的教材。书中较详细地介绍了高炉炼铁操作方法，期望能帮助读者提高高炉操作水平和工作效率。

本书坚持以能力为本位，把提高读者的技术应用能力放在首位，围绕高炉炼铁相关岗位能力培养，以冶金企业真实生产任务来设计安排相关内容。项目1、2简要介绍了高炉炼铁生产工艺过程，炼铁用原燃料性质、产品种类及主要技术经济指标等；项目3、4简述了炼铁基本原理和基本操作制度，为掌握高炉操作打下一定的理论基础；项目5~8理论与实践相结合地叙述了高炉冶炼、炉前、开炉与停炉和热风炉等方面的操作技术，尤以冶炼操作为重点，较详尽地讲述了高炉炉况的判断和调剂方法，以及失常炉况的判断和处理方法；项目9为计算部分，收集了较多的炼铁常用计算和简易计算实例，是本书的重点内容之一。

全书在内容体系上，紧密结合生产实际，遵循“精简、综合、够用”的原则，既考虑工艺知识的系统性，又考虑了读者技能提升的需要，打破以知识传授为主要特征的传统教材编写模式，以项目和任务取代章、节，按照工作流程组织内容，让读者在完成具体项目的过程中学习相关知识，训练职业技能。本书可作为职业院校冶金工程专业及相关专业的教材，也可供相关专业的工程技术人员、一线操作人员阅读。

本书由四川机电职业技术学院王勇任主编，王戈、王悦祥任副主编。具体编写分工为：王勇编写项目1、2、9；攀钢钢铁集团公司炼铁厂王戈编写项目

3、4；四川机电职业技术学院王悦祥编写项目5、6；四川机电职业技术学院夏玉红编写项目7；四川机电职业技术学院黄兰粉编写项目8；攀钢钢铁研究院文永才对全书进行了审阅，并提出了很多宝贵意见，在此表示衷心的感谢。

限于编写时间和水平，书中不妥之处，敬请广大读者批评指正。

编　者

2015年4月

目　录

项目1 高炉炼铁生产概述

【教学目标】

知识目标：

（1）了解高炉炼铁的工业发展，使学生初步了解钢铁行业；
（2）掌握高炉炼铁的基本原理及主要产品；
（3）掌握高炉炼铁的工艺流程；
（4）掌握高炉炼铁的工艺操作制度；
（5）掌握高炉炼铁的主体设备及附属设备。

能力目标：

（1）能利用网络、图书馆收集相关资料、自主学习；
（2）能够辨识各种类别的含铁矿石及冶金性能；
（3）能够辨识生产中高炉炼铁的主体结构、五大系统及生产特点；
（4）能够读懂并绘制钢铁工艺流程框图。

【任务描述】

高炉炼铁生产是冶金（钢铁）工业最主要的环节。高炉冶炼是把铁矿石还原成生铁的连续生产过程。生产时，从炉顶（一般炉顶是由料钟与料斗组成，现代化高炉是钟阀炉顶和无料钟炉顶）不断地装入铁矿石、焦炭、熔剂（铁矿石、焦炭和熔剂等固体原料按规定配料比由炉顶装料装置分批送入高炉，并使炉喉料面保持一定的高度，焦炭和矿石在炉内形成交替分层结构），从高炉下部的风口吹进热风（1000~1300℃），喷入油、煤或天然气等燃料。随着焦炭等燃料的燃烧，产生热煤气流由下而上运动，而炉料则由上而下运动，互相接触，进行热交换，逐步还原，熔化成铁和渣，聚集在炉缸中，定期从铁口、渣口放出。高炉生产是连续进行的。一代高炉（从开炉到大修停炉为一代炉役）能连续生产几年到十几年。

任务1.1 高炉炼铁生产的工艺过程概述

由于高炉在钢铁厂处于咽喉位置，需及时和稳定地供给炼钢工序合格的铁水，故其稳定工作是很重要的。高炉生产能耗很大，占整个钢铁厂的约60%，加之近年来由于高炉大型化，稍有不正常，损失就很大，因此其稳定工作就愈加显得重要。此外，大中型高炉每昼夜上料装料达近万吨，如此大量的且要正确称量、配料、批重和水分补正以及要按规定顺序及时装入炉内，用人工执行是很困难的。因此国内外新建大中型高炉都是高度自动化的。

高炉自动化的目的主要是保证高炉操作的4个主要问题：即正确的配料并以一定的顺序及时装入炉内；控制炉料均匀下降；调节料柱中炉料分布及保持与煤气流良好的接触；保持合适的热状态。现代高炉自动化主要是指仪表检测及控制系统、电气控制系统和过程及管理用的计算机。仪表控制系统和电气控制系统通常由DCS或PLC完成。

高炉是用于生产生铁的炉子，它是圆柱和圆台型的结合体（见图1-1），是一种"瓶式"竖炉，其本体从上到下一共分为五个部分，有炉喉（圆柱）、炉身（圆台）、炉腰（圆柱）、炉腹（圆台）和炉缸（圆柱），在炉缸开有数量不等的风口、渣口和铁口。它的产品就是生铁，生铁是含有1.7%以上的碳（C），并且含有一定数量的硅（Si）、锰（Mn）、磷（P）、硫（S）等元素的铁碳合金的统称。它的副产品是炉渣、高炉煤气和炉尘。生铁一般分为三大类：即供炼钢用的炼钢生铁，供铸造机件和工具用的铸造铁，以及特种生铁，如作合金用的高炉锰铁和硅铁等。

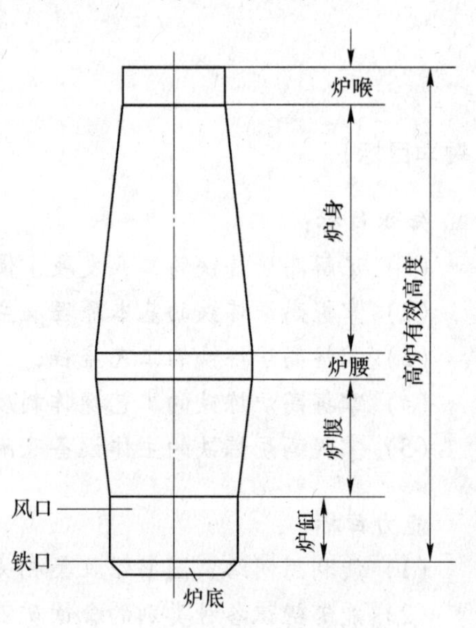

图1-1 五段式高炉炉型

高炉生产设备除高炉本体外，还有以下几个系统（见图1-2）：

（1）上料系统：包括贮矿场、贮矿槽、焦炭滚筛、称量漏斗、称量车、料坑、斜桥、卷扬

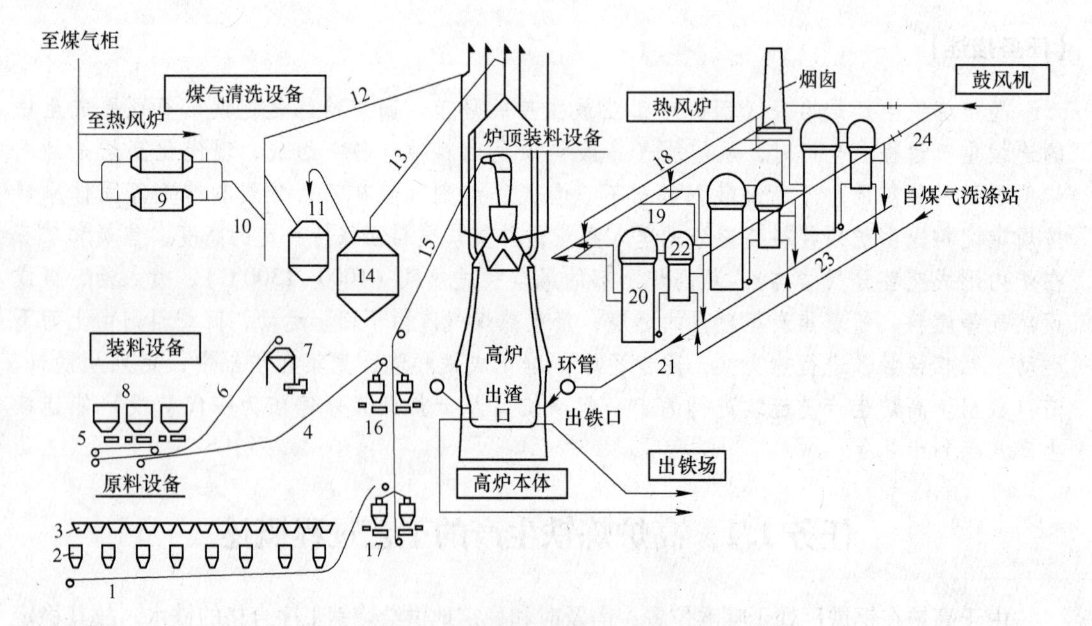

图1-2 高炉生产工艺流程

1—矿石输送皮带机；2—称量漏斗；3—贮矿槽；4—焦炭输送皮带机；5—给料机；6—粉焦输送皮带机；7—粉焦仓；8—贮焦槽；9—电除尘器；10—调节阀；11—文氏管除尘器；12—净煤气放散管；13—下降管；14—重力除尘器；15—上料皮带机；16—焦炭称量漏斗；17—废铁称量漏斗；18—冷风管；19—烟道；20—蓄热室；21—热风主管；22—燃烧室；23—煤气主管；24—混风管

机、料车上料机、皮带上料机（大型高炉采用）。主要任务是及时、准确、稳定地将合格原料送入高炉炉顶的受料漏斗。

（2）送风系统：包括鼓风机、热风炉、热风管道、冷风管道、煤气管道、混风管道、各种阀门、换热器等。主要任务是连续、可靠地供给高炉冶炼所需热风。

（3）煤气回收及除尘系统：包括煤气上升管、煤气下降管、重力除尘器、洗涤塔、文氏管、脱水器、电除尘器或布袋除尘器。主要任务是将炉顶引出的含尘量很高的煤气净化成合乎要求的气体燃料；回收高炉煤气，使其含尘量降至10mg/m³以下，以满足用户对煤气质量的要求。

（4）渣铁处理系统：包括出铁场、开口机、泥炮、炉前吊车、铁水罐、堵渣机、水渣池及炉前水力冲渣设施等。主要任务是定期将炉内的渣、铁出净并及时运走，以保证高炉连续生产。

（5）喷吹系统：包括原煤的储存、运输、煤粉的制备、收集及煤粉喷吹等系统。主要任务是均匀稳定地向高炉喷吹大量煤粉，以煤代焦，降低焦炭消耗。

任务 1.2　高炉内冶炼过程概述

1.2.1　高炉内的炉料运动和煤气运动

高炉冶炼是在炉料和煤气相向运动、互相接触的过程中进行的，煤气在自下而上的流动中把自上而下的炉料加热、还原熔炼成生铁和炉渣。而提供这一过程动力的是风口前焦炭的燃烧。如何使下料又快、煤气利用又好，维持稳定的炉料运动和稳定的能量供求关系，就成为高炉高产（高利用系数）、优质、低耗（低焦比）、低成本和长寿的关键。

1.2.2　生铁、炉渣、煤气的生成

在高炉两大流股运动过程中，相互间发生复杂的化学和物理变化，最终生成生铁，伴随着也生成炉渣和高炉煤气。

1.2.2.1　生铁的生成

铁矿石是铁的氧化物，炼铁过程是将矿石中氧分离后交给煤气的过程，也是煤气把所携带的热量交给炉料，从而提高炉料温度（热交换）的过程。铁矿石从炉顶装入后，由于受到上升煤气的供热，首先进行水分的蒸发（约100℃），化合水的分解排出（200~500℃），变成铁的无水氧化物。在低于800~1000℃时，用CO进行间接还原，在高于此温度时，进行碳的直接还原，最终把所含的氧全部交给煤气，而本身还原成铁。高炉中铁几乎可以全部还原（达99.5%）。生铁中除铁外，还含有4%左右的碳及少量的硅和锰、微量的磷和硫。生铁的硅含量因所炼的铁种而异，是在炉缸中由碳直接从脉石中的SiO_2还原而得到的；锰是在炉缸中由碳直接还原而得到的；生铁中的磷一般越少越好，磷也是在炉缸中由碳直接还原而得；生铁中的硫要求越少越好，硫含量最好小于万分之三。在炉缸中靠CaO和高温的作用，把生铁中的硫转入炉渣中而脱去。所谓生铁，就是其成分以铁为基础，含有4%左右的碳，并含有少量的硅、锰、微量的磷和硫的铁碳合金。

生铁与熟铁、钢都是铁碳合金。它们的区别是碳含量的多少不同。一般把碳含量小于

0.05%的称为熟铁，碳含量为0.05%~2.0%的称为钢，碳含量在2.0%以上的称为生铁。实际上高炉冶炼的生铁碳含量一般都在4%左右。

1.2.2.2 炉渣的生成

炉渣的生成与生铁的生成是相伴随的。凡是炼铁过程中未被还原的氧化物都成了炉渣，如CaO、Al_2O_3、MgO，它们在高炉内部还原，全部进入炉渣；而MnO、FeO、TiO_2等部分还原，部分进入炉渣，SiO_2也大部分进入炉渣，除此之外还有CaS、CaF_2等。综上所述，高炉渣主要由SiO_2、CaO、Al_2O_3、MgO、FeO、MnO、CaS等7个主要成分所组成，而以碱度$R=w(CaO)/w(SiO_2)$为其成分的特征值。从炉身下部的成渣带开始，到最终从炉缸里放出的终渣，经历了块状带、熔着、滴落到自由流动的过程。为了助熔，加入石灰石，它在高炉内受热分解，提供CaO，使炉渣中碱性氧化物（主要是CaO）和酸性氧化物（主要是SiO_2）含量之比达到要求值。高炉成渣过程还与炉内温度有关，炉渣的化学成分则主要取决于物料平衡。

1.2.2.3 煤气的生成

焦炭进入炉内，直至炉缸仍以固态存在。在风口前鼓风中的氧燃烧焦炭而产生煤气，所以燃烧带是煤气产生的源泉，也是炉料下降的重要条件。炉缸煤气具有很大的热能和化学能，在上升过程中使铁矿石得到加热和还原，而本身的温度、CO含量和压力都有明显的降低。如果煤气的热能和化学能利用得好，高炉的利用就经济，而煤气能量的利用与煤气在炉内的分布密切有关。

1.2.3 高炉基本操作制度综述

选择好合理的操作制度是高炉操作的基本任务。

操作制度是指根据高炉炉型特点、设备、条件、原料条件、冶炼生铁的品种及优质低耗指标要求制订的工作原则。

高炉操作基本制度包括：炉缸热制度、造渣制度、装料制度及送风制度四个方面。它们之间有密切的联系，高炉操作者就是根据这些制度，灵活运用上部调剂与下部调剂手段操作高炉。高炉才会稳定顺行，高质优产。

炉缸热制度是指炉缸所具有的温度水平，或者是指根据冶炼条件，为获得最佳效益而选择的最适当的炉缸温度。即风口所产生的煤气的热能和化学能和炉料对热能和化学能之间的供求的平衡关系。稳定而均匀的炉缸热制度是顺行的基础。

造渣制度是指根据原料条件（主要是指含硫量）和生铁成分（主要是指[Si]和[Mn]）来选择合理炉渣成分及碱度，以使其性能满足炉况顺行、强的脱硫能力和稳定的炉温要求。

装料制度是指根据高炉设备特点、原燃料的物理化学性能，利用不同的装料方法改变炉料在炉喉的分布以控制煤气流，充分利用煤气的热能与化学能的效果。在装料制度中将讨论料批组成、上部调剂的方法、炉料在炉内的运动等。

送风制度是指在一定的冶炼条件下，确定适宜的鼓风量、鼓风质量和进风状态，以达到煤气分布合理、炉温稳定、炉况顺行的效果。在送风制度中将讨论燃烧、炉内煤气运动、下部调剂和合理的送风制度。

送风制度对炉缸的工作状态起着决定性的作用，炉缸内煤气的初始分布会影响炉料的运动状况，而炉料在炉内的分布也会影响煤气在炉内的分布，所以上、下部调剂方法要综合应用。送风与装料制度若合理可以正确地发挥其他两个制度的作用，相反则会引起炉缸工作状况剧烈波动，最终破坏高炉顺行和稳定。造渣制度对顺行和产品质量影响很大，不当时会造成破坏炉型及长期生产的故障。热制度与前三个制度关系也很密切，不合理时也会破坏前三个制度的稳定与效能，从而引起高炉不顺。

任务 1.3 高炉产品和副产品

高炉冶炼产品包括主要产品与副产品。主要产品是生铁，副产品是炉渣、煤气。煤气带出的粉尘称瓦斯灰，收集后可做烧结的原料。

1.3.1 生铁

生铁中常见的元素有 Fe、C、Si、Mn、P、S 等。用特殊矿冶炼所得的生铁，其成分中还会含有一些特殊性元素。如用钒钛矿冶炼时所得的生铁中还含有 V、Ti 等成分。生铁按化学成分可分为炼钢生铁、铸造生铁和铁合金 3 种。

关于生铁质量标准，我国从 20 世纪 50 年代就开始制定与发布实施，而且随着生产装备和技术水平的不断改进和提高，我国对生铁的质量标准也在不断地修改和完善并发布实施。

1.3.1.1 炼钢生铁

炼钢生铁是炼钢生产的主要原料，一般炼钢生铁主要控制硅和硫的含量。

国家质量技术监督局 1998 年 12 月 7 日发布了炼钢用生铁标准 GB/T 717—1998，标准规定的牌号及化学成分见表 1-1。

表 1-1 炼钢用生铁的牌号及化学成分

<table>
<tr><td colspan="3">牌 号</td><td>L04</td><td>L08</td><td>L10</td></tr>
<tr><td rowspan="13">化学成分（质量分数）/%</td><td colspan="2">C</td><td colspan="3">≥3.50</td></tr>
<tr><td colspan="2">Si</td><td>≤0.45</td><td>>0.45~0.85</td><td>>0.85~1.25</td></tr>
<tr><td rowspan="3">Mn</td><td>一组</td><td colspan="3">≤0.40</td></tr>
<tr><td>二组</td><td colspan="3">>0.40~1.00</td></tr>
<tr><td>三组</td><td colspan="3">>1.00~2.00</td></tr>
<tr><td rowspan="4">P</td><td>特级</td><td colspan="3">≤0.100</td></tr>
<tr><td>一级</td><td colspan="3">>0.100~0.150</td></tr>
<tr><td>二级</td><td colspan="3">>0.150~0.250</td></tr>
<tr><td>三级</td><td colspan="3">>0.250~0.400</td></tr>
<tr><td rowspan="4">S</td><td>特类</td><td colspan="3">≤0.020</td></tr>
<tr><td>一类</td><td colspan="3">>0.020~0.030</td></tr>
<tr><td>二类</td><td colspan="3">>0.030~0.050</td></tr>
<tr><td>三类</td><td colspan="3">>0.050~0.070</td></tr>
</table>

炼钢用生铁的国家标准 GB/T 717—1998 从 2006 年 10 月 1 日起改为行业标准 YB/T

5296—2006，其内容未变。

1.3.1.2　铸造生铁

铸造生铁用于铸造生铁铸件，主要用于机械行业。其特点是硅含量高。硅含量高的生铁可以产生大量的游离石墨碳，铸件的切削性能好，冷却时不变形，并减少砂眼。根据铸品要求不同，铸造生铁可分为6类。一般铸造生铁要求锰含量低，过多的锰可促使生成 Mn_3C，使铸件变脆变硬。但含锰量太少，也会降低铸件的力学性能。磷含量允许略高于炼钢生铁，以增加铸造时铁水的流动性，特别在铸造比较精细的铸件时，更是必要的，但磷会使生铁变脆，因此也应有一定的限量。磷的含量一般要求比炼钢生铁低。

关于铸造用生铁的质量标准，根据用途和含微量元素的多少，又分以下几种。

A　铸造用生铁国家标准

国家质量监督检验检疫总局与国家标准化管理委员会于2005年5月13日联合发布铸造生铁用国家标准GB/T 718—2005，以代替GB/T 718—1982，并于2005年10月1日实施。其规定的铸造用生铁的铁号及化学成分见表1-2。

表1-2　铸造用生铁铁号及化学成分（GB/T 718—2005）

铁　种			铸造用生铁					
铁号	牌号		铸 34	铸 30	铸 26	铸 22	铸 18	铸 14
	代号		Z34	Z30	Z26	Z22	Z18	Z14
化学成分（质量分数）/%	C		≥3.3					
	Si		≥3.20~3.60	≥2.80~3.20	≥2.40~2.80	≥2.00~2.40	≥1.60~2.00	≥1.25~1.60
	Mn	1组	≤0.50					
		2组	>0.50~0.90					
		3组	>0.90~1.30					
	P	1级	≤0.060					
		2级	>0.060~0.100					
		3级	>0.100~0.200					
		4级	>0.200~0.400					
		5级	>0.400~0.900					
	S	1类	≤0.030					
		2类	≤0.040					
		3类	≤0.050					

B　铸造用生铁行业标准

原冶金工业部1991年3月6日批准并实施的铸造用生铁行业标准YB/T 14—91中，对各牌号的化学成分，除规定了碳、硅、锰、磷、硫5大元素的含量外，还对一些微量元素成分做了规定，见表1-3。

表1-3　铸造用生铁铁号及化学成分（YB/T 14—91）

铁　种		铸造用生铁					
铁号	牌　号	铸 34	铸 30	铸 26	铸 22	铸 18	铸 14
	代　号	Z34	Z30	Z26	Z22	Z18	Z14

续表 1-3

铁种			铸造用生铁					
化学成分（质量分数）/%	C		≥3.3					
	Si		>3.20~3.60	>2.80~3.20	>2.40~2.80	>2.00~2.40	>1.60~2.00	>1.25~1.60
	Mn	1组	≤0.50					
		2组	>0.50~0.90					
		3组	>0.90~1.30					
	P	1级	≤0.06					
	S	1类	≤0.03					≤0.04
		2类	≤0.04					≤0.04
微量元素成分（质量分数）/%	As	1组锰时	≤0.0008					
		2组锰时	≤0.0018					
	Pb	1级	≤0.0005					
		2级	≤0.0007					
	Sn	1级	≤0.0005					
		2级	≤0.0005					
	Sb	1级	≤0.0004					
		2级	≤0.0006					
	Zn	1级	≤0.0008					
		2级	≤0.0020					
	Cr	1级	≤0.020					
		2级	≤0.020					
	Ni	1级	≤0.0064					
		2级	≤0.0064					
	Cu	1组锰时	≤0.0050					
		2组锰时	≤0.0060					
	V	1级	≤0.0095					
		2级	≤0.0115					
	Ti	1级	≤0.0700					
		2级	≤0.0870					
	Mo	1级	≤0.0010					
		2级	≤0.0012					

YB/T 14—91 中规定：

（1）微量元素含量的总和，一级品不得大于 0.1000%，二级品不得大于 0.1200%。

（2）在块重上，各号生铁均应铸成 2~7kg 小块，而大于 7kg 与小于 2kg 的生铁块之和，每批中不超过总重量的 6%。

（3）微量元素的化学成分分析方法按 GB223—1988 有关规定，或能保证上述标准规定的准确度的其他方法进行。

（4）其他未尽事宜按 GB 718—2005 规定执行。

C　球墨铸铁用生铁

国家标准局 1985 年 4 月 7 日发布，1986 年 1 月 1 日实施的球墨铸铁用生铁的国家标准 GB/T 1412—1985 中规定了球墨铸铁用生铁牌号和化学成分如表 1-4 所示。

表 1-4　球墨铸铁用生铁牌号及化学成分（GB/T 1412—1985）

<table>
<tr><td colspan="3">铁　种</td><td colspan="3">球墨铸铁用生铁</td></tr>
<tr><td colspan="3">牌　号</td><td>Q10</td><td>Q12</td><td>Q16</td></tr>
<tr><td rowspan="14">化学成分
（质量分数）
/%</td><td colspan="2">Si</td><td>≤1.00</td><td>>1.00~1.40</td><td>>1.40~1.80</td></tr>
<tr><td rowspan="3">Mn</td><td>一组</td><td colspan="3">≤0.20</td></tr>
<tr><td>二组</td><td colspan="3">>0.20~0.50</td></tr>
<tr><td>三组</td><td colspan="3">>0.50~0.80</td></tr>
<tr><td rowspan="4">P</td><td>特级</td><td colspan="3">≤0.05</td></tr>
<tr><td>一级</td><td colspan="3">>0.05~0.06</td></tr>
<tr><td>二级</td><td colspan="3">>0.06~0.08</td></tr>
<tr><td>三级</td><td colspan="3"><0.08~0.10</td></tr>
<tr><td rowspan="4">S</td><td>特类</td><td colspan="3">≤0.02</td></tr>
<tr><td>一类</td><td colspan="3">>0.02~0.03</td></tr>
<tr><td>二类</td><td colspan="3">>0.03~0.04</td></tr>
<tr><td>三类</td><td colspan="3">0.045</td></tr>
<tr><td colspan="2">C</td><td colspan="3">≥3.40</td></tr>
<tr><td colspan="2">Cr</td><td colspan="3">≤0.030</td></tr>
</table>

注：生铁中钛、砷及其他妨碍石墨球化的成分，可以商定其含量。

国家质量监督检验检疫总局与国家标准化管理委员会于 2005 年 5 月 13 日联合发布国家标准《球墨铸铁用生铁》（GB/T 1412—2005），并从 2005 年 10 月 1 日开始实施。该标准规定了球墨铸铁用生铁的牌号、化学成分、技术要求、试验方法、检验规则、运输和质量证明书。表 1-5 为 GB/T 1412—2005 规定的球墨铸铁用生铁的牌号、化学成分。

GB/T 1412—2005 的技术要求为：

（1）牌号和化学成分：

1）生铁的牌号由代表“球”字汉语拼音的首位字母 Q 和代表硅含量的数字组成。

2）球墨铸铁用生铁的牌号、化学成分应符合表 1-5 要求。

3）需方对硅含量、锰含量有特殊要求时，由供需双方协议规定。

4）硫、磷含量的界限数值按 YB/T 081 规定全数值比较法进行判定。

5）生铁中的砷、铅、铋、锑等微量元素的含量，可根据需求双方提供其分析结果供需方参考，但不作日常检测和判定的依据。

（2）交货状态：各牌号生铁应以铁块或铁水形态供应。

（3）块重：

1）当生铁铸成块状时，各牌号生铁均应铸成 2~7kg 小块，而大于 7kg 与小于 2kg 的

表 1-5　球墨铸造用生铁牌号及化学成分（GB/T 1412—2005）

牌　号			Q10	Q12
化学成分（质量分数）/%	C		≥3.40	
	Si		0.50~1.00	>1.00~1.40
	Ti	1 档	≤0.050	
		2 档	>0.050~0.080	
	Mn	1 组	≤0.20	
		2 组	>0.20~0.50	
		3 组	>0.50~0.80	
	P	1 级	≤0.050	
		2 级	>0.050~0.060	
		3 级	>0.060~0.080	
	S	1 类	≤0.020	
		2 类	>0.020~0.030	
		3 类	>0.030~0.040	
		4 类	≤0.045	

生铁块之和，每批中不超过总重量的 10%。

2）根据需求要求，可供应单重不大于 40kg 铁块，同时铁块上应有 1~2 道深度不小于铁锭厚度三分之二的凹槽。

（4）表面要求：铁块表面要洁净，如表面有炉渣和砂粒，应清除掉，但允许附有石灰和石墨。

本标准代替 GB/T 1412—1985《球墨铸铁用生铁》。

本标准与 GB/T 1412—1985《球墨铸铁用生铁》相比主要变化如下：

（1）增加牌号表示方法；

（2）取消 Q16 牌号；

（3）Q10 硅含量增设下限；

（4）增加对钛含量的规定，并分为两档；

（5）生铁硫磷含量分别增加一位有效数字；

（6）取消原三级磷，同时磷由原“特级、一级、二级”修改为“1 级、2 级、3 级”；

（7）硫由原“特类、一类、二类、三类”修改为“1 类、2 类、3 类、4 类”；

（8）生铁发货、运输、装卸、堆放改为由供需双方协商。

D　含钒生铁

原冶金工业部 1993 年 12 月 8 日批准，1994 年 1 月 1 日实施的含钒生铁黑色冶金行业标准 YB/T 5125—93，规定此标准用于提炼钒用的含钒生铁，亦适用于炼钢或铸造用的含钒生铁。标准中规定的含钒生铁牌号及化学成分见表 1-6。

E　含钒铬生铁

近年锦州铁合金集团公司与北京钢铁研究总院等单位合作，用铬浸出渣、钒尾矿、铁精矿、轧钢皮等做原料，在烧结机生产出含钒铬烧结矿，并用此种烧结矿在高炉上生产出含钒铬合金生铁。可用于生产球磨机用合金钢球和其他合金铸件的原料，其化学成分见表1-7。

表 1-6 含钒生铁的牌号及化学成分（YB/T 5125—93）

铁 号		牌 号	钒 02	钒 03	钒 04	钒 05
		代 号	P02	F03	F04	F05
化学成分（质量分数）/%	V		≥0.20	≥0.30	≥0.40	≥0.50
	Ti		≤0.60			
	Si	一组	≤0.45			
		二组	>0.45~0.80			
	P	一级	≤0.15			
		二级	>0.15~0.25			
		三级	>0.25~0.40			
	S	一类	≤0.05			
		二类	≤0.07			
		三类	≤0.10			

表 1-7 高炉炼出的含钒铬生铁化学成分 （质量分数,%）

C	Mn	S	P	Si	Cr	V	Ti	Mo	Ni
3.80	0.7	0.05	0.06	0.80	1.70	0.28	0.20	未测	未测
3.78	0.66	0.041	0.08	1.68	2.05	0.31	0.50	未测	未测

1.3.1.3 合金生铁

A 生铁合金

高炉可生产品位较低的硅铁和锰铁，称为合金生铁。合金生铁用于炼钢脱氧和合金化或其他特殊用途。由于高炉中硅不可能得到大量的还原，因此高炉硅铁的含硅量不超过15%，而高炉锰铁的锰含量可达50%~60%，甚至更高。锰含量为10%~25%的铁称为镜铁，锰含量为50%以上的铁称为锰铁。中华人民共和国国家质量监督检验检疫总局与中国国家标准化管理委员会于2006年2月5日联合发布，2006年8月1日实施的锰铁国家标准GB/T 3795—2006中规定：

锰铁根据其碳含量的不同分为三类：

低碳类：碳含量不大于0.7%；

中碳类：碳含量不大于0.7%~2.0%；

高碳类：碳含量大于2.0%~8.0%。

锰铁按硅含量、磷含量不同分为两组。

高炉冶炼的锰铁为高碳锰铁，GB/T 3795—2006标准中规定高炉锰铁的化学成分见表1-8。高炉锰铁按锰及杂质含量不同分为4个牌号，其化学成分应符合表1-8的规定。

GB/T 3795—2006与GB/T 3795—1996相比主要变化如下：

（1）调整了高炉锰铁牌号分级的规定；

（2）提高了主元素锰的含量；

（3）调整了硅、磷的含量；

（4）调整了组批条款。

表 1-8　高炉锰铁的化学成分（GB/T 3795—2006）

<table>
<tr><th rowspan="4">类　别</th><th rowspan="4">牌　号</th><th colspan="7">化学成分（质量分数）/%</th></tr>
<tr><th rowspan="3">Mn</th><th rowspan="2">C</th><th colspan="2">Si</th><th colspan="2">P</th><th rowspan="2">S</th></tr>
<tr><th>Ⅰ</th><th>Ⅱ</th><th>Ⅰ</th><th>Ⅱ</th></tr>
<tr><th colspan="6">不大于</th></tr>
<tr><td rowspan="4">高碳锰铁</td><td>FeMn78</td><td>75.0~82.0</td><td>7.5</td><td>1.0</td><td>2.0</td><td>0.25</td><td>0.35</td><td>0.03</td></tr>
<tr><td>FeMn73</td><td>70.0~75.0</td><td>7.5</td><td>1.0</td><td>2.0</td><td>0.25</td><td>0.35</td><td>0.03</td></tr>
<tr><td>FeMn68</td><td>65.0~70.0</td><td>7.0</td><td>1.0</td><td>2.0</td><td>0.30</td><td>0.40</td><td>0.03</td></tr>
<tr><td>FeMn63</td><td>60.0~65.0</td><td>7.0</td><td>1.0</td><td>2.0</td><td>0.30</td><td>0.40</td><td>0.03</td></tr>
</table>

B　富锰渣

富锰渣也是高炉冶炼的产品，富锰渣冶炼实际上是贫锰矿选矿的方法之一。它可将那些高铁高磷难以直接用来生产优质锰铁的锰矿石在高炉中进行处理。

富锰渣冶炼是“二步法冶炼锰铁合金”的第一步，即将贫锰矿在高炉（电炉）内用酸性渣冶炼，获得高锰、低磷和锰铁比大的富锰渣，副产品为高锰高磷生铁；第二步以富锰渣为原料（或配加富锰矿），再冶炼出优质锰铁合金。

原冶金工业部 1987 年 10 月 10 日批准，1988 年 10 月 1 日实施的中华人民共和国黑色冶金行业标准 YB/T 2406—87 适用于冶炼硅锰铁合金、碳素锰铁等原料之富锰渣，并规定富锰渣按化学成分分为 7 个牌号。

2005 年 7 月 26 日，中华人民共和国国家发展和改革委员会发布了新的富锰渣中华人民共和国黑色冶金行业标准 YB/T 2406—2005，并于 2005 年 12 月 1 日实施，代替 YB/T 2406—87，表 1-9 为 YB/T 2406—2005 中规定的富锰渣的牌号和化学成分。

表 1-9　富锰渣的牌号和化学成分（YB/T 2406—2005）

<table>
<tr><th rowspan="4">牌　号</th><th colspan="10">化　学　成　分</th></tr>
<tr><th rowspan="3">Mn（质量分数）/%</th><th colspan="3">Mn/Fe</th><th colspan="3">P/Mn</th><th colspan="3">S/Mn</th></tr>
<tr><th>Ⅰ</th><th>Ⅱ</th><th>Ⅲ</th><th>Ⅰ</th><th>Ⅱ</th><th>Ⅲ</th><th>Ⅰ</th><th>Ⅱ</th><th>Ⅲ</th></tr>
<tr><th colspan="3">不小于</th><th colspan="6">不大于</th></tr>
<tr><td>FMnZn45</td><td>≥44.0</td><td rowspan="4">35</td><td rowspan="4">25</td><td rowspan="4">10</td><td rowspan="6">0.0003</td><td rowspan="6">0.0015</td><td rowspan="6">0.003</td><td rowspan="6">0.01</td><td rowspan="6">0.03</td><td rowspan="6">0.08</td></tr>
<tr><td>FMnZn42</td><td>40.0~<44.0</td></tr>
<tr><td>FMnZn38</td><td>36.0~<44.0</td></tr>
<tr><td>FMnZn34</td><td>32.0~<36.0</td></tr>
<tr><td>FMnZn30</td><td>28.0~<32.0</td><td rowspan="2">25</td><td rowspan="2">15</td><td rowspan="2">8</td></tr>
<tr><td>FMnZn26</td><td>24.0~<28.0</td></tr>
</table>

标准中还规定：

（1）富锰渣交货块度为 5~250mm，其中大于 250mm 的不允许超过总量的 5%，小于 5mm 的不允许超过总量的 8%。

(2) 富锰渣不允许夹杂铁块，富锰渣中的泡沫渣含量不允许超过总量的2%。

YB/T 2406—2005 与 YB/T 2406—87 比较，主要变化如下：

(1) 将原标准7个牌号缩减为6个，规定了各牌号锰含量范围，且将锰的最低含量由34%调整为24%；

(2) 增加了对富锰渣中S/Mn值的限制；

(3) 对铁、磷含量限制由Mn%和P%调整为Mn/Fe值和P/Mn值表示；

(4) 对富锰渣的检验规则、化学分析方法作了修订和完善。

本标准所代替标准的历次版本发布情况为：YB/T 2406—80、YB/T 2406—87。

1.3.2 高炉炉渣

高炉炉渣中含CaO、SiO_2、MgO、Al_2O_3。高炉炉渣在工业有广泛的用途。

(1) 液体炉渣用水急冷，可粒化成水渣，作为水泥原料。

(2) 用蒸汽或压缩空气将液体炉渣吹成棉渣，作为绝热材料。

(3) 炉渣经处理后可以作建筑或铺路材料。

1.3.3 高炉煤气

高炉煤气的化学成分一般为$\varphi(CO_2)=14\%\sim27\%$、$\varphi(CO)=21\%\sim27\%$、$\varphi(H_2)=1\%\sim4\%$、$\varphi(CH_4)=0.6\%\sim1.0\%$、$\varphi(N_2)=56\%$左右。每吨生铁可产出2000~3000$m^3$的高炉煤气，其发热值为7000~10000kJ/ m^3，高炉煤气经净化后可作气体燃料使用，除供高炉的热风炉作燃料使用外，还可供炼钢、轧钢、焦炉、烧结机点火使用，或用于发电厂锅炉作燃料。高炉煤气可单独使用，也可与焦炉煤气混合，制成混合煤气后供有关部门使用。

1.3.4 高炉炉尘

高炉炉尘又称瓦斯灰。高炉炉尘中一般含有5%~15%的碳，30%~50%的铁，以及一定数量的CaO，因而可返回烧结厂再次利用。每吨生铁所产生的炉尘量的多少，与所用原燃料质量、整理系统的水平、高炉设备水平以及高炉操作技术水平等因素有关。随着原料的改善和实行高压操作，高炉炉尘量会逐渐减少。

任务1.4 高炉生产技术经济指标

高炉的生产技术水平和经济效果用技术经济指标来衡量。技术经济指标是反映专业生产的发展，技术进步的相应水平的直观标志。对技术经济指标的统计对比是评判一个企业经营效果好坏的主要内容。

新中国成立后，有关部门对高炉炼铁生产的技术经济指标及其计算方法进行多次修订。中国钢铁工业协会2003年编印的《中国钢铁工业生产统计指标体系指标目录》和《中国钢铁工业生产统计指标体系指标解释》中，对炼铁主要技术经济指标及计算方法做了新的修订。现摘录一些常用部分予以介绍。

1.4.1　关于炼铁产品产量统计指标

1.4.1.1　生铁产量

生铁产量是指一定时期内生产的符合国家标准的合格生铁量，还包括委外加工的合格生铁量。但不包括来料加工的合格生铁量，合格生铁量是各种牌号生铁实物量之和。出格生铁另行统计，不计入生铁产量中，化铁炉重熔的再生铁和高炉铁合金，均不计入生铁产量中。

高炉出渣带出的铁水，凡铸成标准铁块并检验合格的，可计为生铁产量；不合格的不计算生铁产量，也不计算出格生铁量。

1.4.1.2　出格生铁量

出格生铁量是指不符合国家标准的各种牌号的出格铁。生产中产生的大铁砣、跑铁、漏铁、铁沟残铁，不论其成分如何，均视为废铁，即不计入生铁产量中，也不计入出格生铁量中。

1.4.1.3　实产生铁量和折算生铁量

实产生铁量和折算生铁量是为了适应计算某些炼铁技术经济指标而规定的产量，不作为生铁计划产量是否完成的考核使用。实产生铁量为合格生铁量与出格生铁量之和。折算生铁量是以炼钢生铁为基数，将其他各牌号生铁按不同系数统一折算成炼钢生铁的产量。

1.4.1.4　高炉生产的水渣、矿渣棉

高炉生产的水渣、矿渣棉，应分别统计其水渣、矿渣棉产量。

1.4.2　高炉炼铁技术经济指标计算中的几项具体规定

（1）除某些指标规定按实产生铁量和折算生铁量计算外，凡与合格产出量有关的技术经济指标，均以合格生铁合格产出量作为计算依据。冻包铁、跑漏铁等不应作为合格产出量参加有关指标计算。

（2）有关指标均按基本建设、更新改造完成后交工投产或大、中修后投产时起计算。

（3）开工后，由于原材料、燃料、动力及设备等影响的休风或焖炉时间不予扣除。

（4）冶炼铁合金的高炉，其技术经济指标与计算方法，按铁合金高炉指标的规定计算，在铁合金专业中进行统计。

1.4.3　高炉炼铁主要技术经济指标

1.4.3.1　质量类指标

A　生铁合格率

生铁合格率是反映检验合格生铁占全部检验生铁的百分比。其计算公式为：

$$\text{生铁合格率（\%）} = \frac{\text{生铁检验合格量（t）}}{\text{生铁检验总量（t）}} \times 100\% \qquad (1\text{-}1)$$

计算说明：

（1）高炉开工后，不论任何原因造成的出格生铁，均应参加生铁合格率指标的计算。

（2）用于炼钢的不合格铁水，不允许混罐，应按罐判定。

（3）入库前的混号铁，按出格铁计算。

B　生铁一级品率

生铁一级品率是指一级品生铁量占合格生铁总量的百分比。其计算公式为：

$$生铁一级品率(\%) = \frac{生铁一级品量(t)}{生铁检验合格量(t)} \times 100\% \tag{1-2}$$

计算说明：一级品生铁是指国标一类及一类以上的生铁。以现行国家标准为例：炼钢生铁一级品是指硫含量属一类及一类以上（生铁的硫含量不大于0.03%）为一级品；含钒生铁一级品是指硫含量属一类（生铁的硫含量不大于0.05%）为一级品；铸造生铁和球墨铸造用生铁一级品是指硫含量属一类及一类以上（生铁的硫含量不大于0.03%，铸14生铁的硫含量不大于0.04%）为一级品。

C　生铁平均含硅

生铁平均含硅是指生铁成分中硅含量的平均值，是衡量高炉操作水平的重要指标。其计算公式为：

$$生铁平均含硅（\%）= \frac{\sum 每炉次生铁硅含量（\%）}{总炉次数（炉）} \tag{1-3}$$

计算说明：应按各高炉、铁种分别计算。

D　生铁平均含硫

生铁平均含硫是指生铁成分中硫含量的平均值，是衡量高炉操作水平的重要指标。其计算公式为：

$$生铁平均含硫（\%）= \frac{\sum 每炉次生铁硫含量（\%）}{总炉次数（炉）} \tag{1-4}$$

计算说明：应按各高炉分别计算。

E　生铁含硫标准偏差

生铁含硫标准偏差是指生铁成分中硫含量的波动范围，是衡量高炉操作水平高低的一个重要指标。其计算公式为：

$$生铁含硫标准偏差(\%) = \sqrt{\frac{\sum[每炉生铁硫含量(\%) - 总炉次生铁含硫平均值(\%)]^2}{总炉次数(炉)}} \tag{1-5}$$

计算说明：生铁含硫标准偏差应按各高炉分别计算。

F　生铁含硅标准偏差

生铁含硅标准偏差是指生铁成分中硅含量的波动范围，是衡量高炉操作水平高低的一个重要指标。其计算公式为：

$$生铁含硅标准偏差(\%) = \sqrt{\frac{\sum[每炉生铁硅含量(\%) - 总炉次生铁含硅平均值(\%)]^2}{总炉次数(炉)}} \tag{1-6}$$

计算说明：生铁含硅标准偏差应按各高炉、铁种分别计算。

1.4.3.2　生铁原料消耗指标

生铁原料消耗指标是指每生产1t合格生铁所消耗原料的数量。其基本公式为：

$$某种生铁原料消耗(kg/t) = \frac{某种生铁原料消耗用量(kg)}{生铁合格产出量(t)} \tag{1-7}$$

计算说明：

（1）生铁原料消耗指标要求按原料矿石（含人造块矿、天然矿石）、碎杂铁、熔剂分别计算。均按实际入炉量计算。

（2）原料矿石指铁矿石、锰矿石、钛铁矿。

（3）碎杂铁包括回炉重炼的出格铁及其他杂铁。

（4）熔剂包括石灰石、白云石、萤石、硅石、钛渣等。

1.4.3.3　生铁燃料消耗指标

A　入炉焦比

入炉焦比是反映高炉冶炼每 1t 合格生铁所消耗的干焦量。其计算公式为：

$$入炉焦比(kg/t)=\frac{干焦耗用量(kg)}{生铁合格产出量(t)} \tag{1-8}$$

B　入炉焦丁比

入炉焦丁比是指高炉冶炼每 1t 合格生铁所消耗的干焦丁量。其计算公式为：

$$入炉焦丁比(kg/t)=\frac{干焦丁耗用量(kg)}{生铁合格产出量(t)} \tag{1-9}$$

C　综合焦比

综合焦比是指高炉冶炼每 1t 合格生铁所消耗的综合干焦（将各种燃料均折合成干焦计算）量。其计算公式为：

$$综合焦比（kg/t）=\frac{综合干焦耗用量（kg）}{生铁合格产出量（t）} \tag{1-10}$$

D　折算入炉焦比

折算入炉焦比是指高炉生产的铁产品均折合成炼钢生铁量，每 1t 合格折算生铁所消耗的干焦量。其计算公式为：

$$折算入炉焦比（kg/t）=\frac{干焦耗用量（kg）}{生铁折算合格产出量（t）} \tag{1-11}$$

E　折算综合焦比

折算综合焦比是指高炉生产的铁产品均折合成炼钢生铁量，每 1t 合格折算生铁所消耗的综合干焦（将各种燃料均折合成干焦计算）量。其计算公式为：

$$折算综合焦比（kg/t）=\frac{综合干焦耗用量（kg）}{生铁折算合格产出量（t）} \tag{1-12}$$

计算说明：

（1）上述各种焦比的计算公式中的干焦耗用量、干焦丁耗用量，是指扣去水分后的入炉焦炭量，不包括入炉前加工及运输等方面的损耗，但包括开炉、焖炉等所消耗的数量。

（2）干焦量=湿焦量×[1-湿焦含水率(%)]；干焦丁量=湿焦丁量×[1-湿焦丁含水率(%)]。

（3）干焦的粒度为不小于 25mm，焦丁粒度上限为 25mm，下限为 8mm。

（4）综合干焦量=(干焦量+其他各种燃料量)×折合干焦系数。

各种燃料折合干焦系数见表 1-10。

表1-10　各种燃料折合干焦系数

燃料名称		计算单位	折合干焦系数
焦炭（干焦）		kg/kg	1.0
焦　丁		kg/kg	0.9
重油（包括原油）		kg/kg	1.2
喷吹用煤粉	灰分≤10%	kg/kg	1.0
	10%<灰分≤12%	kg/kg	0.9
	12%<灰分≤15%	kg/kg	0.8
	15%<灰分≤20%	kg/kg	0.7
	灰分>20%	kg/kg	0.6
沥青煤焦油		kg/kg	1.0
天然气		kg/m^3	1.1
焦炉煤气		kg/m^3	0.5
木炭、石油焦		kg/kg	1.0
型焦或硫焦		kg/kg	0.8

（5）生铁折算合格产出量是以炼钢生铁为基数，将其他各牌号合格生铁统一折算成炼钢生铁的产出量，其折合系数见表1-11。

表1-11　各牌号合格生铁折合炼钢生铁系数

生铁种类	牌　号	折合炼钢生铁系数
炼钢生铁	各　号	1.00
铸造生铁	铸14	1.14
	铸18	1.18
	铸22	1.22
	铸26	1.26
	铸30	1.30
	铸34	1.34
	球10	1.00
	球13	1.13
	球18	1.18
	球20	1.20
含钒生铁	钒含量大于0.2%各号	1.05
含钒、钛生铁	钒含量大于0.2%、钛含量大于0.1%各号	1.10

F　喷煤比

喷煤比是反映高炉冶炼1t合格生铁所消耗的煤量。其计算公式为：

$$\text{喷煤比（kg/t）}=\frac{\text{煤耗用量（kg）}}{\text{生铁合格产出量（t）}} \tag{1-13}$$

G 燃料比

燃料比是反映高炉冶炼 1t 合格生铁所消耗的燃料量。其计算公式为：

$$\text{燃料比（kg/t）}=\frac{\text{燃料耗用总量（kg）}}{\text{生铁合格产出量（t）}} \tag{1-14}$$

计算说明：燃料耗用总量是指入炉的干焦、干焦丁、煤粉、重油等燃料总量。

1.4.3.4 高炉设备效用指标

A 高炉有效容积利用系数

高炉有效容积利用系数是指高炉每 $1m^3$ 有效容积平均每天生产的合格生铁量，一般按折算合格产出量计算。其计算公式为：

$$\text{高炉有效容积利用系数}[t/(m^3 \cdot d)]=\frac{\text{生铁折算合格产出量(t)}}{\text{高炉有效容积}(m^3)\times\text{规定工作日数(d)}} \tag{1-15}$$

计算说明：

（1）高炉有效容积（m^3）：料钟式高炉有效容积是指大钟开启时底边线至出铁口中心线之间的炉内容积；料钟式加可调炉喉高炉有效容积是指大钟开启时底边线至出铁口中心线之间的炉内容积减去为增设可调炉喉而增加的容积；无料钟式高炉有效容积是指炉喉上沿至铁口中心线之间的容积。经过技术改造的高炉，按改造后的容积计算。

（2）规定工作日数=日历日数-大、中休风日数。

B 高炉工作容积利用系数

高炉工作容积利用系数是指高炉每 $1m^3$ 工作容积平均每天生产的合格生铁量，一般按折算合格产出量计算。其计算公式为：

$$\text{高炉工作容积利用系数}[t/(m^3 \cdot d)]=\frac{\text{生铁折算合格产出量(t)}}{\text{高炉工作容积}(m^3)\times\text{规定工作日数(d)}} \tag{1-16}$$

计算说明：

（1）高炉工作容积（m^3）：料钟式高炉工作容积是指大钟开启时其底面与风口中心水平面之间的炉内容积；料钟式加可调炉喉高炉有效容积是指大钟开启时其底面与风口中心水平面之间的炉内容积减去为增设可调炉喉而增加的容积；无料钟式高炉工作容积是指炉喉上沿至风口中心水平面之间的炉内容积。

（2）规定工作日数=日历日数-大、中休风日数。

C 高炉炉缸断面积利用系数

高炉炉缸断面积利用系数是指高炉炉缸断面积每 $1m^2$ 平均每天生产的合格生铁产量，一般按折算合格产出量计算。其计算公式为：

$$\text{高炉炉缸断面积利用系数}[t/(m^2 \cdot d)]=\frac{\text{生铁折算合格产出量(t)}}{\text{高炉炉缸断面积}(m^2)\times\text{规定工作日数(d)}} \tag{1-17}$$

计算说明：

（1）高炉炉缸断面积是指高炉炉缸风口中心线平面面积。

（2）规定工作日数=日历日数-大、中休风日数。

D 休风率

休风率是指高炉休风时间占规定工作时间的百分比。其计算公式为：

$$\text{休风率（\%）} = \frac{\text{休风时间（min）}}{\text{规定工作时间（min）}} \times 100\% \tag{1-18}$$

计算说明：

（1）休风时间不包括大、中修停炉的休风时间。

（2）大修是指拆换高炉全部砌砖，拆换全部或部分炉壳和炉顶设备，更换全部冷却水箱，检修或更换其他一切设备。

（3）中修是指拆换高炉部分砌砖，拆换全部或部分炉喉砖和炉顶装置，检修或更换高炉附属设备的部件。

（4）规定工作时间（min）= 日历时间（min）- 大、中修时间（min）。

（5）休风是指风压、风量降到零，高炉停止送风。

E 慢风率

慢风率是指高炉慢风时间占规定工作时间的百分比。其计算公式为：

$$\text{慢风率（\%）} = \frac{\text{慢风时间（min）}}{\text{规定工作时间（min）}} \times 100\% \tag{1-19}$$

计算说明：慢风是指高炉由于某种原因，风量减到小于正常风量的80%。其划分标准见表1-12。其他计算说明同休风率。

表1-12 高炉休风、慢风划分标准

项 目	占正常风量（或风压）的百分比/%
休 风	0
慢 风	≤80
全 风	100 ±10

注：正常风量（或风压）是指在具体条件下适应于该高炉的适当风量（或风压）。

1.4.3.5 高炉炼铁中的其他技术经济指标

A 人造块矿使用率

人造块矿使用率是指入炉人造块矿占入炉矿石总量的百分比。它是反映高炉使用精料情况的指标。其计算公式为：

$$\text{人造块矿使用率（\%）} = \frac{\text{入炉人造块矿量（t）}}{\text{入炉矿实物总量（t）}} \times 100\% \tag{1-20}$$

计算说明：

（1）入炉块矿包括烧结矿、球团矿。

（2）入炉矿总量包括人造块矿和天然矿。

B 入炉铁矿品位

入炉铁矿品位是指入炉铁矿的平均铁含量。其计算公式为：

$$\text{入炉铁矿品位（\%）} = \frac{\text{入炉铁矿含铁总量（t）}}{\text{入炉铁矿实物总量（t）}} \times 100\% \tag{1-21}$$

计算说明：入炉铁矿含铁总量为入炉各种铁矿量乘该矿铁含量之和。

C　平均热风温度

平均热风温度是指高炉实际使用的热风的平均温度。它反映热风炉热风能力和高炉对热风的利用情况。其计算公式为：

$$(1)\ \text{各高炉平均热风温度（℃）}=\frac{\text{各高炉平均风温之和（℃）}}{\text{高炉座数（座）}} \tag{1-22}$$

如各高炉有效容积差别较大，按下式加权算术平均法计算：

$$\text{各高炉平均热风温度(℃)}=\frac{\sum[\text{高炉平均风温(℃)}\times\text{高炉有效容积}(m^3)]}{\text{高炉有效容积}(m^3)} \tag{1-23}$$

$$(2)\ \text{某高炉平均热风温度（℃）}=\frac{\text{逐日（月）平均风温之和（℃）}}{\text{实际生产日（月）数（日或月）}} \tag{1-24}$$

计算说明：热风温度可从仪表中查得，每小时一次记录在高炉日报上。

$$\text{日平均热风温（℃）}=\frac{\text{日内记录的风温和计量（℃）}}{\text{记录次数（次）}}$$

D　入炉焦炭灰分

入炉焦炭灰分是反映入炉焦炭质量的主要指标之一。其计算公式为：

$$\text{入炉焦炭灰分（\%）}=\frac{\text{入炉焦炭灰分总量（t）}}{\text{入炉焦炭总量（t）}} \tag{1-25}$$

计算说明：

（1）入炉焦炭灰分总量应按各种入炉焦炭耗用量乘该批焦炭灰分（%）相加求得。

（2）在焦炭的品种、含灰量变化不大的情况下，入炉焦炭灰分也可按算术平均求得，即：

$$\text{入炉焦炭灰分（\%）}=\frac{\text{各次测定焦炭灰分之和（\%）}}{\text{测定次数（次）}} \tag{1-26}$$

E　入炉焦炭硫分

入炉焦炭硫分是反映入炉焦炭质量的主要指标之一。其计算公式为：

$$\text{入炉焦炭硫分(\%)}=\frac{\text{入炉焦炭硫分总量(t)}}{\text{入炉焦炭总量(t)}}\times100\% \tag{1-27}$$

计算说明：入炉焦炭硫分总量，应按各种入炉焦炭耗用量乘该批焦炭硫分（%）相加求得。

F　冶炼强度

冶炼强度是指高炉平均每 $1m^3$ 有效容积在一天内所能燃烧的综合干焦量或干焦量。它反映炉料下降及冶炼的速度。其计算公式为：

$$(1)\ \text{综合冶炼强度}[t/(m^3\cdot d)]=\frac{\text{入炉综合干焦量(t)}}{\text{高炉有效容积}(m^3)\times\text{实际工作日数(d)}} \tag{1-28}$$

$$(2)\ \text{焦炭冶炼强度}[t/(m^3\cdot d)]=\frac{\text{入炉干焦量(t)}}{\text{高炉有效容积}(m^3)\times\text{实际工作日数(d)}} \tag{1-29}$$

计算说明：

（1）实际工作天数=日历天数-全部休风天数（包括大、中修休风）。

(2) 入炉综合干焦量是指将入炉的焦丁、煤粉、重油等各种燃料折合成干焦的总量。

G　渣铁比

渣铁比是反映高炉每炼1t生铁所产生的炉渣量。其计算公式为:

$$渣铁比(kg/t)=\frac{炉渣总量(kg)}{实际生铁总量(t)} \tag{1-30}$$

计算说明:

(1) 炉渣总量一般按测定重量计算。不能按测定重量计算的,可采用氧化钙平衡理论法计算,其计算公式为:

$$炉渣总量(t)=\frac{入炉氧化钙总量(t)-煤气灰中氧化钙总量(t)}{高炉炉渣平均含氧化钙量(\%)} \tag{1-31}$$

式中,入炉氧化钙总量(t)=入炉铁矿含氧化钙总量(t)+入炉熔剂含氧化钙总量(t)+焦炭和其他燃料含氧化钙总量(t)。

(2) 实际生铁总量=生铁合格产出量+出格生铁量。

H　灰铁比

灰铁比是反映高炉每炼1t生铁所产生的煤气灰量。其计算公式为:

$$灰铁比(kg/t)=\frac{煤气灰总量(kg)}{实产生铁总量(t)} \tag{1-32}$$

计算说明:

(1) 煤气灰总量=高炉除尘器清灰量+湿式(或电气)除尘清灰量。

(2) 实际生铁总量=生铁合格产出量+出格生铁量。

I　高压率

高压率是指高炉炉顶压力(≥0.08MPa)操作时间占高炉工作时间的百分比。其计算公式为:

$$高压率(\%)=\frac{全部高压操作时间(h)}{规定工作时间(h)-全部休风时间(h)}\times100\% \tag{1-33}$$

J　煤气中二氧化碳含量和一氧化碳利用率

炉顶混合煤气中二氧化碳含量和一氧化碳利用率都是反映高炉冶炼过程中煤气利用程度的指标。其计算公式分别为:

$$煤气中二氧化碳含量(\%)=\frac{逐日(月)平均二氧化碳含量之和(\%)}{实际生产日(月)数(日和月)}\times100\% \tag{1-34}$$

$$煤气中一氧化碳利用率(\%)=\frac{煤气中二氧化碳含量(\%)}{煤气中二氧化碳含量(\%)+煤气中一氧化碳含量(\%)}\times100\% \tag{1-35}$$

计算说明:煤气中一氧化碳含量(%)的计算方法与煤气中二氧化碳含量(%)的计算方法相同。

K　风量

风量是指平均每分钟鼓入高炉的冷风流量(m^3/min)。其计算公式为:

$$风量(m^3/min)=\frac{\sum[逐日(月)平均风量](m^3/min)}{实际生产日(月)数(日或月)} \tag{1-36}$$

L　炉顶压力

炉顶压力是指炉顶煤气的压力。其计算公式为：

$$炉顶压力(MPa)=\frac{\sum[逐日(月)平均炉顶压力](MPa)}{实际生产日(月)数(日或月)} \tag{1-37}$$

M　热风压力

热风压力反映高炉炉缸压力的主要指标。其计算公式为：

$$热风压力(MPa)=\frac{\sum[逐日(月)平均热风压力](MPa)}{实际生产日(月)数(日或月)} \tag{1-38}$$

计算说明：压力单位（MPa）的换算关系是：

$$1MPa=1000kPa=10kg/cm^2=100000mmH_2O=736mmHg$$

N　炉顶温度

炉顶温度是指炉顶煤气的平均温度。其计算公式为：

$$炉顶温度(℃)=\frac{\sum[逐日(月)平均炉顶温度](℃)}{实际生产日(月)数(日或月)} \tag{1-39}$$

O　焦炭负荷与综合焦炭负荷

焦炭负荷是指每批炉料中铁矿石、锰矿石和碎铁重量之和与焦炭重量之比。高炉采用喷吹技术后，每批炉料的矿石总量与所用燃料（焦炭+喷吹燃料）总重量之比，即为综合焦炭负荷。其计算公式为：

$$焦炭负荷(t/t)=\frac{铁矿石用量+锰矿石用量+0.3\times 碎杂铁用量}{焦炭用量} \tag{1-40}$$

$$综合焦炭负荷(t/t)=\frac{铁矿石用量+锰矿石用量+0.3\times 碎杂铁用量}{综合焦炭用量} \tag{1-41}$$

当炉料中不加锰矿石和碎铁时，其计算公式为：

$$焦炭负荷(t/t)=\frac{铁矿石用量}{焦炭用量} \tag{1-42}$$

一般情况下，上式可用各自的批重来表示。其计算公式为：

$$焦炭负荷(t/t)=\frac{矿石批重}{焦炭批重} \tag{1-43}$$

P　燃烧强度（或称炉缸燃烧强度）

燃烧强度是指炉缸每一单位面积每单位时间内燃烧干燃料（全焦冶炼时焦炭）的数量，通常有两种计算方法。

（1）每平方米炉缸截面积每昼夜消耗的干燃料的质量（以 t 表示），其计算公式为：

$$燃烧强度_{(1)}[t/(m^2\cdot d)]=\frac{干燃料消耗量(t)}{炉缸截面积(m^2)\times 工作日(日)} \tag{1-44}$$

（2）每平方米炉缸截面积每小时消耗的干燃料的质量（以 kg 表示），其计算公式为：

$$燃烧强度_{(2)}[kg/(m^2\cdot h)]=\frac{干燃料消耗量(kg)}{炉缸截面积(m^2)\times 工作日(日)\times 24(h)} \tag{1-45}$$

【例 1-1】　某厂有效容积为 $2000m^3$ 的高炉炉缸直径 $d=9.8m$，2005 年综合冶炼强度为 $0.98t/(m^3\cdot d)$。计算两种方式的燃烧强度。

解：$2000m^3$高炉的炉缸截面积 $= \frac{\pi d^2}{4} = \frac{3.14 \times 9.8^2}{4} = 75.39(m^2)$

$$每日消耗的干燃料量 = 高炉有效容积 \times 综合冶炼强度 = 2000 \times 0.98 = 1960(t)$$

生产 7 天共消耗干燃料量为：$1960 \times 7 = 13720(t)$

将已知数代入式（1-44）中，则得：

$$燃烧强度_{(1)} = \frac{13720}{75.39 \times 7} = 25.998[t/(m^2 \cdot d)]$$

将已知数代入式（1-45）中，则得：

$$燃烧强度_{(2)} = \frac{13720 \times 1000}{75.39 \times 7 \times 24} = 1083.2[kg/(m^2 \cdot d)]$$

Q　炼铁工序单位能耗

炼铁工序单位能耗是指炼铁工序生产每吨合格生铁所消耗的各种能源量。其计算公式为：

$$炼铁工序单位能耗(kg 标准煤/t) = \frac{炼铁工序净耗能量(kg 标准煤)}{生铁合格产出量(t)} \tag{1-46}$$

计算说明：

（1）分子项=工序耗用燃料及动力等能源总量-回收二次能源外供量-利用余热外供量-利用余能外供量。

（2）工序标煤消耗总量可根据热平衡表取得。

（3）为了工序单位能耗横向可比，上式分母项也可同时用合格生铁折算合格产出量计算。

R　富氧率

富氧率是指富氧后鼓风中氧气含量增加的百分数。

（1）氧气管道兑入口在冷风管道流量孔板前面，即富氧量流经流量孔板时，计算公式为：

$$富氧率(\%) = \left[\frac{(Q_{风} - Q_{氧}) \times (0.21 + 0.29f) + Q_{氧} \times b}{Q_{风}} - 0.21\right] \times 100\% \tag{1-47}$$

（2）氧气管道兑入口在冷风管道流量孔板后面，即富氧量流经流量孔板时，计算公式为：

$$富氧率(\%) = \left[\frac{Q_{风} \times (0.21 + 0.29f) + Q_{氧} \times b}{Q_{风} + Q_{氧}} - 0.21\right] \times 100\% \tag{1-48}$$

式中　$Q_{风}$——冷风流量孔板显示值，m^3/min；

$Q_{氧}$——富氧量，m^3/min；

b——工业氧浓度,%；

f——鼓风湿度,%，为计算方便，f 值可取 0。

任务 1.5　高炉生产特点及对高炉生产操作的要求

1.5.1　高炉生产的特点

（1）长期连续生产。高炉从开炉到大修停炉一直不停地连续运转，仅在设备检修或发生事故时才暂停生产（休风）。高炉运行时，炉料不断地装入高炉，下部不断地鼓风，煤气不断地从炉顶排出并回收利用，生铁、炉渣不断地聚集在炉缸定时排出。

（2）规模越来越大型化。现在已有 $5000m^3$ 以上容积的高炉，日产生铁万吨以上，日消耗矿石近 2 万吨，焦炭等燃料 5kt。

（3）机械化、自动化程度越来越高。为了准确连续地完成每日成千上万吨原料及产品的装入和排放，为了改善劳动条件、保证安全、提高劳动生产率，要求有较高的机械化、自动化水平。

（4）生产的联合性。从高炉本身来说，从上料到排放渣铁，从送风到煤气回收，各系统必须有机地协调联合工作。从钢铁联合企业中炼铁的地位来说，炼铁也是非常重要的一环，高炉休风或减产会给整个联合企业的生产带来严重的影响。因此，高炉工作者要努力防止各种事故、保证联合生产的顺利进行。

1.5.2　对高炉生产操作的要求

高炉生产是连续不断进行的，因此，每个岗位出现问题都会直接影响高炉冶炼的正常进行，这样就要求操作人员严格执行“三大规程”，具有高度的责任感，熟练掌握本岗位的操作技能，当出现异常情况时，能找出原因并迅速地进行处理，将事故消灭在萌芽之中。一旦发生事故，要积极采取措施，尽快恢复生产，避免事故扩大化。因此，对高炉生产的各岗位要求如下所述。

1.5.2.1　对供料操作要求

原、燃料是高炉冶炼的“粮食”，如何使高炉既能“吃饱”又能“吃好”是供料操作的中心任务。因此要求原、燃料的质量符合要求，称量设备准确无误，根据高炉的要求，按规定的装料制度及时上料，确保料线。

在原料供应上要认真贯彻精料方针。

所谓“精料”，就是精细加工准备高炉原料，精料是高炉高产、优质、低耗的物质基础。国内外都把精料放在首位。

采用精料的中心目的是改善矿石的还原性、料柱的透气性。精料实现的目标方向是“高、熟、净、匀、小、稳”六个方面。

“高”：矿石铁含量高，焦炭强度和固定碳高，石灰石熔剂性高。

“熟”：熟料使用率高。就是要努力创造条件，尽量多吃熟料（包括烧结矿、球团矿、焙烧矿，采用生石灰代替石灰石）。

“净”：入炉原料粉末要少，使原料小于 5mm 的粉料减少到 5%以下，或小于 3mm 的粉末不超过 2%。

“匀”：入炉原料粒度要均匀。即缩小入炉原料粒度上限与下限的差值，最好能按粒度分级管理分级入炉。

“小”：缩小粒度。近年来，入炉粒度有明显缩小趋势，因为小粒度冶炼具有较好的冶炼效果。但是，使用小粒度必须做到“净”，同时保证风机有足够的能力，否则难以到达预期效果。

“稳”：入炉原料要保持成分稳定。入炉原料要混合均匀，减少入炉原料成分的波动。

除上述6个方面外，为保证高炉连续生产，便于原料的加工处理，以及合理配矿。原料供应要力求做到均衡稳定，并有合理的贮备，也可概括为一个“足”。

1.5.2.2 冶炼操作

冶炼操作是高炉冶炼的关键，只有选择好合理的操作制度，不失时机地调整各操作参数，确保高炉顺行，才能冶炼出合格的生铁，到达高产、优质、低耗的宗旨。

1.5.2.3 炉前操作

炉前操作的好坏直接影响高炉顺行，当炉内渣铁不能按要求及时排出时，就会恶化炉缸料柱透气性，使炉况不顺。炉缸积存渣铁过多时，会导致风口烧穿，渣口爆炸；铁口工作不好时，会导致跑铁等事故，高炉被迫停产处理事故，造成减产。因此，要求炉前操作人员必须及时地出净渣铁，同时维护好渣、铁口和使用设备。

1.5.2.4 热风炉与煤气操作

热风炉是高炉鼓风的加热设备。热风炉操作的中心任务是获得高水平的热风温度。不断地提高风温，不仅能增加热风带进高炉的热量，降低焦比，提高产量，而且可以提高高炉炉缸温度，改善炉渣的流动性和脱硫条件。因此，高风温是降低焦比、强化高炉冶炼和保证生铁质量的重要手段。

要获得高风温，除热风炉本身的条件外，重点是确定合理的燃烧制度和送风制度。在烧炉过程中经常观察和判断燃烧情况，及时调节空气、煤气配比，达到合理燃烧，适当地缩短送风时间，保证稳定的风温水平。

另外。当高炉休、送风时，热风炉操作人员要密切配合，搞好热风炉部分的休、送风操作。在驱引煤气操作中，要切实做到统一指挥、安全可靠，杜绝发生煤气事故。

复习与思考题

1-1 名词解释

(1) 冶炼强度；

(2) 高炉一代寿命；

(3) 休风率；

(4) 燃烧强度；

(5) 高炉利用系数；

(6) 生铁合格率；

(7) 工序能耗；

(8) 高炉寿命；

(9) 高炉有效容积；

(10) 综合焦比；

（11）综合冶炼强度。

1-2 简答题

（1）简述高炉生产工艺流程。

（2）简述高炉冶炼的主产品和副产品。

1-3 计算题

（1）某750m^{3}高炉日产生铁2000t，干焦炭消耗700t，煤粉消耗320t，计算高炉有效容积的利用系数、焦比、煤比、综合冶炼强度。

（2）已知烧结矿和块矿含铁分别为47.55%，45.50%，熟料率95%，焦批6.0t，负荷3.8，料速10批/h，喷吹煤粉12.5t/h，试计算焦比、煤比、燃料比和综合焦比（置换比0.8，Fe元素进入成铁98.4%，生铁含Fe 92%）。

（3）某高炉有效容积2000m^3，日消耗烧结矿7000t，球团矿1000t，焦炭2000t，其中，烧结矿w(TFe) = 54%；球团矿w(TFe) = 65%；冶炼炼钢生铁w[Fe] = 95%。求：1）高炉利用系数；2）焦炭负荷；3）焦比。

项目2 高炉炼铁原料

【教学目标】

知识目标：

（1）了解高炉炼铁的主原料种类、物理化学性质；
（2）了解高炉炼铁的辅助原料种类、物理化学性质；
（3）掌握高炉炼铁原料的化学成分和结构对高炉冶炼的重要性；
（4）掌握高炉炼铁原料的性质对高炉技术经济指标的影响；
（5）掌握高炉炼铁对原料的要求；
（6）掌握高炉炼铁熔剂的种类及在高炉冶炼中的作用；
（7）掌握高炉炼铁燃料的种类及在高炉冶炼中的作用。

能力目标：

（1）能利用网络、图书馆收集相关资料、自主学习；
（2）能够辨识各种类别的高炉主原料及分析；
（3）能够识别各种高炉辅助原料及分析。

【任务描述】

高炉炼铁生产的原燃料主要有铁矿石及其代用品、锰矿石、熔剂、辅助材料和燃料。原燃料的化学成分和结构对高炉冶炼有重要意义，原燃料的物理化学性质都必须满足高炉强化生产的要求，改善其冶金性能是高炉炼铁生产首要任务。

任务2.1 铁矿石的种类及要求

铁矿石包括天然铁矿石和人造富矿两种。一般铁含量超过50%的天然富矿可以直接入炉冶炼；而铁含量低于30%~45%的铁矿石直接入炉冶炼不经济，需要选矿和造块加工成人造富矿后入炉冶炼。

2.1.1 天然铁矿石

在现代技术条件下，能比较经济地大规模从中提取金属铁的矿物称为铁矿石。矿石中铁的氧化物、硫化物、碳酸化合物部分称铁的矿物，而非铁的氧化物部分，如酸性、碱性氧化物称为脉石。

矿石通常分为四类，其理化特性如表2-1所示。

表 2-1 铁矿石的分类及其特性

各类矿石名称	含铁矿物的名称和化学成分	矿物中的理论铁含量/%	矿石密度/$g \cdot m^{-3}$	颜色	条痕	成因	冶炼性能		
							实际铁含量/%	有害杂质	强度及还原性
磁铁矿（磁性氧化铁矿石）	磁性氧化铁（Fe_3O_4）	72.4	5.2	黑色或灰色，有时光亮	黑色	火成	45~70	硫磷含量高	坚硬，致密，难还原
赤铁矿（无水氧化铁矿石）	赤铁矿	70.0	4.9~5.3	红色至淡色，甚至黑色	红色	火成及水成	55~60	少	较易破碎，软，易还原
褐铁矿（含水氧化铁矿石）	水赤铁矿 $2Fe_2O_3 \cdot H_2O$	66.1	4.0~5.0	黄褐色暗褐色至黑色	黄褐色	水成	37~55	磷含量高	疏松，属软矿石，易还原
	针赤铁矿	62.9	4.0~4.5						
	水针铁矿	60.9	3.0~4.4						
	褐铁矿	60.0	3.0~4.2						
	黄针铁矿	57.2	3.0~4.0						
	黄赭石	55.2	2.5~4.0						
菱铁矿（碳酸盐铁矿石）	碳酸铁	48.2	3.8	灰色带黄褐色	灰色或带黄色	水成	30~40	少	易破碎，最易还原

2.1.1.1 铁矿石的种类及特性

铁矿石是由一种或几种含铁矿物和脉石组成的集合体。自然界中含铁的矿物甚多，目前能够用于炼铁的只有几种，它们按含铁矿物的主要特性，通常分为赤铁矿、磁铁矿、褐铁矿和菱铁矿 4 种类型。

A 赤铁矿（Fe_2O_3）

赤铁矿是最常见的铁矿石，俗称“红矿”，化学式为 Fe_2O_3。理论铁含量为 70%，氧含量为 30%。颜色为红色或暗红色。结晶的赤铁矿有金属光泽、硬度为 5.3~6。赤铁矿中往往含有 1%~8%残余磁铁矿，并且部分赤铁矿还会风化为褐铁矿。赤铁矿含有的有害杂质硫、磷、砷较磁铁矿和褐铁矿的要少，脉石成分为 SiO_2、Al_2O_3、CaO、MgO 等。

我国的鞍山齐大山、大孤山、樱桃园、东鞍山，河北邯郸、邢台、庞家堡、武安，安徽马鞍山，海南等地均有赤铁矿资源。

B 磁铁矿（Fe_3O_4）

磁铁矿是最常见的铁矿石，化学式为 Fe_3O_4，也可看成 $Fe_2O_3 \cdot FeO$（$w(Fe_2O_3)$ = 69%，$w(FeO)$ = 31%），理论铁含量为 72.4%，氧含量为 27.6%。颜色为灰色至灰黑色，有金属光泽，具有强磁性，硬度为 5.5~6.5。

磁铁矿含有的有害杂质硫、磷量较高，含钛和钒较多的称为钛磁铁矿和钒钛磁铁矿。脉石成分为石英、硅酸盐与碳酸盐。此外，矿石中还含有黄铁矿和磷灰石，有时还含有闪锌矿和黄铜矿。

自然界中的纯磁铁矿很少见，由于氧化作用，部分磁铁矿被氧化成赤铁矿。生成仍保留磁铁矿结晶形态的中间产物。按氧化程度的不同这种中间产物分为假象赤铁矿和半假象赤铁矿。所谓假象赤铁矿是磁铁矿（Fe_3O_4）氧化成赤铁矿（Fe_2O_3），但它仍保留原来磁铁矿的外形，所以叫做假象赤铁矿。由于磁铁矿和假象赤铁矿在铁矿石中的含量不同。一般可用TFe/FeO的比值（磁性率）来分类：TFe/FeO = 72.4/31 = 2.33时为纯磁铁矿矿石；小于3.5时为磁铁矿矿石；3.5～7时为半假象赤铁矿矿石；大于7.0时为假象赤铁矿矿石。

磁铁矿具有强磁性，晶体常呈八面体，少数为菱形十二面体。集合体常呈致密的块状，颜色和条痕均为铁黑色，半金属光泽，相对密度为4.9～5.2，硬度为5.5～6.5，无解理。脉石主要是石英及硅酸盐，还原性差，一般含有害杂质硫和磷较高。

我国的鞍山弓长岭、樱桃园，本溪的歪头山、南芬，包头，首钢迁安，大冶，河北武安等地均有磁铁矿资源。

C　褐铁矿（$m$$Fe_2O_3$·$n$$H_2O$）

褐铁矿的成分为含结晶水的Fe_2O_3，化学式为$mFe_2O_3 \cdot nH_2O$（m= 1～3、n=1～4）。理论含铁量为52%～66%。自然界中的褐铁矿绝大多数为$2Fe_2O_3 \cdot 3H_2O$，此外还有针铁矿（$Fe_2O_3 \cdot H_2O$）、水针铁矿（$2Fe_2O_3 \cdot H_2O$），褐铁矿的颜色为黄褐色，硬度为1.0～4.0。

褐铁矿按结晶水含量的不同可分为以下6类：

（1）水赤铁矿（$2Fe_2O_3 \cdot H_2O$），含5.32%结晶水；

（2）针铁矿（$Fe_2O_3 \cdot H_2O$），含10.11%结晶水；

（3）水针铁矿（$2Fe_2O_3 \cdot H_2O$），含13.04%结晶水；

（4）褐铁矿（$2Fe_2O_3 \cdot 3H_2O$），含14.39%结晶水；

（5）黄针铁矿（$Fe_2O_3 \cdot 2H_2O$），含18.37%结晶水；

（6）黄赭石（$Fe_2O_3 \cdot 3H_2O$），含25.23%结晶水。

自然界中的褐铁矿的富矿很少，脉石主要是硅酸盐、磷酸盐、硫酸盐等溶解后留下的矿物，因而杂质硫、磷、砷等含量较高。

我国江西马坑、山东黑旺、广东大宝山都有丰富的褐铁矿资源。

D　菱铁矿（$FeCO_3$）

菱铁矿化学式为$FeCO_3$，理论铁含量为48.2%，颜色为灰色或黄褐色。具玻璃光泽，硬度为3.9～4.0。

菱铁矿露出地表的部分很不稳定，易分解氧化成褐铁矿，覆盖在菱铁矿层表面。它的夹杂物为黏土和泥沙，因而含有害杂质硫、磷较少。菱铁矿常夹杂有镁、锰和钙等碳酸盐，铁含量较低。但经过焙烧，分解出CO_2气体，含铁量即提高，矿石也变得疏松多孔，易破碎，还原性好。

我国重庆綦江、贵州水城、辽宁凌源野猪沟、吉林通化、山西柞水等都有丰富的菱铁矿资源。

2.1.1.2　高炉冶炼对铁矿石的要求及铁矿石的质量评价

原料是炼铁生产的物质，铁矿石是高炉炼铁生产的主要原料，铁矿石质量的优劣，直接影响着高炉冶炼过程的进行和技术经济指标的好坏，优质铁矿石是使高炉生产达到高产、优质和低耗的重要条件之一。

决定铁矿石质量的因素主要是化学成分、物理性质及其冶金性能。适于高炉冶炼的矿石必须：铁含量高，脉石少，有害杂质少，化学成分稳定，粒度要均匀，并具有良好的还原性及一定的机械强度等性能。

A 矿石含铁量

矿石含铁量（亦称矿石品位）是衡量铁矿石质量的主要指标。它决定了矿石有无开采价值，以及开采后能否直接进行冶炼。工业上使用的铁矿石铁含量范围大约在 23%～70%之间，铁矿石铁含量高有利于降低高炉焦比和提高产量，铁矿石铁含量降低，其冶炼价值也降低。冶炼价值降低要较铁含量降低的幅度大得多。

例如，有 4 种铁矿石其铁含量分别为 60%、50%、40%、30%，假定矿石中的铁全部以 Fe_2O_3形态存在，脉石主要为酸性脉石，生铁中的铁有 92%由矿石带入，冶炼时炉渣碱度 $w(CaO+MgO)/w(SiO_2+Al_2O_3)=1.1$，石灰石的有效熔剂性为 53%，则用以上 4 种矿石分别冶炼 1t 生铁时需要的矿石量、矿石带入的脉石量、熔剂消耗量等计算结果列于表 2-2。

表 2-2 冶炼 1t 生铁时矿石和熔剂的消耗

矿石	矿石铁含量/%	矿石消耗/kg	矿石带入脉石/kg	熔剂消耗/kg	脉石、熔剂相对增长/倍
1	60	1533	218	454	1
2	50	1840	525	1090	2.4
3	40	2300	985	2050	4.5
4	30	3067	1752	3640	8.0

表 2-2 中各项计算方法为：

$$\text{矿石消耗量}=\frac{\text{1t 生铁中需由矿石提供的热量}}{\text{矿石铁含量}}$$

$$\text{脉石量}=\text{矿石量}-\text{矿石中 }Fe_2O_3$$

$$\text{熔剂量}=\frac{\text{1t 生铁矿石带入的脉石量}\times\text{炉渣碱度}}{\text{石灰石有效熔剂性}}$$

从表 2-2 中可以看出 4 种铁矿石含铁量依次相差仅为 10%，而在冶炼时由于铁矿石含铁量的降低，矿石带入的脉石量和相应的熔剂消耗量，相对依次增长 1 倍、2.4 倍、4.5 倍和 8 倍。因此，随着铁矿石铁含量的降低，脉石数量增多，熔剂消耗量大大增加，炉渣数量也相应增加，势必使焦比升高，而高炉产量急剧下降。同时冶炼铁含量低的矿石，由于渣量大，焦比高，也必然会给高炉操作和炉况的顺行带来很多困难。贫矿石直接入炉冶炼在经济上是不合算的，为了提高铁矿石的含量，贫矿都经过选矿处理，提高品位后再经烧结或球团加工过程，制造人造富矿入高炉冶炼。实践表明，这样不但能更合理地利用资源，而且能大大改善高炉技术经济指标。

矿石的贫矿或矿石直接入炉冶炼的最低合格品位，并没有严格固定的标准，因为它还取决于矿石中的脉石成分、有害杂质和有益元素的含量以及矿石类型等许多因素。对于褐铁矿、菱铁矿和碱性脉石较多的矿石，对铁含量的要求可适当降低，因为褐铁矿、菱铁矿

在其中的结晶水和 CO_2 分解放出后，铁含量可以提高。

对于含有益元素的矿石，从综合利用角度看，常常需要经过选矿处理。

一般来说，直接入炉冶炼的铁矿石称为富矿；由于含铁较低，不宜直接入炉冶炼需要经过选矿处理的铁矿石称为贫矿。

表 2-3 列出了我国铁矿石的最低工业品位。

表 2-3　我国铁矿石的最低工业品位

矿石类型	最低工业品位/%	说　明
磁铁矿	30	（1）若矿石可选性好，可适当降低指标；
赤铁矿	30~35	（2）若硅酸铁含量大于 2%~3%，可适当提高指标
褐铁矿	30	
菱铁矿	25	

矿石的最低工业品位不仅取决于含铁品位，同时也应考虑矿石的自然经济条件（如交通、运输、水电供应等）、矿山的开采条件（露天或井下）、矿石的贮量、可选性和综合利用等因素。

B　脉石的成分与数量

据现有铁矿资源来看，铁矿石的脉石成分绝大多数为酸性脉石，SiO_2 含量较高。在现代高炉冶炼条件下，为了得到一定碱度（炉渣碱度 $=w(CaO)/w(SiO_2)$）的炉渣就必须在炉料中配入一定数量的碱性熔剂，铁矿石中 SiO_2 愈多，需加入的石灰石也愈多，同时生成的渣量也愈大，这样必然导致燃料消耗量增多，使焦比升高和产量下降。因此，要求矿石中的 SiO_2 含量愈低愈好。

矿石碱度愈高，则冶炼时加入的石灰量愈少。有的矿石含碱性脉石，当矿石中 $w(CaO)/w(SiO_2)$ 比值接近炉渣碱度时，这种矿石称为自熔性矿石。用自熔性矿石冶炼时，可以少加或不加熔剂，即使这种矿石的品位较低，也有开采价值。如我国本溪矿区的通远堡、马鞍山矿区的桃冲等地的矿石，虽然品位低于 40%，但因脉石碱度较高，实际上还是好原料。

脉石中含碱性氧化物（CaO）较多的矿石，具有较高的冶炼价值，这种矿石可以视为酸性脉石的富矿和石灰石的混合矿，用这种矿石冶炼有利于降低焦比。表 2-4 列举了甲、乙两种矿石，其含铁量甲矿石低于乙矿，甲矿石为自熔性矿石，乙矿石为具有酸性脉石的矿石。将甲矿石碱度换算成与乙矿石碱度相同时，可比较其铁含量的变化。

表 2-4　甲乙两种矿石化学成分比较

矿石种类	Fe 含量/%	SiO_2 含量/%	CaO 含量/%	碱　度
甲　矿	50.0	11.0	14.3	1.30
乙　矿	53.0	19.0	2.5	0.13
换算后甲矿	57.5	12.0	1.64	0.13

甲矿石 CaO 将多出 $14.3\%-0.13\times11\%=12.87\%$，这部分多余的 CaO 作为熔剂单独分开。

甲矿石的其他成分均分别乘以 $\frac{1}{1-0.1287}$，即得到换算后的甲矿石其他成分（甲矿石换算后的 $w(CaO)=(14.3\%-12.87\%)\times\frac{1}{1-0.1287}=1.64\%$）。

通过换算后的成分看出，在保持甲乙两种矿石碱度相同的条件下，甲矿石铁含量却比乙矿石铁含量高了。实际上冶炼甲矿石比冶炼乙矿石更为有利。

从以上计算可以明显看出，评价一种铁矿的质量，除看铁含量高低外，还应看其中碱性脉石的数量多少，并通过以下公式计算出扣除碱性氧化物的铁含量来评价铁矿石的质量。

（1）扣除 CaO 后矿石铁含量按下式计算：

$$w(Fe)_{扣CaO}=\frac{w(TFe)_{\%}}{100-w(CaO)_{\%}}\times 100\% \tag{2-1}$$

（2）扣除（CaO+MgO）后矿石铁含量按下式计算：

$$w(Fe)_{扣CaO+MgO}=\frac{w(TFe)_{\%}}{100-w(CaO+MgO)_{\%}}\times 100\% \tag{2-2}$$

式中　$w(TFe)_{\%}$——化验得到的全铁的质量百分数；

$w(CaO)_{\%}$——化验得到的氧化钙的质量百分数；

$w(CaO+MgO)_{\%}$——化验得到的氧化钙加氧化镁的质量百分数。

【例 2-1】 某铁矿石 $w(TFe)=52.20\%$，$w(CaO)=2.50\%$，$w(MgO)=5.30\%$，计算扣 CaO、MgO 后的铁含量。

解： $w(Fe)_{扣CaO}=\frac{w(TFe)_{\%}}{100-w(CaO)_{\%}}\times 100\%=\frac{52.20}{100-2.50}\times 100\%=52.54\%$

$$w(Fe)_{扣CaO+MgO}=\frac{w(TFe)_{\%}}{100-w(CaO+MgO)_{\%}}\times 100\%=\frac{52.20}{100-(2.5+5.5)}\times 100\%=56.74\%$$

对于含 MgO 高的矿石碱度多用 $R=w(CaO+MgO)/w(SiO_2+Al_2O_3)$ 表示。我国的利国矿含 MgO 为 5.75%，漓渚矿含 MgO 高达 10.61%，渣中含适量的 MgO，能改善炉渣的流动性和增加其稳定性，一般认为炉渣中保持 6%～8%的 MgO 有利于高炉冶炼操作。炉渣中 MgO 含量过高反会降低其脱硫能力和渣的流动性，我国有的高炉以含 18%～20%的炉渣进行冶炼。渣中 MgO 量大于 20%时，可能会给冶炼带来一定的困难。因此，在单独冶炼含 MgO 较高的矿石时，应注意 MgO 的平衡，若 MgO 含量过高，就应与其他低 MgO 矿石搭配使用。

根据 MgO 的平衡，精矿或铁矿石中 MgO 的最高允许含量（计算中焦炭灰分中的 MgO 量很少，忽略不计）可用下式表示：

$$w(MgO)_{矿}=A\times w(MgO)\times\frac{w(Fe)_{矿}}{w[Fe]} \tag{2-3}$$

式中　A——渣铁比（此值可按已知的原料成分计算）；

$w(MgO)$——渣中 MgO 最高允许含量；

$w[Fe]$——生铁中的铁含量，一般为 93%；

$w(Fe)_{矿}$——铁矿石或精矿中的铁含量。

矿石中的品位提高和渣量增加，将允许矿石最高 MgO 含量升高。

Al_2O_3在高炉渣中为中性氧化物，但渣中 Al_2O_3浓度超过 18%~22%以上时，炉渣变得难熔，流动性变差。因此对矿石中的 Al_2O_3要加以控制，一般矿石中 $w(SiO_2)/w(Al_2O_3)$ 比值不宜小于 2~3。若 $w(SiO_2)/w(Al_2O_3)$ 比值很小，就得与含 Al_2O_3较低的矿石配合使用。

一些矿石脉石成分中含有 TiO_2，由于主要含钛矿物的钛铁晶石（$Fe[TiO_2Fe]O_4$）晶粒很细，同磁铁矿形成连晶体，很难用一般机械的方法选别，故精矿中仍含相当数量的 TiO_2。含 TiO_2的炉渣在冶炼中有变稠的特点，容易导致渣铁不分，炉缸堆积和生铁含硫升高等。因此，过去长期认为渣中 TiO_2含量不能超过 8%，致使大量的钛磁铁矿不能被利用。我国炼铁工作者通过多年的科研与生产实践，在用高 TiO_2的条件下，获得渣铁流畅和生铁合格的冶炼效果。

有些矿石的脉石成分中尚含有 CaF_2，它使炉渣熔化温度降低，流动性能改善。

C　*矿石中常见的伴生元素*

在铁矿石中除含铁物质和脉石成分之外，通常还含有许多伴生元素。

a　硫

硫对钢材是最为有害的成分，它使钢材具有热脆性。因为 FeS 和 Fe 结合成低熔点（985℃）合金，冷却时最后凝固成薄膜状，并分布于晶粒界面之间，当钢材被加热至 1150~1200℃时，硫化物首先熔化，使钢材沿晶粒界面形成裂纹。硫对铸造生铁同样有害，它降低生铁的流动性及阻止碳化物分解，使铸件容易产生气孔，又因 Fe_3C 硬而脆使铸件难于车削加工并降低铸件的韧性。国家标准规定硫的含量，炼钢生铁最高不大于 0.07%为一级矿，铸造生铁最高不大于 0.05%，因此要求铁矿中含硫量愈低愈好。

在高炉冶炼过程中，硫在高炉内可以去除 90%以上，但脱硫要求提高炉渣碱度，需要增加石灰石用量，同时渣量也随之增加，这样势必要使高炉焦比升高，产量降低。根据鞍钢经验，矿石中硫升高 0.1%，焦比硫升高 5%。一般规定矿石中硫含量不大于 0.06%为一级矿，硫含量不大于 0.2%为二级矿，硫含量大于 0.3%为高硫矿。

b　磷

磷也是钢铁材料的有害成分，它使钢材具有冷脆的性质。磷化物聚集于晶界周围减弱晶粒间结合力，使钢冷却时发生很大的脆性，从而造成冷脆现象。但磷又可以改善铁水的流动性，所以在浇铸形状复杂的普通铸件时，允许生铁中含有较多的磷，因磷的存在同样影响铸件的强度，所以，除少数高磷铸造铁允许有较高的磷含量外，一般生铁含磷量愈低愈好。

由于磷在选矿和烧结过程中不易去除，而在炼铁过程中磷又全部还原进入生铁，所以控制生铁磷含量的唯一途径就是控制原料的磷含量。

为了保证生铁质量，必须控制矿石中磷含量。根据磷的平衡，矿石中允许磷含量 $P_{矿}$ 可用下式计算：

$$w(P_{矿}) = \frac{w[P] - w(P)_{熔、焦}}{K} = \frac{(w[P] - w(P)_{熔、焦}) \times w(Fe)_{矿}}{w[Fe]} \tag{2-4}$$

式中　$w[P]$ ——生铁中规定磷含量,%；

$w(P)_{熔、焦}$——单位生铁所需的熔剂和焦炭带来的磷量,%；一般约为 0.03%；

K——生产单位生铁的矿石消耗量，$K=w[Fe]/w(Fe)_{矿}$；

$w[Fe]$——由矿石带入生铁中的铁,%；

$w(Fe)_{矿}$——矿石铁含量,%。

【例 2-2】 用含铁 50%、含磷 0.17%的矿石冶炼炼钢生铁，生铁中允许磷含量不大于 0.40%，生铁中的铁有 92%来自矿石，试计算用这种矿石是否能冶炼出含磷合乎要求的生铁?

解：根据式（2-4）计算矿石允许磷含量：

$$w(P)=\frac{w[P]-w(P)_{熔、焦}}{K}=\frac{(w[P]-w(P)_{熔、焦})\times w(Fe)_{矿}}{w[Fe]}$$

$$=\frac{(0.004-0.0003)\times 0.50}{0.92}\times 100\%=0.201\%$$

经计算得知，矿石中允许的磷含量 0.201%大于矿石中的实际磷含量 0.17%，所以用这种矿石可以炼出含磷合乎要求的生铁。

若矿石中含磷量超过允许的界限，应与磷含量较低的矿石配合使用，以保证生铁中的磷合乎要求。

c　铅

铅在高炉内是易还原元素，铅不溶于生铁，其密度又大于生铁，所以还原出来的铅沉积于炉底铁水层以下，极易渗入砖缝破坏砌砖，甚至使炉底砌砖浮起。铅在 1550℃时沸腾，铅蒸气在炉内挥发上升，于高炉上部再度氧化成 PbO，部分随气流逸出，部分又随炉料下降再被还原，如此循环使炉内铅不断积累，冶炼含铅矿时常结瘤。因此，要求矿石中含铅量愈少愈好，一般矿石中含铅不应超过 0.1%。

d　锌

在高炉内锌是易还原的，且不溶于生铁，其所以认为是有害元素是由于锌在还原后，在高温区以锌蒸气大量挥发上升并在高炉上部被氧化，结果易生成炉瘤，或者由于 ZnO 沉积到耐火砖的孔隙中而破坏炉衬，有时使砌砖膨胀而引起炉壳破裂。因此要求矿石中锌含量愈少愈好。国外冶炼含锌矿的实践表明，锌含量小于 0.1%时可顺利冶炼。一般要求矿石中含锌量不超过 0.1%~0.2%。若矿石中含锌量高时则不能单独直接冶炼，必须与含锌少的矿石混合使用，或进行焙烧、选矿等处理，以降低矿石中锌含量。

e　砷

砷在高炉冶炼过程中全部还原进入生铁中，钢中含砷大于 0.1%以上时，使钢增加脆性并使焊接性能变坏。因此应控制矿石中砷含量，要求矿石中砷含量不应超过 0.07%。

f　铜

铜在烧结过程中不能去除。在高炉冶炼时全部还原到生铁中，在炼钢时又进入钢中，铜在钢中含量不超过 0.3%时，能改善钢的性质特别是能提高钢的耐腐蚀性能。但当铜含量超过 0.3%时，则金属的焊接性能降低并产生热脆现象。

钢铁中铜含量主要取决于原料铜含量，矿石中的最大允许铜含量 $(Cu)_{矿}$ 可用下式表示：

$$w(Cu)_{矿}=\frac{w[Cu]\times w(Fe)_{矿}}{w[Fe]} \tag{2-5}$$

式中 $w[Cu]$ ——生铁中允许铜含量,%;

$w(Fe)_{矿}$——矿石中的铁含量,%;

$w[Fe]$ ——由矿中带入生铁中的铁,%;

在 $w[Cu]=0.25\%$、$w(Fe)_{矿}=50\%$、$w[Fe]=93\%$ 的条件下,$w(Cu)_{矿}=0.13\%$。一般矿石允许含铜不应超过0.2%。

g 氟和稀土元素

氟以 CaF_2 形式进入渣中，它能增加炉渣的流动性及降低炉渣的熔点。矿石中氟含量过多时会使炉渣在高炉内过早形成，不利于矿石的还原，且氟的挥发对耐火材料及金属结构有一定的腐蚀作用。矿石含氟达1%时对冶炼无影响，含量达4%~5%时，需增加炉渣碱度来控制炉渣的流动性。

含氟和稀土元素的铁矿石，可以通过磁选-浮选的选矿流程而获得铁精矿、稀土精矿和萤石。

铁矿石中伴生的所谓有益元素，是指对金属质量有改善作用或可提取的元素，如锰（Mn)、铬（Cr)、钴（Co)、镍（Ni)、钒（V)、钽（Ta)、铈（Ce)、镧（La）等。当这些元素含量达到一定数量时，如 $w(Mn)\geqslant 5\%$、$w(Ni)\geqslant 0.2\%$、$w(Cr)\geqslant 0.06\%$、$w(V)\geqslant 0.1\%\sim 0.15\%$、$w(Co)\geqslant 0.03\%$、$w(Cu)\geqslant 0.3\%$、$w(Pb)\geqslant 0.5\%$、$w(Zn)\geqslant 0.7\%$、$w(Mo)\geqslant 0.3\%$时，可视为复合矿石，经济价值很大，是宝贵的财富。

h 锰

几乎一切铁矿石均含有或多或少的锰元素，但一般含量不高。锰在钢中可改善钢的力学性能，尤其是增加钢的硬度。在冶炼炼钢生铁时锰的还原率为40%~60%。锰与氧的亲和力比较大，在钢水中和 FeO 作用生成 MnO，从而减少了钢水中的 FeO 含量，在钢材加工时大大地减少由于 FeO 而产生的裂纹。同时，MnO 不溶于钢水，可以浮到液面而除去，这样锰就成为炼钢时的脱氧剂。

锰与硫的亲和力大于铁与硫的亲和力，在铁水或钢水中锰与 FeS 作用生成 MnS。MnS 不易溶于金属中而浮到液面上被除去，尤其当温度下降时，MnS 在铁水中的溶解度会降得更低，因此锰可以起脱硫的作用。高炉出铁后在铁水罐或混铁炉中铁水的硫含量降低就是这种原因。若时间短，MnS 来不及上浮时剩留在金属中也比 FeS 的危害要小些。

含锰的粉矿在烧结时锰还可以改善矿石的烧结作用。

i 铬

铬在矿石中常以 $FeO\cdot Cr_2O_3$ 状态存在，在高炉内铬的还原率可达80%~95%。铬是钢中的有益元素，可以使钢的耐腐蚀能力增加。钢中加入铬与镍可制成镍铬不锈钢，此外铬还能增加金属的强度。

矿石中含铬对高炉冶炼不起显著影响，但对炼钢操作却有影响。由于生铁中的铬在炼钢过程中又被氧化而进入渣中，所以炉渣变得很黏稠不好操作。因此，希望生铁中铬含量不大于0.4%~0.6%，这就要求铁矿石中铬含量不高于0.25%。

j 钛

钛常存在于磁铁矿中，为钛铁矿（$FeO\cdot TiO_2$）。钛是近代高温合金需用的元素之一，钛在钢中是一种有益元素。

在高炉冶炼时，矿石中的 TiO_2 除极少部分被还原进入生铁外，其余部分都进入炉渣。

钛渣性质不稳定，在炉缸还原性气氛下渣中 TiO_2 将有一部分被还原成 Ti_2O_3、TiO 和金属钛。金属钛一部分进入生铁，一部分生成高熔点的 TiC 和 TiN 留在渣中。随着渣中钛的低价氧化物和钛的碳氮化物数量的增加，炉渣将出现变稠带铁现象。必须采取适当措施减少 TiO_2 的还原，防止和消除炉渣的稠化，才能保证高炉的正常生产。

利用含 TiO_2 炉渣的性质，近年国内外许多厂家采用含钛炉料护炉措施，在减缓炉缸下部侵蚀或挽救濒于停炉的炉缸、炉底方面收到了良好的效果。

k 钒

钒是非常宝贵的合金元素，通常在钛磁铁矿中都含有少量的钒，有的褐铁矿及含磷高的矿石中也含有少量的钒。在高炉冶炼中钒可以还原 70%~80%。

D 矿石的还原性

铁矿石还原性的好坏是指矿石被还原性的气体 CO 或 H_2 还原的难易程度。它是一项评价铁矿石质量的重要指标。

影响铁矿石还原性的因素主要有矿物组成、矿石本身结构的致密程度、粒度和气孔率等。气孔率大的矿石透气性好，可以增加煤气和矿石的接触面积，因此可以加速铁矿石的还原。磁铁矿的组织致密，最难还原。赤铁矿有中等的气孔率，比较容易还原。最容易还原的是褐铁矿和菱铁矿，因为这两种矿石分别在失去结晶水和去掉 CO_2 后，矿石的气孔率增加。烧结矿和球团矿的还原性比天然矿石的还原性要好。

E 矿石的软化性

矿石的软化性是指矿石软化温度和软化温度区间两个方面。软化温度是指矿石在一定的荷重下加热开始变形的温度；软化温度区间是指矿石开始软化到软化终了的温度范围。一般矿石的软化温度愈高，软化区间愈窄；相反软化温度愈低，软化区间愈宽。

矿石的软化温度和软化区间对高炉冶炼有很大影响，当矿石的软化温度高时，软化区间窄，在炉内就不会过早形成炉渣，且成渣带位置低，半熔体区域也小，这有助于改善高炉料柱的透气性；反之，初成渣带生成过早，位置高，初渣中 FeO 含量高，使炉内的透气性变坏，严重时会导致高炉难行或悬料、崩料，使高炉冶炼过程无法正常进行。

F 矿石的粒度组成

铁矿石的粒度组成对高炉冶炼的影响至关重要。若粉末多，则料柱透气性不好，从而导致炉况不顺，煤气能量得不到充分利用；但若粒度过大，又会使矿石的还原速度降低，煤气能量同样得不到很好的利用，最终导致焦比升高。因此，加强矿石整粒，缩小矿石粒度，减少粉末，保证粒度均匀，是改善炉料透气性和矿石还原性的主要措施。

生产实践表明，在原料质量不断得到改善、操作水平不断提高的情况下，矿石粒度上限应趋于降低，下限应有所提高，即矿石颗粒应逐步趋向均匀化。矿石粒度是对高炉能否进一步强化冶炼的限制性环节之一。

G 铁矿石化学成分的稳定性

铁矿石化学成分的稳定性，是指入炉矿石的化学成分能否在一定时期内保持均一稳定，这对于高炉冶炼顺利与否来说是一个很重要的因素。矿石品位的波动将引起炉温和炉渣量的波动，脉石成分的波动会导致炉渣碱度和生铁质量的波动，从而引起操作制度混乱，破坏高炉的顺行，导致焦比升高产量下降。因此要求矿石的化学成分要稳定，其波动范围尽可能地缩小。其主要措施就是控制进矿来源和加强入厂后原料的中和均匀。

2.1.1.3　我国和部分进口天然铁矿石的理化性能

武钢、鞍钢测定的部分国内与进口天然块矿的理化性能见表 2-5～表 2-8。

表 2-5　几种铁矿石的理化性能

块矿名或产地	化学成分（质量分数）/%											
	TFe	FeO	SiO_2	Al_2O_3	CaO	MgO	K_2O	Na_2O	Zn	V	S	Cu
澳　块	66.24	0.50	2.42	0.51	0.14	0.045	0.028	0.04	0.004	0.046	0.012	
印　度	63.94	0.63	6.26	1.99	0.07	0.04	0.01	0.025	0.048	0.011		
南　非	66.71	0.45	3.64	0.66	0.27	未　测	0.039	0.130	0.01		0.010	
海　南	57.17	0.35	17.08	0.36	0.125	0.045	0.03	0.05	0.004	0.024	0.011	
清　路	47.69	9.35	15.60	7.40	0.105	1.27	0.16	0.06	0.06	0.658	0.019	
黄　梅	54.72	0.30	6.50	0.51	0.095	0.315	0.128	0.05	0.013	0.613	0.168	0.611
文　竹	53.58	5.60	8.24	5.40	1.40	0.305	0.09	0.06	0.01	0.686	0.29	
鄂　城	47.05	0.10	31.00	0.15	0.095	0.04	0.01	0.06	0.004	0.010	0.01	

块矿名或产地	热爆裂率（-5mm）/%	ISO 还原度/%	荷重还原软熔温度/℃				
			软化开始	软化终了	熔融	软化区间	熔融区间
澳　块	1.49	55.98	1230	1428	1499	198	71
印　度	1.32	57.22	1196	1398	1482	202	84
南　非	1.18	62.68	1205	1404	1485	199	81
海　南	0.02	60.88	1225	1426	1500	201	74
清　路	1.05	61.22	1065	1309	1428	244	119
黄　梅	0.92	64.35	1002	1323	1450	321	127
文　竹	14.07	50.17	1084	1320	1432	236	112
鄂　城	0.84	60.25	1150	1359	1468	209	109

表 2-6　块矿的冶金性能（北京科技大学测定）

块矿名或产地	化学成分（质量分数）/%								
	TFe	FeO	CaO	MgO	SiO_2	Al_2O_3	TiO_2	S	P_2O_5
澳纽块	65.09	1.17		0.18	2.84	0.66	0.11	0.01	0.02
澳哈块	66.17	0.54	0.05	0.04	2.22	1.45			
南　非	65.62	0.45	0.03	0.02	4.26	1.43			
印　度	66.21		0.12	0.13	2.45	0.96	0.11	0.01	0.04
海　南	51.87	1.30	0.04	0.04	20.84	1.86			

块矿名或产地	900℃还原度/%	低温还原粉化率（-3.15mm）/%	热爆裂率（-5mm）/%	荷重还原软熔温度/℃				
				软化开始	软化终了	熔融	软化区间	熔融区间
澳纽块	73.0	13.8		1017	1318	1512	301	194
澳哈块	56.0	19.8	1.56	959	1187	1455	228	268
南　非	62.7	15.1	1.18	1115	1220	1425	105	205
印　度	73.0	15.7		997	1267	1447	270	180
海　南	57.2	12.7	0.1	1187	1219	1256	32	37

表 2-7　鞍钢用高炉块矿的冶金性能（鞍钢钢研所测定）

块矿名或产地	化学成分（质量分数）/%						900℃还原度/%	低温还原粉率（-3mm）/%	热爆裂率（-5mm）/%	软熔温度/℃	
	TFe	FeO	CaO	SiO_2	P	Al_2O_3				收缩10%	收缩100%
印　度	69.24	0.13	痕	0.46	0.079	0.39	66.4	38.9	30.7	1010	1340
巴　西	68.55	0.13	0.30	1.03	0.019	1.06	47.4	11.3	3.6	1120	1370
澳扬皮	70.29	0.13	0.22	0.28	0.003	0.14	54.0	50.3	15.8	1090	1280
石　录	60.17	0.35	痕	13.94	0.03	0.42	56.1	16.5	0.6	1150	1420
弓长岭	69.17	30.53	0.22	1.55	0.004	0.92	37.5	4.7	0.5	1125	1425
寒　岭	56.79	12.63	痕	16.95			47.6	12.7		1170	1510

表 2-8　铁矿石的荷重还原软熔温度

矿石名称	化学成分（质量分数）/%					$w(CaO)/w(SiO_2)$	荷重还原软熔温度/℃	
	TFe	FeO	CaO	SiO_2	MgO		软化	熔化
烧结矿	53.61	8.90	12.76	8.22	1.86	1.55	1185	1520
秘鲁球团	65.65	1.08	0.29	4.13	0.96	0.07	1060	1325
印度块	69.24	0.13		0.46			1010	1340
巴西块	68.55	0.13	0.30	1.03			1120	1370
澳大利亚扬皮矿①	70.29	0.13	0.22	0.28			1090	1280
海南块	60.17	0.35		13.94			1150	1420

①澳大利亚扬皮矿为镜铁矿。

2.1.2　人造富矿

所谓“人造富矿”，就是用人工加工的方法生产的能满足高炉冶炼要求的铁矿石，也称人造块矿。

目前，人造富矿的生产方法主要有烧结法、球团法及铁焦法等，而发展最快的是烧结法与球团法两种。生产人造富矿的工艺方法又叫做“粉矿造块”。

2.1.2.1　生产人造富矿的重要意义

长期的生产实践证明，人造块矿是一种理想的高炉原料，这是因为：

（1）生产人造块矿能强化冶炼过程。大家知道，从矿山开采出来的各种铁矿石，有富矿和贫矿。贫矿由于铁品位低必须经过选矿，但选出的精矿粒度细，不能直接入炉冶炼。同样，富矿的粒度也极不均匀，也要经过破碎筛分使其粒度均匀，但在破碎过程中必然会产生大量的矿粉，这些矿粉也是不能直接入炉冶炼的，所以不论是精矿或富矿粉，都必须进行造块，以改善入炉原料的粒度组成，满足高炉的冶炼要求。

（2）生产人造块矿能提高冶炼产品质量。铁矿石中常含有硫、磷、砷以及铜、铅、锌等元素，当这些元素的含量超过某一值时，直接入炉冶炼对钢铁的质量有很大的影响，对冶炼设备也有很大的破坏作用。通过造块生产人造块矿，就可以大部分或部分除去这些有害元素，这就保证了冶炼产品的质量，也起到了保护冶炼设备的作用。

（3）生产人造块矿能扩大冶炼原料的来源。在钢铁企业或化工企业中，常常会有大量的副产物，如高炉炉尘、轧钢皮、铸铁屑、炼钢炉渣以及硫酸渣等，这些副产物都含有较高的铁，但因粒度较细或含有其他有害元素，不能直接入炉冶炼，常常成为企业的“废弃物"。生产人造块矿就可以将这些“废弃物”加入到造块过程中再次得到利用，而且还可以节约造块过程的能耗，降低生产成本。所以，生产人造块矿能利用工业生产中的副产物，扩大了入炉原料的来源，起到“变废为利”的效果。

（4）生产人造块矿能扩大冶炼燃料的来源。生产人造块矿可以利用焦化工厂产生的焦粉，也可以利用产量丰富的无烟煤，还可以利用非炼焦煤生产各种综合性的人造块矿。为扩大冶炼燃料创造了良好的条件。同时这些燃料价格都比较低廉，因而又可降低企业的生产成本。

总之，生产人造块矿可以根据各种矿石原料的性质，采用不同的造块方法和各种技术措施，人为地改善入炉原料的各种性质，为高炉冶炼提供粒度均匀、成分稳定、物理化学特性以及冶金性能良好的精料，使其最大限度地满足冶炼的要求，大大地强化冶炼过程，经济效益显著。所以，造块工业已成为当今世界钢铁工业中不可缺少的重要组成部分。

2.1.2.2　生产人造富矿的两种方法

A　烧结法

烧结法是为高炉冶炼提供“精料”的一种加工方法，是利用精矿或矿粉制成块状冶炼原料的过程，其过程的实质是：将准备好了的各种原料（精矿或富矿粉、燃料、熔剂及返矿等），按一定的比例经过配料、混合与制粒，得到符合要求的烧结料，烧结料经点火借助碳的燃烧和铁矿物的氧化而产生高温，使烧结料中的部分组分软化和熔化，发生化学反应生成一定数量的液相，冷却时相互黏结成块，这一过程称为烧结过程，简称为烧结。它所得到的产品就称为烧结矿。

按照烧结矿的碱度 $w(CaO)/w(SiO_2)$，烧结矿一般可分为：

（1）普通烧结矿，又叫酸性烧结矿。烧结矿的碱度低于炉渣的碱度，一般都小于 1.0。这种烧结矿在入炉冶炼时需要加入一定数量的熔剂。

（2）自熔性烧结矿。烧结矿的碱度等于或稍高于炉渣的碱度，一般为 1.2~1.5 左右，其本身在入炉冶炼时不需另加熔剂。

（3）高碱度烧结矿，又叫熔剂性烧结矿。其碱度高于炉渣的碱度，一般都在 1.5 以上。这种烧结矿在入炉冶炼时可以代替部分或全部熔剂，所以常与富矿块或酸性球团矿或酸性烧结矿配合使用。

目前很少生产酸性烧结矿，绝大多数烧结厂都是生产自熔性烧结矿或高碱度烧结矿，特别是生产高碱度烧结矿发展很快，因为它的质量比其他两种烧结矿都好。对于熟料比较低的冶炼厂来说，还能较大幅度地降低冶金燃料的消耗。

生产烧结矿的方法很多，主要设备为带式烧结机、步进式烧结机和环式烧结机。图 2-1 为烧结法（抽风）的一般工艺流程示意图。

烧结矿的技术要求应符合黑色冶金行业标准。2005 年 7 月 26 日，中华人民共和国国家发展和改革委员会发布了中华人民共和国黑色冶金行业标准 YB/T 421—2005《铁烧结矿》，并于 2005 年 12 月 1 日实施，代替 YB/T 006—1991、YB/T 421—1992。YB/T 421—2005 根据铁烧结矿技术指标的高低，将铁烧结矿分为两类：

优质铁烧结矿：标记（U）；

普通铁烧结矿：标记（P）。

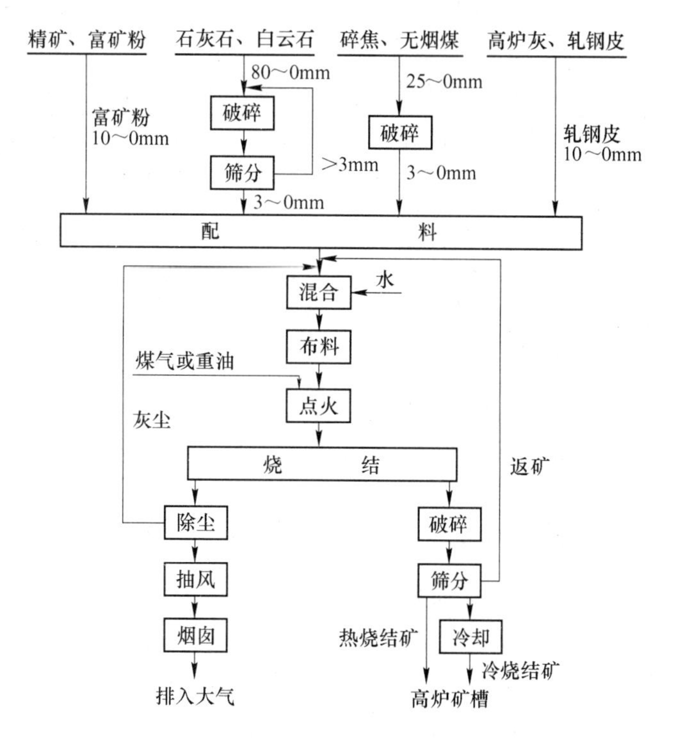

图 2-1　抽风烧结的一般工艺流程示意图

优质铁烧结矿的技术指标应符合表 2-9 的规定。

表 2-9　优质铁烧结矿技术指标（YB/T 421—2005）

项目名称	化学成分（质量分数）				物理性能/%			冶金性能/%	
	TFe/%	$\frac{w(CaO)}{w(SiO_2)}$	FeO/%	S/%	转鼓指数（+6.3mm）	筛分指数（-5mm）	抗磨指数（-0.5mm）	低温还原粉化指数（RDI）（+3.15mm）	还原度指数（RI）
允许波动范围	±0.40	±0.05	±0.50	—					
指标	≥57.0	≥1.70	≤9.00	≤0.03	≥72.0	≤6.0	≤7.00	≥72.00	≥78.00

注：TFe、$w(CaO)/w(SiO_2)$（碱度）的基数由各生产企业自定。

普通铁烧结矿的技术指标应符合表 2-10 的规定。

表 2-10　普通铁烧结矿技术指标（YB/T 421—2005）

项目名称		化学成分（质量分数）				物理性能/%			冶金性能/%	
碱度	品级	TFe/%	$\frac{w(CaO)}{w(SiO_2)}$	FeO/%	S/%	转鼓指数（+6.3mm）	筛分指数（-5 mm）	抗磨指数（-0.5 mm）	低温还原粉化指数（RDI）（+3.15mm）	还原度指数（RI）
		允许波动范围		不大于						
1.5～2.50	一级	±0.509	±0.08	11.00	0.060	≥68.00	≤7.00	≤7.00	≥72.00	≥78.00
	二级	±1.00	±0.12	12.00	0.080	≥65.00	≤9.00	≤8.00	≥70.00	≥75.00
1.0～1.50	一级	±0.50	±0.05	12.00	0.040	≥64.00	≤9.00	≤8.00	≥74.00	≥74.00
	二级	±1.00	±0.10	13.00	0.060	≥61.00	≤11.00	≤9.00	≥72.00	≥72.00

我国主要重点企业烧结矿质量及主要技术经济指标见表2-11。

表2-11 2006年重点企业烧结生产技术经济指标

企业名称	年产量/万吨	合格率/%	品位/%	转鼓指数/%	利用系数/t·(m²·h)⁻¹	台时产量/t·h⁻¹	日历作业率/%
唐　钢	969.65	96.90	56.28	80.66	1.31	188.72	97.76
包　钢	938.42	82.85	55.84	75.43	1.24	185.14	91.04
鞍　钢	1799.11	92.37	57.55	77.90	1.25	298.62	76.53
本　钢	1060.87	97.51	57.33	78.96	1.19	197.31	61.64
上海宝钢	2715.06	99.76	58.41	77.52	1.40	366.12	94.53
马钢股份	1125.57	95.62	56.84	77.95	1.51	266.35	96.48
武　钢	1423.72	97.46	57.19	77.49	1.33	476.08	87.57
重　钢	227.38	94.31	54.73	75.65	1.31	133.67	84.92
水　钢	489.18	93.89	54.68	73.46	1.39	128.36	87.01
酒　钢	615.06	98.15	48.90	80.25	1.74	131.56	91.67

我国典型地方骨干企业烧结矿质量及主要技术经济指标见表2-12。

表2-12 1999年地方骨干企业烧结生产技术经济指标

企业名称	年产量/万吨	合格率/%	品位/%	转鼓指数/%	利用系数/t·(m²·h)⁻¹	台时产量/t·h⁻¹	日历作业率/%
凌　源	265.06	96.17	57.04	71.34	1.71	79.06	95.68
邯　钢	740.31	93.54	56.34	77.47	1.29	118.27	89.32
承　钢	345.59	76.79	54.48	81.58	1.20	151.64	69.79
北　台	844.81	97.72	55.60	73.13	1.69	129.12	96.76
新　抚	229.47	85.40	54.06	87.18	1.46	101.17	76.43
营口中板	357.41	93.71	55.36	79.25	1.41	218.77	94.28
通　钢	242.14	84.18	53.41	75.17	1.91	122.48	91.26
西　林	102.28	65.30	51.84	73.79	1.55	71.44	83.44
南　京	592.17	96.07	56.72	79.22	1.76	147.41	85.98
沙　钢	1076.32	100.00	55.89	78.13	1.32	350.95	88.95
杭　钢	0.00	90.07	54.88	75.56	1.64	134.15	79.09
新　余	521.18	96.37	53.54	75.66	1.68	125.56	98.34
南　昌	253.63	84.89	55.41	73.67	1.52	103.36	93.38
萍　乡	447.70	79.01	55.22	74.25	1.59	79.50	92.12
三　明	380.05	98.71	56.81	68.77	1.95	91.58	94.75
济　钢	559.24	92.99	56.18	77.35	1.62	138.21	90.50
莱　芜	1077.53	94.64	57.71	77.20	1.25	231.46	94.53
青　岛	472.21	99.69	56.06	74.26	1.77	136.86	98.47
张　店	149.47	88.18	57.10	0.00	1.97	47.28	90.22
安　阳	580.35	80.34	56.08	77.03	1.38	147.98	93.82
鄂　钢	325.42	92.47	56.39	74.05	1.32	69.41	89.21
涟　源	658.31	91.70	55.70	73.50	1.33	190.97	79.68
冷水湾	52.96	54.50	0.00	1.43	122.54	93.14	93.43
广　钢	121.21	94.31	55.99	83.43	1.70	50.96	96.33

日本部分企业 1998 年 1~3 月烧结矿质量及主要技术经济指标见表 2-13。

表 2-13　1998 年 1~3 月日本部分企业烧结矿生产技术经济指标

厂名（高炉号）	烧结机面积 /m^2	料层厚度 /mm	利用系数 /t·$(m^2 \cdot h)^{-1}$	作业率 /%	返矿量 /kg·t^{-1}	固体燃耗 /kg·t^{-1}	点火热耗 /MJ·t^{-1}	电耗/kW·h：t^{-1}	成品粒度/%		
									5~10mm	0~5mm	平均
水岛（4）	410	560	1.47	98.3	235	48.5	24.5	33.2	21.7	4.9	21.7
加古川（1）	262	628	2.12	97.0	146	51.0	29.7	38.1	30.2	11.1	16.4
君津（3）	500	610	1.64	96.6	251	46.9	35.1	32.4	26.5	6.3	19.2
广畑（3）	480	545	1.12	97.1	217	47.4	57.0	28.2	18.6	4.0	21.1
大分（2）	600	461	1.18	95.7	328	55.2	21.4	28.6	21.2	5.7	18.7
鹿岛（3）	600	534	0.98	97.1	233	51.8	27.5	29.3	19.3	6.7	20.5
吴厂（1）	330	552	1.37	91.9	188	45.7	64.4	22.2	28.9	6.3	19.3
京滨（1）	450	486	1.32	69.8	163	41.3	40.0	50.2	29.4	8.6	17.5
福山（5）	530	650	1.85	89.8	131	36.2	20.7	30.7	29.8	9.6	17.6

厂名（高炉号）	落下强度（+10mm）/%	转鼓强度（+10mm）/%	低温还原粉化率（-3mm）/%	还原率 /%	成品化学成分（质量分数）/%						$\frac{w(CaO)}{w(SiO_2)}$
					TFe	FeO	SiO_2	CaO	MgO	S	
水岛（4）			38.9	63.6	57.58	6.17	4.88	9.56	1.38	0.004	1.96
加古川（1）	91.5	72.2	24.1	67.4	55.87	7.50	5.60	11.80	0.53	0.021	2.11
君津（3）	89.1		33.4	66.0	56.71	7.83	5.28	9.88	1.65	0.008	1.87

B　球团法

球团法是为高炉冶炼提供“精料”的另一种加工方法，是将细磨精矿或粉状物料制成能满足冶炼要求原料的一个加工过程。其过程的实质是：将准备好的原料（细磨精矿或其他精粉状物料、各种添加剂或黏结剂等），按一定的比例经过配料混匀，并造成一定尺寸的小球，然后采用干燥和焙烧或其他方法使其发生一系列的物理化学变化而硬化固结。这一过程称为球团过程，简称为球团。它所得到的产品就称球团矿。

生产球团矿的方法很多，主要有竖炉法、带式焙烧机和链箅机-回转窑法三种。

球团法将配有黏结剂或熔剂及燃料的细精矿粉（仅土烧球团可配燃料），通过滚动成型造球、焙烧固结、冷却过筛，成为粒度均匀、强度较好的球团矿。球团焙烧一般工艺流程见图 2-2。

球团矿按照其碱度一般分为酸性和熔剂性两种。酸性球团矿与熔剂性球团矿相比，前者在生产上不会引起操作上的困难，而且其品位高，强度也好，便于长途运输。同时又由于大多数烧结厂生产高碱度烧结矿，需要酸性球团矿配合使用以满足高炉冶炼的要求（酸性球团矿的某些冶金性能可通过其他措施得到改善），所以，目前世界各国仍以生产酸性球团矿为主。但从近些年的资料看到国外生产熔剂性球团矿的工厂在逐渐增多。

球团矿的技术要求应符合黑色冶金行业标准。2005 年 7 月 26 日，中华人民共和国国家发展与改革委员会发布了 YB/T 005—2005《酸性铁球团矿》代替 YB/T 005—1991《铁矿球团标准》，并于 2005 年 12 月 1 日实施。表 2-14 为 YB/T 005—2005 的技术要求。

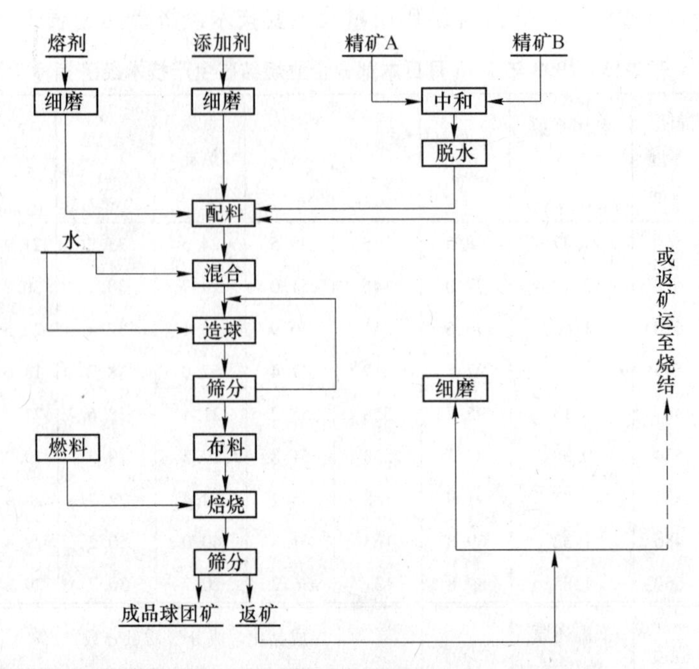

图 2-2 球团焙烧一般工艺流程示意图

表 2-14 酸性铁球团矿的技术要求（YB/T 005—2005）

项目名称	品级	化学成分（质量分数）/%				物理性能					冶金性能			
		TFe	FeO	SO_2	S	抗压强度 /N·球$^{-1}$	转鼓指数（+6.3 mm）/%	抗磨指数（−0.5 mm）/%	筛分指数（−5mm）/%	粒度（8~16mm）/%	膨胀率 /%	还原度指数（RI）/%	低温还原粉化指数（RDI）（+3.15 mm）/%	
指标		一级品	≥64.0	≤1.0	≤5.5	≤0.02	≥2000	≥90.0	≤6.0	≤3.0	≥5.0	≤15.0	≥70.0	≥0.0
		二级品	≥62.0	≤2.0	≤7.0	≤0.06	≥1800	≥86.0	≤8.0	≤5.0	≥0.0	≤20.0	≥65.0	≥5.0
允许波动范围		一级品	±0.40											
		二级品	±0.80											

注：抗磨指数、冶金性能指标应报出检验数据，暂不作考核指标，其检验周期由各厂定。

YB/T 005—2005 与 YB/T 005—1991 比较，主要作了以下修改：

（1）适用范围中“供高炉冶炼用的氧化铁球团矿”修改为“供高炉冶炼用的酸性铁球团矿”。

（2）增加了 TFe 含量、SiO_2含量、低温还原粉化指数指标。

（3）取消碱度波动范围的考核指标，以及原标准“铁球团矿的技术指标”，表中标注的②项和③项。

（4）将 TFe 波动范围、FeO 含量、硫含量、抗压强度、抗磨指数、筛分指数、膨胀率、还原度指数指标进行了调整。

（5）将 3.1 和 3.2 进行了合并，并将粒级范围及其一级品粒级范围进行了调整。

（6）对试验方法、检验规则中依据的标准进行了调整。

任务 2.2 锰矿石的种类及要求

锰矿是钢铁冶金的重要原料。锰在钢铁工业中占有重要的地位，世界上锰总量的 90%~95%都用于钢铁工业，主要用作脱氧剂、脱硫剂和合金元素添加剂。优质锰矿多用于炼制锰铁合金。锰铁合金中含锰 10%~82%，根据化学成分的不同，锰铁合金分为锰铁、镜铁 、硅镜铁等。目前，我国有部分中小高炉生产高炉锰铁，如新余钢铁总厂的 255 m^3高炉和阳泉钢铁公司的 100m^3高炉等。

2.2.1 锰矿石的种类及用途

自然界中很多矿物都含有锰，但只有一小部分锰矿石可以开采。形成锰矿石的含锰矿物主要有：软锰矿（MnO_2）、硬锰矿（mMnO · MnO_2 · nH_2O）、水锰矿（$Mn_2O_3 \cdot H_2O$）、褐锰矿（Mn_2O_3）、菱锰矿（$MnCO_3 \cdot CuCO_3$）、黑锰矿（Mn_3O_4）等。

软锰矿（MnO_2）的理论锰含量为 63.2% ，硬度为 2~5，呈半金属光泽，为暗灰色或淡蓝色。

硬锰矿（mMnO · MnO_2 · nH_2O）理论锰含量为 46%~69%，硬度为 4~6，呈半金属光泽，暗灰色或淡黑色。

水锰矿（$Mn_2O_3 \cdot H_2O$）的理论锰含量为 62.5%，硬度为 3~4，呈半金属光泽，黑钢灰色。

褐锰矿（Mn_2O_3）的理论锰含量为 69.6%，硬度为 6~6.5，呈金属光泽，钢灰色或褐黑色。

菱锰矿（$MnCO_3 \cdot CuCO_3$）的理论锰含量为 25.6%，硬度为 5~5.5，呈玻璃光泽，粉红色。

黑锰矿（Mn_3O_4）的理论锰含量为 72.0%，呈金属光泽，浅褐色。

锰矿是炼锰铁、镜铁的主要原料。炼钢时锰可以作脱氧剂，在熔融金属中加入锰时发生下列反应：

$$Mn + FeO = MnO + Fe \tag{2-6}$$

在钢水温度条件下，反应向右进行。MnO 不溶于钢水，浮在钢液表面，使钢水中氧含量减少，从而使钢的质量得到改善。

锰是脱硫剂，在熔融金属中加入锰，则发生下列反应：

$$Mn + FeS = MnS + Fe$$

硫化锰不溶于金属溶液，且密度较小，浮在金属表面，因而容易去除，从而使钢水中的硫含量降低。

2.2.2 锰矿石的分类

根据锰矿石的化学成分、矿石类型和工业用途的不同，锰矿石有下列几种分类方法：

（1）按锰铁比（Mn/Fe）分类。锰与铁常共生在一起，在工业上根据锰和铁的用途不同，按锰铁比的大小将锰矿石分为三种类型：

1）锰矿石，锰铁比（Mn/Fe）大于 0.8，可以直接用于冶炼锰质合金。

2）铁锰矿石，锰铁比（Mn/Fe）在 0.5~0.8 之间，一般用于冶炼非标准锰铁、镜铁和炼铁配料等。

3）含锰铁矿石，这类矿石以含铁为主，锰含量仅为 5%~10%，一般用来冶炼含锰生铁。

（2）按矿石自然类型分类。按矿石的自然类型可将锰矿石分为氧化锰矿石和碳酸锰矿石。氧化锰矿石的特点是含 SiO_2 和铁较多，碳酸锰矿石的特点是磷含量高。

（3）按矿石的贫富分类。氧化锰富矿可直接用于工业生产，碳酸锰富矿一般需要先经焙烧除去 CO_2 等挥发物以提高含锰品位后再用于冶炼。贫矿需经选矿处理方能应用。

2.2.3 对锰矿石的质量要求

对锰矿石主要要求其猛含量要高，脉石要少，有害杂质含量要低，铁含量应合乎要求，强度要好，以及具有一定的块度。

（1）锰含量。锰矿石的锰含量越高，其经济价值越高。锰矿石锰含量比铁矿石铁含量更为重要。因为锰在高炉冶炼中最多只有 80%进入生铁，其余损失在炉渣和煤气中。而铁 99%以上要进入生铁。锰矿石越贫，脉石越多，冶炼时需要加入的熔剂也越多，这样势必使渣量增大，从而使锰在渣中的损失增加，回收率降低，同时使焦比升高，产量下降。

（2）脉石成分和数量。脉石越少，锰矿越富。锰矿中的脉石多为酸性氧化物 SiO_2，SiO_2 多，则势必增加熔剂的用量，进而使渣量增加，使锰在渣中的损失增加，因而要求脉石中的酸性氧化物要少一些，碱性氧化物要多一些为好。

（3）杂质含量。锰矿中硫含量一般都较铁矿石低，而且在冶炼锰铁合金时，由于炉温高，炉渣的碱度高，因此有利于脱硫，加上锰本身又有脱硫作用，因此大部分硫在冶炼中能转到炉渣和煤气中去，这样硫对生铁质量的影响很小。但如果磷含量高，则锰矿的使用价值将大大降低。这是因为锰矿中的磷在冶炼中会全部进入锰铁合金中，而锰铁合金作为炼钢时的脱氧剂或合金元素是在炼钢的精炼后期加入钢液的，所以锰铁合金中带入的磷将全部进入钢液，直接影响钢的质量，因此，要求锰矿石中的磷含量越低越好。

（4）铁含量。在冶炼中，锰矿石中的铁将全部进入生铁。当冶炼低锰合金或普通生铁时，铁是有益的。但当冶炼高锰合金时，锰矿石的铁含量高就不利了。为此，冶炼高锰生铁时，必须控制锰矿石的铁含量，即要求锰矿石的铁含量越低越好。矿石中的允许铁含量可用下式计算得

$$w(\mathrm{Fe})_{矿} = \frac{100 - (w[\mathrm{Mn}]_{\%} + w[\mathrm{C}]_{\%} + w[\mathrm{Si}]_{\%} + w[\mathrm{P}]_{\%})}{K} \tag{2-7}$$

$$K = \frac{w[\mathrm{Mn}] \times 100}{w(\mathrm{Mn})_{矿} \times \eta}$$

式中 $w(\mathrm{Fe})_{矿}$——锰矿中的铁含量，%；

$w[\mathrm{Mn}]_{\%}$，$w[\mathrm{C}]_{\%}$，$w[\mathrm{Si}]_{\%}$，$w[\mathrm{P}]_{\%}$——铁合金中各元素的质量百分数；

$w[\mathrm{Mn}]$——铁合金中锰的含量，%；

$w(\mathrm{Mn})_{矿}$——锰矿中的锰含量，%；

K——冶炼单位质量铁合金的锰矿消耗量，%；

η——锰的还原回收率，%，一般为 70%~80%。

【例 2-3】 用含锰 42%、含铁 5.3%的某地锰矿作原料，冶炼含锰 80%的锰铁合金，合金中 $w[C]+w[Si]+w[P]=8\%$，锰的回收率为 80%，试计算锰矿中铁含量是否超过允许含量。

解：根据式（2-7）有：

$$K=\frac{w[\mathrm{Mn}]\times 100}{w(\mathrm{Mn})_{矿}\times\eta}=\frac{0.8\times 100}{0.42\times 0.8}=238$$

$$w(\mathrm{Fe})_{矿}=\frac{100-(w[\mathrm{Mn}]_{\%}+w[\mathrm{C}]_{\%}+w[\mathrm{Si}]_{\%}+w[\mathrm{P}]_{\%})}{K}=\frac{100-(80+8)}{238}=5.05\%$$

结论：锰矿石中的实际铁含量为 5.3%，超过了锰矿石的允许铁含量 5.05%，在上述条件下，单独用这种锰矿石不能炼出含锰 80%的锰铁合金。

贫锰矿要通过洗选、重选、浮选及两步法冶炼富锰渣进行富化。

我国一些中小高炉曾采用“两步法”从低品位锰矿中炼出高锰铁合金，即先采用酸性渣操作制度以获得高锰渣，然后再用高锰渣冶炼获得高锰铁。

（5）强度和块度。对锰矿强度和块度的要求比对铁矿石的要求更为严格。自然界中的锰矿多为软锰矿，矿石强度差，粉末多。实际生产中经常对锰矿粉进行烧结处理，以制得高碱度烧结矿，这样既能提高锰的回收率，又可改善冶炼的技术经济指标。

2.2.4　我国的锰矿资源

我国锰矿产地分布很广，湖南、广西、江西、辽宁、广东、河北和贵州等省都有相当的储量，尤以湖南、广西、江西的储量最为丰富。我国锰矿的锰含量一般不超过 40%，但均可炼出合格的锰铁。

表 2-15 为我国主要锰矿的化学成分。

表 2-15　我国主要锰矿的化学成分

矿石名称	化学成分（质量分数）/%							
	Mn	Fe	SiO_2	Al_2O_3	CaO	MgO	P	S
湘潭锰矿	26~33	2~4	21~29				0.16~0.23	
零陵锰矿	21~38	4~19	7~35				0.17~0.48	
乐华锰矿	28~32	19~22	8~12				0.02~0.07	
八一锰矿	23~30	7~21	9~27				0.03~0.15	
桂平锰矿	25~35	10~18	4~22				0.04~0.37	
木圭锰矿	26~29	10~14	23~28				0.12~0.44	
马山锰矿	26~31	4~8	21~28				0.11~0.18	
东兴锰矿	25~32	9~16	13~21				0.29~0.38	
钦州锰矿	25~34	11~19	10~22				0.22~0.42	
荔浦锰矿	22~30	7~13	8~13				0.05~0.18	
荣家电锰矿	32.06	8.52	22.54	2.24	5.38	1.63	0.036	0.008
瓦房子锰矿	23.63	14.90	20.46	2.43	5.91	2.46	0.076	0.086
遵义锰矿	21.78	8.80	10.00	2.10	6.40	1.85	0.031	4.08
喀左锰矿	23.29	17.38	7.95				0.040	0.003

冶金用锰矿石的技术要求应符合黑色冶金行业标准 YB/T 319—1997。本标准适用于

高炉和电炉冶炼各种锰质铁合金及其中间产品用锰矿石。

冶金用锰矿石按主要用途划分为两种类型：

A类：直接用于冶炼各种锰质铁合金；

B类：用于冶炼富锰渣、高炉生铁和镜铁，也可作锰铁合金配矿用。

冶金用锰矿石按化学成分分为11个品级。A类7个品级。分别为：A_0、A_1、A_2、A_3、A_4、A_5、A_6；B类4个品级，分别为：B_1、B_2、B_3、B_4。

表2-16为标准中规定的冶金用锰矿石产品化学成分。

表2-16 冶金用锰矿石化学成分（YB/T 319—1997）

类型	品级	Mn/%	A类 Mn/Fe B类 Mn+Fe /%		P/Mn	
			Ⅰ组	Ⅱ组	Ⅰ组	Ⅱ组
		不小于			不大于	
A类	A_0	48	10	7	0.0010	0.0025
	A_1	44	9	6	0.0015	0.0030
	A_2	40	8	5	0.0020	0.0035
	A_3	36	7	4	0.0025	0.0045
	A_4	32	6	3	0.0030	0.0055
	A_5	28	5	2	0.0040	0.0065
	A_6	25	4		0.0050	0.0075
B类	B_1	25	45	34	0.0030	不限制
	B_2	22	50	37	0.0035	不限制
	B_3	19	55	42	0.0055	不限制
	B_4	15	60	48	0.0085	不限制

注：1. 需方对SiO_2/Mn有要求时，供方可提供分析数据；

2. 需方对产品化学成分和粒度有特殊要求时，由双方议定；

3. 块矿：5~150mm。其中大于150mm的量不超过5%，小于5mm的量不超过8%，大于8%的部分按粉矿计。块矿中粉矿量超过40%时，视同粉矿。

任务2.3 高炉熔剂

高炉冶炼的原料除铁矿石外，还需加入一定数量的燃料。矿石中除含铁的氧化物外，还含有一定量的脉石，燃料燃烧后产生一部分灰分，矿石中的脉石和燃料的灰分组成大多为酸性氧化物SiO_2及Al_2O_3和少量的碱性氧化物CaO、MgO等。它们都是熔化温度很高的化合物，如SiO_2的熔点为1713℃，Al_2O_3的熔点为2050℃，CaO的熔点为2570℃，MgO的熔点为2800℃，这样的脉石与灰分在高炉冶炼的温度下不能熔化成液体，因而既不能使它们与金属很好的分离，又将妨碍高炉的正常操作。加入熔剂的作用在于：

（1）与矿石中的脉石及焦炭灰分生成熔化温度较低的易熔体，易从炉缸流出，并同铁水分离。

（2）造成一定数量和一定物理及化学性能的炉渣，达到去除有害杂质——硫的目的（指用碱性熔剂），改善生铁质量。

2.3.1　熔剂的分类

根据矿石中脉石和焦炭灰分等成分的不同，高炉冶炼使用的熔剂可分为碱性、酸性和中性熔剂三种。

2.3.1.1　碱性熔剂

当矿石脉石为酸性氧化物时，加入碱性熔剂。常用的碱性熔剂有石灰石（$CaCO_3$）、白云石（$CaCO_3 \cdot MgCO_3$）。

2.3.1.2　酸性熔剂

当使用含碱性脉石的矿石冶炼时，可加入酸性熔剂。作为酸性熔剂的有石英（SiO_2）。但因矿石中的脉石绝大部分是酸性的，所以实际上酸性熔剂很少使用，就是有一部分碱性脉石中的铁矿石通常也是和含酸性脉石的铁矿石配合使用，而不专配石英。在生产中如遇炉渣中 Al_2O_3 含量过高（大于 18%～20%），使冶炼过程失常时，有时可加入一部分 SiO_2 含量高而 Al_2O_3 含量低的贫铁矿，或含 SiO_2 高的酸性熔剂，以改善造渣，调节炉况。

近些年才出现了高碱度烧结矿配加少量硅石的高炉炉料结构。

2.3.1.3　中性熔剂（高铝熔剂）

当矿石中脉石与焦炭灰分含 Al_2O_3 很少时，由于渣中 Al_2O_3 含量低，炉渣的流动性会非常不好，这时需加入一些含 Al_2O_3 高的中性熔剂，如铁钒土、黏土质岩等。在实际生产中很少使用中性熔剂，若遇渣中 Al_2O_3 含量低时，最合理的还是加入一些含 Al_2O_3 较高的铁矿石，增加渣中 Al_2O_3 含量而不单独加入中性熔剂。

高炉冶炼所使用的矿石中的大多数脉石是酸性的，所以高炉使用的熔剂绝大多数都是碱性熔剂，而且主要是使用石灰石。

2.3.1.4　对碱性熔剂石灰石的质量要求

（1）碱性氧化物（CaO+MgO）含量要高，而酸性氧化物（$SiO_2+Al_2O_3$）含量愈少愈好。石灰石中 CaO 的理论含量为 56%，自然界中石灰石都含有一定量的杂质，实际含量要比理论含量低。我国各主要钢铁厂所使用的石灰石，CaO 含量一般不低于 50%。

要求石灰石中 SiO_2 和 Al_2O_3 含量不得超过 3.5%。

石灰石的有效熔剂性，是指熔剂按炉渣碱度的要求，除去本身酸性氧化物含量所消耗的碱性氧化物外，剩余部分的碱性氧化物含量。它是评价熔剂最重要的质量指标，可用下式表示：

$$\text{有效熔剂性} = w(\text{CaO})_{\text{熔剂}} + w(\text{MgO})_{\text{熔剂}} - w(\text{SiO}_2)_{\text{熔剂}} \times \frac{w(\text{CaO})_{\text{炉渣}} + w(\text{MgO})_{\text{炉渣}}}{w(\text{SiO}_2)_{\text{炉渣}}} \tag{2-8}$$

当石灰石与炉渣中 MgO 含量很少时，为计算简便在工厂中多用 $w(\text{CaO})/w(\text{SiO}_2)$ 表示炉渣碱度，则有效熔剂性计算式可简化为：

$$\text{有效熔剂性} = w(\text{CaO})_{\text{熔剂}} + w(\text{MgO})_{\text{熔剂}} - w(\text{SiO}_2)_{\text{熔剂}} \times \frac{w(\text{CaO})_{\text{炉渣}}}{w(\text{SiO}_2)_{\text{炉渣}}} \tag{2-9}$$

要求石灰石的有效熔剂性越高越好。

（2）有害杂质 S、P 越少越好。石灰石中一般含 S 为 0.01%～0.08%，含 P 为 0.001%～0.03%。

（3）石灰石应有一定的强度和均匀的块度。除一种方解石在加热过程中很易破碎产生粉末外，其他石灰石的强度都是足够的。石灰石块度过大，在炉内分解慢，增加高炉内高温区的热量消耗，使炉缸温度降低。目前石灰石粒度，大、中型高炉为 25～75mm，最好不超过 50mm，小型高炉为 10～30mm，最近有些工厂把石灰石粒度降低到和矿石粒度相同。

近些年由于大中型高炉都已采用高碱度烧结矿与酸性含铁炉料搭配的炉料结构，高炉已不加入或很少加入石灰石。但有一些中小高炉仍然使用石灰石作熔剂入炉。

2.3.2 主要熔剂的性能

2.3.2.1 *石灰石*

纯石灰石（即方解石）的分子式为 $CaCO_3$，理论 CaO 含量为 56%，CO_2 含量为 44%。因自然界中的石灰石多含有其他成分，如镁、铁、锰等物质，所以，工业用的石灰石 CaO 含量都低于理论含量，一般为 50%～55%。石灰石为粗粒块状集合体，性硬而脆，易破碎，颜色呈白色或乳白色。

按矿床类型，石灰石分为两类：

（1）普通石灰石——纯质石灰岩；

（2）镁质石灰石——含白云质石灰岩及白云化石灰岩。

石灰石的技术要求应符合行业标准 YB/T 5279—2005 的规定。石灰石按矿床类型分为两个类别，按化学成分两类产品又各分为 5 个品级，其指标应符合表 2-17 的规定；石灰石粒度应符合表 2-18 的规定。

表 2-17　石灰石的化学成分（YB/T 5279—2005）

类别	等级	化学成分（质量分数）/ %					
		CaO	CaO+MgO	MgO	SiO_2	P	S
		不小于			不大于		
普通石灰石	特级品	54.0			1.0	0.005	0.025
	一级品	53.0			1.5	0.010	0.080
	二级品	52.0		3.0	2.2	0.020	0.100
	三级品	51.0			3.0	0.030	0.120
	四级品	50.0			4.0	0.040	0.150
镁质石灰石	特级品		54.5		1.0	0.005	0.025
	一级品		54.0		1.5	0.010	0.080
	二级品		53.5	8.0	2.2	0.020	0.100
	三级品		52.5		2.5	0.030	0.120
	四级品		51.5		3.0	0.040	0.150

注：1. 两类石灰石的二、四级品中，硫和磷的含量，供方应定期报出分析数据，但不作考核依据；

2. 根据用户的需要，提供 S<0.020%的普通石灰石特级品。

表 2-18 石灰石的粒度（YB/T 5279—2005）

用 途	粒度范围/mm	最大粒度/mm	允许波动范围/%	
			上限	下限
			不大于	
烧 结	0~3	8	10	
	0~60	80	10	
炼 铁	15~60	80	10	10
烧石灰	20~60	80	10	10
	50~90	110	10	10
	80~120	140	10	10

注：1. 烧石灰用石灰石粒度级差一般要求不超过 40mm；
2. 根据用户要求，可供其他粒度的石灰石产品；
3. 石灰石中不得混入其他外来杂物。

2.3.2.2 白云石

白云石的化学分子式为 $CaCO_3 \cdot MgCO_3$。纯白云石的理论 $CaCO_3$ 含量为 54.2%，$MgCO_3$ 含量为 45.8%。其中 CaO 含量为 30.41%，MgO 含量为 21.87%，CO_2 含量为 47.72%。白云石呈致密的粗粒块状，较硬，难破碎，颜色为灰白色或浅黄色，有玻璃光泽，硬度为 3.5~4。

高炉生产实践证明，适量的 MgO 有助于改善炉渣的流动性和稳定性。一般炉渣中保持 6%~8%的 MgO 含量有利于高炉冶炼。因此，高炉冶炼时常常加入一部分白云石代替一部分石灰石，以增加渣的流动性，从而有利于去硫，但因白云石矿床较少，SiO_2 含量低的白云石比石灰石价格贵几倍，应用起来成本很高。

如果将白云石配加在烧结料中，则效果更佳，不但可以提高烧结料中 MgO 的含量，还可以改善烧结矿的质量，为高炉提供优质原料。

白云石的技术要求应符合国家行业标准 YB/T 5278—1999 的规定。白云石化学成分见表 2-19，镁化白云石化学成分见表 2-20。

表 2-19 白云石的化学成分（YB/T 5278—1999）

级 别		化学成分（质量分数）/ %		
		MgO（不小于）	$Al_2O_3+Fe_2O_3+SiO_2+Mn_3O_4$（不大于）	SiO_2（不大于）
特级品	Ⅰ	20	2	1.0
	Ⅱ	20	3	1.5
一级品		19	—	2.0
二级品		19	—	3.5
三级品		18	—	4
四级品		16		5（烧结用 6）

根据用户特殊需要，供方可提供氧化镁含量不小于 21%、二氧化硅含量不大于 0.7%

的产品。

表 2-20 镁化白云石化学成分（YB/T 5278—1999）

级 别	化学成分（质量分数）/%		
	MgO（不小于）	SiO_2（不大于）	CaO（不小于）
一级品	22	2	10
二级品	22	2	6

2.3.2.3 硅石

硅石为酸性熔剂，当烧结矿碱度提高后，有时因缺乏酸性球团矿或天然铁矿石而采用硅石来调剂炉渣成分，尤其在冶炼铸造生铁时能获得良好效果。

本钢一铁 1993 年曾以碱度为 1.58 的高碱度烧结矿配加少量硅石进行冶炼，获得了高炉利用系数 2.362t/(m^3·d)、综合焦比 534kg/t 的较好指标。在冶炼铸造铁时效果尤佳。宝钢等企业则是用硅石来调节炉渣碱度。1993 年宝钢 1 号高炉吨铁熔剂消耗为 4.3kg/t，其中硅石为 2.5kg/t，石灰石为 1.8kg/t。而开工不久的 2 号高炉吨铁熔剂消耗为 18.3kg/t，其中硅石为 5.4kg/t，石灰石为 12.9kg/t。

在烧结生产使用低 SiO_2 铁矿粉时，常因液相量不足而加入一些硅石来增加液相，提高烧结矿强度。如宝钢 1993~1994 年烧结矿的硅石消耗量为 27~28kg/t。

硅石的技术要求应符合行业标准 YB/T 5268—1999 的规定。表 2-21 为铁合金工业用硅石的化学成分。

表 2-21 铁合金工业用硅石的化学成分（YB/T 5268—1999）

牌 号	化学成分（质量分数）/%				
	SiO_2	Al_2O_3	Fe_2O_3	CaO	P_2O_5
GS99	≥99.0	<0.3	<0.15	<0.15	<0.02
GS98	≥98.0	<0.5	不规定	<0.20	<0.02
GS97	≥97.0	<1.0	不规定	<0.30	<0.03

要求硅石的 SiO_2 含量大于 90%，粒度上限不超过 30mm，不含小于 10mm 粉末。

表 2-22 为国内钢铁厂使用硅石的成分范围及实例。

表 2-22 硅石的成分范围及实例

项 目	化学成分（质量分数）/%						
	SiO_2	Al_2O_3	Fe_2O_3	CaO	MgO	S	烧损
一般范围	90~98	0.1~2.5	0.4~2.0	0.01~0.5	0.1~0.5		
本钢用	97.40	0.41	1.68	0.22	0.32		0.52
	94.98	2.65	1.94	0.27	0.16		
梅山用	88.84			0.97	2.27	0.019	
宝钢用	97						

2.3.2.4 转炉钢渣

转炉钢渣系碱性渣。1997~1998 年 7 个企业平均的钢渣成分含 CaO 为 39.94%，有效

CaO 含量为 25.2%，MgO 含量为 7.37%，TFe 含量为 19.23%，有较好的利用价值。钢渣经热泼破碎、筛分后，小于 8mm 部分可作为烧结熔剂，8~30mm 部分可用于高炉代替石灰石做熔剂。部分企业转炉钢渣的化学成分见表 2-23。

表 2-23　部分企业转炉钢渣的化学成分

企业	化学成分（质量分数）/%								
	TFe	FeO	SiO_2	Al_2O_3	CaO	MgO	MnO	S	P
安阳	14.07		16.83	3.05	44.80	10.74	0.705	0.125	
临钢	24.28	15.69	13.45	2.92	37.63	5.62			
重钢	22.81	12.58	11.45	3.82	35.61	5.32	2.61	0.194	0.46
攀钢	17.60	3.09	8.69	3.35	41.81	4.61		0.224	0.318
鞍钢	18.45	16.50	12.28	2.85	42.48	7.86	0.17	0.14	0.38
首钢	22.63		12.74		31.70	10.06	1.10	0.10	0.21
莱钢	14.75		18.35		45.57				
平均	19.23		13.40		39.94	7.37			0.34

转炉钢渣的矿物组成，主要是含有铁和铝的 $3CaO \cdot SiO_2$ 和 $2CaO \cdot SiO_2$，10%左右为 FeO、MgO、CaO、MnO 等氧化物的单相或固溶体，20%左右为铁酸盐，还夹有少量铁粒。密度约 $3g/cm^3$，强度好，有的钢渣测定其转鼓指数（+6.3 mm）达 92.6%，抗磨指数（-0.5mm）仅 3.3%。开始熔化温度为 1320~1340℃。

我国太钢、广钢、八钢等企业均进行过用转炉钢渣代替石灰石做高炉熔剂的工业试验与生产，取得了节焦和降低成本的良好效果。对于含钒、铌等元素的钢渣，烧结和炼铁使用后，还可起到富集后回收的作用。

按表 2-23 所列的平均钢渣成分，当使用量为 100kg/t 时，经粗略分析计算其效果为：

（1）相当于回收品位 55%、碱度为 1.3 的自熔性烧结矿 35kg。但渣中铁氧化物的还原性较差，需增加直接还原的碳量。当粒度小时，则影响减轻。转炉钢渣的还原性能如表 2-24 所示。

表 2-24　转炉钢渣的还原性能

项　目	粒度/mm	还原度/%	项　目	粒度/mm	还原度/%
转炉钢渣	44~76	8	转炉钢渣	6~12	40
转炉钢渣	19~32	13	酸性球团矿	10~16	59
转炉钢渣	6~25	20	自熔性烧结矿	6~12	55

（2）可代替石灰石 56kg。同时节约碳酸盐在炉内的分解热及减少分解产物 CO_2 的影响，可降低焦比 16.8kg/t。

（3）由于钢渣 SiO_2 含量较高，相当于多带入渣量 29 kg/t，将使焦比升高 5.8 kg/t。

（4）锰、磷等化合物还原还需消耗少量焦炭。磷的富集，将使生铁含磷升高。

综合结果，所回收的铁氧化物和氧化钙、氧化镁等，可节约价值约 12 元/t，并可降低焦比约 8kg/t。国内外 5 个厂的高炉冶炼结果表明，当吨铁用钢渣 100kg/t 时，降低焦比 3~10kg/t，平均为 5.9kg/t。

入炉钢渣的适宜粒度为 10~30mm。当用量较少时，钢渣在矿槽内长期贮存会有风化现象。转炉钢渣的化学成分波动很大，应混匀后方可使用。

2.3.2.5 蛇纹石

当含铁原料为低硅精矿时，以蛇纹石为熔剂，比用白云石加硅砂好，对烧结矿质量及烧结工艺均有利，宝钢烧结配用蛇纹石为3%左右。

蛇纹石为高镁、高硅、低钙熔剂。我国东海及弋阳蛇纹石的化学成分见表2-25。

表2-25 蛇纹石化学成分

品 名	化学成分（质量分数）/%									烧损/%
	Fe_2O_3	CaO	MgO	SiO_2	Al_2O_3	S	P	Ni	Cr	
东海蛇纹石	6.30	0.477	39.1	37.18	0.51	0.083	0.024	0.224	0.22	14.59
弋阳蛇纹石	8.92	0.95	36.27	36.4	0.638	0.024	0.024	0.225	0.52	13.6

2.3.2.6 硼泥

硼泥是近几年来国内开发的一种新型球团和烧结添加剂。

硼泥是化工厂用硼镁石和硼镁铁矿石为原料以火法制取硼砂和硼酸的残余物。一般硼泥中B_2O_3含量为2%~4%，MgO含量为30%~40%，含TFe、MgO、CaO、B_2O_3等对炼铁有用矿物之和超过50%，含SiO_2和Al_2O_3之和为膨润土的1/3左右。硼镁石和硼镁铁矿石经过高温焙烧，矿物结构发生变化，脱去结晶水形成疏松多孔的物质，使硼泥具有较高的化学活性。pH值为9.8，呈碱性。硼泥的比表面积为3500~3800cm^2/g，具有较好的可塑性和黏结性。硼泥的粒度很细，小于0.098mm（-160网目）粒级可达到100%。在露天存放时因风干黏结成大小不同的硼泥块，故在使用前需细磨小于0.075mm（-200网目）粒级达到80%以上用做球团添加剂，粉碎到0~3mm后用做烧结添加剂。硼泥资源丰富，全国年产硼泥约百万吨以上。

硼泥在烧结生产上的应用研究始于20世纪70年代初，当时是为了解决首钢迁安铁精烧结矿风化严重而进行的。试验结果表明，采用硼泥做添加剂可抑制烧结矿风化，当烧结矿中硼的加入量超过0.008%后烧结矿风化现象就消失了，硼泥的配加量为1.2%~1.6%。

硼泥做球团添加剂的应用研究始于20世纪70年代末，最初目的是为了解决凌钢保国铁精矿球团焙烧温度高、强度低的问题。经凌钢与东北大学合作进行的试验室和工业试验研究结果表明，在竖炉球团配料中配加1.5%~3.0%硼泥可以降低焙烧温度，显著提高了球团矿的冷强度，达到预期目的，而且还不同程度地改善了球团矿化学成分、冶金性能和耐风化性；高炉冶炼效果和经济效益显著，获得了比预想更多的效果，1991年3月通过了省级技术鉴定。

由于上述显著效果，故受到有关单位的重视，先后又有很多企业和高等院校科研单位进行了试验室、竖炉、带式焙烧机球团配加硼泥焙烧和高炉冶炼，以及烧结配加硼泥的烧结试验和高炉冶炼含硼烧结矿的试验，有的已用于工业生产。试验研究与工业生产实践表明，配加硼泥既可显著提高球团矿和烧结矿时的冷强度，抑制自然粉化，又可改善球团矿和烧结矿的化学成分和冶金性能。高炉冶炼配加硼泥球团矿和烧结矿炉况顺行，产量提高，焦比降低，生铁质量提高，经济效益显著。表2-26为一些高炉冶炼配加硼泥球团矿或烧结矿时焦比的变化情况。

表 2-26　一些高炉冶炼配加硼泥球团矿或烧结矿时焦比的变化情况

炉　料	厂　名	年　份	炉容/m^3	焦比变化/$kg \cdot t^{-1}$	
				实　际	校　正
碱度为 0.6 的球团矿	凌 钢	1980	100	−30	−33
酸性球团矿	凌 钢	1987	100	−17.1	−30
酸性球团矿	凌 钢	1990	326	−35	−38
酸性球团矿	水冶铁厂①	1991	100	−12	
自熔性烧结矿	邢 钢	1983	255	−12	
烧结矿	张 钢	1984	100	−28.2	
高碱度烧结矿	宣 钢②	1992	1260	+1	−2.7

①配加 30%～40%硼泥球团矿；

②日产生铁增加 96.7t。

综合各试验与生产使用结果可以看出，尽管由于各厂原燃料条件，装备水平、操作与管理水平、试验研究与计算方法、各项技术经济指标水平的不同，采用硼泥做添加剂后各项技术经济指标的改善程度和所获经济效益的绝对值不尽相同，甚至差距较大，但其改善趋势和规律是一致的。同时也可以看出，一些中小型炼铁企业采用硼泥做添加剂的效果和所获经济效益更为突出。

硼泥是一种值得引起关注和进一步推广应用的节能型烧结球团添加剂。

任务 2.4　其他含铁原料

在钢铁、机械、化工等工业部门中，经常有不少含铁的或含其他有色金属的“废弃”物料，这类物料应当充分利用，这不仅有利于节约和充分利用国家资源，增加生产，降低生铁冶炼成本，而且还有利于环境保护，减少公害。目前可用作高炉冶炼矿石代用品的这类物料，主要有高炉炉尘、氧气转炉炉尘、轧钢皮、硫酸渣以及一些有色金属选矿的高铁尾矿和炉渣等。

2.4.1　高炉炉尘（瓦斯灰）

高炉炉尘是从高炉煤气除尘系统回收的粉料。它基本上是矿粉和焦粉的混合物。其中含有 40%左右的铁和 10%左右的碳，还有一定量的 SiO_2，高炉炉尘可用于烧结，取代部分熔剂、燃料和矿粉，降低烧结成本。根据冶炼条件，每吨生铁的含尘量在 30～80kg 之间。原料粉末多，炉尘量就高。

高炉炉尘的粒度较小（其中粒度小于 1mm 的占 70%，粒度小于 0.25mm 的占 50%），亲水性差，不利于造球。但对于黏结性大、水分高的烧结料，添加部分高炉炉尘能降低烧结料的水分，并提高其透气性，一般烧结配料中炉尘含量不应超过 10%。

2.4.2　氧气转炉炉尘

氧气转炉炉尘是从氧气转炉的炉气中由除尘器回收来的含铁粉料。每吨钢的吹出量一般在20kg左右。这种炉尘的铁含量很高（60%），而且主要是氧化铁（Fe_2O_3）粉尘，还夹杂有炼钢的炉渣和熔剂粉末等。氧气转炉炉尘的粒度极小，可作为烧结或球团的原料。

2.4.3 轧钢皮（铁鳞）

轧钢皮是指在轧钢过程中从炽热的钢锭或钢坯上剥落下来的氧化铁皮，其主要成分是Fe_2O_3和FeO，其中铁含量较高（达70%左右），是烧结的好原料。由于轧钢皮铁含量高，因此在烧结时常利用它来提高烧结矿的铁含量。

2.4.4 硫酸渣（烧渣）

硫酸渣是化工厂制造硫酸时焙烧黄铁矿的残渣，通常也称为烧渣。硫酸渣中一般含铁45%~55%左右，这些铁多以Fe_2O_3状态存在。渣中硫含量较高（1%~3%）。硫酸渣很细，呈粉末状，可作为烧结或球团原料。

硫酸渣除含铁外，还含有其他有色金属和贵金属，如铜、铅、锌、钴、金、银等，这些如果都能予以回收，将是一笔可贵的财富，并由此可消除硫酸渣大量堆弃造成的公害，有利于环境保护。使用硫酸渣作炼铁原料，必须同时考虑有色金属的回收问题。我国一些企业和研究部门在这方面做了大量工作，取得了许多成功的经验。这方面今后仍将有很重要的研究价值。

2.4.5 废杂钢铁

高炉车间的废铁，如沟铁、铸铁机生产的废铁、铁罐残铁、机械加工厂的铁屑，以及其他一些不适于直接用到炼钢和化铁炉上的废钢铁等，见表2-27，都可以作为高炉原料使用。矿石代用品有的可直接加入高炉，有的经过与其他含铁原料一起造块后再加入高炉。

表2-27 一些含铁物料的化学成分 （质量分数，%）

物料名称	TFe	FeO	CaO	MgO	SiO_2	Al_2O_3	MnO	P	S
高炉炉尘	40		10	2.0	15	1.8	0.2	0.09	0.2
高炉炉尘	48.82	9.70	6.54	1.32	11.68	1.36		0.022	0.277
转炉炉尘	68.8	67.5	7.17	0.72	2.08		0.187	0.04	0.07
轧钢皮	61.60	66.40	0.34	0.32	15.40	3.29	0.82	0.014	0.15
硫酸渣	47~50	2~4	2~3	1~2	12~18				1.4~1.8
硫酸渣	53.94~61.23	4.18~7.82	1.23~2.36	0.12~1.03	4.18~10.43	0.55~1.33	0.078~	0.0097~0.0143	1.11~2.49
车屑	67.50	9.00	2.05	0.91	10.50	3.26	0.63	0.045	0.123
铁罐残铁	65.20		5.53	0.71	10.68	2.91	2.96		

任务2.5 高炉用辅助原料

高炉生产中除铁矿石、熔剂、锰矿石、矿石代用品外，还有些辅助材料，如萤石、天然锰矿石、均热炉渣、钛渣及含钛原料等。

2.5.1　均热炉渣

均热炉渣（包括加热炉渣）是钢锭、钢坯在均热（加热）炉中的熔融产物，有时混入少量耐火材料。它们性质致密，氧化亚铁含量很高，在高炉上部很难还原。集中使用时，可起洗炉剂的作用，但不宜经常使用。表 2-28 为两种均热炉渣的参考化学成分。

表 2-28　均热炉渣的化学成分

项　目	化学成分（质量分数）/%								
	TFe	FeO	SiO_2	Al_2O_3	CaO	MgO	MnO	P	S
均热炉渣 Ⅰ	59.55	53.67	11.52	3.21	1.26	0.70			0.039
均热炉渣 Ⅱ	70.30	54.80	3.14	2.11	0.58	0.73	0.745	0.018	0.011

2.5.2　天然锰矿石

天然锰矿石用以满足冶炼铸造生铁或其他铁种的锰含量的要求，开炉配料中加入一些锰矿石，可以改善炉渣流动性和增强脱硫能力，日常生产也可用做洗炉剂。冶炼锰铁时才对锰矿石的锰铁比有较高的要求。锰矿石入炉粒度以 10~40mm 为宜。天然锰矿石性能参见表 2-17、表 2-18。

2.5.3　萤石（CaF_2）

萤石的化学分子式为 CaF_2，其理论 Ca 含量为 51.3%，F 含量为 48.7%，萤石中还含有少量的 Fe_2O_3、Cr 等杂质及大量的机械混合物，硬度为 4，熔点为 1270~1350℃。

我国的萤石主要分布在卧龙泉和金华等地，其他各地也有相当的储量，如河北的承德、秦皇岛等地。

使用萤石能使炉渣熔点大幅度地降低，使炉渣流动性得到提高，因而萤石是常用的洗炉料和炉渣清洗剂。当因某种原因造成炉渣性能恶化从而导致炉况不顺时，为了改善炉渣的流动性，可适量加入萤石，冲掉或熔化炉墙上的结瘤或其他黏结物，消除炉缸堆积，使高炉顺行。

萤石的技术要求应符合国家黑色冶金行业标准 YB/T 5217—2005 的规定。表 2-29 为按产品的生产工艺、主要用途和杂质含量划分萤石类型、牌号的规定。表 2-30 为萤石块矿的化学成分规定。表 2-31 为萤石的参考成分。

表 2-29　萤石的类型和牌号（YB/T 5217—2005）

类　型	牌　号
萤石精矿 FC	FC 98、FC 97A、FC 97B、FC 95、FC 93
萤石块矿 FL	FL 98、FL 97、FL 95、FL 90、FL 85、FL 80、FL 75、FL 70、FL 65
萤石粉矿 FF	FF 98、FF 97、FF 95、FF 90、FF 85、FF 80、FF 75、FF 70、FF 65

注：C 表示精矿；L 表示块矿；F 表示粉矿，牌号前 F 表示萤石；数字表示 CaF_2的百分含量。

表 2-30　萤石块矿的化学成分（YB/T 5217—2005）

牌　号	化学成分（质量分数）/%			
	CaF_2（不小于）	杂质（不大于）		
		SiO_2	S	P
FL98	98.0	1.5	0.05	0.03
FL97	97.0	2.5	0.08	0.05
FL95	95.0	4.5	0.10	0.06
FL90	90.0	9.3	0.10	0.06
FL85	85.0	14.3	0.15	0.06
FL80	80.0	18.5	0.20	0.08
FL75	75.0	23.0	0.20	0.08
FL70	70.0	28.0	0.25	0.08
FL65	65.0	32.0	0.30	0.08

表 2-31　萤石的参考成分　　（质量分数,%）

名　称	CaF_2	SiO_2	Al_2O_3	Fe	P	S	MgO
卧龙泉萤石Ⅰ	32.44	57.38	1.04	2.46	痕迹	0.225	痕迹
卧龙泉萤石Ⅱ	60.41					0.050	

2.5.4　钛渣及含钛原料

钛渣和含钛原料称为含钛物料，可作高炉护炉炉料。含钛物料有钒钛磁铁块矿、钒钛铁精矿粉、钛精矿、钛渣、冷固结钛球团矿、钒钛球团矿等。

在高炉生产过程中，当炉缸炉底侵蚀严重时可采用含钛物料护炉。含钛块矿、钛渣和球团矿可从炉顶装入高炉；当炉缸局部区域护炉时，可从对应风口喷入钛精矿粉；出铁口区域护炉时，可将钛精矿加入炮泥中从铁口打入。

根据国内外试验研究和生产实践表明，含钛物料的用量为7~15kg/t。

表2-32为一些含钛物料的化学成分。

表 2-32　一些含钛物料的化学成分

项　目	化学成分（质量分数）/%						
	TFe	TiO	SiO_2	CaO	Al_2O_3	MgO	FeO
承德钒钛矿	46.33	12.06	6.96				
承德钛精矿	30.21	49.51	5.45				
钒钛精矿	51.56	12.73	4.64	1.57	4.69	3.91	30.51
承德钛渣		18.16	24.46	33.46	15.45	5.02	
攀钢钛渣		25.19	23.21	23.52	10.20	8.46	
冷固钛球团	29.60	39.64	9.40	1.60	8.96	2.30	21.40
承德钒钛球团	57.87	6.71	5.78	1.12	3.96	0.91	5.5

任务 2.6　高炉用燃料及性质

2.6.1　燃料的种类及特性

燃料是高炉冶炼不可缺少的基本原料之一。冶炼过程的化学反应和液态生成所需要的高温都需借助燃料燃烧或电来供给。燃料的基本性质就是具有燃烧能力，并放出一定的热量，但并非所有的可燃物都可以作为高炉燃料。一般来说，工业用燃料应满足下列条件：燃烧放出大量的热并能被充分利用；燃料燃烧过程容易控制；燃烧产物没有毒性和破坏性；要有大的储量；价廉易开采。

燃料按其物理形态可分为固体燃料、液体燃料、气体燃料三种；按其来源又可分为天然燃料和人造燃料两种。常见的燃料种类见表 2-33。

表 2-33　常见的燃料种类

物态	燃料来源	
	天然燃料	人造燃料
固体	木柴、泥炭、烟煤、褐煤、无烟煤、油母页岩等	木炭、焦炭、半焦、煤砖
液体	石油	汽油、煤油、重油、柴油、石油化工产品、酒精、煤焦油等
气体	天然气、石油气	焦炉煤气、高炉煤气、转炉煤气、发生炉煤气、水煤气等

高炉用燃料主要是焦炭。作为喷吹燃料，天然气、重油、煤粉也被广泛采用。由于天然气、重油紧缺，煤粉代替部分焦炭作为高炉辅助燃料日益显现出重要性。目前，从风口喷吹的燃料已占全部燃料用量的 10%~30%（个别高炉已达 40%）。

在固体燃料中能作为高炉燃料的，有人造燃料焦炭、木炭；天然燃料有烟煤和无烟煤。液体燃料有柴油、重油、焦油。气体燃料有天然气、焦炉煤气、高炉煤气、转炉煤气等。

2.6.2　焦炭

焦炭是将可以炼焦的煤粉装在炼焦炉内，在 950~1000℃ 高温下隔绝空气干馏所得的多孔块状物，其质量的好坏，对高炉冶炼的技术经济指标有决定性的影响。

2.6.2.1　焦炭在高炉中的作用

焦炭在高炉冶炼中起到四个作用：

（1）作发热剂，高炉冶炼所消耗热量的 70%~80%来自于焦炭的燃烧。

（2）作还原剂，焦炭中固体碳及其在高炉中燃烧生成的 CO 均是高炉的主要还原剂，金属铁及其他合金元素就是靠它们还原出来的。

（3）作料柱骨架，焦炭在料柱中体积大约占二分之一，它在高炉下部不熔化、不软化，在软熔带形成焦窗，从而改善料柱的透气性。

（4）作渗碳剂，生铁中的碳，多数是焦炭中的碳在冶炼过程中渗入的。

2.6.2.2　对焦炭质量的要求

鉴于焦炭的上述作用，对焦炭质量有如下要求。

A　对焦炭物理性质的要求

(1) 机械强度。焦炭机械强度的大小，表示焦炭在高炉内的耐磨性。如果焦炭机械强度低，则会在高炉内下降的过程中，因摩擦和受压而产生大量碎块和粉末，不但严重地降低料柱的透气性，而且它混合在渣液中，使炉渣变得黏稠，导致风、渣口的大量烧坏和炉缸堆积的现象。

(2) 气孔率。焦炭气孔率就是焦炭中的气孔占全部体积的百分数。气孔率高可以改善焦炭的反应性能，但过大则影响焦炭强度。一般气孔率在43%~53%之间为宜。

(3) 焦炭的粒度。焦炭的粒度适当，是改善高炉料柱透气性的一个重要因素，适宜的焦炭粒度见表2-34。

表 2-34　不同炉容高炉适用的焦炭粒度

高炉容积/m^3	<100	100~300	>1000
粒度/mm	20~60	25~80	40~80

粒度的均匀性对改善高炉料柱的透气性也具有重要的意义。粒度均匀，可避免小块充填于大块之间，因此应缩小粒度上限和下限之差，或者按粒度分级入炉。

B　对焦炭化学性质的要求

焦炭的化学性质主要是指焦炭中各种化学成分的含量。

(1) 固定碳和灰分。焦炭中固定碳和灰分的含量是互相对应的，固定碳低，灰分就高，反之，固定碳高，灰分就低。灰分高一方面降低了焦炭在高炉内的有效作用（因固定碳相应降低），另一方面是需要增加石灰石的使用量，从而增加了渣量，恶化了高炉内料柱的透气性，导致焦比增加和产量降低。根据鞍钢的生产实践，灰分每增加1%对高炉生产指标的影响如表2-35所示。

表 2-35　焦炭灰分每增加1%时对生产指标的影响

指　标	产量下降/%	焦比上升/%	生铁成本上升/%	焦炭强度下降/%
经验值	2.2	1.70	0.72	2.2

(2) 挥发分。就焦炭挥发分而言，对高炉冶炼并没有很大影响，但是却说明焦炭的生熟程度。生焦的机械强度低，在高炉内容易产生碎焦，恶化料柱的透气性。一般认为，挥发分小于1.2%时，说明焦炭中没有生焦。但如挥发分过低，说明焦炭烧得过火，对焦炭的机械强度也有一定的影响。

(3) 硫分。实践表明，焦炭中硫含量每升高0.1%，焦比升高1.2%~2.0%，产量降低12%以上。生铁中的硫含量，主要来自焦炭，所以大力降低焦炭中的硫含量是很有现实意义的。目前鞍钢使用的焦炭硫含量一般不大于0.7%。但各地资源条件不同，有的高炉不得不使用高硫焦冶炼，例如，湖南石门钢铁厂焦炭中硫含量达2.5%~3%，按以往的要求，是无法炼出合格的生铁的。但是他们创造性地在炼焦时配入适当的石灰石粉（焦炭中CaO含量在10%以下），使煤中的硫与CaO作用生成CaS，将硫“束缚”于焦炭灰分内，在高炉内直接进入炉缸渣水中，成功地炼出了合格的生铁，这是炼铁技术上的一个重要突破，也是高炉冶炼上一次燃料大革命。可以预期这一新技术将成倍地扩大生产冶金焦用焦煤的范围，进一步加强和巩固了高炉的生命力。

（4）水分。焦炭中的水分在高炉上部即可蒸发，对高炉冶炼没有影响，但焦炭中水分要稳定，否则水分的波动，将影响实际装入高炉内焦炭的重量，造成人为的炉温波动。

国家质量监督检验检疫总局 2003 年 9 月 12 日发布冶金焦炭国家标准 GB/T 1966—2003 代替 GB/T 1996—1994，并于 2004 年 4 月 1 日实施。表 2-36 为冶金焦炭的技术指标。

表 2-36　冶金焦炭的技术指标（GB/T 1966—2003）

<table>
<tr><th colspan="3" rowspan="2">指　标</th><th rowspan="2">等级</th><th colspan="3">粒度/mm</th></tr>
<tr><th>>40</th><th>>25</th><th>25~40</th></tr>
<tr><td colspan="3" rowspan="3">灰分 A_d/%</td><td>一级</td><td colspan="3">≤12.0</td></tr>
<tr><td>二级</td><td colspan="3">≤13.50</td></tr>
<tr><td>三级</td><td colspan="3">≤15.0</td></tr>
<tr><td colspan="3" rowspan="3">硫分 $w(S)_{t,d}$/%</td><td>一级</td><td colspan="3">≤0.60</td></tr>
<tr><td>二级</td><td colspan="3">≤0.80</td></tr>
<tr><td>三级</td><td colspan="3">≤1.00</td></tr>
<tr><td rowspan="9">机械强度</td><td rowspan="6">抗碎强度</td><td rowspan="3">M_{25}/%</td><td>一级</td><td colspan="2">≥92.0</td><td rowspan="9">按供需双方协议</td></tr>
<tr><td>二级</td><td colspan="2">≥88.0</td></tr>
<tr><td>三级</td><td colspan="2">≥83.0</td></tr>
<tr><td rowspan="3">M_{40}/%</td><td>一级</td><td colspan="2">≥80.0</td></tr>
<tr><td>二级</td><td colspan="2">≥76.0</td></tr>
<tr><td>三级</td><td colspan="2">≥72.0</td></tr>
<tr><td rowspan="3">耐磨强度</td><td rowspan="3">M_{10}/%</td><td>一级</td><td colspan="2">M_{25}时：≤7.0；M_{40}时：≤7.5</td></tr>
<tr><td>二级</td><td colspan="2">≤8.5</td></tr>
<tr><td>三级</td><td colspan="2">≤10.5</td></tr>
<tr><td colspan="3" rowspan="3">反应性 CRI/%</td><td>一级</td><td colspan="3">≤30</td></tr>
<tr><td>二级</td><td colspan="3">≤35</td></tr>
<tr><td>三级</td><td colspan="3"></td></tr>
<tr><td colspan="3" rowspan="3">反应后强度 CSR/%</td><td>一级</td><td colspan="3">≥55</td></tr>
<tr><td>二级</td><td colspan="3">≥50</td></tr>
<tr><td>三级</td><td colspan="3"></td></tr>
<tr><td colspan="4">挥发分 V_{daf}/%</td><td colspan="3">≤1.8</td></tr>
<tr><td colspan="4">水分含量 M_t/%</td><td>4.0±1.0</td><td>5.0±2.0</td><td>≤12.0</td></tr>
<tr><td colspan="4">焦末含量/%</td><td>≤4.0</td><td>≤5.0</td><td>≤12.0</td></tr>
</table>

2.6.3　无烟煤

无烟煤是一种生成年代较长的煤。它的化学成分中挥发分少（1%~10%），灰分低，固定碳含量高，硫、磷等有害杂质含量因产地而异，发热一般在 31000~34000kJ/kg 以上，较普通焦炭的高，但强度低。因此，无烟煤适于用作小高炉燃料。

同焦炭相比，无烟煤结构致密，气孔率小，反应性差。因此，使用无烟煤炼铁时，原料透气性差，风压较高，风口前燃烧带较大。要解决以上问题，可使用风较大的风机。

使用无烟煤炼铁在许多国家（前苏联、美国、英国）都曾进行过试验，而且曾经在中小高炉上部分地利用无烟煤冶炼生铁。我国在很长时期以来各地小型高炉都有用无烟煤作燃料炼铁的实践，如湖南安平铁厂、四川奉节铁厂、山西晋城铁厂等都使用过部分或100%无烟煤作燃料冶炼生铁，并都取得了较好的经济效益。

由于无烟煤的冶金性能较差，随着无烟煤使用量的增加，高炉产量逐渐降低，所以采用无烟煤作燃料炼铁时，一定要选择强度好、热稳定性好的无烟煤。

随着喷吹技术的发展，无烟煤已广泛用于从高炉风口往高炉内喷吹，来代替焦炭，降低焦比。表2-37为一些无烟煤的工业分析。

表2-37 一些无烟煤的工业分析 （%）

产 地	灰 分	水 分	挥发分	硫	固定碳
湖南新化	4.56	5.54	5.08	0.57	85.87
湖南新化	4.20	3.88	5.32	0.64	86.57
源南茶陵	8.00	4.15	1.47	0.58	90.53
辽宁宽甸	25.74	1.87	7.33	0.41	65.01
辽宁锦西	19.30	1.20	6.0	0.55	74.70
山西阳泉	18.93	0.81	9.71	0.84	73.04

2.6.4 喷吹用燃料

从高炉风口向炉内喷吹燃料可以替代焦炭，降低焦比。目前喷吹用燃料有固体、液体和气体燃料。

2.6.4.1 固体燃料

高炉喷吹用固体燃料有以下三种：

（1）无烟煤。无烟煤是高炉喷煤最早的品种，性能见表2-37。

（2）烟煤。烟煤是继无烟煤后采用的喷吹用固体燃料，主要有烟煤中的贫煤、不黏结煤、长焰煤以及褐煤。

（3）焦粉。有的工厂将高炉筛下的焦粉细磨后喷入高炉代替焦炭降低焦比，也取得了良好的效果。如凌钢两座100m^{3}高炉曾多年采用喷吹焦粉，最大喷吹量达到130kg/t铁。但焦粉的可磨性很差，造成球磨机衬板和钢球耗量大，喷吹管路转弯处也易被磨破。

2.6.4.2 液体燃料

喷吹用液体燃料主要为重油，还有原油和焦油。表2-38为重油的理化性能。

表2-38 重油理化性能

C/%	H_2/%	N_2/%	S/%	O_2/%	H_2O/%	发热值 /kJ·kg^{-1}	黏度	密度 /t·m^{-3}
86	11.5	0.56	0.19	1.0	0.25	40983	6.58	0.918

2.6.4.3 气体燃料

喷吹用气体燃料主要为天然气，另外还有焦炉煤气。表2-39为天然气的理化性能。

表 2-39　天然气理化性能

CH_4/%	C_2H_6/%	C_3H_8/%	H_2/%	N_2/%	CO_2/%	发热/$kJ \cdot kg^{-1}$	密度/$t \cdot m^{-3}$
93.87	1.41	0.41	3.25	0.66	0.40	37434	0.716

2.6.5　几种焦炭代用燃料

炼焦用煤要求有一定的黏性，特别是作为“基础煤”的肥煤和主焦煤的储量是不多的，这是发展高炉炼铁在能源上存在的一大难题。因此，节约焦煤具有十分重要的意义。

为减少焦煤用量，可从以下几个方面努力：一是大力降低炼铁焦比；二是采用焦炭代用燃料，如无烟煤、铁焦、热压型焦、冷压型焦等；三是发展非高炉炼铁；四是利用原子能作为炼铁能源，完全不用焦炭。下面介绍几种焦炭代用燃料。

2.6.5.1　铁焦

铁焦就是在炼焦配煤中加入一部分高炉炉尘、精矿粉或富矿粉等原料而获得的含铁焦炭。铁焦的试生产已进行了几十年，但至今尚未得到广泛应用。

(1) 生产铁焦时，配煤中可加入相当数量的高挥发分的气煤和气肥煤，从而扩大了炼焦煤的来源。

(2) 加入矿粉后，改善了煤料的导热性，提高了加热速度，改善了结焦性，煤料从半焦转变为焦炭时，收缩小，裂纹少，焦炭粒度大。

(3) 加入矿粉后，由于煤的密度增加，而铁氧化物的还原又需要较多的热量，故结焦时间延长。

(4) 铁焦质量与一般焦炭的质量不同，铁焦在炼制时因加入矿粉，故灰分较高，又因含有一定的金属铁，因此其反应性较一般焦炭好。

(5) 生产铁焦可节约矿粉造块这部分投资，但焦炉生产率将下降。

2.6.5.2　热压型焦

热压型焦的生产特点，是将高挥发分的弱黏结性煤（气煤和长焰煤）在悬浮的热气流中快速加热，以增加胶质体数量和提高其流动性，使挥发性气体在胶质体形成时大量放出，造成适当的膨胀压力，其结果是有利于煤粒的黏结。另外，在煤质分解形成胶质体时施加一定的压力以促进煤质黏结，这样可获得一定形状和尺寸的半焦产品，而后将半焦产品缓慢加热，以不致因形成大量的裂纹而破坏焦炭强度和块度。

2.6.5.3　冷压型焦

冷压型焦的生产，主要是在挥发分不高的焦煤或不黏结的无烟煤中加入一定数量的黏结剂（如煤焦油、沥青等），冷压成型，然后在高温条件下碳化成焦。

技能训练实际案例　某炼铁厂1号高炉操作

原料是炼铁生产的基础，是高炉操作稳定顺行不可缺少的前提条件。要提高和保持高的生产水平，必须从原料管理着手，加强管理，常抓不懈。

一、原料质量

(1) 原料标准。入炉原料质量标准如下：

入炉原料的含铁品位及熟料率要求

炉容级别/m^3	1000	2000	3000	4000	5000
平均含铁/%	≥56	≥58	≥59	≥59	≥60
熟料率/%	≥85	≥85	≥85	≥85	≥85

烧结矿的质量要求

炉容级别/m^3	1000	2000	3000	4000	5000
铁分波动/%	≤±0.5	≤±0.5	≤±0.5	≤±0.5	≤±0.5
碱度波动	≤±0.08	≤±0.08	≤±0.08	≤±0.08	≤±0.08
铁分、碱度波动的达标率/%	≥80	≥85	≥90	≥95	≥98
含 FeO 量/%	≤9.0	≤8.8	≤8.5	≤8.0	≤8.0
FeO 波动/%	≤±1.0	≤±1.0	≤±1.0	≤±1.0	≤±1.0
转鼓指数（+6.3mm）/%	≥71	≥74	≥77	≥78	≥78

球团矿质量要求

炉容级别/m^3	1000	2000	3000	4000	5000
含铁量/%	≥63	≥63	≥64	≥64	≥64
转鼓指数（+6.3mm）/%	≥89	≥89	≥92	≥92	≥92
耐磨指数（-0.5mm）/%	≤5	≤5	≤4	≤4	≤4
常温耐压强度/N·球$^{-1}$	≥2000	≥2000	≥2000	≥2500	≥2500
低温还原粉化率（+3.15mm）/%	≥85	≥85	≥89	≥89	≥89
膨胀率/%	≤15	≤15	≤15	≤15	≤15
铁分波动/%	≤±0.5	≤±0.5	≤±0.5	≤±0.5	≤±0.5

入炉块矿质量要求

炉容级别/m^3	1000	2000	3000	4000	5000
含铁量/%	≥62	≥62	≥64	≥64	≥64
热爆裂性能/%	—	—	≤1	<1	<1
铁分波动/%	≤±0.5	≤±0.5	≤±0.5	≤±0.5	≤±0.5

原料粒度要求

烧结矿		块　矿		球团矿	
粒度范围/mm	5~50	粒度范围/mm	5~30	粒度范围/mm	6~18
>50	≤8%	>30	≤10%	9~18	≤85%
<5	≤5%	<5	≤5%	<6	≤5%

焦炭质量要求

炉容级别/m^3	1000	2000	3000	4000	5000
M_{40}/%	≥78	≥82	≥84	≥85	≥86
M_{10}/%	≤8.0	≤7.5	≤7.0	≤6.5	≤6.0

续表

炉容级别/m^3	1000	2000	3000	4000	5000
反应后强度 CSR/%	≥58	≥60	≥62	≥65	≥66
反应性指数 CRI/%	≤28	≤26	≤25	≤25	≤25
焦炭灰分/%	≤13	≤13	≤12.5	≤12	≤12
焦炭含硫/%	≤0.7	≤0.7	≤0.7	≤0.6	≤0.6
焦炭粒度范围/mm	75~20	75~25	75~25	75~25	75~30
大于上限/%	≤10	≤10	≤10	≤10	≤10
小于下限/%	≤8	≤8	≤8	≤8	≤8

喷吹煤质量要求

炉容级别/m^3	1000	2000	3000	4000	5000
灰分 A/%	≤12	≤11	≤10	≤9	≤9
含硫量/%	≤0.7	≤0.7	≤0.7	≤0.6	≤0.6

入炉原料、燃料有害杂质控制值 （%）

Na_2O+K_2O	≤3.0	As	≤0.1
Zn	≤0.15	S	≤4.0
Pb	≤0.15	Cl	≤0.6

（2）原料的取样与分析见下表：

原料的取样与分析

原料名称	分析项目	分析频度	采样地点
焦　炭	工业分析、转鼓	1/班	焦化厂
	反应性（CRI），反应后强度（CSR）	2/周	
	工业分析、粒度组成、灰分全分析	1/周	本炉槽下
槽下小焦	粒度组成	1/周	本炉槽下
烧结矿	成分分析、粒度、转鼓（T）、耐磨（A）	1/批	烧结分厂
	成分分析、还原度（RI）、低温还原粉化（RDI）	1/周	本炉槽下
	粒度组成	1/日	
落　烧	成分分析	使用时	落地堆场
小粒烧	粒度组成	1/周	本炉槽下
球团矿	成分分析	1/日	球团厂
	粒度组成、抗压强度、还原度（RI）、膨胀指数（RSI）、转鼓、耐磨、显气孔率	1/月	本炉槽下
富块矿	成分分析、粒度	使用前	料场
锰　矿	成分分析、粒度	使用前	料场
熔　剂	成分分析、粒度	使用前	料场
喷吹煤粉	工业分析、粒度	1/日	本厂喷煤
喷吹原煤	工业分析	1/批	
瓦斯灰	成分分析	1/周	重力除尘器

（3）分析值的管理。

1）分析值的产生及记录。各种原料均应在规定地点，按标准采样、制样、分析、检验。烧结矿成分由分析中心输入高炉计算机系统。高炉操作人可通过相应画面查看分析值。当数据通讯故障时，高炉工长应电话及时催要并键入分析值。其他原料成分由分析单位电话报工长台并将分析报表报厂技术质量部。

2）分析值的使用。高炉工长应密切关注原、燃料分析值，据此酌情变料和调剂炉况。高炉配料计算时，除烧结矿使用最新3个移动平均值（计算机自动生成。如遇烧结矿成分异常波动，可根据具体情况采用最新分析值）外，其余均使用最新分析值。

3）收得率的设定。按技术质量部给定的数据进行人工设定。

（4）水分值的管理。

1）焦炭水分。直送焦、落焦、小焦的水分一般采用人工设定，设定值由炉长参考一周水分分析值决定。

2）球团矿、精块矿、副原料水分值均采用最新分析值或参考下表中的数据。

水分设定值

名　称	球团矿	块　矿	副原料
水分设定值/%	3.3	3.9	0.5

二、进料管理

（1）进料作业基准：

1）正常的库量应保持在每个槽有效容积的70%以上。槽内料位低于规定最低料位（烧结矿、焦炭单仓槽位不低于3m），应停止使用，并向厂调汇报。

2）各槽应进遵循一槽一品种的原则，不得混料。如有混料，应立即停止使用，报厂调研究处理。

3）矿槽改换品种，应在清仓后进行。

4）炉料入矿槽之前，应进行规定的检查分析。只有分析结果完备，且符合1）中质量要求，才准入仓。

5）各矿槽的使用及使用方案变更，应在不违反其使用性能的原则下，由高炉炉长或原料厂管理人员提出，经双方协商一致，再报双方主管部门核准后实行。

（2）高炉工长应通过厂调了解当班烧结配比，炼焦配煤比和喷吹煤种混合比；公司烧结、炼焦部门在配比发生变动时应及时通报铁厂调度，并转达至高炉工长。

（3）采用新品种原料或原、燃料成分，配比发生重大变化时，应先进行冶金性能试验。

三、原料使用基准

1. 使用基准

（1）原料的合理使用比例见下表，熟料率不得低于80%，改变用料配比由厂部决定。临时变动用料配比应征得厂调同意。

质量的合理使用比例

名　称	烧结矿	球团矿	块　矿
Ⅰ/%	≥85	0	≤15
Ⅱ/%	≥75	≤20	≤10

（2）主要原料（焦炭、烧结矿）不能保证正常供应，总在库量低于管理标准时，应迅速判明情况，主动与有关部门联系、汇报，同时做好应变准备。当情况继续恶化时，可参照下述原则进行处理：总在库量小于50%，高炉减风10%～30%；总在库量小于30%，高炉休风。

（3）落地烧结矿使用：

1）当烧结矿产量能满足高炉用量时，为保证落地烧结矿的堆存期不超过两个月，可在一段时间内配用5%～10%落地烧结矿。

2）当炉机匹配困难时，可使用部分落地烧结矿，但配用比例小于20%。

3）直烧供料严重不足时，落地烧结矿比例不受限制，但应采取如降低冶炼强度、退负荷及控制筛分速度等措施，保证炉况顺行。

4）落地烧结矿的配用及用量由厂调视具体情况作出相应决定，通知高炉执行。

（4）落地焦的使用。落地焦用量不大于10%。

（5）焦炭、烧结矿槽使用数目的确定。为缩短供料时间，提高筛分效率，烧结矿应同时使用5个矿槽，焦炭应同时使用4个焦槽。

（6）称量斗排料方式：

1）采用远槽先开，中槽顺次开的排料方式。

2）熔剂应加在矿料料条的尾部。锰矿及其他洗炉料应加在矿料料条的头部。

3）小粒烧结矿（3～5mm）使用时应以单加为主。

4）小焦（10～25mm）应均匀洒在矿料料条的表面。

（7）称量方法。批量小于1000kg的料种，可采用隔批加的方法。最多可隔5批加一次。小粒烧结矿最多可隔9批加一次。

2. 变料基准

（1）开炉、停炉、封炉及降料线休风的配料由厂技术质量部提出方案，经讨论后，主任工程师或生产副厂长批准执行。

（2）计划检修的休风料、改变铁种的配料，由高炉炉长提出，报厂技术质量部核定后执行。

（3）下列因素变动时，当班工长应调整焦炭负荷：

1）焦炭灰分、硫分及强度等物化性能变化较大时；

2）熟料率变化或性能不同的块矿对换时；

3）烧结矿的粒度、强度、理化性能等有较大变化时；

4）原料中的铁、硫等元素有较大变化时；

5）需变动熔剂用量时；

6）需变动风温或喷煤量时；

7）铁水温度偏离正常时；

8）需调整生铁含硅量时；

9）采用发展边缘的装料制度或有引起边缘发展的因素时；

10）冶炼强度有较大变动时。

（4）下列因素变动，当班工长应调整配料以保持要求的炉渣碱度：

1）因装入原料的 SiO_2、CaO、MgO 数量变化，引起炉渣碱度变化时；

2）因改变铁种需调整炉渣碱度时；

3）因调整生铁含硅，而导致炉渣碱度有较大变化时；

4）硫负荷有较大变化时；

5）喷煤比发生变化时。

（5）调整炉渣碱度时，可采用加酸料、碱性熔剂的办法，也可以用改变矿种的方式进行。变矿种时应遵守（6）点的原则。

（6）改变配矿比时的变矿原则：

1）一次变动量：除烧结矿不加限制外，其他变矿量均不得大于矿批总量的5%。

2）变更频度：除烧结矿变烧结矿外，8小时内不能进行第二次变配比。

3. 变料程序

（1）变料单确认签字后交供料工执行。

（2）检查变料称量是否正确。

（3）变更料装入一批后，检查打印结果，再次对变料进行确认。

4. 净焦装入管理

（1）装入方法。根据需要可在下述两种方法中任择其一：

1）通过操作台加净焦指令按钮加净焦，每按一次，即可以最快速度加一批。

2）调出画面，填入所需净焦数及起始批号，确认后即可从指令批号开始，连续加入指定批数的净焦。

（2）净焦批重等于当时的实际焦批重量。

（3）加净焦的权限。二批以上应征得当班调度长同意。班累计5批以上应征得生产副厂长或主任工程师同意。

5. 筛分称量管理

（1）焦炭、烧结矿筛分速度管理。控制筛分速度，即t/h值，可提高筛分效率。应视原料品质及炉况需要，选择合适的t/h值。一般应小于下表中的数据。

筛分速度

炉况＼品名	焦 炭	烧结矿	球团矿	落地烧结矿
正 常	70	110	120	100
透气性不良	50	100	100	90

（2）工长每班检查t/h值不少于三次。

（3）筛网管理：

1）每班观察筛上物和筛下物情况，及时清理筛网。

2）在粉块平衡及装入粉率管理目标值不能维持时，更换筛网。

3）更换筛网不能集中，要分散均匀更换，做好更换记录。

复习与思考题

2-1 填空题

（1）高炉生产的主要原料是（　　）、（　　）、（　　）和熔剂。

（2）矿石的还原性取决于矿石的（　　）、（　　）、（　　）和（　　）等因素。

（3）焦炭的高温反应性，反应后强度英文缩写分别为（　　）、（　　），其国家标准值应该是（　　）；（　　）（百分比）。

（4）高炉喷吹的煤粉要求 Y 值小于（　　），HGI 大于（　　）。

（5）矿石中的 Pb 是一种有害杂质，其含量一般不得超过（　　）。

（6）硫负荷是指（　　），焦炭中的硫以（　　）、（　　）、（　　）的形式存在。

（7）生铁一般分为三大类，即（　　）、（　　）、（　　）。

（8）在钢材中引起热脆的元素是（　　），引起冷脆的元素是（　　）。

（9）型焦的热强度比冶金焦差，主要原因是配煤时（　　）比例少的缘故。

（10）高炉内决定焦炭发生熔损反应的因素是（　　）。

（11）煤粉爆炸的必备条件是（　　），具有一定的煤粉悬浮浓度和火源。

（12）高炉生产要求铁矿石的（　　），更要求软熔温度区间要窄，还原性能要好的矿石。

（13）焦炭在炉内的作用主要是（　　）、（　　）、（　　）、（　　）。

（14）生铁与熟铁、钢一样都是铁碳合金，它们的区别是（　　）的多少不同。

（15）焦炭灰分大部分是（　　）和（　　）等酸性氧化物。

（16）焦炭灰分中的碱金属氧化物和 Fe_2O_3 等都对焦炭的气化反应起（　　）作用，所以要求焦炭灰分越（　　）越好。

（17）焦炭工业分析的内容有（　　）、（　　）、（　　）和（　　）；焦炭元素分析的内容有（　　）、（　　）、（　　）、（　　）、（　　）、（　　）。

（18）铁矿石中有较多碱金属时易生成（　　）化合物而降低软化温度。

（19）铁水温度一般为（　　）℃，炉渣温度比铁水温度高 50~100℃。

（20）从燃料角度分析节约能量有两个方面：一是（　　）；二是改善燃料（焦炭和喷吹燃料）作为（　　）利用程度。

2-2 选择题

（1）矿石含铁量每增加 1%，焦比将降低（　　）。

A. 2%　　B. 4%　　C. 8%

（2）影响炉缸和整个高炉内各种过程中的最重要的因素是（　　）。

A. 矿石的还原与熔化　　B. 炉料与煤气的运动

C. 风口前焦炭的燃烧

（3）高炉喷吹的煤种属于（　　）。

A. 炼焦煤　　B. 非炼焦煤　　C. 气煤　　D. 肥煤

（4）高炉的冷却水水速应使悬浮物不易沉凝，不发生局部沸腾，对水速要求为（　　）。

A. 0.8~1.5m/s　　B. 1.5~2.0m/s　　C. >2m/s　　D. >4m/s

（5）根据高炉解剖研究表明：硅在炉腰或炉腹上部才开始还原，达到（　　）时还原出的硅含量达到最高值。

A. 铁口 B. 滴落带 C. 风口 D. 渣口

(6) 焦炭灰分的主要成分是（ ）。

A. 酸性氧化物 B. 中性氧化物 C. 碱性氧化物

(7) 焦炭的气化反应大量进行的温度界限为（ ）℃。

A. <900 B. 900～1000 C. 1100 以上

(8) 含铁矿物按其矿物组成可分为四大类：磁铁矿、赤铁矿、褐铁矿和（ ）。

A. 富矿 B. 贫矿 C. 精矿 D. 菱铁矿

(9) 高炉内型是指高炉冶炼的空间轮廓，由炉缸、炉腹、炉腰和（ ）五部分组成。

A. 炉身及炉顶 B. 炉基及炉顶 C. 炉身及炉基 D. 炉身及炉喉

(10) 一般把实际含铁量占理论含铁量（ ）以上的矿石称为富矿。

A. 50% B. 60% C. 70% D. 80%

(11) 耐火材料能承受温度急剧变化而（ ）的能力叫耐急冷急热性。

A. 不破裂 B. 不软化 C. 不熔化 D. 不剥落

(12) 下列高炉物料还原由易到难的排列顺序正确的是（ ）。

A. 球团矿，烧结矿，褐铁矿 B. 烧结矿，球团矿，褐铁矿
C. 褐铁矿，赤铁矿，磁铁矿 D. 褐铁矿，磁铁矿，赤铁矿

(13) 矿石开始软融的温度一般为（ ）。

A. 900～1100℃ B. 1000～1200℃ C. 740～900℃ D. 800～900℃

(14) 球团矿具有含铁分高、还原性好、（ ）和便于运输、贮存等优点。

A. 产量高 B. 粉末少 C. 粒度均匀 D. 焦比低

(15) 高碱度烧结矿的主要优点是（ ）。

A. 产量高 B. 粉末少 C. 还原性好 D. 焦比低

2-3 是非题

(1) 烧结黏结相最好的为铁酸钙黏结相。（ ）

(2) 焦炭的理化性质包括强度和反应性。（ ）

(3) 高炉脱硫效果优于转炉。（ ）

(4) 矿石的软化温度是矿石在一定的负荷下，加热开始软化变形的温度。（ ）

(5) 入炉料中所含水分对冶炼过程及燃料比不产生明显影响，仅对炉顶温度有降低作用。（ ）

(6) 洗煤的目的是除去原煤中的煤矸石。（ ）

(7) 钢是以铁为主要元素，含碳量在 2.11%以下并含有其他元素的铁碳合金。（ ）

(8) 影响矿石软熔性能的因素很多，主要是矿石的渣相数量和它的熔点。（ ）

(9) 焦炭石墨化度即焦炭在高温下或二次加热过程中，其类石墨碳转变为石墨碳的过程。（ ）

(10) 焦炭的挥发分主要由碳的氧化物、氢组成，有少量的 CH_4 和 O_2。（ ）

(11) 焦炭化学活性越高，其着火温度越高，采用富氧空气可以提升焦炭着火度。（ ）

(12) 一般烧结矿中的含铁矿物有：磁铁矿（Fe_3O_4）赤铁矿（Fe_2O_3）浮氏体（Fe_xO）。（ ）

(13) 焦炭质量差异影响热制度的因素主要有：1、焦炭灰分；2、焦炭含硫量；3、焦炭强度。（ ）

(14) 萤石是一种强洗炉剂，是因为 CaF_2 能显著降低炉渣熔化温度和黏度。（ ）

(15) 块状带包括炉料开始预热到全部熔化所占的区域。（ ）

(16) 铁矿石的软化性是指铁矿石软化温度和软化区间两个方面。（ ）

(17) 改善矿石的冶金性能，是提高技术经济指标的有效措施。（ ）

(18) 炉料粒度小于 5mm 时，入炉易于还原，对生产有利。（ ）

(19) 硫主要是由焦炭带入的，所以减轻焦炭负荷是降低硫负荷的有效措施。（ ）

(20) 在炉内高温区，矿石软化熔融后，焦炭是唯一以固态存在的物料。（ ）

2-4 简答题

（1）溶剂在高炉冶炼中的作用是什么？

（2）焦炭在高炉冶炼中的作用是什么？

（3）简述石灰石分解对高炉冶炼造成的影响。

（4）评价铁矿石质量应从哪些方面进行？

（5）高炉冶炼过程对焦炭质量有哪些要求？

项目3　高炉冶炼的基本原理

【教学目标】

知识目标：

（1）了解高炉冶炼的基本原理；

（2）了解高炉冶炼的物理化学反应机理；

（3）掌握高炉冶炼的煤气与炉料的运动及热量交换；

（4）掌握高炉冶炼的铁氧化物的氧化还原规律及非铁氧化物的氧化还原；

（5）掌握高炉冶炼内的造渣过程、脱硫与生铁质量的关系。

能力目标：

（1）能利用网络、图书馆收集相关资料，自主学习；

（2）能够利用煤气和炉料的运动规律调剂高炉，使煤气分布合理，炉料顺行；

（3）能够利用还原反应规律为提高还原反应速度创造条件；

（4）能够利用合理的造渣成分控制生铁的成分和质量。

【任务描述】

高炉冶炼过程是在炉料不断下降和煤气不断上升的相向运动中进行的，炉料从炉顶装入高炉，而热风由风口鼓入炉缸。焦炭在风口前燃烧产生高温煤气，在上升过程中与下降的炉料相遇，发生一系列物理的化学的作用，如炉料和煤气之间的热交换、水分蒸发、铁氧化的还原、生铁的渗碳和熔化、造渣和脱硫等。

任务3.1　炉料和煤气的机械运动

炉料从炉喉向炉缸运动的速度，比煤气从风口上升到炉顶的速度要慢得多。炉料从炉喉下降到风口水平面的时间称为冶炼周期。冶炼周期与高炉冶炼强度成反比，冶炼强度越高则冶炼周期越短；相反，冶炼强度越低，冶炼周期越长。一般当冶炼强度达到1.0时，冶炼周期大致为8h。而煤气从风口到炉顶运动的时间只需要几秒钟。

3.1.1　炉料下降的必要和充分条件

3.1.1.1　炉料下降的必要条件

（1）焦炭燃烧，形成一个自由空间。

（2）炉料熔化和由下部放出渣铁所引起的体积减小。

（3）小块炉料充填于大块炉料之间，使炉料所占体积缩小。

3.1.1.2　炉料下降的充分条件

由上述原因所形成的自由空间，使上部炉料失去了下部炉料的支托，当炉料下降力超过煤气浮力时，才能实现炉料的下降。

炉料下降力并不等于炉料总重量（指从炉顶到风口水平面间炉料总重量），因为炉料总受到炉料与炉墙间外摩擦力和炉料间内摩擦力的影响而减轻。剩余的重量称为炉料有效重量。这就是形成炉料下降力的因素。

只有当炉料下降力大于煤气浮力时，炉料才能下降。相反，如果煤气浮力大于炉料下降力，高炉就难行或悬料。

炉料在下降过程中，由于矿石比焦炭的密度要大，因此矿石下降的速度比焦炭要快，而且当矿石还原并熔化为铁水时，可以从焦炭缝隙间自由流向炉缸，因此同一批料的矿石和焦炭在到达炉缸的时间上就产生了差距，也就是矿石比焦炭更早地到达炉缸，这种现象称为超越现象。由这一现象所造成的后果是，高炉炉缸温度的变化要比冶炼周期缓慢一些，这就是所谓的热惯性。

另一现象是炉料在下降过程中，焦炭受下降矿石的排挤而向炉墙水平方向移动，以致在炉身边缘靠近炉墙环圈处的焦炭比例，远比炉喉料面处的焦炭比例要高，因此边缘环圈料柱透气性越来越好，边缘煤气流越来越发展，这一现象称为边缘效应。而当炉喉间隙过大、炉身角过小、炉衬过分侵蚀（尤其是厚炉墙炉身过分侵蚀）时，这一现象尤为突出。

在料面沿半径各点上炉料下降速度也是不一样的，当煤气呈两道气流合理分布时，高炉边缘和中心气流发展强度相接近，此时炉料沿高炉半径上各点下降的速度也比较接近。但是边缘煤气流发展造成中心堆积时，边缘环圈炉料下降速度很快，而中心环圈的炉料下降很慢，形成沿炉子半径各点下料速度的不均匀，在这种情况下，炉料不但呈垂直下降，而且也产生了水平方向运动，使下降方向偏向边缘。相反，边缘煤气流不发展，中心煤气流过分发展时也会产生向中心方向的运动。这些不规律的运动，不可避免地加大了炉料之间的内摩擦力，从而减小炉料的有效重量，影响炉料的正常下降。

焦炭在风口前燃烧所产生的高温煤气，在通过高炉料柱时的压头损失，就是煤气对下降炉料的支撑力（或浮力），相当于热风压力与炉顶气压力之差，压头损失的大小，反映了高炉内料柱透气性的好坏。

沿高炉料柱高度各部分的压头损失是不一样的，在高炉下部成渣区域，由于黏稠的渣液充填于料块之间，严重地降低了这部分料柱的透气性，因此煤气的压头损失最大。它取决于炉渣的数量和黏度，也与焦炭的机械强度有关。在高炉炉身下部，炉料基本上都呈固体状态，料柱透气性较好，煤气的压头损失较低。其压头损失的大小取决于炉料的性质（粒度、筛分组成）、焦炭负荷和炉顶布料的情况。

在高炉断面上，一般边缘和中心煤气流都得到比较适当的发展，这是符合高炉冶炼要求的。但往往由于在高炉断面上矿石和焦炭分布的不均匀，造成高炉断面上各部分料柱透气性的不同，导致煤气流分布的混乱，从而破坏了高炉顺行。

3.1.2　炉料和煤气间的热交换

风口区煤气温度高达 1800~2000℃，在上升过程中不断将热量传给炉料，当到达炉顶时，温度下降到 150~500℃。

根据测定，煤气温度在高炉下部和上部下降比较快，而在高炉中部变化不大，并且炉料和煤气的温度基本接近，因此煤气和炉料的热交换形成图3-1所示的三个区域。

在高炉下部由于铁氧化物的直接还原，渣和铁水的熔化和过热，部分碳酸盐的分解，以及硅、锰、硫等元素的直接还原，都要消耗大量的热量，所以在这个区域煤气和炉料的间的热交换进行得十分剧烈，而且煤气温度越高，煤气和炉料间温度差越大，其热交换速度就越快。因此一切提高焦炭在风门区燃烧温度的因素，都会使下部热交换速度加快，从而使这一区域的高度缩短，相对地加高了第二区域（空区）的高度。而空区又基本上是铁氧化物的间接还原区，空区增高有利于提高间接还原度，降低直接还原度，在当前直接还原度高于理论直接还原度的情况下，就能降低焦比。提高热风温度，富氧鼓风，降低鼓风湿分都会提高燃烧温度。相反，降低热风温度，喷吹重油及天然气将会降低燃烧温度。

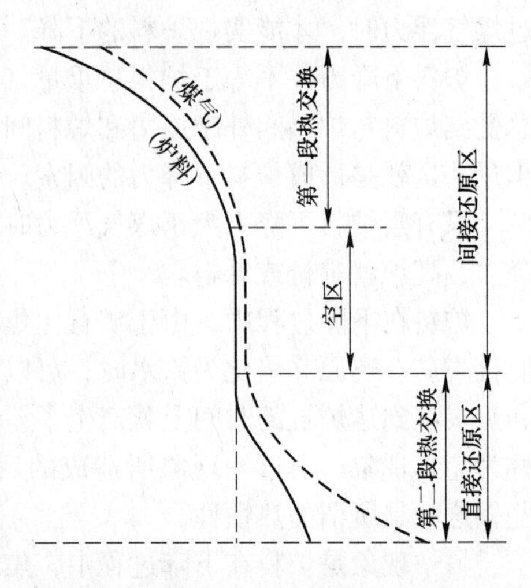

图3-1　温度沿高炉高度分布示意图

在高炉上部，由于炉料的加热、水分的蒸发、碳酸盐的分解都需要消耗热，因此煤气温度下降也较快。

在中间一段“空区”，由于铁氧化物的间接还原是放热反应，所以不需要从外部增加热量，煤气和炉料的温度差很小，因此两者热交换进行得很慢。

以前曾认为提高高炉的高度会有助于降低炉顶温度，更多地发展铁的间接还原，以降低焦比。这种尝试之所以失败，是由于没有认识到高炉热交换的实质。同样，如果过分降低高炉高度，也会使上下两个热交换区被压缩，不利于发展必要的间接还原，这就会像“矮高炉”那样引起不必要的焦比升高。从高炉热交换观点来分析，高炉必须有一个合理的高度。

任务3.2　风口前碳的燃烧

焦炭、无烟煤和从风口喷入的重油、煤粉、天然气中的碳在炉缸风口前的燃烧是供应高炉以气体还原剂和热量的主要来源。

焦炭燃烧会形成一个自由空间，这就为炉料下降创造了条件。而装入高炉中的焦炭、无烟煤等，除一部分在下降过程中参与直接还原和生铁的渗碳外，其余约65%~75%都在风口前燃烧并生成含CO的还原性气体。因此焦炭燃烧是高炉内一切反应的策源地。一旦高炉内焦炭燃烧反应停止，如休风和顽固悬料时，就会使全部冶炼过程停顿下来。

3.2.1　风口前碳的燃烧反应

风口前碳的燃烧过程，可以认为是分为两步完成的。首先是燃料中的碳与鼓风中的O_2燃烧生成CO_2气体，并放出大量的热。

$$C + O_2 = CO_2 + 408568kJ/kg \quad (3\text{-}1)$$

其次是生成的气体随即与周围焦炭中的碳起反应，生成 CO，并吸收热量。

$$CO_2 + C = 2CO - 165686kJ/kg \quad (3\text{-}2)$$

由于鼓风的成分是由 21%的氧和 79%的氮组成，因此燃烧所产生的气体又必然是 CO 和 N_2的混合气体。综合上述焦炭燃烧时的化学反应式为：

$$2C + O_2 + \frac{79}{21}N_2 = 2CO + \frac{79}{21}N_2 + 242881kJ/kg \quad (3\text{-}3)$$

实际上，鼓风中总要含有水分，而重油、煤粉和天然气等喷吹燃料中也都含有 CH_4，这些水分和 CH_4在风口区的高温下都会分解而放出 H_2。因此炉缸煤气成分实际上是 CO、H_2和 N_2的混合气体。

不含水分的干空气与焦炭燃烧后生成的高炉炉缸煤气成分为 $\varphi(CO) = 34.7\%$、$\varphi(N_2) = 65.3\%$。

含有水分的湿风，由于水分分解而生成氢（H_2），从而使氮（N_2）相对地降低。表 3-1 是鼓风湿度不同时高炉炉缸的煤气成分（体积比）。

表 3-1 不同鼓风湿度时高炉炉缸的煤气成分

空气中的水分含量		高炉炉缸煤气体积分数/%		
体积分数/%	质量浓度/g · m^{-3}	CO	H_2	N_2
0	0	34.70	0	65.30
0.5	4.017	34.80	0.40	64.80
1.0	8.035	35.00	0.80	64.20
1.5	12.052	35.10	1.20	63.70
2.0	16.070	35.20	1.60	63.20

从碳的燃烧反应式可以得知，每燃烧 24kg 碳需要 22.4m^3 氧气，也就是需要 22.4/0.21 = 106.67m^3 干空气，因此可以说每燃烧 1.0kg 碳需要的干空气量为 106.67/24 = 4.44m^3。

3.2.2 循环区和燃烧带

在高炉送风开始时，由于鼓风动能或风速较低，风口前燃烧的焦炭，只是缓慢地向下移动，但当达到一定冶炼强度时，鼓风的动能或风速，足以将风口前的焦炭吹出一个比较疏松的区域。这一区域近似球状，沿着球形的内部空间，煤气夹着红热焦炭和炉料进行循环运动。而包围球形空间的是一层厚度约为 100~200mm 的中间层。由于此层一方面受到高速度煤气流的冲击，而另一方面又受到外围料柱的阻力，故比较疏松。焦炭在循环运动过程中进行燃烧，中间层的焦炭不断被回转煤气带入循环区燃烧，而外层的焦炭又不断向中间层进行补充。这个风口前煤气流和焦炭进行循环运动的区域称为焦炭循环区。

焦炭和鼓风中的氧进行反应的区域称为燃烧带，一般燃烧带比循环区要稍大一点。这里生成的 CO_2气体到循环区以外与过剩碳进行反应而生成 CO 气体。

燃烧带对高炉炉料运动和沿炉缸断面煤气流的分布起重大作用。一般只有当燃烧带达到一定深度时，炉料运动才会正常，炉况才顺行。

鼓风从位于炉缸四周的风口鼓入炉内，所以，碳燃烧不是沿整个炉缸截面均匀进行的，燃烧带分布于炉缸的边缘。燃料燃烧的不均匀性造成炉料下降、煤气和热量分布的不均。对应燃料带的上方，炉料下降最快，并且也比较松动，燃烧带占整个炉缸截面的比例大，炉料松动区也大，炉缸的活跃面积大，有利于炉料顺行。从这点出发，希望燃烧带水平投影面积大一些，尽量多伸向炉缸中心，并缩小风口之间的炉料呆滞区。

燃烧带是产生煤气的地方，燃烧带的大小又影响煤气流的初始分布。燃烧带越伸向中心，煤气也越易到达中心，使中心温度升高。相反，燃烧带较短，紧靠边缘，则煤气优先从边缘上升，引起边缘煤气流发展。大部分中心区得不到足够量的煤气，温度较低，阻碍各种反应的正常进行，中心不活跃，必将影响高炉顺行。在炉缸煤气初始分布极端不均的情况下，即使用上部调剂也很难奏效。

当然，燃烧带过分发展也是不允许的。燃烧带过分伸向中心会造成中心“过吹”，同时会减弱边缘煤气流，增加炉料与炉墙的摩擦，不利于炉料顺行。为此，保持适宜的燃烧带尺寸对于保证炉缸工作均匀、活跃是非常重要的。

影响燃烧带的因素有很多，主要有：

（1）鼓风动能。生产实践证明，鼓风动能越大则燃烧带的长度就越长。鼓风动能表明鼓风克服风口前料层阻力向炉缸中心穿透的能力。因为燃烧带的长短要适当，所以鼓风动能也应适当。不同冶炼强度、不同炉容有不同适应高炉顺行的鼓风动能。调整风量、风口面积、风压等可得到不同的鼓风动能。

提高鼓风风速或鼓风动能（缩小风口直径）会使燃烧带扩大。相反，扩大风口直径以降低风速或鼓风动能，会缩小燃烧带。

增加风量而风口直径不变时，由于鼓风风速或鼓风动能提高，燃烧带也将沿着风口中心线方向扩大，而在其他方向不变。

提高热风温度能使风速或鼓风动能提高，使燃烧带扩大。然而另一方面，风温升高使燃烧反应加快，因而所需的反应空间——燃烧带便相应缩小。相反，降低风温会使燃烧带扩大，这也是降低一定数量的风温或大幅度降低风温，能够消除难行或悬料使炉况转顺的理由之一。这两方面因素谁占优势，视具体条件而定。一般都认为，风温升高，燃烧带扩大。在风量不变时，风压升高，燃烧带缩短。

多风口的高炉由于风口燃烧带连成一片或相距很近，这就使呆滞区减少，有利于炉料下降。因此加多风口数目到燃烧带互相接近，可以保证顺行，并可以使高炉接受大风量，一般风口距离接近 1m 时即可达到目的。

（2）燃烧反应速度的影响。凡是能提高燃烧反应速度的因素，都将使燃烧带缩小；凡是能降低反应速度的因素，都将使燃烧带扩大。低冶炼强度时，焦炭处于相对的层状燃烧，反应速度对燃烧带大小有很大影响。在这种情况下，燃烧反应速度主要取决于反应空间的温度和焦炭的物理化学性质。提高风温，因反应空间温度升高，反应速度加快而燃烧带缩小。一般高炉冶炼强度不是很低时，由于回旋区的存在，燃烧带主要取决于回旋区的大小，燃烧反应速度影响很小。

焦炭粒度小，单位重量表面积大，能加快燃烧反应速度，燃烧带缩小。焦炭的反应性越好，亦将加快燃烧反应，使燃烧带缩小。

对于高冶炼强度的高炉，风口前焦炭处于回旋状态，燃烧反应速度的影响居于次要地位，鼓风动能和风量的影响显著。

（3）炉料分布的影响。料柱的疏松程度对煤气的分布有一定的疏导作用，因而对燃烧带大小也有一定影响，采用抑制边缘煤气流疏松中心的装料制度，将使燃烧带向中心延伸。反之，采用疏松边缘煤气流抑制中心的装料制度，则燃烧带缩短并向两侧扩展。这是因为疏松料柱透气性良好，对煤气流阻力小。以上看出料柱透气性好有利于鼓风穿透则燃烧带长，否则燃烧带短。

任务 3.3　水分的蒸发和碳酸盐分解及氧化物还原

3.3.1　水分蒸发

炉料表面总是附着一些水分，尤其是焦炭为多孔物质，在雨季含有多量的吸附水，这种水称为物理水，一般在 100℃以上即可蒸发，对高炉冶炼没有什么影响。

某些铁矿石（如褐铁矿）含有一定量的结晶水，这些结晶水进入高炉高温区时，因水分分解要消耗热量，对炉温有一定的影响，因此使用该种原料时，最好在炉外预先经过焙烧，以驱除结晶水，同时可相应提高铁含量。

3.3.2　碳酸盐的解

石灰石（$CaCO_3$）和白云石（$CaCO_3 \cdot MgCO_3$）在高炉内受热而分解，其反应式如下：

$$CaCO_3 = CaO + CO_2 - 178000\text{kJ} \tag{3-4}$$

$$MgCO_3 = MgO + CO_2 - 110750\text{kJ} \tag{3-5}$$

理论上高炉内石灰石剧烈分解的温度为 920℃，但因石灰石具有一定的块度，同时导热也较差，因此石灰石的分解要到更高温度才能结束。在高温下分解出来的 CO_2 随即与固体碳发生下述反应（称碳的气化反应）：

$$CO_2 + C = 2CO - 165800\text{kJ} \tag{3-6}$$

石灰石分解放出的 CO_2，降低了煤气中 CO 的浓度，而碳的气化反应，既消耗热量，也减少了达到风口前的碳量，不可避免地要使焦比升高。因此用生石灰代替石灰石入炉，或者提高人造富矿的碱度，是降低焦比的一个重要措施。

3.3.3　铁氧化物的还原反应

铁矿石的主要成分是铁的氧化物，用气体还原剂（如 CO 和 H_2）或用固体还原剂（炭素）夺取铁氧化物中氧的过程，称为还原反应过程。这是高炉冶炼中最基本最大量的反应。除铁氧化物外，硅氧化物、锰氧化物等也进行还原反应。氧化物的还原反应可写成：

$$MeO + X = Me + XO \tag{3-7}$$

式中　Me——金属；

O——氧；

X——还原剂。

还原反应不仅要求有一定的温度，而且要求供应浓度足够的还原剂，也要求还原剂和铁氧化物之间具有良好的接触条件，才会促进还原反应迅速地进行。

铁氧化物的还原，总是由高价铁氧化物还原为低价铁氧化物，再还原至金属铁。因为在小于570℃时，氧化亚铁（FeO）是不稳定的，因此铁氧化物的还原顺序为：

T<570℃时　　$Fe_2O_3 \longrightarrow Fe_3O_4 \longrightarrow Fe$

T>570℃时　　$Fe_2O_3 \longrightarrow Fe_3O_4 \longrightarrow FeO \longrightarrow Fe$

3.3.3.1　铁氧化物的间接还原

风口前碳燃烧生成的CO气体是铁氧化物的主要还原剂，其反应式为：

$$3Fe_2O_3 + CO = 2Fe_3O_4 + CO_2 + 37100kJ \quad (3\text{-}8)$$

$$Fe_3O_4 + CO = 3FeO + CO_2 - 20900kJ \quad (3\text{-}9)$$

$$FeO + CO = Fe + CO_2 + 13600kJ \quad (3\text{-}10)$$

这种用CO气体还原铁氧化物的过程称为间接还原。它的特点是还原气体产物为CO_2，反应过程中总的结果是放出热量，因此不需要外部供给热量。但上述反应均为可逆反应，即在一定温度下，有一定的平衡气相成分CO和CO_2，故为了保证反应的进行，必须使用过量的CO。

式（3-8）~式（3-10）中只有式（3-8）在高炉条件下是不可逆的，只要气相中有少量的CO，Fe_2O_3就可被还原成Fe_3O_4。式（3-9）和式（3-10）都是可逆的，反应进行的速度与煤气温度、矿石粒度及气相成分等有关。

图3-2是根据式（3-8）~式（3-10）和当温度低于570℃时存在的反应式（3-8）和反应式

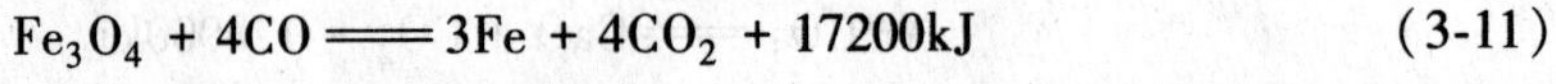

$$Fe_3O_4 + 4CO = 3Fe + 4CO_2 + 17200kJ \quad (3\text{-}11)$$

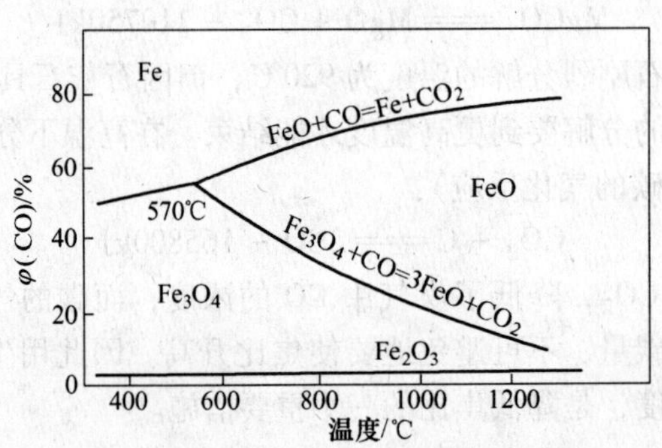

图3-2　Fe-C-O体系平衡气相成分与温度的关系

达到平衡时作出的气相成分（$\varphi(CO)+\varphi(CO_2)=100\%$）与温度的关系曲线。

由图中可看出，在不同温度下，气相中不同浓度的CO含量决定着有不同的反应进行，这就形成了一定条件下某种铁氧化物或铁的稳定区。

由于高炉内有反应式（3-6）进行，故实际的各铁氧化物和铁的稳定区有所变化。

3.3.3.2　用氢还原铁氧化物

由喷吹燃料带入高炉内的水分，或由喷吹燃料带入的碳氢化合物和水分，在风口前都要分解成为H_2，同样参与铁氧化物的还原反应：

$$3Fe_2O_3 + H_2 = 2Fe_3O_4 + H_2O + 21800kJ \quad (3\text{-}12)$$

$$Fe_2O_3 + H_2 = 2FeO + H_2O - 62200kJ \tag{3-13}$$

$$FeO + H_2 = Fe + H_2O - 28000kJ \tag{3-14}$$

因为高炉内充满了CO气体和固定碳，所以还原生成的H_2O又可以与CO或C起作用再生成H_2。

与CO作用时反应式为：

$$FeO + H_2 = Fe + H_2O - 28000kJ \tag{3-15}$$

$$+)\quad H_2O + CO = H_2 + CO_2 + 41600kJ \tag{3-16}$$

$$FeO + CO = Fe + CO_2 + 13600kJ \tag{3-17}$$

与固定碳作用时反应式为：

$$FeO + H_2 = Fe + H_2O - 28000kJ \tag{3-18}$$

$$+)\quad H_2O + C = H_2 + CO - 124000kJ \tag{3-19}$$

$$FeO + C = Fe + CO - 152000kJ \tag{3-20}$$

从上述反应式可以看出：高炉内的H_2在还原过程中，虽然只是起一个中间作用，消耗掉的依然是CO和C，但最后仍有部分H_2参与还原生成H_2O后不再生成H_2，而以水蒸气形态由炉顶逸出，即这部分H_2实际参与了高炉内铁氧化物的还原，大约为入炉总H_2量的40%。

当温度低于570℃时有反应式（3-13）和反应式（3-21）存在：

$$Fe_3O_4 + 4H_2 = 3Fe + 4H_2O - 62000kJ \tag{3-21}$$

类似于用CO还原铁氧化物，反应式（3-12）是不可逆的，反应式（3-13）和反应式（3-14）是可逆的。同样，也有一个在一定温度和气相H_2浓度下的Fe-O-H平衡图（见图3-3）。在一定温度下铁氧化物的存在形态是由气相（$\varphi(H_2)+\varphi(H_2O)=100\%$）中的$H_2$含量所决定的。

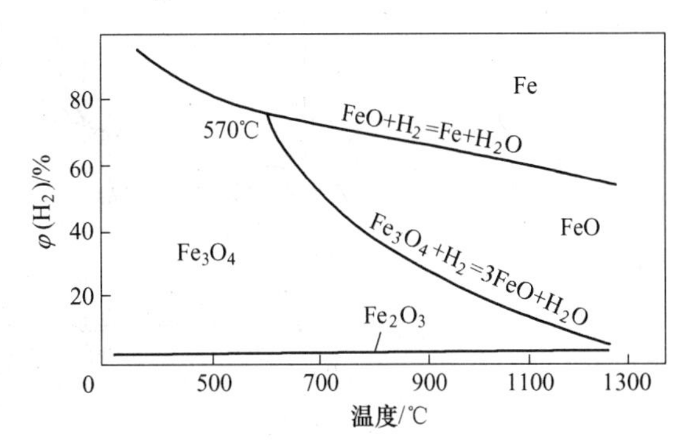

图3-3 Fe-O-H体系平衡气相成分与温度的关系

如将图3-2和图3-3合并起来可发现，当温度低于810℃时CO的还原能力比H_2强；温度高于810℃时，H_2的还原能力比CO强。

由于H_2的还原能力比CO强，并且在高炉内可以往复地被利用，因而有可能改善高炉内煤气的利用；同时H_2还原了部分FeO，可以减少直接还原所消耗的碳，而还原FeO时所消耗的热量，也远比用固定碳还原时所消耗的热量要低。这就是为什么蒸汽鼓风和喷吹燃料时可以降低直接还原而提高间接还原的主要原因。

3.3.3.3 铁氧化物的直接还原

氧化亚铁不但可以通过CO间接还原成金属铁，也可以按下述反应式被固定碳还原：

$$FeO + C = Fe + CO - 152088kJ \tag{3-22}$$

这种用固定碳还原铁氧化物的过程称为直接还原。它的特点是还原气体产物为CO，反应过程中需要吸收很多的热量，但一个原子的碳可以还原一个原子的铁，还原时不需要消耗过量的碳。

其实，这种直接还原方式，可以认为通过下述两步来进行：

$$FeO + CO = Fe + CO_2 + 13598kJ \quad (3\text{-}23)$$

$$+)\quad CO_2 + C = 2CO - 165686kJ \quad (3\text{-}24)$$

$$FeO + C = Fe + CO - 152088kJ \quad (3\text{-}25)$$

由此可知，所谓直接还原是通过CO气体来进行的，只是生成的CO_2和碳相作用（碳的气化反应），最终消耗了固定碳而已。因此，在高炉内铁氧化物是间接还原还是直接还原，主要取决于是否发生碳的气化反应。一般来说，这一反应在800℃时开始进行，至1100℃时进行得非常剧烈。因此在温度低于800℃以下的高炉上部为间接还原区域，在高于1100℃的高炉下部为直接还原区域，在800～1100℃之间，既有直接还原也有间接还原，称为过渡带。

同样，其他级的铁氧化物的还原也可如此进行，则有碳还原其他铁氧化物的反应：

$$3Fe_2O_3 + C = 2Fe_3O_4 + CO + 21800kJ \quad (3\text{-}26)$$

$$Fe_2O_3 + C = 2FeO + CO - 62200kJ \quad (3\text{-}27)$$

$$FeO + C = Fe + CO - 28000kJ \quad (3\text{-}28)$$

铁氧化物、碳氧化物和碳的平衡与温度的关系如图3-4所示。

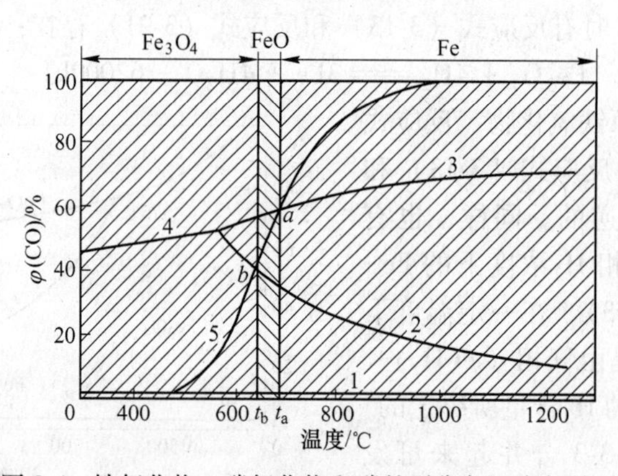

图3-4 铁氧化物、碳氧化物和碳的平衡与温度的关系

图3-4中曲线a是反应式（3-26）～式（3-28）的平衡线。由于该反应的存在，气相中的CO含量由其决定，这是由于高炉中有过剩的固定碳存在。各铁氧化物的存在形态也随之改变，如图3-4所示，温度低于t_b=647℃时为Fe_3O_4的稳定区域，温度在647～685℃时为FeO的稳定区，高于t_b=685℃时为Fe的稳定区。

上述分析只是在假设气相中只有CO和CO_2时，反应达到平衡的条件下才成立。在高炉中由于压力和其他条件的影响，反应时间短，反应不能达到平衡，实际上正常情况下是Fe_2O_3和Fe_3O_4在低温区就被CO和H_2还原成FeO，而FeO则部分被CO还原，另一部分被碳还原。

3.3.3.4 直接还原与间接还原比较

用固定碳还原生成CO的反应为直接还原反应，用CO还原生成CO_2的反应为间接还原反应。一般在高炉中，温度低于800℃为间接还原区，温度在800～1100℃之间为直接还原与间接还原并存区，温度高于 1100℃为直接还原区。图 3-5 示出各还原区在高炉内的大体分布。由于不同冶炼条件下高炉内状况不一致，此图仅作示意。

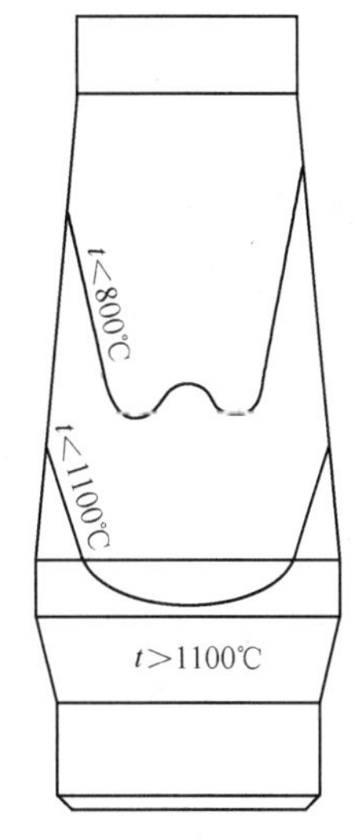

图 3-5　高炉内直接和间接还原区分布示意图

在还原过程中，由于用 CO 作还原剂的间接还原（式（3-9）~式（3-11））是可逆的，需要气相中有过量的 CO 作反应平衡成分才能使反应进行，而用碳作还原剂的直接还原则不需要，所以，直接还原比间接还原消耗碳少，但还原需要大量的热量。间接还原用的 CO 是由碳燃烧生成的，在提供 CO 的同时能提供大量的热量，减少了高炉内为提供热量消耗的焦炭。因此，如果铁氧化物的还原全部是直接还原，会使碳消耗最少而热量不足，必须有提供热量的途径；如果铁氧化物的还原全部是间接还原，则无需因高炉内热量不足而另耗碳，但还原需要更多的碳。这样，只有当铁氧化物的还原既有间接还原又有直接还原时才能使高炉内有足够的热量且消耗的碳相对又少。对应不同的冶炼条件，有不同直接还原与间接还原的比例使消耗的碳量少，也就是焦比最低。通常高炉内直接还原所占的量高于这个比例，故降低直接还原度（FeO 被固定碳还原出来的铁量占全铁量的比例）可降低焦比。

3.3.3.5　加快铁矿石还原速度的条件

要加快铁矿石的还原速度，就必须改善煤气中的还原剂分子与矿石中铁氧化物分子的接触条件，增加单位时间内在单位空间中氧化物分子与还原剂分子相接触的机会。概括起来可以从两方面入手：一是通过改善煤气的性能（如煤气成分、温度、压力、流速等）来改善还原剂与氧化物接触的条件，从而缩短反应时间；二是通过改善矿石本身的还原性能（如缩小矿石粒度、增加孔隙度、改善矿物组成等）来增加反应时间。为了加快铁矿石的还原，需要把这两方面因素很好地结合起来。

应该指出的是，这里讲加快铁矿石的还原速度，指的是在 800~1000℃范围内加快 CO 和 H_2还原铁矿石的速度，而在更高的温度下，无论何种矿石的还原速度都是很快的。

A　提高煤气中 CO 和 H_2的浓度

提高煤气中 CO 和 H_2的浓度无论对提高扩散速度还是对提高化学反应速度都是有利的。许多实验结果都已证明，矿石的还原速度随着煤气中 CO 和 H_2浓度的增加而增加。同样，煤气中 CO_2和 H_2O 的浓度增加，还原反应速度减小。

用动力学理论分析，这种结果是必然的。煤气中 CO 和 H_2浓度增加必然要使它们与固体氧化物接触的机会增加，从而加快内外扩散速度和表面化学反应速度，加速铁矿石的还原。相反，CO_2和 H_2O 的浓度增加，不仅使煤气中的还原剂浓度被冲淡，而且必然要促进逆反应进行，从而妨碍还原过程，减小还原速度。从热力学条件来说，煤气中 CO 和 H_2的浓度必须高于还原温度下相应的平衡气相浓度，如此还原才能进行。而 CO 和 H_2的浓度越高，煤气还原能力越强，越能加大还原速度。

煤气中氢浓度的增加，对加快铁矿石还原速度更为有力。因为 H_2半径小，密度小，黏度小，在固体还原产物层内的扩散能力及在氧化物表面上的吸附能力都比较强。气体还原产物 H_2O 的扩散能力也比 CO_2要强。根据气体分子运动论，气体分子运动速度与其分子量的平方根成反比，因此，H_2的扩散速度是 CO 扩散速度的 3.74 倍，H_2O 的扩散速度是 CO_2的 1.57 倍。因此，H_2比任何其他气体都能更快地通过显微孔隙到达矿石中心，产物 H_2O 也容易扩散出去。

由以上分析可知，为了使炉内煤气具有较强的还原能力，必须尽量减少炉内非还原生成的 CO_2和 H_2O，以保证煤气中 CO 和 H_2的浓度。

煤气中的 N_2量增加，会使铁矿石的还原速度降低，这是因为 N_2增加冲淡了煤气中 CO 和 H_2的浓度。因此，采用富氧鼓风等措施，能减少鼓风中 N_2的含量，有助于加快矿石的还原速度。

B 保证煤气有较高的温度

高温下反应速度是很快的，因此保证煤气有较高的温度，特别是扩大 800~1000℃范围内的间接还原区，是加速高炉还原过程的关键。

化学反应速度和扩散速度皆随温度的升高而加快。因此，高温对加速铁矿石的还原是有利的。从分子运动论的角度来看，高温下分子运动剧烈，使氧化物分子与还原分子的碰撞机会增加，同时也使高温下活化分子数目增加，这样能促进还原反应进行。实验室的实验结果证实了这种关系。

提高温度对改善还原的作用比提高氢浓度的作用还要明显。总之，温度升高，还原速度加快。然而，这种作用并不是连续的，个别阶段由于有接触存在及扩散条件变坏而有还原反应减慢现象。

炉身喷吹高温还原性气体，既增加了煤气中 CO 和 H_2的浓度，又提高了间接还原区温度，因而对加速铁矿石的还原大为有利。

C 控制煤气流速

当反应处于外部扩散速度范围时，提高煤气流速对加快还原速度十分有效。这是因为提高煤气流速有利于冲散固体氧化物周围阻碍还原剂扩散的气体薄膜层，使还原剂直接到达氧化物表面。但是，当煤气流速达到一定程度以后气体薄膜层完全被冲走，即还原速度受固体还原产物层内扩散或界面反应的控制，这时再提高煤气流速不能加快还原速度。相反，煤气流速过快，会导致煤气的利用率变坏。

任何改善矿石内部扩散条件和加速还原的措施都可以导致临界速度提高，从而有利于强化冶炼。

煤气流速直接影响煤气的利用程度。当煤气流速很低时，煤气接近还原反应的平衡组成，此时煤气利用率最高。随着煤气流速的增加，煤气停留时间缩短，反应会不充分，煤气利用率会降低。

煤气流速与高炉冶炼强度有关。冶炼强度过低，煤气流速也过低，此时反应处于扩散控制范围内，速度很慢，直接还原度高，高炉热消耗大。随着冶炼强度的提高，还原得到改善，直接还原强度降低。但是，冶炼强度提高到一定程度以后，煤气流速过快，煤气在炉内停留时间过短，容易导致煤气流分布失常，还原过程变坏。

因此，为了既加快矿石的还原速度，又同时保证高炉顺行及焦比较低，必须将煤气流速控制在适当水平上。现场一般是通过调整风量来控制煤气流速的。

D 提高煤气压力

提高煤气压力将阻碍碳的气化反应，使平衡向逆方向移动，从而使气相中 CO_2的消失温度升高，这就相当于扩大了间接还原区。同时，从分子运动论角度来说，提高压力会使煤气密度增大，使还原气体与矿石表面的碰撞机会增加，从而加速还原反应；但同时，还原产物 CO_2和 H_2O 的吸附能力也随之增强，从而阻碍还原剂的扩散，这对铁氧化物的还原又是不利的。提高压力的作用在于使高炉顺行，减小压差，从而达到强化冶炼的目的。

E 减小矿石粒度，改善矿石透气性和矿物组成

同一重量的矿石，粒度越小，与煤气的接触面积越大，煤气的利用率越高。对单一矿石来说，粒度越小，越容易被还原气体穿透中心而完全被还原。但粒度过小，会恶化整个料柱透气性。因此要求入炉料的粒度必须大于 5mm。透气性的好坏取决于料柱的孔隙度，而增大孔隙度的唯一办法是尽量使炉料的粒度均匀。均一粒度散料的孔隙度是相等的，它与散料颗粒的直径无关。

此外，气孔率也是影响矿石还原的主要因素。气孔率大而分布均匀的矿石还原性好，因为气孔率大，矿石与煤气的接触面积大，且减少了矿石内部的扩散阻力。

各种矿石的还原性由高到低的排列顺序是：球团矿、褐铁矿、烧结矿、菱铁矿、赤铁矿、磁铁矿。

磁铁矿最致密，还原性最差，赤铁矿的氧化度高，组织比较疏松，还原成 Fe_3O_4时有微气孔出现，所以比磁铁矿好还原。菱铁矿和褐铁矿的还原性较好，是因为加热时分解出 CO_2使矿石中出现许多气孔，有利于还原剂和还原产物的扩散。烧结矿由于烧结条件的不同，其还原性也不一样，它的还原性取决于气孔率的大小、氧化度的高低和硅酸铁的多少，熔剂性烧结矿一般比赤铁矿要好些。

气孔的形状、大小和分布状况对矿石还原性也有很大的影响。气孔太小时，矿石软化后气孔容易被堵塞，其还原性不一定好。薄壁大气孔的矿石，与煤气相互作用的内表面少，还原性也不会好。

一般情况下，生矿焙烧后能使其还原性能得到改善。如致密难还原的磁铁矿经氧化焙烧，Fe_3O_4被氧化成 Fe_2O_3，结晶体积增大，导致块矿疏松，气孔率得到提高，还原性能得到改善。

组成矿石的矿物中硅酸铁是影响还原的主要因素。铁以硅酸铁形式存在时就难还原。烧结矿中 FeO 含量高，硅酸铁含量就高，因此较难还原。球团矿一般是在氧化气氛中焙烧的，FeO 含量少，故还原性好。熔剂性烧结矿之所以还原性好，是因为 CaO 对 SiO_2的亲和力较大，使烧结矿中硅酸铁的含量减少。烧结矿中加入适量的 MgO 也能改善烧结矿的还原性。

3.3.4 硅、锰、磷的还原

3.3.4.1 高炉中锰（Mn）的还原

生铁中的锰是由锰矿石带入的，有时也由铁矿石带入微量的锰。

锰在锰矿石中以 MnO_2、Mn_2O_3、Mn_3O_4，有时也以 $MnCO_3$或 $MnSiO_3$形态存在。

锰氧化物的还原程序与铁氧化物类似，也是由高价氧化物还原为低价氧化物，最终还原为金属锰溶入生铁中，即

$$MnO_2 \longrightarrow Mn_2O_3 \longrightarrow Mn_3O_4 \longrightarrow MnO \longrightarrow Mn$$

在高炉冶炼条件下，从 MnO_2还原到 MnO 均为间接还原。而从 MnO 还原为锰则全部

为直接还原，自由状态 MnO 的直接还原从 1100℃ 就可以开始，但大部分 MnO 多以 $MnSiO_3$（硅酸锰）形态存在于初渣中，而从 $MnSiO_3$ 中开始还原锰的温度为 1300℃，而且直到 1400℃ 以上还原过程才激烈进行，因此锰的直接还原比铁的直接还原需要更高的温度。MnO 的直接还原反应如下：

$$MnO + C = Mn + CO - 272000kJ \tag{3-29}$$

MnO 直接还原消耗的热量几乎比 FeO 直接还原需要的热量大一倍。在高炉冶炼条件下 99%以上的 FeO 可以还原成金属铁，只有小于 1.0%的 FeO 进入炉渣。而 MnO 只有 40%~70%进入生铁，还有 30%~60%残存在炉渣之中。

炉渣中存在的碱性氧化物（如 CaO 和 MnO）可以和 $MnSiO_3$ 中的 SiO_2 结合成 $CaSiO_3$，从而可以将 MnO 置换出来，因此采用碱性炉渣冶炼时，锰的回收率就高。所以，在高炉冶炼条件下提高锰的回收率的必要条件是高风温、高焦比和高炉渣碱度。

3.3.4.2　硅（Si）的还原

铸造生铁要求生铁中含硅量高（硅含量达到 1.25%~4.25%），而冶炼炼钢生铁时要求硅含量尽可能低一些（0.5%~1.3%）。生铁中的硅是由炉料中 SiO_2 还原出来的。

SiO_2 是很难还原的化合物，是在高温区经过直接还原而得到的。用固体碳还原的反应如下：

$$SiO_2 + 2C = Si + 2CO - 635000kJ \tag{3-30}$$

从 SiO_2 中还原每 1kg 硅所需要的热量，相当于从 FeO 中还原 1kg 铁所需要热量的 8 倍。

用固定碳还原 SiO_2 的开始还原温度在 1300℃ 左右。当有铁存在时，由于还原出来的硅能与铁结成硅化铁（FeSi）而熔于铁液中，因此 SiO_2 开始还原温度，可以从 1300℃ 下降到 1050℃。

从 SiO_2 中还原硅和炉渣碱度有密切关系，因为炉渣中的 CaO 与 SiO_2 会结合成硅酸钙（$CaO \cdot SiO_2$）而妨碍 SiO_2 的还原。因此在原料含硫较低的条件下，采用酸性炉渣冶炼铸造生铁（尤其是含硅 2.5%以上的铸造生铁）相对地比用碱性渣更有利于硅的还原，而且能降低焦比。如果单纯从还原温度观点考虑而采用高熔点的碱性炉渣操作，忽视了炉渣碱度对硅还原的影响，反而会使焦比升高。总之，硅的还原条件是提高炉缸温度和采用较酸性的炉渣。

由于硅的还原需要较高的炉缸温度，因此冶炼铸造生铁时，比冶炼炼钢生铁的焦比要高出 5%~20%。

3.3.4.3　生铁中磷（P）的还原

高炉炉料中含有少量的磷，而磷又多以磷灰石（$Ca_3P_2O_5$）形态存在，是很稳定的化合物。在高炉中的磷全部经过直接还原，其反应式如下：

$$Ca_3P_2O_5 + 2C = 3CaO + 2P + 2CO - 1589000kJ \tag{3-31}$$

由于 CaO 与 SiO_2 容易生成硅酸钙，将 P_2O_5 置换出来，而铁又能与磷组成化合物，并熔于铁中，因此能降低磷开始还原的温度与加快 $Ca_3P_2O_5$ 还原的速度。所以，磷虽然是难还原元素，但在高炉冶炼条件下，仍然会全部被还原出来。磷是一种有害元素，应严格控制矿石中磷的含量。

任务 3.4　造渣与脱硫及渗碳过程

铁矿石的脉石和焦炭灰分的主要成分是 SiO_2 及 Al_2O_3，SiO_2 的熔点是 1713℃，Al_2O_3 的熔点是 2025℃，这些化合物在高炉冶炼条件下都不能熔化。

为了保证在高炉冶炼过程中，将这些难熔物质变成易熔物质，以利于渣铁分离和去除生铁的硫，必须加入其他助熔的物质（熔剂），如 CaO 和 MgO 等。因此，高炉炉渣的主要成分是 SiO_2、CaO、MgO、Al_2O_3，此外还有少量的 FeO、MnO、CaS 等。其中 CaO、MgO、MnO 等都是碱性氧化物，而 SiO_2 和 Al_2O_3 是酸性氧化物。炉渣中碱性氧化物和酸性氧化物之比，一般称为炉渣碱度。

3.4.1　高炉中的造渣过程

高炉中的炉料在下降过程中逐渐被加热，当天然矿石温度达到 1000℃ 左右时或自熔性人造富矿达到 1100℃ 左右时就开始熔化。炉渣的造渣过程就是由这时开始的。开始形成的渣称为初渣，而从渣口放出的炉渣称为终渣。

当温度进一步提高时，熔点较低的初渣，就形成流动性比较低的塑性物，主要成分为 SiO_2 和 FeO，其中 FeO 因使用原料和操作条件不同，波动范围很大。而难熔物质 CaO 等含量很少。

初渣继续下降，温度继续上升，炉渣中 FeO 不断被还原成海绵铁，使初渣中 FeO 含量不断降低。同时炉料（尤其是熔剂）中的 CaO 及 MgO 开始大量熔入初渣，使初渣碱度逐步升高，同时其熔化温度也继续升高，直到初渣温度达到 1300℃ 以上时才开始具有较好的流动性。因此从初渣开始形成起，到初渣具有流动性为止，初渣黏度较大，在高炉中形成了料柱透气性不良的塑性区。

当初渣到达风口时，焦炭灰分（主要是 SiO_2 及 Al_2O_3）进入炉渣，使渣碱度降低，这时造渣过程才最后完成。

自熔性人造富矿在烧结或焙烧过程中，大部分 CaO 与 SiO_2、Al_2O_3 已结成炉渣，并一度熔化，所以初渣形成温度就比天然矿石或非自熔性人造富矿要高。初渣中 CaO 含量开始时就较高，因此在下降过程中初渣成分变化不大，而且塑性区较短，这就改变了料柱下部的透气性。

高炉内成渣过程与沿高炉高度上温度的分布，与焦比和风温的高低及炉料和煤气流的分布有密切关系。炉温升高时成渣区上移，炉温降低时成渣区下移，提高风温时成渣区下移。边缘煤气流过分发展时或发展不足时，则成渣区随着边缘环圈温度的上升或降低而移动。毫无疑问，成渣区的移动，将严重影响炉况的顺行（如崩料、悬料、结瘤等），所以在高炉冶炼过程中，应尽可能维持操作制度的稳定。

3.4.2　脱硫过程

高炉炉渣除了要分离渣铁外，还要除去生铁中的硫，以保证生铁质量合乎标准。

铁矿石、焦炭、熔剂都含有一定数量的硫。在一般情况下铁矿石允许硫含量最高不超过 0.1%，但焦炭硫含量高达 0.6%～1.0% 以上，硫酸渣和某些高硫天然矿石中硫含量可高达1.5%~3.0%。

焦炭中的硫主要是有机硫，还有一部分以FeS和硫酸盐形态存在。矿石和熔剂中的硫以黄铁矿（FeS_2）形态存在，也有少量以硫酸钙（$CaSO_4$）、硫酸钡（$BaSO_4$）和硫化铜（CuS）、硫化锌（ZnS）、硫化铅（PbS）形态存在。

炉料中的硫除一部分进入煤气中外，大部分进入生铁和炉渣。

焦炭中的硫在下降过程中，有一部分挥发而进入煤气，其余部分则随焦炭到达风口前燃烧生成SO_2而进入煤气中，并在高炉下部与红热炭素相遇生成CO及硫蒸气：

$$SO_2 + 2C \xlongequal{\quad} 2CO + S\uparrow \tag{3-32}$$

矿石中的FeS_2在下降过程中，也按下列反应式分解而生成硫蒸气进入煤气中：

$$FeS_2 \xlongequal{\quad} FeS + S\uparrow \tag{3-33}$$

无论是来自焦炭还是来自矿石中的硫蒸气，在随煤气上升过程中，与CaO、Fe和铁氧化物相遇又被吸收，以FeS形态熔于铁中。

高炉内的脱硫反应，主要是在铁水滴穿过渣层以及在渣、铁水的接触面上进行的。脱硫反应式如下：

$$[FeS] + (CaO) \xlongequal{\quad} (FeO) + (CaS) + 3050kJ \tag{3-34}$$

$$+)\quad (FeO) + C \xlongequal{\quad} Fe + CO - 152000kJ \tag{3-35}$$

$$[FeS] + (CaO) + C \xlongequal{\quad} Fe + (CaS) + CO - 148950kJ \tag{3-36}$$

从以上脱硫反应式可以看出：

（1）脱硫反应是一个吸热反应，因此炉缸温度越高反应进行得越完全，生铁中硫含量越低。

（2）有CaO存在时脱硫反应才能进行，因此提高炉渣碱度，有利于生铁的脱硫。

（3）脱硫反应必须消耗焦炭中的碳，是一个直接还原过程，因此铁的直接还原越发展，即炉渣中FeO含量越高，越不利于脱硫反应的进行。

由此可以得出保证生铁的脱硫条件是：

（1）保持必要的炉缸温度。

（2）保持必要的炉渣碱度。

（3）尽可能使用还原性良好的炉料，以改善还原过程。

3.4.3 生铁的形成与渗碳过程

在高炉上部有部分铁矿石在固态时就被还原成金属铁，随着温度升高逐渐有更多的铁被还原出来。刚被还原出的铁呈多孔的海绵状，故称海绵铁。这种早期出现的海绵铁成分比较纯，几乎不含碳。海绵铁在下降过程中，不断吸收碳并熔化，最后得到碳含量较高（一般为4%左右）的液态生铁。生铁的形成过程主要是已还原出来的金属铁中逐渐溶入其他合金元素和渗碳的过程。

高炉内生铁形成（除了硅、锰、磷和硫等元素的渗入或去除外）的主要特点是必须经过渗碳过程。由铁碳合金状态图可知，碳可与铁形成固溶体和化合物。碳在铁中的溶解度是随着铁所处的结晶形态而变化的。碳可溶解于α铁中形成固溶体，其溶解度非常小（约为0.006%~0.002%）。当α铁转变为γ铁后（723℃左右），γ铁吸收碳的能力较强，因而有较多的碳溶解于γ铁中形成固溶体，这种固溶体的碳含量最高可达2.0%。除此之外，碳和铁能形成化合物 Fe_3C，这是生铁中碳存在的主要形式。Fe_3C 中的碳含量为6.67%。纯铁和 Fe_3C 的熔点都比较高（纯铁为1539℃，Fe_3C 为1600℃），当铁中不断溶解碳后其熔点逐渐下降，一般在生铁的含碳（3%~4%）范围，其熔点在1150~1300℃。所以高炉内一般在炉腰部位就可能出现液态生铁。熔点最低的生铁含碳为4.3%（即共晶点C熔点为1130℃）。

研究认为，高炉内渗碳过程大致可分为以下三个阶段：

第一阶段是固体金属铁的渗碳，即海绵铁的渗碳反应：

$$2CO \xlongequal{} CO_2 + C(黑) \tag{3-37}$$

$$3Fe(固) + C(黑) \xlongequal{} Fe_3C(固) \tag{3-38}$$

总的结果是：

$$3Fe(固) + 2CO \xlongequal{} Fe_3C(固) + CO_2$$

CO在低温下分解产生的炭黑（粒度极小的固定碳）化学活泼性很强。一般说这一阶段渗碳发生在800℃以下的区域，即在高炉炉身的中上部位，有少量金属铁出现的固相区域。这阶段的渗碳量占全部渗碳量的1.5%左右。

第二阶段为液态铁的渗碳。这是在铁滴形成之后，铁滴与焦炭直接接触，渗碳反应为：

$$3Fe(液) + C(焦) \xlongequal{} Fe_3C$$

据高炉解剖资料分析，矿石在高炉内下降过程中随着温度的升高，由固相区的块状带经过半熔融状态的软熔带进入液相滴落带，矿石在进入软熔带以后，其还原可达70%，此时出现致密的金属铁层和具有炉渣成分的熔结聚体。再向下，随温度升高到1300~1400℃，形成由部分氧化铁组成的低碱度的渣滴。而在焦炭空隙之间，出现金属铁的“冰柱”，此时金属铁为γ铁形态，碳含量达0.3%~1.0%。由相图分析得知此金属仍属固体。继续下降至1400℃以上区域，“冰柱”经炽热焦炭的固相渗碳，熔点降低，熔化为铁滴并穿过焦炭空隙流入炉缸。由于液体状态下与焦炭接触条件得到改善，加快了渗碳过程，生铁含碳立即增加到2%以上，到炉腹处的金属铁中已含有4%左右的碳，与最终生铁的碳含量差不多。

第三阶段是炉缸内的渗碳过程。炉缸部分只进行少量渗碳，一般渗碳量只有0.1%~5%。

由以上可知，生铁的渗碳是沿着整个高炉高度上进行的，在滴落带尤为迅速。这三个阶段中任何阶段的渗碳量增加都会导致生铁碳含量的增高。生铁的最终碳含量，还与生铁中其他元素的含量有关，特别是Si和Mn。

Mn、Cr、V、Ti等能与C结合成碳化物而溶于生铁，因而能提高生铁碳含量。例如，锰含量为15%~20%的镜铁，其碳含量常在5%~5.5%左右；含锰80%的锰铁，碳含量达7%左右。

Si、P、S能与铁生成化合物，即促进碳化物分解。这些元素阻止渗碳，能促使生铁碳含量降低。因此，铸造铁硅含量较高，碳含量只有3.5%~4.0%，硅铁碳含量更低，只有2%左右，一般炼钢生铁的碳含量为3.8%~4.2%。

在凝固的生铁中碳的存在形态有两种，或呈化合物状态（Fe_3C、Mn_3C），或呈石墨碳（又称游离碳）。如果是以碳化物状态存在，其生铁的断面呈银白色，这种生铁又称为白口铁。如果以石墨状态存在，则生铁断口呈暗灰色，这种生铁又称为灰口铁。碳元素在生铁中存在的形态，一方面与生铁中 Si、Mn 等元素的含量有关，另一方面又与铁水的冷却速度有关。例如，硅可促使 Fe_3C 分解，而析出石墨碳，成灰口铁，所以铸造铁一般都是灰口铁，而炼钢生铁其硅含量较低，往往呈白口铁。锰铁中的碳呈化合状态的多，故为白口断面。当生铁中 Si、Mn 及其他元素含量相同时，其冷却速度越慢，则析出石墨碳越多，呈灰口铁断面，冷却速度越快，来不及析出石墨碳则呈白口断面。

传统的炼铁理论认为，生铁碳含量仅与铁水的化学成分有关，生产中是不好控制的，常用下列经验公式估算生铁碳含量：

$$w[C] = 4.3 - 0.27w[Si] - 0.32w[P] + 0.03w[Mn] - 0.032w[S] \tag{3-39}$$

或

$$w[C] = 1.31 + 0.026t - 0.34w[Si] - 0.33w[P] + 0.3w[Mn] - 0.33w[S] \tag{3-40}$$

式中 t——铁水温度。

其他文献提出的生铁碳含量的计算公式如下：

$$w[C] = 1.34 + 2.52 \times 10^{-3}t - 0.30w[Si] - 0.35w[P] - 0.40w[S] + 0.04w[Mn] \tag{3-41}$$

这个公式考虑了铁水温度对碳含量的影响，各项元素对铁水碳含量影响的程度（系数）也有一定的依据，比较起来可以看出两个公式的锰、硫两项系数与之相差也较多。

复习与思考题

3-1 名词解释

(1) 燃烧带；
(2) 高炉内的热交换现象；
(3) 焦炭反应性；
(4) 风口前理论燃烧温度；
(5) 炉料有效重力；
(6) 碳的完全燃烧；
(7) 碳的不完全燃烧；
(8) 还原性。

3-2 填空题

(1) 金属氧化物的还原反应用通式表示为（ ）。
(2) 高炉内 CO 不能全部转变成 CO_2 的原因是因为铁氧化物的（ ）需要过量的 CO 与生成物相平衡。
(3) 铁矿石还原速度的快慢，主要取决于（ ）和（ ）的特性。
(4) 高炉内碱金属的危害根源在于它们的（ ）。
(5) 软熔带位置（ ），则上部气相还原的块状带较大，有助于煤气利用的改善和（ ）降低。
(6) 高炉的热效率高达（ ），只要正确掌握其规律，可进一步降低燃料消耗。
(7) 一般风温每提高 100℃，理论燃烧温度可升高（ ），喷吹煤粉每增加 10kg/t，理论燃烧温度会降低（ ）。

(8) 在 Mn 的还原过程中，(　　) 是其还原的首要条件，(　　) 是一个重要条件。
(9) 风口理论燃烧温度是指 (　　) 参与热交换之前的初始温度。
(10) 影响风口理论燃烧温度高低的因素有 (　　)。
(11) 高炉内大于 1000℃时碳素溶解损失及水煤气反应开始明显加速，故将 1000℃左右等温线作为炉内 (　　) 的分界线。
(12) 高炉炉料中碳酸盐分解约有 (　　)，在高温下进行。
(13) 炉顶压力提高不利于炉内硅的还原，对 (　　) 有利。
(14) CO 间接还原是 (　　) 热反应，直接还原是 (　　) 热反应。
(15) 在相同冶炼条件下，铁氧化物还原随温度的升高反应先由 (　　) 范围转入过渡至 (　　) 范围。
(16) 还原反应动力学认为气-固还原反应的总速度由 (　　)。
(17) 高炉炉料下降的力学表达式为 (　　)。
(18) FeO 含量对烧结矿质量的影响主要表现在 (　　) 和 (　　) 两个方面。
(19) 高炉内的 MnO 是从初渣中以 (　　) 形式还原出来的。
(20) 还原反应动力学认为气-固还原反应的总速度由 (　　) 反应速度中速度慢者决定。
(21) 从热能和还原剂利用角度分析，用以表示高炉冶炼能量利用的指标有 (　　)、(　　)、(　　) 的发展程度。
(22) 在相同控制条件下，用 CO 和 H_2 还原同一种矿石，(　　) 表现的活化能值略大于 (　　)；而用于还原不同的矿石时，活化能值有较大差别，这可能是反应处于不同的控制条件所致。
(23) 为了从矿石中得到金属铁，除在化学上应实现 Fe-O 的分离（还原过程）之外，还要实现金属与脉石的机械或物理分离。后者是靠造成性能良好的 (　　)，并利用 (　　) 的差异实现的。
(24) (　　) 是炉缸煤气的发源地，它的大小影响煤气流的初始分布。

3-3 简答题

(1) 石灰石分解对高炉冶炼造成的影响有哪些?
(2) 简述炉渣脱硫机理，指出哪些因素影响炉渣的脱硫能力。
(3) 高炉冶炼对炉渣性能的基本要求有哪些?
(4) 高炉内渗碳过程大致分为哪三个阶段?
(5) 炉料下降的必要和充分条件是什么?

3-4 论述题

(1) 试述高炉内碳的气化反应和 CO 的分解反应对高炉的影响。
(2) 简述高炉内的造渣过程，分析哪些因素影响造渣过程。
(3) 影响炉渣脱硫能力的因素有哪些?

项目4 高炉基本操作制度的选择与调剂

【教学目标】

知识目标：

(1) 了解高炉基本操作制度的选择与调剂的内容和重要性；

(2) 掌握高炉送风制度的选择参数和调剂方法；

(3) 掌握高炉装料制度的参数选择和调剂方法；

(4) 掌握高炉造渣制度的合理炉渣成分选择和炉渣性质的影响因素；

(5) 掌握炉渣性质对高炉顺行和炉温的影响及造渣制度的调剂方法；

(6) 掌握高炉热制度的选择和调剂方法；

(7) 掌握高炉基本操作制度之间的关系。

能力目标：

(1) 能够利用送风制度调剂高炉的失常和异常炉况，使炉况恢复正常；

(2) 能够利用装料制度调剂高炉的煤气合理分布，保证热能和化学能充分利用；

(3) 能够利用上下部调剂处理生产中的异常现象，保证高炉顺行。

【任务描述】

理论研究与生产实践一致证明，高炉的“高产、优质、低耗、长寿”只有在炉况顺行、炉温充沛而稳定的基础上才能获得，而在原燃料质量、设备装备和生产管理水平一定的条件下，选择合理的操作制度，则是保证高炉炉况顺行和炉温充沛稳定的重要手段。

高炉操作的主要内容有：

(1) 运用高炉冶炼的基本原理和基本规律，根据冶炼条件的变化，制定合理的基本操作制度，这是高炉操作的基础性工作。

(2) 利用各种手段，准确判断炉况，及时调整工艺参数，保证高炉冶炼行程的热量收支平衡，炉料与煤气流运动稳定顺行，这是高炉操作的日常性工作。

高炉基本操作制度包括送风制度、装料制度、造渣制度和热制度。它是根据高炉有效容积的大小、高炉冶炼强化的程度、冶炼生铁的品种、原燃料质量、高炉炉型和设备装备情况等来决定的。

任务4.1 送风制度的选择与调剂

送风制度是指在一定的冶炼条件下，选择合理的鼓风参数（风量、风温、风压、湿度、喷吹燃料数量、富氧程度等）及风口尺寸，以获得良好的炉缸工作状态以及合理的煤气流初始分布；当冶炼条件发生变化时又必须根据具体情况调剂鼓风参数及风口尺寸，以保证炉缸工作和煤气流初始分布处于合适状态。

4.1.1 风量

4.1.1.1 风量对高炉冶炼的影响

风量对高炉冶炼的影响主要包括以下几个方面：

（1）对下料速度的影响。炉料下降的速度，既受力学因素的支配，也取决于风口前燃烧焦炭量的多少。显然，随着风量的增加，炉料下降速度增快，同时风口前由于焦炭燃烧而生成的煤气量也相应地增多，使煤气上升的浮力增加，故又有使炉料下降减慢的另一方面；反之则结果相反。但只要煤气流分布合理，炉缸温度充沛而稳定，上升的煤气流浮力不大于炉料下降力，则炉料下降速度与入炉风量成正比，即增加风量炉料下降速度加快，减少风量炉料下降速度减慢。

（2）对煤气流分布的影响。在风口尺寸不变的条件下，增加风量，风口前鼓风流速加快或鼓风动能加大，使风口焦炭循环区或燃烧带相应扩大，中心煤气流得到相应的发展；反之，在减少风量的情况下，就会削弱中心煤气流而相对地使边缘煤气流发展。

（3）对造渣过程的影响。风量大，煤气生成量也随之增多，上升煤气带上去的热量增多，使沿高炉高度上煤气温度普遍上升，成渣区上移；同时也由于成渣早，转入初渣中的 FeO 将增多，使初渣量增多，这些都将增加成渣区的厚度，对高炉下部料柱透气性起不良影响。

从以上分析可以看出，因风量而引起的炉料下降速度和初渣中 FeO 含量的增减，以及煤气流分布的变化，都会影响到煤气能的利用程度和炉况顺行情况，这也表示对高炉直接还原和间接还原的比例有一定的影响，都会影响到炉缸温度。

4.1.1.2 风量的选择

众所周知，“有风就有铁”，因为鼓入高炉内的风量多少，也说明高炉冶炼强度的高低。只有保持顺行能允许的冶炼强度，才能够发挥增产的作用。中小高炉的高度比大高炉的低，而且炉缸断面积与高炉有效容积之比，也比大高炉大，因此在相同的焦炭燃烧强度条件下，中小高炉可以比大型高炉有更高的冶炼强度操作，这一特点已经为很多强化程度较高的中小高炉生产实践所证实。我国本钢一铁厂的 300m^3 高炉，烟台钢联牟平的小高炉，都曾达到较高的冶炼强度；近几年河北一些 180～450m^3 高炉冶炼强度也达到 1.5～1.6t/(m^3·d) 的水平。而大型高炉的冶炼强度就较中小高炉的冶炼强度低很多，见表4-1和表 4-2。

表 4-1　部分中小高炉的冶炼强度

厂　别	山东牟平	湖北鄂州	吉林辽源	辽宁凌源	辽宁凌源	辽宁凌源	辽宁凌源
高炉容积/m^3	13	37	55	100	300	450	750
冶炼强度/t·(m^3·d)$^{-1}$	2.48	1.78	1.65	1.3	1.25	1.23	1.21
指标年份	1986	1986	1986	1986	1990	2003	2007

表4-2　部分大型高炉1987年平均冶炼强度

厂　别	首钢	本钢	梅山	鞍钢	武钢	宝钢
综合冶炼强度 /t·(m³·d)⁻¹	1.15	1.10	0.95	1.01	0.93	1.03

由表4-1和表4-2可以看出，我国重点企业大型高炉平均冶炼强度在1.0左右，2000m^3以上大型高炉一般为0.8~0.9，而小高炉的冶炼强度常达到2.0以上，为大型高炉的两倍，将近2000m^3高炉的3倍，牟平13m^3小高炉冶炼强度常达到3.0以上。炉容小的高炉之所以能维持较高的冶炼强度是因为以下几个方面的有利条件：

（1）炉内料柱低，煤气通过阻力小；

（2）相对的横断面积大，煤气流速低；

（3）炉料压缩率低，料柱疏松；

（4）负荷轻，料批中焦炭体积大；

（5）成渣带薄，高炉下部透气性好。

选择入炉风量应充分考虑高炉有效容积的大小。应强调指出，选择高炉入炉风量（也就是选择冶炼强度的水平）不能取决于主观愿望，而取决于料柱的透气性。即入炉风量必须与高炉料柱透气性相适应，这是选择风量和调剂风量的首要原则。否则，只能破坏顺行，使高炉技术经济指标恶化。当高炉原燃料质量良好、数量充足，而高炉炉型和设备正常时，允许高炉提高冶炼强度操作，即高炉操作可以采取攻势。这时如果不敢进攻，必将坐失战机，是操作上的保守主义。相反，当高炉原燃料质量恶化或数量不足，或高炉炉型失常（如炉墙结厚、结瘤或部分炉衬严重侵蚀），或设备有问题时，又必须适当地降低冶炼强度操作，以保证顺行。而且这时应将操作重点放在努力降低焦比方面，以求高炉产量和质量能够接近原较高冶炼强度时的水平。这时如果不能果断地进行退却，必将破坏高炉顺行，结果反而使产量及质量都遭到更大的损失，这时的退却是暂时的，是为了创造条件来恢复原有的冶炼强度的临时性措施。

选择高炉入炉风量的另一个重要原则是，应在降低焦比或维持焦比不变的条件下来提高冶炼强度，否则提高冶炼强度的同时，焦比也在提高，就不能获得最大的产量，甚至在焦比升高速度等于或超过冶炼强度升高速度时，反而会降低产量。因此必须寻找一个既能保证顺行，又能保持最低焦比的合适的冶炼强度范围来操作。但也应指出，这个范围不是固定不变的，而是随着原燃料质量的改进、操作制度的改进而提高的，而且原燃料质量越好和操作制度越合理，则合适的冶炼强度的范围越接近合理的冶炼强度水平。

一般说来，对原燃料供应充足的高炉，应贯彻“以精料为基础，以风为纲”的原则，在不断地改善料柱透气性和矿石还原性的条件下，不断地提高冶炼强度；在鼓风机虽有余力但原燃料供应不足的条件下，应根据“以料定风”的原则，选择合适的入炉风量，并稳定风量操作，不应随原燃料供应多少而大幅度变动风量，否则会导致炉况失常。

4.1.1.3　风量的调剂

如上所述，风量的变动将影响下料速度、煤气流分布、成渣区位置的变动，并最终影响到顺行和炉温的波动甚至失常。因此在正常操作时不允许任意变动入炉风量，也就是说要执行“固定风量”的操作原则。由于风量的变动影响很大，所以在送风制度各参数的调剂顺序中，风量调剂属于最后手段，只有当运用热风温度、鼓风湿分、喷吹燃料等无效时，才能进行风量调剂，而不能相反。

A 固定风量

在入炉风量不变的条件下，晴天和雨天，白昼和夜间，夏季和冬季，炉料下降速度也是不同的。因为冷风流量计所指示的风量是风的体积而不是质量，而燃烧一定量的焦炭需要的是一定质量的鼓风，由于夏季和冬季、白昼和夜间大气温度不同，空气密度也不同，所以同一容积的空气（鼓风）在冬季和夜间的密度比夏季或白昼时大，因此其质量也大，故在流量表上同一容积的鼓风，其燃烧的焦炭量也就不同。所谓“固定风量操作”是指固定鼓风质量操作，但由于冷风流量表不是以质量为计量单位，因此根据鼓风质量与燃烧焦炭量成正比例的原则，以每日或每班（8h）的燃烧焦炭量来衡量就比用冷风流量计来衡量风量更合理。一般焦炭批重是固定的或变化不大，因此用每日或每班的上料批数来衡量入炉风量的稳定程度，并以此来作为“固定风量”的指标是合理的也是可行的。

由于料柱透气性以及高炉内直接还原度的变化，都会影响到料速的变化，因此用稳定料批来代表“固定风量操作”，会起到稳定料柱透气性和炉温的作用，这是高炉送风制度中又一个重要原则。在操作中一般以各班装料批数不大于±2 批为衡量指标。凡料速超过或不足规定料批数 2 批以上时，必将出现炉温波动或顺行情况变坏的炉况。

B 加风的原则及方法

在正常炉况，高炉允许提高冶炼强度操作时，要三班采取统一的行动，有计划、有步骤地加风，每次可增加原风量的 3%左右，而且要根据顺行情况和料柱透气性指数的变化情况来确定第二次加风时间。如一切良好，可于第一次加风后 20min 再次加风，直至加到预计目标为止。但应该避免不顾料柱透气性程度而盲目地增加风量，以致破坏了顺行。应该严密地注视加风后的炉温变动情况而及时调剂。由于增加风量对煤气流分布有重大影响，因此加风一般不超过原水平的 10%，以便观察及调剂煤气流分布以保证顺行，待一切正常后再进行第二次加风。

在崩料、悬料、处理管道行程等采取坐料后，因为这时炉料被压紧，而且有时大量生料落入炉缸，这时不能立即恢复全风量，应按压差进行操作，一定要使加风后的压差低于坐料前的压差，只有当料柱透气性改善后，才能将风量逐步地恢复上去。

C 减风的原则及方法

减风要影响产量，所以只有当采取调剂其他鼓风参数无效后，才允许减风。例如当料速下降过快连续 2h 以上超过规定料速，而且炉温向凉时，说明高炉内直接还原有较大的发展。而且采取提高风温、降低鼓风湿分、增加喷吹量仍不能制止向凉时，可以减风，减风的数量一般是使料速恢复原料速水平，大致减风 5%～10%以内。此外如长期低料线操作、铁口事故或设备事故，原燃料一时供应不足，出现铁水已接近安全出铁量极限而又不能出铁、崩料、悬料、管道行程等情况时，都需要一次将风量减到需要的水平。

4.1.2 风压和压差

风压是煤气在高炉内料柱阻力和炉顶压力的综合表现，因此风压也间接地表示高炉料柱透气性的变化。在正常炉况时，风压是随着风的增减而增减的，即风压和风量成正比例关系。但料柱透气性恶化，则风压增高而风量减少，或炉温向凉时，风量增加而风压降低。这些非正常炉况时风压和风量的变动趋向，又是相反的。

压差是指风压和炉顶压力之差，在炉顶压力变化不大的情况下，风压与压差的变动趋势和幅度基本一致。因为压差是表示煤气流经料柱时的压头损失，所以压差比起风压能更正确地反映出高炉内透气性的变化，在炉顶压力不同时，使用压差比使用风压能更正确地判断料柱透气性的变化。在正常炉况时，压差的变动趋势和风量的变动趋势基本一致，因此在原燃料质量变化不大的条件下，找出不同冶炼强度（即不同风量）时的压差范围，对判断炉况尤其在恢复崩料、悬料等失常炉况时，是寻找合适风量的手段。

例如，辽宁省营口炼铁厂 $100m^3$ 级高炉在使用100%烧结矿的条件下，在冶炼强度1.2~1.4的范围内，其压差一般在50~55kPa范围之内，炉况正常，超过55kPa，则表示料柱透气性恶化，是顺行即将遭受破坏的预兆。

既然压差与风量有一定的比例关系，而且在较大的冶炼强度范围内，两者的比值经常处于一个不大的范围，在这个范围内炉况正常，而超过这一范围时炉况失常，因此近年来也有用两者比值（称为料柱透气性指数）来判断顺行。

料柱透气性指数的现实意义在于：它在一定范围之内不像压差那样随着风量而变动，因此能更科学地反映出高炉内料柱透气性变化情况，或者更准确地说，能反映出高炉内料柱透气性与煤气量相适应的情况。例如当增加风量使压差升高时，如果料柱透气性指数基本上变化不大，即使压差较高，也说明这时煤气量与料柱透气性是相适应的，因此对这时的高压差也不必害怕。但如果这一指数低于或高于正常值很多（一般高于或低于正常值15%），就说明料柱透气性已经变坏，必须及时地予以调剂。中小高炉的料柱透气性指数大致范围如表4-3所示，表中低值适用于原燃料质量比较差或低冶炼强度操作，而高值适用于原燃料质量良好或高冶炼强度操作。

表4-3 中小高炉料柱透气性指数范围参考表

高炉有效容积/m^3	13~28	55~100	255~300
透气性指数	200~300	300~500	600~900

关于透气性指数，某些参考书都给出了一个适宜范围，但其只能作为参考。各高炉应根据自己炉况的变化，摸索出自己的透气性指数范围。1977年首钢炼铁厂根据3号高炉（$1036m^3$）炉况摸索出自己的透气性指数（当时称压量指数），见表4-4。表4-5为判断结果。

表4-4 3号高炉各种炉况的透气性指数范围

炉　况	正常	初期管道	管道	难行	悬料
透气性指数/$m^3 \cdot (cm^2水柱)^{-1}$	1.63±	1.83±	1.93±	1.43±	1.23±

表4-5 判断炉况的结果

炉　况	出现次数	判断命中率/%
悬　料	4	100
难　行	70	97.1
初期管道	40	87.5
管　道	16	81.3
合　计	130	92.4

另一显示炉况的标志及瞬时透气性指数，其每分钟自动变化显示数值见表 4-6。

表 4-6　3 号高炉炉况透气性指数显示值

炉　况	悬料	难行	正常	初步管道道	管道
显示值	444	555	666	888	888

高炉选择合理的入炉风量时，必须同时检查料柱透气性指数是否处于正常范围之内，也就是说根据入炉风量必须与料柱透气性相适应的原则，根据透气性指数来确定风量。

由于原燃料质量的变动，必然反映在料柱透气性指数上，凡采用经过整粒的炉料，均会使透气性指数升高，这时就允许适当地提高冶炼强度，一直到透气性指数恢复到正常水平为止。原燃料平均粒度缩小，尤其是粉末量的增多，也会反映出透气性指数降低，但只要不低于指数下限，说明炉料和煤气的接触条件改善了，对顺行并无妨碍。如低于指数下限时，则应该适当地减少风量直到指数恢复正常为止。

高炉热行时，由于煤气体积膨胀会使指数降低，这时可用降低鼓风温度或增加鼓风湿分的方法来调剂，而不应采取减少风量的方法。因为减少风量必同时使风口前焦炭燃烧的循环区缩小，不利于炉料的顺行。

高炉凉行时，由于煤气体积收缩使指数升高，这时应毫不犹豫地减少风量，既可制止炉料下降过快，又可以使指数恢复到正常水平。采取同时提高热风温度的办法来提高压差，也可以使指数恢复到正常水平。这时如果误以为料柱透气改善而企图增加风量只能加速炉凉过程，最后导致炉况失常。这种情况必须与原燃料质量改善而出现的指数升高和压差降低区别开来。

休风后的送风、崩料及坐料后的风量调剂，也必须以料柱透气性指数为指针来寻找合理的风量。如果采取小风量来逐步恢复，虽可以收到顺行的效果，但恢复进程要长，会降低产量。但不考虑料柱透气性已经由于崩、悬料使料柱压紧、透气性恶化的情况，而盲目地追求全风量操作，也会由于透气性指数低于正常范围，而造成频繁悬料，如处理不当甚至会导致顽固悬料和结瘤。这时只能以该高炉正常生产时的高炉料柱透气性指数为依据来选择风量，而且只有当料柱透气性指数有所改善的情况下，再逐步地恢复风量，才会在较短时间内恢复全风操作，而且顺行也得到了保证。

4.1.3　热风温度

4.1.3.1　热风温度的选择

风温对高炉冶炼过程的影响，主要是直接影响到炉缸温度，并间接地影响到沿高炉高度方向上温度分布的变化，以及影响到炉顶温度水平。

由于热风带入高炉的热量，是 100% 的转入到煤气中去，因此热风带入的热价值最高。同时由于炉缸部分是高炉各部分中最需要热量的部位，是高炉热平衡中收支平衡最紧张的部位，因此在选择热风温度时，要根据各厂各高炉的热风炉供热能力来确定。一般来说，除留下 50~100℃ 作为调剂手段外，高炉应该使用热风炉所能供应的最高温度。例如热风炉送风平均温度为 1000℃，则高炉采用的平均风温应达到 900~950℃。

采用喷吹技术的高炉可以少留或不留调剂风温，而通过增减喷吹物的数量来调剂炉温。

由于热风带入高炉的热量直接转化为煤气的热量，因此提高热风温度一般可以提高炉缸温度，反之降低热风温度会降低炉缸温度。所以可以通过变动热风温度来调剂炉缸温度。

在焦炭负荷不变的条件下，提高热风温度会不可避免地使煤气温度也相应地升高，会使煤气体积膨胀，高炉热风压力升高；反之降低风温会使煤气体积收缩，高炉热风压力降低，因此提高热风温度又会对顺行有影响。

在焦炭负荷不变的条件下提高热风温度，由于煤气温度上升，会使其与炉料间的温度差加大，这又会使高炉下部热交换加速，也会导致高炉下部沿高炉高度方向上的高温区向炉缸方向移动，使成渣区下移，而高炉上部则由于热量增多，使炉顶煤气温度升高。但当随着热风温度的提高而相应地增加焦炭负荷时，则由于带到高炉上部的热量减少，使炉顶温度降低。沿高炉高度方向上的温度变动，也会影响到成渣区位置的变动，这对料柱透气性有很大的影响。

为了保证高炉的稳定和顺行，高炉使用的风温水平应当相对稳定，日平均之差不应超过 50℃，这就会为稳定沿高炉高度上的温度分布创造良好的条件。某些高炉由于三座热风炉供热能力的不均衡，送风温度相差达到 200℃以上，此时最好停止使用风温最低的热风炉而暂时采用两座热风炉送风，以避免炉温波动造成结瘤的危险。

热风炉具有供热能力，并不能直接反映出高炉必然能全部利用热风炉能力，由于原燃料粉末过多，或高炉操作制度选择不当，也会出现高炉不接受高风温的现象，这时必须改进原燃料质量和改进高炉操作制度，创造使用高风温的条件来解决。

4.1.3.2　热风温度的调剂

风温主要用来调剂炉缸温度，个别情况下也用来调剂顺行。

日常风温的调剂，必须以日平均风温为依据，由于焦炭负荷和高炉炉缸温度基本上处于近似平衡的状况，某些引起炉缸温度变动的因素只要发现得早，处理得早，一般风温调剂幅度在 50℃以内是可以达到目的的。但由于高炉的热惯性，一般风温调剂的效果，要在两个小时以后才能表现出来。如果不注意这一现象，频繁地调剂风温，必将造成调剂幅度过大，以致一旦热反应出现以后，又要向相反方向调剂，使风温调剂达不到调剂炉缸温度的作用，有时还干扰了炉况的正常运行。某些判断不准、调剂过晚，以致不得不采取大幅度调剂时，其危害更为显著。某些单位由于原燃料质量不稳定，给高炉炉温稳定带来了很大危害，这时对风温的调剂，更要强调判断要准，调剂要早，幅度可以适当放宽。但更主要的是从改进原燃料质量入手来稳定炉缸温度。

炉温凉行但顺行未受到破坏时，可以用每次提高 30～50℃风温，每间隔 20～30min 调剂一次，但着眼点应放在保证顺行上。当炉温已凉，行程已经不顺行时，再提高风温只能加重难行程度，而对恢复炉温并不见效。因为这时顺行遭到破坏，在煤气能量利用大幅度恶化的情况下，用提高 50～100℃风温所带入的热是抵消不了的，反而只能加重凉行。此时采用减风量调剂以恢复顺行，然后再提高风温，才会扭转炉温凉行趋势。

炉温热行，为更快地缩小已经膨胀起来的煤气体积，允许一下子将风温降低 50～100℃甚至更多，以迅速地降低压差恢复顺行，待顺行恢复后，再按炉缸温度水平加回一部分风温。

热风温度对炉缸温度及焦比的影响是，风温越高时，每提高 100℃对降低焦比的幅度越小，因此对提高炉缸温度的影响也越小。这是由于提高风温后焦比降低，使冶炼每吨生铁所消耗的风量减少，带入炉缸内的总热量减少造成的。在调剂风温时每增减 100℃对焦比的影响参考数值大致是在 600~900℃范围内为 4%~5%。即风温低时大致可降低或增加焦比 5%，而风温高时只能是 4%甚至更低，每调剂 100℃风温对生铁含硅量的影响，大致是 0.6%~1.0%，即使用低风温高焦比时，每调剂 100℃风温可影响生铁含硅 1.0%左右，而对低焦比高风温的高炉只影响生铁含硅 0.6%左右。以上所述只能是一个参考值，各高炉必须根据各自的具体情况来确定。

4.1.3.3　鼓风湿分

调剂鼓风湿分，其效果与调剂风温相近似，但由于鼓风湿分在风口前的分解需要消耗大量热量，对降低焦比不利，因此蒸汽鼓风近年来已不常用，只有个别高炉作为临时调剂手段。而全焦冶炼的高炉，尤其是原燃料成分不稳定、炉温波动较大的高炉，采用加湿鼓风仍是调剂炉况的重要手段。如营口炼铁厂 100m^3高炉使用全焦冶炼，由于原燃料成分波动，致使炉温波动幅度很大，经常不能顺行、难行、悬料经常发生，风温使用也不高，只有 600~700℃水平。2004 年 3 月采用加湿鼓风技术后，大大地减少了炉温波动，难行、悬料已很少发生，炉况顺行稳定，使用风温提高到 900℃以上，效果很显著。

但鼓风中终归要含有一定量的湿分，尤其夏季鼓风中含有更多的水分。鼓风湿分的自然变化，如晴天和雨天、冬季和夏季、南方与北方仍然是客观存在的，也对高炉冶炼过程有一定影响。为了稳定鼓风湿分，有的高炉已采用了脱湿技术，使鼓风湿分维持在一定的量，以减少湿分对炉况的影响。

A　鼓风湿分对冶炼强度的影响

水分的成分为 H_2O，在风口前大于 1300℃的高温条件下，会分解成为氢和氧，并吸收大量的热量。

$$H_2O \longrightarrow H_2 + \frac{1}{2}O_2 - 285744\text{kJ/kg} \tag{4-1}$$

从上述反应式可知，每一个体积的水分解后会放出一个体积的 H_2及半个体积的 O_2，而空气单位体积中含有 79%的 N_2及 21%的 O_2。由此可知，同一体积的水分与空气对比，其含 O_2浓度比值为 0.5/0.21=2.38 倍。因此，如果鼓风体积不变，而用增加鼓风湿分来代替空气，则鼓风中的氧浓度就要增高，这就会在风量（鼓风体积）不变的条件下，使料速加快。夏季比冬季鼓风湿分大，雨天比晴天鼓风湿分大，都会使冶炼强度相对地增多。

B　鼓风湿分对炉缸温度的影响

鼓风中增加的水分在风口前分解要吸收大量的热。据计算，鼓风中每增加 1%湿度，热风温度要提高 72℃来加以补偿。由于每 1%湿度相当于 8g/m^3鼓风，因此鼓风中每增加 1g 水分，必须用提高 9℃热风温度来补偿。雨天和夏季鼓风中湿分高时，必须相应地提高热风温度或降低焦炭负荷来操作的原因即在于此。但是由于鼓风湿分即水（H_2O）的分解也产生出 H_2，这是铁氧化物的良好还原剂，在一般情况下氢参与还原的份额约占由水分解出来全部氢量的三分之一，这些反应是放热反应。因此从总的热平衡来看，每增加 1%鼓风湿分，并不需要提高风温 72℃来补偿，只需要提高风温 $72\times\left(1-\frac{1}{3}\right)=48$℃即可，也就是说每增加1g湿分，只需要提高风温6℃。

C 鼓风湿分对煤气成分的影响

增加鼓风湿分后，由于水分分解生成氢和氧，其中氧和鼓风中的氧一样燃烧焦炭中的碳而生成一氧化碳，而H_2存在于煤气中。因此增加鼓风湿分可使煤气成分中的（$CO+H_2$）含量相对地增加，而惰性成分氮减少，这说明煤气的还原能力得到了改善。

4.1.3.4 风口尺寸

炉缸工作的均匀活跃是高炉高产、优质、低耗的基本前提，而决定炉缸工作状况的因素，是煤气流是否能在炉缸整个断面呈合理的分布，这种煤气在炉缸的初始分布是否合理，又取决于风口尺寸，即风口直径、风口长度及斜度等。

A 风口直径的选择及调剂

选择合适的风口直径，主要是在一定的送风制度下，保证得到合适的风口风速，这是决定炉缸煤气原始分布状态的前提。

生产实践证明，随着高炉容积的加大，高炉炉缸直径加大而高度增高，这时只有提高鼓风流速，才能使炉缸煤气具有一定动能，使煤气能够穿透到炉缸中心去，以保证边缘和中心都有比较发展的煤气流，使整个炉缸全面而均匀地活跃起来。

合适的风口直径，应保持合适的风口前风速。表4-7为高炉有效容积与风速的参考值。

表4-7 高炉有效容积与风速的关系

有效容积/m^3	100	300	700	1200	1500
风速/$m \cdot s^{-1}$	>70	>100	>120	>160	>180

计算风口风速可按下面公式进行：

$$v_{标} = \frac{Q}{n\dfrac{\pi d^2}{4}} = \frac{4Q}{n\pi d^2} \tag{4-2}$$

式中 $v_{标}$——标准状态下的风速，m/s；

Q——风量，m^3/s；

n——风口数目，个；

d——风口直径，m。

确定风口风速，主要是为了确定不同冶炼条件下风口直径。表4-8为100m^3高炉风口直径参考值，表4-9为300m^3高炉风口直径参考值，表4-10为1000m^3高炉风口直径参考值。

表4-8 100m^3高炉风口直径参考值（8个风口）

冶炼强度/$t \cdot (m^3 \cdot d)^{-1}$		0.6	0.8	1.0	1.2	1.4	1.6	1.8	2.0
风口直径/mm	风口风速70m/s	72	83	93	102	110	118	125	132
	风口风速90m/s	64	74	82	90	97	104	111	117
风口平均直径/mm		68	78	88	96	103	111	118	125

表 4-9　300m³高炉风口直径参考值（12 个风口）

冶炼强度/t·(m³·d)⁻¹		0.6	0.8	1.0	1.2	1.4	1.6	1.8
风口直径/mm	风口风速 90m/s	87	99	111	122	132	141	149
	风口风速 110m/s	83	92	105	118	127	136	144
风口平均直径/mm		85	95	108	120	130	138	146

表 4-10　1000m³高炉风口直径参考值（16 个风口）

冶炼强度/t·(m³·d)⁻¹		0.6	0.7	0.8	0.9	1.0	1.1	1.2
风口直径/mm	风口风速 130m/s	106	115	123	130	138	144	151
	风口风速 150m/s	100	107	114	122	128	135	141
风口平均直径/mm		103	110	119	126	133	140	146

调整风口尺寸一般有两种方法：一种方法是，为了便于调整风口尺寸，选择在一般条件最大冶炼强度时风口直径操作，一旦有必要降低冶炼强度时可以暂时堵住几个风口操作，待冶炼强度提高后即风量增加，再一个个地逐渐将堵泥风口捅开直至堵泥风口全捅开，或长期改用风口加圈（铁圈或砖圈）来缩小风口直径；另一方法是按不同冶炼强度制造几种尺寸的风口若干个备用，需要改变风口直径时，可选择适宜尺寸的风口，借高炉休风时更换几个或全部风口，这要在全面分析炉况，认为较长时间需要时才采取这种方法。

在炉缸中心严重堆积或高炉大凉需要大幅度减风降低冶炼强度操作时，也要临时缩小风口直径，以便保持必要的风速，加快恢复炉况的进程。

B　风口长度的选择和调剂

风口伸入炉内的长度，可起调剂炉缸直径的作用，使用长风门相当于缩小炉缸直径，这有利于中心煤气流合理地发展，反之则结果相反。

选择风口长度要根据冶炼强度及燃料喷吹量来决定，主要是以高炉内煤气流的合理分布为前提。调剂风口长度也是根据冶炼强度和燃料喷吹量来决定。因此，对于有条件的高炉，最好根据冶炼条件而准备长短不同的两类风口，以备使用。

C　风口斜度的选择

下向斜风口可以使煤气直接冲向渣铁面，缩短了风口和渣铁层间的距离，有助于提高铁水和炉渣温度，有助于消除炉缸堆积和提高炉渣的脱硫能力。采用下向斜风口后，炉渣温度有所提高，炉渣流动性得到改善，生铁合格率上升。

一般 13~55m³小高炉，可采用下向斜度为 7°~15°风口操作。100m³以上高炉，尤其是 255~300m³中型高炉，由于自风口平面至渣口平面的距离，相对来说比小高炉小，所以没有必要采取下向斜风口，或采用斜度较小的风口操作，如 4°~6°。营口炼铁厂 100m³高炉就采用斜度为 6°的风口操作，河北迁安某厂 450m³高炉风口斜度为 3%。

4.1.3.5　喷吹量

在装有喷吹燃料设备的高炉上，鼓风成分起了变化，丰富了“风”的内容，因此喷吹入高炉的燃料（以后简称为喷吹量）也就成为鼓风参数之一。

A　喷吹燃料对冶炼过程的影响

a　对炉缸温度的影响

喷吹燃料对炉缸温度的影响是多方面的。首先由于各类喷吹燃料如无烟煤粉、重油、天然气等，一般入炉温度均不超过 100℃，这与经过高炉煤气的充分预热而下降到风口的赤热焦炭（其温度大致为 1500℃）相比，带入高炉中的物理热要少得多。其次喷吹燃料尤其是重油和天然气都含有大量的碳氢化合物，这些物质在风口前分解，都要吸收大量的热，而它生成的煤气体积在相同的风量条件下，又比焦炭燃烧时生成的煤气体积要大，如以燃烧焦炭时生成的煤气体积为 1.0，则燃烧重油为 1.29，燃烧天然气为 1.49。因此和燃烧等量的焦炭对比，其显著地降低了煤气的燃烧温度，有使风口前燃烧区温度和炉缸煤气温度降低的特点。第三是由于喷吹燃料中的碳氢化合物的分解而生成的氢（H_2），使煤气中的 H_2 含量升高了，由于氢的导热性高于煤气中的一氧化碳，而且氢的密度小、渗透力强，因此和喷吹后中心煤气流相对地发展的特点结合起来，使风口前燃烧温度降低的同时，又会使炉缸中心环圈部分的温度升高。这既有利于提高炉缸中心部分的渣铁温度，使炉渣脱硫能力增强，又有使整个炉缸各部分温度差缩小的特点。第四是喷吹燃料在风口前分解出来的氢（H_2）进入高炉煤气后，其中大致有 1/3 参与还原反应，使高炉内铁的直接还原减少，而且代替一部分一氧化碳，这就相应地节约了热量，可以收回风口前分解所消耗热量的一部分。但总的来讲，由于喷吹燃料时要消耗大量的热，因此必须用提高热风温度的办法来补偿，以维持风口前生成的煤气温度基本不变。

由于参与还原的氢要节省一部分热量，而这个热效应又必须等待这些炉料下降到炉缸时才能够反映出来，而这个时间又大致等于冶炼周期的一半，这种现象称为热滞后现象。计算热滞后的公式如下：

$$T = \frac{V_{总}}{V_{批}} \frac{1}{n} \tag{4-3}$$

式中 T——热滞后时间，h；

$V_{总}$——从炉身下部到风口中心线间高炉容积，m^3；

$V_{批}$——每批料体积，m^3；

n——每小时装料批数。

因此通过调剂喷吹量来调剂炉缸温度的效果与热风温度相比要复杂一些。例如调剂风温时效果比调剂喷吹量要快，而且是逐步反映出来。而通过增加喷吹量以企图提高炉缸温度时，由于热滞后现象，开始增加喷吹量时，由于炉缸温度降低，炉凉程度反而加剧，必须等待热滞后现象反映出来以后，炉缸温度才能升高。因此，对炉凉程度较大、风口不接受更大喷吹量调剂时，最好不用调剂喷吹量来调剂炉缸温度，要贯彻及早判断、及早调剂的原则，才能对炉缸温度及顺行不构成危害。

b 对冶炼强度的影响

因为喷吹燃料主要是取代部分焦炭，因此以纯焦炭计算的冶炼强度有所降低，一般用综合冶炼强度来表示（日燃料消耗总量与高炉有效容积之比），它取决于喷吹燃料的置换比（单位喷吹燃料所能置换的焦炭量）和高炉的顺行情况。

在入炉风量不变的情况下，喷吹燃料对产量的影响，表现在综合冶炼强度和对综合燃料比（单位生铁燃料消耗的总量）的变化上。如果综合燃料比降低率大于综合冶炼强度降低率，则喷吹燃料时产量增加，否则，产量将降低。

c 对煤气流分布的影响

喷吹重油及天然气时，因煤气体积增大，一方面增加上升煤气对下降炉料的浮力，另一方面将促进中心煤气流的发展。因此在大幅度地增加喷吹量，或由不喷吹改为喷吹时，要相应地扩大风口直径，以降低鼓风动能，避免中心煤气流的过分发展。至于日常小幅度的调节，一般影响不大。

B　合理喷吹量的确定及调节

合理喷吹量取决于喷吹燃料的置换比，而影响置换比的因素很多，如高炉顺行情况、风温水平、燃料雾化程度等。

在一定的冶炼条件下，适宜的燃料喷吹量，可使炉缸工作均匀，炉况顺行。但如喷吹量过多，而热风温度得不到相应的补偿时，将使煤气燃烧温度下降过多，导致燃烧条件恶化，有可能重油在风口前不能完全燃烧，一部分以炭黑形态沉积于炉料中或被煤气带走，不仅使喷吹燃料未得到充分的利用，而且将影响顺行。此外，喷吹燃料过多，也可能使还原气体，尤其是H_2的利用率下降。所有这些均表现为喷吹燃料的置换比降低。因此合理的喷吹量，必须保证各种喷吹燃料和焦炭置换比有一个界限。这样既提高了产量，又降低了燃料消耗量。生产实践证明，无烟煤的置换比大于 0.8、重油大于 1.1 时可以达到令人满意的效果。

增减燃料的喷吹量，相当于增减风温。但由于碳氢化合物在风口前分解要消耗热量以及存在热滞后的现象，在炉凉增加喷吹时，初期的炉温显得更凉一些，直到热滞后一段时间后，炉温才能转热。因此利用喷吹量的增减来调节炉缸温度时，应充分估计炉温的情况，如炉温大凉，并显示难行时，则不应把喷吹燃料作为调节炉况的手段。

当高炉必须较长时期（2~3h 以上）大量减风时，要相应减少喷吹量或停止喷吹，由于喷吹的特点，初期炉温可能上升，但后期必然下降，因此要及时补加一定数量的焦炭以保证回风后炉温的稳定。

4.1.3.6　送风制度合理性的检验

以上叙述了各种因素对送风制度的影响，以及选择和调剂方法，其结果要看选择与调剂后的各因素能否达到高炉生产对送风制度要求的适宜范围。

A　选择送风制度的目的和要求

(1) 煤气流分布合理；

(2) 炉缸工作均匀活跃；

(3) 热量充沛，煤气能量利用好；

(4) 渣铁流动性好，脱硫能力强，铁水质量合格，一级品率高；

(5) 炉况顺行、稳定；

(6) 有利于炉型趋向合理和设备的维护。

B　送风制度的检验

对送风制度的适宜性，可通过以下几个方面来检验：

(1) 看风口风速。通过计算结果看风口风速是否处于适宜范围内。风速计算方法及风速参考值见本章相关部分内容。

(2) 看鼓风动能。通过计算看鼓风动能是否处于适宜的范围内。鼓风动能的计算方法很多，请参照本书项目 9。

关于鼓风动能的适宜范围，一些参考书上都有介绍，表 4-11 为不同容积高炉的鼓风动能适宜范围，可作参考，但每个高炉都应该根据本厂的原燃料条件和装备情况摸索出本高炉鼓风动能的适宜范围。

表 4-11　不同容积高炉的鼓风动能适宜范围

有效容积/m^3	100	300	600	1000	1500	2000	2500	3000
炉缸直径/m	2.9	4.7	6.0	7.2	8.6	9.8	11.0	11.8
鼓风动能/kW	14.7~29.4	24.5~39.2	34.3~49.0	39.2~58.9	49.0~68.7	58.9~78.5	68.7~98.1	88.3~107.9

有些资料提出高炉有效容积与适宜鼓风动能关系值可供参考，见表 4-12。

表 4-12　高炉有效容积与适宜鼓风动能的关系参考值

有效容积/m^3	100	225	300~400	500~1000	1000~1200	1500~2000
$E_{合适}$/kW	20~30	30~35	35~40	50~60	60~70	70~80

表 4-13 为首钢高炉内型与鼓风动能的关系，可供选择时参考。

表 4-13　首钢高炉内型与鼓风动能的关系

炉别	高炉容积 /m^3	风口个数 /个	冶炼强度 /$t \cdot (m^3 \cdot g)^{-1}$	高径比 (H_U/D)	实际风速 /$m \cdot s^{-1}$	鼓风动能 /$kJ \cdot s^{-1}$
原 1	576	15	1.45~1.60	2.61	208	51.34
原 2	1036	15	1.1~1.20	2.972	150	43.57
原 3	1200	18	1.1~1.20	2.792	165	44.46
2	1327	22	1.1~1.20	2.850	192	52.17

（3）风口前理论燃烧温度是否处于适宜范围。理论燃烧温度有常规计算法和经验计算法两种，请参阅本书项目 9。

各高炉都具有一个极限的理论燃烧温度，故理论燃烧温度 $t_{理}$ 有一个上限。目前，国外认为其不应超过 2300~2400℃，国内则倾向不大于 2300℃。对于理论燃烧温度的下限值，在国内一般认为其不应小于 2050~2100℃。

（4）风口循环区与深度。观察风口循环区是否足够大，循环区深度是否足够长。

（5）风口圆周工作均匀性。观察炉缸圆周各风口的工作是否均匀一致，要求圆周工作均匀一致，差别很小。各风口的进风量、风口直径、长度、斜度等参数是否与选择和调剂的目的和要求一致。

鼓风动能还可以通过直观判断，见表 4-14。

表 4-14　判断合适鼓风动能的直观表象

内　容		鼓风动能正常	鼓风动能过大	鼓风动能过小
仪表	风　压	稳定，并在一定范围内出现小的波动	波动大而有规律，出铁、出渣前显著升高，出铁后降低	曲线死板，风压升高时容易悬料、崩料
	风　量	稳定，在小范围内发生波动	波动大，随风压升高风量减少，风压降低风量增加	曲线呆死，风压升高，崩料后风量下降很多

续表 4-14

内　容		鼓风动能正常	鼓风动能过大	鼓风动能过小
仪　表	料　尺	下料均匀，整齐	不均匀，出铁前料慢，出铁后料快	不均匀，有时出现滑料与过满现象
	炉顶温度	带宽正常，相互交错，波动小	带窄，波动大，料快时温度降低，料慢时温度升高	带宽，四个方向有分叉
风口工作		各风口工作均匀、活跃，风口破损少	风口活跃，但显凉，严重时风口破损较多，且多坏风门内侧下端	风口明亮，但不均匀有生降，炉况不顺时，风口自动灌渣，破损多
炉　渣		渣温充足，流动性好，上下渣均匀，上渣带铁少，渣口破损少	渣温不均匀，上渣带铁多，易喷花，上渣难放，渣口破损较多	渣温不均匀，上渣热而变化大，有时带铁易坏易多，渣口易坏
生　铁		物理热足，炼钢生铁常是灰口，有石墨碳析出	物理热稍低，炼钢生铁白口多，硫低，石墨少	铁水暗红，炼钢生铁为白口，硫高，几乎没有石墨

任务 4.2　装料制度的选择与调剂

送风制度决定了煤气流在炉缸内的初始分布，而装料制度则决定了炉料在炉喉断面上的初始分布，两者综合起来并与高炉炉型以及装料设备的特点相结合，决定了煤气流在高炉内的最终分布。因此，装料制度必须与送风制度相配合，以取得合理的两道煤气流的分布。

由于炉料在下降过程中，其分布状态又要影响初渣的物理性质，因此为了满足初渣稳定性和流动性，又必须对熔剂的装料顺序作特殊的要求。

由于炉衬的结厚或结瘤，有时要求用洗炉方法来解决，这时装料制度也必须改变，以满足洗炉时煤气流异常分布的要求。

决定炉料在炉喉断面上初始分布的因素有固定因素如炉喉直径、炉喉间隙、大钟倾角、炉身角、大小钟工作制度等；可调剂因素如矿石批重、料线高度、装料顺序以及炉顶布料装置的工作制度等。

4.2.1　固定因素对炉料分布的影响

4.2.1.1　炉喉直径

在炉喉间隙不变的条件下，一般随着炉喉直径的扩大，分布到高炉中心去的矿石量相对地越来越少，但由于中小高炉尤其小高炉炉喉直径比较小，而且炉喉直径与炉喉高度的比值又比大型高炉大，因此不存在高炉中心无矿石的现象。

4.2.1.2　炉喉间隙

大料钟下缘与炉喉保护板间的距离称为炉喉间隙。在料线高度一定的条件下，炉喉间隙越大，则炉料堆尖会越远离炉墙，这样在炉喉边缘就会形成一个少矿甚至无矿石的环圈，促使边缘煤气流过分发展，严重时用各种装料制度都无法控制，唯有恢复合理的炉喉间隙，或缩小风口直径以发展中心煤气流削弱边缘煤气流，才能重新恢复煤气流的合理分布。如山西阳泉钢铁厂100m^3高炉冶炼锰铁时，由于炉喉保护板脱落，使炉喉间隙自动扩大，以致边缘煤气流无法控制，后来采取加长大料钟直径后，使炉喉间隙得到恢复，才改变了煤气流不合理的分布状况。又如某100m^3高炉由于大修时扩大了炉喉间隙，以致边缘煤气流过分发展，甚至采取全部PK↓的装料顺序时，也不能控制。直到适当地缩小风口直径、提高风口风速以助长中心煤气流的发展，情况才有所改善。

4.2.1.3 大料钟倾角

大料钟倾角决定了炉料沿料钟表面下降时的轨迹。大料钟倾角越小，则炉料下降轨迹越趋于平坦，使炉料堆尖靠近炉墙，起加重边缘的作用，反之则结果相反。目前定型设计一般将大料钟倾角定为53°，而自行设计的大中型高炉的大料钟倾角多为50°~53°。

4.2.1.4 大料钟下降行程及下降速度

在大料钟速度与炉料自大料钟下降的速度相等时，大料钟行程（大料钟从关闭位置到全开位置的距离）越大，炉料堆尖离开炉墙越远，起疏松边缘、发展边缘煤气流的作用。相反，大料钟行程小，则起压制边缘煤气流的作用。

在大料钟下降速度大于炉料自大料钟落下的速度时，大料钟行程对炉料分布没有影响。

在大料钟下降速度小于炉料自大料钟落下的速度，而且下降行程又很大时，则会促使炉料堆尖靠近炉墙，有加重边缘的趋势。

目前大料钟行程一般已经固定在400~600mm范围之内，而且绝大多数高炉的大料钟下降速度，也都大于炉料自大料钟落下的速度，故这一因素可以看做是固定因素，对炉料分布没有影响。但某些高炉由于对大料钟行程没有定期检查，因而某些时期大料钟行程并不等于规定水平，这就会使炉料分布发生变化。

4.2.1.5 炉身角

由于边缘效应，会使边缘煤气流得到发展，而影响边缘效应的因素，主要是高炉的炉身角。在高炉开炉后，由于炉衬的侵蚀，炉身角自动减少，这就助长了边缘效应越来越显著。

4.2.2 可调因素对炉料分布的影响

4.2.2.1 料线高度

大料钟全开位置称为料线的零点，从零点到规定料面间的距离称为料线高度。

炉料从大料钟落下并与炉喉砖墙相碰之处，称为碰撞点，由于炉料不能同时落下，因此碰撞点也有一个范围。一般100~300m^3高炉的碰撞点在1000~1200mm。

规定的料线高度高于碰撞点时，料线高度越高，则炉料堆尖越离开炉墙，使边缘煤气流发展；而随着料线高度的降低，炉料堆尖接近炉墙一直到碰撞点为止，这时边缘煤气流越弱。料线高度低于碰撞点，由于炉料的反弹作用，使堆尖远离炉墙，但位置及分布比较紊乱。因此一般料线高度应规定在碰撞点以上。小高炉有效高度不大，为了充分利用高炉容积，不应采取低料线操作。每次检修都要检查料线零点是否正确，以免影响炉料的正常分布。

某厂料线高度对煤气流分布影响见表 4-15。

表 4-15　某厂料线高度对煤气流分布影响

时期＼指标	料线 /m	装料顺序	矿石批重 /kg	K_1/kg	K_2/kg	风口 直径×个数	CO_2含量/%		
							边缘	中心	ΔCO_2
1	1.0	$K_1J\downarrow JK_2$	4600	2300	2300	$\phi130\times10$	10.7	9.9	0.8
2	1.2	$K_1J\downarrow JK_2$	4600~4800	2300~2400	2300~2400	$\phi130\times10$	11.8	9.5	2.3

4.2.2.2　*矿石批重*

每批料的焦炭质量称为焦炭批重，每批料的矿石质量称为矿石批重。

炉料中各组成对煤气流分布的影响，主要取决于矿石而不是焦炭，因此利用料批来调剂气流分布时应改变矿石批重，而不是改变焦炭批重。

近年来由于焦比的降低，使焦炭负荷提高，同时高炉使用的烧结矿和球团矿其堆密度小于天然矿石，使每批料中矿石体积和焦炭体积的差距缩小，某些喷吹燃料的高炉，更进一步促进了这种趋势，使矿石批重在装料制度中的作用日益增大。

A　*矿石批重对炉料在炉喉断面上布料的影响*

分析矿石批重对布料的影响，必须考虑炉喉的原始料面。即炉料在规定料线高度时的料面形状。一般炉喉原始料面呈漏斗形，但不同情况时料面的漏斗深度又不一样，不同的漏斗倾角对布料有不同的影响。

漏斗倾角大于矿石堆角，而矿石体积又小于极限体积（即矿石层厚度不能布满整个炉喉断面）时，矿石将沿着较陡的料面布于中心，边缘没有矿石，当矿批体积等于或超过极限体积时，从炉中心到边缘都将布有矿石，但中心矿石层较边缘厚。随着矿石批重的增大，矿石分布趋向均匀，中心和边缘矿石层厚度差越来越小。

漏斗倾角小于矿石倾角，开始中心无矿石，矿石只堆于边缘，随着矿石批重的扩大，边缘和中心都布有矿石，其厚度差也越来越小，并趋向均匀。

料面的漏斗倾角，取决于边缘或中心煤气流的强度，凡是边缘气流过分发展，中心气流不足时，边缘料面下降速度比较快，料面较平，料面倾角就小于矿石的堆角；相反中心煤气流过分发展，边缘煤气流不足时，中心漏斗加深，漏斗倾角加大，使矿石堆角小于漏斗倾角。

由以上分析可以看出，矿石批重小，不是加重边缘就是加重中心。矿石批重小至一定程度将使高炉中心或边缘没有矿石。生产实践表明，一般小批重都加重了边缘，这说明漏斗倾角小于炉料在炉喉内的堆角。随着批重的增大，边缘和中心都布有矿石且分布越来越均匀。但相对地加重了中心，疏松了边缘。某厂 300m^3 高炉，当矿石批重由 6300kg 扩大到 8000~8200kg，炉喉煤气曲线 CO_2 含量，边缘由 11.6%上升至 12.6%，中心由 10.54%上升至 13.01%，说明扩大批重使中心相对加重了。

B　*选择合理的矿石批重*

影响矿石批重的因素主要有冶炼强度、喷吹量及矿石的物理性质等。每座高炉必须综合各种因素选择出其合理的矿石的批重。

a　矿石批重与冶炼强度的关系

高炉强化冶炼的过程表明，批重随冶炼强度的提高而增大。这是由于提高冶炼强度后，中心气流相对发展，必须扩大矿石批重，增加炉缸中心部分矿石量来抑制中心气流。

由于炉缸中心活跃，炉缸中心温度提高，也允许中心负荷的加重。随着冶炼强度的提高，料柱透气性也有所改善，使加厚料层成为可能。表 4-16 为鞍钢 9 号、10 号高炉冶炼与批重的关系。

表 4-16　鞍钢 9 号、10 号高炉不同冶炼强度的矿石批重　(t)

炉别＼冶炼强度	0.8	0.9	1.0	1.1	1.2	1.3	1.4	1.5	1.6
10 号（$1805m^3$）	15.5	16.5	17.5	18.5					
9 号（$944m^3$）			13.5~14.0			14.0~14.5	14.5~15.0		15.0~16.0

b　矿石批重与喷吹量的关系

喷吹燃料使煤气生成量比单纯燃烧焦炭时增多，与提高冶炼强度相似，使中心气流相对地发展。这必须用扩大矿石批重来抑制中心气流。由于批重的扩大，使炉料的分布均匀了，从而改善了炉内间接还原过程和煤气能量的利用。某厂 $255m^3$ 高炉喷吹煤粉和煤油混合喷吹与不喷吹时的操作比较，见表 4-17。

表 4-17　某厂喷吹与不喷吹时的操作比较

类别＼指标	焦比 /$kg \cdot t^{-1}$	煤比 /$kg \cdot t^{-1}$	油比 /$kg \cdot t^{-1}$	燃料比 /$kg \cdot t^{-1}$	矿石批重 /kg	风量 /$m^3 \cdot min^{-1}$	风压 /MPa	风口 直径×个数
1	645	0	0	645	3100	564	0.084	ϕ98mm×10
2	544	72	0	616	3400	567	0.084	ϕ100mm×10
3	477	72	71	620	4400	568	0.081	ϕ130mm×10

从表 4-17 看出，燃料喷吹量占总燃料量消耗的 23%时，批重扩大了 42%。

c　矿石批重与矿石物理性质的关系

扩大矿石批重，增加了矿石在炉喉断面上的矿石层厚度。这样，对煤气流的阻力增加了。因此，在其他条件不变时，整粒矿石比非整粒矿石和中等粒度矿石比小粒度矿石都允许有更大的矿石批重。

例如，某厂 $255m^3$ 高炉使用经过冷却和筛分的烧结矿，其矿石批重保持在 5000~6000kg，而另一座 $255m^3$ 高炉使用未经冷却并未筛分的烧结矿，批重却为 4000~5000kg。又如，某厂 $84m^3$ 高炉由中等粒度矿石改用小粒度矿石操作时，压差升高 20%左右，后来采取缩小矿石批重措施，保证了顺行。

C　矿石批重的范围

每座高炉由于原燃料性质、炉型、冶炼强度、喷吹燃料量等的不同，因此，矿石批重也不同。表 4-18 列举了某些高炉在不同条件下的矿石批重。

表 4-18　某些高炉使用的矿石批重

指标	矿石批重	矿石层在炉喉平均厚度 /mm	冶炼强度 /t·$(m^3 \cdot d)^{-1}$	燃烧强度 /kg·$(m^3 \cdot d)^{-1}$	喷吹量 /$kg \cdot t^{-1}$	原料情况	高炉剖面情况
13	200	100	2.0	860	0	100%整粒球团	轻度侵蚀
	440	220	2.8	1150	0		

续表 4-18

指标	矿石批重	矿石层在炉喉平均厚度 /mm	冶炼强度 /t·$(m^3 \cdot d)^{-1}$	燃烧强度 /kg·$(m^3 \cdot d)^{-1}$	喷吹量 /kg·t^{-1}	原料情况	高炉剖面情况
100	1000	210	0.95	715	0	100%整粒烧结矿	完整
255	4300	250	0.95	820	0	整粒与非整粒球团矿各 50%	严重侵蚀
	3100	150	0.97	690	0	80%整粒天然矿	轻度侵蚀
	4600	225	1.10	760	140	80%整粒天然矿	轻度侵蚀
	6000	360	1.03	1060	60	90%未整粒烧结矿	中等侵蚀
300	8000	460	1.03	760	60	90%未整粒烧结矿	中等侵蚀
1000	27000	635	1.04	1065	90	100%整粒烧结矿	轻度侵蚀
1200	24000	550	0.91	888	100	90%烧结矿 + 10%球团矿	轻度侵蚀
1500	38000	685	0.94	1010	110	90%烧结矿 + 10%球团矿	中等侵蚀
2000	43000	620	0.88	972	90	90%烧结矿 + 10%球团矿	轻度侵蚀

从表 4-18 看出，矿石批重及矿石在炉喉断面的厚度与燃烧强度和喷吹量成正比关系。13~55m^3高炉矿石批重在炉喉断面上的平均厚度为 100~200mm，100~300m^3高炉为 200~400mm，对于冶炼强度较高和喷吹量较多、炉衬侵蚀较多使高炉实际容积已经扩大了的高炉，可取上限值；反之则结果相反。

批重对炉料分布的影响是所有装料制度各参数中最重要的。批重不仅对高炉操作，而且对上料设备的设计也有重要意义。上料能力、料车容积、大料斗容积等的确定，都与批重有关。各高炉都应根据各自情况和通过计算结果选择合理的矿石批重，矿石批重选择计算的方法很多，现介绍几种常用方法。

a　按高炉合理批重表达式计算

根据大量的分析计算和通过生产实践证明，高炉在确定的原燃料和操作条件下，存在一个合理的批重范围，并提出“合理批重表达式”。高炉适宜的批重（W）可用下式表示：

$$W = fV_{煤}P\gamma d_1$$

式中　W——批重；

$V_{煤}$——煤气平均流速，m/s；

P——炉内平均压力，kPa；

γ——矿石堆密度，t/m^3；

d_1——炉喉直径，m。

应用平均料层厚度，料批重又可写成：

$$W = \frac{\pi}{4}d_1^2h\gamma$$

式中　h——料批在炉喉处平均厚度，m。

通过一系列分析计算，又提出了料批在炉喉平均厚度的计算公式：

$$h = 6.66 \times 10^{-7} \left(\frac{Q_{煤} TH}{V} \right)^{1.58} \tag{4-4}$$

式中 $Q_{煤}$——煤气流量，m^3/s；

T——炉内平均煤气温度的标态温度，273K；

H——高炉有效高度，m；

V——高炉有效容积，m^3。

平均温度用炉内平均炉顶煤气温度和理论燃料温度的平均值来表示，考虑到理论燃烧温度的影响因素，平均温度包括影响因素对 $t_{理}$ 的变化平均煤气温度 T（绝对温度）：

$$T = \frac{t_{顶} + t_{理} + \Delta t_{喷} + \Delta t_{风} + \Delta t_{富}}{2} \tag{4-5}$$

式中 $\Delta t_{风}$——风温变化引起的 $t_{理}$ 变化量，风温±100℃，$\Delta t_{风}$±80℃；

$\Delta t_{喷}$——喷吹物引起的 $t_{理}$ 变化量，$\Delta t_{喷} = t_{油} + t_{煤}$，油 10kg，$t_{油}$ 为 31℃，煤 10kg，$t_{煤}$ 为 16℃；

$\Delta t_{富}$——富氧引起 $t_{理}$ 的变化量，富氧 0.01%，$\Delta t_{富}$+45℃；

$t_{顶}$——炉顶煤气温度，℃；

$t_{理}$——理论燃烧温度，风温 1000℃，$t_{理}$ 取 2150℃。

通过上述表达式，参照生产条件计算出高炉合理的批重范围见表 4-19。

表 4-19 高炉合理的批重范围

炉喉直径/m	2.5	3.5	4.7	5.8	6.7	7.3	8.2	9.8
高炉容积/m^3	100	250	600	1000	1500	2000	3000	4000
矿石批重/$t \cdot 批^{-1}$	>4	>7	11.5	17	>24	>30	>37	>56
矿石在炉喉的平均厚度/m①	0.51	0.46	0.41	0.40	0.43	0.45	0.44	0.46
焦炭在炉喉的平均厚度/m	0.65②	0.59	0.44	0.43	0.46	0.48	0.47	0.49

①烧结矿堆密度按 1.6t/m^3 计算。

②按焦炭负荷 2.5 计算，其余按焦炭负荷 3.0 计算。

b 按经验公式计算

由于各地高炉生产条件差别很大，选择的适宜批重也不尽相同。主要经验有：

（1）鞍钢高炉矿石批重（t/批）与炉喉直径的统计关系为：

$$W = 0.43d_1^{\ 2} + 0.02d_1^{\ 3} \tag{4-6}$$

（2）日本高炉焦炭批重（t/批）与炉喉直径的关系为：

$$W_{焦} = 0.03 - 0.44d_1^{\ 2} \tag{4-7}$$

（3）日本高炉焦炭层厚度 $y_{焦}$（mm）与高炉有效容积 V 的关系为：

$$y_{焦} = 450 + (0.08875 - 0.125)V \tag{4-8}$$

（4）前苏联高炉焦炭层厚度 $y_{焦}$（mm）与高炉有效容积 V_u 的关系为：

$$y_{焦} = 250 + 0.1222V_u \tag{4-9}$$

需要强调的是，各高炉都应根据原燃料条件、装备水平，通过实践摸索选择出自己高炉合适的矿石批重，对一些参考文献提出的计算方法和合理的批重范围只能作参考，而不能盲目采用。因为同一炉容使用矿石批重相差很多，如黑龙江西林钢铁公司 100m³ 高炉 1984 年研究与试验确认，在西钢冶炼条件下合理的矿石批重为 3.3～3.6t，相应的冶炼强度为 1.2～1.30t/(m³ · d)，利用系数可达 1.88～2.0t/(m³ · d) 以上，进一步扩大批重有赖于炉料条件的改善，当炉料尤其是烧结矿入炉粉末率达到 20%以上时，合理的烧结矿批重在 3.0t 以下；而辽宁营口炼铁厂 100m³ 高炉 2003～2004 年使用的矿石批重还不到 2.0t。

4.2.2.3　*装料顺序*

装料顺序是指每批料中矿石、焦炭从大钟装入高炉内的先后顺序。矿石比焦炭先装入炉内的称为正装，相反称为倒装。一批料中矿石与焦炭分开装入炉内的称为分装，矿石和焦炭一起装入炉内的称为同装。如以 K 代表矿石，J 代表焦炭，↓表示大钟打开一次时不同的装料方式，可用下列方式来表示：

正同装　KJ↓；

倒同装　JK↓；

正分装　K↓J；

倒分装　J↓K；

混同装　KJKJ↓，KJJK↓，JKKJ↓，JJKK↓；

混分装　KJ↓KJ↓，JK↓JK↓等。

装料顺序是利用矿石或焦炭装入炉内的先后顺序及其装入炉内的间歇时间不同调节分布边缘或中心的矿石量，达到控制高炉内煤气流的目的。如采用正同装（KJ↓）时，矿石先落入炉内，分布在边缘较多，后落入的焦炭沿矿石的表面分布到中心较多，因此可以加重边缘；如采用倒同装（JK↓）则情况恰好相反，可以加重中心；混装则介于前两者中间，既加重边缘也加重中心（JKKJ↓），但其加重边缘的程度没有 KKJJ 大，加重中心也没有 KKJJ 大。

按加重边缘程度的不同，由重到轻的顺序为：

正同装→正分装→混同装→倒分装→倒同装→双装

当前为了更好地控制煤气流分布，采用两种装料顺序的混合装料制度，即：

$$mA + nB$$

式中　A —— KKJJ↓，KJKJ↓，KKK↓；

B ——JJKK↓，JKJK↓，JJJJ↓；

m，n ——系数。

加重边缘程度取决于 $\frac{m+n}{m}$ 的比值，比值增大时加重边缘，比值降低则疏松边缘。

使用不同炉料时，按加重边缘程度（由重到轻）顺序为：

天然矿石→大粒度球团矿→小粒度球团矿→烧结矿→焦炭→小粒度烧结矿

矿石堆密度越小，其容积越大，在相同矿石批重时有加重中心、发展边缘的效果。如山东省黑旺矿即属于这类矿石。

当前有些中小高炉使用较大批重操作，由于矿石层较厚，并且在炉喉断面的分布趋向均相对地减弱了装料顺序的作用。

4.2.2.4　布料器工作制度

炉料沿炉喉圆周上的分布由炉顶布料器来控制，因料车向小料斗倒料时，炉料堆尖并不在料斗中心而是偏向一侧，因此堆尖一侧的粉料及小块料较多，使这一侧料柱透气性较差，并使这一侧入炉风量偏小；而相对的另一侧块状料较多，使这一侧料柱透气性良好，从而这一侧入炉风量偏多。这种装料的不均以及由此引起进风分布不均匀，就破坏了煤气沿圆周均匀分布的原则。

采用炉顶布料器可以纠正这一布料不均匀的现象，使炉料堆尖呈螺旋形均匀地分布于炉喉圆周上。由于高炉容积不同，布料器每批料转动角度也不一致，但大致为 60°~90°。

4.2.2.5　无料钟炉顶

为了克服马基式布料器的基本缺陷，卢森堡鲍尔渥斯公司设计出无料钟炉顶，并在 1972 年首次投产于曲德汉博恩厂，它一出现就受到欢迎，已有很多大型高炉采用或计划采用。我国目前也有多座大型高炉采用无料钟炉顶。

无料钟炉顶（见图 4-1）由两个料罐和一个溜槽组成。两个料罐相当于马基式布料器的大小钟之间的大料斗，料罐的两端有两个密封阀，直径一般 1m 左右，上密封阀相当于小钟，下密封阀相当于大钟，放料时，溜槽以一定角度有规律地在炉内旋转。上密封阀关闭（相当于关小钟），下密封阀（上部有调节阀，通称节流阀）打开时，炉料稳定地沿导料管通过中心喉管流进转动的溜槽，边转边落到炉内料面上。一般一批料布 8~12 圈。因此，炉料的水平分布是均匀的，没有马基式布料器堆尖偏转的缺点。

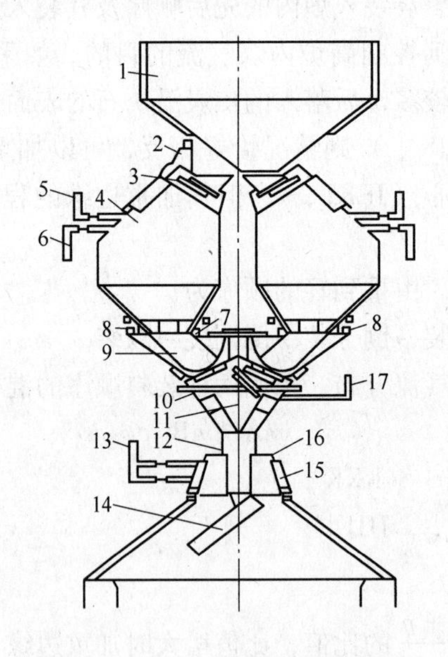

图 4-1　料车上料时的无料钟炉顶

1—受料漏斗；2—液压缸；3—上密封阀；4—料仓；5—放散管；6—均压管；
7—波纹管弹性密封；8—电子秤；9—节流阀；10—下密封阀；11—气封漏斗；
12—波纹管；13—均压煤气或氮气；14—溜槽；
15—布料器传动气密扣；16—中心喉管；17—蒸汽管

无料钟炉顶布料的方式有单环、多环、定点、扇形和螺旋等多种，前三种使用较多，如图 4-2 所示。

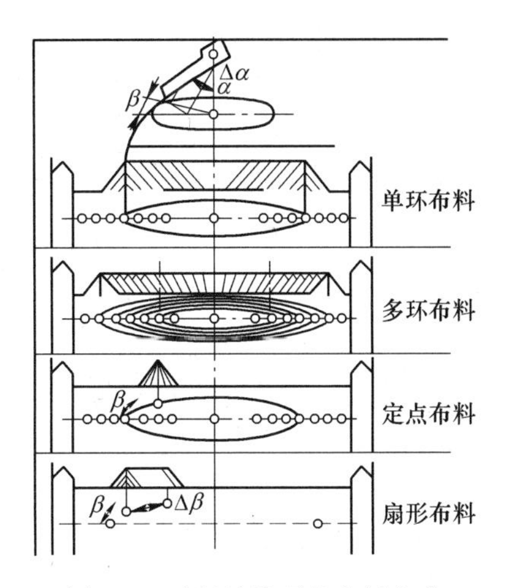

图 4-2 无料钟炉顶的布料方式

4.2.2.6 可调炉喉（变径炉喉）

随着高炉的大型化，炉喉直径也不断增大，钟式高炉中心布矿过少的现象就更加突出。中心料面和边缘料面高度之差，随炉喉直径增大而增大。以炉料内堆角为 30.8°计算，料面高度差如下：

炉喉直径/m	2.5	3.5	4.7	5.6	6.7	7.3	8.2	9.8	11	12.4
点料面高度差/m	0.75	1.04	1.40	1.67	2.0	2.18	2.44	2.92	3.28	3.58

为解决上述矛盾，出现了变径炉喉（可调炉喉）。第一个变径炉喉投产于 1964 年，是西德克虏伯公司建设而成的。近几年日本多座高炉和我国宝钢 1 号高炉及其他几个大型高炉也采用变径炉喉进行布料控制。

变径炉喉（见图 4-3）在炉喉内有一组活动钢板，这组活动钢板可按布料要求在炉喉里形成一个“新炉喉”，入炉的料碰到钢板反弹入炉内，从而将炉料布到炉内指定的位置，如宝钢 1 号高炉变径炉喉设有 24 块可调炉喉板，固定在炉壳的轴箱上，用三台驱动设备驱动。设备设在炉外的一个环梁上，再通过连杆同步驱动 24 块可调炉喉板。有 11 个调节档次，根据不同档次推焦或推矿，可以灵活有效地调节径向的矿焦比，对调节炉内煤气流分布起很大作用。

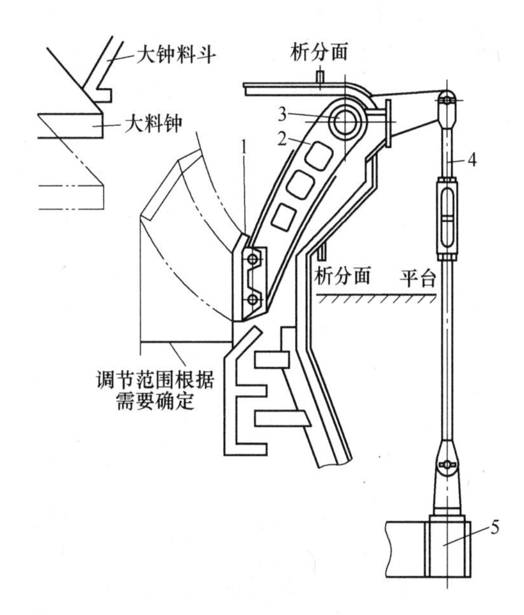

图 4-3 变径炉喉

1—护板；2—转臂；3—转轴；4—连杆；5—环形托梁

这种解决中心布料的方法比一般钟式高炉优越，因此发展较快，在短时间里，出现新日铁和日本钢管等多种形式。显然，马基式布料器再加变径炉喉解决了中心布矿的问题。

设有变径炉喉的高炉，使炉喉直径这个固定因素变为可调因素。

4.2.3　装料制度的选择

装料制度是否合理，应从炉喉沿半径上的CO_2曲线来看高炉内两道煤气流分布是否合理，以及从炉顶煤气温度和CO/CO_2的比值，看煤气能量是否得到充分利用。

一般应根据冶炼强度和喷吹燃料量来寻找合理的矿石批重。然后再调剂装料顺序来控制边缘及中心煤气流的强度。

料线应选择在碰撞点以上，料线高度应根据炉喉间隙、炉型侵蚀程度来决定，凡是炉喉间隙较大，炉衬侵蚀严重的高炉，料线高度都应接近碰撞点。如果料线高度已接近碰撞点而边缘煤气流仍比较发展时，可加大 KJ↓比例。如中心煤气流比较发展时，可加大JK↓比例。如果装料顺序已采取全部 KJ↓而且料线高度接近碰撞点，而边缘气流仍发展时，即属于送风制度不合理，必须改变送风制度如缩小风口直径提高风速来调剂。

矿石批重必须与冶炼强度、喷吹燃料量相适应。如冶炼强度有较大幅度变动时，也必须相应地增减矿石批重，同时根据煤气流分布情况来调剂装料顺序。

对于中小高炉，尤其小高炉，有效高度比较低，为了更充分利用煤气能量，必须将料线控制在碰撞点以上。用降低料线来谋求高炉顺行的做法是不合适的。

4.2.4　装料制度的调剂

在高炉正常作业时期，应维持装料制度不变，以维持高炉内煤气流的稳定。但当煤气流失常或其他原因引起炉况不顺时，可以改变装料制度来调节炉况。

（1）倒装和正装。正常操作时期，一般均采用混装，当炉行不顺时，可以临时增加几批倒装，以疏松边缘。由于这种装料方法会使煤气的利用变坏，在炉温不足而倒装料多于5批时，应适当地加几批净焦。

（2）双装和双矿批入炉。两批料或两批矿石一次装入高炉，都可以增加矿石层的厚度，有促进煤气分布均匀的作用，但恶化了料柱透气性。这种措施主要用于处理管道煤气流、偏料和中心煤气流过分发展，一般情况下不宜采用。

（3）装偏料。某些使用布料器的中型以上高炉，由于布料器的旋转部分是可调节的，当发现某方向煤气流过分发展时，可利用布料器在这个方向上连装几批料，即可堵住煤气流的发展，这对消除管道行程、偏料等很有效。

（4）改变无料钟装料方法。采用无料钟装置装料的高炉，可通过变换其装料方式，变换矿石和焦炭分布状况，使煤气流恢复正常。无料钟装料时，纠正偏料、管道行程，使煤气流分布恢复正常是比较容易做到的。

（5）变动炉喉直径。设有变径炉喉的高炉，可以通过改变炉喉直径大小，灵活地调节炉内径向矿焦比，调节煤气流分布，使煤气流分布达到适宜范围。

（6）加入净焦。加入净焦是高炉调剂炉况常用的重要手段。加入净焦的作用有两个：一是能提高炉温；二是能改善料柱透气性，起到调整和稳定煤气流的作用。这对消除炉子大凉、炉缸冻结、低料线、管道行程、偏料等失常炉况都很有效。加净焦处理失常炉况有以下两种情况：

1）低料线操作时加净焦。高炉悬料坐料后或上料系统设备发生故障等原因造成低料线时，若料线低得很深，可在装第一批料前先加入一部分净焦，其目的和作用是焦炭能使料柱疏松，增加料柱透气性，利于赶料线，可推迟低料线期间炉料进入成渣区的时间，给这部分炉料提供预热机会，从而防止这部分炉料预热不足，造成初渣黏稠，有利于改善初渣流动性；还可以有效地避免这部分低料线料到达软熔带造成该区域温度场温度突降，使软熔带高度发生变化及与炉墙黏结，使软熔带基本上保持正常的高度与厚度。此外，这部分净焦在整个软熔区域呈比较均匀的层状，扩大了软熔区域的“焦窗”面积，使煤气流能较顺利地通过，较均匀地分布，不至于受严重低料线料的破坏。

加入净焦的数量是个很复杂的问题，要根据低料线的深度和当时的炉温情况而确定。进行计算时，又要结合积累的经验而来较准确地确定加净焦数量，防止加入量过多或过少。加入净焦数量过少，不利于迅速扭转失常炉况；加入净焦数量过多，就会造成净焦下达时炉温过高造成难行，甚至悬料，同时也浪费了焦炭。在加净焦过程中如发现加焦量超过需要，要在以后上料中补回一定数量的矿石。

加净焦后要注意观察分析炉况发展趋势，注意在下部用鼓风的湿分、富氧量、喷吹量、风温等手段进行调剂，使炉温趋于稳定，防止因净焦下达引起的难行或悬料。

净焦加入方法，可采取一次加入足够的净焦；也可采取分批加入的方法，即在净焦加入较多时，可先集中加入数批净焦，然后再分段加入几批净焦，如根据计算需要加入 10 批净焦，可在装料前先加入 4 批净焦，然后再装 5 批料加入 2 批净焦，然后再装入 3 批料 1 批净焦，直至装完净焦，这种做法既改善了料柱透气性，补充了热量，又可避免净焦大批下达时炉温过高引起的难行或悬料。

2）炉况大凉情况下加净焦。在高炉出现非正常情况下，往往伴随着炉凉现象的产生。一般性炉凉，可以采用调剂鼓风的湿分、富氧量、喷吹量、风温、焦炭负荷和风量等措施来处理。若采取上述措施效果不明显或失效，炉温继续下降，铁水中含硫量达到上限或出号外铁，风口前温度仍显不足有生降，渣铁温度继续下降时，可以加入一定数量的净焦。这一方面可以提高炉温，另一方面能改善料柱透气性，并起到调整和稳定煤气流的作用，加快炉况的恢复，防止炉况进一步恶化。

加入净焦的数量与方法，请参阅炉内冶炼操作一章。

4.2.5　上下部调剂的配合

强化高炉冶炼，必须正确处理上升煤气流和下降炉料之间的矛盾，使煤气流始终保持合理分布，确保炉况顺行。为此必须做到上下部调剂的有机结合，才能取得预期效果。

下部调剂是指风量、风温、喷吹量、富氧量及鼓风湿度等因素的调整，目的是维持合适的回旋区的大小，使炉缸工作均匀、活跃、稳定，煤气流初始分布合理。

上部调剂是借助装料顺序、批重大小和料线高低的调整，使炉料分布和上升的煤气流相协调，既保证炉料具有足够的透气性，使下料顺畅，又不形成偏料、管道等炉况，这样才能获得良好技术经济指标。

上下部调剂的配合主要从以下方面着手：

（1）大幅度提高冶炼强度或增加喷吹量时，下部应根据风速和鼓风动能扩大风口直径，上部则相应扩大矿石批重，增加倒装比例和提高料线，以抑制中心气流的发展。

（2）小幅度提高冶炼强度或增加喷吹量时，应以扩大矿石批重为主，相应地增加倒装数或采取倒装与正装的混合装料方法，使边缘和中心气流都得到适当的发展。

(3) 鼓风风速低于正常范围下限，而又不能立即缩小风口直径时，可增加正装比例，如此时料线不接近碰撞点，应调剂料线至碰撞点。采取上述方法仍不奏效时，应缩小矿石批重来加重边缘负荷。相反，鼓风风速超过正常范围上限，而又不能立即扩大风口直径时，应增加倒装，提高料线，或扩大矿石批重来调剂煤气流分布。

(4) 矮胖的多风口高炉要采用小直径风口或长风口，增加倒装比例。

(5) 高炉剖面严重侵蚀，应采用小风口或长风口，或增加正装比例。

(6) 矿石粒度小或焦炭强度下降，应采取疏松边缘和降低压差的措施，例如采取降低冶炼强度，适当增加倒装数量等措施。

(7) 在冶炼强度一定，没有直径合适的风口以调节风速时，也可选用不同直径的风口均匀混用，或临时堵几个风门以提高鼓风动能。

(8) 当高炉一侧严重侵蚀时，应缩小这一侧风口的直径。

(9) 当煤气流分布失常（边缘煤气流发展或中心煤气流发展）时，应以下部调剂为主，相应在上部采取疏松边缘或打通中心的措施。例如，边缘煤气流过分发展，中心严重堆积时，应缩小风口直径，或堵一部分风口使风速达到正常范围内的上限，以穿透炉缸中心的死料柱。相反，如果中心煤气流过分发展时，只能采用扩大风口直径，降低风口风速的措施，上部调剂扩大矿石批量，增加倒装比例。

任务 4.3　造渣制度的选择与调剂

造渣制度主要是根据原、燃料的含硫量和冶炼生铁的品种和质量要求，选择合适的炉渣成分，使炉渣具有良好的流动性、稳定性和熔化性，保证炉况顺行，炉衬完整，并具有足够的脱硫能力，以获得合格的生铁。这就是选择合理造渣制度的目的。

由于原、燃料成分波动或数量变化，或由于称量误差，会使炉渣碱度发生波动，需要及时增减熔剂来进行调节；有时炉墙结厚和炉缸堆积，也要变更炉渣的成分进行洗炉，在此均归入造渣制度之内。

4.3.1　炉渣性质及其影响因素

4.3.1.1　炉渣的性质

炉渣性质主要指炉渣的熔化性、流动性和稳定性。它取决于炉渣的化学组成，对高炉冶炼将起重大的影响。

(1) 熔化性。炉渣的熔化性，可以用炉渣的熔化温度来表示。炉渣是两种以上化合物组成的共熔体，它没有固定的熔点，其熔化温度就是指炉渣开始熔化（或固相开始消失）至完全熔融时的温度区间，它可以用来说明炉渣难熔和易熔的程度。但炉渣熔化后，并不一定具有流动性，只有炉渣能自由流动时才具有实际意义，这时的温度称为熔化性温度。通常要求炉渣能自由流动时的熔化性温度为1400~1500℃。

(2) 流动性。炉渣的流动性，一般用黏度的倒数来表示，即黏度最低的炉渣，它的流动性最好。黏度的单位用“泊”（P）来表示（法定计量单位是Pa·s，1P = 0.1Pa·s）。1P（0.1Pa·s）黏度的炉渣，相当于20℃时水的黏度的100倍。高炉炉渣的黏度，一般不应大于 2. 5Pa · s。

（3）稳定性。炉渣的稳定性是指当炉渣温度或化学成分发生变化时，对炉渣物理性质（特别是流动性）的影响较小。通常用温度-黏度曲线来表示。它综合地反映了炉渣的流动性和熔化性，在生产中更具有现实意义。

如图 4-4 中曲线 A 所示，随着温度的升高，炉渣的黏度急剧下降，但当超过某一温度后，黏度的变化比较缓慢，即在温度-黏度曲线上出现了一个明显的转折点 t_a（t_a温度时的黏度定为 2. 5~3. 0Pa · s）。反过来看，也就是说当温度低于 t_a时，炉渣会很快地丧失流动性，即炉渣从流动到不流动的温度范围很窄，说明这种炉渣的热稳定性不好，称为短渣，一般碱性炉渣具有这种特点。图中曲线 B 所示炉渣由流动到不流动的温度范围比较宽，亦即当炉温稍微发生变化时，还不至于使炉渣丧失流动性，这种渣的热稳定性好，称为长渣，一般酸性渣具有这种特点。同样，当炉渣的化学成分发生变化时，对炉渣流动性影响较小的，称为化学稳定性好；反之，称为化学稳定性差。

图 4-5 为三元系等熔化性温度图，其准确性差些，但仍有一定实用价值。

炉渣由流动变为不流动，即意味着炉渣的凝结，它会给高炉冶炼带来很大的危害。

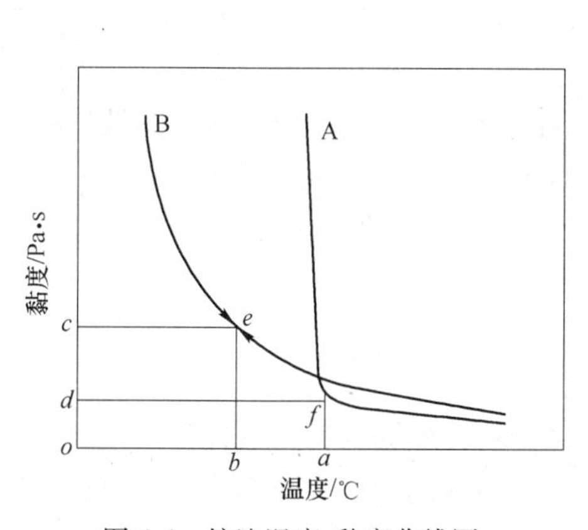

图 4-4 炉渣温度-黏度曲线图

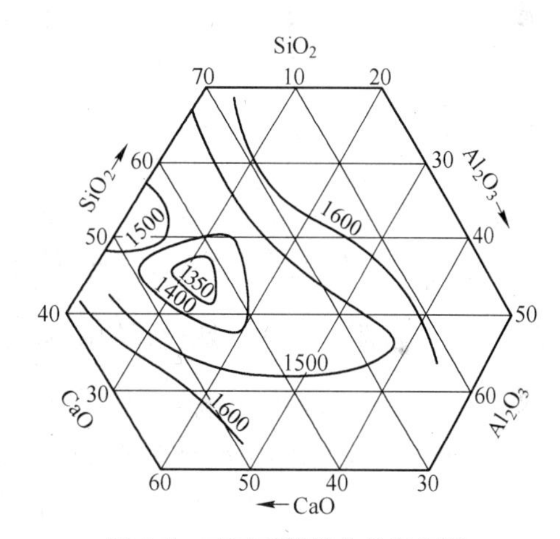

图 4-5 三元系等熔化性温度图

4. 3. 1. 2 影响炉渣性质的因素

无论在任何情况下，随着温度升高，炉渣的黏度均降低。除了这一因素外，其他主要为炉渣的碱度及其化学组成。由于各地区原料和操作条件的不同，其影响程度也不一样。下面讨论的炉渣化学组成对其性质影响的定量概念，只能作为一个参考的数值。

（1）碱度（$w(CaO)/w(SiO_2)$ 或 $w(CaO+MgO)/w(SiO_2)$）。炉渣的碱度对炉渣流动性、稳定性和熔化性都有直接的影响，并且其趋势基本一致。在以 CaO、SiO_2 和 Al_2O_3 为主要成分的炉渣中，$w(CaO)/w(SiO_2)$ 在 1.0 左右时，它的流动性和稳定性最好，熔化性也能满足高炉冶炼的要求，当碱度超过 1.2 时，黏度有较明显的增加，并且当炉渣化学成分发生变化时，黏度的波动也比较大，也就是说炉渣的化学稳定性差；随着碱度的增加，炉渣的熔化性温度也升高。当炉渣的碱度小于 1.0 时，随着碱度的降低，黏度也有增加的趋势，但炉渣的稳定性较好，熔化温度也降低。

（2）三氧化二铝。当炉渣碱度 $w(CaO)/w(SiO_2)$ 在 1.0~1.2，Al_2O_3 含量在 8%~

12%的范围内时，炉渣的流动性最好，并且比较稳定。高于或低于这一数值时，都将使流动性变差。

有的地区由于原料中 Al_2O_3的含量很高，或者由于焦比高，往往使渣中 Al_2O_3的含量在20%以上甚至高达30%，此时采用较高的炉渣碱度，反而有助于改善炉渣的流动性。

随着渣中 Al_2O_3含量的增加，炉渣的熔化温度升高，这对冶炼铸造生铁比较有利。

（3）氧化镁。渣中加入适当数量的 MgO，可以改善炉渣的流动性和稳定性，加入渣中 MgO 的数量，主要取决于渣的原始成分。渣中 MgO+CaO 含量一定时，以 MgO 代替 CaO，可使炉渣中 MgO 含量高达20%，仍可以发挥降低炉渣黏度的作用。一般认为 MgO 含量在8%~12%，并且炉渣中 MgO+CaO 含量在48%~50%较为合适。如超过这个范围，将使炉渣熔化温度升高，流动性变坏。因此在采用 MgO 代替 CaO 时，一定要保证（MgO+CaO）不大于56%，MgO 不大于20%。

在以酸性或高 Al_2O_3炉渣冶炼时，加入 MgO 可以显著地降低炉渣的熔化温度和黏度。因此在碱度相同时，含的炉渣可以允许扩大 MgO 的范围。

（4）氧化锰和氧化铁。渣中一定的 FeO 和 MnO 含量，可以改善炉渣的波动性。有的高炉使用均热炉渣，就是应用这一原理。它可使黏结在炉墙或堆积在炉底的黏结物（主要是高熔化温度的碱性炉渣）被冲刷掉，或生成低熔点的化合物而熔化，以达到洗炉的目的。

（5）氧化钙。有些矿石中含有 CaF_2，其含量在5%以下时，可以显著地降低炉渣的熔化性温度和黏度，利用这一特点，将 CaF_2加入高炉内可以作为一种洗炉剂。

渣中 CaF_2含量超过6.5%时，其对炉渣的流动性，不再有明显的影响。

4.3.2 炉渣性质对高炉冶炼过程的影响

4.3.2.1 对顺行的影响

高炉顺行最基本的条件是保证高炉内型完整和具有良好的料柱透气性。

众所周知，高炉成渣区域，是高炉内料柱透气性最坏的地方，煤气通过这部分的压头损失，约占高炉整个料柱压头损失的70%~80%。炉渣的流动性越差，煤气上升和炉料下降越困难，而且黏稠的炉渣也会附在炉墙上使炉衬结厚，甚至结成炉瘤，破坏顺行。在炉缸部分的炉渣（终渣）流动性差时，将发生炉缸堆积的现象，使炉缸工作不均，甚至渣铁不分，渣中带铁，烧坏风、渣口设备等。因此，任何改善初渣和终渣的流动性的措施，都可以改善高炉下部料柱的透气性，有利于顺行。不过流动性过好的炉渣，也可能破坏渣皮，加快炉渣对砖衬的侵蚀。

炉渣的熔化温度低时，由于在开始形成炉渣时铁矿石还没有被大量还原成金属铁，所以以 FeO 的形态（与 SiO_2形成硅酸铁）进入初渣中。初渣中 FeO 的含量，因使用原料和操作条件不同而波动很大，最高甚至可达30%~40%以上。初渣中一定的 FeO 含量，虽可以改善初成渣的流动性，但含量过高时，也会增加初成渣的数量，使成渣区域塑性层厚度增加，又不利于料柱透气性的改善。同时含 FeO 的初渣，在下降过程中，一方面其中 FeO 大量被直接还原成金属铁，有可能使周围的温度降低，因为直接还原为吸热反应；另一方面在 FeO 还原的同时，CaO 转入初渣中，又使炉渣的熔化温度升高。此时炉渣在下降过程中温度的升高，如果较炉渣熔化温度的升高为慢，或由于煤气流转向，使这一部分的温度降低，就意味着已熔化了的初渣会再凝结，从而会严重地降低料柱透气性，甚至引起炉墙结厚或结瘤。在使用自熔性人造富矿的情况下，由于初成渣的熔化温度较高，初渣中 FeO 含量低，因此塑性层薄而且稳定，这是人造富矿比天然矿石冶炼时，炉况比较顺行的主要原因之一。

炉渣的稳定性对炉况的顺行影响，也是很重要的，因为稳定性差的炉渣，一旦炉温发生变化时，炉渣即会丧失流动性，其后果与上述相同。

4.3.2.2 对炉缸温度的影响

炉缸温度除与焦比、风温、喷吹燃料等因素有关外，它还与炉渣的熔化温度有着密切的关系，而且渣铁比越大，这种影响越明显。在某种意义上，可以认为炉渣的熔化温度是炉缸热制度的调整器，这是因为熔化温度高的炉渣，带入炉缸内的热量也多，炉缸温度就高。反之，炉缸温度较低。

易熔炉渣不仅带入炉缸内的热量少，而且易熔炉渣中 FeO 的含量较高，它在炉缸内进行直接还原，也要消耗很大的热量，也会降低炉缸温度。

自熔性人造富矿比天然矿的熔化性要高，这也是前者比后者优越的一个重要原因。

炉渣应具有一定的熔化性是完全必要的，这要根据高炉冶炼生铁的种类决定。冶炼炼钢生铁时，炉渣的熔化性温度可低一些，冶炼铸造生铁时要求高一些。当然对铸造生铁来说，也不是越高越好，因为熔化性温度高的炉渣，一旦炉温发生波动，也易使炉渣凝结，给高冶炼带来更大的危害，而且熔化性温度高的碱性渣对硅的还原不利。

对炉缸温度有影响的，往往是流动性好的炉渣，初渣中 FeO 的含量较高，流动性好，在炉缸上部停留时间较短，即来不及充分还原就落入炉缸，增加了炉缸内直接还原热量的消耗。至于终渣中 FeO 的含量，则取决于炉温的水平，炉温越高，渣中 FeO 含量越低。生产实践证明，终渣中 FeO 含量每降低 1%，渣温相应要提高 20℃。一般认为 $w(\mathrm{FeO})<0.5\%$时，炉缸温度即为正常。

4.3.2.3 对脱硫能力的影响

原、燃料带入高炉内的硫有三个去向：一部分硫在高炉内挥发随煤气一同逸出炉外；大部分进入炉渣；部分进入生铁中。生铁的含硫量高时，会使生铁产生热脆性，因此对生铁的含硫有严格的限制。炼钢生铁含硫量的最高极限为 0.07%，铸造生铁为 0.05%。

A 炉渣脱硫能力的表示方法及其分析

炉渣的脱硫能力用硫的分配系数 L_{S} 来表示，即进入炉渣中的硫 $w(\mathrm{S})$ 与进入生铁中的硫 $w[\mathrm{S}]$ 之比，用公式表示为

$$L_{\mathrm{S}}=\frac{w(\mathrm{S})}{w[\mathrm{S}]} \tag{4-10}$$

脱硫是造渣的主要任务之一，硫的分配系数越大，即进入渣中的硫越多，说明炉渣的脱硫能力越强。

进入生铁中的硫可以通过硫的平衡来计算，即炉料中带入的总硫量 $w(\mathrm{S})_{料}$应等于挥发的硫 $w(\mathrm{S})_{挥}$与进入生铁中的硫和渣中的硫之和。假定以冶炼单位生铁为标准，并设渣量为 n，则

$$w(\mathrm{S})_{料}=w(\mathrm{S})_{挥}+w[\mathrm{S}]+nw(\mathrm{S}) \tag{4-11}$$

以 $w(\mathrm{S})=L_{\mathrm{S}}[\mathrm{S}]$ 代入上式，并整理，得

$$w[S]=\frac{w(S)_{料}-w(S)_{挥}}{1+nL_S} \tag{4-12}$$

分析上述公式，可以看出降低生铁中含硫量的途径是：

(1) 减少原、燃料带入高炉内的硫量。

(2) 增加煤气中的硫挥发量。

(3) 增加渣铁比。

(4) 提高硫的分配系数。

进入煤气中的硫与炉缸温度、炉渣碱度及渣铁比有关。提高炉缸温度、降低炉渣碱度或减少渣铁比，都可以提高挥发硫量。但在原、燃料条件一定时，渣铁比和炉渣碱度不会有很大变化，而且根据冶炼生铁的品种，炉缸温度也不可能有较大变化，因此进入煤气中的硫，基本上是一个常数，例如冶炼炼钢生铁时，$w(S)_{挥}$占$w(S)_{料}$的5%~10%，冶炼铸造生铁时$w(S)_{挥}$为$w(S)_{料}$的15%~20%，所以这一因素不能作为脱硫因素考虑。

提高渣铁比，又会增加焦比，反过来会增加生$(S)_{料}$，所以也不能作为脱硫因素来考虑。

为了降低生铁中含硫量，只能降低原、燃料中含硫量和提高炉渣脱硫能力，即从提高L_S来考虑。对使用高硫原、燃料的高炉来讲，适当地提高炉渣碱度，虽会提高L_S，但超过一定范围时，炉渣进入不稳定渣范围，反而会降低L_S，这时必须从降低原、燃料含硫量入手。由于提高炉渣碱度对顺行不利，对降低焦比不利，因此在改进原、燃料的同时，选择一个合适的炉渣成分以提高L_S，是合理的脱硫途径。

B　影响炉渣脱硫能力的因素

生铁的脱硫反应过程，基本上是在铁水滴穿过铁水层以及渣、铁界面上，以扩散方式进行，其化学反应式如下：

$$[FeS]\longrightarrow(FeS)$$

$$[FeS]+(CaO)\longrightarrow(FeO)+(CaS)\qquad +3056kJ$$

$$(FeO)+C\longrightarrow[Fe]+CO\qquad -144339kJ$$

$$[FeS]+(CaO)+C\longrightarrow[Fe]+CO+(CaS)\qquad -141283kJ$$

从上述反应式可见：

(1) 该反应是一个可逆反应，而且是一个吸热反应，这说明炉缸温度必须高达一定水平，才能进行脱硫反应，如果炉缸温度低，则炉渣中的硫也可以再返回生铁中去。因此高炉炉凉时生铁含硫高，炉热时生铁含硫低，是合乎逻辑的。特别是提高炉缸温度，可以提高炉渣的流动性，有利于铁水中的FeS向渣水中扩散，这是提高炉渣脱硫能力的关键性环节。此外，由于煤气流分布的影响，高炉中心和边缘温度不同，因风口区在高炉边缘，这一区域的炉缸温度可以满足脱硫反应条件，但如果中心煤气流不足甚至很微弱时，也会由于炉缸中心温度不高，致使炉缸中心部分炉渣及铁水温度低，达不到脱硫要求的水平，而使高炉中心部分脱硫效率低，结果使炉缸整体脱硫效率降低。因此发展两道气流，充分使高炉中心活跃，是发挥渣脱硫能力的一个基本前提。

(2) 炉渣中碱性氧化物即CaO+MgO的浓度对炉渣脱硫能力有极大的影响，但考虑到炉渣的流动性，尤其是炉渣稳定性对炉渣脱硫能力的影响，也必须用部分 MgO 来代替部分 CaO，以此使炉渣既具有一定的脱硫能力，又处于稳定渣范围之内。

（3）渣中 FeO 的含量对脱硫能力的影响极大，炉渣中 FeO 的高低，说明炉缸温度的高低，也进一步反映出高炉内还原过程。如果直接还原度比较高，炉渣中不可避免地要残存一部分 FeO，而矿石还原性也对高炉内直接还原过程有很大影响。

（4）高炉顺行与否，对炉渣的脱硫能力也有很大的影响。高炉炉况不顺，崩料和悬料频繁发生，以及因崩、悬料而产生的低料线，会使炉料的预热程度不够，间接还原度降低而直接还原度升高，使炉渣中 FeO 增高。根据辽宁省某炼铁厂情况，低料线的影响会使生铁含硫量在炉渣碱度不变的条件下上升 1~2 倍。

4.3.3 合理炉渣成分的选择

铸造生铁含 Si1.25%~3.75%，而炼钢生铁含 Si 0.6%~1.3%，因此冶炼不同生铁品种时，炉缸温度是不同的，也就要求有不同的熔化性温度。同时铸造生铁含 S 极限为 0.05%，而炼钢生铁含 S 极限为 0.07%，也不相同，因此对炉渣碱度要求也不一致。

对冶炼铸造生铁来说，由于生铁中的硅和锰等元素，必须在高温区才能还原，从热量和温度的观点来看，选用熔化性温度较高的炉渣是有利的，这时有必要提高炉渣碱度，既有利于提高炉渣的熔化温度，也有利于脱硫；但从化学反应的观点来看，高碱度的炉渣，对硅的还原又不利，因此其合理的炉渣成分和碱度，应根据原、燃料的具体条件而定。如果使用高硫燃料，为了有效地控制生铁中的硫，可以采用碱度较高的炉渣（$w(CaO)/w(SiO_2)$= 1.2 左右）。虽然渣中 CaO 含量高，有抑制硅还原的一面，但从生铁中硅及硫两个元素都要合乎标准来看，还是比较合适的；如果原、燃料含硫不高，可以采用 $w(CaO)/w(SiO_2)$ = 1.0 左右的中性炉渣，在这种情况下，由于炉渣中 CaO 含量相对地少一些，会有助于硅的还原，而不必提高炉渣的熔化温度，这样可以在保证优质的同时，提高产量和降低焦比。

某些矿石中由于含 CaF_2较多，使炉渣的熔化性降低，因此不易冶炼铸造生铁。在必须用这种矿石来冶炼时，要提高炉渣的碱度和焦比，以提高炉缸温度。

对冶炼炼钢生铁来说，既要控制生铁中的硫含量，也要抑制硅的还原，才能满足品种的要求。如采用含硫较高的原、燃料冶炼含硅小于 1.0%的炼钢生铁时，为了保证脱硫炉渣的碱度（$w(CaO)/w(SiO_2)$）需大于 1.2。但冶炼炼钢生铁时炉缸温度较低，而高碱度渣的稳定性也较差，易受炉缸温度波动的影响失去流动性，反而影响炉渣的脱硫能力。此时可将炉渣中的 MgO 含量提高到 6%~12%来置换等量的 CaO，以在保证 $w(CaO+MgO)/w(SiO_2)$ 比值不变的情况下，增加炉渣的稳定性。这样即使炉温有较大的波动，炉渣仍可不失去流动性。

表 4-20 是我国某些中、小高炉常用的炉渣成分。表 4-21 是某些大高炉的炉渣成分。某些高炉的生产抓好了原料的准备工作，将每吨生铁带入的含硫量控制在 10kg 以下，因此可以做到炼钢生铁的炉渣二元碱度在 1.05~1.2 之间，铸造生铁的在 0.9~1.05 之间，渣中 MgO 为 6%~9%。

表 4-20　某些中、小高炉常用的炉渣成分

项目 厂名	高炉有效容积/m^3	生铁品种	$w[Si]$/%	$w[S]$/%	$w(SiO_2)$/%	$w(CaO)$/%	$w(Al_2O_3)$/%	$w(MgO)$/%	$w(FeO)$/%	$w(S)$/%	$\frac{w(CaO)}{w(SiO_2)}$	L_S
烟台钢联	13	铸造	2.05	0.034	33.19	37.04	17.00	8.08	0.88	1.40	1.11	32.6
济南钢厂	255	铸造	1.36	0.048	36.50	39.30	11.47	8.68	1.10	1.05	1.08	21.8
	255	炼钢	0.67	0.056	36.91	40.76	10.71	8.70	1.26	1.94	1.11	20.0
马钢一铁	255	铸造	1.68	0.015	37.30	40.20	12.81	7.81	0.44	0.73	1.08	72.0
	300	炼钢	0.78	0.034	35.70	40.80	12.60	8.08	0.42	0.81	1.14	33.2
马钢二铁	255	炼钢	0.78	0.056	33.25	38.18	13.50	7.37	—	0.72	1.14	20.0
上钢一厂	255	炼钢	1.02	0.020	38.95	46.44		3.45		0.71	1.19	59.0

表 4-21　某些大高炉炉渣化学成分

厂名	炉容/m^3	生铁品种	化学成分/%						$\frac{w(CaO)}{w(SiO_2)}$	$\frac{w(CaO+MgO)}{w(SiO_2)}$
			$w(CaO)$	$w(MgO)$	$w(SiO_2)$	$w(Al_2O_3)$	$w(FeO)$	$w(S)$		
鞍钢	1513	炼钢	42.14	7.03	40.06	6.88	0.53	0.72	1.04	1.23
首钢		炼钢	38.60	12.30	36.80	12.30	0.56		1.05	1.38
本钢	917	炼钢	43.59	7.08	38.53	10.02	0.46	0.92	1.13	1.34
武钢	1386	炼钢	38.77	5.68	38.36	12.67	0.83	1.08	1.01	1.16
梅山	1059	铸造	42.66	6.72	36.99	8.96	0.63	1.03	1.15	1.34

综上所述可以看出，合理炉渣成分和碱度的选择，在很大程度上取决于原、燃料带入的硫量。根据高炉的生产实践，当冶炼单位生铁由原、燃料带入的硫量小于10kg时，建议采用表4-22中所列的炉渣成分。

表 4-22　冶炼不同种类生铁时合理炉渣成分

生铁种类	$w(CaO)/w(SiO_2)$	$w(MgO+CaO)/w(SiO_2)$	$w(MgO)$/%
炼钢生铁	1.0~1.15	1.20~1.30	6~10
铸造生铁	0.95~1.05	1.10~1.20	6~10

4.3.4　造渣制度的调剂

4.3.4.1　熔剂的装入方法

为了保证初渣具有良好的流动性及防止结瘤，以便改善成渣区域料柱的透气性，在装入熔剂及金属附加物时要注意下列几点：

（1）熔剂应避免装到炉墙边缘，否则，因边缘初成渣CaO的含量较高，熔化性温度高，而流动性又差，容易附着在炉墙上使炉衬结厚，或结成炉瘤。特别是在气流不稳定时，一旦边缘气流削弱，使边缘附近的温度降低，这种危险性就更大，因此熔剂必须装在每批料的中间或最后一车，把熔剂分布到炉中心去，这时的装料制度如矿焦石↓、焦矿石↓或矿石焦↓等。但在使用生石灰做熔剂时，为了防止中心气流将生石灰吹出炉外，造成炉渣碱度的波动，要求将生石灰装在边缘和中心之间的中间环圈内，这时的装料制度如矿灰焦↓或焦灰矿↓等。

（2）洗炉墙的洗炉剂要装到炉墙边缘，如萤石、均热炉渣、锰矿等都应装在每批料第一车的顶部，以使其布到边缘清洗炉墙。但如用萤石来清洗炉缸堆积物，则应采取将萤石布到炉子中心的装料方法，避免在炉墙边缘生长流动性过好的初成渣，将炉墙渣皮洗掉，加速炉渣对炉衬的侵蚀。

（3）碎铁等金属附加物也要装到炉子中心。

以上三点是保证造渣过程稳定，防止高炉结瘤的一个重要措施。

4.3.4.2 *炉渣碱度的调剂和计算方法*

在生产中除了炉况变化需要适当调整炉渣碱度外，由于原、燃料及化学成分的变化，以及改变生铁品种、铁号和炉渣的碱度时，都需要及时地调剂熔剂量，把已经偏离了规定的炉渣碱度恢复到规定的数值。

在调整石灰石的使用量时，必须知道熔剂的有效性。因为熔剂本身或多或少地含有 SiO_2，为了中和这部分 SiO_2，需要消耗熔剂本身中部分 CaO，剩余的 CaO 含量，称为有效熔剂性，或称自由 CaO 量。

石灰石的有效熔剂性，可按下述公式进行计算：

$$w(\mathrm{CaO})_{\text{有效}} = w(\mathrm{CaO})_{\text{熔}} - w(\mathrm{SiO_2})_{\text{熔}} \cdot R$$

式中 $w(\mathrm{CaO})_{\text{熔}}$——熔剂中的 CaO 含量,%；

$w(\mathrm{SiO_2})_{\text{熔}}$——熔剂中的 SiO_2 含量,%；

R——炉渣碱度。

例如，石灰石的成分为 $w(\mathrm{CaO}) = 51.26\%$，$w(\mathrm{SiO_2}) = 3.2\%$，炉渣碱度为 1.08，则

$$w(\mathrm{CaO})_{\text{有效}} = 51.26\% - 3.2\% \times 1.08 = 47.80\%$$

从上式中可以看出，熔剂中 SiO_2 的含量越高，有效熔剂性越低，在选用石灰石时应予注意。此外，使用同一成分的熔剂，由于所选用的炉渣碱度不同，其有效熔剂性不同，例如冶炼铸造生铁比冶炼制钢生铁时的炉渣碱度低。因此，同一熔剂用来冶炼铸造生铁时，其有效熔剂性比冶炼制钢生铁时要高。

冶炼单位生铁或每批料所需熔剂的消耗量是根据原、燃料带入的造渣物质来计算的，每批料所需石灰石量的计算，见相关计算部分。

现以冶炼 100kg 铁矿石（或人造富矿）为例，计算所需石灰石使用量的公式如下：

$$W = [(m(\mathrm{SiO_2})_{\text{矿}} - w(\mathrm{Fe})_{\text{矿}} \times 1/w(\mathrm{Fe})_{\text{铁}} \times 2.14 \times m(\mathrm{Si})) \times R - m(\mathrm{CaO})_{\text{矿}}] \times 1/w(\mathrm{CaO})_{\text{有效}} \tag{4-13}$$

式中 W——每冶炼 100kg 矿石时石灰石的使用量，kg；

$w(\mathrm{Fe})_{\text{矿}}$——矿石中的含铁量,%；

$w(\mathrm{Fe})_{\text{铁}}$——生铁中的含铁量,%；

2.14——SiO_2 相对分子质量与 Si 相对原子质量之比；

R——炉渣的二元碱度；

$m(\mathrm{CaO})_{\text{矿}}$——每冶炼 100kg 矿石时由铁矿石带入的 CaO 量，kg；

$m(\mathrm{SiO_2})_{\text{矿}}$——每冶炼 100kg 矿石时由铁矿石中带入的 SiO_2 量，kg；

$m(\mathrm{Si})$——生铁中 Si 的含量,%。

例如，某矿石的成分为：Fe 52%，SiO_2 10.40%，CaO 2.6%，炉渣的碱度为 1.08，

冶炼生铁的含硅量为2.2%，石灰石的有效熔剂性为47.8%，则每冶炼100kg矿石时，石灰石的使用量为（假定生铁中的含Fe量为93%）

$$W = [(10.40 - 52/0.93 \times 2.14 \times 2.2/100) \times 1.08 - 2.6]/0.478$$
$$= 12.11(kg)$$

在生产中有时由于原、燃料成分发生突然的变化或者称量误差，使炉渣碱度突然升高，渣的流动性急剧变坏。这时小幅度的调节是没有效果的，可以临时装几批不加熔剂的空料，以迅速消除炉渣碱度的失常，然后查明原因。如果是由于原料成分波动引起的，再按碱度波动的幅度进行调节。

在推行高碱度烧结矿配加酸性炉料（天然铁矿石、酸性球团矿、低碱度烧结矿）的高炉炉料结构后，目前国内除少数高炉仍采用石灰石直接入炉做熔剂外，绝大多数高炉都已做到通过变动烧结矿碱度或变动两种性质炉料的配比来调整炉渣碱度，而不使用石灰石入炉做熔剂（只在个别特殊情况下使用少量石灰石），调整石灰石量的任务已转移到烧结生产上。

4.3.4.3　洗炉

高炉炉墙结厚或在炉墙上结成炉瘤时，可用洗炉料将结厚物及炉瘤熔化。高炉炉缸堆积时，也要采用洗炉料来改善终渣的流动性，以清洗炉缸堆积物。

清洗炉身中、上部结厚物或初生不久的炉瘤，一般采用倒装以发展边缘煤气流，使边缘环圈高温带往上移，利用高温煤气流和洗炉料生成的低熔点初渣来熔化结厚物或炉瘤，一般可以在2~3个冶炼周期内奏效。如果清洗较大的炉瘤，往往需要1~2天。

在清洗炉墙黏结物时，必须保持充沛的炉温，由于既要发展边缘煤气流，又要加热、熔化和还原结瘤的物质，因此洗炉时必须采用加净焦的方法来降低焦炭负荷，而不采用减少矿石批重的方法。因为减少矿石批重，会使边缘矿石增加，不利于边缘煤气流的发展。

为了保证炉温，一般在洗炉前先加5~10批净焦，然后用正常料与净焦交替装入洗炉料。例如每装入5批正常料后再加2~3批净焦，交替进行。洗炉料的平均焦比，一般要比正常料高30%~50%以上。可以以洗炉料代替一部分正常料。

洗炉剂应以KJ↓（正装）形式装入，其中K不加矿石，只加萤石，但萤石量只能为矿石量的1/2~2/3。

集中加洗炉剂比分散加洗炉剂，对清除高炉炉身中下部的结瘤较为有效。

在装入清洗炉缸堆积物的洗炉料时，要采用倒装方法将萤石布到炉子中心。通常在洗炉前附加5~10批净焦，同时用净焦与正常料交替装入的方法，使焦炭负荷减轻5%~10%。洗炉料则每5批料插入1批。直到炉缸堆积物已经消除或减轻时，才停止装入洗炉料。

如上所述，洗炉料中应使渣中CaF_2的含量为5%，如按每5批料插入1批萤石计算，则每批料所需萤石量=5×每批料出渣量×渣中CaF_2量/萤石中CaF_2含量。

例如，萤石含CaF_2为40%，每批料出渣量为2000kg，令渣中CaF_2含量为5%，则每批洗炉料应加萤石量为

$$2000 \times 5 \times 5\% \div 40\% = 1250(kg)$$

任务4.4　热制度的选择与调剂

高炉热制度是指炉缸所具有的温度水平，它反映了高炉内热量收入和支出的平衡状

况。炉温过热和过冷，又都影响到高炉顺行。因此保持高炉炉缸具有一定的温度水平，而且通过调剂使炉缸温度稳定下来，是热制度的主要任务。

炉缸温度可以用铁水和熔渣温度来表示，称为“炉缸的物理温度”。但一般常用的方法是用生铁含硅量来表示，称为“炉缸的化学温度”。只要炉渣碱度变化不大时，这两种温度基本上是一致的。

由于高炉冶炼的生铁品种不同，所以每一品种所要求的炉缸温度水平也不一致。冶炼炼钢生铁时，应保证生铁含硅在 0.6%~1.0%水平，而冶炼铸造生铁则必须根据指定品种确定生铁的含硅水平。

炉温稳定时，上下两炉铁的生铁含硅量应不大于±0.2%，一昼夜生铁含硅量的变化，对炼钢生铁来讲不应超过±0.3%，对冶炼铸造生铁来讲也不应超过±0.4%。

4.4.1 影响热制度的因素

影响热制度的一些主要客观原因有以下几点，分述如下。

4.4.1.1 原、燃料物理性质及化学成分的变化

如矿石含铁量的增加，会使炉温向凉；矿石平均粒度缩小在不影响高炉顺行的条件下则向热；改善矿石的还原性如提高矿石碱度或降低矿石中的 FeO 含量时，也会使炉温向热；焦炭灰分、硫分、挥发分以及水分的升高，使固定炭或干焦量降低，也会使焦炭负荷相对地升高，使炉温向凉，尤其焦炭水分的变动，对炉温影响很大。

矿石和焦炭中的粉末率（小于 5mm 部分）含量增加，会使炉尘吹出量增加，降低了焦炭负荷，使炉温向热。

4.4.1.2 原料称量的准确程度对炉温有很大的影响

称量用的磅秤必须定期地加以校核，以防止由于称量误差所造成的炉温变化，一般每 10 天左右或再短些时间，应对计量秤进行一次校核，更换计量秤时也应该核对两者的误差，以便加以调整。

每批料的称量误差范围，一般不应超过±1.0%。称量炉料的准确程度对炉温影响很大，必须予以重视。

焦炭称量必须与焦炭水分的检验及时结合起来，以便准确地调剂水分焦数量，如果不能做到及时检验焦炭水分，即便调剂了水分焦数量，也会造成炉温波动，这在雨季时影响更大。有条件的高炉按容积计算焦炭，就可以避免这一影响。

4.4.1.3 设备失常对炉温的影响

冷却设备漏水，对炉温有极其严重的影响，大量漏水会造成炉缸大凉甚至冻结。因此对冷却设备的检查必须予以重视，一旦发现漏水现象就必须检查，并切断已经破损的冷却设备，以免漏水继续扩大影响炉缸温度。

有布料器的高炉，也要注意其运转情况，如果布料器停止工作超过两个小时就要补加 5%的焦炭。

由于卷扬机故障而造成低料线时，必须按处理低料线规定处理，以免影响炉缸温度。

除了客观原因以外，主观因素对炉温的波动也有很大的影响。

4.4.1.4 送风制度的影响

固定风量、稳定风温和较少的调剂喷吹量会稳定高炉的煤气流分布，稳定沿高炉高度

温度的分布，从而稳定成渣区的位置，稳定炉料的下降速度，所有这一切又都会稳定铁氧化物的还原过程和使高炉保持顺行。

如果频繁而且大幅度地变动风量、变动热风温度以及变动喷吹量，而且变动幅度远远超过高炉所必要的调剂量时，就会打乱已经合理的煤气流分布，改变炉料下降速度，从而改变铁氧化物的还原过程，改变沿高炉高度温度的正常分布，从而使成渣区位置也随着改变。这些改变的后果就会使炉缸温度发生波动，并会引起难行甚至出现崩料以及悬料等失常炉况。而崩料、悬料和由此又产生的低料线以及煤气流分布的变化等的影响后果，又会再次影响炉温的进一步波动。采取这类操作制度，就会使炉温及顺行经常地处于不稳定的状态，使影响炉温波动的主客观因素交织在起，很不容易区别开来，增加了判断炉温的困难。

4.4.1.5　装料制度的影响

装料制度的变更，会使炉料沿炉喉断面的分布发生变化，从而使煤气流分布发生变化，这又会进一步使煤气能量的利用程度发生变化，最后使炉缸温度必然起变化。例如在原来的装料制度时，煤气流分布基本合理，这时如果增加倒装（JK↓）比例，会由于边缘煤气流的发展而引起炉凉。而增加正装（KJ↓）比例，当边缘负荷增加不多时，可以由于边缘负荷增加而使炉温向热，如果由于边缘负荷过重，又会由于破坏了顺行而使炉温波动。

4.4.1.6　造渣制度的影响

提高炉渣碱度，由于生铁中硅的还原受到抑制，会降低生铁中硅的含量，反之则结果相反。适当地降低炉渣碱度有利于顺行，但碱度下降幅度过大，又会使生铁中的 Si 含量升高，这在冶炼炼钢生铁时是不希望看到的。增加 MgO 含量以置换 CaO 含量时，由于炉渣的流动性的改进，可以适当地降低生铁中 Si 含量而对顺行无碍。而采取 MgO 含量低于 3%的高碱度炉渣操作时，降低生铁中含 Si 量，例如冶炼炼钢生铁时，又会遇到炉况不顺行而导致炉温波动。

4.4.2　热制度的选择

热制度是在一定的原料条件下，根据高炉的具体特点以及冶炼生铁的种类和品类来确定的。

（1）首先应在满足生铁品种的前提下来控制生铁中的硫含量，使之符合冶炼生铁的标准。

（2）在保证品种质量和炉渣具有良好流动性及稳定性的条件下，尽可能地降低到该品种炉温 Si 含量的下限，以利于降低焦比。

（3）要在固定风量、稳定风温、稳定装料制度、稳定造渣制度的条件下来谋求稳定煤气流分布，以利于创造顺行条件来稳定热制度。

（4）要根据原、燃料的质量来选择合适的炉缸温度。如采用难还原的矿石或高硫矿石或高硫焦炭时，有必要采取比较高的炉温来操作。相反，如采用还原性良好以及低硫原、燃料时，可以采取较低炉温操作。

（5）要结合高炉设备情况来考虑炉缸温度。例如炉缸已经严重侵蚀，而原、燃料条件许可时，就应该尽可能地采用较低炉温操作。当炉缸、炉底侵蚀已很严重，有可能烧穿先兆时，除采取其他措施维护外，还应提高炉温，冶炼铸造生铁，以利于在炉缸、炉底多生成石墨碳来保护炉缸、炉底防止烧穿（请参阅项目 5 有关部分）。而且当炉况长期不顺行，或发生事故时，又必须采用较高炉温操作，到顺行后再恢复正常炉温操作。

4.4.3　热制度的调剂

热制度的调剂必须紧紧地和送风制度、装料制度、造渣制度结合起来，才能达到稳定炉缸温度和保证炉料顺行的目的。只有在固定风量、稳定风温、减少喷吹调剂幅度、稳定装料制度和造渣制度时，才能达到调剂的目的。

热制度主要用负荷来调剂。负荷是指单位燃料所承担的矿石，用下式表示（以每批料为例）

$$焦炭负荷=\frac{矿石批重+锰矿批重}{干焦批重} \tag{4-14}$$

$$综合焦炭负荷=\frac{矿石批重+锰矿批重}{干焦批重+喷吹物批重\times置换比} \tag{4-15}$$

在矿石含铁量和燃料含碳量相同时，负荷调剂和焦比调剂对热制度的影响，其本质是一致的。

在高炉生产过程中，原燃料条件、设备状况、天气都会发生变化，这时就要进行负荷调剂。为了保证负荷调剂的准确性，各厂根据自己具体情况，摸索出各种因素对焦比影响的数据，供生产中调整负荷参考。表 4-23 和表 4-24 为两个单位的各种因素对焦比影响的参考数据，可供其他单位参考使用。

表 4-23　某厂各种因素波动对焦比的影响

因　素	变动量	影响焦比	说　明
烧结矿含铁量	±1%	∓（1.5%~2%）	
烧结矿代磁铁矿	±10%	∓（3%~6%）	
烧结矿代赤铁矿	±10%	∓（2%~4%）	
熟料比	±10%	∓（4%~5.4%）	
烧结矿 FeO	±1%	±1.5%	
烧结矿碱度	±0.1	∓（3.5%~4.5%）	
小于 5mm 烧结矿粉末	±10%	±0.6%	
石灰石	±100kg	±（25~30）kg	
焦炭含硫量	±0.1%	±（1.5%~2%）	
焦炭灰分	±1%	±2%	
焦炭转鼓	±10kg	∓3%	
炉渣量	±100kg	±50kg	包括熔化热、熔剂影响
	±100kg	±20kg	只考虑熔化热
炉渣碱度	±0.1	±（15~20）kg	渣量 500~700kg
碎铁加入量	±100kg	∓40kg	碎铁含铁量>80%
	±100kg	∓20kg	碎铁含铁量<60%

续表 4-23

因　素	变动量	影响焦比	说　明
干风温	±100℃	∓6%	风温在700~800℃
	±100℃	∓5%	风温在800~900℃
	±100℃	∓4.5%	风温在900~1000℃
	±100℃	∓(3%~4%)	风温在1000~1100℃
生铁含硅量	±1%	±40kg	铸造生铁为50~60kg
生铁含锰量	±1%	±(14~20)kg	
炉顶温度	±100℃	±30kg	
煤气中CO_2含量	±1%	∓(20~25)kg	
直接还原度r_d	±10%	±(8%~9%)	
炉顶压力	±0.1kg/cm²	∓0.5%	

表 4-24　某厂原、燃材波动对焦比的影响

因　素	变动量	影响焦比
矿石含铁量	±1%	+2.0%
熟料比	±10%	±5%
焦炭灰分	±1%	±2%
矿石含硫量	±0.1%	±5%
石灰石	±100kg	±35kg
杂　铁	±100kg	+30kg
生铁含硅量	±1.0%	±10%
除尘器煤气中CO_2含量	±1%	+3%
烧结矿FeO含量	±1%	±1.5%
小于5mm烧结矿	±10%	±1.0%
渣　量	±100kg	±40kg
炉渣$w(CaO)/w(SiO_2)$	±0.1	±3%
焦炭转鼓、鼓内	±10kg	+3.5%

从上述两表中看出，各种因素变动量对焦比影响的数据，有的相同，有的相近，有的则相差较多，所以只能参考。各厂或各高炉应根据各自的具体情况，整理自己的各种因素对焦比影响的数据作为调剂负荷的依据。

4.4.3.1　焦炭负荷的调剂

A　焦炭负荷调剂的方法

日常操作中焦炭负荷调剂有如下方式：

（1）通过装料，固定焦炭批重、增减矿石批重或固定矿石批重、增减焦炭批重，调整每批料的焦炭负荷。

（2）临时（或间隔几批料）加减矿石或焦炭。

（3）集中加大量净焦。

B　生产中焦炭负荷的调剂

当高炉冶炼过程中出现以下情况时必须进行焦炭负荷的调剂：

（1）炉缸热制度变化。热制度变化较大、作用时间较长时，例如炉凉，风温和风量已用且已开始作用，但炉温没有回升或回升幅度不够时，要减轻焦炭负荷。

（2）铁种改变。冶炼不同的铁种，其含硅量、含锰量和含硫量要求不一样，在改炼铁种时，要进行变料操作。由炼制钢铁改炼铸造铁时，要减轻焦炭负荷，配加锰矿和降低炉渣碱度。变料时要注意负荷调剂和碱度调剂的互相配合，一般来说，由炼铸造铁改炼制钢铁，先提高渣碱度，后加重负荷；由炼制钢铁改炼铸造铁，先减轻负荷，后降低渣碱度。

（3）喷吹量变化。由无喷吹物到有喷吹，或喷吹量变化时，按照喷吹物置换比的多少，维持综合焦炭负荷不变，调整焦炭负荷。要注意不同喷吹物热滞后时间的差异，保证变负荷料的下达与喷吹物变化相互衔接好，以利于稳定炉温。

（4）旋转布料器停转。设有旋转布料器的高炉，如因某种原因布料器停转，破坏了炉料在炉喉处的正常分布，恶化煤气利用，为稳定炉温，要减轻焦炭负荷。负荷减轻多少，要根据布料器停转时间总结出经验数。鞍钢高炉总结出：停转时间在一天以内，一般减轻负荷 1%～3%；停转时间在一天以上，应酌情再减轻。

（5）低料线作业。高炉操作严禁低料线作业，因为低料线时，影响入炉料的合理分布，造成煤气流分布紊乱，矿石不能进行正常的预热和还原。另外，低料线炉料下降到高炉下部时，易于导致坏风口和崩料悬料等。

高炉生产一旦出现低料线，一方面要考虑减轻焦炭负荷，另一方面要考虑减风操作，以利于尽快赶上料线。

低料线负荷减轻多少，与低线料时间和料线深度有关，要在实践中总结出经验数。鞍钢高炉总结出：低料线期间如不减风操作，低料线时间 0.5h 左右，补加焦炭量为原负荷的 5%～10%；1h 左右，补加焦炭量为原负荷的 8%～12%；当低料线在 3m 以上时，通常适当减少风量，这时低料线 0.5h 左右，补加焦炭量为原负荷的 8%～12%；1h 左右，补加焦炭量为原负荷的 15%～25%。

（6）长期休风和慢风作业。高炉休风期间存在热损失，另外复风初期风温低，喷吹量少，煤气利用差，料柱透气性差等，这些对复风后的炉缸温度及温度分布影响很大，所以要根据休风时间的长短减轻焦炭负荷，负荷减轻多少要考虑下列因素：

1）高炉容积不同，休风时间相同时，容积越大的高炉减轻负荷越少，反之越多。

2）喷吹量。综合负荷减轻率相同时，喷吹量大者，焦炭负荷减轻要多，小者负荷减轻少。

3）新炉子和老炉子。新炉子减轻负荷少，老炉子减轻负荷多。

4）复风后风温。风温水平既考虑热风炉所供风温，又要考虑炉内操作能使用的风温水平。风温低，要多减轻负荷。减轻负荷多少要根据休风时间长短和恢复炉况经验，总结出经验数。鞍钢高炉休风减轻负荷的经验数据见表 4-25。

高炉短期减风操作时，炉子返热，有利于抑制炉凉。但是长时间的不堵风口的减风操作会导致炉凉，炉缸直径越大，减风时间越长，减风量越多，危害越大。因此必须减轻焦炭负荷，减轻负荷多少，要在实践中总结出经验数。

表 4-25 休风时间与减轻负荷的关系

休风时间/h	减轻负荷的百分数/%
8~16	5~8
24	10
48	10~15
72	15~20
120	20
>168	25

(7) 下雨时负荷调整。如果高炉储焦槽内焦炭露天存放，沟下又没有焦炭水分自动检测与补偿装置，下雨时焦炭水分增加，会使入炉实际焦炭质量减少，因此沟下要多装些湿焦，保证干焦负荷稳定。实际操作中，在下雨后 1~2h 才调整湿焦负荷。鞍钢高炉雨量与变更负荷的关系见表 4-26。

表 4-26 雨量与变更负荷关系

雨量（估计）	估计焦炭最大含水量/%	冷风温度下降度数/℃	减轻焦炭负荷百分数/%
大 雨	>10	>20	4~6
中 雨	5~10	10~20	3~4
小 雨	5	<10	1. 2

(8) 临时性发展边缘煤气流操作。当高炉炉况难行或为清洗炉墙时，有时采用改倒装的办法来发展边缘煤气流，结果煤气利用变坏，为此要减轻焦炭负荷，减轻负荷多少，各高炉要根据改倒装批数总结出经验数。鞍钢某高炉的经验数据见表 4-27。

表 4-27 改倒装批数与减轻负荷关系

倒 装 批 数	减轻焦炭负荷百分数/%
20~40	10~15
40~150	15~20
>150	20~25

(9) 洗炉和护炉操作。当炉墙结厚或炉缸堆积时，需要进行洗炉。使用全倒装处理炉墙黏结物，减轻负荷数量见表 4-27。使用锰矿、包头矿等处理下部炉墙结厚或炉缸堆积时，生矿消耗热量多，且易于形成易熔渣，使炉缸温度下降；利用高炉温“烧”下部炉瘤时，自然需要大幅度减轻负荷。另外洗炉过程需要保持较高炉温，以防止炉墙黏结物脱落时导致炉凉。因此，洗炉操作必须减轻焦炭负荷，减轻负荷多少要根据实际情况而定。

当炉缸水温差偏高，炉役还没有达到大修时间时，有的高炉采用提高炉温，冶炼高标号生铁，有意识地造成炉缸“合理堆积”，以利于延长炉缸寿命。冶炼高标号生铁自然要减轻焦炭负荷。

(10) 恢复失常炉况。炉况失常的基本原因：一是热制度变化，二是煤气流分布失常，而煤气流分布失常后，又易于导致热制度更大的变化。另外，为了利于恢复炉况，通常采取发展边缘气流的措施和维持适应的高炉温，并适当降低渣碱度。此时变更负荷量，要根据失常炉况的类别和程度而定。

4.4.3.2 日常操作中炉温控制

在高炉操作中，控制炉温的手段有喷吹物、风温、风量和焦炭负荷，有的高炉还使用加湿鼓风。

调剂炉温一般遵循如下原则：

（1）固定最高风温水平，用喷吹物调剂炉温。变更喷吹量，要注意热滞后和对风口前理论燃烧温度的影响；要考虑风量变更，引起喷吹强度变化对置换比的影响。故要求高炉操作判断炉温变化趋势要正确，提前量调剂要准确。低风温、小风量时，不宜使用大喷吹，以防止“消化不良”。

加湿鼓风高炉，要优先考虑用变更湿度调剂炉温。

鼓风湿分每增减 $1g/m^3$ 鼓风，应相应地增减 6℃热风温度来补偿，即增加鼓风湿分必须同时提高热风温度，才能保证炉缸温度稳定不变。

炉子热行时，可增加鼓风湿度，防止炉温继续上升，造成热难行；当炉子向凉时，可减少湿度，防止炉温继续下滑，效果明显。

（2）炉子热难行时，用喷吹物调剂不及时，为稳定顺行，减喷吹量后，降风温会收到立竿见影的效果，炉子转顺后，要防凉，先提风温，接受后增加喷吹物。

（3）炉凉，风温和喷吹物已用尽，估计炉凉趋势较大，时间较长，要减轻焦炭负荷。但轻负荷料还没有下达炉缸，为抑制凉势，要减风降压处理。

（4）生铁含硫量升高出现险情或号外铁时，不管炉温高低，首先应尽量调整风温、风量和喷吹量，进一步提高炉温，尽快排除硫黄险情。上部要酌情减轻负荷和调碱度。

（5）各调剂参数起作用的时间顺序：

风量—风温—湿度—喷吹物—焦炭负荷

快————————————→慢

喷吹燃料高炉有很多已取消湿度调剂手段，而全焦冶炼的高炉仍采用加湿鼓风的调剂手段。

任务 4.5 四种制度的关系

高炉冶炼过程是在上升的煤气流和下降的炉料相向运动中进行的。在整个冶炼过程中，下降的炉料被加热、还原、熔化、造渣、脱硫和渗碳，从而得到合格产品。要使这一冶炼过程顺行，只有选择合理的基本操作制度才能充分发挥各种基本操作制度的调节手段，促进生产发展。四大基本操作制度相互依存，相互影响。合理的送风制度和装料制度，可使煤气流合理分布，炉缸工作良好，渣铁热量充沛，炉况稳定顺行。如某厂高炉因风机电动机故障，被迫改用小风机减少 1/4 风量操作，导致炉缸工作不活跃，送风制度这一变化，除下部调剂风口外，还迫使调剂热制度，进而调剂装料制度。又如热制度和造渣制度是否合理，对炉缸工作和煤气流分布，尤其对产品质量也有一定的影响，但造渣制度和热制度两者是比较固定的，其不合理程度也易于发现和调剂。而送风制度和装料制度则不同，它们对煤气流分布与对运动影响最大，直接影响炉缸工作和高炉顺行状况，同时也影响热制度和造渣制度稳定。因此，合理的送风制度和装料制度是正常冶炼的前提。下部调剂的送风制度，对炉缸工作起决定性的作用，是保证高炉内整体煤气流分布的基础。上部调剂的装料制度，是利用物料的物理性质、装料顺序、批重、料线及布装器的工作制度来改变炉料在炉喉的分布状态，与上升煤气流达到有机的配合，是维持高炉稳定顺行的重要手段。为此，选择合理的操作制度，应以下部调剂为基础，上下部调剂相结合。下部调剂是选择合适的风口直径和长度，保持风口前适宜的鼓风动能，使初始煤气流分布合理，使炉缸工作均匀活跃；上部调剂是使炉料在炉喉处达到合理分布，进而使整个高炉煤气流分布合理，高炉冶炼进程稳定顺行。在上下部调剂过程中，还要考虑炉容、炉型、冶炼条件、炉料性质等因素。

在高炉生产过程中必须保持各冶炼制度互相适应，有机配合，一旦出现异常，要及时而准确地进行调剂，并注意以下几个方面：

（1）正常冶炼制度的各参数，应选择在灵敏可调的范围，不得处于极限状态。

（2）调剂方法，一般先进行下部调剂，再进行上部调剂，然后是调剂风口面积。在特殊情况下，可同时采取上下部调剂手段。

（3）恢复炉况，首先恢复风量，控制风量与风压的对应关系，相应恢复风温和喷吹物，最后再调剂装料制度。

（4）长期不顺的高炉，风量与风压不对应，采用上部调剂无效时，应不断缩小风口面积或临时堵住部分风口。

（5）炉墙侵蚀严重、冷却设备大量破损的高炉，不宜采取任何强化冶炼的措施，应适当降低炉顶压力和冶炼强度。

（6）炉底温度升高较快，炉缸周边温度或水温差高的高炉，应及时采用含 TiO_2 炉料护炉，并适当缩小风口面积或临时堵住部分风口，必要时可改炼铸造生铁。

（7）矮胖多风口的高炉，适宜于强化冶炼，维持较高的风速或鼓风动能和采用加重边缘的装料制度。

（8）原燃料条件好的高炉，适宜于强化冶炼，可维持较高的冶炼强度，反之则相反。

技能训练实际案例1　某高炉上料系统应急处理

一、放散阀、均压阀、柱塞阀、上密封阀、下密封阀故障应急处理

应急程序：上料值班室→炉顶液压站→阀台电磁阀→液压缸、机械→其他有关人员。

（1）应急准备。人员：班组员工。物资：扳手、螺丝刀、捅电磁阀专用工具。

（2）故障排除程序：

1）捅电磁阀。

2）查看油缸活动情况。

3）查看机械方面有无问题。

4）油管路有无堵塞和泄漏。

5）油压力是否正常。

（3）安全风险控制：

1）上炉顶处理事故或故障必须两人以上，带好煤气报警器，看好风向，注意煤气。

2）动作阀门时，一定联系好，方可动作。

（4）故障排除：根据应急程序和故障排除程序，经员工采取有力措施，及时把阀门不动作等故障排除。

（5）恢复生产程序（确认）：设备故障排除后，及时恢复上料。一是通知工长；二是动作几次阀门，如正常便可使用；三是正常操作，正常上料，恢复生产。

（6）故障状态下生产组织：

1）能捅电磁阀上料的，先捅阀，维持上料。

2）能坚持上料的，一定先上料，再处理。

3）尽最大努力，维持上料，确保高炉生产。

（7）对外接口：电修车间；750m^{3}高炉维修车间；自动化部；其他科室。

（8）报告与记录：把本次应急方法、处理结果及时向车间报告；做好各方面的详细记录，掌握第一手资料。

二、探尺故障应急处理

应急程序：上料值班室→炉顶探尺→盘车→单尺探料。

（1）应急准备。人员：当班全体员工。物资：管钳、扳手、螺丝刀。

（2）故障排除程序：

1）盘车。

2）如砣子掉或钢丝绳断，先停用。

3）移动接近开关。

（3）安全风险控制：

1）上炉顶处理探尺事故或故障必须两人以上互保，带好煤气报警器，看好风向，注意煤气。

2）调试探尺时一定与上料值班室操作人员联系好，方可动作。

3）停用时一定挂上安全警示牌。

（4）故障排除：根据采取的可行应急措施，经大家的共同努力，将探尺故障彻底排除。

（5）恢复生产程序（确认）：

1）探尺故障排除后，先在机旁放几次试运行，如正常方可投入使用。

2）通知上料操作人员，把两个探尺一块使用，恢复正常。

（6）故障状态下生产组织：停用一个探尺，确保另一个探尺正常使用；确保探料准确、及时、可靠。

（7）对外接口：电修车间；750m^{3}高炉维修车间；自动化部。

（8）报告与记录：要把探尺处理故障情况及时汇报给工长或车间：做好详细记录，掌握第一手资料。

三、卷扬机故障应急处理

应急程序：上料值班室→主卷扬机→液压站→润滑站→电器控制室。

（1）应急准备。人员：当班全体员工。物资：扭力扳手、大锤、小扳手、调抱闸的专用扳手、螺丝刀、对讲机。

（2）故障排除程序：

1）操作台开关打到机旁位置，手动操作。

2）检查故障状态显示，油压力情况。

3）通知工长。

4）联系电工、钳工和自动化部人员。

（3）恢复生产程序（确认）。主卷扬机设备故障排除后的恢复生产程序如下：

1）通知工长。

2）上料操作人员准确及时赶料线。

3）恢复自动。

（4）故障状态下生产组织：

1）先到四楼机旁开车，维持上料。

2）边上料，边处理。

3）尽最大努力，及时排除故障，确保设备的正常运行。

（5）对外接口：电修车间；750m^{3}高炉维修车间；自动化部。

（6）报告与记录：把应急措施和处理结果上报工长、车间；详细记录故障的发生时间，故障的排除时间、处理结果。

四、大料车掉道应急处理

应急程序：上料值班室→料车出事地→料车→停车→故障排除。

（1）应急准备。人员：当班全体员工。物资：扳手、套筒扳手、倒链。

（2）故障排除程序：

1）果断停车。

2）提前发现料车异常，及时处理。

3）通知工长、维修人员、电修人员。

4）机旁手动慢速运行。

（3）安全风险控制：

1）劳动保护用品穿戴齐全。

2）联系停车，专人指挥，专人操作。

3）注意周围的安全隐患，需要安全带的一定系好安全带。

4）走车时联系好，方可停车。

（4）故障排除：岗位员工早发现料车异常，及时停车，对轮子螺栓、轮轴螺栓进行紧固等排除故障。

（5）恢复生产程序（确认）：大料车故障排除后，慢速把大料车放到料坑位置，进行装料，恢复正常上料。

（6）故障状态下生产组织：

1）能及时处理的要果断停车处理。

2）操作工处理不了的一定要通知钳工来处理（不准走车）。

3）不急需处理的，边上料，边检查运行情况。

（7）对外接口：750m^{3}高炉维修车间；电修车间；机动科。

（8）报告与记录：把本次应急方法、处理结果及时向车间汇报，记录清楚，为以后类似情况处理提供方便。

五、矿、焦、闸门故障的应急处理

应急程序：上料值班室→料坑液压站→矿闸门→焦闸门→液压缸→机械方面。

（1）应急准备。人员：当班全体员工。物资：大锤、扳手、手锤。

（2）故障排除程序：

1）捅电磁阀。

2）查看油缸动作情况。

3）油压力是否正常。

4）机械有无异常。

（3）安全风险控制：

1）进料坑必须两人以上，停车处理。

2）带上手电筒。

3）动作闸门时，一定联系好，方可动闸门。

（4）故障与排除：经采取更换密封圈，提高油压力，焊接闸门、轴套加油等措施排除故障。

（5）恢复生产程序（确认）：

1）联系操作人员，试验闸门动作几次。

2）正常后投入使用。

（6）故障状态下生产组织：

1）能捅电磁阀打开闸门的，先捅电磁阀，维持上料。

2）中间斗（焦矿）其中一个有故障，要停用该称量斗，跑单车上料。

（7）对外接口：750m^3电修车间；750m^3高炉维修车间。

（8）报告与记录：把本次应急办法处理结果及时向车间报告；做好各方面的详细记录。

六、焦、矿振筛故障应急处理

应急程序：上料值班室→矿筛→焦筛。

（1）应急准备。人员：当班全体员工。物资：管钳、扳手、手锤、手电筒。

（2）故障排除程序：

1）关上仓大闸门。

2）机旁振动，料净。

3）筛齿断，焊齿。

4）电动机烧，更换。

5）电源线接地，更换。

6）筛体裂痕，更换。

（3）安全风险控制：

1）机旁开关打到事故开关。

2）上闸门关严。

3）岗位人员到振筛一定注意，站稳，防止滑倒。

4）更换筛体时一定不能站人。

（4）故障排除：经实施焊接筛齿、更换电动机、处理电源线、更换筛体等措施，故障排除。

（5）恢复生产程序（确认）：

1）处理完后，试振动筛几次。

2）开上仓闸门。

3）事故开关打到正常位置。

4）通知操作人员投入使用。

（6）故障状态下生产组织：

1）断齿 2~3 根，先临时焊接筛齿，新筛底到位后再停用更换。

2）停中间斗某一振筛时，矿不用跑单车，吃小焦炭只能跑单车。

（7）对外接口：750m^{3}电修车间；750m^{3}高炉维修车间；设备库。

（8）报告与记录：把设备故障情况、采取的措施、处理情况上报车间；记好发生时间、哪一个扳动筛，处理结果。

七、压皮带应急处理

应急程序：上料值班室→1 号皮带→2 号皮带→成品矿筛→压皮带处。

（1）应急准备。人员：当班全体员工。物资：扳手、螺丝刀、钯子、煤锹。

（2）故障排除程序：

1）赶赴压皮带现场，拆挡板。

2）扒料。

3）检查皮带上是否还有积料。

4）皮带上无料试运行。

5）正常后将挡板重新安装上。

（3）安全风险控制：

1）停皮带后进入现场扒料。

2）戴好防护口罩。

3）两人以上注意安全。

4）皮带停送电联系好。

（4）故障排除：经实施扒料、清料紧急措施，压皮带故障解除。

（5）恢复生产程序（确认）：

1）联系操作室人员，把开关打到机旁。

2）机旁人员，试运行皮带。

3）正常后，恢复使用。

（6）故障状态下生产组织：

1）采取扒料措施，维持筛分振料。

2）联系有关人员处理其他问题。

（7）对外接口：750m^{3}高炉维修车间；电修车间。

（8）报告与记录：把故障原因、处理情况及结果及时报告车间；做好记录，以提供可靠依据。

八、空仓

应急程序：上料值班室→仓闸门→槽上→料仓。

（1）应急准备。人员：当班全体员工。物资：钢钎、大锤、手电筒。

（2）故障排除程序：

1）槽上捅相应的大仓的料。

2）四周的料全部用钢钎捅，维持上料。

（3）安全风险控制：

1）戴好防尘口罩，拿上手电筒，注意脚下的仓位，防止漏下。

2）注意槽上卸料小车的运行情况，防止伤人。

（4）故障的排除：经实施捅料应急措施，及时联系槽上打料，空仓故障排除。

（5）恢复生产程序（确认）：

1）及时联系槽上打料。

2）捅仓里的积料，维持上料。

3）料打入仓内，恢复正常。

（6）故障状态下生产组织：

1）先改吃同种料的仓。

2）捅料维持上料。

3）及时联系槽上打料。

（7）对外接口：1号750m^3高炉车间；烧结厂。

（8）报告与记录：把空仓时间、处理情况、来料时间及时汇报给工长和车间；记录清楚空仓的打入料，高炉有多长时间未吃该料，为工长提供方便。

九、防汛应急处理

应急程序：上料值班室→易冲地段→料坑。

（1）应急准备。人员：当班全体员工。物资：编织袋、沙子、草袋、煤锹、镐、雨衣。

（2）故障排除程序：

1）迅速到易冲地段，装沙子筑挡水墙。

2）清理排水沟内杂物。

3）用抽水泵抽集水井里的水。

4）严密查看料坑周围的水位情况，不准水位高出料坑口。

（3）安全风险控制：

1）穿好防雨护品。

2）注意防滑。

3）下雨时注意雷击。

（4）故障排除：经筑挡水墙、排水、清理，雨水未进入料坑和槽下地面。

（5）恢复生产程序（确认）：

1）下雨时，严阵以待，严密防守，保证正常上料。

2）对湿料要进行关注，向工长提供信息。

（6）对外接口：防汛指挥部。

（7）报告与记录：防洪措施、处理结果上报车间；防洪整个过程记录好。

十、碎焦、卷扬机故障应急处理

应急程序：上料值班室→碎焦车→碎焦卷扬机。

（1）应急准备。人员：当班全体员工。物资：钢钎、手锤、扳手、倒链。

（2）故障排除程序：紧钢丝绳→机旁开机→处理松弛开关→车轮卡顿，螺栓应紧固→联系电工、钳工处理。

（3）安全风险控制：

1）停车、走车与操作人员联系好。

2）操作台上挂上安全警示牌。

3）机旁与料坑内联系，听清楚后方可动车。

4）紧钢丝绳锁好车，防止飞车事故。

（4）恢复生产程序（确认）：联系送电走车；小料车运行正常；恢复自动运行。

（5）对外接口：750m^{3}高炉维修车间；750m^{3}高炉电修车间。

（6）报告与记录：将故障发生时间、处理情况、结果、上料时间汇报给工长和车间；把故障发生时间、采用的措施记录好。

十一、突然停电应急处理

应急程序：上料值班室→电工→主控室→厂调。

（1）应急准备。人员：全体操作人员。物资：对讲机。

（2）故障排除程序：由电工联系配电室了解停电原因，查看设备情况；来电后电工先送操作电源到正常供电。

（3）恢复生产程序：操作人员通知主控室工长，开始操作设备正常运行。

（4）对外接口：750m^{3}电修车间；厂调。

（5）报告与记录：将突然停电时间及恢复送电时间记录清楚；将突然停电原因记录清楚。

十二、液压管路泄漏

应急程序：上料值班室→油泵操作箱→泄漏点→维修人员。

（1）应急准备。人员：当班全体员工。物资：管钳、密封圈、扳手、电气焊、灭火设备。

（2）故障排除程序：将泄漏点焊接或更换密封圈，清扫泄漏的油及周围杂物。

（3）恢复生产程序：漏油点处理好后，开油泵减压，如正常，通知工长正常生产。

（4）对外接口：750m^{3}电修车间；厂调。

（5）报告与记录：将漏油点、漏油时间、停泵时间、处理时间详细记录；将泄漏原因记录清楚。

十三、重力除尘器故障处理

应急程序：放灰操作室→现场设备→电工、钳工工长→厂调。

（1）应急准备。人员：操作人员。物资：管钳、扳手、大锤、铁锹、扦子、三角皮带。

（2）故障排除程序：

1）先停电，排查故障原因。

2）针对出现的故障，联系有关人员开始排除故障。

3）检查三角皮带磨损情况，及时更换三角皮带。

（3）恢复生产程序：故障排除后，先通知工长和厂调；联系车皮，送上电源，开启放灰阀，开始放灰。

（4）报告与记录：将故障原因记录详细，时间要记录清楚，将更换的部件记录好，为以后判断故障原因提供保证。

技能训练实际案例2　某炼铁厂装料工操作

一、目标

（1）入炉粉末率≤4%。

（2）影响高炉上料为0。

（3）原、燃料数据准确率为100%。

（4）设备点巡检，润滑率为100%。

（5）安全事故为0。

（6）设备事故为0。

二、上料

1. 设备的操作

设备运行前的确认：

（1）料斗有无损坏，闸口有无障碍物，机电设备有无异常。

（2）皮带机周围及皮带上有无障碍物和事故隐患。

（3）滚筒上有无黏结物，托挡辊有无脱落。

（4）密封箱挡板有无损坏及漏料现象。

（5）清扫器位置是否正确，有无严重磨损，部件是否完好。

（6）卸料小车有无障碍物。

（7）操作盘、信号、按钮开关有无损坏，部件是否完好。

（8）皮带机上或旁边是否有人作业。

（9）操作工启动设备前必须与值班室、卷扬室等各部门取得联系，全面确认具备上料条件后，开始上料。

2. 非自动运转的操作

（1）当高炉料线较深急需赶料线时，为减少配料、装料时间，手动配料赶线。

（2）当某件设备无法自动运行或不好使，又必须使用时，必须手动操作上料，保证高炉正常生产。

3. 连锁自动运转的操作

（1）所有设备全都正常情况下，可动操作运转。

（2）所有条件都具备的正常情况下，自动操作运转。

4. 非上料正常操作运转

焦粉、矿粉、地绞车的工作标准：

（1）必须确认地绞车设备完好无损方可使用，杜绝钢丝绳突然断后伤人事故发生。

（2）必须确认铁道上两头没人和没杂物（干净）情况下方可启用地绞车。

（3）启动地绞车前，必须一人操作、一人配合，观察车皮两头，杜绝车皮伤亡事故和交通事故。

（4）启动地绞车前必须确认地绞车动力部位、钢丝绳部位无人时方可启动。

（5）启动地绞车拖车皮时，一次只能拖空车两个，重车一个，杜绝超负荷工作而损坏设备。

（6）启动地绞车工作时，不能超行程运转，以免损坏设备。

5. 放焦粉、矿粉时工作标准

（1）必须先将车皮处理好，确认无溢漏发生。

（2）必须确认车皮无杂物。

（3）必须确认车皮与下料口对正（下料口对正车皮正中央）。

（4）每次放矿粉时，只能放一个堆尖（等于或小于60t），焦粉可全放满。

（5）矿粉、焦粉放在车皮内，不能单边。

三、槽下操作要求

（1）强制操作：

1）在外围设备不正常，并现场观察完全具备强制操作时，可根据实际需要进行强制操作，否则容易造成事故。

2）强制操作必须有详细记录，写明其时间、原因、操作者姓名。

3）强制操作只能临时应急，决不能长时间强制，设备处理完好后，强制及时取消。

（2）变料标准：

1）操作工接到值班室变料单后，根据要求将原、燃料配比变更核对后确认，再通知值班室核对确认后，下一批进机执行。

2）料变更完后，详细记录好时间，执行料批数，操作工姓名。

（3）配料、放料：

1）所有相应斗必须有料空信号，确认无料具备装料条件。

2）所有相应斗阀门必须关到位。

3）所有相关设备都有工作指令。

4）所有相关设备完好，具备安全生产条件。

5）有相关返矿皮带、振动筛启动。

6）相关矿石皮带启动，按顺序加料。

7）大料车空后必须到底，发出到底信号后1s，集中斗放料装车。

（4）设备开或关没有信号时，必须到现场确认，具备强制条件后，方可给强制信号，上料严禁随意使用强制手段生产。

（5）在运转过程中，设备发生突发事件时工长应及时与值班室、调度室、检修中心、调试班等有关部门及时联系、处理，并详细记录。

（6）槽下必须接变料单变料，全面服从值班工长领导，无权随意更改原燃料种类、数量和上料顺序等，特殊情况下，必须取得工长的同意或主管领导的同意后方可。

四、操作牌制度

（1）操作牌是操作设备的唯一凭证，未持操作牌者不得操作设备。

（2）非操作者无权交出操作牌。

（3）交出操作牌前，必须切除相应的电源开关，挂上停电牌后再交操作牌。

（4）交出操作牌的同时，必须督促拿牌者，记录单位、项目、联系方式、姓名。

（5）对口交接班时，必须对操作牌交底、交班。

五、计算机操作

（1）送电前点检确认：

1）电源线已接好，电压等级为 220V。

2）上位机、显示器、控制器间的连接正确。

3）键盘、鼠标接头连接正确。

（2）送电顺序：送控制器电源→送显示器电源→送上位机电源。

（3）停电顺序与送电顺序相反。

（4）异常情况的处理：送电后，计算机出现错误提示，可退出系统重新启动，若错误仍存在，应立即通知维护人员或技术人员进行处理。

（5）操作中的注意和严禁事项：

1）关机时，系统必须退至 C：\ 状态。

2）计算机关机后须等 1min 才能再开机。

3）严禁使用软盘驱动器，杜绝外来软件在计算机上操作，以免病毒侵入。

4）严禁在计算机上进行任何非生产性操作。

5）严禁对计算机程序进行修改（专业技术人员除外）。

6）系统出故障时，须请维护人员处理，严禁私自操作，扩大事故。

7）遵守送、停电规程。

六、点检维护规定

（1）掌握操作点检标准，熟悉点检内容。

（2）严格按点检标准点检，并做好记录。

（3）保持计算机表面洁净，定期清扫灰尘。

七、液压站操作

1. 操作前的检查确认

（1）操作前要对液压设备各部分进行检查，如油箱的油位与油温检查是否正常，油泵运转声音是否正常，地脚螺钉是否松动。

（2）油缸、油管有无泄漏，阀台各阀是否正常。

（3）各信号灯及保护报警器是否正常。

2. 操作程序

（1）各液压站泵工作方式分集中手动、机旁手动、自动三种，泵的启动状态是一台工作，一台备用，通过转换开关来实现转换启动。

（2）首先选择好启动泵的工作方式，进入操作状态，启动液压泵用电动机相应的电磁铁得电，延时 3~10min，电磁铁失电，泵用电动机停止运转，液压泵停止。

（3）在执行机械运转后，压力低于设定值时，压力继电器控制电动机启动重复上述过程，构成一个工作循环。

（4）泥炮液压站无蓄能器，油泵工作方式只有集中手动与机旁手动两种，启动泵时直接按电源开关启动或关闭。

3. 各种保护报警的操作

（1）压力异常报警操作。如在运行中，油压低于系统最低值，延时 10s，如压力仍低于系统最低值，自动启动备用泵，同时停止运转泵，并伴随声光报警。

（2）油位异常报警的操作。如液压油位达到高液压位控制点，就会发生声光报警，需向油箱内充油，如果没加油，油位到极低油位控制点，声光报警，站内油泵不能运转。

（3）过滤器异常报警。过滤器上设有一个压差发闭装置，当压差大于设定值时，发出声光报警，须更换滤芯。

4. 异常情况处理

（1）在运转过程中发生异常，如系统压力达不到设定值时，应立即停泵检查泵的出口压力和溢流阀，并处理完好。

（2）运转的过程中油位发生极低油位报警，应尽快补充液压油。

5. 运转中注意事项和严禁事项

（1）严禁在极油位强制启动油泵运转。

（2）严禁油压超过规定的最高系统压力运转。

（3）全面检查，发现有报警及时处理。

八、设备润滑要求

（1）烧结筛每三天加油一次，每次0.2kg/台。

（2）焦炭筛每一天加油一次，每次0.2kg/台。

复习与思考题

4-1　名词解释

（1）炉缸热制度；
（2）鼓风动能；
（3）硫的分配系数；
（4）高炉造渣过程；
（5）炉渣的稳定性；
（6）上部调剂。

4-2　填空题

（1）下部调剂是想尽方法维持合理的（　　），以保证气流在炉缸初始分布合理。
（2）选择风机时，确定风机出口压力应考虑风机系统阻力、（　　）和（　　）等因素。
（3）风口理论燃烧温度是指（　　）参与热交换之前的初始温度。
（4）影响风口理论燃烧温度高低的因素有（　　）。
（5）高强度冶炼就是使用（　　），加快风口前焦炭的燃烧速度缩短冶炼周期，以达到提高产量为目的的冶炼操作。
（6）装料制度主要是通过炉料（　　）、（　　）、（　　）、（　　）、（　　）等调整炉料分布，以达到煤气流合理分布的目的。
（7）鼓风动能的大小决定了回旋区和燃烧带的大小，从而决定着炉缸煤气的初始分布，影响着煤气在（　　）。
（8）造渣制度是指在某种冶炼条件下选择最适宜的（　　）满足炉况顺行。
（9）合理的装料制度，应保证炉料在（　　）分布合理。
（10）高炉炉喉间隙增大，能促使（　　），以保证疏松中心。

(11) 送风制度的主要作用是（　　）、（　　）以及（　　），使初始煤气流分布合理。
(12) 无料钟炉顶的布料方式有：定点布料、环形布料、扇形布料和（　　）。
(13) 高炉基本操作制度包括：热制度、（　　）、（　　）和（　　）。
(14) 炉渣的稳定性是指当炉渣（　　）和（　　）发生变化时，其（　　）和黏度能否保持稳定。
(15) 炉渣中 MgO、MnO、FeO 等能（　　）黏度。
(16) 高炉炉渣中含有一定数量的氧化镁，能提高炉渣的流动性和（　　）。
(17) 高炉炉渣的表面性质是指（　　）的表面张力和（　　）的界面张力。
(18) 热状态是多种操作制度的综合结果，生产上是选择合适的（　　），辅以相应的装料制度、（　　）、（　　）来维持最佳状态。
(19) 炉渣只有在保证良好的（　　）的前提下才能发挥较强的脱硫能力。
(20) 炉渣中 MgO 的主要作用是（　　），改善流动性能。

4-3 选择题

(1) 按照炉料装入顺序，装料方法对加重边缘的程度由重到轻排列为（　　）。
A. 正同装→倒同装→正分装→倒分装→半倒装
B. 倒同装→倒分装→半倒装→正分装→正同装
C. 正同装→半倒装→正分装→倒分装→倒同装
D. 正同装→正分装→半倒装→倒分装→倒同装
(2) 影响炉渣黏度的主要因素是（　　）。
A. 碱度　B. 炉渣成分　C. 温度　D. 渣沟长度
(3) 高炉解体调研查明，炉料在炉内基本上是按装料顺序（　　）分布的。
A. 矿石超越焦炭　B. 逐步混合　C. 呈层状下降
(4) 鼓风动能是从风口高速送入炉内的鼓风所具有的能量，故影响鼓风最大的因素是（　　）。
A. 标准风速　B. 实际风速　C. 鼓风质量
(5) 高炉炉渣中 MgO 能起脱硫作用，要求 MgO 含量在（　　）为好。
A. 7%~12%　B. 12%~16%　C. 16%~20%　D. 20%以上
(6) 通常鼓风温度升高，则带入炉缸的物理热增加，从而使理论燃烧温度升高，反之则降低。一般来说每 100℃ 风温可影响理论燃烧温度（　　）。
A. 70℃　B. 80℃　C. 90℃
(7) 炼铁炉料碱度为（　　）的称为超高碱度烧结矿。
A. 1.0~1.1　B. 1.2~1.3　C. 1.5~3.5　D. >3.5
(8) 高炉操作中改变焦炭批重，主要是为了调节（　　）。
A. 煤气流分布　B. 炉温高低　C. 炉渣碱度　D. 冶炼强度
(9) 不同的布料制度使炉料在炉喉的分布状况不同，在炉内下降中（　　）。
A. 大体保持矿焦层不变
B. 矿焦混在一起
C. 矿石因比重大超越焦炭
(10) 对鼓风动能影响最大的参数是（　　）。
A. 风量　B. 风口面积　C. 风温　D. 风压
(11) 高炉富氧鼓风在（　　）情况下可以加氧。
A. 风机能力不足　B. 热风温度达到 1050℃ 以上　C. 高炉冶炼炼钢生铁
(12) 炉渣中 MgO 含量提高后，炉渣黏度受二元碱度的影响将（　　）。
A. 明显减少　B. 说不清　C. 明显增大　D. 先增后减
(13) 要使炉况稳定顺行，操作上必须做到“三稳定”，即（　　）的稳定。

A. 炉温、料批、碱度　　B. 炉温、煤气流、碱度

C. 煤气流、炉温、料批　　D. 煤气流、碱度、料批

(14) 渣中（　）增加时有利于炉渣脱硫。

A. FeO　　B. SiO_2　　C. TiO_2　　D. MgO

(15) 一般鼓风含氧提高（　），风口面积应缩小 1.0%~1.4%。

A. 1.0%　　B. 1.5%　　C. 2.0%

4-4　是非题

(1) 风温提高焦比降低，炉顶煤气一氧化碳利用率有所改善，是间接还原发展的结果。（　）

(2) 大型高炉由于炉缸直径较大，操作上更应注意炉缸热度的充足、稳定和活跃，否则出现炉缸堆积故障是较难处理的。（　）

(3) 利用萤石矿洗炉时应提高渣碱度，保证生铁质量。（　）

(4) 炉渣表面张力小、黏度高容易泡沫化。（　）

(5) 合理的布料是在保证顺行稳定的基础上达到煤气利用最好，焦比最低。（　）

(6) 合理的装料制度才能达到合理的煤气分布。（　）

(7) 下部调剂指的主要是风量、风温、湿分调剂。（　）

(8) 在一定的冶炼条件下，选择适宜的风口面积和风口长度是合理送风制度的中心环节。（　）

(9) 选择风口喷吹煤要选燃烧性能好、着火温度低、反应性差的煤。（　）

(10) 高炉下部调剂是高炉调剂的核心。（　）

(11) 风口带是高炉中唯一存在着的氧化性区域。（　）

(12) 造渣整个过程主要分三种状态，即初渣、中间渣、终渣。（　）

(13) 布料装置的作用，是使炉料在炉内截面积分布合理。（　）

(14) 造渣制度是指在某种冶炼条件下选择最适宜的炉渣成分和碱度，以满足炉况顺行。（　）

(15) 热制度的稳定是高炉行程正常的条件和标志。（　）

4-5　简答题

(1) 选择造渣制度有哪些要求？

(2) 由炼钢生铁改炼铸造生铁，造渣制度如何调整？

(3) 送风制度有哪些指标？

(4) 怎样选择合理的热制度？

(5) 影响热制度的因素有哪些？

(6) 什么是鼓风动能，它对高炉冶炼有何影响？

项目5 炉内冶炼操作

【教学目标】

知识目标：

(1) 了解高炉仪表的基本知识和作用；

(2) 掌握高炉直接和间接判断的方法和知识；

(3) 掌握高炉炉况调剂的各种方法和炉况波动的判断与调剂；

(4) 掌握失常炉况的判断与处理方法；

(5) 掌握高炉事故的处理及措施。

能力目标：

(1) 能够直接或间接地判断炉况；

(2) 熟悉正常炉况与失常炉况的基本特征；

(3) 能够对失常炉况进行处理；

(4) 具有高炉严重失常炉况的预防和处理能力；

(5) 能及时判断和正确处理高炉事故。

【任务描述】

高炉冶炼是一个连续性的高温生产过程。生产实践证明，高炉炉况只有稳定顺行，才能高产、优质、低耗，从而取得较好的生产技术经济指标和良好的经济效益。稳定顺行是指进入高炉内的炉料能够顺利下降，速度正常、炉温稳定、渣铁温度适宜、热量充沛，同时能炼出指定牌号的合格生铁。一般把这种高炉冶炼情况叫炉况稳定顺行。顺行是高炉生产良好的标志，是达到高产、优质、低耗的必要条件。但炉况的稳定顺行不是绝对不变的，它只不过是高炉冶炼过程各种矛盾因素的暂时统一，由于高炉冶炼过程要受许多主客观因素的影响，高炉炉况是要经常波动的。炉况判断的任务就是随时掌握引起炉况波动的因素，在错综复杂的因素中，抓住主要矛盾，找出引起炉况波动的主要原因，对炉况做出正确的判断，然后根据正确的炉况判断，采取相应的调剂措施，及时消除失常的炉况，特别是要把它消除在萌芽期，以保证炉况稳定顺行，从而使高炉冶炼过程正常、均衡、有节奏地进行。否则，就会导致炉况进一步恶化，引起严重的失常炉况，甚至发展成为冶炼事故。所以高炉操作者，必须很好地掌握炉况，对炉况做出正确判断，发现不正常的炉况要及时采取措施，设法加以解决，使炉况迅速转入正常。

影响高炉炉况波动的因素很多，通常影响炉况波动的主要因素有以下几个方面：

(1) 原燃料物理性能和化学成分的变化。如原料粉末含量增多，含铁量和碱度波动以及粒度的变化；焦炭灰分和水分的波动，焦炭强度的下降等。

(2) 气候条件的变化。气温高低影响实际鼓入炉内风量的多少；大气湿度影响鼓风湿度，雨雪天气影响焦炭含水量等。

(3) 计量工具、监测仪表、自动控制设备的变化。如上料计量设备、各种监测仪表的误差和失灵，又如风量和风温等自动控制仪表的调节误差过大等都能引起炉况的变化。

(4) 设备工作条件的变化。如热风炉设备和装料设备发生故障、冷却设备漏水、喷吹设备堵塞等。

(5) 操作的误差。如操作人员技术水平不高，在判断和调剂炉况中产生的错误；辅助工段配合得不好，如炉前事故、渣铁出不净、铁罐和渣罐调配不及时影响正点出铁和放渣等，都对炉况有很大的影响。

从上述可知，影响炉况波动的因素很多，炉况随时都会发生变化，因此能否做到准确判断及时调剂就变得尤为重要。

任务5.1 高炉炉况的观察判断

高炉炉况的判断，有直接观察和监视仪表指示、数据分析两种方法。

直接观察是指用目力直接观察判断高炉行程，这是比较古老的办法，它主要是看渣、看铁、看风口和看料速。虽然近代高炉已经有了比较完善的了解高炉炉况的各种计器仪表和计算机监测，但目力直接观察仍是目前判断高炉炉况的主要手段。它可比各种计器仪表得出较为肯定的结论。因此，用目力直接观察高炉炉况，仍为现代高炉工作者所必须熟悉和掌握的手段。尤其对仪表数量较少和装备水平较低的高炉，操作者掌握目力直接观察炉况的方法来判断炉况就更加重要。

利用计器仪表判断炉况，是指通过安装在高炉各部位的计器仪表测量出的数据来分析判断炉况。它可灵敏和及时地反映出炉况的变化，它早于目力直接观察。

所以判断炉况时必须要两者密切结合起来。

在判断炉况时，主要应抓住两方面：一是炉温；二是煤气流的分布。一切因素的变化，经常是通过这两方面反映出来，或是最终归结到这两方面上来。

炉况判断是要注意观察炉况的动向与波动幅度。两者相比，首先是掌握动向，才能对症下药，使调剂不发生方向性的差错。其次也要了解波动幅度的大小，有了量的概念，才能做到恰如其分的调剂。

5.1.1 直接观察判断的方法

直接观察（或直观判断）是基于生产经验的积累来判断炉况的。它是指高炉值班工长、瓦斯工或技术人员不通过仪表，而是用目力直接观察高炉生产过程中的一些冶炼现象（如看风口、看渣、看铁和看料速等）来对高炉炉况进行判断分析，看炉况是处于正常状态，还是发生了波动，波动的幅度多少等。虽然观察的项目很少，并落后于炉况的发展，且有一定的局限性（如看渣、看铁是冶炼的最终结果；看风口只能是瞬间状态，准确性又因人而异等），但由于这种方法简便迅速，随时随地都可以进行，故仍不失为可靠的方法，尤其是当高炉炉况波动较大时，更显示出它的重要性。直接观察法是高炉工长操作高炉的基本功之一，必须牢牢地掌握。

直接观察判断炉况是建立在实践经验不断积累的基础上的，只有在长期实践中对观察到的现象进行仔细地分析比较，并同化验分析结果对照比较，不断积累资料，才能得出规律性的东西。它的标准也不是一成不变的，它会受到原燃料及高炉冶炼不同情况的影响，所以要根据情况的变化，随时总结出判断的规律，找出它的规律性，不断地提高自己直接观察判断的水平。

5.1.1.1 看风口

风口前面的区域是焦炭燃烧的区域，是高炉内温度最高的部位，也是唯一可以随时直接观察到炉内状况的地方。虽然只是"一孔之见"，但正是所谓"窥一斑而见全豹"，是代表性极强的部位。观察焦炭在风口前的运动状态及明亮程度，可以判断炉缸受热状况和炉缸圆周工作均匀情况，以及炉子顺行情况。看风口比看渣铁的机会要多得多，而且预示炉况趋向较早，通过及时看风口可以得到早于仪表或仪表根本反映不出来的信息，对判断炉况十分重要，可使我们做到较为及时的调剂。看风口是高炉值班工长必须认真进行的一项工作，尤其是在监测仪表不够完备的中小高炉的操作上，更具有非常重要的意义。

A 从风口观察和判断炉缸温度

在不喷煤的高炉上大致有如下几种情况：

（1）在炉子向热或极热时，风口明亮、耀眼或刺眼，犹如晴朗的天空什么也看不到，或只能隐约看见飞动的焦炭块，这种情况象征着炉缸温度甚高，炉内冶炼过程进行的良好，如图 5-1（a）所示，生铁的牌号均在 Z18 以上。

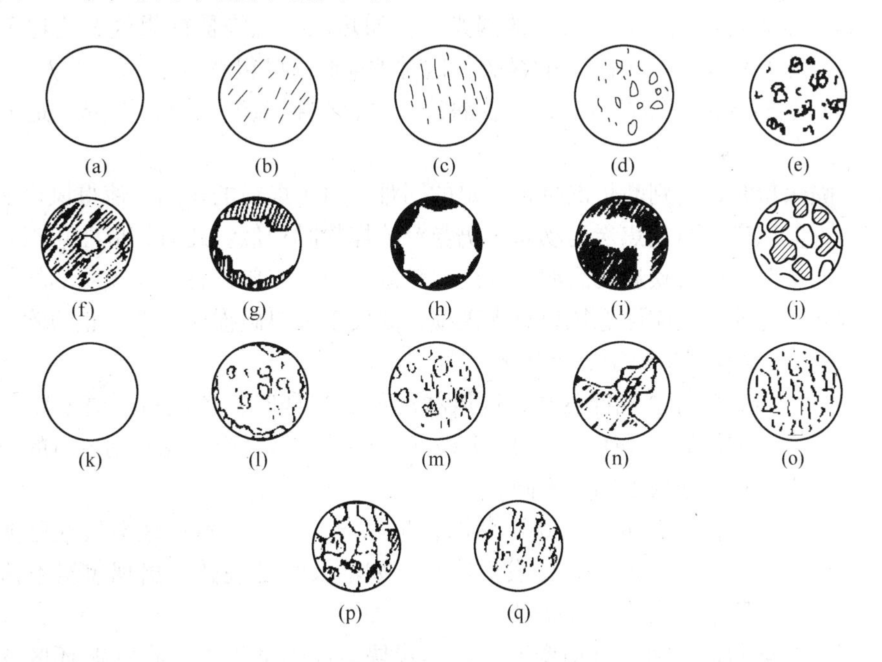

图 5-1 不同炉况时风口前状态示意图

（2）炉温稍低，风口依然明亮耀眼，但不刺眼，看上去很柔和，宛如晴空皓月，可以看见焦炭块活动良好，似乎焦炭块从风口中心向四周飞去，但看不清焦块的形状，如图 5-1（b）所示，这种情况多发生在生铁牌号 Z14 或 L10 上限时。

（3）当炉温逐渐向低，风口的明亮程度差于第二种情况，风口前有赤红的小焦炭块出现，但活跃仍好，焦炭块是从上向下呈直线下落的，如图 5-1（c）所示。这种情况多发生在生铁牌号 L10 或 L08 上限时。

（4）当炉子向凉时，风口明亮程度大大减弱，焦炭块从上向下呈直线下落，焦炭块形状隐约可见，但在鼓风动能较大、炉况稳定时，只见风口发红，不见焦炭块，如图 5-1（d）所示，这种情况多发生在生铁牌号 L08 时。

（5）当炉缸温度逐渐降低，风口前可见赤红的焦炭块并夹杂着大块或小块的矿石，即有“生降”发生，表示炉内铁矿石还原不良、分解不好，如图 5-1（e）所示，如果只是一两个风口，则可能是局部“生降”或小管道所致，如多数风口有“生降”，则是炉子向凉的明显征兆。

（6）当炉缸温度继续降低，炉缸内炉渣流动性变差，风口前开始涌渣，黏附在风口边缘，俗称挂渣；炉子极凉时，风口几乎被渣封闭或仅留一个小孔于中心，能看见炉内的光亮，如图 5-1（f）所示。

在高炉使用低风温操作时（如风温在 300~400℃时），即使炉内温度不低时，也会出现风口被黑渣几乎全部封住的征兆，如冷风开炉的高炉，在送风初期就会出现这种情况。

（7）在炉渣碱度过高时，炉渣的熔点升高、流动性变差，黏度增大，即使在炉子温度较高时，也有可能有炉渣黏附在风口周围，呈锯齿状，如图 5-1（g）所示；在炉渣碱度高并且炉子向凉时，炉渣黏度增加，会黏附在风口周围，呈不规则的边缘状，并越来越多，最终将风口套全部封死或只留一点点缝隙，如图 5-1（h）和图 5-1（i）所示。

（8）风口呈暗红色，有时有蓝色的闪光，犹如热风炉燃烧器前煤气配比过多时的状况，这是风口深处有大块“生降”的缘故，这时炉温向凉已很严重了。

（9）风口呈暗红色，轻者挂渣，重者灌渣，这是炉缸温度已急剧下降，是炉缸大凉的前兆。

在高炉喷煤粉时，给判断炉况带来一定的困难。由于煤粉的作用，使得风口前中心明亮程度变暗，但风口周边及焦炭运动状态仍与没喷煤粉时相似。此时，应注意喷入煤粉在风口前燃烧的情况，以及喷煤粉后明亮程度对炉温造成的假象，各风口喷吹的均匀程度及喷嘴是否堵塞。另外，还应注意风口有无破损，如发现风口破损应立即停止喷吹。

B 从风口观察和判断炉子顺行状况

（1）炉况顺行，料柱透气性良好，进风状况处于最佳时，各风口明亮活跃、工作均匀、无“生降”、不挂渣、不灌渣，如图 5-1（k）所示。但也应该注意到风口的明亮程度随冶炼生铁的铁种和牌号的不同而不同。

（2）在风口前有附着物或焦炭块不活跃，呈呆滞状态，表示料柱透气性已变差，进风状况不好，如图 5-1（l）所示，已发生难行，如不及时处理就会出现焦炭不活动的状况，如图 5-1（j）所示，表明已开始悬料。

（3）炉温向热行时，风口逐渐变明亮，焦炭块运动速度逐渐变慢，循环区变浅。炉温向凉行时，风口亮度逐渐转暗，焦炭块运动逐渐变快，循环区变深。如不及时减风量，仍送较大风量，尤其风温较低时，则焦炭块与矿石会纷纷而下，在风口前可看到如图 5-1（m）所示焦炭块与矿石纷纷下降的情况，结果使炉子大凉。

（4）下部崩料发生之前风口非常活跃，崩料后焦炭块呆滞不活跃。上部发生崩料时风口反应不明显。

(5) 发生管道行程时，管道方向处的风口前焦炭块很活跃，循环区也较深，但不明亮。管道崩溃以后，风口前焦炭块运动变得呆滞，有生料堆积于风口前。

(6) 石灰石加入量多，炉渣碱度高时，虽然炉子热行，但也常会有一片渣子横挂于风口前，如图 5-1（n）所示。

(7) 当出铁后，风口前除焦炭块外，看不见其他东西，如图 5-1（o）所示，表示炉缸温度很高，炉内还原作用良好，炉况正常。

(8) 当出铁后，风口前除焦炭块外还夹有矿石，并且有渣液不停地下滴，这表示炉缸温度较低，还原作用不好，如图 5-1（p）所示。

(9) 高炉放风时，煤气逆流进入风管时风口情况如图 5-1（q）所示。

C　从风口观察和判断炉缸圆周工作情况

(1) 各风口明亮程度均匀，说明炉缸圆周各点温度均匀；各风口焦炭块活动程度均匀，说明炉缸圆周各点进风量均匀，鼓风动能均匀。

(2) 炉料偏行时，低料面一侧风口发暗，有生料和挂渣，炉凉时则涌渣、灌渣口一侧的风口明亮些。

(3) 没有旋转布料器的高炉会造成炉顶矿石与焦炭分布的不均匀，焦炭分布多的部位风口明亮些，矿石分布多的部位风口发暗一些。

(4) 炉墙结瘤严重时，炉缸圆周工作不均，各风口状况不一，炉瘤下方的风口反应失常。一般情况为，下部结瘤时，结瘤侧风口发暗，时而下大块涌渣；上部结瘤时，炉瘤侧风口发亮。

D　观察判断风口套是否漏水

生产过程中发生风口套漏水时，风口会有所反映，漏水较轻时风口变暗，漏水严重时可看到变黑的焦炭块，有挂渣现象。

E　观察风口时应注意的若干事项

(1) 观察风口来判断炉况要基于多年生产经验的积累。因此，每个操作者不断地积累自己的实践经验，找出和掌握适合于自己所操作高炉各风口的状况与高炉冶炼进程的规律是非常重要的。为了便于对比分析，某厂建议设立一个风口现象的简单记录，以明亮与暗红、活跃与呆滞、生降、挂渣等特征字眼按时注记，这样风口带情况一目了然。此外还可以记入喷煤停煤、风口堵塞、捅开和破损更换的时间等。积累多了，经验也就丰富了，这份记录将成为一份宝贵的技术档案。一般情况下，观察风口是按已定时间进行观察和记录的，在炉况发生较大波动时，要随时观察和记录。

(2) 观察风口要全面进行，以免判断失误。但由于每个人观察力的不同，得到的结论有较大的差别。长期观察风口，每个操作者对于自己所操作的高炉都可以找出一个或几个自己认为对炉温和顺行都很敏感的风口作为重点观察的风口。

(3) 出渣出铁前，炉缸内积存了大量的渣铁，下部透气性变差，料速相应变慢，风口有时比正常时明亮，但不是炉温向热的征兆，出铁后上述情况变为正常，风口则显得变暗一些。

(4) 如炉缸堆积、出渣出铁晚点，渣面上升至风口水平面时，则发生风口“涌渣”现象。这时风口前有如火苗状忽上忽下、时多时少。如渣面已完全漫过风口，风口前有如风吹红布状，不见焦炭块。涌渣发生在炉凉时，常伴有挂渣现象；发生在炉热时一般不挂渣。

（5）炉凉时，由于渣中 FeO 含量增加，炉渣密度增大，经常发生风口挂渣。这时炉渣在风口周围。炉温充沛时，如果风口挂渣，则属于炉渣碱度过高。如果风口破损，则破损部位挂渣。

（6）风口套漏水时，风口前呈潮湿状态，风口前焦炭块呈暗红色或黑色，风口明亮程度大减。漏水严重时，往往可看到有水滴入炉内，破损处挂渣。要注意与一般炉凉的区别。

（7）如果热风管道掉砖，堵在鹅颈管细部处，则该风口进风量变少，焦炭块运动减弱或呈呆滞状态。

（8）风口窥视孔的玻璃板极易弄脏或破裂，往往因玻璃不洁或玻璃裂纹使风口变暗或看不清，除应注意勤换玻璃片外，观察时也应该注意这种情况的发生。

（9）由于鼓风动能与进入炉内的风量成正比，风口前焦炭块的运动的循环状态与风量大小有关。如果风量较正常风量低很多，这时虽然焦炭块运动慢，但不一定是炉况难行。大、中、小高炉的鼓风动能有较大的差别，则焦炭块循环状态也有较大的差别，大高炉鼓风动能大，焦炭块在风口前剧烈旋转，而小高炉由于鼓风动能小，焦炭块在风口前运动较慢，呈跳跃状运动。

（10）在炉缸圆周工作不均匀时，虽然炉温正常，个别风口偶尔也会有小块矿石出现或个别风口前挂渣，但这时不应视为“生降”或炉凉。

从上述可知，观察风口状况对高炉操作者判断炉况有很大帮助。即使在计器仪表很完善的高炉，观察风口状况仍然很有价值。但观察风口也不是一件很容易的事情，即使很有经验的人，对风口也要勤看，仔细看，并要前后对照以尽量减少失误，更要参照其他征兆和计器仪表指示来综合推断炉况。

5.1.1.2 看渣

不论是上渣或下渣，炉渣都是高炉冶炼的产品，它反映了冶炼的结果。由于高炉冶炼过程有其热惯性，因此，可用炉渣的外观及温度来判断炉渣碱度和炉缸温度及趋势，用以做调剂炉渣碱度及焦炭负荷的依据之一。

从上渣的状况可以判断本次铁的状况，做到出铁前心中有数。而出铁后期的炉渣下渣的状况，对下次铁有着重要的指导作用。

看渣又分为看渣水（熔渣）与渣样（渣块）两种。

A 从渣水温度判断炉缸温度

炉缸温度的高低，通常指渣水和铁水的温度水平。

炉热时，渣水温度充沛，光亮夺目。在正常炉渣碱度时，渣水流动性良好，不易粘沟子，上、下渣温度基本一致。渣中不带铁，上渣口出渣时有大量煤气喷出，渣水流动时表面有小火焰。

炉凉时，渣水温度逐渐下降，渣水颜色变为暗红。炉渣流动性差，易粘沟子。渣口易被凝渣堵塞。上渣带铁，出渣时喷出的煤气量少、渣面起泡，渣水流动时表面有铁花飞溅。炉温进一步降低时，渣水颜色为褐色，炉子大凉时渣水颜色变为黑色。

当水力冲渣时，炉热时，冲出的水渣颜色雪白，呈棉絮状，在流渣沟中或渣池水中轻轻浮起；当炉温稍有降低时，冲出的水渣仍为白色，在流渣沟中和渣池水中不再浮起或只有少量浮起；当炉凉时，冲出的水渣颜色变为褐绿色或褐色；当炉子大凉时冲出的水渣颜色变为黑色，沉于渣池下部。

B 从上、下渣水温度判断炉缸工作状态

炉缸工作均匀时，上、下渣的温度基本一致，但在炉缸中心堆积时，上渣热而下渣凉。放上渣时开始炉渣温度高而后温度低。当炉缸边缘堆积时，上渣凉而下渣热，有时渣口不易打开，放上渣时渣水开始温度低而后温度高，渣口易破损。

在炉缸圆周工作不均匀时，两渣口温度相差很大。

高炉发生偏料或管道行程时，低料面一侧或接近管道处的渣口比另一侧渣口温度低。

C 用渣样判断炉缸温度和炉渣碱度

（1）棍样。用细铁棍粘取渣水，观察其凝固状态，用来判断渣水温度和碱度。

炉热时，棍样表面凹凸不平、无光泽、表面有气孔，呈灰白色。

炉凉时，棍样表面光滑，颜色变为黑色。

炉渣碱度高时，棍样为灰白色石头状渣。而碱度低时（即酸性渣时）棍样发黑呈褐色玻璃状，粘取时拉出长丝。

（2）勺取断口样。用取样勺取渣水，待冷凝断裂后观察断口状态观察其断口的颜色和光泽度以判断炉渣碱度和炉温高低。炉渣中 CaO 含量的高低决定了炉渣断口呈玻璃状还是石头状，而渣中 FeO 含量的增加促使炉渣断口中褐色增加。

炉温高时，渣样断口呈蓝白色，这时炉渣碱度可达 1.20~1.30。如果断口呈玻璃状并夹杂着石头状斑点，表明炉温较高，这时炉渣碱度可达 1.10~1.20。如果断口呈玻璃状表明炉温中等，炉渣碱度 $w(CaO)/w(SiO_2)$ 约在 1.00~1.10 左右。如果炉渣碱度 $w(CaO)/w(SiO_2)>1.40$ 时，冷却后即风化为灰色粉末。酸性炉渣碱度 $w(CaO)/w(SiO_2)<1.00$ 时，炉渣失去光泽，变为暗褐色玻璃状渣。

如果渣中逐步地增加 MgO 含量时，炉渣就会失去玻璃光泽而转变为淡黄色石头状渣，渣中 MgO 含量大于 10%，炉渣断口即变为淡黄色石头状渣。

通过渣样进行目力判断应通过观察渣样实物与化验分析数据相结合的方法，不断提高自己的判断能力，增强数据的准确性，并要结合本厂的具体情况摸索总结出具体经验。例如某厂技术人员，根据本厂的具体情况提出了冶炼不同铁种和牌号生铁时渣样断口的状况，现介绍如下：

1）冶炼铸造生铁时：

碱度 $w(CaO)/w(SiO_2)$ 在 0.95~1.05 之间，断口呈白玻璃状，有光泽，极易抽丝。

碱度 $w(CaO)/w(SiO_2)$ 在 1.05~1.20 之间，断口呈石头状，无光泽。在接近 1.20 时，有时出现头渣，断口略发青色，较光滑。碱度越高渣中气泡越多。

碱度 $w(CaO)/w(SiO_2)$ 小于 0.95 时，断口略带褐绿色；碱度越低，褐绿色越深。这是由于渣中（MnO）/（FeO）升高的缘故。出铁完毕后，渣沟残剩炉渣呈皱折状，有时出现由薄片炉渣形成的大泡。

2）冶炼炼钢生铁时：

冶炼炼钢生铁时，炉渣中（FeO）含量增多，炉渣颜色变深。在 L10 铁时炉渣为浅绿色或深绿色玻璃渣，断口有光泽，能抽丝，此时碱度在 1.18 以下；当碱度高于 1.18 时，变石头渣，断口头渣。炉温再降低时，炉渣颜色进一步加深，以至完全变成黑色无光泽，不能抽丝。在 L08 铁时，炉渣颜色为浅褐色或深褐色，碱度大约在 1.16 时即转为石渣。

某厂把通过看渣来判断渣碱度和渣温的经验进行了总结，如表 5-1 所示。

表 5-1　通过看出渣判断渣碱度和渣温

项　目		渣碱度 低⟶高	渣　温 低⟶高
熔　渣	渣　流		流动性差　流动性好 不耀眼　光亮耀眼 结壳　不结壳
	样勺倾倒时	丝状　滴状	
块　渣	色　泽		趋深　淡 发黑
	断　口	光滑　粗糙 玻璃状　石头状	光泽差　有光泽 石头状转玻璃状

5.1.1.3　看铁

看铁主要是判断生铁中［Si］和［S］的含量，以确定生铁的品种和牌号是否合乎标准。同时，用以判断炉缸温度变化及炉缸工作状态，并根据生铁成分来调剂焦炭负荷及调剂送风制度。

通常，用化验分析出来的生铁含［Si］量来代表炉缸温度，称作化学温度，也有的称化学热。而用高温计测量的温度称为物理温度，或称物理热。

高炉炉温充沛时，生铁中［Si］升高而［S］降低。炉凉时，生铁中［Si］降低而［S］升高。当炉缸温度变化时，生铁中［S］的波动幅度比［Si］快 10 倍左右。在炉渣碱度不变炉缸工作状态正常的情况下，生铁含［Si］量和炉缸温度成正比。因此，可以用生铁中［Si］变动量来判断炉缸温度，生铁中含［S］的变动成为我们判断炉缸温度变动趋势和炉缸工作状况的标志。

在炉缸中心堆积时，生铁中含［Si］量水平无变化，但由于铁水物理温度降低，以致生铁中［S］升高。在出铁时，后期比前期［S］高。这与炉渣的先热后凉是一致的。

在高炉边缘堆积时，生铁中含［Si］无变化，而生铁中［S］前期比后期高。

高炉失常时，生铁中含［S］大幅度上升，但是生铁中含［Si］波动幅度较小。

一般是热制度失常则出现低硅高硫生铁；而煤气分布失常、炉缸中心或边缘堆积、炉缸圆周工作不均时即使炉温很高，硫也不低，也就是出现高硅高硫生铁的原因；炉渣碱度波动则碱度低硫高；碱度过高与炉温不相适应时则会出现碱度高、硫也高的情况。

A　观察判断生铁中含［Si］量的几种方法

a　看火花

在出铁过程中观看铁沟中铁流上的火花是最简单的方法，火花是小铁滴在空气中氧化的结果，它随生铁含［Si］量的不同可出现不同的形态，一般来说可有以下几种情况：

（1）冶炼铸造生铁时：

当生铁含［Si］>2.5%时，铁水流动时没有火花飞溅。

当生铁含［Si］<2.5%时，铁水流动时有火花出现，但数量少、火花呈球状。

当生铁含［Si］<1.5%时，铁水流动时出现火花较多，跳跃高度降低，呈线状火花。

（2）冶炼炼钢生铁时：

当生铁中含［Si］<1.0%时，铁水流动火花急剧增多，跳得很低。

当生铁中含［Si］<0.7%时，铁水表面分布密集的针状火花束，非常多而跳得低，可以从铁口一直延伸到铁模或铁水罐。

（3）某厂技术人员结合本厂的经验总结出一套更细致更形象的看火花判断生铁中含［Si］的方法，现介绍如下：

1）硅含量小于0.5%时，铁沟中分布有密集的花束，细而密，形状如荒草，布满铁沟。一般极少爆裂，呈轻飘飘的小颗粒状，从铁口通过大闸一直延伸到铁水罐。

2）硅含量在0.5%~1.0%之间时铁沟中火花高约一尺，跳跃比较急促，分布密集，不打弯，爆裂后花丝较多。在铁口附近，针状花束较多。

3）硅含量在1.0%~1.5%之间时铁沟中火花跳跃较高，运动较慢，分布较稀，清晰可辨，火花打弯，爆裂后花丝不多。

4）硅含量量在1.5%~2.0%之间时铁沟中火花跳跃较高，火花变少；在硅含量将近2.0%时只偶尔出现1~2朵爆花。

5）硅含量在2.0%~2.5%之间时铁沟中火花呈球状，不爆裂；跳跃很矮，显得很沉重的样子，只在铁口和铁罐才能见到稀疏的爆花。

6）硅含量大于2.5%时铁水表面的球状火花也没有了，仅在铁罐中才能见到少许爆花；当硅含量大于3.0%时，铁罐中也没有爆花了。

b　看出铁时的烟雾

（1）冶炼铸造生铁时：

当生铁中含［Si］在1.5%~2.5%时，铁水流动时表面升腾起白色烟雾，但不很多，也不浓。

含［Si］在1.5%以下时，出现红褐色烟雾。

生铁中含［Si］大于2.5%后从铁水表面升腾起很浓的白色烟雾，尤其当生铁中含［Si］>3.0%时，在出铁时除有浓厚的烟雾外还有白色粉末散落于出铁场。

在生铁含［S］量低于0.04%时，有片状黑灰色石墨碳飞扬。

（2）冶炼炼钢生铁时：

在冶炼炼钢生铁时，出铁时从铁水表面升腾起红褐色烟雾而且随着生铁中含硅量的降低，烟雾增多，烟色变浓，尤其当［Si］<1.0%时烟雾多而浓。

c　看铁水流动性

在生铁含［Si］合格的情况下，可以根据铁水流动性来判断。

（1）冶炼铸造生铁时：

当生铁含［Si］在1.5%~2.5%时，铁水流动性良好但比炼钢生铁略黏些。

生铁含［Si］>2.5%时，铁水变黏，流动性差，并且随着［Si］的升高黏度增大，粘铁沟情况严重。

（2）冶炼炼钢生铁时：

铁水流动性良好，不粘铁沟。

d　看生铁模样断口和凝固状态

（1）看断口。用取样勺取铁水注入断口试样模内，待其冷凝后打断试样，从断口颜色和结晶状况可判断出生铁含［Si］量的多少。

1）冶炼铸造生铁时：

当生铁含［Si］在 1.5%~2.5%时，模样断口为灰色，晶粒较细。

生铁含［Si］>2.5%时断口表面晶粒变粗，呈黑灰色。

生铁含［Si］>3.5%以后，断口变为灰色，晶粒又开始变细。

2）冶炼炼钢生铁时：

当生铁含［Si］<1.0%时，断口外边如图 5-2（c）所示。

当生铁含［Si］<0.5%时，模样断口呈全白色。

当生铁含［Si］在 0.5%~1.0%时为过渡状态，边缘呈白色，中心呈灰色，含［Si］越低，白边越大，如图 5-2（e）所示。

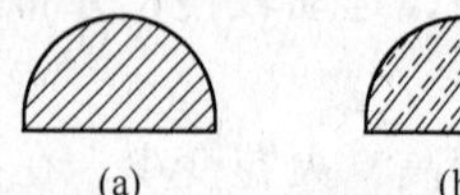

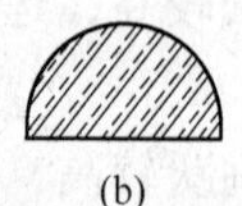

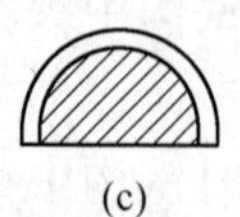

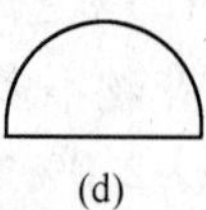

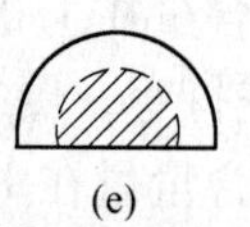

图 5-2　生铁模样断口状况示意图

（a）w[Si] =1.5%~2.5%，全部灰色，细晶粒；（b）w[Si]>2.5%，黑灰色，粗晶粒；
（c）w[Si]<1.0%，边缘内口；（d）w[Si]<0.5%，全白口；
（e）w[Si]=0.5%~1.0%，向白口过渡

（2）看凝固状态。将铁水注入试样模内，待冷凝后，可以根据铁样的表面情况来判断。

当生铁中含［Si］<1.0%时，冷却后铁样中心凹下去。生铁中含［Si］越低凹陷程度越大。

生铁中含［Si］<1.5%时，模样的中心略有凹陷。

生铁中含［Si］在 1.5%~2.0%时，模样表面较平。

生铁含［Si］>2.0%后，随着［Si］的升高，模样表面鼓起程度越大。

B　观察判断生铁中含［S］的几种方法：

a　看铁水凝固速度及状态

将铁水注入试样铁模内，当生铁含［S］<0.04%时，铁水进入模内后很快凝固。

生铁含［S］在 0.04%~0.06%时，稍过一会铁水即凝固。生铁中含［S］高时凝固慢，含［S］低时凝固快。

当生铁含［S］在 0.03%以下时，铁水凝固后表面较光滑。

生铁含［S］>0.1%时，铁水凝固后表面斑痕增多。［S］特别高时，模样表面布满斑痕。

b　看铁水表面油皮和模样断口

（1）看油皮：

当生铁含［S］<0.03%时表面没有油皮。

生铁含［S］>0.05%时表面出现油皮。

生铁含［S］>0.10%时，铁水表面完全被油皮覆盖。

（2）看模样断口：

将铁水注入铁模中，并急剧冷却，打开模样观察断口，当生铁含［S］>0.06%时，

断口呈灰色，边缘有白边。而在缓慢冷却时，边缘呈黑色。

c　某厂判断生铁［S］的操作方法介绍

前面介绍了一些直观判断生铁［S］的方法，但都还比较简单、粗略。为更有利于提高操作人员的直观判断水平，下面介绍一下某厂技术人员提出的较深入细致、量化程度更高的一些判断生铁含［S］的方法，供大家参考。

在出铁的过程中，能够迅速而准确地判断出铁水中含［S］的多少是很重要的。在高炉冶炼过程中，硫的变化速度大约是硅的变化速度的 8～10 倍，所以硫含量是高炉操作中比较敏感的操作指标。该厂在诸多的直观判断生铁含［S］的方法中，详细地介绍以下三种方法：

（1）看表面样。观察在样模中已经凝固，但仍然发红的铁样，可以判断出硫含量的多少。

1）光洁面。铁样表面无黑斑，也无石墨碳析出，光洁无瑕，铁样微微上凸。这种情况发生在硅含量大于 2.0%时，此时硫含量不超过 0.015%。

2）团状灰。铁样表面析出的石墨碳一团一团的，犹如小野兽在地上留下的脚印，又像收割后稻田中的稻茬，铁样微上凸。这种情况发生在硅含量大于 1.5%时，此时硫含量在 0.010%～0.020%之间。

3）片状灰。铁样表面析出的石墨碳连成一片，黑乎乎的。铁样表面较平，中心冒出数个小米粒大小的汗珠，有时中心有下凹现象。这种情况发生在硅含量为 0.8%～1.5%时，硫含量在 0.020%～0.050%之间。

4）块状斑。铁样表面无石墨碳析出，而有油珠凝固后形成的黑斑，呈一块一块的形状，如小米粒大小。这种情况发生在炼钢生铁，硫含量在 0.050%～0.080%之间。

5）片状斑。铁样表面的黑斑连成一片，有时从铁样的中心流出一小股铁水来。铁样的侧表面不平整，有许多圆形的小坑。这时，生铁硅含量一般较低，硫含量在 0.080%以上。

在观察以上几种现象时应注意到：碱度低时与碱度高时的现象相同，但硫含量高出 0.010%～0.015%。

（2）看样。把铁水倒在长条形铁模中，观察铁水表面的状态。在铁水凝结过程中表面形成一层氧化膜。这时用一小木条将氧化膜拨开，露出未凝固的液面，再观察。如此反复，直到铁水凝固。这种方法在含锰 0.30%以上时很方便，裂纹宽而亮，一张一合，犹如人的眼。当生铁中锰含量在 0.10%左右时，通常有以下几种情况：

1）硫含量小于 0.035%时，铁水发黏，拨开后没有裂纹。

2）硫含量在 0.035%～0.050%之间时，铁水发稀，流动性好，有时有很细小的裂纹，裂纹互相交织，开合的速度较慢。

3）硫含量在 0.050%～0.080%之间时，铁水很稀，硫含量高时铁水在样勺中从一侧向另一侧翻动，倒入铁模中仍翻动。表面有油珠，拨开后有裂纹，宽 1～2mm，开合速度较快。

4）硫含量大于 0.080%时，铁水又开始发稠，流动性不好，表面有大油珠浮动，拨开后油珠消逝，生成针尖大的小油珠，瞬间又生成大油珠，没有裂纹。

（3）看断口样。将刚凝固的条状铁样，放在凉水中急冷，断开后观察断口的结晶状况，可以判断硫的含量。由于铁中含石墨碳和化合碳多少不同，所以形成了各种各样的断口形状。

因为硫是促进化合碳形成的元素，而阻碍石墨碳的形成，所以铁中硫含量越高，生成的化合碳数量就越多，铁样断口中白口的面积就越大。

以断口样判断铁中硫的含量，主要就是观察白口部分的多少。炉温越高，硫含量越低，白口越少，甚至没有。反之，炉温越低，硫含量越高，白口就越多，甚至全部是白口。如果铁样灰口、白口都有，就要以白口占整个断口的比例多少来判断铁中含硫多少了。

C　几种直观生铁含［Si］和［S］的方法介绍

a　铁样断口图判断生铁［Si］、［S］含量

前边介绍了很多种直观判断生铁含［Si］和［S］的方法。但由于生铁中［Si］和［S］同时存在，它们对铁样断口状貌的影响有着密切的关系。马鞍山钢铁公司的技术人员在现场找到400多个炼钢生铁的断口样，根据它们的［Si］、［S］含量进行分类，在每一类中挑选出具有代表性的断口样，以［Si］为纵轴，以［S］为横轴绘制成一个具有量化特点的铁样断口，如图5-3所示。

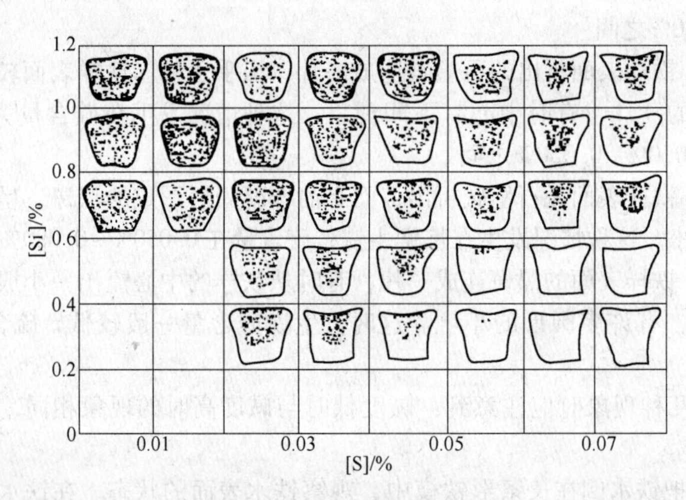

图5-3　铁样断口图

从图中我们可以清楚地看出：

在［S］相同的一格内，随［Si］的升高，灰口逐渐增多，白口逐渐减少，以致在坐标上的左上角形成一个全部为灰口的灰口区域，在这个区域里的断口呈灰暗色。其中夹以白色发亮的小晶粒，铁样结实，难以断开。

在［Si］相同的一格内，随［S］的升高，白口逐渐增多，灰口逐渐减少，以致在坐标的右下角形成一个全部为白口的白口区域。在这个区域的断口呈银白色，有明显的条状结晶。在［S］较高时还有蓝、黄等颜色，在铁样的上部往往有气孔出现，铁样质脆，有时不用敲打，自己就能断开。

在以上这两个区域较大的范围内是白口和灰口兼有的麻口区域。在这一区域里仍然是随［Si］的升高、［S］的降低，灰口逐渐增多，白口逐渐减少。白口一般在铁样的下面

和侧面，白口往上是灰口颗粒。白口部分在［Si］高［S］低时，仅在边缘出现一点，呈很薄的一层。随着［Si］的降低［S］的升高，逐渐过渡到边缘白口，厚度逐渐增加。在接近白口区域的地方，边缘白口成明显的条状结晶，清晰凸出，在白口上面出现颗粒较粗的灰口。

如果掌握了上面的这种规律，在出铁的过程中我们先判断出铁水的含［Si］，然后再观察断口就可以很快地判断出铁水中［S］的多少了。

观察断口的方法很简单，把刚刚凝固的长条状铁样放到凉水中急剧冷却，然后断开，就能观察到铁样断口处的结晶状况了，前后时间不过 2min。

这种方法虽然在准确度上受某些因素的影响存在一定的误差，但方便迅速，在高炉所用原燃料基本稳定的情况下，熟练的值班工长利用这种方法可以把误差减小到 0.010%左右，而这样的准确度对于现场来讲就足够了。

b　判断铁水含［Si］、［S］变化状貌反映表

某厂根据自己的经验，将生铁含［Si］和［S］量的由低到高变化时相应的铁水在铁水沟流动铁样凝固情况和断口状貌列表简明地做了对比，很有参考价值，如表 5-2 所示。

表 5-2　通过看出铁判断硅、硫含量

项　目			含硅量 低——→高	含硫量 低——→高
铁　流	火　花		细　粗 密　疏 低　高 分叉	
	油　皮			无　有
铁　样	液　态 表　面			无纹　多纹 颤动
	冷凝时间			短　长
	固　态 表　面			凸起　中凹 光滑　粗糙 有飞边
	断口	色泽	白　灰	
		晶粒	放射形针状　细小 中心石墨渐消	
	敲打时			坚硬　脆、易断

c　用断口状貌判断生铁含［Si］、［S］的实例

某厂根据断口状貌形成的机理与生产实践，对生铁断口状貌与生铁含［Si］、［S］的关系做了分析，并对比较有代表性的铁样绘图说明，很有参考价值，现介绍如下：

（1）断口颜色。铁样断口颜色由生铁中总碳量与石墨碳的多少来决定，普通分为白

口与灰口两种：

第一种是高［Si］（2.5%~3.0%）的生铁，因为石墨碳存在多断口呈灰色，其颜色的深浅，随石墨碳的多少而定，亦即随生铁中含［Si］量而变化。

第二种是低［Si］（0.5%）生铁断口呈白色，是由生铁中石墨碳少而化合碳多而决定。

（2）断口晶面。前面讲过，硅在生铁中有促进化合碳（Fe_3C）分解、石墨碳（C）生成的作用，所以生铁含［Si］逐渐增加，晶粒由少到多，由细密到粗大，晶粒分布的范围，也由中心到边缘，其大致情况介绍如下：

w[Si] 在 1.0%以下晶粒密小，分布范围未到边缘，如图 5-4（a）所示。

w[Si] 在 1.0%~2.0%之间，由小晶密集逐渐到疏多，晶粒中等，其分布范围渐大，如图 5-4（b）所示。

w[Si] 在 2.0%~3.0%之间，晶粒由中等而逐渐粗大呈现堆凸起状，如图 5-4（c）所示。

w[Si] >3.0%时，则晶粒又变细小密集，分布范围几乎遍布于全断口如图 5-4（d）所示。

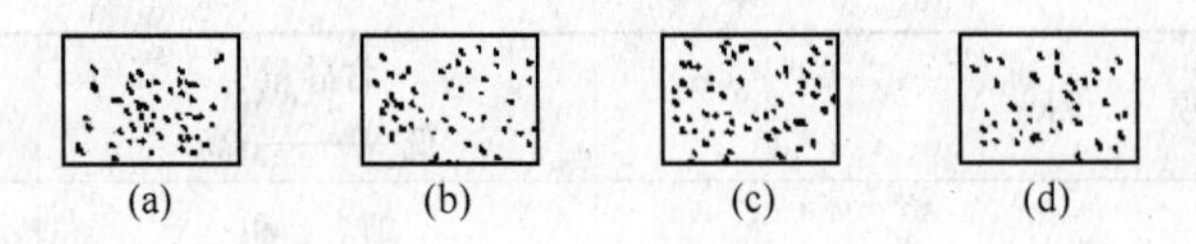

图 5-4　铁样断口表面示意图

（a）*w*[Si] <1.0%；（b）*w*[Si] =1.0%~2.0%；（c）*w*[Si] =2.0%~3.0%；（d）*w*[Si] >3.0%

由铁样断口没有晶粒分布到的边缘的宽窄多少，也可以判断生铁中［S］的高低，但判定生铁中［S］的高低，以三角形铁样为适宜。

生铁含［S］在 0.03%时，则三角铁样的断面顶角，即出现白口，（Fe_3C）的范围不广，仅在顶角，如图 5-5（a）所示。

生铁含［S］在 0.04%（或 0.04%~0.05%）时，三角铁样的顶角呈现小三角形，因含［S］逐渐升高三角形由小而大，如图 5-5（b）、（c）所示。

生铁含［S］在 0.06%~0.08%时，三角铁样自顶角起向两边拉出白边，且随着［S］的增高，白边逐渐粗长，如图 5-5（d）、（e）所示。

生铁含［S］在 0.09%时，三角铁样断口全为白色，呈斜状枝纹，并有气泡，如图 5-5（f）所示。

生铁含［S］在 0.1%时，三角铁样断口全为白色，呈现粗大的枝纹，已几乎看不见碳的结晶粒，如图 5-5（g）所示。

在冶炼低硅生铁时，因生铁中含［Si］低，化合碳较多（Fe_3C），同时［Mn］也较高，所以铁样断口易现白口而有枝纹，选择几个比较有代表性的铁样绘图介绍，如图 5-5 中（h）、（i）、（j）、（k）、（l）所示。

D　铁水铸模试样状况与含［Si］、［S］关系的试验研究结果

凌钢炼铁厂在 300m³ 高炉上进行了铁水铸模试样硫（硅）的判定方法及凝固机理的研究。通过研究铁水凝固时间、铁样上表面形状、气孔状况、断口颜色、表面石墨碳状况

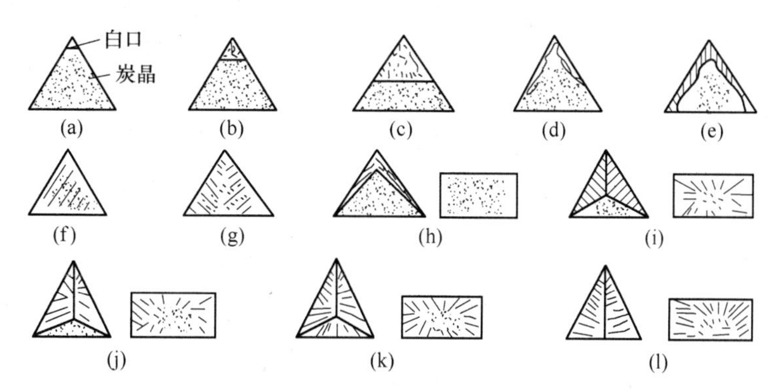

图 5-5　铁样断口与［S］大小的关系

(a) $w[S]=0.03\%$;(b) $w[S]=0.03\%\sim0.04\%$;(c) $w[S]=0.04\%\sim0.05\%$;(d) $w[S]=0.05\%\sim0.07\%$;
(e) $w[S]=0.07\%\sim0.08\%$;(f) $w[S]=0.08\%\sim0.09\%$;(g) $w[S]>0.1\%$;(h) $w[S]=0.02\%$,$w[Si]=0.42\%$,
$w[Mn]=1.33\%$;(i) $w[S]=0.031\%$,$w[S]=0.62\%$,$w[Mn]=1.22\%$;(j) $w[S]=0.047\%$,$w[Si]=0.79\%$,
$w[Mn]=1.21\%$;(k) $w[S]=0.05\%$,$w[Si]=0.61\%$,$w[Mn]=0.99\%$;
(l) $w[S]=0.64\%$,$w[Si]=0.76\%$,$w[Mn]=1.06\%$

与铁水含［Si］、［S］的关系，并进行归纳总结，从而得出了如下规律：高硅铁水凝固时间长、凝固过程中表面逸出气泡较少，表面凹下；高硫铁水凝固时有大量气泡逸出，表面及内部组织疏松，气孔也较多，表面较平或凸起，凝固的组织易以 F_3C 形式析出成白口铸铁层。试验中搜集了大量对比数据，有助于提高高炉操作者直观判断的准确性，现介绍如下：

（1）铁水凝固时间。用取样勺把铁水从铁沟中取出，倒入铁模后为凝固的开始时间，铁水全部凝固成固态时为凝固的终了时间。凝固时间和铁水成分的关系如表 5-3 所示。

表 5-3　铁水凝固时间与含 S（Si）的关系

炉　号	铁水凝固时间/s				成分含量/%	
	试　样			平均	Si	S
	1	2	3			
9968	50	49	53	50.7	2.15	0.012
9970	45	42	44	43.7	2.89	0.009
9978	57	56	60	57.7	1.31	0.024
10004	85	86	87	86.0	0.73	0.047
10006	88	87	88	87.7	0.57	0.052
10015	89	89	100	89.3	0.47	0.062

从表 5-3 中看出，随着铁水含硫量的上升，含硅量的下降，铁水凝固温度虽然下降，但是铁水在铁模中的凝固时间延长了。虽然它们之间相差的不多，但是有这样的规律：低硫（高硅）铁水凝固时间短，高硫（低硅）铁水凝固时间长。

（2）铁样上表面形状。在铁模中凝固完了的铸铁试样，含硫含硅成分不同，其上表面形状也不同，如表 5-4 所示。

表 5-4　试样上表面形状与含 S（Si）的关系

炉　号	试样上表面形状	成分含量/%	
		Si	S
9968	四边凸起，中心凹下	1.14	0.028
9968	四边凸起，中心凹下很深	2.15	0.012
9969	四边凸起，中心凹下很深	1.99	0.015
9980	中心凹下	0.73	0.042
9981	中心有凹下	0.59	0.042
90016	上表面较平	0.51	0.073
94226	表面凸起较高	0.34	0.120
94227	表面凸起较高	0.32	0.151

从表 5-4 中看出，随着铁水中含硫的升高含硅量的下降，铁模中的铸铁试样从表面凹下很深发展成凸起很高。300m^3高炉生产实践表明：铁水含硫量越低，含硅量越高，铸铁试样表面凹下的越深；如果试样的表面较平或凸起，此炉铁水含硫最有可能超过 0.07%，造成号外铁。

（3）气孔状况。铸铁试样表面气孔的多少和铁水含硫（硅）的关系，如表 5-5 所示。

表 5-5　试样气孔状况与铁水含 S（Si）的关系

炉　号	试样气孔状况	成分含量/%	
		Si	S
9970	表面无气孔	2.89	0.009
9979	表面气孔很少	1.01	0.025
9981	表面气孔少而小	0.59	0.042
10016	表面小气孔较多	0.51	0.073
942266	表面大气孔较多	0.41	0.113
942267	表面大气孔很多	0.28	0.145

表 5-6 表明，随着铁水中含硫量的升高、含硅量的下降，铸铁试样表面气孔由小变大，由少变多。300m^3高炉的生产实践表明：含硫高、含硅低的铁水，在铸模中凝固过程中产生的气体也较多。

（4）断口颜色。如表 5-6 所示，是不同炉号铸铁试样的断口颜色，它表明随着铁水中含硫量的升高、含硅量的下降，铸铁试样断口的白口厚度增加，灰口层厚度减少。

表 5-6　试样断口颜色与铁水含 S（Si）的关系

炉　号	试样断口颜色	成分含量/%	
		Si	S
9970	断面四周有一层白线	2.89	0.009
9980	断面四周有一层白口	0.73	0.042
942268	断面四周有较深白口层	0.39	0.136
942267	断面四周有较深白口层	0.28	0.145

（5）表面石墨情况。300m^{3}高炉生产实践表明，铁水含硫量越低，含硅量越高，铸铁试样表面的 $C_{石墨}$含量就越多，如果铸铁试样表面有 $C_{石墨}$存在，铁水中含硫量一般都不会超过 0.07%。如果试样表面没有 $C_{石墨}$，此炉铁水中含硫量超过 0.07%的可能性很大。

E 铁样与渣样的保存与对比分析判断

前面已讲过，直接观察（或直观判断）是基于生产经验的不断积累进行的。看渣和看铁是直观判断的主要方法之一，每个操作者都必须努力地、不断地提高自己看渣和看铁的水平，提高判断的准确性，尽量减少判断结果的误差。而提高判断渣样与铁样水平的主要方法是做好目力观察试样并与化验分析数据对照比较。由于渣铁样都是容易取得与保存的实物资料，就为采用这种方法带来了有利条件。此法就是将每次取得的渣铁样从中打断，其中一半送化验室分析，另一半在目力观察判断后放置在设于值班室内的渣铁样贮存格架上。待化验分析结果回来后，再将化验结果与目力观察判断结果对照比较分析，持之以恒，就可以逐渐提高直观判断的水平，减少判断误差。试样保存一昼夜。同时还可以通过贮存试样的变化推断炉况的发展趋势。这是一项很好的措施，国内外很多大中型高炉早已采用这种措施。对于中小型高炉采用这种措施尤为重要。

渣铁样贮存箱的格架的制造和使用都很方便，格架可分为三层，每层四格或五格（可依据每班出铁次数确定格子数量），每班分摊一层。依次放置每次出铁的铁样与下渣样及出渣上渣样。用粉笔在格子上面的木板记录化验值或用夹子夹住化验单挂在格子上面，以此样做对比。

5.1.1.4 看料速

探尺运动情况直接表示炉料的运动状态。

炉况正常时，探尺均匀下降，没有停滞和陷落现象，每批料下降时间接近，表示顺行。

炉况失常时，探尺突然下降达 300mm 以上时称为崩料，表明炉料运动状态失常。如果炉料停止下降时间超过一批料时间，称为停滞，超过两批时间称为悬料。两种情况都表示难行。

两根探尺经常性地相差大于 300mm 时，称为偏料。同时，结合看炉顶温度两点差也很大，即表示同探尺指示相符。偏料属于不正常的炉况。如果两探尺相差很大，但装完一批料后，差距缩小很多时，一般是管道行程引起的现象。

在送风量不变和焦炭负荷不变的情况下，探尺下降速度间接地表示炉缸温度变化的动向，一般下料速度加快，表示炉温向凉。而料速转慢，则表示炉温趋向热行。

5.1.1.5 看炉顶料面

通过炉顶摄像装置观看炉顶料流轨迹和料面形状、中心煤气流和边缘煤气流的分布情况，还能看到管道、塌料、坐料和料面偏斜等炉内现象。观察时要注意安装位置的对应关系，保证采取的布料措施合适。

直接观察法的水平和经验，需要在长期生产实践中不断积累、不断总结来提高和丰富，这样才能可靠地观察、判断炉况是否波动或波动是否正常。

5.1.2 利用计器仪表判断炉况

为了更好地控制高炉炉况，更准确的知道炉况的动向趋势和幅度，只用直接观察判断方法是不够的，还必须借助计器仪表和计算机来监测和调控。它能测试高炉内部的某些变化，随着科学技术的发展，高炉计器仪表监测范围越来越大，精确度越来越高，预见性越来越强，已成为观察判断炉况的主要手段。

5.1.2.1　高炉监测仪表的种类

监测高炉生产的主要监测仪表，按测量对象可归纳为以下几类：

（1）压力计：有热风压力计、冷风压力计、炉顶煤气压力计、炉身静压力计、压差计、冷却水压力计、蒸汽压力计等。

（2）温度计：有热风温度计、炉顶温度计、炉喉温度计、炉身炉墙温度计、炉喉十字测温温度计、炉基温度计、冷却水温度与温差计等。

（3）流量计：有风量计、氧气流量计、蒸汽流量计、冷却水流量计等。

（4）其他：有炉顶和炉喉煤气成分分析仪、料尺计、透气性指数仪、料面测试仪等。目前很多大中型高炉已使用计算机监控技术。

有一些高炉装备水平较低，但也必须安装热风压力计、冷风压力计、炉顶煤气压力计、风量表、热风温度计、炉喉温度计、炉顶温度计、炉身温度计、料尺记录仪等计器仪表。

5.1.2.2　高炉监测仪表的用途

现对主要计器仪表的用途简介如下。

A　热风压力计和冷风压力计

热风压力计（表）是目前判断高炉炉况最重要的计器之一，它直接反映了高炉内煤气与料柱透气性相适应的情况。目前影响风压波动的因素主要有两个方面：

（1）属于料柱透气性方面的因素：

炉料的粒度、气孔率、机械强度等；

炉料在炉喉的分布情况（装料制度的变化）；

矿石与焦炭的比例；

矿石的品位和焦炭的灰分多少，即渣量的多少；

造液制度——初渣和终渣的化学成分和物理性能，特别是渣温与黏度。

（2）属于煤气流方面的因素：

风量的大小；

风温和湿度的高低；

煤气流的分布情况；

炉内热制度的变化；

炉顶压力的变化。

从上述可看出，影响高炉压力的因素几乎包括了所有决定高炉顺行与否的因素在内，因此把热风压力的波动，看成是高炉行程的综合反映是有充分理由的。

热风压力反映了煤气与炉料相适应的情况，在一般情况下，能够准确说明炉况的稳定程度。风压计是判断炉况最重要的计器之一。

在高炉顺行的时候，热风压力应根据各高炉的具体情况而定，每一个高炉都具有一定的水平，波动值也应该在各高炉所容许的范围之内。各高炉的风压水平与容许的波动范围应该由实际工作中的情况去确定。

当风压逐渐下降，低于正常水平时，可能是炉凉或有管道产生的征兆。风压逐渐上升，高过正常水平时，可能是炉热或是炉料透气性恶化的征兆。

当风压剧烈波动时，则可能是产生管道行程时。这时由于管道的不断形成和不断被破坏，煤气流分布失常，炉料透气性变化剧烈，下料不顺畅，因此反映出风压的剧烈波动。例如，当管道行程产生时风压降低，当管道堵塞或崩落后又转为难行或悬料时，炉料透气性又变坏，风压又升高。

在观察风压计时，应该记住，由于热风压力是高炉行程的综合反映，同样的压力波动，同样的波动图形，极有可能代表不同的意义。如当煤气管路堵塞时，热风压力也上升，应及时查明原因排除，不应视为料柱透气性变坏引起风压上升；放渣出铁前，渣铁充满炉缸，尤其是放渣出铁时间延误时，将影响风压升高，渣铁放出后即可自动恢复正常。所以，必须结合其他计器仪表或目力直接观察去寻找破坏高炉行程的真实原因，以免误判断或延误处理时机，导致炉况的进一步变化。

冷风压力计安装在冷风管道上。与热风压力计一样也可以指示或记录风压的变化，由于热风压力反应敏感，通常所说的风压是指热风压力。正常生产时，冷风压力高于热风压力，其差值相对稳定。如因热风炉系统造成憋风，则会出现冷风压力上升，而热风压力和风量锐减现象。

B 风量表（计）

高炉风量表一般安装在冷风管道上。风是高炉冶炼的动力，在不富氧的情况下，风量大小是强化高炉冶炼的重要标志。高炉接受风量的多少由风量表指示和记录下来。风量表也是判断炉况的重要仪表。风量表和风压计相配合可以判断出料柱透气性的变化和热制度的发展趋势。一般情况下，当风压升高时，风量缓慢减少；风压降低时，风量会增加。当料柱透气性变坏或炉子行程向热时，风压升高，风量相应减少。炉料透气性改善或炉子行程向凉时，则风压降低，风量相应增加。当有管道行程时，也会出现风量突然增加，而风压锐减的现象。

一般高炉均采用固定风量操作，并在风机上安装有自动调整风量的装置。因此在正常情况下高炉风量表的风量自动记录纸上应该是平滑稳定的曲线。

C 炉顶煤气压力计

炉顶煤气压力计反映煤气流经过料柱的总压头损失及煤气管道系统的通畅情况，对炉内来说，与其他计器仪表指示相结合，可以判断煤气流分布情况。炉顶煤气压力计的自动记录曲线是一条梳状曲线。

一般情况下，煤气流分布均匀合理与煤气管道系统正常时，炉顶煤气压力均匀稳定。如高煤气有较大的通路，如边缘煤气流和中心煤气流过分发展或管道行程时，则炉顶煤气压力升高。料柱透气性恶化时，对煤气流阻力增大，表现为煤气压头损失增大，即热风压力虽表现上升，但炉顶煤气压力下降。当炉况发生难行时，炉顶煤气压力下降，变为悬料时，炉顶煤气压力继续下降，在悬料严重时，炉顶煤气压力可能趋近于零。

由于大钟打开放料的影响，会出现周期性的尖峰。如果炉顶煤气压力经常出现向上或向下的尖峰，表明煤气流分布不稳定，或发生管道和崩料。

决定炉顶煤气压力水平的因素是：

(1) 高炉使用风量的大小；

(2) 荒煤气管道的横断面积；

（3）荒煤气总管的压力情况。

高炉使用的风量增加，炉顶煤气压力升高；风量减少，炉顶煤气压降低。

观察炉顶煤气压力时，要注意煤气变化的影响。如果多座高炉同时工作，煤气管道相连，当某一高炉出现休风或放风等情况时，都会使煤气管总压力产生变化，影响其他高炉炉顶压力显示的变化。当荒煤气管道被堵塞或阀门开关失灵打不开时也都会使荒煤气系统管道断面减小，使炉顶煤气压力升高。

D　炉顶煤气温度计

炉顶煤气温度计安装在煤气上升管道上，测量炉顶煤气温度。炉顶煤气温度的高低与以下几个因素有关：

（1）高炉煤气的热能利用越充分，煤气带走的热量越少，炉顶煤气温度越低；高炉煤气热能利用的越不好，则煤气带走的热量越多，炉顶煤气温度越高。

（2）装入高炉内炉料水分的高低，水分越高，炉顶煤气温度越低。

（3）装入高炉内炉料的温度高低，装入炉料的温度越高炉顶温度越高，如热矿；装入炉料的温度越低炉顶煤气温度越低，如冷料。

从各个上升管内煤气温度的差别，可判断炉内煤气流的分布情况；从炉顶煤气温度的高低变化，可判断煤气流热能和化学能利用的程度。

炉内煤气利用好，焦比低、煤气分布均匀，则炉顶煤气温度低而稳定，各个上升管煤气温度差别很小。煤气分布不均匀，如边缘和中心的煤气流过分发展或管道行程时，则煤气能利用变坏，炉顶煤气温度升高。边缘或中心煤气流过分发展时，各上升管内煤气温度接近；而管道行程时，靠近管道处的上升管内煤气温度升高，与其他各点差别很大。

在有炉顶煤气温度自动记录仪的高炉，作为判断高炉行程的炉顶煤气温度计，应该观察炉顶温度曲线的变化形式：

（1）在煤气分布正常、高炉顺行时，曲线上出现宽度适中（30～50℃）和有一定波动幅度的点带；当大钟开启时，新批料落入炉内后煤气温度下降，以后煤气温度逐渐上升，直到下一批料落入时煤气温度又开始下降，如此循环。

（2）当炉况失常时，例如边缘煤气流过大，而且四边煤气流分布不均匀时，曲线纸上的分布就宽，而强大的中心煤气流进程时，点子分布就十分狭窄了。

（3）在低料线作业时，由于煤气逸出料面后经过较长的时间才能达到测量点，使之有较充分的混合作用，此时曲线纸上点子的分布也十分狭窄了。

E　炉喉温度计

炉喉温度计一般安装在钢砖下（即料面以下），沿圆周方向均匀插入炉墙内，能够灵敏地反映出炉喉四周边缘煤气温度高低及其分布情况。边缘煤气流发展，中心煤气流不畅，则炉喉温度升高。中心煤气流发展，边缘煤气流不畅，则炉喉温度降低。当炉料分布不均，炉料偏行，管道行程或者结瘤时，则炉喉温度四周各点差异增大，温度自动记录带变宽，温度高的方向表示有强的煤气流，温度低的方向表示煤气流弱。

F　炉身温度计

为了判断和监测煤气流在圆周方面分布是否均匀，以及炉衬侵蚀、炉型变化等情况，可用安装在炉身四周各层的炉身温度计来观测。某一方位炉衬被侵蚀，该处温度升高，有炉瘤覆盖，该处温度降低。煤气流分布的影响与炉喉温度计相同，两者应有一定的对应关系，即某一方位煤气流过盛时，则该方位炉身及炉喉温度相应升高，反之，则都降低。

按高炉容积的大小，一般高炉装有 3~4 层炉身温度计，同一高度水平的每层装有 4~6 个炉身温度计。

G　炉身静压力计

有些高炉，在炉身各部位分层安装了炉身静压力计，以测量各个方向和不同高度上炉内煤气的静压力，也可以将相邻各层的静压力计连接成压差计。

当某一方向炉身静压力升高，热风压力也相应升高，说明该压力计上下两个水平之间的料柱透气性变坏，结合各层煤气温度和风口观察，可综合判断炉料不顺畅的方向和部位。

H　探料尺

高炉一般都装有两根相互对称的探料尺，又简称料尺或探尺。大中型高炉的探料尺都是自动升降和自动记录的，其下降情况用圆形记录纸自动记录。料尺的下降直接测量了料面的高低和反映了炉料下降情况。因此，记录料尺升降的曲线能够直接反映炉料运动情况，对于判断炉况有着特别重要的作用和意义。

炉况顺行时，两根料尺下降均匀、顺利，两次下料时间大约相等，无停滞或突然陷落的现象。难行时料尺下降缓慢，悬料时料尺不动。在难行或悬料时，自动记录曲线上出现水平横线和台阶。崩料时料尺会突然下陷很深，剧烈管道行程时，会出现较大的崩落。炉内偏料时，两个料尺下降速度不一致，料面倾斜时料尺反映出一高一低。在结厚或结瘤方向的料尺记录出现台阶。

I　炉顶煤气成分分析仪

炉顶煤气成分包括几个方面：

(1) 炉顶煤气中 CO 含量与 CO 和 CO_2 含量之比，它反映了高炉煤气的化学能利用情况。在一定的冶炼条件下，炉顶煤气中 CO 与 CO_2 含量之和是相对稳定的，如 CO_2 含量升高，表明炉内间接还原作用改善，直接还原作用降低。高炉顺行间接还原改善时，煤气中 CO_2 含量升高，有利于焦比的降低。

(2) CO_2 含量在炉喉半径上的高低，反映出煤气流在半径上的分布情况。煤气通过多的地方 CO_2 含量低；煤气通过少的地方 CO_2 含量较高。一般是从 4 个方向上取样，每个方向上取 5 点，将取样分析结果绘成 CO_2 分布曲线。在正常情况下，此曲线是中心 CO_2 含量高于边缘 CO_2 含量的双峰式曲线，也有的高炉是中心 CO_2 含量低于边缘 CO_2 含量的燕翅式曲线。每个高炉的曲线含量分布曲线，应根据各个高炉的具体情况决定哪种情况较为合适。4 个方向上所测量结果差异很小，说明沿圆周高炉工作均匀。

当 5 点煤气曲线发生变化时，则表明炉况发生变化，操作人员要细心观察炉况，首先是煤气和炉料对流的稳定性及其变化情况，找出变化原因，必要时要采取一切可能采取的措施调剂炉况，使其尽快恢复正常。下面为几种不正常炉况的煤气分布曲线：

1) 边缘煤气流过分发展。如图 5-6 所示，过分发展的边缘煤气流的特征是炉墙附近 CO_2 含量低（2%~4%以下），这是煤气沿着炉身边缘很宽的圆环区运动的缘故，炉子中心部分被煤气冲洗较弱，冶炼产品还没有充分处理，就进入炉缸。炉缸操作不均衡，中心负荷过重，透气性变差，炉缸堵塞严重，中心 CO 含量较多（达 90%以上）。

此时煤气的热能和化学能利用率下降，焦比升高，焦炭负荷和高炉产量降低，炉况不顺，因为风口区燃料燃烧反应的稳定性受到破坏，这很可能是炉子向凉的开始，要及时加以预防，尽快找出原因，采取措施进行调剂，迅速恢复正常炉况。否则发展下去会引起整个中心堵塞，使炉墙磨损和炉身冷却器烧损严重，特别是采用卧式冷却系统时更为严重。

2）中心煤气流过分发展。中心煤气流过分发展，如图5-7所示，这种偏离正常的煤气分布正好与边缘过分发展相反。如果炉子长时间采用使边缘负荷过分加重的装料制度，就会慢慢地产生中心煤气流。

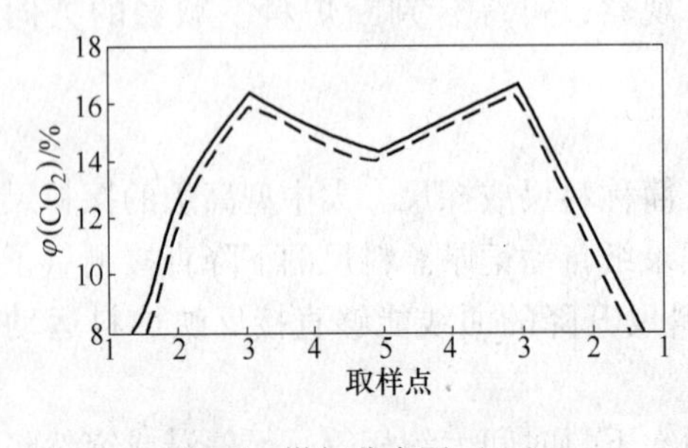

图5-6 煤气分布图（一）

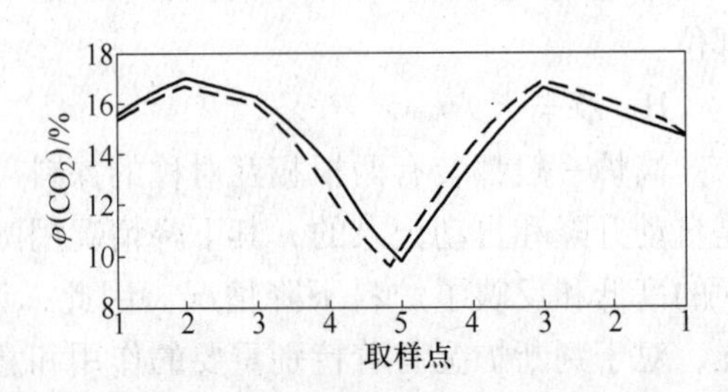

图5-7 煤气分布图（二）

由于边缘矿石装得过多而使边缘气流减弱，就会引起边缘区CO_2含量升高，使中心有一个宽的少矿石区（管道）。CO_2含量的最大值移到炉墙附近，边缘煤气温度降低50~80℃，温度降低，需要降低焦炭负荷。

在中心煤气流占优势的情况下，由于边缘区透气性变坏，炉况不能稳定，炉料有时产生停滞和崩料。过分地发展中心，煤气流会引起热工制度混乱，因为煤气能量在炉身截面很大的面积上没有得到充分利用。由于边缘区透气性不好，可能形成煤气管道运动。要想达到合理分布，高炉操作者应采取调剂手段来扭转。

3）煤气曲线偏差大于3%时，表示料面出现偏料。如图5-8所示，当煤气曲线出现两个方向相差大于3%以上时，便存在炉料的分布偏料，CO_2含量多的方位则矿石较多，CO_2含量少的方位则矿石较少，严重时也会出现管道行程，一方面浪费了煤气能量，另一方面给顺行也带来不利，严重时下料不顺畅，停滞崩料，一旦管道被堵塞后处理不当会产生悬料，损失生铁产量。

4）煤气曲线出现凹形曲线，如图5-9所示。

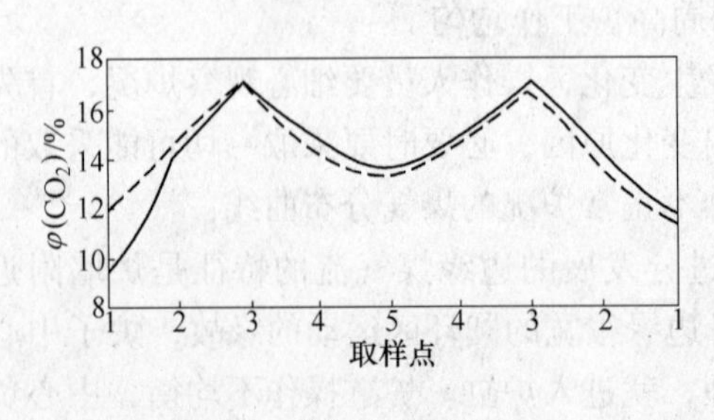

图5-8 煤气分布图（三）

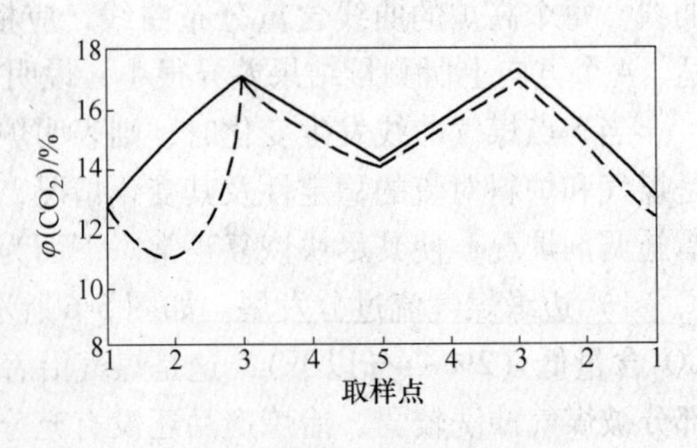

图5-9 煤气分布图（四）

煤气曲线长时期出现在某部位凹形曲线（又称煤气曲线“翘脚”），这说明在该方向炉墙有结厚或有结瘤存在，影响煤气和炉料的正常运行。由于结瘤障碍影响，该方位矿石较少，这样 CO_2 含量偏低，时间长了导致炉况不顺，虽然采取了上下部调剂都无济于事，这样，必须采取洗炉和强行发展边缘，提高炉温烧之，当严重时休风后再炸瘤，否则会影响生产的顺利进行。

一般大中型高炉都设有炉顶煤气取样孔和沿炉喉半径煤气取样孔，用人工定时取样分析；有的高炉还安装有 CO_2 自动取样分析装置。

（3）从炉顶煤气上升管中取样，对煤气进行全分析或分析 CO 和 CO_2 的含量，可以判断煤气在炉内总的利用情况。焦比低，煤气利用好，CO 含量少，CO_2 含量多，CO/CO_2 含量的比值小于 2.0，否则相反。

J　料柱透气性指数仪

料柱透气性指数仪是表示高炉料柱透气性好坏程度的仪表。料柱透气性是煤气通过料柱时的阻力大小的反映。煤气通过料柱时的阻力主要取决于炉料的孔隙度 ε（散料体积中孔隙所占的比例叫做孔隙度），孔隙度大，则阻力小，炉料透气性好；孔隙度小，则阻力大，炉料透气性坏。孔隙度是反映炉料透气性的主要参数。气体力学分析表明，孔隙度 ε、风量 Q 与压差 Δp 之间有如下关系：

$$\frac{Q^n}{\Delta p} = k\left(\frac{\varepsilon}{1 - \varepsilon}\right)$$

式中　Q——风量，$n=1.8\sim2.0$，m^3/min；

Δp——料柱压差，MPa；

k——比例系数；

ε——孔隙度。

从上式可见，炉内 $Q^n/\Delta p$ 反映了 $\varepsilon^3/(1-\varepsilon)$ 的变化，因为 $Q^n/\Delta p$ 与 ε^3 成正比，ε 任何一点变化都将敏感地反映在 $Q^n/\Delta p$ 上，所以生产中用 $Q^n/\Delta p$ 作为高炉透气性指标。根据这一原理制造的反映高炉料柱透气性的仪表称为透气性指数仪。对于某一特定高炉可以确定出，$Q^n/\Delta p$ 在某一范围时，表示高炉炉况顺行；小于某一值时，则表示难行，更小时就悬料了；大于某一值时，则表示管道行程。

生产中透气性指数可通过下式计算：

$$透气性指数 = \frac{V_{风}}{\Delta p} = \frac{V_{富前} + V_{氧}}{p_{风} - p_{顶}}$$

式中　$V_{风}$——总风量，m^3/min；

$V_{富前}$——富氧鼓风前的风量，m^3/min；

$V_{氧}$——富氧量，m^3/min；

Δp——压差，MPa；

$p_{风}$——热风压力，MPa；

$p_{顶}$——炉顶压力，MPa。

不富氧鼓风高炉的透气性指数可用下式计算：

$$透气性指数 = \frac{V_{风}}{\Delta p} = \frac{V_{风}}{p_{风} - p_{顶}}$$

式中各项与上式相同。

由于各高炉的具体条件不同，各有其适宜的透气性指数值的范围，由各厂实践经验来确定。

K　炉喉十字测温计（简称十字测温计）

炉喉十字测温计是由安装在炉喉的十字测温梁和安装在值班室的温度表组成。

十字测温梁由四根耐高温测温梁组成，从斜桥方向开始沿炉喉圆周每隔 90°安装一根测温梁，其中一根为长测温梁，五点测温，伸至炉喉中心，其余三根为短梁，四点测温。测温电偶为铠状电偶（镍铬镍硅），测温范围为 0~800℃，短期测温显示可达 1200℃。

图 5-10 是南钢 350m³高炉十字测温梁安装示意图。

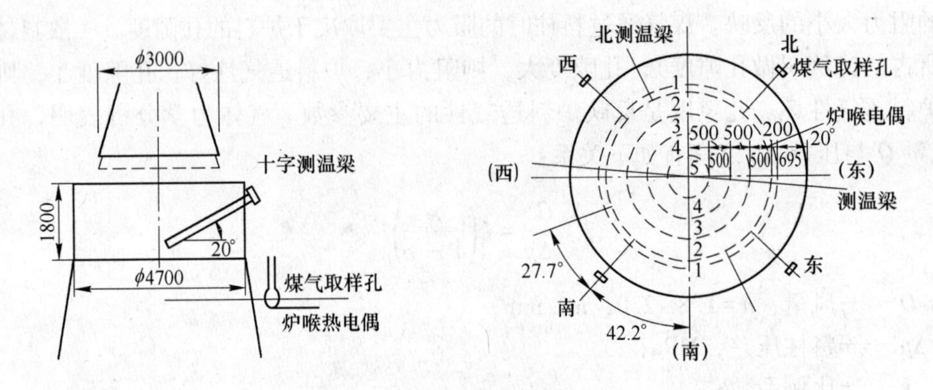

图 5-10　十字测温梁安装示意图

测温梁 17 点温度值由计算机进行采集，5s 采集一次，并在计算机屏幕上显示各点瞬时温度值和温度曲线，10min 记录一组数据，可在计算机上按查询键查询。

十字测温计能采集和显示、记录炉喉上料面温度分布的数据，具有采集数据量大、连续和稳定的优点，能够较好的反映炉内煤气流分布状况。

煤气流在炉内截面上的分布状况直接影响它的热能和化学能的利用，从而影响生产指标。过去，用传统的煤气 CO_2曲线来判断煤气流分布，但由于煤气中 CO_2不仅与单位矿石通过煤气量有关，也与矿石的还原度有关。而炉内的温度分布主要与通过煤气量成比例，因而，准确掌握料面上的煤气温度分布，结合其他仪表指示，对判断煤气流分布更为合理。与 CO_2分析相比，十字测温梁测取的温度数据，具有数据数量大的优点，采用平均值分析，能避免偶然因素对瞬时产生的影响，较真实地反映炉内煤气温度总的分布情况。

试验研究与生产实践表明，当炉内煤气分布量发生变化或炉料在炉喉分布发生变化时，炉喉十字测温梁测取的料面温度就要发生变化。

高炉生产正常，煤气流分布合理稳定，十字测温计，能测出、显示和记录一组数据。相对的炉喉煤气 CO_2曲线也相应有一组数据，两者都有一定的适宜范围。

当边缘煤气流发展，炉喉煤气 5 点取样 CO_2曲线边缘降低，中心升高，曲线最高点向中心移动，混合煤气 CO_2值降低，而相应的十字测温温度边缘升高，中心降低。

当边缘煤气流不足时，炉喉煤气 5 点取样 CO_2 曲线边缘升高，中心降低，曲线最高点移向边缘，混合煤气 CO_2 升高，而相应的十字测温温度边缘降低，中心升高。

当管道行程时，炉顶温度和炉喉温度在管道部位升高，十字测温温度也升高；当中心出现管道行程时，炉顶四点煤气温度成一线束，炉喉十字测温，中心温度升高。

高炉生产正常时，煤气流分布正常，有一组十字测温温度。当发生难行时，十字测温温度降低，随着难行的加剧十字测温温度进一步降低，中心悬料时整个煤气流明显减弱，煤气通道堵塞，十字测温温度明显降低（可降低 200～300℃ 或更多一些）。悬料消除后，煤气流分布正常，炉况转顺，十字测温中心温度又上升，恢复到正常水平，十字测温的温度曲线也恢复到正常水平。

图 5-11 是凌钢 2 号高炉（420m^3）的十字测温分布图。

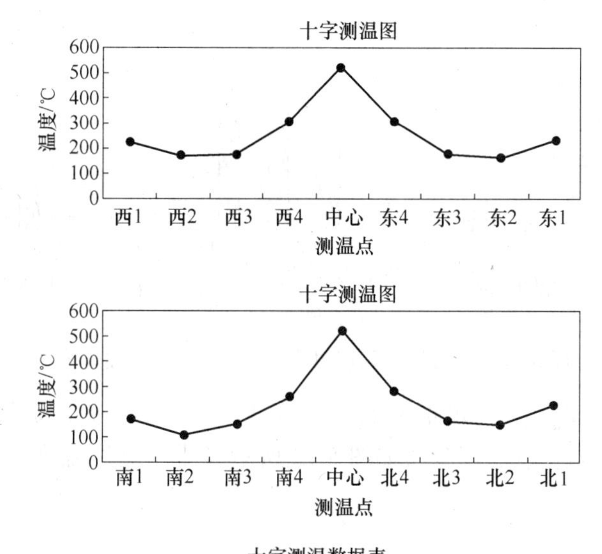

十字测温数据表

西1	西2	西3	西4	中心	东4	东3	东2	东1
223	165	171	300	526	305	173	160	232
南1	南2	南3	南4	中心	北4	北3	北2	北1
173	110	151	260	526	280	168	149	226

图 5-11　凌钢 2 号高炉（420m^3）十字测温分布图

装料制度直接影响煤气流的分布，进一步影响高炉炉型和顺行情况。十字测温温度对装料制度的变化十分敏感，可用十字测温温度分析不同装料制度对煤气流分布和炉型的影响，以选择适当的装料制度，维持稳定的煤气流分布和炉况顺行。高炉生产正常时，十字测温温度可显示出一组数据，如边缘温度、中心温度、其余各点温度、中心与边缘温度差等数据。当十字测温温度显示过高，并且不同方向的边缘温度相差过大时，说明炉内煤气流偏行、局部煤气流过盛。这时可采用定点布料措施适当抑制局部气流，使煤气流恢复正常，随之，十字测温温度也恢复到正常。十字测温温度对矿石在炉喉分布变化也很敏感，当矿石在边缘分布数量增多时，则十字测温温度边缘下降，中心上升；当矿石分布到中心数量增多，则十字测温温度中心下降，边缘升高。

唐钢 1260m^{3}高炉，1989 年 9 月 24 日点火投产至今一直使用炉喉十字测温，并根据生产经验总结出不同炉况时的炉喉温度十字测温温度分布规律，据此进行上部调剂。

唐钢 1260m^3高炉十字测温梁材质为不锈钢，冷却方式为水冷，共有 4 根十字测温梁，有 3 根测温点为 5 点，其中 1 根为 6 点多一个测温点（南钢和凌钢的十字测温均为 5 点）。

通过多年的生产实践逐渐寻找出不同装料制度与炉喉十字测温温度分布的对应关系，几种不同炉况的十字测温温度分布图介绍如下：

图 5-12 是正常炉况和理想状况下的十字测温温度分布图，对于上部调剂该厂坚持打开中心气流，适当加重边缘，采用大角度、大角差、大料批的装料制度。1993 年 6 月份高炉月产实现了 80066t，利用系数达到了 2. 118t/(m^3 · d)、焦比 542. 23kg/t、综合 CO_2 17. 55%，各项指标均创历史最好水平。

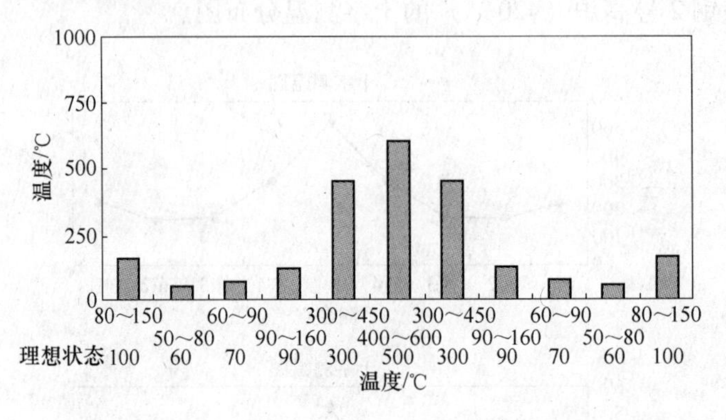

图 5-12 正常炉况和理想状况的十字测温温度分布

上部装料制度为 $\alpha_{C23.5°}^{O38.5°}$，焦批 9. 4t，矿批 30t，负荷 3. 19，矿料线 1. 3m，焦料线 1. 1m。而相应十字测温各点温度分布如图 5-13 所示（十字测温温度一般指下料前的瞬时值）。

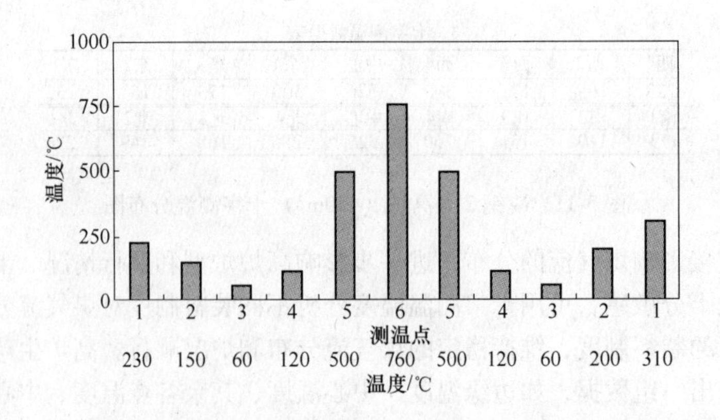

图 5-13 边缘气流分布过分发展的十字测温温度分布

十字测温边缘温度不宜超过 200℃，超过 200℃说明边缘比较发展，这时煤气利用较差，焦比高，且易烧炉墙损坏冷却设备，中心气流过分发展的十字测温温度分布图如图 5-14 所示。1992 年 5 月份高炉采用 $\alpha_{C29°}^{O32.5°}$，矿批 23t，角度偏小边缘发展超过 200℃有时甚至达到 300℃，烧坏了 6 块凸台冷却壁。

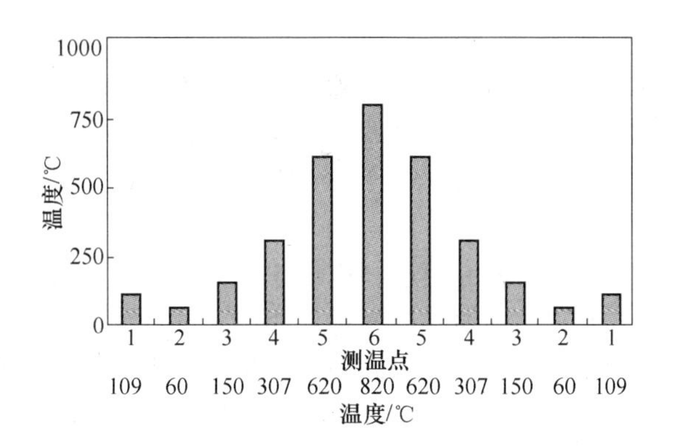

图 5-14　中心气流过分发展的十字测温温度分布图

十字测温中心温度宜控制在 500～600℃左右，且中心温度高温带不宜过宽，第 4 点不宜超过 120℃，第 5 点不宜超过 400℃，高温度带过宽会造成焦比升高，严重者会使气密箱温度升高而造成 α 倾动或 β 旋转故障。

1992 年 6 月份总结 5 月份的教训，注意加重边缘，上部采取 $\alpha_{C30°}^{O35°}$，边缘温度得到了抑制，但由于矿批太小（23t），中心比较发展，造成煤气利用较差 CO_2 含量为 15.4%。焦比仍致使炉内煤气流分布失常，炉况难行，定点布料时的温度分布如图 5-15 所示。

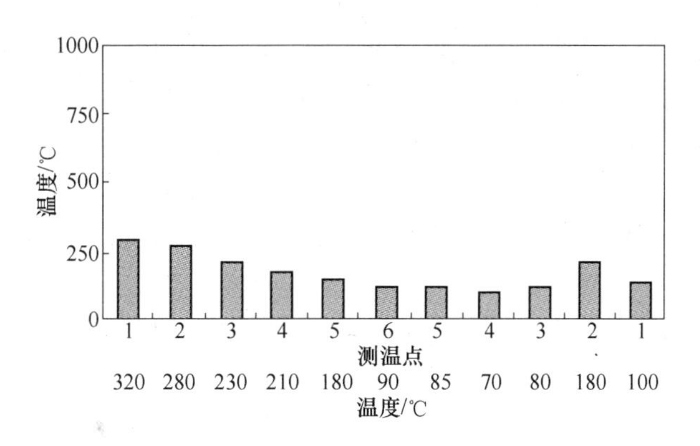

图 5-15　定点布料十字测温温度分布图

通过多年生产实践可以看出十字测温的优点很多，它能连续反映炉内煤气流的分布情况，给操作人员提供便利条件，特别是因上料系统故障造成定点或溜槽磨漏等异常现象时能依靠十字测温及时发现、尽快处理，减少损失。

从上述情况看出，十字测温温度对煤气流分布和装料制度的变化都是很敏感的，且有规律性可遵循。但它没有一个固定模式，它会随着原燃料、炉型、装备情况而有所变化，各厂应根据某个高炉的具体情况，摸索出自己的基本模式，确定各种炉况下十字测温温度与煤气流分布和装料制度变化的关系，找出正常炉况时与失常炉况时，十字测温温度的基本参数以及适宜范围及波动值，以便利用十字测温温度来判断和分析炉况，减少炉况波动和纠正失常炉况，迅速转入正常生产。

20 世纪 80 年代我国本钢，90 年代南钢都先后安装炉喉十字测温计，并取得良好效果。目前十字测温计已被越来越多的高炉所采用。

此外还有很多计器仪表，如料速仪、冷却水温度与温差计，就不作介绍了。

利用计器仪表可以准确地、及时地知道炉况的波动方向和幅度，且随着科学技术的发展，高炉的监测范围越来越大，精确度越来越高，已成为观察和判断炉况的主要手段。国内的大中型高炉的计器仪表的数据不断增加，装备水平日益提高，对控制炉况的作用越来越大。

利用计器仪表判断炉况时的注意事项：

以上介绍了各种主要计器仪表的用途和应用于不同炉况时的反映，但判断炉况时，不能只根据一种仪表就做出判断，必须综合各种仪表指示的数据来进行分析判断，才能得出较为正确的结论。有时失常炉况不一定就表现在一种现象上，而同一现象又可能反映高炉内许多方面的情况，尤其是炉况波动初期时。因此需要对某一仪表的明显的变化充分注意，并注意其他仪表上的变化，将各种仪表的指示综合起来，并配合直接观察来进行综合分析判断，才能得出正确的结论，采取正确的措施。否则，难免发生判断错误，以致所采取的调剂措施是错误的，给高炉冶炼带来严重的危害。

5.1.3　综合观察判断分析炉况的方法

高炉冶炼是在各方面条件不断发生变化的情况下进行的。影响高炉行程的因素很多，且又是千变万化的。尤其是随着喷吹燃料、富氧、球团矿的使用等新技术在高炉上的应用，给判断和调剂炉况带来了新的课题，对高炉操作者提出了越来越高的要求。

在炉况波动较大时，炉况波动一般不难判断，但是在炉况波动较小，尤其是在萌芽期和初期，判断动向就比较困难一些。尤其是需要确定波动原因，区别是暂时的还是持久的，是局部的还是全体的，是内因还是外因，以及应采取哪些恰当的措施来消除或预防炉况波动的发展就更难了。如果只利用个别的直接观察的方法或计器仪表上的示数，常常就得不到正确的结论。因此必须对炉况进行综合观察判断和分析，在高炉生产实践中应从下述几个方面进行：

（1）全面掌握与高炉生产有关的各环节的详细情况。操作人员应掌握：

1）原料情况。包括原料的储存、粉末多少、化学成分的变化、焦炭质量和水分的多少等。

2）设备情况。包括鼓风机、热风炉、称量设备、卷扬及炉顶装料设备、炉前设备等的情况和缺陷、热工计量仪表的灵敏性等。

3）上一班的冶炼情况和采取的调剂措施，分析上一班的操作对本班的影响。特别是变料时，应掌握变料下达的时间（即料批数）和变料下达时，可能出现的冶炼现象，如装料顺序、批重、熔剂量、焦炭负荷变动以及加净焦等都会对下班冶炼带来很大影响。高炉有休风时应掌握休风的原因和时间，以及复风后的操作可能对本班冶炼进程的影响。

（2）理论与实践相结合判断分析炉况的发展趋势。要根据高炉冶炼的基本原理和规律，结合本高炉的特点和所掌握的各方面情况，分析炉况的发展趋势。

分析推断炉况时，一定要全面客观，力戒主观，既要有高度的责任和热情，又要有严密的科学态度。只有这样才能对炉况做出正确的判断。如热风压力和炉顶煤气压力的波动以及料尺下降的情况，对炉内顺行情况反应最灵敏，高炉热制度的变化也能通过上述仪表反映出来，但还要通过看铁、看渣、看风口来做最终的判断结论。

判断还必须注意到各种炉况征兆的个性与共性，在比较中进行鉴别。如在形成管道的初期和炉况向凉的初期，都是风压降低，风量自动增加，但料速却明显不同，管道形成时，料速慢且不均匀，而向凉时则料速均匀地加快。难行与炉热，如果难行由炉热引起的，两者征兆一致，否则，其征兆虽有许多一致之处，但从风口观察却明显不同，难行时风口前焦炭不活跃，炉热时则风口耀眼，炉凉时则风口变暗，甚至挂渣、涌渣，另外从渣铁温度也可看出来。

炉喉煤气曲线是判断炉况的重要依据，但目前人工取样分析一般是每班两次，绘制两次煤气曲线，所以用来判断炉内顺行和热制度是不够及时的，还要结合其他仪表来综合判断。

其他各种仪表都能从不同角度，以不同灵敏度反映炉内冶炼的进程，都要认真地观察和分析，不可片面地只注重几种，忽视另几种。

（3）根据对高炉冶炼现状的观察分析来判断炉况。根据冶炼理论来判断炉况是正确的，但是有些影响高炉冶炼的因素是很难一时估计到的，如炉型变化对冶炼的影响、原燃料取样分析和炉顶煤气取样的准确性、代表性、计量和操作上的误差等。因此，对炉况的推测判断也只具有一定的可靠性，还必须结合实际炉况的具体现状加以判断。

从上述可知，高炉操作人员既要学习理论知识，又要积累实践经验；必须分析高炉的内因，又要分析高炉的外因；既要了解历史，又要掌握现状，在错综复杂的现象中，迅速地抓住主要矛盾，做到“勤跑、勤看、勤分析”，及时掌握各种征兆的苗头，采取适当的调剂手段和措施，消除引起波动的因素，特别是消灭在萌芽期，以使高炉炉况稳定顺行，取得高产、优质、低耗、高效益的技术和经济效果。

前面谈了按直观观察判断和利用计器仪判断等单项判断分析炉况，这里又讲了综合判断炉况。那么，综合判断到底是判断什么呢?

综上所讲的各种判断可以看出，在高炉生产过程中，不论是装料制度的变化、煤气流的分布、高炉剖面（炉型）的状态，以及炉缸工作状况、渣铁的理化性质等方面都能反映到炉况顺行和炉温上。因此所谓“综合判断炉况”，主要是判断炉况顺行和炉温，并从中找出主要问题，采取有效措施积极进行调剂处理，确保生产正常进行。这里再将判断顺行和炉温两个方面的操作简要总结介绍如下：

（1）判断炉况顺行。高炉炉况顺行只有在炉缸温度充沛而稳定、煤气流分布合理和高炉工作剖面比较完整时才能获得，这就要从直观判断和计器仪表指示两个方面来综合判断，按各因素反映顺行的程度、顺序和灵敏性依次简要总结介绍如下：

1）探尺运动。高炉炉况顺行与否，首先反映的是探尺的运动状态，从探尺自动记录图纸上的曲线和观察探尺的运动情况都可以了解到炉料运动的特征，如炉料均匀顺畅下降或停滞、或陷落，则炉料顺行、炉料难行、悬料、崩料等均可明显地反映出来。因此，探尺的运动可从现象上最明确地反映出炉况的顺行情况，是操作人员应首先注意观察的仪表。

大中型高炉一般都设有完善的探尺自动升降和自动运行机构以及自动记录仪表，有利于判断炉况顺行。

2）炉喉半径 CO_2 含量曲线。探尺运动状态反映的是炉料与煤气流运动相适应与否的现象，而顺行的根本原因取决于煤气流分布和炉温。

这就要求从现象到本质来找出影响顺行的主要原因是煤气流分布失常或炉温失常。另外，在高炉冶炼操作时，高炉工作剖面（炉型）不完整（不规则），也会引起炉料运动的失常，炉况不顺，而高炉工作剖面（炉型）的状态也可以由炉喉半径 CO_2 含量曲线表现出来。因此，用炉喉半径 CO_2 含量曲线，既可以了解炉缸部分煤气流的初始分布，又可以了解高炉上部的煤气流和炉料的分布状态及煤气能的利用情况，也可以了解高炉工作剖面状态，有助于找出不顺行的原因。

3）十字测温温度曲线。近些年来国内一些大中型高炉先后采用了十字测温温度计来判断分析和调剂炉况。它能连续、快速采集、显示和记录炉内料面上煤气流温度，并绘制出十字测温温度曲线。这些数据可以确定炉内煤气流分布、炉料在炉喉分布和炉况是处于正常状况，还是发生了波动或已失常。如果边缘煤气流发展，十字测温温度边缘升高，中心降低；如果中心煤气流发展，十字测温温度中心升高，边缘降低。操作人员可根据十字测温温度曲线上各点温度的变化，再结合其他计器仪表的反映，判断和调剂炉况，尤其是有利于把波动或失常炉况消灭在萌芽期，确保炉况稳定顺行。

4）热风压力、压差、料柱透气性指数。热风压力、压差，尤其是料柱透气性指数都反映出料柱透气性的变化，如炉凉时热风压力和压差降低，或料柱透气性指数升高，相反则反之；也可能是由于原燃料粒度、强度或化学成分的变化。例如，平均粒度缩小，则热风压力、压差升高，而料柱透气性指数下降，或原燃料粉末增加使顺行恶化，或由于原燃料化学成分波动，进而引起炉温的变动等。由于引起料柱透气性变化的因素是多样的，因此高炉操作人员就必须从原燃料的物理性能（强度、粒度组成）、化学成分、称量误差、上一冶炼周期的操作制度变更等方面进行周密地分析，抓住主要因素，以找出影响顺行的确切原因。

5）看风口，计算风口鼓风速度。从风口工作状态来判断沿炉缸圆周和半径方向炉缸工作的均匀程度，同时又要计算风口风速来核算风速是足够、或不足或过吹以判断炉缸工作状态。如果风口呆滞，而且风速低于正常水平，也可以从风口插入钢钎到炉缸中心，看中心死料柱是否存在。如果中心煤气流适当发展时，钢钎可以比较容易地穿透到中心，相反如果中心堆积，则钢钎不易穿透炉缸中心。用这些方法与炉喉半径 CO_2 含量曲线或十字测温温度曲线相配合，可以全面的判断煤气流分布状态，从而分析顺行与否。

6）炉顶煤气压力。炉顶煤气压力情况，比较明显地反映出高炉上部散料区煤气流和炉料运动状态，如果炉顶压力有向上尖峰，说明高炉上部煤气分布有失常现象，这有助于判断产生不顺行的位置。

因此，判断炉况失常的情况，并寻找其原因，就要从现象到本质，由表及里，以探尺运动为先导，结合炉喉半径 CO_2 含量曲线、十字测温温度曲线、热风压力（包括压差和料柱透气性指数）、炉顶压力、风口状态及风速来进行全面分析，以找出造成炉况失常的主要原因。

例如，某厂 $300m^3$ 高炉由于风口断面积过大以致风口风速只有 80 m/s，风口呆滞，中心严重堆积，高炉不接受风量达到 60% 以上时，极易发生崩料和悬料，最初判断为高炉已结厚或结瘤。后经分析认为可能是风速太低引起，经计算是风口风速太小，因而采取了缩小风口直径的措施，将风口风速提高到 110m/s，开放了中心气流，送风后很容易接受风量，并在全风量条件下恢复了顺行炉况，生产走向正常。

（2）判断炉温。充沛而稳定的炉缸温度是炉况顺行的基础，也是冶炼出指定牌号生铁的保证。判断炉缸温度也要区别各因素影响的主次，更要由炉温的变动找出影响变动的主要因素。

1）生铁含硅［Si］量和炉渣碱度。炉缸温度一般应该由铁水和炉渣温度来直接表示。在炉缸工作正常、炉渣碱度基本不变的情况下，生铁硅含量［Si］间接地表示炉缸温度，即［Si］高表示炉缸温度升高，相反［Si］低表示炉缸温度下降。

这里应该注意的是用［Si］表示炉缸温度有两个先决条件，即炉缸工作正常和炉渣碱度应保持在一个规定的狭小范围之内，如果偏离了上述两个条件，就会使判断失误。例如炉渣碱度降低，生铁含［Si］虽然不变，但炉缸温度就比正常时低，反之则相反。即炉渣变酸时渣凉铁热，而炉渣变碱时铁凉渣热，这里所谓的凉是指生铁含硅［Si］降低，实际上炉缸物理热并未降低，这种假象必须区别开来。

又如炉缸中心堆积时，铁水温度波动幅度大，先热后凉，而每炉铁的生铁含硅［Si］波动幅度也相应的加大，即先高后低。

某些使用大粒度、难还原矿石的高炉，由于高炉中铁的直接还原度较高，炉渣中 FeO 含量也经常达到 1.0%～1.5%这样高的水平，以致出现铁热（即生铁硅含量［Si］为 2.5%～4.0%）而渣凉现象。

因此，观察判断炉温时必须从铁水和炉渣物理温度及生铁含硅两个方面来判断炉缸温度水平及趋势，并从中找出影响变动的因素。

2）看探尺运动与炉顶温度。探尺运动状态及炉顶温度变化，也是判断炉温的重要标志。

高炉炉况正常，炉温稳定时，下料速度均匀一致，每班下料批数差值不大于±2 批，炉顶温度各点的差不大于 30～50℃，仪表指示值也随每次下料而波动于一定范围之内。

高炉热行时，料速变得缓慢，炉顶温度高于正常水平；相反，高炉凉行时，料速逐渐加快，炉顶温度低于正常水平。

因此，根据探尺运动状态、炉顶温度的升降变化，间接地反映出高炉炉温的变动趋势。

3）风口亮度、炉喉温度、炉身温度、热风压力是判断炉温的辅助手段。炉况正常，炉温稳定时，风口明亮但不耀眼，炉身、炉喉各点温度差不大于 50℃，在一定范围内均匀而稳定，仪表记录图上呈直线型。

高炉热行时，炉身、炉喉各点温度普遍上升，风口变成明亮耀眼，热风压力缓慢上升。

高炉凉行时，风口不明亮，有生料、挂渣或涌渣，严重时灌渣。炉身、炉喉各点温度有普遍下降的趋势，热风压力低于正常水平。

通过观察风口、炉身和炉喉温度的变化和热风压力的波动，均可对炉温变动情况做出判断。

4）用热风温度、焦炭负荷、炉喉煤气 CO_2 含量取样判断炉温。炉温变化起因于原燃料化学成分和粒度的变化及热风温度、布料情况等因素。因此，在判断炉温变化时，必须从原燃料成分变化及焦炭负荷调剂是否正确（包括调剂喷吹燃料量）来检查焦炭负荷调剂的幅度是否合适。

通常，热风温度，并包括鼓风湿分是日常调剂炉温的手段，其调剂幅度对炉温有较大影响。因此，及时掌握原燃料化学成分和物理性能的变化情况、焦炭负荷调剂的准确程度及热风温度鼓风湿度的变动量，将有利于及时调剂炉温。

结合判断炉喉 CO_2 含量曲线与混合煤气中 CO/CO_2 比值，有助于预示炉温动向。

综合判断炉缸温度的动向，必须从原燃料化学成分和粒度的变化、称量准确程度，以及上一冶炼周期的操作制度的变更，再结合直观判断和仪表指示值来加以全面分析，才能判断出炉温变动的趋势和抓住影响炉温波动的主要原因。某厂 $255m^3$ 高炉炉温大波动的实例可以说明这种情况。

20 世纪 50 年代某厂 255 m^3 高炉，由于对铁矿石成分化验不及时，以及原料管理方面存在的问题，高炉由使用易还原的含铁量 50% 的赤铁矿，改使用难还原的含铁量 53% 的磁铁矿时，操作人员缺乏生产经验，没有进行焦炭负荷调剂，当变料下达至炉缸后，高炉向凉，首先，表现料速加快，由正常时的 6~8 批/h，加快至 10~12 批/h，风口出现生料，风口发暗，接着风口挂渣、涌渣，炉顶温度逐步下降，最后发展到崩料、悬料、炉缸大凉。

从上述炉况表现可以看出，这是由于炉温不断降低，最后导致炉缸大凉的一个明显的实例。因为炉顶温度的降低也预示着高炉中热能消耗和热交换状态的变化。由于直接还原的发展，使风口燃烧焦炭的数量减少，也就是煤气发生量随之减少，必将导致炉身、炉喉、炉顶温度都普遍的降低，也会使风口亮度降低。而风口燃烧焦炭量的减少，会在风量不变的条件下使炉料下降速度加快。所有这些现象都预示着炉缸温度在下降，也说明引起炉缸温度下降的原因在于高炉内原燃料化学成分有了比较大的变化。因此，高炉操作人员在判断炉况时如果只注意仪表反应，而忽视对原燃料化学成分和物理性能及冶金性能变化的观察和检查是不能全面的掌握高炉动向的。

任务 5.2　炉 况 调 剂

在“高炉基本操作制度选择与调剂”一章中对炉况调剂方法已做了一些介绍。本节再扼要地、系统地综述一下调剂炉况的各种方法，以利于高炉操作者掌握和应用。

炉况波动后就要设法纠正，使其迅速恢复正常炉况。保持炉况正常稳定的治本方法是加强原料准备，使其物理化学性能稳定，再从送风、造渣制度各方面来稳定，以求将炉况波动减到最少。

调剂炉况的方法有上部调剂和下部调剂，另外还有近些年提出的中部调剂。上部调剂是指通过选择装料制度，以控制煤气流分布的一种调剂手段，它的目的是依据装料设备的特点及原燃料的物理化学性能，采用各种不同的装料方法，改变炉料在炉喉的分布状况，达到控制煤气流合理分布，以实现最大限度的利用煤气的热能与化学能。改变配料也可以算上部调剂。上部调剂是炉况调剂的基本方法，但是需要一定的时间，甚至一个冶炼周期才能见效；由于上部调剂是炉料从炉顶装入时即采取措施，所以又把高炉的上部调剂叫做炉顶调剂，把上部调剂方法叫做炉顶调剂法。下部调剂主要是指送风制度的调剂，如改变风温、风量、湿分、喷吹燃料量、风口风速（风口直径），甚至风口数目、风口长度等。它的目的是保持适宜的风口回旋区和理论燃烧温度，使煤气流分布合理，温度分布均匀，热量充沛稳定，炉缸工作活跃。下部调剂见效比较快，但往往造成一定的经济损失。

5.2.1 上部调剂方法

属于上部调剂的方法主要有以下几种。

5.2.1.1 改变装料制度

改变装料制度是上部调剂（也叫炉顶调剂）的主要部分，是调节煤气流分布最常用的手段。采用何种装料制度主要取决于煤气流分布的需要。改变装料制度主要是变动料批大小、装料次序和料线高低等。装料制度的改变，就是炉料从炉顶装入时即采取措施，使炉料很理想地分布于炉内或按我们的需要分布于炉内，以改变炉内煤气流的流通状况，从而使炉况顺行和煤气流的热能和化学能得到充分利用。

改变装料制度的调剂法很多，现介绍以下几种：

(1) 改变批重。在风量不变的条件下，决定煤气流合理分布的因素除了装入次序外，炉料沿水平方向的匀称分布极其重要。改变批重就是改变沿炉身半径上各点的焦炭负荷，也就是在横断面上改变中心或边缘煤气流的强度。批重具有匀整料面的功用，又可以配合装入次序改变炉料纵深分布。如果批重不适宜，即使其他布料因素合适也不能得到良好的布料效果。料面不匀称时，必然引起某些局部的煤气流速度差别和温度差别变大，而妨碍煤气流的合理分布，甚至促使发生管道事故。

改变批重，一般是改变焦炭批重，相应的改变矿石批重，以调节矿石在炉喉的分布。如批重过小，则边缘负荷过重，容易引起悬料和难行，风口容易滑落生料和涌渣。如果批重过大，而风量不变，则中心煤气流通不畅，造成中心堆积等不利影响。一个高炉的料批多大为合适，要根据本单位的原燃料条件，装料系统设备能力并结合煤气流分布状况，通过生产实践确定。这是一个比较复杂而又需要不断探讨研究的问题。随着炉型和原燃料等生产条件的改变，高炉操作者要及时进行调整。

遇到以下情况时，应该加大批重：

1）当边缘负荷太重，经常发生崩料或难行时加大批重，可以发展边缘煤气流。

2）堆密度大的改用堆密度小的矿石时，例如用富矿代替贫矿，为了要保持矿石在炉喉的分布比不变，就要加大批重使中心得到应有的矿层厚度。

3）焦炭负荷降低时，例如因炉凉减矿或炼钢铁改炼铸造时，为了保持一定的矿石分布，则只有加大批重。

遇到下列情况时，应该减小批重：

1）当边缘煤气流过分发展时，减少批重可以适当抑制边缘煤气流，发展中心的透气性。

2）以烧结矿代替天然矿时在批重相同的情况下，一般烧结矿能更多地布向中心。要保持水平料面上矿层厚度的稳定性，可以适当减小料批。以球团矿代替烧结矿时，同理也应适当地减小批重。

3）当大量加重焦炭负荷时，应减小批重。如因炉子大热或由铸造铁改为炼钢铁时，为了不使矿石层厚度和分布情况发生剧变，在加重负荷的同时以减小批重来调整它。例如某高炉焦炭负荷为2.5时，焦炭批重为6t，当焦炭负荷提高到3.0时，则焦炭批重便应减少为5t，即$2.5\times6/3=5$（t）。这时，原来每批料的矿石重量可以不变。

4）在一代炉龄末期，或炸去炉瘤以后，因炉型扩张，特别是炉腰和炉身下部受侵蚀较重时，使炉身角变小，这时适当地减小批重加重边缘是可行的。

虽然焦炭批重的改变，对布料具有重大影响，但在操作中，并不经常用它作为调剂的方法。

(2) 改变装料的次序。由于焦炭的透气性和粒度均匀性较矿石好得多，因此它们对煤气流的影响大为不同。在原料的粒度和批重大小一定时，如果原料自炉顶装入大钟和由大钟落入炉内的次序变动时，则原料在炉喉上的分布情况亦将发生变化。这是因为装入炉内的炉料，受堆角的影响，料面呈漏斗形。一般由于边缘处于风口循环区的上方，炉料下降较快，所以在装入下批料前，漏斗变得比较平坦。新装入的炉料，首先布至炉墙的附近，重新形成漏斗，其次后面的炉料则沿漏斗料面滚向炉子中心。所以先入的炉料分布在边缘较多，后装入的炉料分布在中心较多。就焦炭与矿石而言，先装入焦炭则焦炭分布炉墙边缘较多，矿石后装入而分布在中心较多；反之先装入矿石则矿石分布在炉墙边缘较多，后装入焦炭则焦炭分布在中心较多。

装入次序是指矿石和焦炭装入炉内的先后而言。

在装料上称先装矿石后装焦炭的装法为正装，加重边缘负荷；先装焦炭后装矿石的装法为倒装，减轻边缘负荷。

在料车式高炉上，焦炭与矿石都装入大钟，上一次批料开一次大钟，焦炭与矿石同时装入称为同装，先装矿石后装焦炭的称为正同装，先装焦炭后装矿石称为倒同装。正同装与倒同装是加重边缘负荷与减轻边缘负荷的极端的装入次序。

每批料分两次装入炉内，即焦炭与矿石分开装入炉内称为分装。先装入矿石后装入焦炭称正分装，先装入焦炭后装入矿石的称倒分装。正分装加重边缘的效果小于正同装，倒分装发展边缘的效果小于倒同装。如果将矿石与焦炭交叉装入，称为半正装或半倒装，它的作用介于正同装与倒同装之间。

按各种装入次序加重边缘作用由重至轻排列顺序为：

正同装→正分装→混同装→倒分装→倒同装→双装

双装（焦焦焦焦↓矿矿矿矿↓）是在不改变原来批重的基础上，将两批料连续一起装入炉内的装料方法。这是偶尔采取的一种措施。

在实际操作中，一般采用两种装入次序，综合编组，以便调整煤气流达到合理分布，其装入方法为：

$$mA + nB$$

其中，A 表示矿矿焦焦↓矿焦矿焦↓矿矿矿矿↓；B 表示焦焦矿矿↓焦矿焦矿↓焦矿矿焦↓焦焦焦焦↓。

加重边缘的程度取决于 $\frac{m}{m+n}$ 的比值，比值增大将加重边缘，比值缩小将疏松边缘。随正装比例的增加，煤气利用得到改善，综合 CO_2 含量会进一步提高。

根据高炉煤气流边缘发展的特点，一般应多配用正装。只有在炉况失常时才采用半倒装或倒装，疏导边缘煤气流。在炉墙有黏结物时，可采用倒同装，用强烈的边缘煤气流冲刷掉。但这时煤气利用变坏，要相应的减轻焦炭负荷。

(3) 改变料线。料线是指大钟全开下降到最低位置时的水平线为料线的“零位”，由此向下至料面的距离。

料线高低对炉料分布影响很大，变动料线能改变炉料堆尖在炉内的位置，如图 5-16 所示。当料线在碰撞点以上，堆尖刚好落至炉墙处。由此向上，随着料线的提高，堆尖逐渐远离炉墙，有利于边缘煤气流的发展。反之，料线降到碰撞点以下，由于炉料先撞击炉墙，反弹后落于料面，随着料线的降低，堆尖也逐渐远离炉墙，则发展边缘煤气流。料线过低时，炉喉一部分没有充分利用，对冶炼也不经济。正常情况下，料线都规定在碰撞点以上。

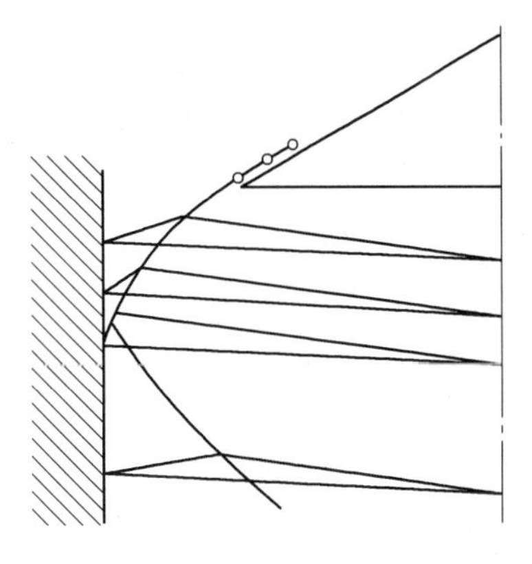
图 5-16 料线高低对布料的影响

每座高炉最适宜的料线深度，只能在生产实践中根据原料的物理特性、炉喉的尺寸及大钟间隙的大小加以规定。

为了调剂布料，可采用不同料线的装入方法。例如装入矿石的料线高于焦炭的料线时，矿石堆尖距炉墙较远，有利于边缘煤气流的发展。同时，装入焦炭时，因料线较低，料面比较平坦，由于堆角影响有利于焦炭集中边缘。如果采用矿石料线低于焦炭料线，则效果相反。

在正常操作时，必须严格按料线规定装料，以免造成布料混乱，特别是不允许长期采用低料线操作，如果因设备故障等原因造成亏料（低料线），赶料线时间过长，则应采取减风、加净焦等措施，以免造成炉凉。

改变装料制度是调剂煤气流分布的手段。但准确而有效的改变装料制度是建立在完善的煤气取样、CO_2分析的基础上，没有煤气分析而进行这种或那种的调剂都是盲目的。所以必须搞好炉喉和炉顶煤气的取样分析工作，最好安装炉喉十字测温计，为搞好装料制度的调剂创造有利条件。

5.2.1.2 改变焦炭负荷

A 改变焦炭负荷的作用

焦炭负荷是指入炉矿石与焦炭质量之比，可按下式计算：

$$焦炭负荷=\frac{矿石批重+每批锰矿重}{焦炭批重}$$

为高炉冶炼特殊需要和适应客观条件的变化以及维持热制度的相对稳定和利于炉况顺行，需随时调整焦炭负荷。由于变更负荷的炉料在下达炉缸时才能起作用，故只有在对炉温有持久影响的因素出现后，而其他调剂手段（如喷吹、湿度、风温等）从长期观点看无能为力，才能用改变负荷的方法。用负荷调剂热制度的优点是效果显著而准确，基本上无副作用。

B 焦炭负荷的调剂

焦炭负荷的调剂是根据对焦比的影响，增减每批炉料中的矿石量或焦炭量。特殊情况下，可采用临时拨料（去掉矿石）或加净料的办法来调剂。为稳定煤气流，料车式高炉调剂负荷一般是固定矿石批重，采用变更焦炭批重或加净焦的办法，当然这是在经验证明矿石批重是最合适的情况下才这样做。否则，保持焦炭批重不变，而增加矿石批重，直到矿石批重增加至最合适时，再采取固定矿石批重，变动焦炭批重。

一般在以下情况下调剂负荷：

（1）炉子向热或向凉有持久趋势，在采用其他措施无能为力时；

（2）原燃料化学成分和物理性能发生较大变化时，如矿石含铁、焦炭灰分、粉末含量等；

（3）布料器停转时；

（4）长期休风和长时间减风时；

（5）低料线作业时；

（6）下雨天时；

（7）倒装洗炉时；

（8）冶炼的铁种改变时；

（9）风温被迫将短期降低时。

进行负荷调剂时应注意：

（1）加负荷时不能过猛，加一次负荷后，应当等待 4~6h 或 8h 重料下达后，视得到的效果再做第二次增加，且不可增加一次负荷后，1~2h 就第二次增加。

（2）减负荷必要时可以猛一些，但炉凉时减负荷要等待较长的时间（4~6h 或时间更长一些）轻料才能下来，这时可能已出几炉号外生铁了，故还必须同时采取别的方法（主要指下部调剂，如提高风温、减少蒸汽量、增加喷煤量）来补救。在炉凉时减负荷是最根本的方法。

（3）减小负荷对产量和焦比影响很大，只有在炉凉较严重时才采用。

5.2.1.3 加净焦

加净焦会多消耗焦炭，提高焦比，一般不采用。只是在下列情况下才使用：

（1）当高炉大凉，加净焦可使炉况转热，一般是隔几批加净焦一批，以免下达时炉缸过热。有时也采取集中加几批净焦的措施，但此时易产生下达时炉缸过热引起难行或悬料。采用此种措施时应计算出净焦下达的时间，提前采取迎接措施，以防引起炉缸过热。

（2）发生严重悬料和崩料以后，大崩料后料面很低，如按正常加料直接还原会大大增加引起炉凉，故需加净焦。

（3）由于上料系统设备故障不能上料造成低料线时，在恢复上料时应根据料线深度多少，加入适量批数的净焦，以防止炉凉。

（4）加净焦有两个作用：一是增加热源；二是使料柱疏松，改善料柱透气性。

5.2.1.4 改变熔剂和加入洗炉剂

（1）改变熔剂用量和种类，如石灰石、白云石调整炉渣成分和碱度使其达到适宜值，也是上部调剂常用的手段。

（2）加入辅助材料洗炉剂如萤石、锰矿、均热炉渣等进行洗炉，也属于上部调剂方法。

5.2.2 下部调剂方法

下部调剂以改变鼓风湿分、风温、风量、风口尺寸等几个因素为手段。如果说上部调剂主要是控制煤气制度，则下部调剂便是对炉缸热制度的调剂。但绝不能把上部与下部调剂看成互不相关的，而必须是上下部调剂相适应的配合，才能达到有效的控制与调剂炉况。

下部调剂与上部调剂不同之处是它反应较快，而对顺行和热制度影响较深，稍有失调或不当，就会引起炉况巨大的波动，因此对控制下部的各因素的采用应做到及时而果断。属于下部调剂的方法有以下几个方面。

5.2.2.1 改变风量

单位时间内鼓入高炉风量的多少决定着高炉的冶炼强度、炉料停留时间（下料速度）、产生热量的速度、氧化带的大小、煤气的压力和上升速度等，如能维持焦比不变，产量将与风量成正比。因此，应积极创造条件，增加鼓入炉内的风量，不断提高冶炼强度（同时降低焦比）是炼铁工作者的主要任务。鼓入风量多少，一般认为大型高炉每分钟送入炉内的风量最高只能达到有效容积的2~2.2倍，中型高炉2.2~2.4倍，小型高炉为2.5~3.0倍，甚至更高。这主要取决于焦炭强度、矿石破碎筛分整粒的水平、矿石冶金性能等多种因素。

当然，如果风量与料柱的透气性不适应，或者布料不当，过大的风量会引起悬料和管道行程现象，即所谓“过吹”，矿石还原不好时也会使直接还原升高。

所以每一个高炉根据具体条件在一定的时期内可以找到一个最合适的和最经济的风量，也可叫“全风量”。

一般情况下都用全风量操作，用风量调剂炉况一般指减风，在以下条件下要减风：

（1）下料很快，风压锐减（炉凉的先兆）；减风可以治（抑制）炉凉是因为能延长冶炼周期，增加矿石在上部间接还原机会，引起炉凉多半是大量高氧化铁炉剂或生料落入炉缸，两者都是些大量吸热物料，此时炉缸热量收支已不平衡，减风可以减少高氧化铁炉渣或生料进入下部，故虽然焦炭燃烧因减风也将减慢，放热会减少，但总的看来减风有利于炉缸热度的恢复。

（2）出现崩料、煤气管理行程、炉尘吹出量增多（炉顶煤气压力记录上出现高峰）。

（3）出现炉料难行或悬料时，降低风温仍无效时。

（4）炉料透气性突然恶化，风压突然上升。

（5）风口前出现黑块、挂渣、炉况大凉，加风温仍来不及阻止时。

（6）低料线，不减风将引起炉凉或更严重的事故时。

（7）当外界条件发生重大变化时，如原料供应不足、上料系统设备故障、出渣出铁严重晚点、重大设备故障等。

减风多少应看炉况需要而定，一般最多不超过10%，只有在特殊情况下可以短期用半风或1/4风量操作，因为减风不仅要减产，而且过少的风量会特别发展边缘煤气流，不仅对炉墙侵蚀厉害，且会导致炉况进一步恶化。

减风应及时有效地一次把风量减到需要的水平，加风则应当缓慢，加一次后视炉内无异常现象后再加第二次。且不可一次加风量过大或短时间内连续几次加风量。

5.2.2.2 改变风温和湿度

风温高低意味着直接带入高炉热量的多少，故对炉况有很大影响，提高风温还能改变炉内温度和成渣带的分布，加大煤气体积和上升速度（或煤气流的浮力），增加SiO_2的挥发量，在一定程度上对顺行是不利的。在操作上应在保持炉况顺行的条件下尽量使用高风温。

减风温是调剂炉况常用的方法，在下列情况下采用：

（1）高炉下料不顺，出现难行或崩料。

（2）炉温向热，可能影响顺行出现难行、悬料。

（3）炉温向热可能影响生铁质量（因各种牌号的生铁都对含硅量有一定的要求，过高过低都不允许）。

（4）休风后复风再送风时，为避免悬料可减风温。

减风温时应一次将风温降低到需要的水平（即要准、要狠），加风温时则应缓慢小心，每次不超过20~30℃，每小时不超过30~40℃，原料含粉率高的高炉应更慢更谨慎地加风温。

设有蒸汽鼓风的高炉，改变鼓风湿度的效果基本上与改变风温一样，增加水分相当于减风温，在风口前每1g/m^{3}水蒸气分解吸热相当于9℃风温；减水分相当于加风温，只要测量和控制蒸汽流量的仪表工作准确，改变湿度是下部调剂的一种手段。

某些高炉冶炼低牌号铸造生铁和炼钢生铁时，最好不要把风温用到尽头，应留点富裕风温作为储备（一般为50℃或更高一些），作为炉况向凉时调剂炉温用，以免被动和手足无措（因为上部调剂见效的时间太晚）。

采用喷吹燃料的高炉可以少留或不留富余风温，而用增减喷吹物量来调剂炉温。

5.2.2.3　人工坐料

人工坐料是在其他方法不能消除悬料或管道时采取的措施，一般打开放风阀、使风量和风压大量降低促使炉料崩落，然后再逐渐增加风量，有时要连续进行几次坐料才能使炉况纠正过来。因为坐料能使炉料崩落压紧，再送风时煤气流重新再分布，故能消除顽固的管道。

坐料会给炉况带来副作用，坐料后料柱压紧，透气性变坏，这就增加了以后操作的困难，故非不得已时不轻易坐料。

人工坐料时风口容易灌渣，故应先把炉缸中渣铁尽量放净后再坐料。

5.2.2.4　改变风口风速和风口形状及位置

这种方法主要是在炉况严重失常，采用其他方法不能见效或效果不好时配合使用。

（1）改变风口直径。改变风口直径，可以改变风速，改变鼓风动能。在相同的鼓风量时，风口直径缩小，风速增加，鼓风动能增大，能发展中心煤气流；风口直径扩大，风速减少，鼓风动能减少，能发展边缘煤气流。

在生产过程中因某种原因造成送风量必须减少很多时，应缩小风口直径，使风量减少；仍保持相当高的风速和鼓风动能，使炉缸中心仍较为活跃，如开炉或设备故障时；在使用风机或其他原因使用大风量时，冶炼强度提高后，风口风速过大中心煤气流过分发展，在一切炉顶调剂无效时，应更换较大直径的风口，以降低风速，维持合适的鼓风动能。

每个高炉最合适的风口风速，要根据有关资料提供的参考数据，结合自己的具体情况，通过计算确定。也可参考其他厂同类型高炉的风速，再结合自己厂的具体情况确定。

（2）改变风口形状。改变风口形状，可以改变风口进风方向，如采用向下倾斜一定角度的风口，使风进入风口以下部位，以活跃炉缸，提高炉缸下部温度，如马蹄形风口。

（3）改变风口伸入炉缸的深度。改变风口伸入炉缸内的深度，也可以改变炉内煤气流的分布，风口伸入炉缸内的深度有利于开放中心煤气；风口伸入炉缸的深度小有利于发展边缘。

5.2.2.5 变动喷吹燃料量

高炉喷吹燃料是指从风口或其他部位特设的风口向高炉喷吹煤粉、重油、天然气、裂化气等各种燃料。我国高炉以喷吹煤粉为主。目前世界上约有90%以上的生铁是由喷吹燃料的高炉冶炼的。

喷吹燃料的作用：

（1）炉缸煤气量增加，煤气的还原能力增强；

（2）煤气流分布得到改善，中心气流明显发展；

（3）煤气还原过程得到改善；

（4）炉缸冷化，顶温升高，有热滞后现象；

（5）只有在顺行条件下才能提高喷吹量，而在喷吹燃料后一定程度上又促进了顺行；

（6）喷吹燃料后生铁质量普遍提高。

高炉喷吹燃料后不但可以替代一部分焦炭，降低焦比，而且又为高炉调剂炉况的下部调剂增加了一种手段，尤其通过增减燃料量调剂炉温已是常用的方法。

当出现炉温向凉时，料速加快，同时压差下降，炉料下降阻力减少，这更促使炉料快行。由于炉凉煤气体积缩小，破坏了原来煤气流合理分布。这时如果增加喷吹燃料量，燃料中碳燃烧放热，相当于提高风温的效果，要比变动焦炭负荷的效果快得多，方便得多。同时由于用于燃料燃烧的氧量增加，单位时间燃烧的焦炭数量减少，控制了料速，恢复炉温，所以又有减风的效果。另外，由于增加喷吹燃料量引起压差回升，克服了由于炉凉压差下降，使料速减慢，又促进炉温恢复。由于喷吹燃料量增加而使煤气体积增加，弥补了因炉凉而引起的煤气体积减少，使煤气体积不变或少变以稳定原来的煤气流的合理分布。

相反情况下，当炉况向热时可减少喷吹燃料量，相当于降低风温的效果。同时可使料速加快，防止炉况继续向热发展，又相似于加风的效果。

由此可见，喷吹燃料后，可充分发挥高炉的效率，实行全风量，最高风温操作，用喷吹物量调剂料速，以维持炉缸热制度稳定，达到更高的生产指标。

5.2.3 中部调剂方法

5.2.3.1 中部调剂方法的提出及推广应用问题

高炉中部调剂是近些年提出的一种炉况调剂方法。它是通过调剂高炉中部区域（炉腹至炉身下部）炉体的冷却制度，使该区域具有适宜的热流强度，有助于软熔带根部的稳定，使合理的煤气流分布不遭到破坏，又有利于炉衬的维护。

高炉中部调剂是梅山钢铁公司（以下简称梅钢）首先提出的，目前高炉中部调剂方法也在其他工厂一些高炉上推广应用。

但在推广应用上也存在一些不同的看法，主要有：

（1）用热流强度或冷却水进出温差来监视炉型或边缘煤气流，早为高炉操作者接受。但欲进一步发展成为一种高炉操作调剂制度尚需研究。

例如从理论上看，热流强度的稳定与软熔带根部的稳定有多大程度的联系还不清楚，如果热流强度只在于测控炉衬状况，那么中部调剂在理论上便没有新的建树。从实践角度看，首先如下述调剂原则第 3 条所说，仅当边缘 CO_2稳定在一定范围，而热流强度偏高或偏低时，才动用实质意义上的中部调剂手段，故应用范围较窄。其次，炉腹、炉腰或炉身下部每一部位只有一个热流强度示值，对其间每块（或每组）冷却器的水量调节仍以水温差为根据，故调剂精度亦不足，只能用来定性地观察趋势。

(2) 也有相当一部分高炉工作者认为，高炉冷却设备在设计中并未赋予调剂炉况的功能，实施中部调剂，有可能无节制地削弱其冷却能力，危及高炉寿命，故不宜提倡。

根据上述情况，一个厂的高炉是否采用中部调剂方法，应在做认真的分析研究后确定。

5.2.3.2 高炉中部调剂方法的操作

高炉中部调剂方法由梅钢首先提出并进行了应用。梅钢高炉炉体冷却供水，自下而上分成 5 个独立的系统。各系统均装有水压表。在炉腹、炉腰和炉身下部还装有水量表。根据进出水温差和水量即可算出这些部位的热流强度。另外在炉身部位还装有 4 层温度计，每层 4 支(见图 5-17)。中部调剂以热流强度作首位判据；炉身温度作辅助参考。梅山高炉设定，冶炼炼钢生铁时炉腹炉腰区域的热流强度应保持在 30～40MJ/(m^2·h)，冶炼铸造生铁时的热流强度应保持在 38～50MJ/(m^2·h)。

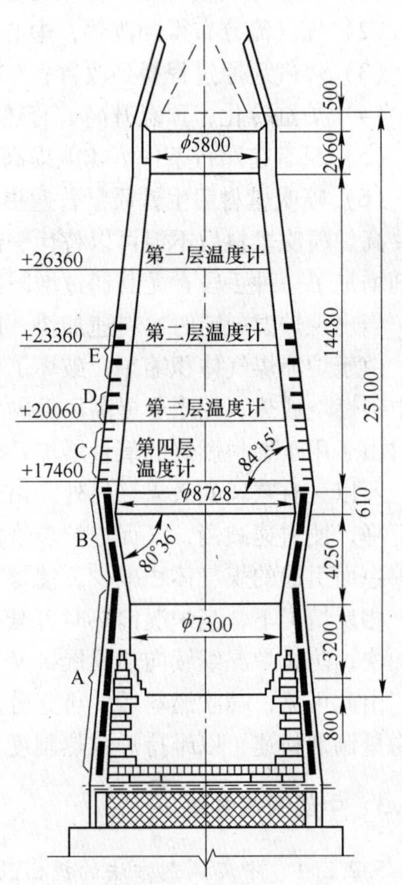

图 5-17 高炉剖面及冷却结构示意图

A—4 段光面冷却壁；B—2 段炭捣冷却壁；C—6 层用 U 形无缝钢管支托的扁水箱；D—3 层用空腔方水箱支托的满铺扁水箱；E—4 层焊接空腔方水箱

对热流强度的调剂原则如下：

(1) 边缘煤气流不足（CO_2含量高于 16%）引起热流强度下降时，则以采取疏松边缘的措施为主，如变料序，提料线。

(2) 边缘煤气流过分发展（含量低于 15%）引起热流强度过高时，采取加重边缘的措施，如降料线和减小批重。

(3) 煤气流分布正常（边缘 CO_2 含量在 15%～16%）而热流强度偏高或偏低时，则调剂冷却制度。一般根据水温差的变化调剂水压，调剂幅度在±20kPa 以内，调剂范围下限不低于 50kPa，以避免水速过低；上限不超过 150kPa。高炉正常情况下，各部位冷却水温差（均值）规定如下：炉腹、炉腰 6～8℃，不能长期低于 5℃；炉身下部 4～6℃，中部 3～5℃，上部 2～4℃。

任务 5.3 炉 况 波 动

高炉顺行（正常炉况）是高炉冶炼过程中各种矛盾因素相对的、暂时的统一。它的基础是正常而稳定的煤气流分布、充沛而合适的炉缸温度。而影响煤气流分布和炉缸温度的因素有原燃料条件、送风制度、装料制度、造渣制度等，它们的任何改变，都会影响高炉内煤气流分布以及炉缸温度的变化，从而影响炉况波动和破坏顺行，如不及时纠正，进一步发展就会导致炉况的严重失常。

"有比较、才能鉴别"，因此，首先必须了解正常炉况的特征，才能有助于对不同炉况做出正确的判断，发现波动时及时采取有力措施进行纠正，使其尽快恢复到正常炉况。

5.3.1 正常炉况（顺行炉况）的征兆

5.3.1.1 热制度稳定

（1）炉温波动于规定冶炼生铁品种之内，并且上、下两次铁含［Si］波动范围，对于铸造生铁不大于0.4%，炼钢生铁不大于0.2%。

（2）炉缸圆周各风口工作基本均匀，焦炭活跃，大中型高炉焦炭在风口前呈循环状态，小高炉焦炭在风口前呈跳跃状态。

（3）风口明亮，但不耀眼，无"生降"，不挂渣，风口破损极少。

（4）铁水成分合格稳定，温度充足，物理热充沛，流动性好，含硫量低，同次铁前后铁水成分和温度均匀，相邻两次铁炉温波动小。

5.3.1.2 造渣制度稳定

（1）渣温充足，炉渣流动性好，渣沟不结壳，上渣排放顺畅，上渣不带铁或带铁很少，渣口破损很少。

（2）上下渣碱度基本一致。

（3）炉渣碱度稳定，波动值在规定范围之内。

5.3.1.3 炉料下降顺畅

（1）两探尺下降相差小，不大于0.3~0.5m。

（2）无停滞、无陷落、无时快时慢现象，料尺记录纸上呈规整的锯齿状。

（3）料速均匀，每班料批量波动不大于两批。

5.3.1.4 炉缸工作均匀，煤气流分布合理

（1）炉喉半径CO_2含量曲线为稳定的"双峰式"曲线，中心与边缘煤气流都有一定的发展，差值小于2%或3%，圆周四点均匀。混合煤气中CO_2/CO比值稳定，煤气热能和化学能利用稳定。

（2）炉喉十字测温各点温度均稳定在一定范围内，圆周边缘4点温度相接近，无大的差别，中心温度与边缘温度差也稳定在一定范围内。

（3）炉喉、炉身温度各点接近，稳定在一定范围之内，波动不大。

（4）炉顶温度各点接近，差值不大于50℃，记录曲线上为一条随装料而在一定范围波动的曲线带。

（5）炉顶煤气压力稳定，无向上尖峰，只有大钟开启时有向下尖峰，水平稳定，波动小。记录曲线上呈现有规则的尖峰。

（6）炉身、炉腰温度正常，操作炉型合理。

（7）炉身静压力四周均匀接近，各部分压差稳定在正常范围内。

（8）除尘器炉尘量无大的波动，炉尘中无大块焦炭和矿石。

5.3.1.5　送风制度稳定

（1）热风压力和冷风流量正常而稳定。风量波动不大于正常风量的±3%，风压波动微小，并与风量相对应。

（2）风量、风压记录纸上呈一条直线或圆周型（直线型或圆盘型自动记录表）。风压与风量相适应。

（3）热风温度比较稳定，波动小，一般不大于 50℃/班，最多不超过 100℃/班。

（4）冷却水温差合乎规定。炉腹、炉腰、炉身等各种冷却设备进出水温差不超过规定范围，比较稳定。

5.3.2　炉况波动的判断和调剂处理

高炉冶炼过程是由经常变化的客观与主观操作等许多因素所决定的，即使选择了比较合理的操作制度，原燃料成分、送风条件的变化都将影响到炉温变化、炉渣成分变化和煤气流分布以及顺行情况，使正常炉况发生波动。因此，必须经常对炉况进行连续观察判断，找出引起波动的原因，及时采取措施进行调剂处理，使炉况迅速恢复正常，避免炉况走向失常。

炉况发生波动都是有先兆的，并不是立即就有较大的波动和失常，而是有一个过程。这就要求操作者时刻、精心地对炉况进行连续观察分析，通过直观判断与仪表判断发现的预兆相结合，对炉况波动做出准确的判断，并及时采取措施处理和纠正，把波动消灭在萌芽期，且不可对初期出现的一些先兆有一点忽视，任何一点的忽视和马虎大意，或不能果断地采取措施处理，都会使炉况波动情况变得严重，甚至导致失常和事故，即发生特殊炉况。

因此，对于每个操作人员，要努力学习理论知识，并不断积累实践经验，不断提高技术水平，要具备较强的鉴别能力，果断而准确地判断出炉况将向某种趋势发展，迅速采取有效措施进行正确纠正处理，及早恢复正常炉况。

5.3.2.1　炉温的波动

A　炉凉的判断和调剂处理

炉凉的危害性很大，绝大多数的炉况都是由于炉凉未及时采取措施制止而形成的，对于中小型高炉更应该注意防凉。

（1）炉凉的征兆。炉凉初期的征兆如下：

1）风口逐渐变暗。

2）风压徐徐下降，风量相应自动增加。

3）下料通畅。

4）高炉易接受风温。

5）渣温降低，渣中 FeO 含量增加，渣样颜色变暗，流动性不好，上渣难放，带铁多，炉渣较正常成分为酸性，即炉渣碱度降低。

6）铁水温度降低，生铁中含［Si］明显降低，［S］迅速地升高，两次铁间［Si］之差，铸造铁大于 0.4%，炼钢铁大于 0.2%，铁样断口也发生变化。

在炉凉初期未及时采取措施调剂处理，使炉凉逐渐加重，最后形成大凉，大凉时的征兆如下：

1）风口红暗，“生降”增多，频繁出现，个别风口涌渣或挂渣，进一步发展下去个别风口自动灌渣。

2）风量、风压不稳，两曲线呈相反方向波动，下部压差由低变高且不稳，透气性指数波动较大。

3）下料不均，出现难行、崩料或悬料。

4）炉顶煤气压力出现向上尖峰，悬料后炉顶煤气压力下降，炉顶煤气温度急剧波动。

5）炉喉十字测温温度普遍偏低。

6）炉顶、炉喉、炉身温度普遍降低。

7）打开渣口呼呼作响，黑渣黏稠不淌铸平渣沟。

8）铁水变红暗黏稠，生铁中含［Si］量大幅度降低，生铁中［S］大量增加，出现号外铁。

冷却设备漏水造成炉凉的征兆如下：

1）炉凉征兆明显，但原因一时查不明。

2）炉顶煤气中含氢量增加。

3）漏水处风口润水，风口涌渣，低压时涌渣明显。漏水多时多个风口润水或涌渣，或从铁口渗水。若风口损坏严重，风口变黑。

4）各渗漏煤气处的火苗由正常时的蓝色变为红黄色。

5）短期休风时，风口煤气火大，倒流休风时直吹管灌上焦炭。

6）长期休风炉顶点火时，炉顶火大，炉顶温度升高，风口堵泥有时自动鼓开，复风前捅风口时，风口无亮变黑。

（2）炉凉的原因：

1）连续两个小时以上料速超过正常速度而未及时调剂。

2）减风温过多，造成临时性焦炭负荷过重。

3）加湿鼓风时，加湿量过大，加湿时间过长，超过需要时。如山西某厂100m^3高炉，零点班接班后因炉子大热难行，将加湿量由2g/m^3增加到20g/m^3，1h后难行消除，炉况转顺，炉温正常，但此时值班工长没有根据炉况及时调剂加湿量，致使炉温下降。4h后炉大凉征兆已很明显，由于值班工长缺乏经验只采取提高风温、减负荷、减风量等措施，仍没想到调剂加湿量，更没有关闭蒸汽，直到白班接班工长发现问题才关闭蒸汽，导致炉子大凉、冷悬料，经过两天多的处理，炉况才转入正常，损失很大。

4）原燃料称量不准，误差超过正常范围，以致实际焦炭负荷过重。

5）一切引起热收入减少和热量消耗增多的因素（如煤气热能和化学能利用变坏、熔剂量增加、焦炭灰分增高、矿石还原性变差、矿石粒度变大）发生。

6）布料器停止工作2h以上。

7）低料线超过1h，或低料线时加焦量不足的重料下达至炉缸。

8）喷吹燃料停止而未及时调整焦炭负荷达2h以上。

9）水分焦调剂不及时（尤其在雨季）。

10）长期减风操作，使边缘煤气流过分发展，炉缸中心堆积时。

11）倒装比例增加或全倒装洗炉加焦炭量不足时。

12）多次人工坐料，未充分还原的矿石下达到高温区。

13）炉瘤或结厚渣皮脱落下滑到高温区。

14）冷却设备损坏，大水。

（3）调剂处理方法：

1）一般处理炉凉时，应注意区别是由于风量、风温调剂不及时或客观条件变化所引起的炉凉，还是由于操作不当及称量不准等因素引起的炉凉。

2）在炉凉初期，采取增加喷吹量，每次增加量不超过10~15g/t。加煤后料速仍制止不住时，富氧鼓风的高炉可减氧0.5%~1.0%。也可采用提高风温来处理，提高风温要逐步进行，每次提高风温不超过20~30℃。若加湿鼓风时，可降低鼓风湿分，一般每次减少量不超过2~3g/m^3，必要时可加大减少量，直至关闭蒸汽，停止加湿。

3）如果提高风温幅度较大，而风压没有升高，意味着凉势较大，要酌情适当减少风量，制止炉料下降过快，使料速恢复到正常水平或稍低于正常水平。

4）打开渣、铁口后根据炉温可准确判断炉凉程度，如果炉凉较严重，并估计持续时间较长，并在喷吹和风温用尽的同时，下部多减风量，上部减轻负荷或加入净焦。

5）炉子大凉时要减风到风口不灌渣的程度，保持顺行，有机会并可能时，要休风堵几个风口，上部必须大量加净焦，并酌情调整炉渣碱度。

6）对于冷却设备漏水所造成的炉凉，要重点切断水源，根据炉凉程度减轻负荷。要注意这时减风压操作有增加漏水的副作用。

7）对于上错料所造成的炉凉，要根据每批料上错多少和上错多少批料，来确定后续料应减轻负荷多少，并要作减风操作，上错料过多，要在错料没下达时，休风堵几个风口，如果错料已下达，炉凉休风要注意灌渣问题。

8）高炉单侧炉凉时，应首先检查冷却设备是否漏水。查看炉身下部和炉腰处温度有无变化，是否有渣皮脱落。若经常性单侧炉凉，可缩小该方向风口直径，并组织检查该侧是否结厚或结瘤。判断单侧炉凉，主要看炉缸工作是否均匀，例如某高炉局部风口经常发暗，渣口渣温和上下渣明显不均，铁中硫黄升高，有时出现高硅高硫现象等，经判断找出主要是炉缸工作不均引起的。

9）由于连续崩料或管道行程所造成的炉凉，往往来得快，危害性大。尤其在冶炼炼钢铁时，从仪表上反映出征兆时，马上看风口就可看出“生降”和涌渣。对于这种炉凉的处理，首先应立即减风，随之风温用到最高水平，上部加净焦，喷吹量要根据炉凉程度和减风量多少而定，炉子大凉，减风过多时，要停止喷吹。

10）炉凉风口涌渣，应迅速打开渣口，排除凉渣，并积极组织出铁，做好炉外脱硫准备，加强直吹管的检查和维护，严防烧穿。

11）炉凉风口涌渣且悬料时，以处理炉凉为主，只有在渣铁放净时才允许坐料。当个别风口自动来渣时，可少量加风吹回（不宜过多），然后将风量逐渐减回，如果不成功，要注意防止烧穿，不要急于放风，防止大灌渣。如果灌渣，要及时打开弯头大盖放渣，打开大盖时要防止烧人。

12）属于设备问题引起的，要及时修理或更换，如布料器停转必须在2h内恢复运转，否则应减轻负荷。

13）调整称量误差，使上料量准确。

14）校正探尺，使零点准确，使装料和布料达到按规定进行。

15）冷却设备漏水时应及时检查确定，并切断已损坏的冷却设备的供水，并尽快找机会休风更换。

16）加强原燃料的管理，定期进行化验分析，以便根据化学成分变化及时进行调剂。

17）对水分焦的加入量要根据焦炭的实际水分来调剂，尤其在雨季更要注意水分焦的变动。料车结底要及时清理，确保焦批重量准确。例如，某厂124m³高炉，在装料制度和送风制度没有变化的情况下，炉温在6h内大幅度下降，生铁含［Si］量由2.2%下降到0.6%，生铁中［S］增至0.15%以上，最后出现炉缸大凉。检查原因后，发现原料粉末增多，且湿，使料车结底厚度达1/4左右，使焦批重量减少，等于增加了焦炭负荷，使炉子变凉。

因此，在处理炉凉时应认真地从多方面查找原因，并注意各种设备的使用情况。

B 炉热的判断和调剂处理

（1）炉热的征兆：

1）风口较正常明亮，甚至耀眼，无生料，各风口工作均匀。

2）生铁中［Si］大量增加，超过规定的范围，铁水明亮，火花减少。两次铁间生铁含［Si］量的增加数量为：铸造生铁大于0.4%，炼钢生铁大于0.2%。

3）炉渣变热，渣样断口由褐玻璃状转为热褐玻璃状，或有白石头状斑点。大热时出现蓝色石头状断口。冲水渣后，渣色洁白，大量漂浮于水面。

4）风压缓慢上升，风量缓慢下降，炉喉、炉身、炉顶温度均普遍上升。

5）透气性指数相对降低。

6）炉喉十字测温温度普遍升高。

7）料尺下降速度缓慢，炉料难行，有时停滞后崩落，大热时形成悬料。

8）风压升高时，若只减风，风压减下后又继续升高。若加风，风压升高幅度较大，甚至立即拔尖导致热悬料。

9）不接受提高风温操作，若操作失误稍提风温，立即导致难行或悬料。

（2）引起炉热的原因。热量收入大于冶炼各项反应需要时将出现炉热。炉热处理并不难，但如果调剂不及时或不当也会造成悬料。炉热原因有：

1）凡是一切增加热量收入的因素（如提高风温、原燃料质量改善、煤气能量利用改善）和一切减少热量消耗的因素（如减少熔剂量、减少渣量、减少煤气发生量、降低铁的直接还原度、矿石还原性变好、含铁量下降、矿石粒度缩小和粒度均匀性改善等），均可导致炉况向热。

2）原料（矿石和熔剂）和焦炭称量不准，原料量低于规定量，焦炭量高于规定值时。

3）负荷调剂不及时或负荷过轻时。

4）补偿水分的焦炭数量偏高时。

5）长期减风后的热惯性。

6）加湿鼓风时，由于外界原因蒸汽中断或大量减少，未及时发现进行调剂，导致炉温向热。

（3）调剂处理方法：

1）炉热初期时，减少喷吹量或停止喷吹，加湿鼓风时，首先要增加蒸汽量。影响顺行时，变更装料次序，发展边缘煤气流。

2）风压升高时，逐步减风温降低风压，影响顺行时，可一次将风温降到需要的水平，一般可降低50~100℃。

3）炉热时若能加风量，则有利于抑制热行势头，但应在出铁后和降低风温后，风压在正常水平或较平稳时进行，以防难行。

4）炉子出现难行或欲悬料时，可临时采取减风降压的方法处理，但在减风之前或减风的同时，必须减喷吹量或停喷吹物，必须降低风温。

5）如果引起炉热的因素作用时间较长，应适当加重焦炭负荷，增加数量由炉温情况决定。但在第一次变料下达之前，不应当进行第二次负荷调剂，以免调剂过头。

6）如果是原、燃料成分、数量波动，应根据波动量大小，相应调整焦炭负荷。

7）原燃料称量设备误差增大，应迅速调回到正常零点。

注意事项：

1）在处理炉热时，应注意炉子热行惯性，防止降温过分，引起炉温大幅度波动，造成煤气流分布失常。

2）对于炉温热行时，首先应区别是由于操作因素引起的，还是客观条件变化引起的。只有在固定风量操作，稳定装料制度的条件下，才便于区别。因为一切客观条件的变化使炉温向热行，都必须导致炉料下降缓慢，但在频繁变动风量及风温时，则不易区别主观与客观条件的影响。

3）处理炉热时要善于区别情况，将由上下部调剂引起的暂时性向热，还是由于焦炭负荷过轻而引起的长期性向热区别开来。

如果是由于减风或提高风温下部调剂引起的炉热，可根据炉温上升幅度（生铁含［Si］量波动幅度）确定应减风温或增加湿分的数量。进行喷吹燃料的高炉应减少喷吹量。减风温过多时应注意炉温的变化，以免减风温时间过长，反而造成炉凉。

减风温计算方法是将生铁含［Si］变动量折合焦炭量，再折合为风温。例如当风温1000℃时，生铁含［Si］上升为0.5%，折合焦炭量为40×0.5% =20（kg）（［Si］±1.0%相当于焦炭±40kg），在风温1000℃时，±100℃风温相当于焦比±4.5%。如高炉焦比为600kg/t，则为600 × 4.5% = 27［kg/(t · 100℃)］，最后确定减风温为100 × 20/27 = 74（℃）。

炉温热行时下料缓慢，为保证顺行，不应增加风量，但可以改几批倒装（JK↓），以疏松边缘。

如果因焦炭负荷过轻引起炉热，可适当增加负荷，数量由炉温情况决定。

例如某厂100m^3高炉，在没有改变操作制度、原料质量的情况下，炉温突然向热，生铁含［Si］上升0.8%，后发现是更换电子秤所引起的。经校对，两个电子秤相差很多，高炉正常矿石批重为2800kg，而更换电子秤后实际质量为2300kg，经计算恰好相当于生铁含［Si］上升0.8%所需要的热量。

5.3.2.2　煤气流分布不合理引起的炉况波动与调剂处理

在高炉冶炼过程中，往往由于送风制度和原燃料质量以及装料设备等方面存在的问题而导致煤气流分布不合理。这样就产生了边缘或中心煤气流过分发展、管道行程三种煤气流分布不合理而产生的炉况波动和失常。

在判断初步阶段的炉况波动和失常时，我们必须通过对比，弄清它们各种炉况的不同表现特征，及引起原因，然后有针对性的找出调剂处理方法。现对三种煤气流分布失常情况介绍如下：

A　边缘煤气流过分发展，中心煤气流不足

边缘煤气过分发展是由于边缘负荷过轻、原燃料质量变坏、鼓风动能过低所引起的。煤气大部分沿炉墙运动，使煤气能量利用恶化，长期发展边缘操作，会使炉身寿命缩短，炉缸中心堆积，高炉顺行基础差，焦比（或燃料比）升高。

a　征兆

（1）在煤气流分布上表现为：

1）边缘煤气流发展，炉喉煤气 5 点取样 CO_2 曲线边缘降低，中心升高，一般中心 CO_2 比边缘高 2%以上，最高点移向第 4 点，严重时移向中心。曲线中心高、边缘低，煤气利用程度差。

2）炉喉十字测温温度边缘升高，中心降低。

3）炉喉温度高于正常水平，各点差距增大到 100℃左右。

4）炉顶温度曲线带宽，有时各点明显分散，波动较大。

（2）风压表现为：初期风压较低，曲线死板。易出现风压突然升高而悬料。严重时接受风量水平严重降低，风压稍升高即悬料。休风、低压操作和悬料后恢复较困难。

（3）风量表现为：不接受正常风量，曲线呆板。

（4）料尺表现为：下料不均，易出现陷落或过满现象。有时出铁前后料速显著不均。

（5）风口工作情况表现为：炉温高时，明亮耀眼，焦炭不够活跃。炉温不足时，风口工作极不均匀，部分风口出现熔结大块和涌渣现象，炉凉时易自动灌渣，堆积严重时风口破损，破损部位多在上部。

（6）炉渣表现为：上渣热、下渣凉，前后渣温差较大，渣中带铁多，渣口容易破损。

（7）铁水表现为：铁水暗红，物理热低，高［Si］高［S］，铁样多为白口，或灰口带很宽的白边。铁温越来越低，石墨炭极少飞扬。

（8）炉身、炉腰冷却水温差升高，炉墙温度较正常时升高，严重时烧坏冷却设备。

（9）从风口插入钢钎穿刺时，炉缸中心有死料柱。

（10）炉尘吹出量较正常时增加。

b　产生原因

（1）由于风口直径过大，或大量减风，造成鼓风动能或风口风速过低，以致使煤气流不能穿透到中心去。

（2）长期高料线操作，装料中倒装比例过多，使用焦炭强度差、原料中含粉尘增加等使炉缸中心部分料柱透气性变坏。

（3）长期慢风作业。

（4）炉喉间隙过大或炉身中部及炉腰部分炉墙侵蚀严重。

c　处理方法

（1）计算风口风速是否处于正常范围内，如果偏离正常范围，则煤气流分布失常属于送风制度不合理，则应通过计算，调剂风口直径与长度来调整风速，使风速进入合理范围内，使鼓风动能达到合理范围。

（2）如果风速处于合理范围内，则应改变装料制度来加重边缘疏松中心，如降低料线、缩小批重、增加正装比例（钟式高炉可适当增加正装比例，无钟高炉可增加外环布矿分数或减少布焦分数）等方法在加重边缘操作时，要注意炉子接受能力，在原料条件恶化时，不宜过多地加重边缘或逐步加重边缘。

（3）为防止炉温不足和生铁含硫升高，要减轻负荷或加净焦来保持充足的渣铁温度。

（4）根据炉况需要，可以采取减风操作、堵风口（1~2 个）操作或缩小风口直径、铁后拉风坐料来调整煤气流分布。

（5）根据煤气流分布失常程度，采用加净焦层，既防凉又调剂煤气流分布。

（6）如属原料质量问题，应准备和采用质量较好的原燃料，粉末要少，以避免由于粉末较多而吹集到炉子中心，达不到疏松中心的目的和预计效果。

（7）如果因炉喉间隙过大或炉身中下部过度侵蚀时，则须采取相应措施解决，如炉喉间隙扩大时，应采取加大料钟直径或修复炉喉保护板，使炉喉间隙恢复正常。如因炉身或炉腰衬砖侵蚀严重时，应找时机进行修复，使炉型恢复正常。

（8）检查大料钟和旋转溜梢是否有磨漏现象，如已磨漏应及时更换。

【例 5-1】 某厂 300m^3高炉，有直径 130mm 风口 12 个，在冶炼强度 1.2t/(m^3 · d)时，风口风速为 86m/s 的水平。因此，炉缸中心不活跃，风口工作不均匀，吹的很浅，风口易挂渣。出铁时铁水温度前高后低，很少有石墨飞扬。

分析原因，主要是由于风口直径过大，鼓风动能太低，致使边缘煤气流较为发展，炉缸中心不活跃，如果炉温稍有降低，极易产生中心堆积。所以，首先从提高风口风速入手，采取缩小风口直径的方法以提高鼓风动能。因风口不能及时缩小，采取了堵上两个风口的方法提高鼓风动能和风速，将炉子中心吹透。同时采用上部调剂与之配合，如降低料线、缩小矿石批重、降低焦炭负荷、加几批净焦，以保持充沛的炉温将炉缸中心堆积物熔化掉，在炉况转入正常后，休风更换直径小的风口，将风速提高到 110m/s，炉况正常维持下去。

【例 5-2】 某厂 255m^3高炉，曾发生边缘煤气流过分发展，炉缸中心严重堆积，当时只能用小风速操作，风口风速只有 55m/s，采用堵风口操作后，将风口风速提高到 100m/s，高炉开始接受风量，经过 24h 后，炉况转入正常。捅开风口堵泥恢复正常生产。

【例 5-3】 某厂 3 号（100m^3）高炉，由于风量小，边缘 CO_2比中心低 2%~3%，而又不坚持全风操作，炉缸工作不活跃，高炉经常崩料、悬料，生铁产量较低。经过分析，一切为全风作业让步，使入炉风量达到 300m^3/min 以上，冷风压力增到 110kPa，风速达到 100m/s 以上，吹透了高炉中心，高炉从此顺行高产，连续几个月达到日产 300t 以上，并且生铁质量有了进一步的提高。

【例 5-4】 某厂 255m^3高炉冶炼锰铁，由于炉喉温度较高，炉身部分炉衬侵蚀严重，以致炉喉保护脱落，使炉喉间隙过大，采取了一切加重边缘的措施都无效，最后在检修时将大料钟直径加大，使炉喉间隙恢复了设计尺寸以后，煤气流分布才恢复正常。

【例 5-5】 某厂 255m^3 高炉在炉喉变形的情况下，采用 JKJ+ KJK 大矿批的装料制度，高炉转为顺行。

【例 5-6】 某厂 255m^3高炉由于炉身中部砖衬脱落达 70m^2，采取一切加重边缘的措施后仍不能正常，后果断地停炉，把料线降到炉腰，仅用 7 个班的时间，重新砌好脱落的衬砖。复风后高炉顺行，坚持稳产、高产，直到3年后才停炉大修。

综上所述，处理边缘煤气流发展时，对于操作上的原因要及时纠正，设备上的问题要及时处理。同时在处理炉缸中心堆积时，应准备较好的原料，粉末要少，以避免由于粉末较多而吹集到炉子中心，达不到预期效果。

B 中心煤气流过分发展，边缘煤气流不足

a 征兆

(1) 在煤气流分布情况上表现为：

1) 中心煤气流发展，煤气利用情况波动较大，炉喉煤气取样 CO_2 曲线边缘高、中心低，边缘 CO_2 含量比中心 CO_2 含量高2%以上，最高点移向第2点，严重时移向第1点。

2) 炉喉十字测温温度中心升高，边缘降低。

3) 炉喉温度曲线带窄，低于正常水平。

4) 炉顶温度曲线带窄，波动较大。

5) 炉顶煤气压力不稳，出现高压尖峰，炉身静压力降低。

(2) 风压表现为：风压波动较大，出渣出铁前风压显著提高，出铁后较低。边缘堆积严重时，接受风压水平显著下降。

(3) 风量表现为：接受风量能力降低，加风时易引起崩料，减风后炉况极易好转。风量波动较大，出铁前后随风压而波动。

(4) 探尺表现为：下料不均，中心下料快，出铁前料慢，出铁后料快。经常有小崩料和料尺停滞及易崩不易悬的现象。

(5) 风口工作情况表现为：风口工作不均匀，同铁水比相对风口较凉，有时个别风口有涌渣现象。但在低压时不易灌渣。严重时容易烧坏风口前墙内下部。

(6) 炉渣表现为：渣温不均匀，一般上渣凉、下渣热。上渣口渣样表面有时结多孔黑壳，物理热低，流动性差，上渣不好放，渣中带铁多，严重时渣口大量烧损。

(7) 铁水表现为：铁水暗红，温度较低，铁样白口较多，而铁中［S］较高，严重时高［Si］高［S］，出铁时石墨炭很少飞扬。

(8) 炉喉温度下降，炉顶温度开始下降后期升高，各点温差缩小，有时重叠。

(9) 炉腹以上冷却器出水温度下降，温度差减小。

b 产生原因

(1) 由于风口直径过小或长度过大，引起鼓风动能过高或风速过大，超过实际需要水平。

(2) 长期堵部分风口操作。

(3) 由于风、渣口及部分冷却设备漏水。

(4) 长期采用加重边缘的装料制度。

(5) 长期采用高碱度或高 Al_2O_3 炉渣（$CaO/SiO_2>1.2$ 或 $Al_2O_3>20\%$）操作。

(6) 使用原燃料粉末很多。

边缘煤气流不足，炉缸中心煤气流过分发展，这在大型高炉上也时有发生，而在中小高炉还是较普遍的。有些厂不顾原燃料条件，在原燃料条件不具备的情况下，片面强调大风，造成中心过吹，边缘煤气流不足，边缘堆积，甚至发展成炉墙结厚、结瘤。

例如，某厂 $100m^3$ 高炉使用强度较低的烧结矿，其中粉末较多，再加上外购进球团矿生碎较多，低温还原粉化率达 40%以上。在高炉操作中忽略了原燃料质量差的因素；片面追求高冶炼强度，结果四座高炉边缘严重堆积。停炉检查发现，从炉腹开始一直到炉身上部的炉墙结厚，发展到高炉结瘤。

c 处理方法

针对上述原因，首先要确定中心煤气流过分发展、边缘煤气流不足，是属于操作制度不合理，还是由于设备以及原燃料质量不好引起的，找出主要问题。

对于操作制度原因，还应该找出是由于送风制度不合理，还是装料制度或造渣制度不合理造成的。要有针对性地处理，原燃料粉末较多时，不能采取加重边缘的装料制度。处理方法如下：

（1）改变装料制度，减轻边缘负荷，如提高料线，扩大批重，增加倒装比例等。

（2）长期中心过分发展，边缘煤气流不足以致边缘堆积时，应扩大风口直径或使用短风口，降低鼓风动能和风速，减少向中心吹入量，发展边缘煤气流。

例如，某厂 1260m^3高炉在冶炼强度为 0.95~1.0 时，出现了中心煤气流过分发展的炉况，顺行遭到破坏，采取疏松边缘的装料制度效果不明显，后采取扩大风口直径、发展边缘煤气流的措施，煤气流分布恢复正常，炉况转为顺行。

（3）可适当减风量，以稳定煤气流。

（4）炉温充足时可减风温或喷煤量，当风压急增或炉温不足时可以减风量降压。

（5）长期炉况不顺，炉墙结厚时应采取洗炉措施，主要是通过加萤石洗炉，一般情况下，每批料中萤石加入量约为矿石质量的 5%，使渣中 CaF_2达到 3%~5%。关于萤石加入有零散加入和集中加入两种方式，一般情况下集中加入比零散加入效果好些。100m^3高炉一般每次洗炉加入 1.5~2.0t 萤石。洗炉时要保持充沛的炉温，以保证洗炉效果和生铁质量。

另外也可通过加锰矿洗炉。

C 管道行程

料柱透气性和风量不相适应，炉内形成局部区域出现强盛的煤气“沟流”，其他广大区域煤气流相对减弱，这种炉况称为管道行程。也可以说管道行程是高炉断面某局部煤气流过分发展的表现。管道产生后，煤气能量利用显著恶化，易引起炉凉。同时使料柱结构变得不稳定，极易引起悬料。按部位分类，可分为上部管道行程、下部管道行程、边缘管道行程、中心管道行程等。按形成原因又可分为炉热、炉凉、炉料粉末多强度差、布料不正确等原因引起的管道行程。

a 征兆

（1）煤气流分布情况表现为：

1）中心管道行程时，CO_2含量曲线中心特别低。边缘管道行程时，CO_2 含量曲线在管道方向处出现凹线，CO_2含量降低很多。

2）管道行程方向处炉喉温度升高，炉顶煤气温度急剧升高，管道严重时，炉顶煤气温度比正常温度高 100~200℃。

3）出现边缘管道时，炉顶煤气温度和炉墙温度在某一固定方向升高，圆周 4 个方向度分散。中心管道行程时，炉顶煤气温度带窄，4 点煤气温度成一线束，炉喉十字测温中心温度升高，炉墙温度下降。

4）边缘管道行程时，管道方向处的静压力值上升，压差下降而且波动大；中心管道行程时，炉身4个方向的静压力值差别不大，且都有所降低。

5）炉顶煤气压力出现较大的高压尖峰。

（2）风压表现为：管道产生时，风压平缓下降，管道堵塞时风压直线上升，风压曲线记录纸上呈锯齿状波动。

（3）风量表现为：管道产生时风量增加，透气性指数升高。管道堵塞后风虽大幅度降低，透气性指数减少，风量曲线记录纸上呈锯齿状波动。

（4）探尺表现为：管道产生时料速显著转慢，甚至出现停滞现象，随后易出现陷落和崩料。两尺工作不均匀，往往单尺深陷，加料后料尺又升得很快。简述之，即管道产生时料尺工作不均匀，出现滑尺、埋尺、停滞、假尺、塌落等现象。

（5）风口工作情况是：风口工作不均匀，管道方向的风口在管道产生时吹得很深，但不明亮。管道堵塞时，有生料，亮度降低，严重时风口涌渣、灌渣。低压时风口较活跃，不是管道处风口明亮。

（6）炉渣表现为：管道方向处渣口温度低，色暗黑，同另一渣口渣温差别很大。

（7）铁水表现为：铁水温度波动大，渣铁温度不足，生铁出现低［Si］和高［S］现象。

（8）巨型管道时伴随着大型崩料，导致炉顶煤气温度很快上升到1000℃以上，上升管被烧红，炉子大凉，甚至炉缸冻结。

（9）炉尘吹出量明显增加，严重时上升管处有撞击声，管道方向处更明显。

b 形成原因

形成管道行程是由于原燃料质量恶化、炉顶布料不均匀、低料线作业、风口进风不均匀、热制度波动、铁前风压过高等因素使局部煤气流过分发展而引起的。形成管道的根本原因是风口与料柱透气性不相适应。具体原因有原料质量、送风制度和设备问题三个方面：

（1）小高炉无旋转布料器造成布料不均匀。

（2）某些风管或弯管由于堵塞或积渣，使各风口进风量不均匀，或者经常堵风口操作，使炉墙局部结厚和形成炉瘤。

（3）高炉炉衬局部严重侵蚀。

（4）高炉入炉风量过大，风压偏高。

（5）矿石粉末多，焦炭强度差。

（6）炉顶大、小料钟偏斜，造成炉喉间隙一侧宽，另一侧窄。

（7）热制度破坏，熔渣黏稠或温度不足。

c 处理方法

处理管道行程的方法主要是疏导与填充堵塞，根据形成原因的不同，可采取不同的处理方法。

（1）操作方面。由于在目前情况下，管道是一种极易发生、且后果较难预料的炉况，所以发现管道后要及时处理，力争主动。处理的方针是以疏导为主、堵塞为辅。具体的操作方法是：

1）发现管道最常用的是适当疏松边缘并相应减轻负荷。管道轻微时可用炉顶调剂的方法来调剂，如采取全倒装或部分倒装、双装、三批两放或扩大矿石批重等方法，有旋转布料器的高炉可采用改变布料器角度进行定点布料，使矿石大部分落入管道之内而加以充塞。管道方位不明时，可以降低料线，然后迅速装炉料。

出现中心管道时，钟式高炉可临时改 2~4 批双装，无料钟高炉临时装 2~4 批 $\alpha_C>\alpha_O$ 的料，或定点布料；

若出现边缘管道时，钟式高炉可临时装入 2~4 批正双装，无钟高炉可在管道部位装入 2~4 批扇形布料或定点布料。

2）管道严重而炉温又充足时可拉风坐料，并可酌情适量降低风温，同时采取适当的炉顶调剂措施。

3）富氧高炉可以减氧或停氧，并相应减少喷煤量；常氧高炉炉温充足时，可先降低风温 40~80℃，或减少喷煤量；必要时可减风，减风无效时可用坐料破坏管道，但复风后要注意控制风压、风量水平，管道消除前，禁止提高风温，回风压差比正常压差低 0.01~0.02MPa。

4）管道严重时要适当加净焦，这样做既可以疏松料柱改善料柱透气性，又可防凉，并为最后坐料强行破坏管道作准备。

5）如果高炉经常出现管道行程时，应考虑调整基本操作制度。

6）渣碱度过高时，可在一批或两批料中完全不加石灰石，然后校正配料，这样能及时稀释熔渣。

7）应避免长期堵风口操作，以防堵风口一侧炉墙结厚或结瘤。

（2）原燃料方面：

1）改进原燃料质量，减少粉末产生量。

2）加强原燃料筛分工作，减少入炉原燃料的粉末含量。一时筛分不好，原燃料粒度又不均的高炉应降低冶炼强度，使之与料柱透气性相适应。

（3）设备方面：

1）没有旋转布料器的高炉应安装旋转布料器或采用钟阀炉顶，通过漏斗效应改变布料效果。

2）有旋转布料器的高炉，因故停转时应尽快恢复工作，以制止炉料的偏析。

3）当大料钟中心线与高炉中心线偏差大于 30mm 以上时，必须加以校正。

4）如因环管造成各风口进风不均匀时，可将邻近环管进风口处的风口改用小直径的风口，远处使用大直径风口，如果进风量相差不大，可不必调整，以免人为造成风量不均匀。

下部管道行程，多是由于成渣带透气性变坏造成的，比处理上部管道行程困难很多，正确的处理方法是：猛减入炉风量，将风量减少到料尺工作、风压、风量稳定为止，使之与该条件下的料柱透气性相适应；同时上部要增加发展边缘的装料比例，及时减轻焦炭负荷或集中加一定数量的净焦，以改善料柱透气性。若风量很小，料尺工作仍不稳定时，应休风堵上几个风口，这样既可破坏管道，又能在小风量下保持一定的风速和鼓风动能，促使煤气流合理分布。

【例 5-7】 某厂 255m^{3}高炉，由于旋转布料器失灵，长期不用旋转布料器，使上料斜桥对面一侧煤气流发展，致使高炉工作剖面失常。因此上料斜桥对侧经常产生管道，尤其当烧结矿粉末较多时，管道产生更加频繁。后将布料器修好，每当管道产生时，便在管道处连装 2~3 批偏料，然后再恢复正常布料顺序，这样做将使管道消除，炉况恢复正常。

【例 5-8】 首钢 3 号高炉 1993 年 7 月 24 日 11:05 至 11:30 因东场出铁时铁流冲，炉内被迫改常压。回风过程中煤气流不稳，炉顶温度波幅增大并有较大尖峰。在此情况下，15:10 左右炉内又扩矿批加负荷，同时还增加了南非矿用量。由于煤气流不稳，炉温逐步降低，生铁含硅量由 0.36%降到 0.30%、甚至到 0.18%。料尺出现停滞现象，并且料速与风量已不适应。20:00 过后，顶压开始出现向上尖峰，风口工作也开始变坏。为了处理煤气流，19:00 以后开始控制风量。风量由 $4400m^3/min$ 分步减到 $2600m^3/min$。19:20 南非矿由 9t/批减到 7t/批，焦炭负荷由 2.93t/t 减到 2.75t/t。焦比由 32220kg/t 改为 30232kg/t。并先后附加了 3.5 批焦炭。21:30 南非矿减到 5t/批。22:00 管道行程加剧，料尺出现打横现象，部分风口自动灌渣。25 日 2:55 被迫坐料。6: 00 过后，轻负荷料作用后炉况才逐步转入正常。

由于客观原因造成高炉减风后，回风时一定要稳，不能过急。特别是当高炉发生煤气流不稳时，要积极疏导，切不可采取抑制手段，增加正装比例或扩矿批都是不可取的。

任务 5.4 炉况失常

在高炉生产过程中，由于原燃料条件的变化，设备故障、各种操作条件的变化以及对炉况判断的不正确等，都会造成炉况的波动或剧烈波动，如果对炉况波动没有做出正确的判断或没有及时采取有力措施加以调剂纠正，就会使波动发生变化，以致造成炉况失常，又称失常炉况为特殊炉况。

高炉炉况的失常，主要是由煤气流分布失常和炉缸热制度被破坏引起的，两者相互影响又互为因果关系。

绝大多数炉况失常，都是伴随着炉凉而产生。因此，经常保持充足而稳定的炉温，是维持高炉行程稳定顺行，预防失常的先决条件。

在高炉炉况已经发生失常的情况下，首先要找出引起失常的原因，并根据失常的原因，采取相应的措施进行处理。处理地越及时，措施越妥善，炉况恢复地就越快，造成的损失就越少。

常见的失常炉况有：低料线、偏料、崩料及连续崩料、悬料、炉缸堆积、大凉及炉缸冻结、炉墙结厚、炉瘤以及炉缸炉底烧穿等，现分述如下。

5.4.1 低料线

由于各种原因引起没能按时上料，使料线较正常规定低 0.5m 以上时称为低料线。又有的厂规定为：使料线低于指定料线 0.5m 超过 1h 为低料线。有的厂又习惯地称低料线为亏料线，或空料线、空尺。有的叫亏尺等。

钟式高炉的料线是指大钟在打开位置时大钟的下缘线（即料尺的零点）到炉内料面的距离。

无料钟高炉料线的零位在炉喉钢砖的上沿，零位到料面间距离为料线深度。

低料线对高炉冶炼进程危害很大，它破坏炉料的正常分布，恶化料柱透气性，导致煤气流分布失常，使矿石得不到正常的预热和还原。低料线是造成炉凉和炉况失常的重要因素。

5.4.1.1 低料线的主要危害

（1）低料线破坏了炉料的正常分布，恶化了料柱透气性，导致炉况不顺。

（2）因炉料的正常分布失常，煤气的热能和化学能利用变差，导致炉凉。

（3）低料线过深，矿石得不到正常预热，为补足热能损失，势必减料或加焦，使焦比升。

（4）因低料线布料，煤气流分布，炉缸热均受到影响，极易发生炉子大凉、崩料、悬料、直吹管烧穿、风口灌渣、严重时会造成炉缸冻结。

（5）低料线会使炉顶温度升高，超过正常规定值，烧坏炉顶设备。

（6）低料线会损坏炉衬，剧烈的煤气流波动会引起炉墙结厚或结瘤。

（7）低料线时，必须尽快赶料线，这就使供料系统设备（上料吊车、皮带运输机、筛子、料车卷扬机及其相关设备）负担加重、操作人员工作紧张身体疲劳。

（8）炉况不顺、减风、低压，势必减产。

（9）产品质量变差。

（10）因操作不正常易发生设备、人身操作事故。

总之，低料线的危害很大，决不能听之任之，一旦发生时就要采取果断措施处理。

5.4.1.2 低料线的原因

（1）崩料或连续崩料后形成低料线。

（2）悬料坐料后形成低料线，尤以顽固悬料坐料形成的低料线更深一些。

（3）设备故障不能上料形成的低料线。

（4）由于燃料供应不及时，不能按料线装料，使料尺经常低于规定高度。

5.4.1.3 低料线的处理

由于低料线的危害很大，在操作中最大限度地减少或消灭低料线，是稳定高炉炉况的必要条件。一旦发生时，要求低料线时间不超过 1h。否则，不管什么原因都要果断地采取减风措施，直至休风。低料线的处理方法主要有：

（1）根据炉顶温度高低，减风操作控制煤气量，保持炉顶温度不超过允许的最高值，以利于保护炉顶设备。

（2）炉顶温度不算太高，通过减风控制料速，有利于尽快赶上料线。

（3）为防止炉凉，要根据低料线时间和深浅程度减轻焦炭负荷，一般应减少 10%～20%，有时也采取适当提高炉温和降低炉渣碱度的方法。

（4）上料系统设备故障短时间不能上料时，应减风到炉况允许的最低水平（风口不来渣）。故障消除后要立即赶料线，首先装料，装料到一定程度后，要考虑酌情加风，长时间慢风作业赶料线，料柱透气性恶化、煤气流边缘发展，对炉料加热不利并影响炉况顺行，应适量补加净焦。若能准确估计到不能上料的时间较长时，要抓紧组织出铁工作和休风。

（5）当矿石上料系统设备故障造成低料线时，可以先装几批净焦，而后再补加矿石。如果焦炭系统设备故障造成低料线时，一般不采用先装矿石后补焦炭的办法，矿批重小时，有的高炉也这样做过，不过矿批数不能装太多。

(6) 炉况不顺时低料线作业，情况很复杂，处理时要根据炉况而定。一般说来，煤气流不稳时，要减风与控料相结合；风压平稳后，再根据料线深度，决定先加风还是先上料，或者二者兼用。要防止在低料线过程中恢复炉况，因为易于造成恶性循环；炉子已悬料，要在装满料后再坐料，重新恢复炉况。

(7) 炉况不顺时低料线作业情况复杂，要根据炉况先加入一些净焦，然后再补回部分矿石，在赶料线到碰撞点时，可以改装 1~3 批倒装以疏松边缘。

(8) 为减少炉况波动，低料线装入的炉料下达到炉身下部时，要考虑采取疏松边缘或减风操作等措施，以利于炉况顺行和防止烧坏风口。当料线赶到见影（料尺可以探到料面时）后，风压显高时，要采取减风等措施维持炉况顺行。

(9) 为防止因低料线而引起的炉顶温度过高，可向炉顶大小料钟之间通入蒸汽，控制温度低于 500℃。低料线时严禁向炉内打水来降低炉顶温度，以免发生爆炸。当炉顶温度过高，超过 500℃时应迅速减风处理。

(10) 当减风到正常风量的 50%以上时，料线仍低于 3m 以上，且造成低料线的原因尚未排除时，应立即组织出尽渣铁后休风。

(11) 低料线后恢复上料时应抓紧赶料线，但赶料线操作不能过急，且要均匀上料，以免因赶得过急造成料线正常后发生悬料或顽固悬料，这样的例子很多。

【例 5-9】 某厂 1513m^3高炉，因设备事故而造成低料线深达 4m。高炉复风后因对低料线危害认识不足，未加处理，当低料线部分的炉料下达到炉腹时，产生崩料，又未进行减风调剂，导致转入悬料。由于对悬料处理不当，后又转入顽固悬料，最后导致炉缸冻结，经过十多天处理才恢复正常炉况。

【例 5-10】 某厂 1059m^3高炉，因卷扬机故障不能上料，造成低料线很深，大幅度减风操作。卷扬机修好恢复上料时，由于不顾高炉料柱透气性情况，赶料线过急，致使料线正常以后，高炉悬料，连续坐料两次，直至休风坐料仍未能坐下来，喷吹渣口、铁口仍无效果。最后只有拉下渣口小套，送风后从渣口喷吹卸料，两小时后把料坐下来，又造成炉凉，连续三次铁出号外，同时影响产量 730 余吨。

综上所述，低料线对大高炉影响如此巨大，对于炉身高度低、间接还原不够充分、冶炼强度大的中小高炉低料线的影响更大，更严重。因此，对于低料线，中小高炉的操作者一定要更加重视起来。出现低料线时，要及时发现、及时处理，避免导致更严重的后果。各高炉的操作者应根据自己的具体情况摸索总结出一套自己处理低料线失常炉况的操作方法和经验。

5.4.2 偏料

高炉截面下料速度不一致，在料尺上呈现一面高，一面低的现象，称为偏料。关于偏料，有些厂又做了一些量化的规定，各厂之间又不尽相同，如某厂规定，两根料尺相差 300mm 属于偏料；有的规定两根料尺相差 500mm 属于偏料；有的提出，两个料尺的深度在一段时间内、固定方向，小高炉料尺差 0.5m，在中型以上高炉差 1.0m 以上，称为偏料。

5.4.2.1 偏料的危害

炉料偏行的后果很严重，并不亚于悬料，它严重地破坏煤气的分布和能量的利用，破坏炉顶调剂的效果，使每批料都处于偏斜塌陷状态，结果会剧烈地降低炉缸温度，容易造成大凉和大崩料或悬料。特别是偏行会使炉墙单方面磨损严重，从而助长结瘤，或使已有的单侧瘤合围，而发展为环形瘤。

在结瘤的高炉上经常发生偏行炉况，偏行严重时料面相差能达 2~3m 之深。在断面有限的炉身里面，散粒的料柱能构成这样大的堆角，似乎令人难以置信。然而详细分析，便可了解这种现象之所以产生，是由于偏行的作用加剧了炉料粒度的偏析和再分布，使大块炉料更多地沿偏斜的斜面滚下去，粉末与细料便遗留在较高的料峰上，批批如此，使一侧越来越疏松，疏松则煤气流畅而下料快，同时另一侧越来越坚实，煤气流不畅而下料慢。疏松一侧的煤气流又把粉末和细粒吹集到坚实的一侧，这就更加重了偏行现象。

5.4.2.2　偏料的征兆、产生原因及处理

A　偏料的征兆

（1）两料尺经常相差大于 300mm 或 500mm，易发生装料过满或大料钟关不严的现象。

（2）高炉因为各点工作不均匀，一侧风口发暗，一侧风口明亮。

（3）各渣口渣和上下渣的渣温差别较大。

（4）渣铁物理热不足，生铁中［S］升高，炉渣流动性变差。

（5）炉喉沿半径 CO_2曲线为低料面一侧低于另一侧，最高点移向第 4 点，严重时移向中心。

（6）炉喉十字测温温度，低料面一侧高于高料面的一侧。

（7）风压升高而且不稳，炉顶压力经常出现向上尖峰。

（8）炉顶温度相差很多，记录纸上两点分开，低料线一侧高于另一侧。

（9）当料面的偏斜方向改变时，料尺的反应就不灵敏，它们往往指示相同的深度或差别不大，在这种情况下，应该通过用炉喉和炉身炉衬温度表及煤气静压力计等综合参数加以判断。此时，低料面一侧的炉喉及炉身温度高于另一侧；低料面一侧的炉身静压力低于另一侧。

B　偏料产生的原因

（1）由于高炉剖面炉衬侵蚀不一致，侵蚀严重的一侧边缘煤气流过分发展，形成炉料下降的不均匀。

（2）高炉炉型发生畸变，一侧结瘤使料面下降不均匀。

（3）由于产生管道行程而偏料。

（4）大料钟中心偏离高炉中心线，造成炉料沿炉喉断面圆周分布不均匀。

（5）旋转布料器长期停止工作，特别是没有旋转布料器的高炉易发生偏料。

（6）各风口进风不均匀而引起偏料。

（7）入炉料粉末多且粒度偏析严重。

C　偏料的处理方法

（1）发现料尺相差较大时，首先检查料尺工作是否正常，如料尺工作失灵时应及时排除。

（2）高炉一旦出现偏料，应避免中心过吹和炉温不足。

（3）偏料初期，可疏松边缘和采用双装。

（4）炉温充足，可在出铁后坐料，并加净焦 3~5 批，以后再补回部分矿石。

（5）可临时性变更布料器工作制度，布偏料纠正，以减轻偏料水平。无料钟高炉可采用定点布料来纠正偏料。

（6）可将低料面一侧换小直径风口，或加衬套或堵部分风口，以减少这一侧入炉风量。

（7）偏料严重一时又难于处理时，应立即组织有关人员，对设备、炉型及处理操作方法全面进行排查，迅速找出偏料的确切原因，根据找出的原因，制定处理方案，尽快排除偏料。

（8）发现有炉瘤时应及时清除，切不可拖延。

（9）凡属能修复的设备缺陷（如大小钟不同心，布料器停转或有错位，进风弯头有残渣或堵塞等），应及时修复、清理、矫正。

（10）设备缺陷一时修复有困难或无法修复的、并在用上部调剂无效时，可在低料面一侧用长风口或小风口，在高料面一侧用普通大风口的方法进行纠正。但应注意采用这种“以偏治偏”的方法，由于下部调剂不一定就完全合适，不能认为是一劳永逸的，应根据需要适时地调整大小风口的布局。同时积极做好修复或更换的准备工作。抓紧时间尽快进行修复或更换，不可长时间带病作业。

（11）因炉型畸变造成的偏料，可结合洗炉或控制冷却设备水温差来消除。

例如，某厂 $620m^3$ 高炉因设备故障突然无计划休风 31 个小时，复风后炉况不顺，时有崩料、悬料发生，经过 3 天多的处理后炉况仍不见好转，并出现偏料现象，两尺相差 1m 以上。根据计器仪表的反映煤气 CO_2 曲线，炉皮温度测定，都表明因单侧炉墙结厚或炉瘤造成偏料，据此进行了炉墙开孔探测，测定结果是在料面高的一侧炉身下部已有 500~600mm 厚，高 1.6~1.7m 的单侧炉瘤形成，遂决定降料线待料线降到炉腰处，炉瘤全露出后休风，在结瘤部位放 7 炮将炉瘤炸掉，复风炉况很快走向正常，偏料消除。

5.4.3 崩料与连续崩料

炉料突然塌落的现象称为崩料。有的又称炉料在难行及短时期停滞后自动突然下降为崩料。有的又量化地规定，炉料突然下降深度超过 300mm 的现象叫崩料。而连续不断或不止一次的炉料突然塌陷叫连续崩料。

5.4.3.1 崩料的危害

崩料是煤气流和料柱相向运动矛盾的激化表现，也是炉料运动由顺行转入难行的过渡阶段。所谓难行，是指炉料下料速度显著减慢而失均匀。难行是崩料的前奏。一切引起料柱透气性恶化导致炉料下降减弱的因素都会产生崩料。崩料能破坏炉顶料面，导致煤气流失常。难行与崩料虽然是短时间的炉况不顺，但如果不及时妥善处理，就会造成悬料。严重的长时间的悬料有时可延至几昼夜之久，及时地消除难行和合理地调剂处理崩料，是防止发生悬料的主要措施。当发生连续崩料时，煤气流会严重失常。因此，一旦发生崩料必须减风，当连续崩料时，应减风到不崩料为止，并视崩料程度，加足够数量的净焦和增加倒装比例。

崩料和煤气管道行程有时互为因果。没有得到充分预热和还原的炉料，突然崩入炉缸，增加炉缸热量支出，而管道煤气流又使煤气能量没有得到很好的利用，最终导致炉凉，连续崩料，尤其是高炉下部的连续崩料，严重者造成炉子大凉，甚至炉缸冻结。

5.4.3.2　崩料的征兆、原因及处理

A　崩料的征兆

（1）下料不畅、渐趋向难行。

（2）下料极不均匀，料尺时快时慢时陷。

（3）风量、风压或透气性指数波动加剧，记录纸上呈锯齿状较密，严重时呈大锯齿状。

（4）风口工作不均匀，连续崩料时，风口前“生降”明显，严重时风口涌渣，个别风口自动灌渣。

（5）炉顶温度剧烈波动，各点混乱，平均温度升高。

（6）炉顶压力剧烈波动，出现高压尖峰。

（7）渣铁温度急剧下降，黑渣流动性变差黏沟子，铁水色红暗，生铁硅低硫高或出号外铁。

（8）炉喉半径 CO_2 曲线紊乱无规律性，炉喉、炉顶各点温度差增大，而且波动幅度增大。崩料时，煤气上升管处出现异常声响。

（9）如果是边缘过重引起的崩料，则风口不接受喷吹物。

（10）如果是管道行程引起的崩料，则在管道方向的风口不接受喷吹物。

B　崩料产生的原因

促成崩料的原因很多，而归根结底是两个作业制度的破坏——煤气流分布制度和炉缸热制度。从崩料的表现形式来看，可以认为崩料过程是炉料摆脱某种平衡的束缚，面向重力场的纵放，从而造成非匀速下落的物理现象。产生这种纵放的原因是力的不平衡。经验证明，不论是上部崩料——煤气分布制度破坏所引起的，或下部崩料——炉缸热制度破坏所引起的，都有一个共同的迹象就是，崩料前风压都是降低，而在崩料之后略为上升或升到原来的水平面上。这些现象给予上面的论断有力的支持，因为焦炭的燃烧以及煤气的管道流通或造渣制度的破坏，必然会产生力的转移和形成一部分可压缩的空隙，因此，就构成了炉料跌落的条件、形成了崩料。

在生产中产生崩料的具体原因如下：

（1）中心或边缘煤气流过分发展或产生管道行程而未及时调剂。

（2）炉热或炉凉没及时调剂而进一步发展。

（3）严重偏料和长期低料线所引起的煤气流分布失常和炉温剧烈波动。

（4）炉衬严重结厚和炉瘤长大。

（5）原燃料质量恶化，粉末增多或焦炭强度变坏而未及时调剂。

（6）造渣制度波动，尤其当炉渣碱度 $w(CaO)/w(SiO_2)$ 上升到 1.40 以上，而且炉凉。

（7）布料设备和炉墙工作炉型不规整，导致煤气流分布失常。

产生上述原因都会使风量与料柱透气性不相适应，如不及时减风操作或采取改善料柱透气性的措施都会形成崩料。

C　崩料的处理方法

处理崩料必须果断、严防崩料发展到连续崩料。对于热惯性小的、炉容小的高炉如果连续崩料，而处理不善时，可能导致炉缸大凉和炉缸冻结。

（1）发现崩料时，首先分析其原因，然后采取不同的处理方法。偶尔的1~2次滑尺不管对炉温有无大影响，都应引起重视。滑尺，有的又称滑料，是高炉在基本顺行的情况下，冶炼强度较高时料尺有小尺度的滑动现象，一般不视为失常，但滑尺明显增多时应作崩料考虑。

（2）偶尔发生1~2次崩料时，可根据炉温、崩料的深度，加若干批轻料疏松边缘，或减喷煤量，减风温处理。炉温低时，可减氧或减风。

（3）因炉热引起崩料，可先减风温（一次可减40~50℃），减少喷吹物。上部疏松边缘，降温后，崩料可制止。若在存渣铁较多时发生热崩料，要在降温操作的同时减风处理。若发生连续崩料现象，要考虑多减风，防止事态发展和产生炉凉。

（4）炉凉崩料危害很大，首先要立即大幅度减风处理，并提高风温，根据风口情况和炉温变化，决定加净焦多少。

（5）对于煤气流分布失常引起的上部崩料，可根据炉温情况进行处理。如炉温充沛，可减风温30~50℃，炉温不足时可减风量，使风压恢复到崩料前的水平。同时采用调剂，疏松边缘，填充管道，如装双装若干批，或改装倒装JK若干批，或缩小批重，如果边缘气流过分发展，可装正装K↓J↓若干批。此时要注意上部调剂与下部调剂相结合，把崩料从根本上消除。

（6）因原燃料质量变坏，低料线引起的崩料，首先多减风量稳定煤气流，并酌情减焦炭负荷。炉况转顺后维持低冶炼强度作业一段时间，在炉温充沛的基础上，逐步恢复风量到正常水平。

（7）因炉渣过碱引起的，可加酸性料处理，并降低炉渣碱度到适宜值。

（8）连续崩料不止，必然导致炉子大凉。对连续崩料处理应考虑如下几个方面：

1）减风操作、高压改常压，减风量达到能制止连续崩料为止。

2）停煤停气相应减轻焦炭负荷。

3）按固定风压操作恢复炉况，保持风量与风压相适应，加风不要操之过急，避免出现反复。

4）大幅度减轻焦炭负荷，当炉凉风口涌渣或灌渣时，要采取集中加净焦，提高炉温并适当降低渣碱度措施。

5）崩料不止而炉温尚可（负荷轻，气流不稳时），可在出铁后人工坐料，调整煤气流重新分布，回风时风压要低于放风时风压。

6）炉况恢复困难，改全焦冶炼，疏通边缘。有休风机会时，有选择地堵死部分风口。

7）加强炉前出渣出铁工作，尽最大努力排净凉渣凉铁，并做好炉外脱硫准备。

8）管工加强风口区巡视，防止自动灌渣烧穿直吹管，对涌渣风口的直吹管采用外部打水强制冷却。

9）崩料制止、炉温回升、下料正常、煤气流稳定后，先恢复风量，而后恢复风温、喷吹量、富氧、焦炭负荷和装料制度，在恢复风量过程中，按照风速要求和风压情况，逐步捅开原堵的风口。

【例5-11】 首钢4号高炉1993年11月22~23日由于连续崩料，给生产造成很大损失。11月21日中班后期炉温偏高，压量关系偏紧。风量由5145m^3/min逐步降到

4916m^3/min，透气性指数由 3481 降到 3076。23:35 减压崩料一次，料线 3.8m。11 月 22 日 0:55 赶上料线，风量风压分别由 3600m^3/min、0.252MPa 加到 4500m^3/min、0.296MPa 时又悬料。到 1：05 时放风坐料，料线深 3.8m。2:55 又崩料一次，尺深 4.5m。5:10 又悬料、坐料一次。由于压量关系紧张，炉况难以恢复导致 23 日一天炉况不顺，并导致出格铁一炉，损失很大。

当高炉出现第一次崩料后，一定要控制好风量，待料尺走好后稳步向上加风，风量与料速要对应，否则还要把风量减小，防止连续崩料。

5.4.4　悬料

炉料停止下降，其延续时间超过两批料以上时，称为悬料。它可分为上部悬料、下部悬料、热悬料、凉悬料和顽固悬料。顽固悬料是指坐料三次和三次以上的悬料。有的又称悬料在 4h 以上者为恶性悬料。

5.4.4.1　悬料的征兆

(1) 悬料前炉料难行，风压升高，风量减少，炉顶煤气压力也相应降低，当悬料发生后，风压急剧升高，风量随之下降，有时风压突然升高，马上形成悬料。

(2) 有的悬料其料尺显示为：下料逐渐缓慢，料尺越来越宽，最后打横呈现悬料。有的悬料其料尺显示为：首先连续滑尺，而后打横呈悬料。

(3) 料柱透气性恶化，全压差升高，炉顶压力下降。

(4) 悬料前难行时，炉顶温度上升，记录纸上各点互相重叠，但在严重时，炉顶压力下降趋近于零位时，炉顶温度下降。

(5) 风口前焦炭不活或有的停止不动。

(6) 一般悬料，高炉只接受部分风量，严重悬料则不接受风量。

除上述征兆外，上部悬料与下部悬料的特点如表 5-7 所示。

表 5-7　高炉上部悬料与下部悬料的特点

上部悬料	下部悬料
(1) 悬料前有崩料和管道风压稍降低而后突然跳高； (2) 风口工作一般正常，风口前焦炭仍活动； (3) 慢风坐料或放风坐料降到零压，料即坐下； (4) 坐料对炉溢影响十分明显； (5) 上部悬料主要表现为上部压差高	(1) 悬料前 1.0~1.5h 风压已渐升高，随之出现难行和崩料； (2) 在 1 次或几次崩料后，风压迅速上升； (3) 风口工作迟钝且不均匀，甚至风口的焦炭呆死几乎不动； (4) 下部悬料主要表现为下部压差高； (5) 热悬料之前有炉子向热的各种征兆，凉悬料之前有炉子向凉的过程

5.4.4.2　悬料产生的原因

A　上部悬料原因

(1) 煤气流分布严重失常，表现为中心与边缘 CO_2 值相差大于 4%，多是管道被突然堵塞所致。

(2) 高炉炉料偏行，导致煤气流分布不均和失常。

（3）高炉冶炼强度与原料透气性不相适应，尤其是在焦炭与矿石强度差，粉末增多时。

（4）高炉炉腰以上结瘤。

（5）炉温急剧热行高炉连续崩料而未加处理。

B　下部悬料原因

下部悬料主要是由于高炉下部热平衡遭到破坏，热制度失常以及造渣制度波动过大所引起的。下部悬料包括热悬料和凉悬料。主要原因：

（1）从热制度失常上看：热悬料是由于炉子过热，煤气体积膨胀、SiO_2挥发等，使下部压差过高造成悬料。另外，煤气体积和速度的增加及软熔带的位移，引起煤气流分布发生变化，易于造成炉况失常。凉悬料是由于炉温低，软熔带以下区域气——液逆流不畅，透气性恶化所造成的，凉悬料难于处理，并且危害较大。

（2）造渣制度失常，如炉渣碱度突然大幅度上升，使用低氧化镁（渣中 MgO 含量小于3%），或高三氧化二铝（渣中 Al_2O_3含量大于18%~20%）的短渣的炉渣操作，而且炉温急剧向凉，炉渣黏度大幅度增加，流动性显著变差。

（3）焦炭强度急剧降低，大量焦粉进入成渣带引起炉渣变稠、透气性显著变差。

（4）放渣出铁晚点时间过长，炉内积存渣铁过多，使炉缸透气性恶化。

（5）炉腰及炉腹结厚。

（6）休风时间过长，或重负荷下无计划休风，由于热损失过大，因而炉内温度过低，复风后产生悬料。

C　操作不当或失误引起

除上述原因外，在生产过程中往往由于操作错误造成悬料：

（1）增加风量和提高风温过猛，在加温和加风时操之过急会使成渣带发生剧烈的变化，同时煤气浮力突然增大，往往造成悬料。

（2）在操作中允许低料线作业时间过长，一是降低了成渣带温度使一部分初渣凝固，而最有害的是它加大了焦炭和矿石的落下距离，增加了炉料的粉末的产生，并压实了炉料的空隙。

（3）出铁时操作失常，造成跑大流或设备故障堵不住铁口而要放风，也会使炉料突然下塌而压紧，造成通风困难而形成悬料。

5.4.4.3　悬料的处理方法

高炉悬料说明炉内上升煤气流的浮力与炉料的下降力相等。因此，处理悬料要从降低煤气浮力和恢复炉料有效值两个方面同时入手，恢复炉况。

处理悬料应以预防为主，处理时要果断，不要拖延，避免使悬料发展为顽固悬料。

处理悬料的原则：要使入炉风量与料柱透气性相适应，使炉料下降力大于煤气浮力。

处理悬料时既要区分上部悬料和下部悬料，又要查明形成悬料的原因，按不同原因采取不同的处理方法。具体可考虑如下处理方法：

（1）悬料之前有征兆，要积极采取措施处理，防止悬料发生。发现风压升高，炉料难行，料尺曲线发现开始打横时，如炉温充足时，可减喷煤量和降风温，如炉温不足时，应先停氧、减风，相应减喷煤量，也可停止喷煤。

（2）已悬料时，一般处理方法有两种，一是减风降压，二是放风坐料。

坐料前必须放净渣铁，以防风口灌渣，坐料后复风要慎重，风量要小，视炉况好转程度再逐渐加至全风。

（3）铁前悬料，要组织提前出铁，做好坐料准备，尤其是积存渣铁过多所造成的悬料，有时出铁后期自行就可以消除。不能自行消除时要放风坐料，一次坐料必须完全彻底，不要急于回风，防止出现反复。

（4）因炉子热行产生的悬料是由于煤气体积胀大，而料柱透气性并未改变，以至风压升高，压差大于正常范围所引起，对于这种悬料及时的降低风温50～100℃，使煤气体积迅速收缩，上升浮力减少，会很快地消除悬料，然后根据情况逐渐恢复风温。

（5）由于原料粉末增多，使料柱透气性恶化而产生的悬料，应减少风量、降低冶炼强度来消除悬料。同时应加强筛分、减少原料中的粉末，或换用粒度均匀、粉末少、质量好的原料，为炉况转顺恢复原冶炼强度创造条件。

（6）因焦炭强度低，焦炭在高炉中下降过程中部分被粉碎而产生焦粉，而焦粉在成渣区使初渣变得更加黏稠，使料柱透气性恶化而产生的悬料，应降低冶炼强度来消除悬料。同时应加强焦炭入炉前的筛分整粒度工作，减少入炉后产生的粉末，并应更换强度好的焦炭，尽快恢复炉况。

（7）对于因炉墙结厚或结瘤产生的悬料，必须采取适当降低冶炼强度的方法来消除悬料维持顺行，同时又要尽快地消除结厚和炉瘤，以便尽早的恢复原冶炼强度。

（8）对于因煤气流分布失常所引起的悬料，应根据不同情况来处理：因中心堆积而边缘发展引起的悬料，应采取打通中心气流的方法，因边缘堆积而产生的悬料，应采取疏松边缘的措施，以便从根本上消除悬料的原因。

（9）因炉渣碱度突然升高，同时炉温凉行时，由于成渣区透气性恶化而产生的悬料，一方面用减风来减少煤气量，使其与料柱透气性相适应，以便消除悬料恢复炉况；另一方面连续加入几批不加熔剂或少加熔剂的酸性料进行中和洗炉，并将后续炉料的炉渣碱度恢复正常值。

（10）坐料时，如果由放风阀放风不能将悬料坐下时，可采用休风坐料的方法将悬料坐下。

（11）坐料后恢复风量，要根据料柱透气性及炉温情况而定，但必须防止再次悬料。

炉温正常的上部悬料，复风的风量可多些；炉热悬料时，复风的风量和速度要慎重，要降低风温水平，防止风压高，再次引起难行或再次悬料，只有在消除热势头之后，才可较大幅度地恢复风量；冷悬料，复风的风量可少些，风量恢复速度要慢些，可使用高风温，控制低风压；无论什么样的悬料，恢复炉况时，都要遵照风量与风压相适应，每加一次风或每上一次料都要看透气性指数的变化情况，复风的风量应使压差低于悬料前的压差，一般控制在正常风压的90%左右，如果连续悬料使料柱透气性越来越坏，则复风后的压差更应低一些才能恢复正常炉况。

（12）悬料时料柱透气性已恶化，坐料后料线又很低，必须妥善处理，可按料线深度和炉温水平适当加若干批净焦、减轻焦炭负荷，疏松边缘煤气流，改善料柱透气性，并且赶料线也不要太急，以免引起重复悬料。

（13）坐料后复风后再次悬料，应将料装到正常料线水平再坐料。此次坐料后复风应特别慎重，视风压情况，风量过大，应集中另加若干净焦，以疏松料柱。下部可堵部分风口，或改定压操作，以利于恢复炉况。

（14）悬料消除后，应先恢复风量，其次恢复风温，煤量和负荷，最后是富氧。

（15）顽固悬料的处理：

1）要注意防止发生上部不能装料，下部不能进风，坐料不下的悬料。

2）坐料后复风又悬料，要在炉料装满后，且炉缸已形成较大空间时，再次坐料，连续坐料3次以上，复风风压应一次比一次低，并转入按风压操作。

3）顽固悬料，炉缸发死，料柱透气性恶化，严重时风量为“零”，此时应打开渣铁口进行空吹，使上升受阻的煤气转而下行，煤气有通路，既能鼓进些风使焦炭燃烧，加热炉缸，又能吹出部分焦炭，使炉缸有较大的空间，有利于上部炉料下降，在空吹一定时间后，快速坐料；如果仍不能坐下来时，就应休风拉下渣口小套，复风后再从渣口大量吹出焦炭和已形成的熔化的冷渣铁，形成更大的空间，促使悬住的炉料崩落或坐料坐下。并在上部采取集中加大量净焦改善料柱透气性和增加热源的措施。

4）连续坐料不下，料柱透气性恶化，复风后不易进风，应及时休风堵死部分风口，有利于恢复炉况。

5）连续坐料不下，又不能再进行，炉缸又无渣铁时，可送冷风，一方面使风口燃烧焦炭发生热量维持炉温，另一方面使氧化带扩展高温带上移，可使悬料消除。

6）在采取休风坐料，喷吹渣铁口和送冷风仍不能消除悬料时，只好采用爆炸法用炸药产生的气浪消除悬料，一般是从渣口或铁口将炸药送入炉缸中心来爆炸。

7）在处理悬料时由于炉顶煤气量大大减少，在炉顶压力很低时，炉顶要通蒸汽，严防煤气爆炸。

8）顽固悬料已形成，只要炉顶还能装料，首先要加足够数量的净焦形成调剂层，并适当降低炉渣碱度。

9）悬料消除后，要采取一些洗炉的措施洗炉，并采取发展边缘煤气流的装料制度，这既是恢复炉况的必要措施，也是洗炉操作的一种方法。

5.4.4.4 处理悬料的实例

【例5-12】 某厂420m^{3}高炉因称量设备失灵，使入炉焦炭重量减少，焦炭负荷过重造成炉温低及处理不当，形成顽固悬料。在采取一些措施处理无效后，采用铁口喷吹的方法，喷吹两个小时，吹出焦炭15~16t，炉料才开始轻微滑动，料柱透气性好转，风口开始接受风量，又从上部集中加大量净焦及轻负荷料，下部堵死两个风口，用另一部分风口用正常风量的1/3送风，经过19个小时后减轻负荷料15t，净焦下达炉缸后，恢复全风操作，打开堵死的两个风口，恢复了正常炉况。

【例5-13】 采用调剂风压方法使压差低于正常水平，然后再根据料柱透气性和压差水逐步恢复风量的方法，处理悬料的实例。

某厂100m^{3}高炉，当冶炼强度为1.2时，压差为53.29kPa（400mmHg），由于使用的烧结矿粉末增多，使压差上升到59.95kPa（450mmHg），并发生悬料，当时冶炼Z22号生铁，炉温稍向热行，坐料后恢复全风，压差仍达到58.62kPa（440mmHg），不久又悬料，几次坐料后都回全风，以致压差达到66.61kPa（500mmHg），随后转入顽固性悬料。但当时风口仍有微弱滑动，经判断是由于多次坐料，将料柱压紧。为此将压差降低到13.32kPa（100mmHg）送风，20min后高炉开始接受风量，当风墩恢复一半时发生了一次崩料，再过50min后，高炉顺行，2h后恢复全风操作。

【例5-14】 坐料后必然出现低料线，此时装几批净焦尽快提高料面到正常，既有利于改善煤气流分布，又可避免矿石预热不足的影响，然后，按炉温水平，补回部分或全部矿石。

某厂130m³高炉，采用净焦填补料线的效果较好。该高炉当崩、悬料产生低料线时，他们的做法是装2~4批净焦将料线恢复到正常水平，以后每批料中加回半批矿石，一般在20~30min内便消除了低料线，而且对顺行并无影响，当低料线部分炉料下达炉缸时，由于是焦炭，对炉温没有影响。

图5-18是鞍钢4号高炉1976~1977年间三次炉况失常采用集中加焦的效果。

图中，曲线Ⅰ加焦量足够且及时，炉况迅速恢复；曲线Ⅱ和Ⅲ代表加焦量不足和不及时，延长了恢复过程。

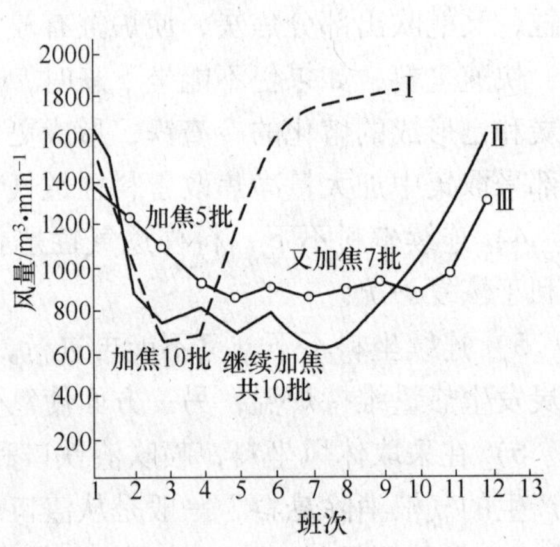

图5-18 集中加焦对恢复炉况的影响

【例5-15】 鞍钢8号高炉（972m³）1975年12月3日发生悬料。第一次坐料未彻底，且加风量过快，形成第二次悬料，再次坐料后仍然回风快，风压较高（0.098MPa），被迫减风，终于形成第三次悬料。第三次坐料后才按风压操作，由于连续坐料，炉内透气性很差不接受风量，5h后休风堵3、7、11号风口，送风后继续按风压操作，才恢复正常。

【例5-16】 在崩、悬料后引起的低料线期间，一般炉顶温度都很高，可采用通入蒸汽降温的方法，或用减风方法控制炉顶温度。严禁采用向炉内打水的方法来降低炉顶温度，以免发生爆炸事故。

某厂55m³高炉发生悬料，坐料后料线深达3.5m以上，炉顶温度高达600℃，又因片面强调全风生产，在全风情况下赶料线又怕在赶料线中再发生悬料，一直空料线操作，致使炉顶温度达到800℃，为控制炉顶温度向炉内打水使炉顶温度降到80℃，由于炉内打水过多，部分水不能很快汽化，在坐料时，大量水同炉料一起下到高温区而急剧汽化形成大爆炸，将高炉从炉腰处炸成两段，造成一起严重事故。

这是一种严重违反操作规程的错误做法，应引以为戒。一般严禁用打水方法来降低炉顶温度。如需打水时，不能将炉顶温度降低到150℃以下，如已低于100℃时，也不应马上坐料，可待炉顶温度上升到150~200℃以上，水分已汽化跑掉后，根据情况再行坐料。

【例5-17】 鞍钢4号高炉（1002m³）1975年9月休风85h，送风后不接受风量，风压高，炉料停滞，崩料后随之悬料，相继采用放风、开热风炉废气阀甚至休风等法坐料均未奏效，最后采用强制加风，风压提至0.108MPa，经4h，出铁后放风坐料乃下，以后按风压操作经两个班恢复正常。

【例5-18】 鞍钢4号高炉（1002m³）1976年10月24日风压、风量呈锯齿状波动，炉顶温度升高，风压降低，风量增大，下料停滞，随后发生崩料。继而风压升高，风量减少，炉顶温度下降。不久，上述现象重复出现，再次崩料，仍进行坐料。坐料后加风过快，又形成悬料。再次坐料后休风，堵塞几个风口后送风，适应风压逐渐加风，炉况好转。

【例5-19】 本钢5号高炉（$2000m^3$）1977年10月29日因烧结矿供应不足而吃槽底，含粉量倍增，又遇焦煤配比减少，焦炭强度降低，高炉操作未相应调整，仍保持原先大风量，压差增高超过正常值达0.02~0.029MPa，炉况不稳。13时30分出铁后期发生恶性管道，炉顶压力由0.069MPa骤升至0.093~0.137MPa，炉顶温度由正常450℃猛升至1100℃，上升管烧红，探尺突陷由1.5m降到3.5m以下，风口前大量生降、涌渣。改常压、减风，控制压差较正常值低20%，集中加焦40车，后又陆续加55车（净焦共333t）。崩料后大凉，连续出高硫号外铁4炉次。因过早恢复高压操作（顶压0.059MPa），18时起悬料两次共4.5h，风量曾降至零，有6个风口灌渣，净焦下达后其他风口恢复明亮，炉温回升，第二天炉热后才休风更换原被灌渣的风口及直吹管，高炉恢复正常。处理过程中努力出净渣铁，利于恢复炉况；但过早改回高压操作是不合适的。

造成高炉悬料的原因有种种推测和假设，有的长期都在争论。处理悬料的方法也有很多种，其中有些方法已为操作者所共识，已是处理悬料中基本都采用的方法，但还有些处理方法也存在争论。且由于各单位的原燃料条件和装备水平的不同，以及操作者的习惯做法，各单位都有一些自己独特的处理方法。一些教科书和论文所介绍的处理方法也有很多差异，且往往是定性介绍的多，定量的少些。有些措施又是在该厂特定条件下所采取的。所以，每个工厂，每位操作者都应在认真地学习各厂处理经验和广泛阅读有关教科书和论文等参考资料的基础上，结合本单位的具体情况，总结出自己判断和处理的方法，尤其是积累一些定量的处理措施，如悬料后坐料形成的低料线，加净焦数量多少为较适宜的经验，以便更及时、准确地做出判断和采取适宜处理方法，尽快地消除悬料。特别是贯彻好“以预防为主、处理为辅”的操作方针，把悬料消灭在萌芽期。

5.4.5　炉缸堆积

炉缸堆积是炉缸工作失常的病症，它妨碍冶炼产品最后而又最重要一步的加工；妨碍初始煤气流的合理分布；妨碍高炉正常出铁出渣作业，引起风口、渣口频繁破损，全面恶化高炉生产技术经济指标。现已把炉缸堆积与恶性悬料（顽固悬料）、炉缸冻结、高炉结瘤并称高炉四大事故炉况。

炉缸堆积是高炉操作中某种制度长期不正常或几种操作制度互相配合不当以及原燃料质量不好等原因造成的。

炉缸工作正常时，炉缸里主要是焦炭、渣和铁，焦炭漂浮在铁水上面，焦炭带的孔隙里充满渣和铁，并不断滴下到渣铁层中去。

炉缸堆积时，是部分铁矿石、锰矿石和熔剂等原料进入高炉后由于某种原因造成没有按冶炼规律在下降过程中逐步完成预热、水分蒸发和分解、铁和锰氧化物的还原、非金属氧化物的造渣脱硫，软化熔融、滴落，形成正常的渣铁进入炉缸，而是呈没充分完成上述冶炼过程的渣料和渣铁料状与焦炭一起进入炉缸，在炉缸内去完成本应在高炉炉缸以上完成的冶炼任务。由于这种渣和铁黏度很高，煤气很难吹入，就形成了一个不冶炼区，破坏了炉缸的正常工作。这些渣料和渣铁料在边缘形成进入炉缸边缘就是炉缸边缘堆积，而这些渣料和铁料在中心形成进入炉缸中心就是炉缸中心堆积。所谓“堆积”，并不是这些渣料或渣铁料与焦炭在一起堆积不动，而是在得到纠正以前，是一个连续不断进行的不正常的冶炼过程。这也是炉缸堆积难于处理，较长时间不能消除的事故炉况的主要原因。

在炉缸堆积中，有因长时期冶炼高温铁种形成的石墨碳堆积以及难熔炉渣（高 Al_2O_3 和高 MgO、高 TiO_2 炉渣）会堆积不动，并会使炉底升高，或炉缸局部区域逐渐长大变厚，使炉缸容积逐渐缩小，正常工作受到破坏。

5.4.5.1　炉缸堆积的征兆

炉缸堆积可分为边缘堆积和中心堆积两种。有的又把炉缸堆积分为边缘堆积、中心堆积与炉底上涨升高三种。

（1）炉缸边缘堆积的征兆：

1）风压表现为：风压水平高、波动大、出铁前升高、出铁后降低。

2）风量表现为：加风易崩料，减风则转顺；波动大，出铁前减少，出铁后增多。

3）压差表现为：透气性指数小，压差大，波动大，出铁前后变化显著。

4）炉顶温度表现为：温度记录曲线偏低，温度带窄，波动大。

5）炉喉、炉身温度表现为：径向温度分布较正常时边缘低，中心高，温差大。

6）煤气 CO_2 曲线为：CO_2 含量较正常时边缘高，中心低。

7）料尺记录表现为：下料不均匀，出铁前下料慢，出铁后下料快；常有小崩料及料尺停滞，但不易悬料。

8）风口情况为：工作不均匀，发暗，炉温凉热反应迟钝；严重时风口涌渣，灌渣乃至大量烧破风、渣口，多先坏风口，后坏渣口。

9）出渣情况为：渣温低、上渣比下渣凉；上渣带铁多，难放出，易坏渣口。

10）出铁情况为：铁水物理热低，易出低硅高硫铁，严重时转为高硅高硫铁；见下渣后铁量较少，铁口深度易增长，铁口不易开。

（2）炉缸中心堆积的征兆：

1）风压表现：水平较低，压力计指针呆滞，记录曲线上有尖峰，易悬料；低压或休风后恢复困难。

2）风量表现与边缘堆积相同。

3）压差表现也与边缘堆积相同。

4）炉顶温度表现：温度记录曲线偏高，温度带窄，波动大。

5）炉喉、炉身温度表现：水平较高，周向温度差较大；径向温度分布边缘高、中心低。

6）炉喉煤气 CO 含量：较正常时边缘低，中心高。

7）料尺工作情况：下料不均匀，出现“陷落”或突然“料满”现象，易悬料且不易恢复。

8）风口工作情况：炉温充沛时明亮，但呆滞。炉温不足时见“生降”，严重时涌渣、灌渣乃至大量烧坏风口，渣口；多是先坏渣口后坏风口。

9）出渣情况：渣温低，下渣较上渣凉，渣温变化大；上渣多，带铁多，易坏渣口。

10）铁水物理热低，易产生高硅高硫铁，同次铁前热后凉相差较大，下渣出现的早。渣量较少。

炉缸堆积除存边缘堆积和中心堆积外，还有炉底上涨升高，局部堆积等不同类型、各种堆积都有一些共同的征兆，还有一些各自的特点，例如，风渣口破损增多是炉缸堆积的一个明显的征兆，但边缘堆积时一般先坏风口，后坏渣口；中心堆积时则是先坏渣口，后坏风口，又如渣温低，上下渣温度差较大是炉缸堆积的又一明显的征兆，但边缘堆积是上渣较下渣凉，而中心堆积时则是下渣较上渣凉。

5.4.5.2 炉缸堆积产生的原因

炉缸堆积有几种，产生的原因也很多，有共同的原因，也有特殊的原因，而且往往是多方面原因促成的，要注意判断与分别，以便采取相应措施处理。现将炉缸堆积原因介绍如下：

（1）原燃料质量变差，强度低，粉末多，料柱长期透气性差，煤气流分布长期不合理，尤其是入炉焦炭质量恶化，或焦炭质量差在炉内劣化产生大量粉末，造成炉内粉焦积存，这几乎是常见各种炉缸堆积产生的共性原因之一。

（2）长期采用边缘过重的装料制度，或鼓风动能过大，中心煤气流过分发展，就易形成炉缸边缘堆积。

（3）长期采用边缘过轻的装料制度，或鼓风动能过小吹不透中心，或长期减风慢风操作，就易形成炉缸中心堆积。

（4）某些特殊原因造成的炉缸堆积：

1）高牌号铸造生铁冶炼时间过长造成石墨碳堆积，这种堆积一般是炉底上涨。

2）高炉冶炼钒钛矿时由于钛化物析出引起炉缸堆积。

3）造渣制度不合理。长期使用高炉温高碱度操作，或使用渣中 Al_2O_3 和 MgO 含量过高，炉渣黏度大，流动性差的短渣，遇到炉温波动，炉缸温度下降时而凝结形成炉缸堆积。

4）炉料碱金属负荷过高，大量的碱金属聚积炉内严重恶化了焦炭强度，促成了炉缸堆积。

5）长期堵部分风口操作引起的炉缸堆积。

（5）小高炉使用夹有特大块的天然铁矿石、锰矿石或高氧化亚铁烧结矿冶炼，这些矿石下降到炉缸仍没有全部熔化，沉于炉底形成炉缸堆积。

（6）冷却强度过大，或冷却设备漏水，造成边缘局部堆积。

5.4.5.3 炉缸堆积的处理

发生炉缸堆积后要认真分析研究，找出产生的原因，并针对其原因采取相应措施进行处理，也可以几种措施结合起来进行处理。主要处理方法如下：

（1）改善原、燃料质量，提高强度，筛除粉末，以改善炉料的透气性，这是预防和处理炉缸堆积的根本措施。

（2）改进操作制度：

1）边缘过轻引起的炉缸堆积，应适当从装料制度加重边缘，使煤气流分布合理；若长期减风操作，可以缩小风口直径减少进风面积，增大鼓风动能，或改用长风口，吹透中心；若短时期的慢风操作，应堵死部分风口，保持足够的鼓风动能。

2）边缘过重引起的炉缸堆积，应调整装料制度，使煤气流分布合理；可适当扩大风口直径；并根据炉温情况适当减轻焦炭负荷。

（3）长期冶炼高牌号铸造生铁的，应改炼低牌号的铁种。

（4）因炉渣碱度过高引起的，应降低炉渣碱度。

（5）炉渣成分不合理的，应改变原料配比调整炉渣成分，使 Al_2O_3 和 MgO 含量达到适宜值。

（6）因碱金属负荷过重的，应从原料上采取措施减轻碱金属负荷，或在操作上采取排碱措施。

（7）减少喷吹燃料量，提高焦比，既避免热补偿不足，又可以改善料柱透气性。

（8）适当减少冷却强度，使其达到适宜值；加强冷却设备器件的维护与检修，杜绝漏水，一旦发生漏水要立即进行处理。

（9）无论高炉炉缸是整体堆积、边缘堆积还是中心堆积，或者是炉底升高，较严重时都应进行洗炉，洗炉是减轻炉缸堆积危害（包括炉墙黏结或下部结瘤），加速恢复炉况的重要措施。但洗炉不能根除堆积的原因，即洗炉的作用很大，但从根本上看，它治标不治本。洗炉与消除炉缸堆积的根本措施结合起来使用，主要方法有：

1）渣性堆积主要是炉渣碱度过高造成的，经济有效的处理方法是用酸性料降低炉渣碱度来进行清洗，加酸性料的数量是根据碱度高于正常值的程度决定，每次加入量一般是使一个炉次的炉渣碱度下降0.1~0.3；为了保证生铁质量，不可连续加入数炉次，一次洗不干净时，间断几炉次后再加一个炉次酸性料，直至清洗干净为止。

2）石墨堆积是长期冶炼高牌号铸造生铁造成的，尤其高硅高碱度冶炼时，极易形成石墨堆积，清洗的方法是提高铁水流动性与控制石墨生成，改炼炼钢铁或适当增加生铁含锰量，可以达到清洗此类堆积的目的，可配用锰矿石来提高铁水含锰量。

3）炉温不足的渣铁性堆积，多是由长期休风，炉况严重失常或长期偏行，冷却设备漏水，造渣制度与热制度不适应等因素造成的。处理此类堆积，需改善渣、铁流动性与提高炉缸热量同时进行，用萤石清洗炉缸，能大大改善炉渣流动性，对处理各种炉缸堆积都有效，但因萤石对炉缸的侵蚀严重，使用要特别注意萤石的使用量与使用时间。

4）常用的洗炉剂还有用锰矿石、萤石以及由空焦、轻料、萤石、锰矿石组成的综合洗炉料。

5）有的还用轧钢皮、均热炉渣、钢屑、碎铁进行洗炉。

（10）炉缸堆积严重时大量烧破风、渣口，而冷却水漏入又使堆积加剧。因此，要增加出铁次数，多放上渣，渣口带铁多不好放时，出铁后打开渣口空吹，“活化”渣口区。连续坏渣口时应暂时停止放渣，适当增加出铁次数。局部风口严重烧坏或连续破损时，更换后暂时堵死。

（11）炉缸堆积严重不接受风量时，可采用高焦比全焦冶炼、强烈发展边缘煤气流、均匀堵死部分风口的方法，这样既可维持炉况顺行，充沛的炉缸温度，又有活跃中心的作用，加速炉况恢复。

（12）炉容较小的小高炉，为预防炉缸堆积，尤应加强原料的破碎与筛分，使铁矿石粒度在5~15mm范围之内，并要加强入料仓原料管理，防止大块的天然铁矿石、锰矿石或高铁烧结矿入炉后沉于炉底形成堆积。

5.4.5.4 处理实例

【例5-20】 某厂1260m³高炉，由于原料供应不足采取减少入炉风量降低冶炼强度操作，当时没有更换小风口，也没有堵死部分风口，装料制度变动不大，造成风口面积与入炉风量不相适应，形成边缘气流发展，中心堆积，炉况不顺，时有悬料发生，渣温变化大，渣凉，生铁含S升高。后采取上部增加正装比例，下部堵死一些风口，提高风速，增加鼓风动能，炉况逐渐好转，随着入炉原料供应数量增加，入炉风量相应增加，相应减少堵风口个数，炉况逐渐好转，直到原料供应充足，捅开其他堵着的风口，送全风操作，装料制度恢复正常，炉况很快就恢复了正常。

【例5-21】 1992年12月首钢4号高炉因炉况不顺，造成炉缸堆积，1992年11月21~23日因上料设备频繁发生故障造成高炉频繁低料线，布料规律被打乱。高炉被迫多次减风、停风。11月23日炉喉煤气中心自动加重。11月27日停风检查，确认布料流槽严重磨漏，但因当时没有备件，直到11月30日才停风进行更换。此间因煤气分布失常，高炉难以全风（$5000m^3/min$），风量只能维持在$4200\sim4300m^3/min$，长达8天。11月30日停风13.75h更换布料流槽。复风恢复炉况很困难，大量坏风口，12月1~4日仅4天就烧坏10个风口，风量只能维持在$3600\sim3700m^3/min$。12月4日以后炉温难以控制，到12月13日连续出［Si］含量小于0.1%白低硅铁，使炉缸工作进一步严重恶化。12月12~15日期间又先后烧坏8个风口。炉缸严重堆积，最后被迫使用加锰矿和均热炉渣洗炉的手段，到12月30日才使炉况逐渐好转。

5.4.6 大凉及炉缸冻结

炉温向凉没有调剂纠正过来继续发展，不仅炉缸温度极低，生铁质量出格，而且顺行也会遭到破坏，这种炉况叫做大凉。大凉进一步发展，则渣、铁不分，以致渣、铁口均放不出渣、铁，这时炉缸处于凝固或半凝固状态，这就是炉缸冻结。

5.4.6.1 大凉及炉缸冻结的危害

炉缸冻结是炉缸温度大幅度下降大凉之后，液相渣铁在炉缸内发生的冷凝现象。冷凝的渣铁黏附于焦块之间，使渗透性严重变坏，此时即使是新生的具有高温、流动性良好的渣铁也不能通过冷凝层渗透至铁口区域自铁口排出炉外，此种情况有以下危害：

（1）出渣、出铁制度遭受严重破坏，高炉生产将不能继续下去。

（2）新生的渣铁窝积在风口、渣口附近，易烧坏风口和渣口甚至导致发生烧穿事故，从而加剧事故状态。炉缸冻结是高炉冶炼过程中的重大操作事故。它会严重地损失产量、升高焦比和大量浪费人力、物力，所造成的损失是十分巨大的。

（3）处理高炉炉缸冻结要比开炉更加困难，其原因是：

1）炉内炉料的焦炭负荷分布不均。

2）煤气流分布，由于炉内料柱失控，局部区域渗透性恶化，以及严重失调的风口工作状态而失常。不仅煤气能量利用恶化，而且炉料偏析、先行，加重了高炉下部的输出热负荷。

3）料柱透气性显著恶化。

4）风口、渣口和铁口不能按正常要求作业。

5）炉缸及高炉下部堆积大量的凝结物或半熔中间产物。

6）易烧坏冷却设备。

由于炉缸冻结处理十分困难，所以在生产过程中一定要加强炉况的判断与调剂，防止炉子大凉和炉缸冻结发生。一旦发生时，也要抓紧处理，尽量减少损失。

5.4.6.2　大凉及炉缸冻结的征兆

（1）大凉时风量，风压不稳，风压升高，风量减少；炉缸冻结时，高炉不接受风量或仅接受小风量。

（2）大凉时，炉顶煤气温度急剧波动，炉顶煤气压力出现尖峰；炉缸冻结时，炉顶煤气压力，炉顶煤气温度极低，炉身、炉喉温度普遍下降，冷却水温差缩小。

（3）大凉初期，炉料有停滞和崩料，大凉时不断发生崩料。

（4）风口表现为，大凉阶段初期发暗，见“生降”，挂渣，大凉阶段风口涌渣、灌渣，炉缸冻结时，部分风口被渣铁凝死。

（5）大凉时主要表现为炉渣黏稠，铁水仍可流动，但温度极低，生铁是低硅高硫，渣色黑，火花多流动性差。炉缸冻结时，渣、铁不能分离，渣、铁口放不出渣、铁，炉缸内处于凝固与半凝固状态。

（6）冷却设备大量漏水时，炉顶煤气中含 H_2 量增多，风口小套与二套、大套之间往外冒水，严重时渣口往外流水。

从上述分析，炉子大凉和炉缸冻结的征兆很多，有的又很相似。但炉子行程的凉热，表现在高炉下部区域，首先由风口反映出来，其次是渣口，最后才是冶炼产品——生铁。操作者观察和判断炉况时应特别注意：风口“生降”是炉况向凉的标志之一。而涌渣却已是冶炼产品凝结的初始信号。此时高炉热风压力升高而且不稳定，炉子不接受风量。进一步恶化时，风口发生灌渣乃至烧穿，表明凝结过程加剧，铁水也不易渗入炉缸。当渣口放不出渣、炉渣色泽暗黑、火花繁多时，表明炉渣已接近或低于其熔化温度，开始凝结了。如果此时铁口能放出铁而没渣，则表明凝结炉渣已延伸到渣口以下接近铁水面。而当铁口发生凝结，放不出铁水时，说明炉缸温度已低于1150℃，炉缸完全冻结。生产中发生高炉大凉和炉缸冻结，都有这种特征，要注意观察分析与积累这方面的经验、提高判断能力，力争把事故消灭在萌芽期，一旦发生了，也能及时准确的判断出来，并及时采取措施处理，迅速恢复炉况。

5.4.6.3　大凉及炉缸冻结的原因

炉缸冻结是各种因素综合作用的结果，也是高炉下部热平衡严重失调的表现。

在正常的焦炭负荷条件下，高炉炉缸收入的热量，应充分满足支出的热量，以使冶炼过程正常顺利进行。然而，如果炉况失常，矿石不能在一定的时间和一定的位置，按比例完成预热和还原过程，而移到下部区域进行，增加了炉缸支出的热量，而炉缸收入的热量没有增加，这样就破坏了高炉下部的区域热平衡，导致冶炼过程紊乱，严重时发展成炉缸凝结和冻结。

在特殊情况下，例如冷却设备漏水，不但消耗了大量炉缸热量，而且加剧冶炼行程的紊乱，是造成炉缸凝结和冻结的重要因素。

（1）造成炉缸热量支出增加的主要因素：

1）冶炼行程紊乱，煤气流分布失常，煤气热能和化学能不能充分利用，增加高炉下部热量支出。

2）冷却设备大量漏水。

3）炉况失常，冶炼产品数量减少，而冷却强度没有进行相应调整，仍控制过高的冷却强度，冷却水带走的热量增多（指冶炼单位产品而言）。

4）因错误操作引起的其他额外热量消耗。

（2）造成炉缸热量收入减少的主要因素：

1）炉况不顺，使用热风温度降低。

2）单位时间内燃烧焦炭数量减少，能量利用不充分。

3）单位质量的焦炭到达风口燃烧的碳素比率降低。

4）因设备故障造成的休风次数多。

（3）生产中造成炉缸冻结的主要原因。从热平衡和能量利用效率方面分析，生产中造成炉缸冻结的主要原因有以下几方面：

1）炉温向凉未及时调剂或调剂不当，引起连续崩、悬料未及时处理时。

2）长期低料线操作，焦炭负荷调剂不当。

3）焦炭负荷长期过重，引起炉凉、炉况不顺。

4）长期煤气边缘或中心过分发展，造成炉缸堆积，炉况向凉而且连续崩料、悬料，使大量生料降入炉缸。

5）长期采用高碱度 $w(CaO)/w(SiO_2)>1.3$ 或高 Al_2O_3 和 MgO 含量的稳定性差的炉渣操作时，炉凉及炉况失常时。

6）冷却设备大量漏水。

7）无计划的长期休风，尤其是重负荷下的突然长时间的休风。

8）原燃料质量突然恶化，或配料，称量和装料有错误。

9）清洗炉衬时，黏结物（渣皮）或炉瘤脱落。

从上述可以看出，造成炉缸冻结的原因很多，有的是单一因素所致，如冷却设备漏水，焦炭固定碳突然显著减少等，但一般说来，都是由几种因素汇合而成的。如能及时发现，及时采取措施，炉缸冻结事故是可以避免的。

5.4.6.4　大凉及炉缸冻结的处理方法

处理大凉和炉缸冻结的关键是使高炉下部能鼓进风，接受风量；上部能装入净焦和轻负荷料，使其尽快下达炉缸以提高炉缸温度，将凝固的渣、铁熔化；同时又要使熔化的渣铁找到出路排到炉外。

（1）发现炉子大凉和炉缸冻结时，首先检查造成的原因，如果冷却设备漏水，应及时更换。

（2）在上部能装料时，立即装入净焦几十批，加净焦数量和随后的轻负荷料可根据炉凉和炉缸冻结程度，参照高炉开炉时的填充料来确定。

（3）施行“局部熔炼”方案是处理炉缸冻结的主要工作。所谓“局部熔炼”方案是指1~2个或2~3个风口送风，冶炼产品由一个临时渣铁口排出，在炉内形成一个局部活化区，使炉缸内的燃烧、熔化、出渣铁过程在局部连续进行，然后由点到面，逐步扩大炉缸活化区，最后从铁门能顺利流出渣铁，即取得了处理炉缸冻结的决定性胜利，具体步骤如下：

1）在铁口冻死，用氧气烧也烧不来渣铁，而渣口未凝结时，可拉下渲口小套及中套，改做泥套，用渣沟做临时出铁场，以使用渣口将凉渣、凉铁放出来。此时应注意避免风口灌渣，以保证高炉接受风量。

2）如渣、铁口均已凝死，要用氧气烧通渣铁口及其上方的凝结物，使风口与渣、铁口通气，尽量扩大空间，在烧出的空洞内填充低灰分焦炭或木炭，有时除填充焦炭或木炭外还加入部分铝块和改善炉渣流动性的物质，如食盐。送风后，将熔化的渣铁按上述措施进行处理，在渣口连续工作一定时间后（出铁 8～10 次），可试着烧铁口，争取尽早从铁口出铁。

3）如果部分风口也被渣、铁凝死，可将剩下的一部分风口用来送风，而选一个风口做临时出铁口。做临时出铁口的风口应先拉下风口小套和中套，然后改做泥套，外设出铁沟，用来放出凉渣、凉铁。做临时出铁口的风口最好在渣口附近。送风后，每个风口的风量可比正常生产时的单个风口的平均风量多一些，或按风压操作，随着净焦以及轻负荷的下达，炉缸温度的逐渐升高，风口可能逐个被熔化后吹开，在工作一定时间后，可试着烧渣口，争取尽早从渣口放出渣铁。在渣口能放出渣铁后，再工作一段时间后，再试着烧铁口，争取尽早从铁口放出渣铁。

4）在处理炉缸冻结时，可在烧通风口与渣口、铁口之间通道后，并充填焦炭、铝块和食盐后，先堵死一大部分不靠近铁口或渣口上方的风口、也可将风口加上砖套圈，缩小风口直径，以加大风速，增加鼓风动能，使煤气能穿透到炉缸中心，将整个炉缸活跃。然后按高炉料柱透气性先吹小风，并根据出铁情况及炉料顺行情况，逐步增加风量和提高风温，以加速熔化凝固的渣、铁口同时，与风量增加相应的扩大风口送风面积，逐个捅开风口堵泥或去掉砖套，但每次捅开风口个数不能超过两个，最好为两个（一个方向一个）。待净焦和轻负荷料下达后，便可解除冻结，并逐渐恢复正常炉温。这项工作要求认真细致，处理时间也较长，应树立长期作战思想，切不可急于求成，应审慎处理、逐渐恢复，做到稳妥成功。

5）炉缸冻结严重时也可采取爆炸法处理。具体做法是先从铁口用氧气烧开一条向上倾斜，深度大于 1～2m 的孔道，垫上砂土，然后送进炸药，引爆后用爆炸气浪将冻结层炸裂，有利于炉缸迅速畅通，渣铁流出。

6）20 世纪 90 年代后国内一些大中型高炉采用“富氧吹烧铁口技术”处理高炉炉缸冻结，大大加快了处理速度。

5.4.6.5 处理实例

【例 5-22】 某厂 480m^3 高炉因称量设备误差过大，使负荷过重，而处理又不及时，造成炉缸冻结，后采取缩小风口直径，以利于吹透中心，同时加净焦 30 批，然后装入负荷正常 3/4 的轻负荷料，同时将渣口及中套取下，改做泥套，从渣口放出凉渣，经过三昼夜后净焦下达炉缸，将凝固的渣铁熔化，使炉况转入正常。

【例 5-23】 某厂 4 号高炉（2516m^3），有两个出铁场，两个铁口，24 个风口。1974 年 2 月 17 日第一次停炉中修，10 月 16 日停炉 8 个后开炉，因为炉凉造成炉缸冻结，经多次处理，到 10 月 25 日中班炉况才基本恢复正常。

炉缸冻结原因是炉缸残渣，铁未清理干净造成的，开炉前炉缸内的渣，虽大部分被清除，但还有高 Al_2O_3 残渣 160～250t，残渣铁 700～800t，开炉时，这些残渣铁的温度很低。计算开炉焦比时，对加热、熔化这些残渣铁虽然作了考虑，但由于缺少经验，开炉焦比只选 2.51t/t，有些偏低，应该是 4.0～4.5t/t，这是大凉的基本原因，再加上开炉不到16h，就上错料9h，上烧结矿303t，使焦炭负荷增加一倍，致使料透气性恶化，造成崩料增多，加剧了炉凉，再加上开炉料质量差，工作风口分布不均匀是造成炉凉的又一些原因。

炉缸冻结后，针对上错料303t，补加焦炭289t，加强了出渣出铁工作，采取从渣口出铁，烧铁口等炉前工作以及调整风口分布、入炉风量、加净焦、加轻负荷料等一些操作措施，使炉况逐渐恢复正常。从开炉到炉况基本恢复正常历时9天两小时22分，不但少产铁多耗焦，仅处理事故共烧去氧气3170瓶，氧气管16t，损失比较严重。

【例5-24】 太钢3号高炉（1200m^3），18个风口，于1981年9月20日~10月4日发生炉缸冻结事故，经过4天多的处理和4天的恢复，少产铁9000余吨，多消耗焦炭250余吨。

这次炉缸冻结是由一系列冷却设备漏水、风口爆炸、煤气脱水器爆炸被迫休风处理以及风量控制不当等多种原因引起的，而炉身、炉腹冷却器漏水是造成这次炉缸冻结的主要原因，而脱水器爆炸被迫休风35h 35min进行焊补处理是引起炉缸冻结的初始原因。而设备故障影响了事故处理，如炉前天车电机故障，渣铁不能及时清理，开口机电机故障拖延了出铁时间以及备品、备件不足都使休风处理时间延长，影响事故处理。

针对上述情况，在处理过程中采取从渣口出铁，风口放渣、堵风口、多次烧出铁口，减轻负荷，提高炉温，疏松边缘，控制较低风量，一般维持在1300~1600m^3/min，保持基本正常下料，稳定两天后于10月2日开始用1/10批加热炉渣洗炉，洗炉料下达后，10月3日风量逐渐恢复到1900~2000m^3/min，炉况转入正常。

【例5-25】 某厂255m^3高炉对炉缸冻结的处理是采用出铁口内装入炸药引爆，用爆炸气浪将冻结层炸裂，以利于新生成的渣、铁能够下降到铁口水平，这样做时间短、见效快。

【例5-26】 唐钢一铁厂一号高炉（100m^3），1984年12月30日9时20分发现风口漏水。由 于1号与3号风口分别漏水时间长达4h 25min和60min，造成炉缸冻结。采用风口与渣口烧通，拉下渣口中小套砌临时铁口，从渣口出渣铁，堵死部分风口送风，装轻负荷料，改变装料制度等措施处理，到1985年1月3日23:00加风到95.9kPa，风温950℃，料制3KJ+2JK，料线1000mm以下，炉况恢复正常。然后用轻负荷加萤石洗炉。

【例5-27】 鞍钢6号高炉（939m^3）冶炼铸造铁，1975年2月4日因地震紧急休风，风口密封不严，经25天16h，送风前料线降至7m。

3月1日10时送风（3月1日送风风口为靠近铁口的14、1、2、3号）并组织出铁。因煤气不足，风温仅427℃，风口暗，不到5h就开始涌渣。铁口用氧气烧至深3m多，只见潮气；采用定向爆破4次，仍无渣铁流出。17时发现13号风口上方炉壳发红，1、14号风口大套断水烧红，分别以外部喷水冷却。21时，1、3号风口灌渣凝死，继之14、2号风口也灌渣凝死，高炉实际处于停风状态。

3月2日休风，做以南渣口为临时铁口及送风的准备工作。

3月3日13时送风，虽风温仍仅为410~498℃，但经1.5h后即从临时铁口顺利出铁。决定每1.5h出一次铁，采取的加净焦减负荷的措施如表5-8所示。

表5-8　加净焦减负荷及渣、铁情况

时　间	加净焦	焦炭质量/t	焦比/kg·t⁻¹	[Si]/%	碱度 $w(CaO)/w(SiO_2)$	备　注
休风前料	—	—	580	1.65	1.07	正常料
3月1~3日	8	36.89	1450	渣铁不分	—	焦比包括净焦
4日	8	36.89	764	0.077	1.04	焦比不包括净焦
5日	6	27.66	705	0.587	0.94	焦比不包括净焦
6日	6	27.66	702	0.709	0.87	焦比不包括净焦
7日	12	55.32	805	2.436	0.90	焦比不包括净焦

此后炉缸温度逐渐升高，风口工作逐渐好转，但仍有小崩料。临时铁口出铁14次后，4日11时45分从正常铁口，自行流出铁水。6日白班大量焦炭才下达炉缸，送风风口增至6个，风压、风量趋于相称，炉况开始步入正常。

5.4.7　炉墙结厚

中部炉墙内侧平日即有黏结物（又称渣皮），它旧去新来而达到动态平衡，有保护炉墙作用。但炉况变化、平衡破坏时，如边缘煤气流过分发展，则炉墙被侵蚀；如边缘煤气流不足或其他原因，则黏结物增厚。

关于结厚的看法与叫法也有几种，有的认为凡炉衬厚度超过原炉衬厚度，称为结厚；有的认为，结厚，首先是有一部分炉料已经熔化，由于各种原因发生凝固黏结在炉墙上，即所谓炉墙结厚；有的又认为，炉墙结厚即可以视为结瘤的前期表现，也可以看作是一种炉型畸变现象，它是黏结因素强于侵蚀因素，经较长时间积累的结果。炉况波动激烈时，也可在较短时间内形成结厚。从高炉炉瘤中划出一个结厚阶段，是对炉瘤问题认识上的一个进步。有的又把结厚分为上、下部结厚。

5.4.7.1　炉墙结厚的征兆

炉墙结厚的征兆表现为：

（1）高炉不易接受风量；当风压较低和负荷较轻时，炉况尚算平稳；风压偏高时，则易出现崩料和悬料，只有减风操作才能恢复顺行。

（2）风压较正常升高，风量减少，料柱透气性指数降低。

（3）风口前焦炭不活跃，圆周工作不均匀，风口易涌渣，时有“生降”。

（4）煤气流分布不稳定，能量利用变差；改变装料制度不易达到预期效果；经常出现边缘自动加重，CO_2含量曲线“翘腿”现象。

（5）炉喉十字测温边缘温度降低。

（6）炉喉、炉身温度较正常偏低，炉壳温度也降低，结厚方位尤为严重。

（7）结厚区域的冷却水温差缩小甚至为零，冷却壁温度降低且波动小。

（8）料尺记录尚规整，但稍有滑陷炉况就出现较大波动。

（9）邻近“生降”，涌渣风口的渣温、渣色，流动性都明显恶化。

（10）铁口深度有时突然增长。

（11）生铁含［Si］偏高，难于冶炼出优质炼钢生铁。

（12）炉尘吹出量增多。

5.4.7.2 炉墙结厚的原因

炉墙结厚的原因与炉瘤形成的原因是很复杂的，是已熔化的物质再凝固时黏结在炉墙上而形成。具体原因如下：

（1）炉内温度剧烈波动和初成渣本身化学成分的变化引起已熔化的物质再凝固黏结在炉墙上，形成结厚。主要表现在：

1）当一些矿石软化温度低，而又难还原，形成低熔点，高 FeO 初成渣，在下降过程中被赤热的焦炭和高温煤气流还原产生金属铁，而熔点升高。

2）当炉料中混入粉状炉料或大量石灰石存在而碱度较高时，熔融物将变黏稠，如果遇到温度降低就有可能重新凝固，黏结在炉墙上；

3）碱金属（Na_2O、K_2O）的富集，也易使熔融物料黏结在炉墙上形成结厚。

（2）原燃料强度差，粉末多，入炉料品种多，成分波动大。

（3）操作制度与原燃料条件不相适应、炉缸热制度不稳定。

（4）频繁的崩、悬料处理不当。

（5）长期休风复风处理不当。

（6）冷却强度过大或冷却设备漏水。

（7）炉型或炉顶设备有缺陷，长期堵风口操作，各风口进风不均，影响炉料和煤气流合理分布。

（8）低料线作业时间长，料线深，使高炉上部温度剧烈升高，赶料线操作不当，易使刚装入的炉料熔融黏结炉墙上。

（9）长期慢风作业。边缘煤气流过分发展，尤其低风温时，高温区上移位置较高，在炉温波动或炉况不顺时易形成结厚。

（10）边缘管道行程处理不当。

（11）改变装料制度过急，以致引起煤气流分布和炉温剧烈波动。

（12）边缘负荷长期过重，边缘煤气流严重不足时，易引起炉墙结厚。

凡是能引起高炉结瘤的因素，都能形成炉墙结厚。

5.4.7.3 炉墙结厚的预防及处理方法

（1）预防：

1）避免长期堵风口，低料线，休风和减风操作。

2）原燃料条件恶化时，适当调整操作制度，保持炉况稳定顺行。

3）出现上述征兆，特别是炉喉、炉身温度，冷却水温，煤气曲线等项变化时，立即采取发展边缘气流的措施，如减小批重，减小边缘料层矿焦比，降低冶炼强度等。

4）加强中部炉墙，冷却壁及进出水等的温度检测，将数据折算为该区的热负荷变化；通过上、下部调剂来控制边缘煤气流，使该区域热负荷变化经常处于经验规定范围内。

（2）处理方法。处理炉墙结厚的主要方法是洗炉。但应根据已查清原因，对症下药，采取相应的措施处理：

1）在出现炉况不稳，CO_2含量曲线第一点高于第二点的“翘腿”现象，及炉喉十字测温边缘温度有下降时，应及时采用发展边缘煤气流的装料制度，同时减轻边缘负荷，以保持炉况顺行，用发展边缘煤气流的方法来洗炉。

2）尽可能改善原燃料条件，维持炉况顺行，为采取各种处理方法创造条件。

3）在维持顺行，稳定送风制度、热制度和造渣制度的条件下，使炉渣碱度稍低一些，炉温掌握稍高一些。

4）采用集中加净焦2~4批（或若干批）和酸性料洗炉。

5）在结厚部位较低时，可采用加锰矿、均热炉渣、氧化铁皮、萤石、空焦等方法或几种料混合的综合料进行洗炉，清洗炉墙及炉缸。

6）检查冷却设备是否漏水，如已漏水应停水，外部喷水冷却。

7）对于结厚区域应适当降低冷却强度，保持水温差在适当水平。

8）确认为炉渣碱度高引起的，应采用酸性料洗炉，在洗炉后应采取降低炉渣碱度操作。

炉墙结厚的原因很多，且很复杂，初期表现不甚明显，常为别的失常炉况所掩盖，以至严重时又与结瘤很难定量区分。故处理决心比较难下，处理分量又较难下准，往往由此拖延了事故处理开始时间和处理力度，使炉况日趋严重，最后形成炉瘤，被迫休风炸瘤。

5.4.7.4 处理实例

【例5-28】 某厂183m^{3}高炉，采用全正装（KJ）的装料次序，边缘煤气流不够发展，而且炉身、炉腰、炉腹冷水量过大，致使从风口向上直至炉腰的区域内炉墙结厚，每个风口之上形成400mm厚的铁质炉瘤。采用发展边缘气流和洗炉措施，经过30多天的处理才使炉况恢复了正常。

【例5-29】 某厂300m^{3}高炉由于原料质量恶化，操作上不相适应，以及其他因素引起炉况不顺，崩料、悬料不断发生。最后按悬料采取一些措施，但效果不好，十余天后仍未消除崩料、悬料，经判断分析认为炉墙已结厚。遂按炉墙结厚采取洗炉等措施处理。但由于处理力度不够以及炉况稍有好转，就急于加风提高产量，结果使炉况又出现不顺，且趋向严重，崩、悬料不断发生，不接受风量，虽又采取洗炉进行处理，仍不见显著好转，20天后休风观察和探测炉墙已从结厚发展为炉瘤，最厚处已超过1~1.5m，被迫休风炸瘤后才恢复正常炉况，前后约40多天，造成人力、物力和经济损失严重。这是一个炉墙结厚处理不当所造成的结瘤事故。

【例5-30】 柳钢3号高炉（300m^3）于1989年9月投产。投产后不久因设备运转不正常，冶金焦供应不足。使用50%土焦（强度差，粉末多），加剧了炉况恶化，同时碳化硅砖导热性好，冷却强度大和低冶炼强度冶炼等使高炉下部严重结厚。炉况严重恶化，表现为风口前焦炭呆滞，高炉不接受风量，风压高，经常出现管道、崩料、悬料，悬料频繁发生，1990年1~4月各月分别为162、119、94、47次。炉缸工作差，风口涌渣，灌渣现象时有发生。

从1990年5月上旬开始，该厂采取如下措施消除炉墙结厚：

（1）提高鼓风动能，发展边缘煤气流。主要方法是将3号、5号、7号风口由ϕ105mm改为ϕ85mm，9号和10号风口换上ϕ90mm小套，再堵上2号、6号、10号风口，总进风面积由0.1039m^{2}缩小到0.0753m^2，缩小了27.5%，热风压力仍保持0.13MPa，使鼓风动能由1500kg · m/s提高到3800kg · m/s，在处理炉况期间一直采用全倒装的装料制度，边缘煤气流得到发展，从5月14日炉况基本稳定。

（2）洗炉。从 5 月 8 日到 18 日的 10 天内，采取净焦分段连续的洗炉方法，每隔 40 批正常料加一段净焦，其中加 30 批净焦 1 次，16 批净焦 4 次，12 批净焦 9 次，10 批净焦 1 次，8 批净焦 3 次，4 批净焦 8 次。共下净焦 268 批，净焦总重量 536t。用净焦分段连续洗炉的目的是保持料柱透气性，在炉况基本稳定情况下靠净焦的热量不断地熔化，靠炉料流的下降不断地冲刷掉结厚部位的结厚物，净焦分段连续洗炉后，炉身下部监测点温度显示逐步升高，说明结厚逐渐消除。

（3）关闭 4~8 层冷却壁的冷却水。通过这一措施，一是搞清了结厚存在的区域及结厚的程度，二是加速了结厚物的脱落。

（4）采取一些常规措施：

1）保持充沛的炉缸温度，使脱落的结厚物能及时熔化，还原，排出炉外，避免炉缸堆积，并保证生铁质量，5 月份［Si］的平均值为 0.82%，生铁合格率 100%。

2）降低炉渣二元碱度，提高渣中 MgO 含量，配加部分萤石，以降低炉渣黏度，改善炉流动性，减轻炉前工作量，保证炉内渣铁的正常排放。日平均二元碱度 1.09，渣中含量为 8.34%。

3）在处理炉况时，加湿鼓风系统正好投入使用，使煤气中 H_2 含量增加，间接还原区扩大，降低了风口燃烧焦点温度，促使炉缸工作均匀，炉况顺行。

4）加强设备维护，减少休风率，保持炉况处理工作持续进行。

柳钢 3 号高炉此次下部结厚虽很严重，但由于采取的措施得力，针对性强，操作步骤稳定，致使炉墙结厚消除的很快，炉况迅速好转，产量稳步提高，消耗下降，6 月份生产状况达到一个新的水平。

这是一例处理高炉炉墙下部结厚成功的典型，值得学习借鉴。

【例 5-31】 首钢 2 号高炉（1327m^3）1980 年 11 月 7 日炉身下部炉墙温度普遍下降，9 月普遍下降至正常 200℃水平之下（见表 5-9），因缺少烧结矿待料休风所致。但送风后炉墙温度并未升高，11 日发现冷却壁水管漏水，炉墙确有结厚。12 日 8 时 10 分改装料制度：烧结矿布料倾角（无钟炉顶溜料倾角）保持 60°，焦炭布料倾角由 65°改为 58°布到边缘，另一批以 67°布向中心，使煤气流有边缘和中心两条通道。经 5 个班发展边缘处理，结厚消除，14 日改回正常装料制度。整个过程除燃料比稍增加外，无其他损失。

首钢 2 号高炉 1987 年 10 月 13 日冷却壁漏水，又产生炉墙结厚，炉墙温度水平降至正常水平以下，送风后未及时发展边缘气流，结厚加重。5 天后调整装料制度及负荷以发展边缘，经过两天未见效；22 日起除继续发展边缘外，还加萤石 400kg/批洗炉，再经 2 日才消除结厚。

表 5-9 2 号高炉墙温度变化

日 期	时 间	炉墙温度/℃			
		东	南	西	北
1980.11.8	14：20	140	300	258	300
1980.11.9	2：50	120	210	140	260
1980.11.9	10：45	110	210	220	170
1980.11.9	19：00	100	160	130	110
1980.11.10	5：00	110	200	180	130

【例 5-32】 邯钢 4 号高炉（900m³）1997 年 7 月 1 日投产，初期炉况顺行，半年左右，利用系数就达到 1.89t/(m³ · d)。进入 1998 年 1 月以后原燃料质量变差，设备故障多，频繁地进行休风，同时操作制度不合理，炉墙温度逐渐下降，形成了炉墙结厚，炉况急剧恶化。处理过程经以下四个阶段：

第一阶段（1998 年 1 月 4~23 日）。提高入炉料筛分效率，使小于 10mm 烧结矿控制在 30%以下；减少碎焦和粉焦入炉；炉腰和炉身下部冷却水量减少 15%~20%；操作上矿石批重缩小到 17t，布料角度由原来的 $\alpha_C^{32°}\alpha_O^{29°}$ 调整为 $\alpha_C^{32°}\alpha_O^{36°}+\alpha_C^{32°}\alpha_O^{24°}$；这样既发展边缘，又不堵塞中心，炉况逐渐好转，但由于强化速度太快，出现炉凉，导致炉况失常。

第二阶段（1998 年 1 月 23 日~3 月 26 日）。风口长度由 415mm 缩小至 315mm 频繁加净焦进行热洗炉，总计加净焦 9 次 197 批，炉墙温度开始回升如图 5-19 所示。

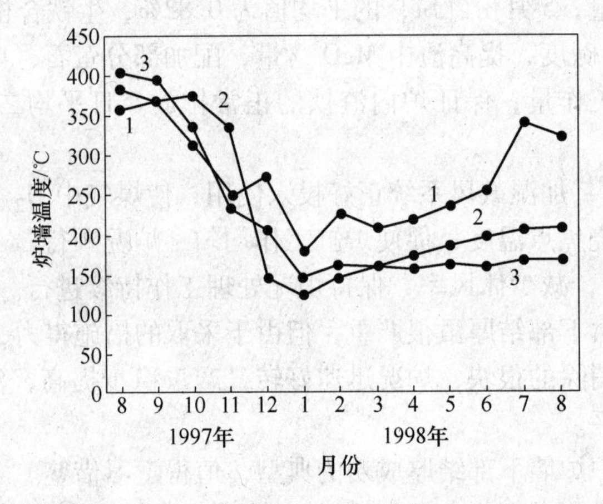

日期	1月	2月					3月		
	23日	2日	5日	6日	17日	25日	6日	16日	26日
净焦	20	12	20	10	15	19	18	30	35

图 5-19　炉墙结厚前后炉墙温度变化情况

1—炉腰；2—炉身一层；3—炉身二层

第三阶段（1998 年 3 月 26 日~6 月 9 日）。在总结前两阶段经验教训基础上，确定了适当发展边缘，保持边缘与中心两股气流的操作方针。上部采用布料角度 $\alpha_C^{32°}\alpha_O^{35°}+\alpha_C^{32°}\alpha_O^{25°}$，矿批 17~19t，下部确保风速 160m/s，适当缩小风口面积，堵 2~3 个风口；操作上严格控制炉温，生铁含硅量控制在 0.5%~0.7%，消灭低炉温，定风压和压差操作，炉况逐渐好转。

第四阶段（1998 年 6 月 9 日~8 月 31 日）。在炉况好转的基础上，逐渐减少 $\alpha_C^{32°}\alpha_O^{35°}$ 的使用比例，7 月 11 日布料角度一律改为 $\alpha_C^{32°}\alpha_O^{28.5°}$，矿批恢复到 22.2t，6 月份开始高炉利用系数达到 2.0t/(m³ · d)以上。

5.4.8　高炉结瘤

高炉结瘤是生产的大敌，它会严重破坏合理的操作炉型，影响炉况顺行，使煤气流分布异常，煤气能利用很差；导致产量下降和燃料消耗升高，甚至降低高炉一代的寿命。20

世纪50年代我国许多高炉都连续发生过结瘤。由于高炉工作者不懈地进行防止结瘤和清除炉瘤方面的研究，取得了丰富的经验，我国在1958年以后，大中型高炉结瘤问题基本得到解决，发生结瘤事故已很少了。但高炉结瘤问题并未根本消除，不仅大中型高炉也还有发生，尤其一些中小型高炉，特别一些新建厂的小型高炉结瘤事故还时有发生，因此研究和讨论高炉结瘤的原因，制定预防结瘤和消除结瘤的措施，仍有着重要的现实意义。

5.4.8.1　高炉炉瘤的结构及危害

A　高炉结瘤的危害

从图5-20、图5-21可以看出，高炉结瘤后使炉料正常分布和下降受阻，煤气流分布紊乱，产生偏料，崩料和悬料，上、下部调剂措施失效，冶炼过程失常。处理结瘤十分困难。不但工人与技术人员特别劳累辛苦，而且要造成巨大的经济损失。

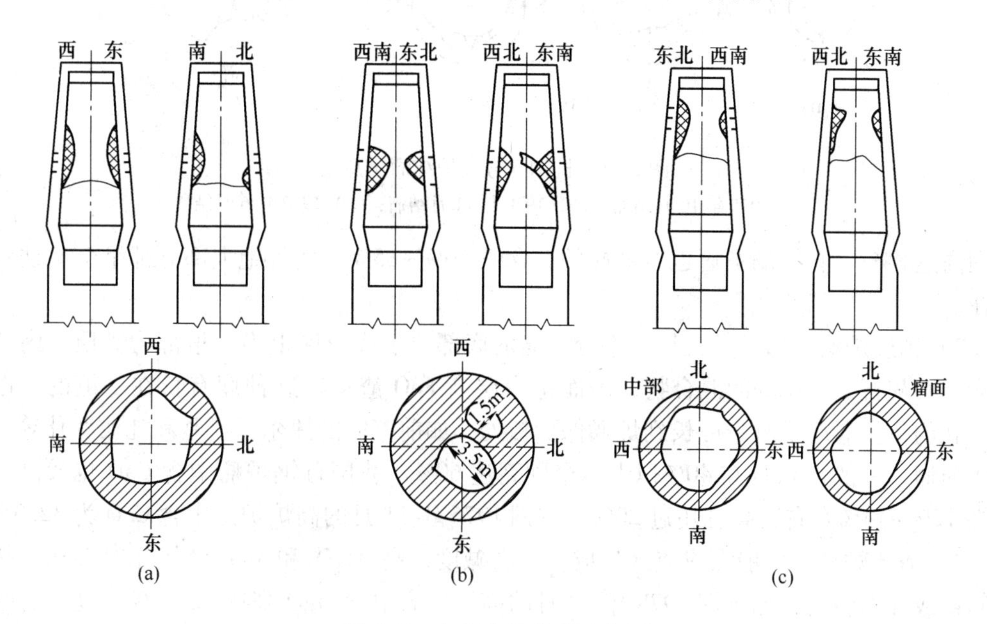

图5-20　包钢高炉结瘤示意图

(a) 1号高炉1957年10月结瘤，瘤体180m^3；(b) 2号高炉1972年5月结瘤，瘤体230m^3；(c) 2号高炉1979年7月结瘤，瘤体95m^3

B　炉瘤的结构

炉瘤是由部分还原过的矿石（有时有部分金属铁），焦炭和熔剂等混合物组成。一般从炉喉到炉腹的炉墙上都可能长出炉瘤，而以炉身下部成渣带附近长瘤的机会最多。

炉瘤外表有一层硬壳，内部则为不同化学物质的混合凝结物。

根据炉瘤性质和瘤根存在部位、形状对炉瘤进行了分类，大致情况如下：

(1) 按炉瘤生成部位分：

1) 上部炉瘤。炉瘤的瘤根生在炉腰和炉身上、中部分称为上部炉瘤。

2) 下部炉瘤。炉瘤的瘤根生在炉腹，炉腰和炉身下部部分称为下部炉瘤。

(2) 按炉瘤的化学组成可分为铁质、钙质、渣质和锌质炉瘤。

1) 铁质炉瘤。长期封闭一些风口或冷却设备漏水，使金属铁凝结于炉腹的炉墙上，形成局部性铁质瘤。如前苏联的马钢过去各次的炉瘤多为铁质的，含铁平均为60%左右，

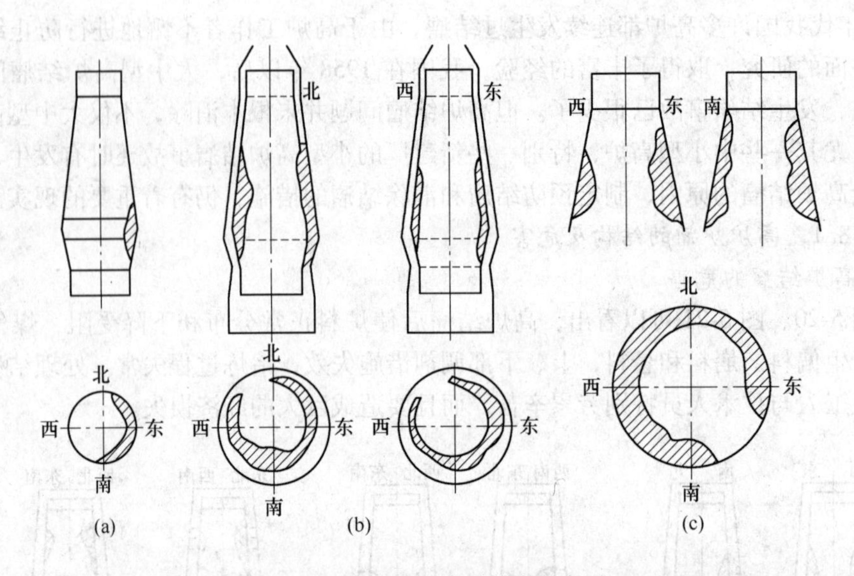

图 5-21 杭钢 3 号高炉结瘤示意图

(a) 1975 年 10 月结瘤；(b) 1978 年 11 月结瘤；(c) 1982 年 6 月结瘤

个别高达 84%。鞍钢的炉瘤也有铁质的，含铁 60%~85%，而且绝大部分都呈金属铁状态存在。

2）钙质炉瘤。通常长在炉身部分，瘤的底部位于成渣区上沿，根部为钙质，内部为焦炭、石灰石、矿粉等的混合物，表面是一层高 FeO 渣皮。这种瘤有长在一侧的，也有呈环状的，发展严重时，可长到炉喉保护板处，如前苏联的捷尔任斯基和扎波罗什等厂都是钙质瘤，一般含 CaO 在 40%以上，个别高达 60%。我国首钢炉瘤中含 CaO 也较高，一般在 12%~14%左右，高者超过 20%，杭钢 1975 年 11 月的高炉炉瘤中含 CaO 为 32.35%。

3）渣质炉瘤。一般在成渣区生成，以高碱度，高 Al_2O_3和 MgO 渣操作时会在炉腰和炉腹结成环形渣瘤，如杭钢 1978 年 12 月的高炉炉瘤中含 MgO 高达 22.34%，辽宁省喀左县 $30m^3$高炉 1996 年 12 月由于配料失误而使炉渣 $w(CO_2)/w(SiO_2)$达到 1.6~1.8，形成渣瘤。

4）锌质炉瘤。使用含锌矿石冶炼，锌挥发后凝结于炉喉保护板处或煤气上升管及煤气下降管处，瘤体呈灰黄色，很疏松，容易用钢钎打落。马鞍山高炉炉瘤中含有大量含锌物质，如 1978 年 6 月一次上升管锌瘤中含 Zn 量为 63.20% ，1978 年 12 月一次上升管锌瘤中含锌量为 70.17%；福建省三明钢铁厂结锌瘤次数也较多，含锌量也很高，1979 年 7 月 1 号高炉东上升管根部锌瘤含锌为 71.71%，1981 年 1 月南下降管锌瘤含锌为 64.18%，1981 年 10 月 2 号高炉南上升管锌瘤含 Zn 为 70.62%；前苏联乌拉尔两座大高炉曾发现装满矿石后大钟自动降落，原来是大钟底部均黏结锌瘤，一座高炉的锌瘤重量为 6~7t，另一座高炉的锌瘤质量达 20t，乌拉尔高炉上升管结锌瘤后，其剩余自由通道小于 40%~50%。

5）混合质瘤。由多种结瘤物质混合合成。

6）碳质瘤。由于焦炭强度差、粉末多，在下降过程中焦粉混入已熔化的初渣，使初渣变得异常黏稠，这种渣也极易发生再凝固。

当喷吹燃料过量，燃料中碳素不能在风口氧化带完全燃烧时，则形成游离碳，被煤气携带到高炉上部。这些游离碳混入炉渣，也会使炉渣容易发生再凝固。如果结瘤物质中含有较多的碳，即属碳质瘤。

(3) 按炉瘤形状分。炉瘤的外形是不规则的，且很复杂，一般分为两类：

1）单侧瘤。有的也叫偏瘤或局部瘤，生长在高炉的某一边或一侧。

2）环形瘤。有的也叫环瘤，生长在整个高炉的四周，整个高炉截面遍布炉瘤。

5.4.8.2　高炉结瘤的原因

高炉结瘤的原因很多，也很复杂，机理至今尚未完全清楚，但最基本的原因是由于已经熔化的物质，重新凝固并黏结在炉墙上形成炉瘤。

结瘤的过程一般是，首先有一部分已经熔化的炉料，由于各种各样的原因，再凝固黏结于炉墙上，形成瘤根，如果发现较晚或处理不及时，而且结瘤的原因又继续存在，则瘤根将发展，长大，成为炉瘤。因此，我们研究和探讨炉瘤的成因时，主要是讨论开始形成瘤根的原因。

在实际生产中引起结瘤的原因主要有下述几个方面。

A　原料方面的原因

(1) 矿石软化温度低，难还原。当使用的矿石软化温度低，而且又难还原时，在炉内先形成低熔点、高 FeO 的初成渣，在下降过程中被赤热的焦炭和高温煤气流还原产生金属铁，而当熔点升高，或当混入粉状炉料或大量石灰石掺入初渣内而使碱度升高时，将变得黏稠，促使它易于凝固。这样先熔后凝的炉渣，若发生在高炉中心部位，将恶化料柱透气性，破坏高炉顺行。如果发生在靠近炉墙时，就可能直接黏结在炉墙上而形成瘤根。炉温波动、炉温降低也很明显地起着使熔渣凝结的作用，形成炉瘤。这种炉瘤一般含金属铁比较多，往往结瘤的位置也较高。鞍钢高炉的结瘤就属于这种。杭钢 1980 年 4 月炉瘤中含金属铁为 45.83%，也是很高的。

20 世纪 50 年代末 60 年代初，自熔性烧结矿的推广以及 70~80 年代球团矿的应用，改善了含铁原料的冶金性能，给我国高炉生产带来了巨大变化，此后高炉结瘤就大量减少了。但有一些中小高炉至今仍使用一部分，甚至全部使用“平地吹”法生产的烧结矿或球团矿，软化温度区间宽，冶金性能很差，不但使高炉的产量低，焦比高，也易引起高炉结瘤。

(2) 矿石品种多、波动大。20 世纪 50 年代，我国大部分钢铁企业没有所属矿山，吃“百家饭”，用矿石品种很多，又不能根据矿石的物理、化学性质进行配料，往往各种矿石之间软化温度、还原性能以及化学成分相差很大，在炉内的软化温度区间很长，不仅严重恶化料柱的透气性，而且一旦炉温及炉渣碱度发生变化（在那种用料情况下，炉温和碱度的波动是不可避免的），就容易使已经熔化的炉料重新凝固而形成下部炉瘤。

20 世纪 50 年代末 60 年代初，自熔性烧结矿的推广，以及 70~80 年代中和料场的建设，使这方面情况发生了很大变化，大型高炉结瘤就大量减少了。但我国还有很多中型高炉，虽然近些年原料条件已有所改善，但是，吃“百家饭”、用小矿山铁矿或铁精矿粉的厂家还很多，不仅各矿山之间矿石的理化性质相差很大，就是一个小矿山自己的铁矿石或铁精矿粉的理化性质，尤其是含铁量和二氧化硅的波动也很大，有些钢铁企业又没有中和料场，混匀工作进行得又不好，往往造成烧结矿和球团矿的理化性能的波动也很大，不但影响炉况顺行，也易引起高炉结瘤。

（3）原燃料强度差、粉末多。高炉工作者都知道，炉料中的粉末多是引起炉况不顺的经常性因素，高炉使用含粉率高的炉料时，由于料柱透气性变坏发生悬料、难行、崩料、管道行程在所难免，而且，必然引起炉温的剧烈波动。在这种情况下，为了维持高炉进程，势必采用低风量和发展边缘煤气流的装料制度，促成高炉沿炉墙处温度升高，矿石过早熔化，一旦发生崩料、坐料、休风或其他原因，高炉圆周温度下降时，就可形成炉瘤。生产实践表明，不仅经常使用含粉率高的原料容易结瘤，就是偶尔集中使用含粉率高的原料，如清仓料或落地的普通烧结矿，也往往会引起严重问题，如首钢、武钢、水钢、凌钢等厂的高炉便是如此引起的炉瘤。这是因为不仅整个料柱透气性不好，会破坏顺行，而且当炉内只有一层炉料，透气特别坏时，也能破坏整个高炉的顺行。其原因正如北京科技大学杨永宜教授在研究高炉煤气流压强梯度场时所指出的“由多层料组成的高炉内，局部料层的压强梯度可以发展到大于炉料的体积质量，而把该料层浮起，导致悬料”。

焦炭在高炉中起着炉料的骨架作用，尤其软熔带，高温的煤气流主要是由焦炭组成的“气窗”而上升的。而煤气流的上升是否顺利和均匀，就决定了高炉行程是否顺行和煤气能量利用的好坏。煤气流不能顺利通过“气窗”，除和焦炭层的厚度、层数、分布状况有关外，更重要的是焦炭层的透气性。而这与焦炭的强度有很大关系，焦炭强度不好，对炉况顺行造成的危害，甚至比加入带有粉末的矿石还要大，因为上升的煤气流的阻损主要产生在软熔带。焦炭强度不好，产生的焦粉掺入炉渣将使炉渣黏度增加，流动性显著变差，会使高炉料柱透气性明显恶化，引起炉况不顺。

影响炉料透气性的因素还有炉料的热稳定性、还原性、焦炭的反应性等。

（4）炉料中碱金属引起的炉瘤。一些高炉炉料中碱金属的含量比较高，如包钢碱负荷达8~10kg/t，宣钢、鄂城、昆钢、新疆等厂的高炉碱负荷也很高。这些高炉易于结瘤，其原因与碱金属在高炉内的行为有关。

原料中的碱金属一般以硅酸盐等矿物形式存在，随炉料下降到炉腰以下高温区后被还原蒸发进入煤气中，留在渣中未被还原的 K_2O、Na_2O 则随炉渣排出炉外。还原进入煤气的钾、钠蒸气，少量随煤气排出，大部分在上升过程中，首先被初成渣中的 FeO 氧化，当有 SiO_2 存在时，则又转变为硅酸盐，再随炉料下降到高温区，在高炉内造成“碱金属循环积累”。

在这种“碱金属循环积累”的过程中，可能发生下述致瘤作用：

1）硅酸盐中 K_2O、Na_2O 的热力学位势比 FeO 难还原，只有在软熔带以下，当初成渣中 FeO 基本被还原后，K、Na 才可能较快地被还原，因而是直接还原，要吸引大量的热量。在 K_2O、Na_2O 积累量很大时，将导致炉缸热量不足，并引起整个高炉热制度波动。

2）在高炉内的循环积累过程中，碱金属化合物沉积在固体炉料表面，将生成一些熔点很低的化合物，如 KCN（熔点 662℃）、NaCN（熔点 562℃）、K_2CO_3（熔点 901℃）、Na_2CO_3（熔点 850℃）、Na_2SiO_3（熔点 1089℃）、KF（熔点 850℃）、NaF（熔点 980℃）等，引起炉料过早地烧结、软化。温度波动时，容易黏结在炉墙上，形成瘤根，并发展成炉瘤。当炉料粉末多时，这种情况将更为严重。由于某些化合物熔点很低，所以碱金属造成的炉瘤常可达到炉内很高的位置。

3）烧结矿和焦炭吸收随煤气上升的碱金属后，强度受到破坏，高炉透气性变坏，顺行受到影响。

4）靠近炉墙的煤气所夹带的碱金属在上升过程中，逐渐被黏土质耐火砖所吸收，生成霞石（$Na_2O \cdot Al_2O_3 \cdot 2SiO_2$）、白榴石（$K_2O \cdot Al_2O_3 \cdot 4SiO_2$）等矿物黏附在炉墙上。

（5）锌引起的结瘤。锌在矿石中常以硫化物状态存在，有时也以碳酸盐和硅酸盐状态存在，在高炉中被 CO、H_2、C 还原。锌在高炉内 400~500℃便开始还原，一直到高温才能全部还原。锌还原后，很容易挥发，但锌蒸气上升到高炉上部又被 CO_2、H_2O 重新氧化成 ZnO，其中一部分被煤气带出炉外，另一部分则黏附在炉料上，随炉料下降造成循环富集。靠近炉墙的锌蒸气，有一部分会渗进炉衬，在炉衬中冷却，并被氧化成 ZnO，体积增大，对炉衬起破坏作用。部分 ZnO 凝附于炉墙内壁上，时间长了会结成锌质瘤。由于锌的挥发温度很低．锌质瘤结瘤位置可能在炉身上部、炉喉部位，有时甚至会堵塞上升管和下降管。

B 操作方面的原因

既然结瘤是已经熔化的炉料再凝固的结果，那么炉内温度的剧烈波动就是形成炉瘤的必要条件。在操作上引起炉内温度剧烈波动的因素有：

（1）经常性管道行程。尤其当发生边缘管道时，在管道部位，由于有强大的热煤气流通过，高炉内沿纵向温度可能大幅度升高。在管道严重时，个别部位甚至达到 800~1000℃，该方位的炉料必然过早熔化。这时一般采取堵料或放风的方法破坏管道，一旦管道被堵，则原管道方向、整个高度的温度将大幅度下降，已经熔化的炉料就可能凝固。而黏结在炉墙上。有些高炉炉瘤位置很高，甚至黏结到炉喉保护板上，大多是这种原因。在所用炉料软化点较低时，这种情况将更甚。

这种情况下所结成的炉瘤，在结构上往往是熔化和初成渣包裹焦炭和未熔化的炉料，熔化部分的化学成分与烧结矿成分大致相同，仅含有少量的金属铁。

（2）连续悬料、崩料。高炉悬料时，高炉煤气不能穿过悬住的料层到达炉顶，因此悬料部位以上的温度将由于煤气量减少而明显下降，由于总进风量减少，高炉整个高度的温度也将下降，如果反复地悬料、崩料或坐料，必然使沿高炉高度的温度长期偏低，而且剧烈波动，形成炉瘤的机会将增加。

当坐料或崩料时，大量未经充分还原的矿石落入下部高温区，高 FeO 的炉液还原时不仅吸收大量热量而且熔点升高、变稠，以致黏在炉墙上，造成下部结瘤。

（3）长期低料线作业。长期低料线作业，高炉上部温度显著升高、剧烈波动，可能使高炉上部炉料过早地熔化、结瘤。

（4）炉温剧烈波动。原料成分剧烈波动，负荷调整不当，改变装料制度过急，冷却设备漏水等都可能造成炉温剧烈波动，从而引起成渣带变动和炉墙温度变化。

尤其应该提出的是，一些高炉长期采用边缘过分发展的装料制度，虽然可能取得短时间的相对顺行，但高炉不会稳定，炉温波动也大。

（5）大量石灰石集中于炉墙附近，形成流动性极差的高碱度渣，当炉墙温度下降时，就可能黏附在炉墙上。

（6）长期休风，尤其是无计划的休风，也可能造成炉瘤。休风后炉墙温度不断降低，炉料又处于静止状态，已熔化的物料很容易黏结在炉墙上，而复风后炉况不顺，也易造成结瘤。

（7）长期慢风作业，使边缘煤气流过分发展，尤其在低风温、高焦比时，高温区位置较高，更容易结瘤。

C 设备缺陷

有些高炉的结瘤是由于设备缺陷造成的。如：大钟偏斜，炉喉保护板严重损坏，布料器失灵，风口进风不均匀，高炉末期某些部位炉衬严重侵蚀等。这些设备缺陷都会使炉料分布不匀，或高炉偏行，经常出现管道行程，用一般的操作方法很难克服。

D 冷却设备漏水或冷却强度过大

高炉炉身、炉腰、炉腹冷却设备漏水，在漏水方向容易引起结瘤，有些高炉冷却强度超出炉壁热负荷的需要，使渣铁凝固等温线深入于高炉内部，炉墙上势必经常黏结物料，形成炉瘤。

5.4.8.3 高炉结瘤的征兆

在结瘤的萌芽状态，应尽早发现其征兆，果断处理，能使高炉生产的损失减到最少。高炉结瘤的征兆表现为：

（1）炉况顺行变差，常有偏料、管道、崩料、悬料现象发生，结瘤较严重时可能发生顽固悬料。

（2）炉身温度，若为局部结瘤时结瘤部位炉身温度降低，其他部位则正常或偏高；若为环状炉瘤时各方位炉身温度普遍降低，特别是风量少时更低。

（3）结瘤部位炉喉温度降低。

（4）炉顶煤气温度，局部结瘤时各点温度相差大，结瘤部位偏低，差别约 100～150℃；环形结瘤时则各点温度差别小，约 30℃。

（5）炉顶煤气压力时常出现高压尖峰。

（6）风压高且波动，减风后趋于平稳。

（7）高炉不接受风量且波动大，风压、风量不对应。

（8）料尺，结瘤部位下降慢，记录表上出现台阶。

（9）风口，圆周工作不均匀，结瘤部位凉。

（10）炉喉 5 点煤气取样 CO_2分布，结瘤部位边缘煤气少，曲线出现第 2 点或第 3 点比第 1 点低的“倒钩”现象（有的又称为“翘腿”或“翘脚”现象），用这一征兆判断上部结瘤是比较准确的。

图 5-22 为首钢 3 号高炉炉瘤及煤气曲线，从图上看出结瘤处煤气曲线上的“倒钩”很明显。

（11）炉墙温度和冷却水温差出现反常。高炉正常行程时，各部位炉墙温度和冷却水温差应该维持在一个稳定的数值。当高炉结瘤时，这些数值发生变化。炉瘤下方的炉墙温度升高，上方的温度下降。如炉瘤恰好结在炉墙热电偶位置，则温度将明显下降。结瘤处的水温差将明显下降。

（12）煤气灰吹出量增加。

（13）探测炉瘤时出现的征兆。除根据上述征兆进行判断外，一些高炉在炉身炉墙有探瘤孔，对高炉进行定期探孔观测或出现结瘤征兆时进行探测，可以直观地观察到炉瘤位置和厚度。

炉瘤的探测一般分两种，一种是定期探测，另一种是在怀疑结瘤时进行临时性探测：

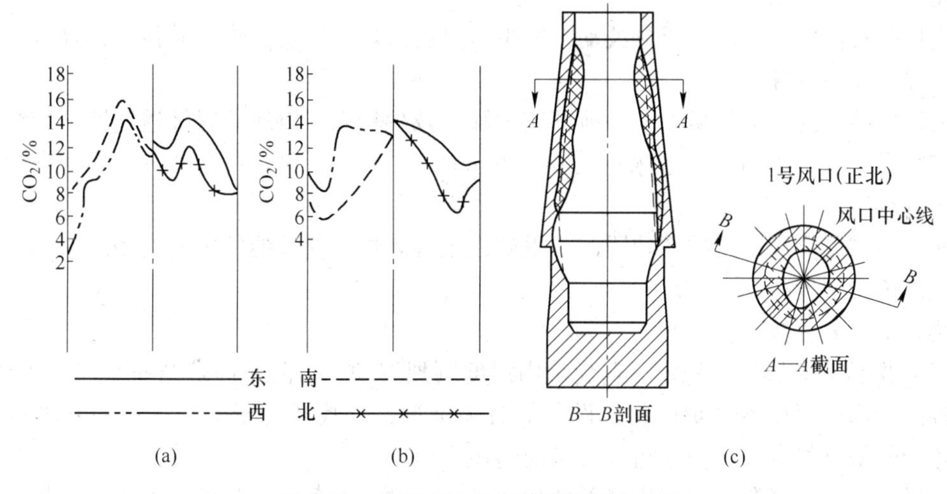

图 5-22 首钢 3 号高炉炉瘤及煤气曲线

1）定期探测。在留有探瘤孔的高炉上，定期打开探瘤孔的封盖，用钢钎或风钻（电钻）向炉内打眼（探瘤孔道内为炮泥或其他黏土火泥封堵），钻孔需打到炉内有煤气冒出时为止。此时表明钢钎已打到炉内。此时测量从炉壳到打透时的钢钎长度，扣除炉壳和炉衬的厚度后，余下的长度即为炉墙已结厚或结瘤的厚度，并将其数值填写在“高炉炉墙探测记录”上，通过不同高度，不同方位很多探瘤孔综合测定结果，可以判断出高炉炉衬炉型规整和侵蚀情况，是否结厚或结瘤，以及结厚或结瘤的位置和大小。如果打透时钢钎的长度与炉壳和炉衬厚度之和近似，表明炉型没有多大变化；如果这个长度小于钢壳与炉衬厚度之和，表明炉衬已被侵蚀。通过定期探测炉型，可使操作者了解炉型的变化情况，做到心中有数；发现炉墙已结厚或已结瘤时，应根据测定结果，绘制出结厚或结瘤图，供处理时使用。

留有探瘤孔的高炉，除进行定期测定（又叫炉型探测）外，一旦根据其他方面的反映，估计或怀疑已结瘤时，可在可疑的部位进行探测判断。

设有探瘤孔的高炉，进行高炉炉型或结厚、结瘤的探测十分快捷方便，极有利于对炉墙结厚和结瘤的判定与处理。没有探瘤孔的高炉，应利用大中修的机会增设探瘤孔。

山西省阳泉钢铁公司从 20 世纪 50 年代开始，就在炼铁车间设有探瘤组，对该车间 7 座 $100m^3$级高炉定期进行炉型探测，一般为每月轮流一次，并将测定结果填写在高炉炉墙探测记录表上。

2）临时探测。在没有设置固定探瘤孔的高炉上，当炉况出现失常，估计已结瘤时，为确切掌握炉瘤状况，需在可疑的部位开出探瘤孔进行探测，方法同前。由于临时开孔，需用水焊切割炉壳钢板和打通耐火砖，难度较大。

5.4.8.4 高炉结瘤的预防措施

高炉结瘤不仅给高炉生产带来巨大损失，对高炉寿命也将产生严重损害，因此防止高炉结瘤是高炉工作者的重要任务之一。

（1）搞好精料工作。对于使用生矿较多，尤其是矿种较杂的高炉，对所用矿石进行试验和选择，按物理、化学性质进行科学配矿，避免难还原的矿石直接入炉，避免所用矿石软化点温度相差太大。

进厂矿石应混匀，减少成分波动；减少石灰石入炉量；提高烧结矿强度，降低氧化铁含量，并改善冶金性能。

无论烧结矿还是天然矿，入炉前都应过筛，减少粉末，以改善料柱透气性。应缩小入炉生矿粒度上限，由目前一般采用的 40~50mm 缩小到 25~30mm 或更小一些。烧结矿大块也应进行破碎处理。

使用高碱度烧结矿加酸性球团矿或生矿是改善高炉炉料性能的重要途径。

提高焦炭强度。

清仓矿不要直接入炉。

（2）保持高炉顺行、稳定、避免炉内温度剧烈波动，对防止高炉结瘤是非常重要的。为此各高炉都应根据本高炉原料、设备等具体情况，寻找适合于本炉特点的基本操作制度，才能既得到好的经济技术指标，又能避免发生事故。

送风制度和装料制度应与原料条件相适应。不顾原料条件，片面追求产量、鼓大风的做法，会破坏高炉顺行，经常出现管道，炉温也不可能稳定，应注意具体条件下的正常压差（透气性指数），避免不顾客观条件追求高压差。有条件的高炉应尽量提高炉顶压力。

装料制度也不能脱离原料条件。脱离原料条件，过分抑制边缘煤气流，会造成管道、悬料、崩料。而过分发展边缘煤气流，只能得到暂时的顺行，不能长期稳定，而且会造成炉墙附近的炉料因温度过高而过早熔化。比较理想的煤气分布是边缘较重，中心气流相对发展。

高炉调剂要准确，幅度不要太大。风量、风温、喷吹物都应坚持“勤调、少量”的方针，料制度的调剂不能过于频繁。

改变铁种时，负荷调整要准确，过渡时间要短，避免反复。

避免长时间慢风作业，必要时要缩小风口直径，不得已时可堵风口，防止边缘煤气流分发展。

（3）尽量避免无计划休风，并注意长时间计划休风前，净焦要加够，要出净渣铁，待净焦下到炉缸再休风。复风时要根据休风期间的情况补充焦炭，保证炉温，复风恢复过程不得太长，复风后要主动清洗炉墙。

（4）装料时石灰石不要加在炉墙附近。

（5）严格禁止长期低料线作业。

（6）及时消除设备故障，大钟偏斜、漏气应及时检修或更换，保持风口进风均匀，避免长期堵风口作业。两个渣口轮流放渣。

（7）冷却设备的冷却强度，应根据高炉各部位、各时期的热负荷而定。冷却强度小，不利于炉体维护，过大，则容易结瘤，且易造成能源浪费。

长期休风或慢风作业时，要及时减少各部位冷却水量。

漏水的冷却设备应及时处理。

（8）防止由碱金属引起的结瘤措施，除了前几节中一般结瘤的防止措施外，还有其特殊要求，主要表现在原料和操作方面。

1）原料方面：

科学配矿。高碱金属原料与低碱金属原料搭配使用，降低碱负荷是减少“碱害”的根本措施。

原料进行中和，稳定碱金属含量，切忌炉料中碱含量突然升高。这比普通矿的中和混匀更为重要。

筛除粉末。因碱金属对粉矿的危害更甚，所以对含碱金属原料在入炉前筛除粉末比普通矿更为重要。

改善炉料性能。采取措施改善炉料冶金性能，对防止含碱原料引起结瘤能起良好的作用，须加强研究。如包钢将烧结矿 MgO 含量提高到 4%，结果使软化温度、熔化温度提高，低温还原粉化率得到改善。

2）改善冶炼工艺。在冶炼过程中加强排碱，尽可能使碱金属随炉渣排出，这是减少碱害，防止结瘤最重要的措施。理论和实践都已表明，降低炉渣碱度是抑制碱金属还原，提高排碱效率的有效办法。包钢高炉炉渣碱度由 1.15 降到 1.0 时，炉渣含碱量从 1.27% 提高到 1.49%，排碱量从 77.9%提高到 93.5%，炉渣碱度降低后，生铁含硫量会升高，可采用生铁炉外脱硫等措施，以保证生铁质量。

包钢实践还表明，降低生铁含硅量，有助于炉渣排碱，［Si］±0.1%，炉渣含碱量 ±0.045%。包钢高炉在炉瘤攻关中总结出“低粉率、低压差、低碱度”的经验，对高炉操作中治碱防瘤起到了良好效果。

及时洗炉，将炉瘤消除在萌芽状态，保持炉墙干净，对“碱害”严重的高炉尤为重要。

（9）预防锌质瘤的措施，主要是通过矿石脱锌预处理和通过配矿减少矿石含锌量。一旦结瘤，由于锌质瘤位置高，一般采用炸除法。高炉使用含锌矿时，通过冶炼工艺很难避免锌质瘤，所以炉瘤经常是周期性发生的。

5.4.8.5 高炉炉瘤的消除处理

消除高炉炉瘤的方法主要有两种：一种是“洗炉”，一种是炸瘤。

一般说下部炉瘤可以用洗炉的办法消除，而对上部炉瘤来说，洗炉一般是无济于事的，而必须用爆炸方法消除上部炉瘤，即所谓的“上炸下洗”的消除炉瘤的方法。

早期结瘤的处理比较简单，往往有时炉瘤还没有完全形成，只是炉墙上有些黏结物，有些工厂也采用定期洗炉的方法来使炉墙洁净，把炉瘤消灭在萌芽期，这样造成的损失也比较小。但在生产实践中，往往很多工厂，由于对结瘤判断不明或某种原因，没有对炉瘤及时采取相应措施进行处理，以致延误了处理时间，使炉瘤长大，不但处理难度大，时间长，而且造成的损失也增加。

A 洗炉法处理下部炉瘤

下部炉瘤生长在炉身下部，炉腰和炉腹部位，即熔融带以内，所以必须用洗炉法处理。

洗炉的方法基本上也分为两种：

（1）利用煤气流洗炉。采用倒装和加净焦的方法强烈发展边缘煤气流，使炉瘤在高温煤气流的作用下熔化。用倒装时应减轻负荷，同时时间不宜过长，见效后即应停止。

（2）利用洗炉料洗炉。这种方法是用洗炉料造成易熔炉渣熔化冲洗炉瘤，这适用于下部的炉瘤。常用的洗炉料有均热炉渣（高 FeO 渣）、萤石（CaF_2）及锰矿石等，一般应加入若干组，连续洗炉，1~2 天的时间，一般能去掉炉瘤而使炉况转入正常。

采取这种方法洗炉时应注意：

1）焦炭要加够，以防止炉瘤洗下来时炉凉。

2）洗炉料分组加入，各组间用轻负荷料隔开，其效果比集中加入的好。

3）根据炉瘤的严重程度，决定洗炉料总量，要一次加足，除瘤务尽，恢复后方能顺行。

4）洗炉期间要适当发展边缘煤气流。

5）洗炉时应减轻负荷 20%~40%，并保持充足的炉温。轻负荷料可以采取几批料中加一批净焦的方法来代替。

B 爆炸法消除炉瘤

一般是上部炉瘤采取爆炸法消除或下部结瘤长得过大，用洗炉法清洗熔化效果差，处理时间长时，也用爆炸法处理。

炸瘤前，先加净焦及洗炉料、然后降低料线直到全部炉瘤暴露出为止。休风后将风口用泥堵死。打开入孔，由炉顶入孔实际观察炉瘤位置、形状等，与预先探测的炉瘤形状、位置对照结合起来，以确定安放炸药的位置及用药量的多少。炸瘤应集中火力先炸瘤根，由下而上，即先从瘤根开火，以免先炸上部，炉瘤落下覆盖下部瘤根，不能做到彻底消除。如果是体积很大的环瘤，可先切割炸成几部分，然后分而破之。炉瘤炸下之前，料面上应有足够的净焦（本钢 917m^3 高炉约加 20t）如炉瘤较大时应在爆炸过程中间适当加入一些焦炭和萤石；本钢的经验是大致每吨炉瘤补加 1t 焦炭。加入足够数量的焦炭和萤石，是为了复风后有足够的热量将炸掉的瘤体熔化和改善渣铁液流动性，使之顺利流出炉外。炸完以后即可正常上料。复风以后，炉瘤下达到炉缸后可能在渣口和铁口之间形成一层黏结物，阻止上面形成的渣铁液流过，甚至使之漫延灌入风口，因此在复风后应采取一些措施，例如在复风后将渣口敞开，使液体由渣口流出，并逐渐使黏结物熔化，或把铁口打开（铁口位置可比正常时稍高些），然后用氧气向上把黏结成的硬壳烧穿，使熔化的渣铁液流出，同时黏结的硬壳也随之熔化。

（1）炸瘤的具体操作步骤是：

1）在炸瘤处割开炉壳，挖掉耐火砖，打出一个直径 80~150mm 的圆洞，其深度超炉衬向内 500mm 以上，但不要打通，洞内用炮泥垫好。

2）用直径 50~100mm、长 400~600mm 的铁皮圆筒，内衬以石棉板绝热，筒底用少量黄泥捣实，放入炸药 0.5~2.0kg，炸药中放好雷管及导火索，表面再用少量黄泥轻轻密封好，炸药的装填如图 5-23 所示。

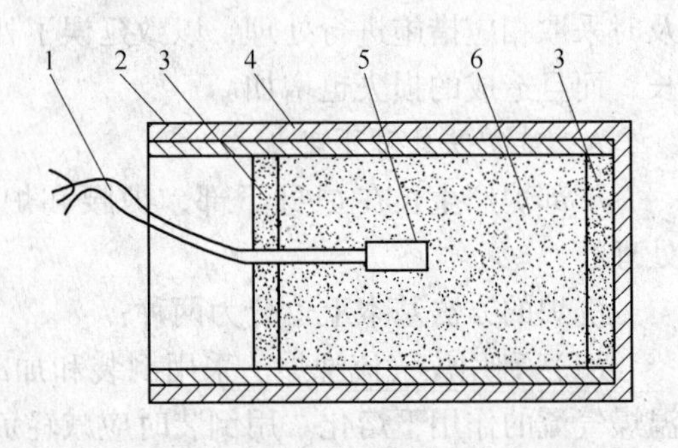

图 5-23 炸药装填图

1—导火索；2—铁皮筒；3—黄泥；4—石棉板；5—雷管；6—炸药

3）将装好的炸药筒放入已打好的洞内，药量在下限量时，外端应距炉墙 200mm 以上，如果药量大于下限量时，外端应距炉墙 200mm 以上，如果药量大时，距炉墙应在 400~500mm 以上。

4）待工作人员隐蔽在安全地区后，打钟、引爆。

（2）炸瘤注意事项：

1）炸瘤操作过程中，安全技术管理人员应参加指导与监督，注意确保人身安全，并防止炉衬及其他设备损坏。

2）炸药量的确定一定要做到适量，其数量多少，要根据高炉容积大小，瘤体的体积大小和炉瘤性质决定，一般最多不超过3kg，最少不低于0.3~0.5kg。没有炸过瘤的工厂，事先应派人去有经验的工厂学习，或外厂来人指导，不可无准备地去干。爆破人员一定要经过培训后再上岗操作。

3）炸瘤要务必干净彻底，尤其瘤根一定要全部炸掉，不要急于复风，养痈遗患。这是因为，炸瘤不干净，尤其是瘤根没炸掉，复风后很快又会长成新的炉瘤，须再次休风爆炸，损失将会更严重。国内外生产实践中都曾有很多高炉由于第一次炸瘤不彻底，就急于复风，复风不久炉瘤又迅速长大，被迫第二次休风炸瘤的事例，教训是很沉痛的，应注意吸取。

4）炸瘤之后跟着要进行洗炉。

对于锌质炉瘤，因瘤体很松脆，可打开炉顶爆发孔或入孔用钢钎打掉。在上升管或下降管处结的锌瘤，从入孔打不到时，可在结瘤处切割开钢板后用钢钎打掉。

5.4.8.6　处理实例

【例5-33】　武钢3号高炉炉容1513m³。1977年大修后6月10日开炉投产。1978年8月 小修更换大钟，送风后采用全部正分装，炉况恢复困难，料尺崩陷频繁，不得不降低压差操作。后来，虽采取各种措施扭转炉况，但炉况一直未能好转，产量逐月下降。从炉身冷却壁热负荷看（见图5-24）散热量逐月下降。1979年9月测定散热量只有原值的12%。反映炉墙在逐步结厚。

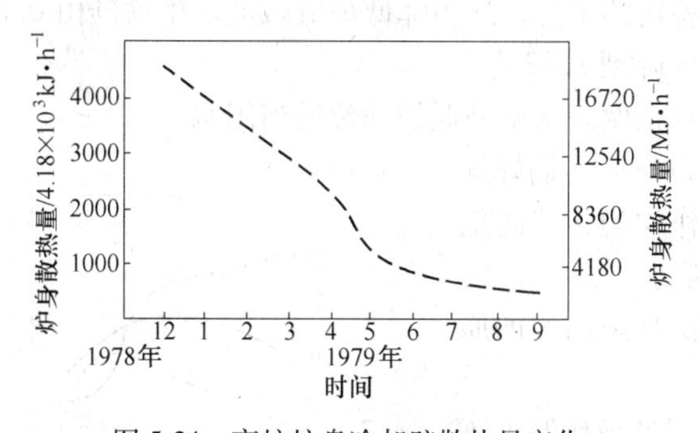

图5-24　高炉炉身冷却壁散热量变化

1979年8月24日休风，在炉身7~8段和5~6段冷却壁接头处，以铁口为起点顺时针方向各开5个孔探测炉墙厚度。探测情况如表5-10所示，确定已经结瘤。经计算，炉瘤体积180m³，质量约300t。决定停炉炸瘤。

表5-10　炉瘤探测厚度　（mm）

冷却壁段数	孔位				
	1	2	3	4	5
7~8段接头处	750	770	870	1560	1270
5~6段接头处	570	870	970	770	870

1979 年 9 月 8 日停炉，空料线 16m。休风后观察炉身冷却壁以上内衬基本上是完整的，没有黏结物。但是 6、7、8 三段冷却壁部位，沿炉子圆周有厚薄不等的炉瘤。其中以 6、7 段处最厚，估计有 1500mm。炉身下部沿整个高炉圆周出现明显的环状台阶，直径变小，实际情况比探测时估计的还要严重，如图 5-25 所示。

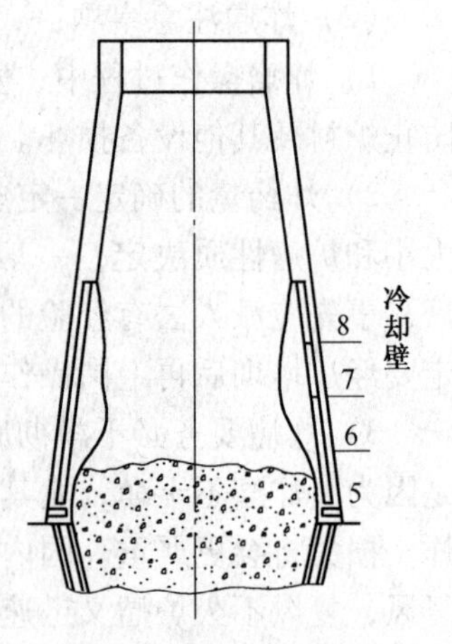

图 5-25 3 号高炉炉身结瘤示意图

从炸瘤打眼的情况看，下部炉瘤是比较坚实的冷凝渣铁。上部比较疏松。估计上部炉瘤在空料线过程中有部分脱落，因而在空料线的过程中出现几次大的爆炸，上升管冒黑烟。

炸瘤时，先在 7~8 段冷却壁接头处，沿圆周开 16 个孔。又在 6~7 段冷却壁之间开 15 个孔。然后，先在北面上下两层 16 个炮眼装药放炮，结果没炸掉。估计瘤根可能在下部，于是 5~6 段冷却壁接头处又开了 17 个孔。还是先炸北面，在 5~6 段和 7~8 段之间装 15 眼，炸掉后又炸南面。大部分炉瘤区脱落。为了彻底清除炉瘤，又补炸了几个未炸掉的地方。总计放炮 5 次，59 个眼。

此次炸瘤，因为料线限制，瘤根没有炸净。送风后不久，又发现有局部增厚现象。经过采取以下措施，炉况好转，炉型得到纠正。

（1）在炉墙增厚方向集中使用长度为 380mm 的短风口代替 500mm 的长风门。

（2）坚持疏导方针，发展两条煤气通路，保持炉况顺行。增加倒装，缩小批重，提高料线，提高风速。

（3）维持充足而稳定的炉温，适当降低炉渣碱度。生铁硅由 0.6%提高到 0.8%左右，炉渣碱度由 1.05~1.08 降到 1.03 左右。

（4）控制炉身冷却强度。水温差低的部位适当闭水。

（5）坚持全开风口作业，搞好煤粉喷吹，注意圆周工作均匀，严防低料线作业，严禁炉顶喷水。

经过分析造成这次高炉结瘤的原因很多，主要有：

（1）上、下部调剂等操作制度不相适应造成边缘过重（见图 5-26）。

（2）烧结矿强度下降。

（3）炉温、炉渣碱度波动过大。

（4）炉渣碱度过高，不利于排除碱金属。

（5）外围条件差，低料线频繁，被迫炉顶喷水。

通过这次 3 号高炉结瘤，应吸取的教训：

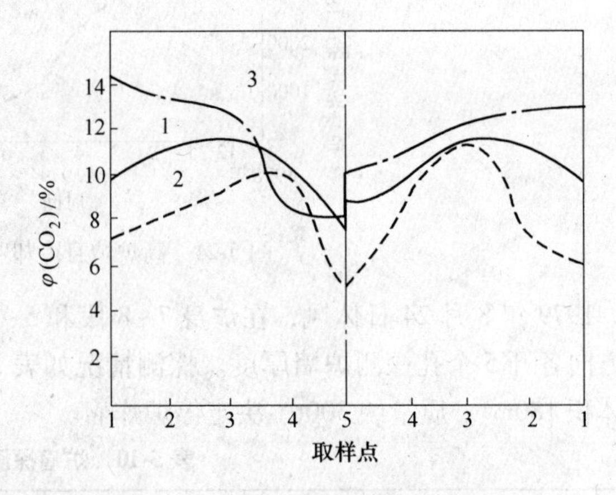

图 5-26 不同装料制度 CO_2 曲线

1—焦$_3$矿$_2$↓，焦/矿：9000/28600，1978 年 5 月；

2—矿$_3$焦$_3$↓，焦/矿：11100/39500，1978 年 6 月 5 日~7 月 4 日；

3—焦$_3$矿$_2$↓，焦/矿：12000/44200，1978 年 9 月（探料线）

高炉操作制度必须与原料条件相适应，在烧结粉末多，原料碱金属含量高的情况下，必须注意选择适宜的上下部调剂及造渣制度。

高炉日常操作中，应坚持稳定顺行方针，力求下料顺畅，保持充足稳定的炉温及适宜的炉渣碱度。长期不顺及炉温、碱度剧烈波动是结瘤的重要条件。

加强对炉体的监测，定期测定炉身热负荷，控制炉身冷却强度，安装相应仪表，制定相应制度。

为高炉生产创造一个稳定的外围条件，是维护好炉型，防止结瘤的重要条件之一。严禁低料线作业，禁止炉顶喷水。

【例5-34】 酒钢1号高炉有效容积1513m^3，风口20个，一个铁口，两个渣口，1978年10月7日至12月16日中修。开炉后生产一个多月就结瘤，于1979年3月20日停炉炸瘤。

开炉后从12月16日至31日期间，高炉一直维持低风温、慢风操作，用12~15个风口送风，风量1200m^3/min，风温500~700℃，主要采用半倒装（JKKJ）的装料制度，炉况基本顺行、稳定，但炉喉温度高达800~900℃，有时达980~1050℃（平均日产只有800℃左右）。修开炉后，高炉不能强化的原因是设备故障和烧结矿数不足。

从1979年1月上旬开始，用16个风口送风，风量达到1500~1600m^3/min，风温逐步提高至900℃。但炉子已开始出现不顺，崩、悬料频繁，滑尺严重，炉温剧烈波动。煤气曲线出现反常现象，首先是东南，然后是西北、东北方向的第三点CO_2值开始下降，出现凹陷现象。炉顶、炉喉、炉身各层温度的变化也反映出炉型已不规则。2月6日至3月17日四次炉墙深孔探测，证实已经结瘤。

1979年3月19日休风空料线至7m。从炉顶入孔观察到料面上从4号至15号风口之间露出半环形炉瘤，厚约400~500mm，瘤顶在第五层钢砖下面，瘤根被埋在炉料中。

3月20日空料线到23.48m，从开口观察到炉身上部炉瘤脱落，而从炉身向下部延伸到炉腹1/2处都结有炉瘤，瘤体呈环形。

测定结果，炉瘤厚度一般为400mm左右，最厚处在炉腹，约为800~1500mm。炉瘤高度北面为5.92m，南面为8.16m。上、下部炉瘤总体积约为200m^3。两次降料面的炉瘤形状如图5-27所示。

在炉子失常过程中根据各个时期的不同情况先后采取三次集中加萤石洗炉；加入白云石改善炉渣流动性；加锰矿洗炉；为迅速发展边缘气流，将长度400mm的8个风口更换为350mm的短风口。在上部调剂方面采取了JJK的装料制度及双装，焦矿倒分装，提高料线，扩大矿批等一系列措施，虽收到一定效果，但始终未能从根本上扭转炉况消除炉瘤，被迫决定在3月20日休风炸瘤。

根据实地观察和研究分析其结瘤原因：

上部结瘤是由于开炉初期设备故障及烧结矿不足，高炉长时间低风温，慢风和高焦比，炉喉温度最高达1050℃（一般均在850~900℃之间），使烧结矿过早熔化，不随炉况波动，高温带下移时，已熔化的炉料便会重新凝结在炉墙上。而炉况波动在开炉初期是经常发生的，仅1月1日至4日就崩料8次，悬料9次。

下部结瘤是由于洗炉时加萤石量和次数过多使渣中CaF达到5%（炉瘤取样分析其中含CaF_2 4.72%，K_2O 8.05%）不仅没有熔化掉炉墙黏结物，相反，自己由于急剧的温度

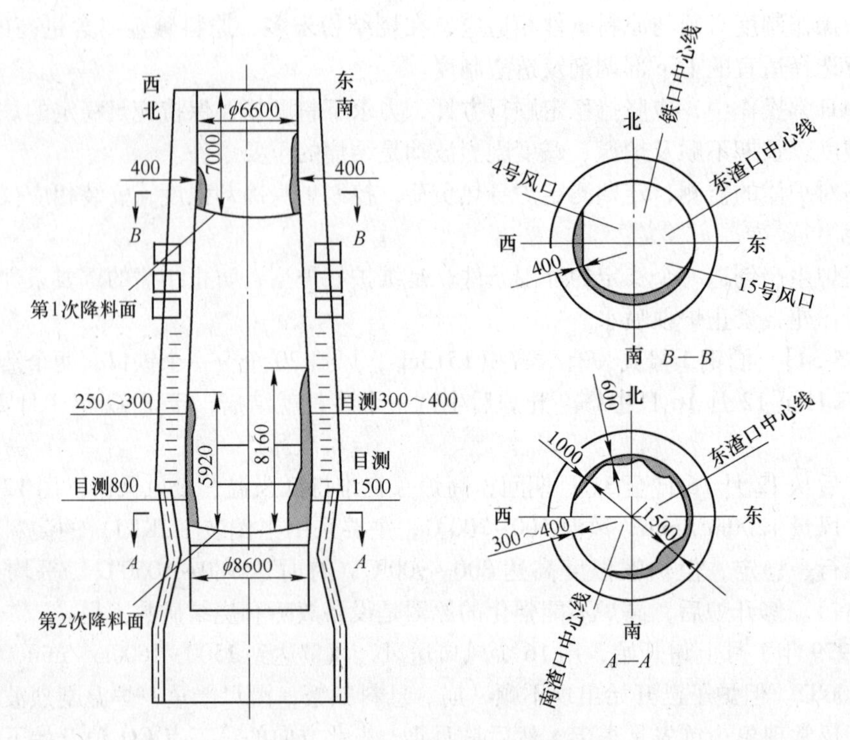

图5-27　两次降料面的炉瘤情况

降而凝结在炉墙上。另一原因是炉腹，炉腰区域冷却强度过大，是造成该区域内炉内砖墙温度降低的原因。从操作上促使炉腹、炉腰边缘温度波动的因素有：风温剧烈波动，在8h内波动150~290℃，导致高温区经常变化，煤气流方向也随之改变；烧结矿化学成分波动较大，TFe波动达3%，FeO波动达5%，也导致炉温的波动；频繁地进行高、低压操作的转换及频繁的上、下部调剂，煤气流分布大幅度变化。

这次结瘤应吸取的教训；

开炉前与高炉配套的各项工程都要完工，与高炉同步投产，原燃料准备充足，否则会成开炉后慢风，低风温操作，边缘气流过分发展，炉况波动，炉况失常最终导致高炉结瘤。

炉腹、炉腰区域冷却强度不宜过大，开炉初期冶炼强度低时更应该如此。

减少一切导致炉喉、炉身温度急剧波动的因素，如稳定原燃料质量和数量充足，减少入炉原燃料粉末、减少风温的剧烈波动；尽量减少不必要的操作变动，以保持煤流分布的相对稳定，一般不采取堵风口的方法来提高风速，特别是要避免长期堵风口，尤其堵多个风口操作。洗炉方法要合适，确定炉体已结瘤时，就根据“下洗上炸”的原则，下决心及早进行处理，尽早把炉瘤消除。

【例5-35】　唐钢一铁厂1号100m³高炉1987年10月20日因烧结机检修，高炉使用落地烧结矿与外进球团矿。由于落地烧结矿湿，入炉粉末明显增加，小于10mm达到12%以及焦炭强度差，使高炉经常发生崩、悬料。多次造成低料线作业，使高炉经常出现管道，炉温波动大，有时相邻两次铁间［Si］波动常达0.3%~0.9%。11月1日以后，煤气流分布失常，炉身温度普遍下降，西、北分别下降110℃、120℃，显然高炉已经结瘤，顺行差，坐料次数增加，不接受风量。11 月 15 日采用加净焦 12.4t，轻负荷料 15 批，加萤石 2t 进行热洗去掉下部炉瘤。以后炉况有所好转，采取相同办法又于 18 日、21 日加焦热洗。但是 22~23 日因炉顶大小钟故障，慢风 4 小时 15 分钟，休风多次共 4 小时 59 分钟，因炉瘤原因炉顶煤气曲线严重失常，于 11 月 24 日休风炸瘤，休风前降料面加净焦 20 批，共计 13t。

休风后实际观测，炉身上部结一个不规则的环型炉瘤，西北部结到钢砖下沿，最厚部位达到 1100mm，炉瘤形状如图 5-28 所示，炉身下部因加焦热洗，基本无黏结物。

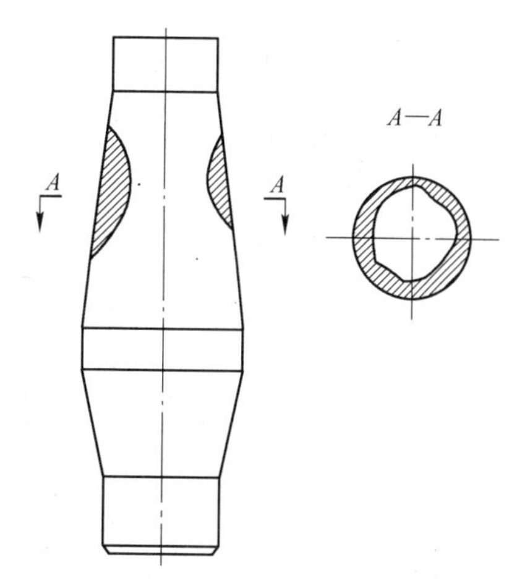

图 5-28　唐钢 $100m^3$ 高炉炉瘤形状

炉瘤结构为被一层渣铁包裹起来的散状炉料。沿高炉径向有明显层状，两层之间夹有薄渣皮，说明此瘤不是一次形成。两层之间绝大部分是烧结矿及散料与粉末组成。可见炉瘤是由细碎炉料、碎焦形成。由于炉顶设备故障，低料线严重，炉顶温度升高，崩、悬料增多，致使炉温剧烈波动，加剧了炉况恶化，休风后露出瘤根，共炸 9 炮将炉瘤彻底炸净。

为了提高鼓风动能，吹透中心，将风口由 100mm×4+105mm×2，调成 100mm×6，送风前补加净焦 5t，各种设备检查完好，23 日 23 时开始送风后炉况逐渐恢复正常。

【例 5-36】 某厂 1 号 $106m^3$ 高炉，使用 100%竖炉球团矿冶炼。1991 年前炉况顺行。进入 1992 年后炉况逐渐变差，崩、悬料时有发生，1 月份崩料 21 次，坐料 30 次，2 月份崩料 19 次，坐料 26 次。3 月份崩料 29 次，坐料 31 次，各项技术经济指标逐日下降，炉喉温度下降，曲线出现“倒钩”。呈现结厚或结瘤征兆，如图 5-29 所示。

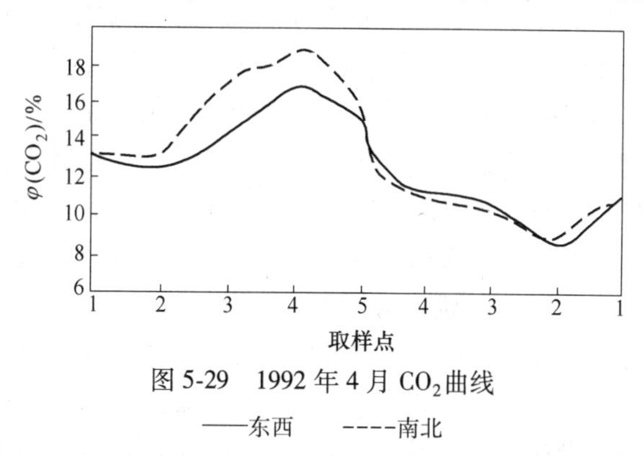

图 5-29　1992 年 4 月 CO_2 曲线

——东西　----南北

4 月 8 日休风打开入孔观察，6~8 风口上方已结厚 200~300mm，复风后加净焦 13.5t 进行热清洗，并发展边缘煤气流冲刷，但炉况仍未好转，5 月 2 日发生顽固悬料，拉排风坐料不下，两次喷吹铁口才坐下。5 月 3 日又加净焦 27t，仍未好转。5 月 5 日又休风打开入孔，原结厚已长到 700~800mm，并延伸到炉身下部，炉喉圆周其他部分已结厚 300~400mm，已成环形，如图 5-30 所示。但只用钢钎将钢砖部位的结厚捅掉，钢砖以下仍有

500~600mm 没处理掉，复风后炉况进一步恶化，崩、悬料不断发生、被迫采取降料线操作，但仍无效。7 月 5 日又休风打开入孔观察，炉瘤已沿炉喉圆周结厚 400~500mm，炉喉北侧部位延伸炉身下 2m 处才变薄。但只在北侧煤气取样孔下开孔放一炮爆炸。所以只把开孔部位北侧上方炉瘤炸掉，下方没炸掉呈一个平台状，如图 5-31 所示，其炉瘤断面尚可见石灰石，其他部位炉瘤仍存在。复风后炉况仍不好转，被迫又采取低料线操作，但也不见效。直到 1993 年 4 月 24 日才进行二次休风炸瘤，由于这次休风前加了足够量的净焦，并将料线空到瘤根以下，休风后在北侧和东南卷扬机侧煤气取样孔下方各开一个炸瘤孔，连续放两炮将炉瘤全部炸净，复风后炉况很快转入正常。从发现炉墙结厚和炉瘤形成到二次彻底炸掉恢复正常炉况，历时长达一年之久，因热洗炉和处理炉况累计加冶金焦 300t（不包括因炉凉的集中加焦），少产铁 0.8 万吨，经济损失十分严重。

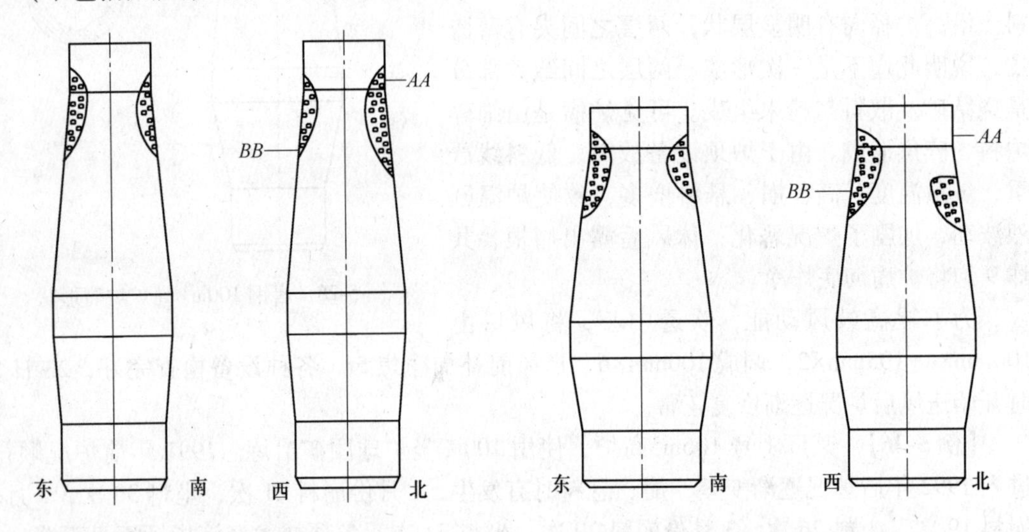

图 5-30 1 号炉 5 月 5 日发现结瘤剖面图　　图 5-31 7 月 5 日炸瘤后剖面图

这是一个对炉墙结厚和结瘤处理不当的典型事例，现分析如下：

（1）根本原因是燃料强度差：冬天粉末多，原燃料成分波动大，引起热制度和造渣制度剧烈波动造成的炉墙结厚与结瘤，本应在炉况严重不顺，崩、悬料频繁发生，炉喉温度下降，煤气 CO_2出现“倒钩”的结厚与结瘤征兆，并经开孔观察证实的情况下，若按“上炸下洗”处理原则进行爆炸处理，很快就可使其消除。然而却采取处理下部结瘤的办法（即加净焦和发展边缘煤气流冲刷的热洗）未能奏效，以及采取一些降低料线操作的不当做法，致使炉况进一步恶化，延误大好时机。

（2）在第一次决定炸瘤处理后，没有按正确操作方法（休风前加足够量净焦，料线空到瘤根部以下等）进行，却只开孔放一炮，在放炮处下部没有炸掉呈平台状存在以及其余圆周炉瘤，仍黏结的情况下，就复风生产，炉况仍然不顺。又采取了降低料线的不当操作，致使炉顶及炉身上部温度过高，在炉温波动时使炉瘤长大，炉况进一步恶化。这纯是因炸瘤操作程序失误造成的。没有遵循“炸瘤要务必干净，不要急于复风，养痈遗患”的原则。

（3）第二次炸瘤，由于炸瘤程序正确，操作方法得当，很快就将炉瘤处理掉，复风后炉况迅速转入正常。

（4）当发现结瘤征兆，并从各方面得到证实时，领导与操作者就要下定决心立即处理。该洗就洗，该炸就炸，才能尽快消除炉瘤，迅速恢复正常生产。要坚决去掉休风炸瘤会影响生产、放炮炸瘤影响不好的不妥的做法与想法，否则，耽误处理时机会造成更大的损失。

【例 5-37】 莱钢 1 号高炉（750m^3）于 1996 年年末到 1997 年 1~6 月，高炉频繁发生悬料、崩料，先后采取发展边缘煤气流，加净焦，加萤石等洗炉措施，但是由于时机把握不够准确，洗炉效果不理想。1997 年 5 月 2 日料线降至 12m 左右停风观察，高炉结瘤严重，炉瘤厚、高、大，在 9~11 层冷却壁处最厚，属环型瘤，有些部位包裹着大量焦炭、矿石、石灰石等炉料，炉瘤的位置、形状如图 5-32 所示。

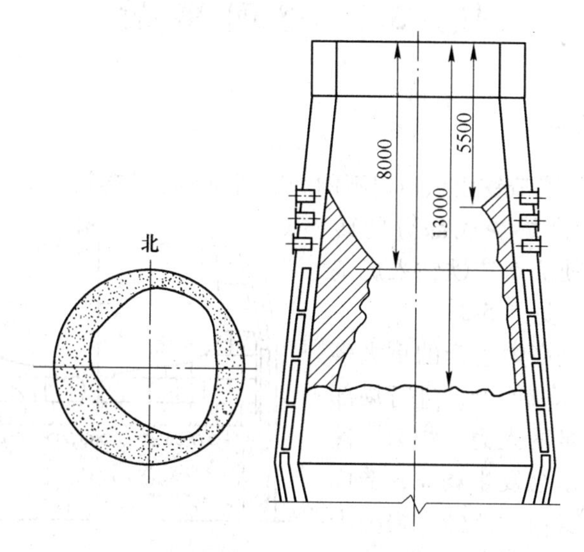

图 5-32　莱钢 1 号高炉炉瘤形状及位置示意图

（1）结瘤原因。经过对结瘤过程的分析，找出结瘤原因如下：

1）入炉烧结矿粉末多。

2）操作制度与原燃料条件不相适应。

在炉料中粉末增多，炉料透气性差的情况下，应适当控制冶炼强度，防止过吹。但实际操作中追求产量，强求吹风，忽视顺行，造成过吹悬料、崩料及管道行程，随之而来的便是送风制度的波动，并造成热制度的剧烈波动，成渣带上下波动，使炉墙黏结。

装料制度不尽合理，正常使用料线较深，布料角度不尽合理，使布料不均匀。

造渣制度不合理，炉渣碱度逐渐上升，渣中 MgO 含量降低（1997 年为 7.01%），Al_2O_3含量偏高（1997 年 1~6 月为 15.15%）使炉渣流动性较差。

3）冷却强度与冶炼强度不相适应，炉渣易在炉墙上黏结，最后导致结瘤。

4）高炉设备事故多，频繁休风，降低了洗炉效果，加速了炉瘤长大。

（2）炉瘤的处理。在炉瘤处理过程中，采取了两次大剂量洗炉和两次炸瘤。1997 年 3 月进行了第一次洗炉，1997 年 5 月又进行第二次洗炉，两次洗炉均采取降低料线、调整布料角度、加萤石等措施，但效果却不明显。被迫于 1997 年 5 月 27 日进行第一次炸瘤，先将料线降至 12.7m，休风观察到炉瘤高 4.5m，最宽处达 2m 左右。由于设备限制，只能在探瘤孔和炉身压力计安装孔开孔进行炉外炸瘤，共炸 9 次，放 28 炮，用炸药 46kg。因探瘤孔位置和孔径限制了放炮位置和装药量，再加上时间紧，炸瘤效果不理想。复风后又进行洗炉，除休风时加 80t 焦外，另加净焦 40t。热洗后炉况有所好转，风压较平衡，但风量仍上不去，一直保持在 $1500m^3/min$。被迫又于 1997 年 6 月 11 日借鉴首钢的炸瘤经验进行了第二次作瘤，将料线降到风口以下，休风后观察风口周围无焦炭，高炉中心有 1.5m 高的焦炭。卸下风口向外扒出焦炭 3t 后，进行压水渣，铺铁皮和石棉板工作，同时凉炉，在炉外钻炸瘤孔。6 月 13 日 15 时进行放炮，仅放两炮炉瘤就炸净。6 月 13 日 17 时开始向外清理炸下物，共清理出炸下物 415.8t。

任务 5.5　处 理 事 故

5.5.1　炉缸、炉底烧穿

炉缸烧穿，是指液态渣铁由风口以下的炉缸圆周某处的砖衬、立水箱烧出。

炉底烧穿，是指高炉炉底部分的砖衬，由于熔蚀破损，使液态渣铁钻入炉基或从炉基的某处烧出（见图 5-33）。

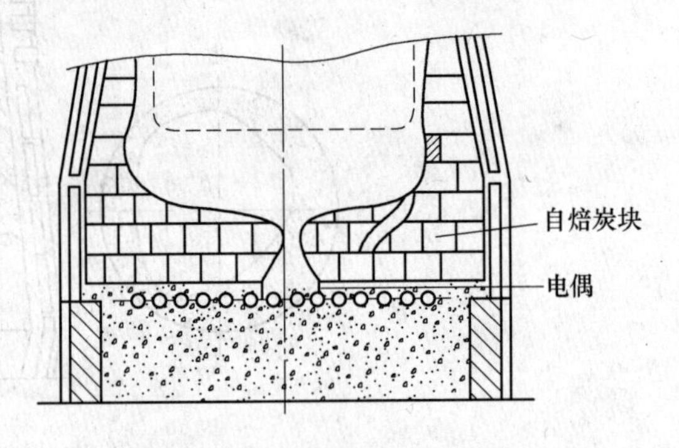

图 5-33　炉底烧穿示意图

炉缸和炉底烧穿是高炉生产的重大事故。它不仅迫使高炉休风停产，进行局部修理或大修，消耗大量的人力、物力，甚至烧出的赤热渣铁遇水会发生爆炸，造成其他设备的损坏和人身伤亡，经济损失十分严重。因此在高炉生产中要加强炉缸、炉底的维护工作，做好预防工作，防止此类事故的发生十分重要。

20 世纪 50 年代和 60 年代初我国高炉发生炉缸、炉底烧穿事故较多，在当时不仅影响高炉寿命，而且危及生产。60 年代后随着设计水平、冷却方式、耐火材料质量、砌筑质量等方面的提高和改善以及工厂技术操作和管理水平的提高，我国高炉发生炉缸、炉底烧穿事故已大量减少。但从生产实践上看，仍有发生，故应继续做好预防，防止炉缸、炉底烧穿事故的发生。

5.5.1.1　*炉缸、炉底烧穿原因*

（1）设计上不合理，如炉缸、炉底结构不合理，耐火材料质量差、冷却设备的冷却强度不够等，均不能满足冶炼需要。

（2）没按设计要求采用耐火材料。

（3）没按技术标准砌筑，筑炉质量差。

（4）冷却水质量差、数量不足、压力低、水管结垢等。

（5）长期冶炼不易生成石墨碳保护层的铁种或频繁交换铁种，使炉内不能形成稳定的石墨碳保护层。

（6）炉况不顺，频繁使用萤石等洗炉料洗炉。

（7）不按时放渣、出铁，随意改变铁口角度，铁口长期过浅，或出铁口维护不当。

（8）冷却设备大量漏水，严重损坏炉缸、炉底砌体。

（9）风冷炭砖炉底由于风冷钢管开裂造成炭砖气蚀。

（10）原料不好，经常使用含铅或碱金属高的原料冶炼。

5.5.1.2 炉缸、炉底烧穿的征兆

（1）冷却壁（用循环水，水压0.196~0.294MPa）水温超过规定值：黏土砖炉缸、炉底规定值为20℃；炭砖炉缸、炉底（包括综合炉底）规定值为3~41℃。

（2）炉底、炉基温度超过限值。关于炉底、炉基温度超过限值，几种资料介绍的不太一致，现介绍如下：

1）《高炉炼铁工艺及计算》一书的数值为：

强制风冷炉底限值为250℃；

自然通风炉底限值为400℃；

黏土砖无冷却炉底，炉基表面温度为700~800℃。

2）冶金工业部1984年1月颁布的《炼铁安全规程》（84）冶安字第001号中规定：强制通风冷却炉底温度不得高于250℃；水冷炉底时，炉基温度不得高于200℃。

3）《实用高炉炼铁技术》一书介绍：

在正常情况下，不通风冷却的炉底中心温度应低于700℃；通风冷却的应低于250℃（首钢为低于280℃）；自然通风炉底温度限值400℃，水冷炉底的温度应低于100℃。

从上述情况看出，所提出的炉缸、炉底温度的限值不尽一致，各单位应根据高炉设构、冷却水质量、耐火材料的性质等参考有关资料，制定出各自高炉炉缸、炉底温度的限值：

（3）冷却壁出水温度突然升高或出水量减少。

（4）炉壳发红或炉基裂缝处冒气。

（5）出铁时经常见下渣后铁量增多，甚至见下渣后才见铁，严重时实际出铁量较理论出铁量明显减少。

5.5.1.3 炉缸、炉底烧穿的预防

预防的主要措施如下：

（1）热电偶应对整个炉底进行自动、连续测温。其结果应正确显示于值班室内，操作人员要密切注意炉底温度的变化情况。

（2）炉缸、炉底结构设计要合理，要采用优质耐火材料，尤其是炭砖质量要特别重视。

（3）提高筑炉质量，加强耐火砖砌筑质量的检查，严格执行筑炉标准。

（4）尽量不使用含铅和碱金属超过规定的原料，特别是含铅高的原料应禁止使用。

（5）生产过程不宜轻易洗炉，尤其是水温差偏高的炉子应避免用萤石洗炉。

（6）加强水温差或热流强度的管理，超过正常限值要及早采取钒钛矿护炉措施，即在炉料中加入TiO_2（可用硅钛矿块或含钛渣直接入炉，也可用钒钛铁精矿加入烧结矿或球团矿中），1t生铁TiO_2用量为5~15kg，过多会引起渣、铁流动不好。TiO_2在炉内还原成TiN和TiC，熔点分别为2950℃和3140℃，在炉底和周围形成难熔保护层。

（7）加强对炉壳的检查，发现炉壳烧红立即在炉外向钢壳喷水冷却。

(8) 保持铁口通道位置准确，建立严格的管理制度，并定期进行检查。

(9) 维持正常的铁口深度，严防铁口连续过浅，按时出净渣铁。

(10) 保持足够的冷却强度，水量、水压和水质要达到规定标准，并定期清洗冷却设备。水温差增大时，增加清洗、提高水压、改用新水、减少串接直至采用单管直进直出，增设喷水冷却，以增加冷却强度。

清洗冷却器件的方法有：

1) 用0.686~0.981MPa的高压水冲洗。

2) 用0.981~1.177MPa的蒸汽冲洗（此法易烫伤人员）。

3) 用0.392MPa以上的压缩空气冲洗。

以上三法只能除去质地松软的水垢，对坚实的结垢效果不佳。

4) 用6%盐酸溶液（不加温）冲洗，去垢慢而侵蚀金属，已不用。

5) 用10%~15%盐酸溶液，加温至65~70℃，加入占总容积1%~1.2%的柴油废酸水作缓蚀剂，冲洗10~15min去垢厚度5~6mm，对金属无明显侵蚀。温度大于80℃时，盐酸溶液大量挥发，影响效果。此法初期效果较好，清洗过程中逐渐混入污水，效果减退，且耗酸量多，操作繁琐。

6) 砂洗法。采用粒度为3~4mm的河砂（无泥）。首先以0.392MPa压缩空气吹净待清洗冷却壁中的水，直至吹出“黄烟”，然后开启盛砂罐阀，待砂流正常再适当打开该阀，吹至喷出的河砂无“黄烟”即清洗完毕，再通水恢复冷却器工作。

冷却设备清洗周期，按不同水质条件根据经验确定。清洗后立即检查有无漏水之处。

(11) 温度或热流强度超标的部位，可以采取堵风口措施；必要时降低顶压和冶炼强度，甚至休风凉炉。

5.5.2 高炉上部炉衬脱落

在高炉生产较长时间后，会因炉衬侵蚀严重，冷却设备损坏等原因使炉身上部炉衬脱落，生产不能正常进行，须进行处理才能使高炉生产转入正常。

5.5.2.1 高炉上部炉衬脱落的原因

(1) 高炉处于炉役末期，炉衬侵蚀严重，冷却设备损坏；

(2) 经常低料线或低压操作，边缘气流过分发展；

(3) 经常崩料、悬料；

(4) 炉身砖衬及冷却结构不合理；

(5) 炸瘤操作不当，造成局部的衬砖松动或脱落。

5.5.2.2 上部砖衬脱落的征兆

(1) 砖衬大量脱落时，风压突然升高，风口前出现耐火砖，甚至风口被堵而吹不进风；

(2) 炉身温度升高，砖衬脱落处炉壳发红；

(3) 炉渣成分突变，碱度降低；

(4) 如维持原装料制度，煤气曲线边缘CO_2值明显改变，煤气利用变坏，顺行恶化；

(5) 料尺下降不均匀，砖衬脱落方位的料尺较深。

5.5.2.3 上部砖衬脱落的处理

在高炉生产过程发现上部砖衬脱落引起炉况不顺时，应采取如下措施进行处理：

（1）减风维持顺行，相应缩小风口面积；

（2）调整装料制度，防止边缘煤气流过分发展；

（3）调整焦炭负荷；大量炉衬脱落时，应及时补加净焦防止炉凉；

（4）在砖衬脱落处炉壳外喷水冷却，避免烧穿；

（5）降料线休风后观察，确定砖衬脱落的部位及脱落面积，复风后做好准备工作后，再将线降至脱落部位最下端以下后休风，对无砖部位进行砌砖修补。

5.5.2.4 实例

【例5-38】 武钢4号高炉（$2516m^3$）1977年10月中修后，炉身最上部设两层支梁式水箱，上下错开安装。其下为第7、8、9段冷却壁，再下为炉腹第6段厂形冷却壁。1979年11月在第7、8段冷却壁间探测，已基本无砖。1980年12月降料线观察，10~22号风口方向支梁式水箱之上已掉砖很多，17、18号风口方向最为严重，立即对无砖部位砌砖修补。1981年2月28日17时30分发现东南料面突然变深，两料尺下降很不均匀，经查支梁式水箱以上东南侧炉壳发红。其后明显偏料，东料尺比西料尺深1.5~2.0m。3月1日夜班1~8及17~24号风口均见掉砖，连续4h余。东铁口2时15分后各次出铁的［S］升高，渣黏稠。停炉后观察，炉身以上只剩炉壳及冷却设备。

【例5-39】 某厂$100m^3$高炉1977年5月大修后投产生产比较顺利，主要技术经济指标很快就进入国内同类型高炉的先进行列。但从1981年年初发现炉况逐渐变差，虽采取一些措施处理仍不见好转。经过对炉内仪表反映和炉壳温度变化的分析，可能发生了上部衬砖脱落。决定于3月降低料线休风观察，发现出铁口方位炉身衬砖已有大面积脱落，同时炉喉钢砖变形损坏也很严重，不宜继续使用。于4月下旬降料线休风，对衬砖脱落部位进行砌砖修理，同时更换全部炉喉钢砖。复风后炉况很快转入正常。

5.5.3 风口直吹管烧穿

风口直吹管烧穿属突发性事故，日常生产应做好预防，一旦发生操作者必须冷静对待。

5.5.3.1 风口直吹管烧穿的预防

风口直吹管烧穿的预防措施如下：

（1）岗位工人日常必须加强巡检，对风口跑风，直吹管发红应及时发现，超前采取措施处理。如紧固跑风处，尽量杜绝跑风；直吹管发红可适量加喷水冷却。若跑风或发红严重，要在出铁后休风处理或更换。

（2）若炉况不好，出现风口涌渣、灌渣时，则应对风口、直吹管加喷水并要求派专人看守。

（3）出现上述情况时，该风口停止喷煤。

（4）因风口损坏严重减水前，必须将该风口上下加好两根喷水管。减水后加强检查，防止发生断水烧穿。

（5）风口突然烧坏断水时，要立即在风口外面加喷水冷却，设专人看好；停止该风口喷煤；组织看水工给水并减小水量；炉内酌情改常压、停氧、放风，严防烧穿。出铁后组织更换。

5.5.3.2　处理方法

如果出现烧穿应采取以下措施：

(1) 向烧穿部位迅速打水。

(2) 停氧、停煤、改常压。若风口或直吹管前端烧穿，为防止烧坏大、中套，应迅速放风（尽力避免灌渣）。若直吹管后部烧穿，应立即放风至风口不灌渣的最低限度。

(3) 积极组织出铁、出渣，出铁后休风处理更换。

5.5.3.3　实例

【例 5-40】 1992 年首钢 3 号高炉风口直吹管烧穿事故。1992 年 11 月 8 日 22 时 40 分高炉出现了悬料坐料，23 时 5 分再次悬料坐料时 10 号直吹管进渣。11 月 9 日 0 点 27 分 10 号直吹管前端下面烧穿，致使风口中套烧坏，停风 155 分。7 时 32 分出铁中，撇渣器沙岗被冲塌，被迫堵铁口。7 时 43 分 13 号直吹管又发生烧穿，9 时 8 分~10 时 58 分休风处理。

【例 5-41】 本钢 5 号高炉 16 号风口烧穿事故。本钢 5 号高炉（$2000m^3$），1979 年 1 月 2 日 15 时 46 分 16 号风口发生烧穿事故，风口、小套、二套、风管被烧得只剩残片，红焦夹杂着渣铁喷出 30 余吨（其中渣铁 1~2t）。喷出的红焦将北放散阀及除尘器放散阀的操纵设备烧坏，将铺设在炉身一层平台的电缆线烧毁，造成断电。处理事故休风 7 小时 24 分，损失价值 15 万元，由于处理得当，抢救及时，没有发生其他事故。

5.5.4　紧急停水

因水泵故障、管道破裂、停电、供水系统操作失误、过滤器或管道堵塞等原因而使高炉供水系统水压降低或停水时，处理措施如下：

(1) 当低水压警报器报警，应做紧急停水的准备。

(2) 见到水压降低后，立即采取以下应急措施。

1) 减少炉身冷却用水，以保持风、渣口冷却系统用水；

2) 停氧、停煤、改常压、放风。放风到风口不灌渣的最低风压；

3) 积极组织出渣，出铁；

4) 停气；

5) 经过联系，水压短期不能恢复正常或已经断水，应立即休风。

(3) 热风炉全部停水，高炉立即休风，如个别热风炉停水，则热风炉换炉继续送风。

(4) 恢复正常水压后，按以下程序操作：

1) 把总来水阀门关小；

2) 如风口已干，则把风口水阀门关闭；

3) 风口要单独逐个缓慢送水，以防止风口蒸汽爆炸，渣口也按风口方法送水；

4) 冷却水箱（冷却池）要分区分段缓慢送水；

5) 检查全部出水正常后，逐步恢复正常水压；

6) 检查冷却设备有无烧损，重点为风、渣口；

7) 更换烧坏的风、渣口；

8) 处理烧坏的冷却壁。

（5）在确认断水因素消除，水压恢复正常后，组织复风生产。

（6）经验与体会：

1）高炉突然断水，不管在出渣铁之前或之后都应立即紧急休风，抢在高炉冷却水管出水量为零之前休风就能避免和减少风口、热风阀等冷却设备烧坏。

2）高炉断、送水的操作必须果断、谨慎，严格按照操作程序操作，保证人员、设备的安全。

3）高炉突然断水造成的非计划休风在4h以上，如有漏水现象可考虑按处理炉冷的原则进行。

5.5.5 紧急停电

由于雷雨季或电厂变电所超负荷，输电线路故障，用电系统自动控制失灵以及其他原因造成高炉停电时，应冷静分析停电的性质、范围，采取相应的措施，分别进行处理：

（1）装料系统停电，减风至允许低限值，并迅速查明原因。故障消除来电后首先上料，然后逐步恢复风量；若1h以上不能上料，立即出铁休风。

（2）热风炉停电可采用手动操作。

（3）泥炮停电。要查明原因，适当减少风量，如短时间处理不好，炉缸存铁太多，应积极组织出铁，出铁后休风，人工堵铁口。

（4）若因紧急停电引起鼓风机停风按鼓风机突然停风处理。

（5）若因紧急停电引起紧急停水按紧急停水处理。

（6）若同时引起风机停风和紧急停水，先按鼓风机突然停风处理，再进行紧急停水处理。

5.5.6 鼓风机突然停风

由于鼓风机停电，鼓风机保护装置失灵，热风炉换炉误操作使鼓风机跳闸（风压突升，鼓风机保护装置起作用），或锅炉故障蒸汽压下降等原因而致高炉停风时的危害及处理方法如下：

（1）鼓风机突然停风也是高炉常见的事故之一，其主要危险是：

1）煤气向送风系统倒流，造成送风系统管道甚至风机爆炸；

2）煤气管道产生负压，吸入空气而引起爆炸；

3）全部风口、直吹管甚至弯头严重灌渣。

（2）突然停风时，按以下顺序处理：

1）检查仪表、观察风口。当确认风口前无风时，全开放风阀，发出停风信号，通知热风炉停风，并打开1座热风炉的冷风阀、烟道阀，拉净送风管道内的煤气；

2）关混风调节阀、混风大闸，停煤，停氧；

3）停止加料，顶压自动调压阀停止自动调节；

4）炉顶、除尘器、煤气切断阀通蒸汽；

5）按改常压、停气手续开、关各有关阀门；

6）检查各风口，如有灌渣，则打开大盖排渣。排渣时要注意安全。

技能训练实际案例 1　某钢五高炉的一次恶性管道事故

某钢五高炉有效容积 2000m³。××××年底和××××年初发生三次恶性管道事故。本文对××××年的一次事故加以总结。

一、事故经过

五高炉换上 5500m³/min 轴流风机后，××××年冶炼进一步强化，综合冶炼强度达到 0.95，利用系数 1.8。但烧结矿供应不足，天天吃槽底，同时焦炭强度下降，引起高炉行程不稳，但为了追求产量，风量仍保持 4300m³/min。结果出铁末期发生恶性管道事故，当时的特征是：风压曲线出现大的上下尖峰，炉顶压力曲线出现尖峰，由 0.07MPa 至 0.14MPa；炉顶温度由 450℃猛升到 1100℃，上升管被烧红；料尺突然下陷，由 1.5m 降到 3.5m 以下，减风后，连装 10 批料赶上正常料线，风口前出现大量“生降”，温度不足，涌渣。

事故发生后立即采取常压减风操作，出铁时渣铁大凉，渣黑难流，铁中硅低硫高，接连出高硫号外铁 1000t，直到热炭下达炉温才回升。

高炉于 18 时开始悬料 4 个半小时，风量曾降到零，在此期间有六个风口灌渣，净焦下达后其他风口即逐渐开始明亮，第二天炉热后，休风更换了风管，高炉很快恢复正常，处理此次事故用了 24 小时，损失生铁 2000t，焦炭 400t。

二、事故原因

（1）原料质量变坏。烧结矿供应紧张，大量用槽底存矿，其含粉量成倍增加。同时由于焦煤紧张，配比减少，焦炭强度下降，因而高炉料柱透气性恶化。

（2）大风量，高压差操作。原料条件恶化后还追求质量，仍维持大风量生产，料柱透气性与鼓风量不相适应，致使煤气流失常，气流受阻，压头损失增大。这次管道发生前，风压一直很高，达到 0.25~0.26MPa，压差 0.18~0.19MPa，比炉况正常时高 0.2~0.3MPa。终于在某一疏松的局部吹穿，形成恶性管道。

三、事故处理

恶性管道发生后，顺行遭到严重破坏，往往连续崩料不止，大量生料落入高温区，使风口前温度下降，涌渣，从而引起炉凉。在这种情况下本本着消除管道和崩料，集中加焦以挽救炉缸，出好渣铁尽快恢复正常的原则，采取了如下措施：

（1）最大限度减少鼓风量，判明事故性质后立即转常压操作，将风量减到不致灌渣的程度。待顶压和顶温下降，管道消除后，缓慢恢复风量，控制压差低于正常值的 20%，维持正常下料。1.5 个小时后，恢复顶压为 0.06MPa 的高压操作。但由于炉缸温度不足两小时后又发生悬料。悬料期间风量一度为 0，6 个风口灌渣。

（2）最初根据风口温度严重不足的情况集中加入净焦 40 车，以后又陆续加 55 车（前后共加净焦 333t）。净焦下达后炉温回升，风口明亮，炉况也恢复正常。

（3）恶性管道后炉凉，放渣放铁十分困难，渣铁流很小，渣铁沟中结壳甚至凝死。所以铁口要开大，尽一切努力加强炉前工作维护渣口放渣。此次事故除第一次未放上渣外，以后均在极困难的条件下，按时排渣铁，为高炉恢复正常工作创造了条件。

（4）避免休风，这对防止炉况恶化和争取净焦及早下达是很关键的，为此要看好炉前风管和风口，确保风口不烧穿，避免休风。

炉况恢复中曾发生悬料，每第一次悬料时间较长，共坐料两次，以后下料正常。净焦下达后，便首先恢复风量，由于焦炭负荷减轻，加风较易。第二天休风处理灌渣风口以后，风量便很快地恢复到4000m^3/min并转入高压操作。其他工作也相继转入正常。

四、经验教训

此次管道发展快，由于判断准确，采取措施得当，处理是成功的。总结认为有如下方法可供参考：

（1）对恶性管道，大幅度减少风量是有效的措施。减风后煤气流可以稳定下来，同时冶炼进程减慢，有利于维护炉缸工作。

（2）集中加焦是处理恶性管道，防止冻结的根本措施，它起疏松料柱和迅速使炉缸转热的重要作用。

（3）在炉缸温度不足时，恢复中过多加风或过早高压是危险的，这次造成长时间悬料和风口灌渣，是一个教训。如若引起频繁崩料，后果可能更严重。

（4）过凉的渣铁能否排出是处理事故成败的关键，加强炉前工作可以争取主动，为尽快恢复正常生产争取时间。

五、预防措施

加强精料工作稳定原燃料质量是大型高炉强化冶炼的先决条件，也是防止恶性管道的根本措施。在高炉强化中，要搞好原料平衡工作，保证原料供应，严格控制质量。

每当原燃料质量变坏，高炉顺行受到威胁时，应根据炉况征兆，及时果断地采取措施，消除不顺。例如适当降低鼓风量，减少喷吹量和疏通边缘等。

在一定的条件，每座高炉都有一个正常压差相应的临界值，大于该值炉况往往失常。大风量、高压差操作，极易产生恶性管道。因此高炉操作中，必须控制压差在一个合适的范围内。

技能训练实际案例2　某钢两高炉××××年顽固悬料事故的分析

某钢某铁厂两高炉有效容积330m^3，12个风口，是常压、双钟、料罐式高炉。近年来高炉全部使用筛除10mm以下粉末的热烧结矿，采用大矿批，分装的装料制度，生产指标较好。××××年6月1日因操作失误造成顽固悬料事故。

一、事故发生的经过

5月31日高炉炉况顺行，炉温稳定。6月1日零时30分，因料罐在炉口坐偏，影响高炉停料17min，造成空尺。恢复上料4min后按正常料尺操作。在上炉赶料线的时候，风量自动增加，值班工长没有重视，也没有采取相应的调节措施。随着料线装满，风量相应减少，炉况稍见不稳。3时开始下料不均，出现小崩料。出铁时风量明显自动增加堵铁后发生崩料，稍减风。3时35分装料后料尺记录曲线横移，风量减少，风压升高，发生悬料，降风温，减风量无效。

堵铁口仅20分钟发现悬料，操作者当时认为有自行崩料的可能，没有坐料，但随着时间的推移，自动崩料无望。4时22分打开渣口，渣流较大，操作者唯恐坐料灌渣，想等出铁后再坐料。到5时10分发生严重崩料，值班工长只将鼓风机转数降低100转/分，但实际风量仍高于崩料前的水平。5 时 14 分打开铁口，风口有“生降”，此时压差节节升高，12 个风口逐渐堆焦。随着炉料的装入，风量急剧下降。此时值班工长决定把料装满后再坐料。在装料过程中发生三次崩料，风量越来越少，12 个风口全部堵死。虽然到 6 时 20 分排风坐料，料未下。9 时 17 分和 11 时 40 分连续两次倒流休风坐料仍然未下，此时炉况已严重失常，顽固悬料已成事实。

二、顽固悬料的处理经过

（1）连续倒流休风坐料不见效后，为了恢复炉况，将 2、4、8、10 号风口堵死，用其余 8 个风口送风。考虑高炉料柱过死，同时风量少、下部空间小，6 月 1 日 11 时喷吹铁口，直至 14 时 33 分至 16 时 33 分和 19 时 28 分至 21 时两次用 12 号风口空吹（即将 12 号风口风管、弯头卸下，热风支管用盲板焊死，用其余 11 个风口送风。在 12 号风口大套与下渣沟间搭制临时流槽，并在风口二套、大套下部表面及流槽内砌耐火砖，用耐火泥糊好，确保液态渣铁安全流入铁水罐），共吹出炉料约 15t 下部开始出现空间。

（2）在空吹期间北部风口（8、9、10、11）逐渐被熔渣自动凝死，南部风口工作尚可，说明北部炉缸堆积严重，温度较低，熔融的渣铁已不能下到炉缸，为了预防炉况由顽固悬料转化为炉缸堆积冻结，停止 12 号风口喷吹，采取疏通南部风口与铁口之间通道的方针，利用休风机会从 1、2、3、4、5 号风口向铁口烧开通路。并将风温由 670℃ 升高至 780℃。

6 月 20 日 13 时 29 分休风堵铁口，同时处理 12 号风口，15 时 27 分复风后，仍采用高压送风，此后风量逐渐自动增加，风压自动下降，炉顶压力也渐渐上升。这表明料柱透气性改善，又适时降低风压，适当控制风量。15 时 37 分崩料，此后逐渐好转，顽固悬料解除。

（3）在炉况恢复过程中先集中加净焦 3 批共 8. 7t，以后每隔 1 小时加净焦一批，同时减轻焦炭负荷，恢复原则是先恢复风量，捅风口。然后再恢复焦炭负荷及喷吹物。在恢复过程中，装料制度一直维持分装，只是焦批由原来 2. 9t 缩为 2. 5t，以后随风量增加逐步恢复正常焦批。

（4）在处理悬料事故休风期间及时关小炉体各部冷却水，使事故不再扩大，在送风期间也要适当控制冷却水压低于正常水平。

三、顽固悬料发生的原因

悬料发生的直接原因是在大矿批，分装的装料制度下，赶料线时没有采取必要的措施，炉料透气性恶化。

低料线常常会造成炉凉和不顺，一般情况下由于冶炼原因（崩悬料）造成低料线时，应酌情减风。如低料线时间较长要酌情减轻焦炭负荷，并采取疏松边缘的装料制度以防不顺。冶炼强度越高，煤气利用越好，焦比越低。处理低料线时越应慎重。

但是，本次悬料前，6 月 1 日夜班发生低料线后，上部装料制度仍然维持原来的装料制度（分装），焦炭负荷基本没变；只在 5 点 25 分以后每批料减少矿石 200kg；风量不但没有降低，反而高于悬料前的水平。这样在赶上料线后，料柱透气性严重恶化，造成悬料。

此高炉的生产条件较好，高炉生产所用冶金焦为该厂焦炉所产 25mm 以上的块焦，烧结矿为筛除 10mm 以下粉末的自熔性热烧结矿。但高炉悬料还是比较多，主要原因是在维持高强度冶炼的同时，对顺行重视不够，认为高冶炼强度难免悬料，操作中没有防微杜渐。五月上、中旬冶炼铸造铁，综合冶炼强度平均为1.25。5月26日以后，改炼炼钢铁，综合冶炼强度提高到1.37。强度提高后炉况不太稳定，曾于5月30日夜班出现一次风量到零的悬料，拉风坐料不下，经休风坐料后才勉强恢复上去。但由于强度高当天的利用系数仍达到2.32。这就掩盖了炉况恶化的矛盾，没有给予足够重视，而导致了6月1日的顽固悬料。

这次悬料开始于3时35分，当时堵铁口仅20min，没有及时坐料，5时30分堵铁口后也没有坐料，直至7时20分才坐料，长时间的低料线加剧了炉况恶化的过程。

四、事故教训

这次顽固悬料处理历时33小时38分，减产1500t，损失8万元，其主要教训是：

（1）高强度，大喷吹量的高炉更应十分注意顺行，正确运用上下部调剂，维持送风制度和炉缸热制度的稳定性。

（2）发生空料线应根据情况适当控制风量，必须适当发展边缘，减轻焦炭负荷。

（3）处理顽固悬料时，应密切注意冷却设备是否漏水，尽量保持风口与铁口之间的通道。

（4）高炉悬料时要及时坐料，如距堵铁口时间较长，应打开渣口，坐料时要有专人监视风口，防止风口灌渣烧穿。

技能训练实际案例3 济钢、太钢高炉烧穿事故分析

（1）济钢1号高炉（255m^3），1958年12月24日投产。炉前操作水平不高，铁口维护差，加上泥炮故障没有及时采取措施排除，铁口情况明显变坏，1960年12月14日9时55分，发生铁口下部烧穿事故，被迫无计划休风34时41分进行处理，损失生铁产量400多吨。

烧穿前半个月，铁口合格率仅82%，铁口状况波动大，12月11日铁口深度全部合格，12日铁口变坏，13日起因泥炮故障多次人工堵铁口，铁口工作状况明显恶化。14日夜班出第一次铁，因打不进泥连续堵口三次才勉强封住，尚未撤炮铁口又自开，泥炮烧坏被迫休风再次人工堵口。7时25分复风，9时55分在出铁口下500mm处铁口框及炉皮烧穿，大量渣铁流到炉台下发生爆炸。7时57分紧急休风进行处理，焊接烧断水管，焊补了炉缸外壳及铁口框，对侵蚀部位用炭素来捣料找平并进行砌砖，约400mm厚。

（2）太钢3号高炉（1053m^3）1960年1月29日建成投产。炉缸直径7.3m，炉底厚5.18m，炉腹以下砌镶砖冷却壁，砖衬全为高铝砖。1963年12月12日5时40分炉缸北侧第二、三层冷却壁之间发生烧穿事故，被迫停炉大修。

1963年3月5日因炉身上部砖衬损坏停炉中修。同年4月13日开炉冶炼炼钢铁。曾发现位于铁口区第三层的一块冷却壁水温差由2℃升到6℃，改为单独进水，冶炼铸造铁后，温度下降到3℃以下。1963年11月初改炼炼钢铁，该冷却壁水温差又上升到4℃以上随即下降。9日后第三层4、5、8号冷却壁水温差再度升高，11日5时30分8号冷却壁水温差高达16.5℃，当即改为单独通水，水温差下降至4.5℃，当日22时该处冷却壁水温差再度上升，12月2日升至14.5℃，5时30分发现该处炉壳发红冒蒸汽。当即休风，

在休风过程中 5 时 40 分，炉缸烧穿，并发生剧烈爆炸。幸好当时正处于出铁末期，炉缸存铁已大部分出净，未造成严重后果。爆炸停止后检查发现熔铁与熔渣系从此渣口以下 2m 的第三层冷却壁（两块）与第二层 9 号（两块）冷却壁交界处烧出，穿孔高 430mm，宽 610mm，呈不规则椭圆形，烧坏三块冷却壁。爆炸过程中 ϕ30mm 总出水管炸坏跑水，东过滤器震塌，附近的建筑物被震裂或震碎。共跑出渣铁约 150～200t，其中铁水 120～130t。因损坏严重被迫停炉大修。

经分析事故原因为：

（1）炉缸冷却壁水温差数次升高，均依靠切开双联改单独进水，而未采取其他措施；

（2）在炉缸采用镶砖冷却壁，冷却强度不够，铁水极易把冷却壁筋烧坏而穿出。

（3）碱金属损坏炉缸。昆钢 4 号高炉（255m^3）于 1974 年 4 月投产。1979 年 10 月 25 日起，炉缸部位炉壳多次胀裂，于 1980 年 6 月 25 日发生炉缸烧穿事故，被迫停炉。停炉后残砖取样分析，发现钾已侵入耐热混凝土基础 17～20mm，各层炉底砖膨胀隆起成馒头状，中心比边缘高出 340mm，炉底残砖呈黑褐色。钾含量高的残砖线膨胀率大，中心部位钾含量最高、膨胀率也最大，一层中心部耐火砖由 345mm 膨胀至 473mm，线膨胀率 37.1%，体积膨胀率 61.68%，钾富集区域内残砖线膨胀率普遍大于 20%。炉缸炉底转折处的周长比原来增加，线膨胀率 6.4%。

事故原因是昆钢原料碱金属含量高，K_2O、Na_2O 负荷高达 13～15kg/t。应吸取的教训是：碱金属含量超标的原料不能使用。操作上应定期进行排碱，在保证炉温的基础上，适当降低炉渣碱度和生铁含硅量。

（4）铅损坏炉基。涟钢 300m^3高炉使用南方含铅矿冶炼，曾先后发生两次炉基风冷管烧穿事故，第一次是 1989 年 7 月 4 号高炉炉基风冷管烧穿，流铁 40t。第二次 1997 年 3 月 1 号高炉在排铅过程中，从炉底排铅孔烧穿，流出渣铁 30 余吨。

处理方法是：在烧穿过程中迅速打开铁口，并组织休风，尽量从铁口出净渣铁，待铁口断流后，将炉基周围残渣喷水冷却，并将冷风管内残渣铁清理干净后用高温黏结剂与耐火泥搅拌成干泥状，填入风冷管内部并捣固，外部焊封钢板，重新安装热电偶，炉基圆周全部喷水冷却，经过 15 小时 30 分处理后复风生产。4 号高炉复风后炉基温度高达 1020℃，处于非常危险状态。采取如下措施：减少风量，冶炼强度降低至 0.5～0.7 $t/(m^3 \cdot d)$；烧结配入大剂量（8%～10%）钒钛矿粉（含 TiO_2 10%～12%），要求［Si］≥ 0.8%，［Ti］=0.15%～0.30%。经过两个月时间炉基温度逐渐下降至 850℃，炉况逐渐稳定。此后，适当降低钒钛矿配比，风量达到正常风量的 80%～90%。两个半月后炉基温度降至 750℃以下，高炉全风操作。一年后炉基温度稳定在 500℃左右。

1997 年 3 月，1 号高炉排铅孔烧穿，处理方法与 4 号高炉相似，处理时间仅用 5h，复风后用含 TiO_2 35%的钒钛球团矿，按 1%配入炉料内，两个月后炉基温度下降至 500℃左右。

应当指出的是较小的高炉炉基风冷管烧穿采用涟钢处理方法有一定效果，但大中型高炉因风压高、风量大不宜采用，应停炉大修。

（5）炉底烧穿。唐钢一炼铁厂 3 号高炉有效容积为 123m^3。自 1989 年 6 月 9 日中修后投产到 1993 年 8 月 11 日炉底烧穿历时四年零两个月余。

1993 年 8 月 11 日 8 点 25 分出完铁（铁量 29t），10min 后，当值班工长观察风口时发现炉台下冒黄烟，确认炉底烧穿，随即进行了紧急休风操作。结果发现已有20余吨渣铁从8、9、10号炉底风冷管的两端（风冷管共16根）流出。

炉底烧穿时，炉底温度为550℃，亦未见异常。

拆炉过程中发现炉底烧穿处基本处于高炉中心，渣铁水是通过一个竖直的孔洞漏出的，在风冷管水平面上孔洞断面约为560mm×440mm的椭圆形，而向上在第二层炭砖处孔洞断面最小，为130mm×80mm。炉底侵蚀的锅底深度已达第三块炭砖的1/2处。

炉底烧穿时，炉内渣铁是由第8、9、10根风冷管中涌出的，此3根风冷管除第8根南端剩有1m左右到头外，其余全部被烧掉。

从第一层炭砖中心形成的560mm×440mm空洞看是风冷管中心有裂缝，鼓风冷却时，空气串入使炭砖氧化所致。由于炭砖质量较差，致使在该炉底使用了四年多的时间就已将炉底侵蚀的“锅底”达到第三层炭砖的1/2处。这样，在高炉中心部位由于上、下侵蚀的结果使得此处形成了最薄弱的部位，造成在炉底温度只有550℃，就在瞬间将此薄弱部位压溃，造成了炉底烧穿事故。

事故发生后，经研究决定将高炉砌体除炉身部分外，拆除重砌，并将炉底由强迫风冷改为自然风冷。炉底厚度仍为四层（每层345mm）自焙炭砖和一层立砌的砖。休风时间25天，造成直接、间接经济损失近百万元。

（6）马钢高炉炉缸烧穿处理及维护。马钢第一炼铁总厂4号高炉（300m^3）于2000年8月大修开炉。由于采用了液压双钟炉顶，设计顶压60kPa，（炉顶设备的改造使得热风压力、炉顶压力分别由大修前的120kPa、25kPa提高到大修后的150 kPa、50 kPa）；炉身采用乌克兰冷却模块，代替了炉身2层冷却壁及3层支梁水箱；及风机为1050m^3/min的汽动风机等措施。

投产以后，高炉迅速达产，长期保持着稳定顺行状态，高炉利用系数由大修前的2.23t/(m^3·d)提高到大修后3.3t/(m^3·d)。

随着高炉冶炼强度的提高，高炉冷却系统仍采用过去的非净化工业用水开路循环冷却，且冷却水压偏低，炉腹和炉腰冷却壁损坏严重，到2003年11月，炉腹共损坏冷却壁30块，占53.5%，炉腰共损坏冷却壁19块，占67.8%，更为严重的是，随着进口矿使用比例的增加，自产含钛矿比例的降低，[Ti]由0.25%下降到0.15%，炉缸的侵蚀愈加严重，2003年11月5日，炉缸二层24号和25号冷却壁处突然烧穿，数十吨铁水及几十吨炉料从烧穿处涌出，高炉被迫停炉处理。

停炉后11月6日，现场调查确认炉缸烧穿位置在炉缸二层24号和25号冷却壁之间，炉缸烧穿后因爆炸形成的孔洞宽750mm、高550mm左右，孔洞下沿距铁口中心线约500mm；此外，炉缸一层8-3和9-1冷却壁进出水管被流出的渣铁烧坏灌死。11月9日，现场清理后将炉缸二层24号和25号冷却壁取下，发现除冷却壁内侧大面积砖衬脱落外，与其相邻两块冷却壁内部同样存在砖衬脱落现象，从砖衬断面观察，尚存砖衬也仅有100mm厚。因砖衬破损严重，已无法从炉外修补造衬，在此情况下，决定4号高炉停炉处理。

扒炉过程中从炉内观察；圆周方向沿铁口上方炉缸整体状况尚好，铁口四周区域侵蚀严重，呈“象脚状”。在侵蚀严重的“象脚状”环带残存砖衬厚度只有300mm左右，烧穿部位侵蚀最为严重，残存的砖衬厚度仅100mm左右，纵向侵蚀最深处（炉缸锅底部）

已达到1200~1400mm。

根据炉缸烧穿情况及公司铁水紧张的局面，为尽快恢复生产，确定以下恢复方案：

1）更换烧坏的两块炉缸冷却壁。

2）更换炉腹2带冷却壁。

3）炉腰采用挂管。

4）在砌筑上，沿炉缸圆周方向扒出宽1500mm的边缘环带，并找到可以砌筑的平面。根据工期要求，为防止炉底砖发生大面积破坏，扒炉过程中未采取爆破，由于炉底砖侵蚀严重，死铁层太厚，这就造成死铁层无法扒完，实际炉底砖扒至炉底上面等4层砖（炉底共7层砖），沿炉缸圆周方向扒出950mm宽的环带，底层砌砖2×345mm + 230mm，然后是345mm + 230mm×2，铁口以上砌砖345mm + 230mm。新砌炉缸砖与死铁层之间的间隙（30~70mm）用捣打料填充。由于无法实现预定的砌筑方案，依然保留了炉底中心范围的侵蚀状态，与新建高炉相比，死铁层高度由新建高炉的450mm增加到1490mm，炉底厚度由2300mm减薄为1270mm，实际上是炉底薄了。

处理后于2003年11月29日点火后开炉，开炉后高炉快速达产，技术经济指标恢复到停炉前水平（2002年1~11月为3t/(m^3·d)，2003年12月为3.159t/(m^3·d)，2004年1~12月为3.192t/(m^3·d)）。

投产后又根据存在问题，采取了选择合理炉料结构及合适的［Si］［S］，对炉缸水温差监控，铁口两侧冷却壁强制冷却并停止放渣，炉缸一层冷却壁改单加强冷却，定期酸洗炉缸冷却壁，加强铁口维护等一系列维护措施，保证了安全生产，至今维持了较高的生产水平。因此表明马钢4号高炉炉缸烧穿后修复方案是可行的，维护措施是有效的。

技能训练实际案例4 炼铁高炉炉内爆破除瘤的实践

某钢铁集团公司炼铁厂2号高炉，在生产过程中产生炉瘤，且有厚度逐渐增厚、范围进一步扩大之势，造成高炉有效容积减少、炉况恶化，制约了高炉的生产能力，影响其正常生产。经研究，拟采用在不停炉的情况下，高炉短暂休风，用爆破方法炸除炉内瘤体。

一、工程概况

2号高炉容积为300m^3，高度为27.4m，内径4.1~6.1m，有贯通炉内的探孔分布在炉壳周围，探孔直径为150mm，炉壁厚度为0.4~0.6m，内壁为耐火砖衬砌，在冷却壁段，炉壁内有循环冷却水管通过，其冷却壁是铸造件。初步观测，结瘤位置在炉腰的15.52~19.50m平台之间，炉瘤厚度为0.6~1.0m，在炉壁上呈半环形状分布，高度约为3~4m，重量达8~10t。炉瘤是由焦炭、矿石和金属物构成的一种凝聚体，在高温下黏着力比较大，一般依靠坐料除瘤的方法很难达到目的。

二、难点分析

工地现场情况比较复杂，各种构筑物、建筑物非常拥挤，5座高炉呈一字形排列，还有新建的最先进的2200m^3高炉和烧结厂在旁边，炉前计算机控制室、高炉摄像设备、热电偶、仪表、空调休息室都在附近，风、水、电、汽等动力介质管道和线路密如蛛网。特别是高炉休风时间短暂，炉内温度高达800~1000℃并且很难降温，给爆破炸瘤和爆破安全带来了很大的困难。另一方面，在爆破作业过程中，不允许对炉壁的耐火砖衬砌有任何损坏，否则，今后在生产过程中会造成炉子外壳被烧红等后果；同时，对冷却壁的铸造件保护要求也很严格，不能有任何微小裂纹，否则，也会造成浸漏而影响高炉正常生产。因此，只能采取特别谨慎的爆破方法进行操作，确保药包在高温下安全起爆，做到万无一失，是此次爆破炸瘤的最大难点。

三、施工方案

在高炉休风以后。首先将炉内料面下降到15.52m平台高度以下，打开高炉该平台的探孔和顶部人孔，充分降温并确认炉瘤情况。对炉腰以上的瘤体，根据炉瘤形状、厚度和位置，在炉壳上割两个孔。在钻孔时，因温度高钻头会发红，要坚持边排粉边降温，以利于顺利钻凿炮孔。对冷却壁段，由于是铸造件，不能采用钻孔爆破的办法，而是采用了钢丝绳缆索溜放炸药包的方法进行炸瘤。

四、装药结构和起爆方法

（1）对炮孔的爆破：先用高压水反复冲洗炮孔，以利排粉、降温，并用红外线测温仪测量孔内温度。用新鲜竹子，把内孔掏空，根据炉瘤情况，分别装入散装的炸药，并按体积公式计算单孔装药量。

$$Q=q\cdot a\cdot b\cdot h$$

其中，体积 $V=a\cdot b\cdot h$，m^3；单位体积炸药消耗量 $q=0.2\sim0.25kg/m^3$。

计算得出每孔装药量，同时，必须要保证药包全部安放在炉瘤内，炸药内放置工业导爆索，药包在外面加工好以后，用耐火泥等防火材料包好，然后用火雷管和导火索连接导爆索，待孔内温度下降，迅速装入药包然后起爆。

（2）对冷却壁段的炉瘤爆破：先将直径为6.5mm的钢丝绳一端固定在有炉瘤的探孔部位，另一端从炉内牵引至高炉顶部的人孔外面，形成一条钢丝绳缆索。再加工一段长度为300mm的25号角钢，在角钢的两端钻孔，用绳卡将角钢的一端串在钢丝绳上面，将加工好的并进行了防火耐温处理的炸药包吊在角钢的另一端，然后在高炉人孔外面点燃炸药包的导火索，将炸药包溜放到炉瘤位置爆炸，达到炸除炉瘤的目的。

五、安全注意事项

（1）炉瘤爆破在生产现场进行的像外科手术式的爆破，工地上的设备设施都不能有任何损坏，必须严格控制单响药量，按地震波安全规定标准，计算出质点最大振动速度小于3.5cm/s，达到了安全要求。

（2）在高温状态下爆破，起爆药包必须采取特别的隔热防火措施，炮孔温度用红外线测温仪测量，从装药到起爆的时间不要超过半小时。

（3）为保证不损坏炉壁内衬，药包离耐火砖衬砌的距离要超过一定距离，并要用耐火泥封堵炮口。

（4）用钢丝绳缆索溜放炸药包时，钢丝绳要拉紧，导火索长度视溜放距离而确定，避免早爆和迟爆。

（5）对爆破点附近的精密仪表和设备要采取必要的防护措施。

六、结语

本次爆破采取了炮孔爆破和溜放炸药包爆破两种办法，爆破后，炉瘤绝大部分被炸掉，且炉壁内衬未受到损坏，高炉于当天下午准时送风，恢复生产。实践证明，在采取了可靠的安全措施后，利用爆破方法炸除工业窑炉内的结瘤是一种高效可行的办法。

技能训练实际案例5 邢钢炼铁厂高炉崩料原因分析及预防措施

目前邢钢炼铁厂有5座高炉，高炉容积为350~420m^3，高炉的崩料偏多一直是困扰当前生产的问题，崩料除了直接对高炉产量和质量指标的影响外，还直接影响高炉的消耗指标。本文针对造成邢钢高炉崩料偏多的原因进行分析，找出可以解决或者缓解的方法。

一、2006年高炉崩料情况

2006年邢钢高炉崩料直接的表现是高炉的料线突然降低，炉内料柱高度突然缩短。高炉产生崩料首先在料柱中要存在产生的崩料空间，当这部分空间的范围变宽，高炉料柱的重量不能被不连续的料柱承接，此空间以上的炉料就会突然下滑，这样就产生了崩料现象。炉料顺利下降的条件如下：

$$W_{料} > P_{料摩} + P_{墙摩} + \Delta P \tag{5-1}$$

式中 $W_{料}$——炉料本身的重量；

$P_{料摩}$——炉料与炉料之间的摩擦力；

$P_{墙摩}$——炉料与炉墙之间的摩擦力；

ΔP——煤气对炉料的支撑作用。

二、邢钢高炉崩料的分类及产生原因

(1) 崩料的分类。邢钢的崩料情况按照崩料的位置和对炉况顺行不同分为上部崩料和下部崩料。上部崩料发生的频次较多，崩料以后炉内的透气性指数先是突然升高，然后再降低，炉顶温度方面，崩料以后顶温升高，但是升高的幅度不是很大，从高炉风口观察没有明显的变化。上部崩料在发生以后适当控制风量同时延长料批间隔时间疏导煤气流分布，特别是边缘煤气流的分布比较奏效。下部崩料发生以后高炉的透气性直线降低，个别时候会直接发展成悬料有时还会出现顽固悬料，风口有明显的变化，风口会出现突然的停滞现象。下部崩料发生时，高炉的炉顶温度升高很快，有时能在几十秒之内达到700℃以上。下部崩料发生以后需要大幅减风甚至停煤操作才能缓解憋风现象，消除影响需要很长时间。

(2) 上部崩料的原因：

1) 煤气分布不合理。边缘煤气在炉内形成一层气膜将炉料与炉墙适当隔开，对炉料的下降起到润滑的作用。如果边缘气流不发展，在式（5-1）中 $P_{墙摩}$ 会变大，导致炉料下降的阻力变大，这样就会在局部产生炉料下降速度与实际下料速度不符的情况，给崩料创造条件。这种崩料在日常生产中发生地十分频繁，在高炉连续崩料发生或在高炉短期休风以后炉况恢复期间表现地更加明显。

2) 炉身上部至炉喉钢砖处形状不合理。随着高炉炉役的延长，高炉的炉型逐渐从设计炉型向操作炉型过渡。高炉内形的侵蚀程度受到操作和高炉耐材结构的影响，在侵蚀深度方面存在差异。在炉身上部与炉喉钢砖接触的位置形成深度不同的错台，由于耐材结构的不同甚至会在炉身中部、上部交界处形成错台。由于这种错台的存在，边缘煤气流沿着炉墙向上运动时会随着炉墙的变形改变运动路径，在改变路径的位置煤气的阻力变大，容易形成边缘泛料的现象。同时，炉型不规则，炉料在下降过程中，横截面积在错台位置突然增大，下料速度突然增大，也促使崩料的发生。这种情况在5座高炉中都有表现，其中1号高炉、3号高炉表现地比较突出。开炉时间短的高炉崩料少也很好地印证了这种机理。

3）炉料的粒度差异较大。原料条件变化，粒度不均匀，大粒度物料与小粒度物料所占比例都较大时，小粒度物料填充大粒度物料的孔隙，料层的透气性变差，同时物料之间的相互摩擦力也会增加。这种情况在目前的生产中主要表现在焦炭方面，目前焦炭的粒度分布跨度较大，焦炭粒度组成中小于40mm的占40%左右。

4）高炉压差控制不合理。每座高炉都有合理的压差范围，这与送风制度、装料制度有直接的关系。压差在炉料的下降方面就是副作用力，所以压差需要控制在合理的范围。4号高炉的压差控制比较严格，这与其炉型不理想，炉墙摩擦阻力大有直接的关系，较小的压差弥补了部分炉墙的影响。

（3）下部崩料的原因：

1）送风制度不合理。送风制度不合理或突然发生变化下部送风制度不合理，边缘气流过分发展或者严重不足，高炉高温区的渣皮不能稳定地存在。形成循环的生长、剥落，容易造成高炉下部崩料。同时由于高炉圆周方向上侵蚀程度的不同，高炉使用相同的风口布局不能形成均匀的边缘气流，也会造成下部崩料现象的发生。使用富氧量偏大可能诱发渣皮脱落。高富氧会造成高炉下部区域燃料燃烧速度加快，这部分区域的煤气量增加、热量增加，这样会造成高炉下部炉墙渣皮的不稳定。邢钢2号高炉在大修投产以后存在冷却强度大、不均匀的问题，崩料往往是下部崩料，崩料以后高炉很难恢复，通过对高炉冷却系统的密切测量，判断出主要是因为高温区渣皮大范围脱落造成的崩料。

2）炉身至炉腹部位局部结厚比较严重。高炉高温区冷却强度的控制对形成稳定的渣皮有至关重要的作用。冷却强度小则高炉内型侵蚀程度会加快，不易形成渣皮。如果冷却强度过大，形成渣皮过厚，边缘阻力增加，渣皮也不会稳定地存在。邢钢在以往的操作中，对新开炉的高炉冷却强度不做要求，新高炉时常出现这方面原因造成的崩料。

3）煤粉燃烧效果差。燃烧效果差，软熔带焦窗的透气性受到影响，未燃煤粉大量存在，未燃煤粉影响焦炭层的透气性。炉缸煤气量增大，透气性恶化，炉料下降的动力不足。

4）热制度、造渣制度的波动。热制度波动，往往炉温下滑的过程中形成崩料。这主要是因高炉炉温变化的同时料速、煤气流的分布也会随着变化，软熔带的形状和位置会发生相应的变化。造渣制度变化特别是炉渣碱度升高时，软熔带的透气性会变差，增大煤气阻力。

三、控制及预防措施

经过2006年下半年的努力，邢钢克服困难，在原燃料条件不变的情况下有效地减少了崩料次数，并总结了以下的控制经验。

（1）探索合理的煤气分布，保证边缘适当的煤气分布，减少炉墙摩擦阻力。

（2）改善新建高炉炉身耐材结构或者冷却结构。炉身上部使用优质耐材，如使用高铝砖或者浸磷酸黏土砖，延长炉身上部耐材的寿命。使用全覆盖冷却设备的炉身冷却结构，降低炉身上部耐材的温度，提高其强度。

（3）改善原燃料条件，对原燃料做整粒工作，从工艺上减少原燃料粒度差异。不断优化炉料结构，减少炉料低温还原粉化程度。控制入炉含粉小于1%，小块焦炭（<25mm）

以焦丁形式与矿石混装入炉。

(4) 控制合理的压差范围，每座高炉都设定极限压差，生产中接近极限压差要进行控制。

(5) 优化风口布局，减少喷煤在各个风口之间的差异，追求均匀稳定的初始煤气分布。根据炉内煤气流的分布情况和高炉水温差的情况调整风口。合理地使用富氧量，据目前邢钢总的富氧水平，富氧率不宜超过 3.0%。

(6) 控制稳定的均匀的高温区水温差。水温差的控制与初始气流的分布是互动的关系，在规定的温差范围内尽量追求，圆周方向上冷却强度要尽量一致。

(7) 强化标准化操作意识，提高操作人员的执行力，减少炉温和碱度的波动。

(8) 高炉冷却水水温差及时监测，每班至少检查一次，若超过控制范围及时采取措施。

四、结语

邢钢炼铁厂针对高炉崩料的原因，通过采取有效措施，使高炉崩料次数减少了一半，为高炉提高产量、炉况稳定顺行打下了良好基础。1990 年 3 月 12 日 7 时 56 分，甘肃省酒泉市钢铁公司炼铁厂一号高炉发生特大爆炸事故，造成高炉主体严重破坏，死亡 19 人，伤 10 人，直接经济损失 489.2 万元，间接经济损失 1631.49 万元。

(1) 事故经过。1990 年 3 月 12 日上午 7 时 56 分，甘肃省酒泉市酒泉钢铁公司炼铁厂一号高炉在生产过程中发生爆炸。随着一声闷响，高炉托盘以上炉皮（标高 15~29m）被崩裂，大面积炉皮趋于展开，部分炉皮、高炉冷却设备及炉内炉料被抛向不同方向，炉身支柱被推倒，炉顶设备连同上升管、下降管及上料斜桥等瞬间全部倾倒、塌落。出铁场屋面被塌落物压毁两跨。炉内喷出的红焦四散飞落，将卷扬机室内的液压站、主卷扬机、PC-584 控制机等设备全部烧毁，上料皮带系统也受到严重损坏。由于红焦和热浪的灼烫、倒塌物的打击及煤气中毒，造成 19 名工人死亡，10 人受伤。经核定，事故造成直接经济损失 489.2 万元，间接经济损失 1631.49 万元。事故发生后，酒钢公司立即组织现场抢救，并采取果断措施，迅速切断了一号高炉与整个生产系统的煤气、电力等动力管线，有效地控制和防止了事故的扩大和蔓延。

(2) 事故发生原因。这是一起由于高炉内部爆炸、炉皮脆性断裂、推倒炉身支柱，导致炉体坍塌的特大事故。

1) 炉内爆炸。根据事故现场勘查、分析、高炉发生炉内爆炸有以下几个方面的特征，一是炉皮断裂是由 23 处 300 或 1400mm 长短不等的预存裂纹同时起裂所致，各预存裂纹两侧均有明显可见的向两侧扩展的人字形断口走向，断口的基本特征是多处预存裂纹同时起裂形成的脆性断口。二是从现场散落物的分布情况看，主要分布在东北、东南两个方向，最远的散落物距高炉 238m，一个重达 483.8kg 的支梁式水箱在拉断 12 根螺栓后被抛落在距高炉 78m 处。三是事故中控制高炉的仪表记录变化也与炉内爆炸特征相一致，炉顶压力由 0.09MPa 升至 0.18MPa，然后马上回零；热风压力由 0.2MPa 突升至 0.315MPa 后降到 0.18MPa 等。另据嘉峪关地震台报告，3 月 12 日 7 时 56 分 38.8 秒，该台东偏北 7.5 公里根据地震记录波形分析，属地面爆炸性震动，不是地震波形，这与炉内爆炸，整体崩塌的过程也是吻合的。

一号高炉在事故前出现生产性不正常情况，有发生爆炸的条件，主要表现如下：

①风口区域性损坏频繁。3月1日至3月12日，风口累计损坏45个，而且集中在4号至10号、14号至17号风口两个区域。风口的损坏，导致向炉内漏水，加之采用集中更换风口的方法，漏水情况得不到及时处理，延长了漏水时间，加大了漏水量。仅3月12日7时损坏的三个风口（6号、7号、14号）和一块损坏的冷却壁，事故前漏入炉内的水就在13t以上。由于风口区大量向炉内漏水，造成炉内区域性不活跃现象，形成呆滞区，并有相当数量的水在炉内积存。

②炉况不顺，急剧向热难行。事故前的最后一次出铁，铁水含Si量高达1.75%，而前两次出铁含Si量分别为0.62%和0.92%；同时，4时20分和6时30分，炉顶温度记录明显，温度曾两次急剧升高至320℃，两次炉顶打水降温；7时20分以后，分布在标高17m左右的炉皮温度检测记录仪记录的数据表明，炉皮温度由37.5℃骤升到56~70℃，并持续到事故发生。上述情况表明，事故前炉温急剧升高。据高炉日报记载，3月12日7时至7时56分，仅向炉内下料两批，共48.7t（烧结矿36.4t，焦炭12.3t）。这段时间，高炉燃烧消耗焦炭大大超过了上部加料的供给，而炉顶探尺记录指示料线不亏。这种情况下，焦炭的消耗只有靠风口燃烧带以上至炉身下部的焦炭来供给，焦炭得不到补充，在炉身下部产生无料空间，加之7时15分至7时40分出铁150t，出渣40t，推算无料空间约50m^3，这就为崩料、滑料创造了条件。

③高炉发生崩料。事故前，炉顶探尺最后测量记录是，北料尺由2350mm滑至2450mm，随后近乎直线下降至2860mm，记录线消失；南料尺也由2250mm滑至2400mm，随后近乎直线下降到3180mm，记录线消失。说明事故中高炉发生了崩料。

综上所述，生产运行中的一号高炉，事故前20个风口中有3个风口损坏向炉内漏水，另有5个已堵死，风口区域性不活跃，存在呆滞区；炉况急剧向热难行，炉顶温度升高，两次打水降温，在一定程度上粉化了炉料，造成透气性差；炉内发生悬料、崩料等，如此诸多因素意外地同时在炉内发生，其综合效果为：炉内水急剧汽化→体积骤胀→炉内爆炸。

2）炉体坍塌。事故前一号高炉炉况恶化，已承受不了突发的高载荷，主要表现如下：

①冷却设备大量损坏。由于1984年大修时残留隐患未根除，加之操作维修管理上的原因，1987年5月以后炉况失常，冷却设备损坏严重。到这次事故前，风口带冷却壁损坏1块，炉腹冷却壁损坏32块，占冷却壁总数的66.7%；炉身冷却板共590块，整块损坏393块，半块损坏100块，合计损坏率为75.1%；为了维持生产，采用了外部高压喷水冷却，加剧了炉皮的恶化。

②炉皮频繁开裂、开焊。1989年6月以后，炉皮出现了开裂、开焊，并且日益加剧，裂纹主要集中在11~12带炉皮。到事故前，共发现并修复裂纹总长度28.5m。虽采取了修复措施，但由于条件所限，裂缝不能及时补焊，焊接质量得不到保证，没有从根本上改善炉皮状况的恶化。

综上所述，由于一号高炉冷却设备大量损坏，炉皮长期内触高温炉料，外受强制喷水冷却，温度梯度大，局部应力集中和热疲劳等因素的影响，使炉皮在极其恶劣的工作条件下，形成多处裂纹。加之在修复过程中，不能从本质上改善炉皮恶化状况，高炉已承受不了炉内突发的高载荷，在炉内爆炸瞬间，炉皮多处脆性断裂、崩开→推倒炉身支柱→整个炉体坍塌。

(3) 事故责任及处理。

1) 1984 年高炉大修留下隐患。

①大修方案的确定缺乏科学依据。大修前对炉皮状况的勘察鉴定不够慎重。在没有全面检查分析的情况下，更换 13 带以上炉皮，而 13 带以下炉皮从 1960 年竖起炉壳到 1984 年大修，已经历了 24 年。其间虽有几年没有生产，但也受风雨侵蚀，特别是 1964 年续建时，由于 11~12 带炉皮焊缝质量不好，加了一圈 70mm 宽的围带，在大修时没有被发现，加之 11~12 带炉皮工作条件恶劣，这些问题在大修中没有得到解决，影响了高炉的寿命。

②冬季施工，影响了高炉的砌砖质量。当时气温最低下降到-27℃，施工质量难以保证，炉身上部砌砖由于泥浆冻结，质量不符合要求，造成开炉后砖衬严重损坏。

③在不完全具备开炉条件的情况下组织开炉。根据大修工期安排，要求 1985 年元旦出铁，由于 4 号热风炉未能同步投产，3 号热风炉送风后爆炸，被迫由仅剩的两座热风炉运行，热风温度低，开炉后发生了炉缸冻结、冷却设备损坏等一系列问题。

2) 高炉操作与维修管理存在漏洞。高炉大修同时进行了技术改造，安装使用了无料钟炉顶和 PC——584 控制机。由于操作、维护经验不足，上料系统不正常，较长一段时间上料不均，炉况波动大，对砖衬造成损害。

1987 年 5 月至 7 月，采用了低炉温操作，由于管理不适应和经验不足，炉温难于掌握，造成了较长时间的炉温波动。同时，不适当地采用了发展边缘的装料制度，对炉衬和冷却设备造成了进一步的损害，炉况失常，冷却设备损坏加剧，出现了炉基冒火现象。

为了维护高炉后期的生产，酒钢公司吸取国内外护炉经验，采取了钒钛矿护炉，高压水冷却，炉基压力灌浆，炉身装 U 形管、堵头管、炉皮加立筋，降低炉顶压力等一系列措施，在一定时期内维持了生产，但不能从根本上改善日趋恶化的炉况。对于炉皮频繁开裂、开焊，虽成立了特护小组，加强检查和焊补，由于受施工条件所限，焊补不及时，焊接质量得不到保证。没有果断地对高炉进行提前大修。一号高炉自 1984 年大修到这次事故发生，使用年限和单位炉容产铁量按照冶金部《高炉大参规程》衡量，没有达到一代炉龄的大修周期。鉴于一号高炉日益恶化的炉况，酒钢公司从 1987 年就开始研究高炉中修和大修问题并向上级汇报联系，说明酒钢公司对这个问题是重视的。但由于条件所限，对高炉设备状况急剧恶化的严重性认识不足，在炉皮频繁开裂、开焊，并日益加剧的情况下，缺乏监测手段，难以对高炉炉体的技术状况进行准确地评估。酒钢公司虽意识到炉皮隐患可能造成事故，但对事故的严重程度预见不足，同时也存在着高炉大修将导致全公司停产的困难和资金、设备、材料一时难以落实等因素，影响公司领导作出提前停炉大修的正确决策，直至发生事故，造成了严重的后果。

根据上述分析，酒钢公司有关领导对 1984 年大修高炉维护操作、高炉大修时间安排等方面出现的问题负有领导责任。酒钢公司炼铁厂有关领导对高炉维护操作出现的问题负有管理责任。这起事故的发生，既有历史遗留问题，又有一定的客观原因，为了深刻吸取教训，对酒钢公司有关人员给予如下处分：

公司经理是安全生产的第一责任者，负有全面领导责任，给予行政记大过处分。

公司第一副经理在事故发生时，主持公司全面工作，负有领导责任，给予行政记大过处分。

分管设备的副经理在事故发生时，代管生产安全，负有领导责任，给予行政记过处分。

炼铁厂厂长对高炉维护操作负有管理责任，给予行政记过处分。

(4) 事故教训及防范措施。酒钢一号高炉爆炸坍塌事故人员伤亡多，经济损失大，在社会上造成不良影响，给国家财产和职工生命安全造成不可弥补的损失，事故极为惨痛，教训非常深刻，应当认真分析吸取。

1) 牢固树立“安全第一”的思想。安全生产是企业的头等大事，生产不安全，不仅任何经济效益都谈不上，而且造成的后果还会影响到企业的发展以至社会安定。这起事故的发生，酒钢公司负有直接责任，也反映出有关部门在制定计划、组织生产、安全监督等工作中，对安全重视不够，过分强调生产，忽视安全工作，以致生产中暴露出的严重的隐患不能及时得到消除，应当对自身的工作进行认真的反思，特别是甘肃省冶金厅作为该企业的主管部门，对事故也有一定的责任，应深刻反思，作出检查。各部门、各企业在生产经营管理中，要始终把安全生产工作作为首要任务来抓，在生产组织、设备操纵、维护检修中要尊重科学，当安全与生产发生矛盾时，要把安全工作放在第一位。在进行重大生产决策时，要首先考虑到安全，保证在安全的前提下提出方案，组织生产，把安全生产切实落到实处。

2) 严格进行高炉操作和维修管理。高炉运行要认真贯彻稳定顺行的方针，要依据炉料和高炉设备的状况，以科学的态度选择合理的生产操作方针。在操作中要特别保护炉衬，这是延长一代炉龄寿命的首要条件，要避免长时间的炉温波动和过分的发展边沿。风口损坏要及时更换，炉皮出现裂纹要及时补焊，并保证焊接质量。炉龄末期炉体设备严重损坏时，要采用同设备相适应的降压操作。只有保持高炉均衡稳定，才能高产、顺行、安全、长寿。

3) 加强设备大修管理。对需要进行异地大修的设备，原地项目应采取降级使用或加固改造使用等措施，确保安全可靠。对于可能酿成重大事故、非大修解决不了的设备，必须果断作出决策，尽早安排大修。对设备采取“特护”措施可以延缓设备的损坏，但只能是一定时期内维持生产的权宜之计，绝不能作为长期生产的手段。设备检修的安排必须在进行详细调查和科学鉴定的基础上，以恢复设备的性能、彻底消除隐患为前提，施工要认真执行施工质量标准，有严格的检查验收制度。不要因为向某个节日献礼或其他原因抢工期，削减项目，降低施工质量。

4) 加强设备检查维修，消除事故隐患。设备老化是冶金企业普遍存在的问题。由于正常检修和设备更新资金不足，加之目前企业较普遍存在着设备超负荷运行，还时常发生拼设备、抢产量、挤检修等短期行为，事故隐患不断出现，如不及时采取措施，安全生产将无法得到保证。各部门、各企业要发动群众进行设备大检查，并把检查隐患、消除隐患作为一项制度长期贯彻执行，查出的隐患要及时治理，对那些危险性大，有可能酿成重大事故的严重隐患，应及时向上级有关部门报告，以便共同采取措施，尽快予以消除。各级领导要亲自抓治理，督促检查落实。

5) 要广泛深入地开展安全生产宣传教育、培训工作。企业特种作业人员、入厂的新工人、临时性季节性用工等是教育培训的重点，凡未经安全教育培训的，一律不准上岗。同时要开展经常性的安全教育活动，增强职工安全生产意识，提高自身防护能力。

企业厂、矿长（经理）安全培训是当前安全生产工作的一项紧迫任务。企业领导安全素质的高低，是企业安全生产工作的关键，应当尽快制定办法，开展培训工作。对那些安全生产素质差，不适应担任领导工作的，要调离领导岗位。

复习与思考题

5-1 填空题

(1) 直接观察法的内容有：看风口、看出渣、(　　)、用(　　)判断炉况。

(2) 钛渣稠化的主要原因一是(　　)，二是炉渣在炉缸内停留的时间太长。

(3) 炉况失常分为两大类：一类是(　　)失常，一类是(　　)失常。

(4) 炉缸煤气热富裕量越大，软熔带位置(　　)，软熔带位置高低是炉缸(　　)利用好坏的标志。

(5) (　　)现象是限制高炉强化的一个因素，也是引起下部悬料的一个原因。

(6) 顶压提高后炉内压力增高，煤气体积缩小，透气性改善，压差降低，给高炉(　　)创造良好条件。

(7) 高炉实际操作中通常以(　　)来表示煤气利用率。

(8) 高炉操作调剂中，通常软熔带的形状与分布是通过(　　)调剂来控制的。

(9) 高炉下部调剂中，凡是减少煤气体积或改善透气性的因素就需(　　)风速和鼓风动能；相反，则需相应(　　)风速和鼓风动能。

(10) 鼓风动能的大小决定了回旋区和燃烧带的大小，从而决定着炉缸煤气的初始分布，影响着煤气在(　　)。

(11) 风口损坏后出现断水应采取的措施有喷水、(　　)以及(　　)。

(12) 当前高炉采用的检测新技术有：(　　)或(　　)检测料面形状，(　　)。

(13) 富氧鼓风可以提高理论燃烧温度的原因是(　　)。

(14) 高炉实际操作中通常以(　　)来表示煤气利用率。

(15) 选择适宜的(　　)是稳定送风制度的基本前提，也是制定高炉冶炼方针和设计的重要依据。

(16) 观察炉况有两种方法即(　　)、(　　)。

(17) 通常调剂煤气初始分布的方向是(　　)，重点是(　　)，手段是(　　)。有时也调节风口伸入炉内的长度。

(18) 风口出现“生降”，表明(　　)和(　　)不正常。

(19) 当煤气流到软熔带的下边界处时，由于软熔带内矿石层的软熔，其空隙极少，煤气主要通过(　　)而流动。

(20) 在高强度冶炼时，由于风量、风温必须保持最高水平，通常根据(　　)来选择风口进风面积，有时也用改变风口长度的办法调节(　　)，所以调节风口直径和长度便成为下部调节的重要手段。

5-2 选择题

(1) 边缘气流过分发展时，炉顶 CO_2 曲线的形状为(　　)。

A. 双峰型　　B. 馒头型　　C. “V”型　　D. 一条直线

(2) 要使炉况稳定顺行，操作上必须做到“三稳定”，即(　　)的稳定。

A. 炉温、料批、煤气流　　B. 炉温、煤气流、碱度

C. 煤气流、炉温、料批　　D. 煤气流、料批、碱度

(3) 高炉内的(　　)是热量的主要传递者。

A. 煤气　B. 矿石　C. 焦炭

(4) 煤气利用最差的软熔带是（　）。

A. V 形　B. 倒 V 形　C. W 形　D. 平形

(5) 高炉结瘤时，结瘤侧第一点 CO_2 值（　）。

A. 降低　B. 升高　C. 不变

(6) 炉凉时，渣样断口呈（　）。

A. 玻璃状　B. 黑色　C. 灰石头状

(7) 高炉解体调研查明，炉料在炉内基本上是按装料顺序（　）分布的。

A. 矿石超越焦炭　B. 逐步混合　C. 呈层状下降

(8) 在高压操作中，由于顶压提高使得（　），故可以显著提高入炉风量。

A. 煤气流小而合理　B. 边缘煤气发展　C. 煤气体积压缩

(9) 软熔带是高炉透气性最差的部位，决定该区域煤气流动及分布的是（　）。

A. 煤气利用程度　B. 炉料的粒度组成　C. 焦窗面积及其位置形状

(10) 鼓风动能是从风口高速送入炉内的鼓风所具有的能量，故影响鼓风最大的因素是（　）。

A. 标准风速　B. 实际风速　C. 鼓风质量

(11) 高炉出现管道时，炉喉 CO_2 曲线四个方向差值大，所在方位静压力上升，压差下降，这是(　)。

A. 上部管道　B. 中心管道　C. 边沿管道　D. 下部管道

(12) 高风温操作后煤气中 CO 利用率提高，原因在于（　）。

A. 间接还原区扩大　B. 焦比降低

C. 炉身温度升高　D. 料柱透气性差，煤气在炉内停留时间延长

(13) 下列监测方法属于高炉冶炼过程的监测新技术的是（　）。

A. 红外线或激光检测　B. 磁力仪测定　C. 机械式探尺

D. 光导纤维检测　E. 高炉软熔带测定器　F. 中子测水

(14) 炉喉十字测温测得温度低的部位表明（　）。

A. 煤气量通过少　B. 煤气量通过多

C. 同煤气量通过的多少没有关系

(15) 实际炼铁生产中，炉况（　）时容易发生悬料事故。

A. 向凉　B. 下行　C. 正常　D. 热行

(16) 低料线危害极大，最终会导致高炉炉况不顺和（　）。

A. 悬料　B. 崩料　C. 炉温上行　D. 炉凉

(17) 连续崩料时炉顶温度剧烈波动，平均温度（　）。

A. 下降　B. 上升　C. 不变

(18) 炉喉煤气成分测定的 CO_2 量低的地方表明（　）。

A. 煤气量通过多　B. 煤气量通过少　C. 煤气量多少无关

(19) 要使炉况稳定顺行，操作上必须做到“三稳定”，即（　）的稳定。

A. 炉温、料批、碱度　B. 炉温、煤气流、碱度

C. 煤气流、炉温、料批　D. 煤气流、碱度、料批

5-3　是非题

(1) 炉凉时可适当减风，以控制料速，提高炉温。（　）

(2) 炉缸煤气成分与焦炭成分无关，而受鼓风湿度和含氧影响比较大。（　）

(3) 高炉内煤气流通过料柱后产生的压降属于动量传输。（　）

(4) 吨铁的热量消耗过大，炉顶煤气中 CO 含量超出平衡数值过多，煤气的化学能未被充分利用，是目前我国高炉生产的普遍问题。（　）

(5) 大型高炉由于炉缸直径较大，操作上更应注意炉缸热度的充足、稳定和活跃，否则出现炉缸堆积故障是较难处理的。（　）
(6) 高炉内热能利用程度等于吨铁的有效热量消耗与热量总收入之比值。（　）
(7) 生产中控制料速快慢的主要方法是风量，加风提高料速。（　）
(8) 直接观测判断炉况是基于生产经验的积累，主要的直观内容有：看铁水、看熔渣、看风口、看仪表四种。（　）
(9) 炉况失常分为气流失常，热制度失常两类。（　）
(10) 风量过大时，风对料柱的浮力会增大，易发生悬料。（　）
(11) 高炉内煤气分布为两次分布，即炉缸和炉身分布。（　）
(12) 连续崩料应预防炉凉，应适当补充入炉的焦炭量。（　）
(13) 炉缸部位的炭砖应具有高导热性、高抗渗透性等特点。（　）
(14) 炉缸堆积，风口小套烧坏上半部的较多。（　）
(15) 正常炉况下，沿高度方向上，上部压差梯度小，下部梯度大。（　）
(16) 边沿煤气流中CO_2值比正常水平下降，中心CO_2值升高，煤气曲线最高点移向中心，混合煤气CO_2值降低。这是中心煤气流过分发展的征兆。（　）
(17) 风口出现“生降”，表明炉料加热和气流分布不正常。（　）
(18) 发现直吹管、弯头烧穿往外漏风时，高炉立即大幅度降压、减风，然后用高压水管往烧穿部位打水。（　）
(19) 鼓风动能愈大，中心气流愈发展，故应多采用正装的装料制度。（　）

5-4　简答题

(1) 什么叫炉况判断，通过哪些手段判断炉况？
(2) 如何根据CO_2曲线来分析炉内煤气能量利用与煤气流分布？
(3) 高炉下部悬料产生的原因是什么？
(4) 上部管道行程如何处理？
(5) 边缘气流不足有哪些征兆？
(6) 调节炉况的手段与原则是什么？

5-5　论述题

(1) 影响炉况波动和失常的因素有哪些？
(2) 试述正常炉况标志。

项目6 炉 前 操 作

【教学目标】

知识目标：

（1）了解高炉炉前操作设备和工具的基本知识；

（2）掌握高炉炉前操作的指标及改善措施；

（3）掌握高炉炼铁的炉前工作进程；

（4）掌握高炉出铁操作的基本知识；

（5）掌握高炉出渣操作的基本知识；

（6）掌握高炉炉前特殊操作的基本知识。

能力目标：

（1）能正确使用炉前操作设备和工具；

（2）能够完成出铁操作；

（3）能够完成放渣操作；

（4）具有开、停、封炉和复风的炉前操作能力。

【任务描述】

在高炉冶炼过程中，铁水和熔渣不断地生成，积存在炉缸里，炉前操作的主要任务就是通过渣口和铁口及时将生成的渣铁出净；维护好铁口、渣口和砂口及炉前机械设备（开口机、泥炮、堵渣机和炉前吊车等），保证高炉生产正常进行。

炉前操作直接影响高炉生产的正常进行。如不按时出净渣铁，必然恶化炉缸料柱透气性，风压升高，料速减慢，甚至出现崩料、悬料（中小型高炉表现更为明显）。炉缸内积存的铁水逐渐增多，当铁水面上升接近渣口平面时才放渣，铁水可能从渣口流出而烧坏渣口小套，甚至发生渣口爆炸事故，迫使高炉休风。铁口维护不好，例如铁口长期过浅，将导致炉缸冷却系统设备烧穿，造成重大恶性事故，不但影响高炉正常生产，而且还会缩短高炉一代寿命。由此可见，炉前操作直接影响高炉能否达到优质、低耗、高产、长寿。

任务6.1 炉前操作指标及改善措施

6.1.1 炉前操作考核指标

炉前操作考核指标是衡量和评价炉前操作水平的主要标志。

6.1.1.1 出铁正点率

出铁正点率是指正点出铁次数与总出铁次数的百分比。按式（6-1）计算：

$$出铁正点率 = \frac{正点出铁次数}{总出铁次数} \times 100\% \tag{6-1}$$

因渣铁罐调配运输等原因造成出铁晚点者应当扣除。

按规定的出铁时间及时打开铁口，并在规定的出铁时间内出完铁，堵好出铁口。出铁时间的长短与高炉有效容积有关，见表6-1。

表6-1　高炉有效容积与出铁时间长短的关系

高炉有效容积/m^3	正常出铁时间/min
<600	30 ± 5
800～1000	35 ± 5
1800～2025	45 ± 5
2500	55 ± 5

出铁时间长短还与炉内压力有关，高压操作的高炉出铁时间一般比常压高炉出铁时间短。不按正点出铁，会使渣铁出不净，铁口深度难以维持，影响到高炉顺行，而且还会给运输、炼钢生产组织带来困难，所以要求正点率越高越好。

6.1.1.2　铁口深度合格率

铁口深度合格率是衡量铁口维护好坏的重要指标，它是铁口深度合格次数与总出铁次数百分比。按式（6-2）计算：

$$铁口深度合格率 = \frac{铁口深度合格次数}{总出铁次数} \times 100\% \tag{6-2}$$

正常铁口深度是以铁口区炉墙厚度而定的。高炉有效容积越大，铁口区炉墙越厚，铁口就越深，见表6-2。

表6-2　铁口深度与高炉有效容积的关系

高炉有效容积/m^3	225～400	400～620	620～1000	>1000
铁口正常深度/m	1.2～1.5	1.5～1.8	1.8～2.0	2.0～2.4

合格的铁口深度是高炉正常生产的需要，有利于按时出净渣铁，给高炉顺利生产创造有利条件。反之渣铁出不净，炉缸内存渣铁过多，则会直接影响高炉顺行。铁口长期不合格，铁口前泥包破坏严重，使铁口区域炉墙砖裸露，直接被渣铁侵蚀，极易造成铁口自动流出铁水或出现“跑大流”及卡焦、喷焦等事故，甚至烧坏铁口水箱和炉皮。因此，该值越高越好，越高说明铁口维护得越好。

6.1.1.3　铁量差

铁量差是按下料批数计算的理论出铁量（$T_{理}$）与实际出铁量（$T_{实}$）的差值。它是衡量每次铁水是否出净的标志，也是衡量出铁操作好坏的标志。

铁量差按式（6-3）计算：

$$铁量差 = nT_{理} - T_{实} \tag{6-3}$$

式中　n——两次出铁间的下料批数；

$T_{理}$——每批料的理论出铁量，t；

$T_{实}$——实际出铁量，t。

理论出铁量也可用简易计算式计算：

$$T_{理} = Q_k / k \tag{6-4}$$

式中　Q_k——焦炭批重，t；

k——纯焦比，t/t。

当配料变化不大时，焦比（k）可以采用前一天的焦比值，$T_{理}$也可以按前一天每批料理论出铁量计算。

实际出铁量差一般小于理论出铁量的10%~12%，例如理论出铁量为250t，实际出铁约为220t左右。

铁量差超过一定值后即为亏铁。亏铁的危害是使高炉憋风，减少下料批数，上渣带铁，烧坏冷却设备，甚至造成冷却设备爆炸。此外也使得铁口不好维护，易导致恶性事故。因此铁量差越小越好。

6.1.1.4　上下渣量比

上下渣量比是指每次出铁的上渣量（从渣口放出来的炉渣量）和下渣（从铁口放出来的炉渣量）之比。它是衡量上渣放得好坏的标志。计算式为

$$上下渣量比 = 上渣量/下渣量 \tag{6-5}$$

设总渣量为$AT_{铁}$，则

$$上渣量 = AT_{铁} - 下渣量$$

$$下渣量 = \left(h - \frac{T_{铁}}{0.785D^2 a\gamma_{铁}}\right) \times 0.785D^2 b\gamma_{渣}$$

$$上下渣量比 = \frac{AT_{铁} - 下渣量}{下渣量} = \frac{aAT_{理}\gamma_{铁}}{b(0.785D^2\gamma_{铁}\gamma_{渣}h - T_{铁}\gamma_{渣})} - 1 \tag{6-6}$$

式中　A——渣铁比；

$T_{铁}$——每次出铁量，t；

h——渣口至最低铁水面高度，m；

D——炉缸直径，m；

$\gamma_{铁}$——铁水密度，t/m³；

$\gamma_{渣}$——炉渣密度，t/m³；

a——炉缸铁水充满系数；

b——炉缸熔渣充满系数。

影响上下渣量比的因素有：

（1）上下渣量比与原燃料条件有关，矿石品位（含铁）越高，渣铁比A越小，则上下渣比就降低。

（2）上下渣量比与冶炼强度有关，提高冶炼强度，在不增加出铁次数的情况下，有利于放好上渣，此时上下渣量比可显著提高。

（3）上下渣量比与炉缸侵蚀状态有关，高炉炉龄越长，炉缸底部侵蚀加重，如不相应提高冶炼强度，就会造成渣铁面降低，上渣不放好，下渣量增加，上下渣量比降低。

（4）a与b与炉缸状态有关，用铁水和炉渣在炉缸中的容积比来表示a与b。当炉缸工作不好，存在死料柱或局部堆积现象时，炉缸容存渣铁的容积变小，上下渣量比增加；当炉缸工作活跃，炉温充沛时，只有适当提高冶炼强度，才能获得较高的上下渣量比。一般情况下，a取0.30~0.35，b取0.80~0.85。

6.1.1.5　全风堵口率

全风堵口率是指全风堵口次数占实际出铁次数的百分比，即

$$全风堵口率 = \frac{全风堵口次数}{实际出铁次数} \times 100\% \tag{6-7}$$

高压堵口有利于提高泥包泥质密度，有利于泥包的形成，增强出铁孔道强度及抗冲刷性能。只有保证铁口泥套及炮头的完整，堵口时炮头四周没有积渣积铁，防止铁口过浅和出铁失常，才能保证全风和高压堵口。

6.1.2　改善炉前考核指标措施

炉前五大指标是炉前操作水平高低、铁口维护优劣的标志。几个指标间互相影响，互相制约，而维护好铁口则是改善几个指标的关键。所以生产过程中应不断提高炉前工操作水平，改善五大指标，具体措施可从以下几个方面着手。

（1）保持铁口深度，提高合格率。

1）稳定铁口堵泥量。正常情况下，泥量消耗与泥料材质和出铁量以及出铁间隔有关，适宜的堵泥量标准应当是：每次开铁口时，堵泥润而不湿，实而不硬。对稳定堵泥量的中心要求是：①泥套不跑泥；②泥柄不带泥；③铁口开眼大小合适，堵泥前铁口不卡塞。堵泥操作要掌握堵泥量，分三次堵入铁口，第一次堵入全部泥量的2/3，剩余的1/3再分两次堵入，达到泥包坚实，遇有堵泥不进时，不允许向泥内打水，避免水分蒸发，破坏泥包。三班间堵泥量、铁口深度记录要真实，标准一致，操作统一。两个铁口的高炉倒换出铁时，堵泥量要比一个铁口的高炉每次多耗用30%~40%泥量。

2）严禁潮铁口出铁。潮铁口出铁时，堵泥中的残存水分受热后急剧蒸发，产生巨大的压力，发生潮泥连同铁水一起从铁口喷出，对铁口孔道和泥包破坏性很大，直接有碍铁口维护。此外，还往往发生跑大流，造成堵口时常压放风，有时还造成烧伤事故。因此，发现铁口有潮泥时，不要将潮铁口钻漏、掏漏、烧漏，应彻底烤干后再出铁。

3）固定铁口角度。铁口角度一般是指流铁孔道中心线与铁口中心线的夹角。铁口角度是随死铁层深度不同而变化的，也就是随炉底侵蚀逐步加深而有所增大。

在正常铁口深度情况下，固定铁口角度能保证出净渣铁，反过来没有固定的角度，就会发生出不净渣铁。而出净渣铁是保证铁口深度、维护铁口的主要因素之一，所以要强调三班操作按统一角度开铁口。未使用开口机前，开铁口时，用角度尺测量铁棍角度，开口机投用后，固定开口机角度。此外，固定铁口角度还有保护炉底的作用。

4）依据高炉冶炼强化的程度，确定合适的出铁次数。合适的出铁次数要综合考虑确定，它同高炉安全容铁量、产量高低、炉底侵蚀程度以及全厂各高炉的渣铁罐统一调配有关。

高炉安全容铁量及适宜的出铁次数，按后述式（6-8）和式（6-10）计算。

实际生产中，每次出铁的见渣前铁量是鉴定出铁次数是否恰当和安全容铁量校正的重要参数。正常情况下，渣前铁量为每次出铁量的50%~70%，长时间超出或低于此范围，应考虑增加或减少出铁次数，达到此限既安全又能维护铁口。

（2）准时出铁，提高出铁准时率。

准时出铁，提高出铁准时率，是高炉日常生产秩序中的重要环节。除渣铁罐及时拉走

和正点对罐外，很重要的一点是保证出净渣铁，这关系到铁口维护问题。

渣铁出不净，堵泥不易于形成泥包，而出铁准时率低，又是造成出不净渣铁的重要原因之一。提高出铁准时率的操作原则是：根据上次铁口深度、炉温高低和渣铁流动性来确定这次铁口孔道的大小，保持一定的流铁速度，在规定的时间内出净渣铁。一般要求掌握的铁水流速为6~8t/min，不超过10t/min（炉子容积小，顶压低，铁水流速取下限，反之取上限），铁水流速过低或过高都影响出铁准时率。

（3）高压（全风）堵铁口，提高高压堵口率。

全风时炉内具有一定的压力，这样随后打进的堵泥被炉料挡住而向四周延展，能比较均匀地分布在铁口周围的炉墙上，形成坚固的泥包，保护炉墙和保持铁口的正常深度。操作上要尽力做到全风堵铁口、高压堵铁口，以提高高压全风堵口率。

（4）放好上渣，努力完成上渣率。

多放上渣，减少下渣量，提高上渣率，就可以直接减轻铁口工作负荷，减轻炉渣对铁口的侵蚀和冲刷的破坏作用。相反，上渣放不好，下渣量大，还易于发生打开铁口先流渣，把下渣罐注满，导致铁水出不净，被迫堵铁口，此时堵泥会浮在渣铁液面上，甚至被浮走，堵泥形不成理想的泥包，而达不到维护铁口的作用。所以要强调放好上渣。

要放好上渣，应根据每一座高炉的渣口高度、产量的高低、前一次铁出净程度以及炉内的压力大小不同而定。产量高，或前次铁未出净，应早放。两渣口标高不同，低渣口先放，高渣口后放。常压高炉比高压炉子放渣可适当提前，顶压低较顶压高的炉子可以提前。如渣面低时，可使放渣流速慢一点，渣量大时，可使放渣速度快一点。渣口带铁多，就应勤放勤堵，以免烧坏渣口，影响放上渣。

首钢各高炉根据当时生产状况——料批大小、矿石含铁高低、渣量大小规定以及堵铁口后入炉几批料为放渣时间的依据。打开渣口后一直到放净，有时在出铁后仍在放渣。

任务 6.2　炉前操作进程

炉前操作根据高炉冶炼强度的高低和炉缸安全容纳铁水的数量来确定每日的出铁次数。在两次出铁间的炉前操作要有一个规定的进程，各项操作都要根据规定的进程，按时、高质量地完成。只有这样才能保证高炉做到安全生产，从而保证炉况顺行，以利于最大限度地强化冶炼过程。

6.2.1　合格出铁次数的确定

6.2.1.1　炉缸安全容纳铁水量的计算

高炉炉缸部分容纳铁水和炉渣，其中渣口中心线以上容纳炉渣，渣口中心线以下容纳铁水。当铁水超过渣口中心线以上，而从渣口放渣时，铁水也将从渣口流出，渣口流铁会将渣口水套熔化，渣口水套被铁水烧损后便出现漏水现象。当铁水从渣口流出时，与水套所漏的水直接接触，就会使冷却水急剧汽化而发生爆炸。因此规定铁水面不得超过渣口中心线，在渣口中心线与出铁口中心线之间的炉缸容积是每次出铁所容纳铁水的最大容积，只有每次出铁量少于这一容积，才能保证安全生产。

高炉炉缸蓄存铁水的容积是从低渣口三套前端下沿（因为炉缸炉墙砌砖与渣门三套

前平齐，开炉以后，炉墙逐渐侵蚀变薄，三套前端逐渐暴露出来）至铁口中心线的容积。

由于炉缸内的焦炭柱在整个料柱有效重力的作用下，部分侵入液态渣铁中而侵占容铁空间。实际安全容铁量 $T_{安}$ 计算如下：

$$T_{安} = k_{容}\frac{\pi}{4}D^2 h_{渣}\gamma_{铁} \tag{6-8}$$

式中　D——炉缸直径，m；

$h_{渣}$——低渣口三套前端下沿至铁口中心线间的距离，m；

$\gamma_{铁}$——铁水密度，t/m^3，计算时取 $\gamma_{铁}$ 为 7.0t/m^3；

$k_{容}$——炉缸容铁系数，$k_{容}<1$。

$k_{容}$ 是不断变化的，在两次出铁间，随着液态渣铁的逐渐增加，其随之增大。在高炉的实际生产中 $k_{容}$ 的大小和料柱的有效重力及煤气分布有关。$k_{容}$ 的经验值为 0.5~0.7，开炉初期取较小值，炉役后期取较大值，下面计算中取 $k_{容}=0.7$。

【例 6-1】 某厂高炉有效容积为 1200m^3，炉缸直径为 8.2m，低渣口中心线至铁口中心线距离为 1.3m，渣口三套前端外沿直径为 320mm。则

$$h_{渣} = 1.3 - \frac{1}{2 \times 0.320} = 1.14(\mathrm{m})$$

高炉安全容铁量为

$$T_{安} = 0.7 \times \frac{3.14}{4} \times 8.2^2 \times 1.14 \times 7.0 = 295(\mathrm{t})$$

在实际生产中，炉底侵蚀后死铁层下移，铁口角度逐渐增大，炉缸炉墙逐渐侵蚀而变薄，炉缸直接相对增加。因此，安全容铁量比理论计算值高，则增加的量可以用下式计算：

$$\Delta T_{安} = k_{容}\frac{\pi}{4}D^2 L_{铁}\gamma_{铁}\sin\alpha \tag{6-9}$$

式中　$\Delta T_{安}$——增加的安全容铁量，t；

$L_{铁}$——铁口正常深度，m；

α——铁口角度，(°)。

炉内存铁量不超过安全容铁量，对高炉生产非常重要。及时出净铁有利于高炉正常生产，反之，就会影响高炉顺行及安全生产。若超过安全容铁量则有可能发生风口烧坏及渣口爆炸事故，并可能造成炉内炉况失常。

随着精料水平提高，渣量减少及高炉大型化，有的高炉已不设计渣口，此时有的厂以风口以下某一位置为界，作为计算从铁口中心线到该位置的安全容铁量的容积。

6.2.1.2　出铁次数的确定

适宜的出铁次数有利于出净渣铁，也有利于铁口维护和炉况顺行，减少渣铁口的破损。计算高炉昼夜出铁次数的经验公式如下：

$$n = \alpha_t P/T_{安} \tag{6-10}$$

式中　n——高炉昼夜出铁次数，n 取整数；

α_t——出铁不均匀系数，取 1.2；

P——高炉昼夜出铁量，t；

$T_{安}$——炉缸安全容铁量，t。

【例 6-1】 介绍的 1200m³ 高炉，经计算其安全容铁量为 295t，当此高炉利用系数为 2.0t/（m³·d）时，则日产生铁量为

$$P = 1200\text{m}^3 \times 2.0\text{t/(m}^3 \cdot \text{d)} = 2400(\text{t})$$

按式（6-10）计算则适宜出铁次数为

$$n = \alpha_t P/T_{安} = 1.2 \times 2400/295 = 9.76(次)$$

实际 n 值取整数，即取 10 次。

【例 6-2】 某厂 300m³ 高炉，当其利用系数为 2.4t/(m³·d) 时，每日产生铁 720t，经计算安全容铁量为 70t，按式（6-10）计算，其适宜出铁次数为

$$n = \alpha_t P/T_{安} = 1.2 \times 720/70 = 12.34(次)$$

生产中可取 12 次。

有的资料介绍，计算适宜出铁次数时不考虑出铁不均匀系数，则本例中的适宜出铁次数为

$$n = 720 \div 70 = 10.28(次)$$

表 6-3 为某些高炉的安全容铁量。

表 6-3　某些高炉的安全容铁量

高炉容积/m³	100	300	620	750	1000	1200	1500	2000
炉缸直径/m	2.7	4.7	6.0	6.3	7.2	8.08	8.6	9.8
安全容铁量/t	19.5	70.0	166.0	183.0	229.0	301.0	341.0	475.0

上述安全容铁量系数是按设计炉型尺寸计算的，当炉缸部分炉衬被侵蚀后，会使炉缸实际直径扩大，并随着出铁口角度逐渐加大而随之增高，炉缸容纳铁水增加，这时就可以相应地减少出铁次数。在确定出铁次数时，还应该同时考虑到出铁次数过多，必将使上渣量减少，而下渣量增多，这对于维护出铁口不利。相反出铁次数过少，炉缸经常储存较多的铁水，这对炉况顺行不利，也不好维持炉缸安全，严重时将会引起风口及渣口烧损。

有两座以上高炉同时生产，并共用一套渣铁罐时，要尽可能统一出铁次数，以利于渣铁罐调配。

随着高炉冶炼的强化，生铁产量的提高，应考虑增加出铁次数。

6.2.2　炉前工作进程

6.2.2.1　炉前工作周期的确定

从本次出铁结束到下一次出铁是炉前工作的一个周期。

6.2.2.2　周期中铁口工作进度

在这一周期中铁口工作进度是：

（1）拔出泥炮并立即开始清理铁沟、渣沟，做好渣沟及铁沟分流大闸，以备下次出铁。同时清出泥炮中的残泥，并用水清洗炮筒及炮身，尤其在打泥时曾发生过倒火现象的，更要注意洗去硬泥及倒流入炮筒的夹渣。要检查机械设备是否完好，如发现故障应立即修理。

（2）修补或定期大修泥套。

（3）修补或定期大修砂口（即撇渣器）。

（4）烤干出铁口。可根据出铁口的深度采取不同的方式，如出铁口的深度很浅，未达到规定时的深度，可先用煤气燃烧管烤出铁口，待炉前铸型或渣铁罐配好以后即可边抠铁口，边用煤气烤出铁口，直到出铁前抠到红点（出铁口内部硬壳称为红点）为止。如出铁口深度达到规定时，可不必等铸型或渣铁罐，边抠边烤，直到规定铁口深度的一半时为止。

（5）渣铁罐配到炉前时要检查罐的位置是否放正，渣罐内是否干燥，如渣罐内有水必须加干炉渣垫罐底，防止爆炸和喷溅，并要检查铁水罐容积是否能足够容纳铁水量，是否有硬盖。如铁水罐有硬盖容量不足时，就要调换容量足够的铁水罐。

（6）出铁前应先试验开口机和泥炮运转是否正常，如正常就开始装炮泥准备出铁，如有故障要紧急排除。

（7）要在规定的出铁时间前将出铁口烤干，然后开出铁口。出铁口的尺寸大小，要根据炉温、炉渣及铁水的流动性以及炉渣碱度来决定。铁口的直径也要根据高炉所用焦炭粒度大小来决定。大中型高炉，使用大于40mm的焦炭及炉温低、渣碱度高、液铁流动性很坏时，可使出铁口直径接近60mm。小高炉使用小于40mm的焦炭，并且渣、铁水流动性良好，铁口直径可选择30mm，目的是为了保证渣和铁水能顺利流出，而焦炭不至于从铁口流出，以保证出铁安全。

（8）在出铁过程中，如果有焦炭堵住铁口，使铁流减少甚至停止时，就要用铁棒捅开铁口的焦炭，以恢复铁水正常流速。

（9）在出铁时，炉前操作人员不允许正面对铁口操作，以免铁水喷溅时烧伤，应该从侧面用铁棒捅开铁口。铁口直径过大，发生铁水大流时，必须减风以制止铁流，严防铁水溢出铁沟，甚至流入水渣池发生爆炸事故，或流入渣罐将其烧漏。

（10）要在全风条件下，待铁口喷吹时才能堵铁口。喷吹程度以喷到砂口位置为适宜。

（11）发现风口破损时，应于出铁结束后休风更换。

6.2.2.3　周期中渣口工作进度

在这一周期中渣口工作进度是：

（1）开始出铁时就应堵住渣口停止放渣，只有在上渣未放净而铁口深度过浅时，才可继续放渣，直至上渣口喷吹时为止。

（2）停止放渣后，要检查渣口是否漏水，如果发现漏水应在出铁结束后休风更换。

（3）如渣口完好应立即修补渣口泥套或大修渣口泥套，修补或大修的泥套必须烤干后再用来放渣。

（4）清理好渣沟砂闸及沉铁小坑以备放渣，如渣沟破损比较大，应立即修补。

（5）出铁结束后，应按上料批数放渣，这个批数对各高炉是不同的，即属同一座高炉其渣铁比越低，则放渣所需批数越多，渣铁比越高，则放渣所需上料批数越少。

（6）炉温正常时渣要勤放、勤透，但不要吹炉。炉凉，炉渣很黏时，不要勤透，以免铁棍挂渣粘住渣口，使炉渣不易流出。

（7）炉温过低或碱度过高的炉渣操作时，渣中如带铁水，容易烧坏渣口，这时应停止从渣口放渣。

任务 6.3 炉 前 设 备

随着高炉有效容积的不断扩大和冶炼过程强化，炉前操作已由使用简易工具手工操作逐渐变为机械操作，且机械化水平日益提高。目前除一些小高炉还使用钢钎人工开铁口和用堵耙人工堵渣口外，大中型高炉均已使用炉前机械设备操作。

炉前所使用的设备主要有：堵铁口的泥炮、堵渣口的堵渣机、开铁口的开口机和炉前吊车。另外，炉前辅助设备有抓斗吊、电绞车、打夯机。先进高炉设有换风口和弯头的自动化机械，这些设备对于保证炉前工人的人身安全，提高生产水平，减轻劳动强度，改善劳动条件具有非常重要的作用。因此，炉前工人对炉前设备必须了解其技术性能，并能熟练地掌握其操作和维护方法，以保证正常生产。

6.3.1 泥炮

高炉出铁后，必须用耐火材料（炮泥）将铁口迅速堵住，堵铁口的专用设备称为泥炮。泥炮在高炉不停风的全风压条件下把炮泥压进铁口，其压力应大于炉缸内压力。

按照驱动方式的不同，泥炮分为气动式、电动式和液压式。气动泥炮用蒸汽或压缩空气做动力推动活塞运动，由于活塞推力小以及打泥压力不稳而被淘汰。目前我国高炉上普遍采用的是液压泥炮和电动泥炮，电动泥炮主要在中小高炉上使用，而液压泥炮在大型高炉和一些装备水平较高的中小型高炉得到越来越广泛的应用。

6.3.1.1 电动泥炮

电动泥炮由转炮机构、压紧机构、打泥机构和锁紧机构四部分组成，如图 6-1 所示。国产电动泥炮的主要技术性能见表 6-4。

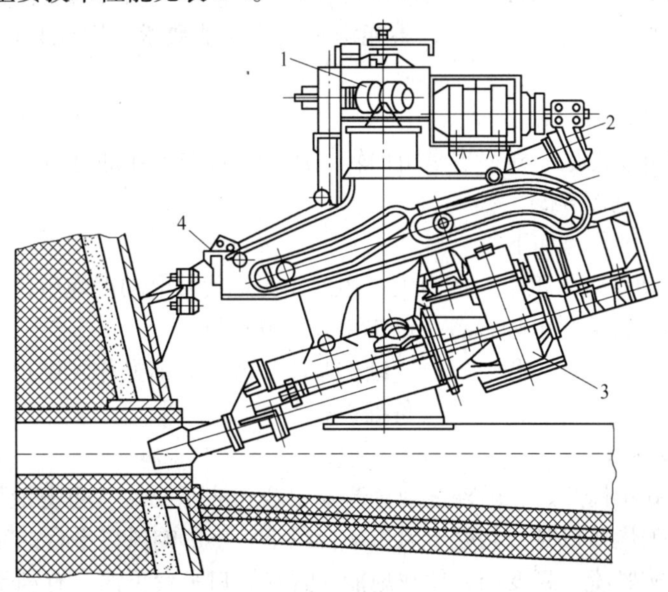

图 6-1 电动泥炮总图

1—转炮机构；2—压紧机构；3—打泥机构；4—锁紧机构

表 6-4　国产电动泥炮的技术性能

工 作 参 数	50t	100t	160t	212t
泥缸有效容积/m^3	0.3	0.3	0.5	0.4
泥缸内径/mm	550	550	650	580
活塞推力/kN	504	1080	1600～1650	2120
活塞对泥炮的压力/MPa	2.12	4.58	5.0	8.0
活塞行程/mm	1250	1220	1505	1510
活塞前进时间/s	37.5	52	78	113
炮嘴吐泥速度/$m \cdot s^{-1}$	0.45	0.323	0.36	0.2
打泥机构电动功率/kW	20	32	50	40
压炮的压紧力/kN	84000	84000	120000	24800
压炮所需时间/s	11.5	11.5	9	13.3
炮身倾斜角/(°)	17	17	17	
压紧机构电动功率/kW	20	20	25	26.5
回转 180°所需时间/s	10.5	10.5	14	11.3
回转机构电动功率/kW	6	6	6	6.2
锁紧机构电磁铁吸力/kN	700	700	980	
总质量/t	13.5	119.5	204.53	
适用高炉	<1000m^3 常压高炉	1000 m^3 常压高炉	1300～1500m^3 高压高炉	1500～2000m^3 高压高炉

随着冶炼强度和炉顶压力的提高以及无水炮泥的推广，电动泥炮在生产实践中暴露出了不少缺点，主要是打泥能力不足，不能满足铁口作业要求，因此只能用于中小型常压高炉。

6.3.1.2　*液压泥炮*

液压泥炮和电动泥炮一样，也是由回转、送进、打泥等几部分组成，但各部分的动作通过液压来实现（见图 6-2)。

液压泥炮的主要优点如下：

(1) 液压传动设备体积小、能力大。用液压泥炮代替电动泥炮后，设备质量减少。

(2) 节省电力，简化电控设备，可不用大型电动机。

(3) 结构简单，传动平稳、安全，结构紧凑，便于炉前操作及维护。

(4) 液压机构能自行润滑，对设备维护有利。

6.3.1.3　*液压矮炮*

从 20 世纪 60 年代开始，国外逐渐普遍采用矮式液压泥炮（也称液压矮炮）。所谓矮式液压泥炮是指泥炮堵口时，均处于风口平台以下，不影响风口平台的完整性。

液压矮炮结构紧凑、高度矮，使泥炮能安置在风口平台下面，有利于炉前操作和设备布置，特别对于具有几个出铁口的大型高炉尤为重要，现已广泛使用于国内外大中型高炉上。目前国内大中型高炉使用液压矮炮的类型有以下几种：

(1) MHG-60 型液压矮炮。宝钢 1 号高炉（4063m^3）采用，由日本三菱重工神户造

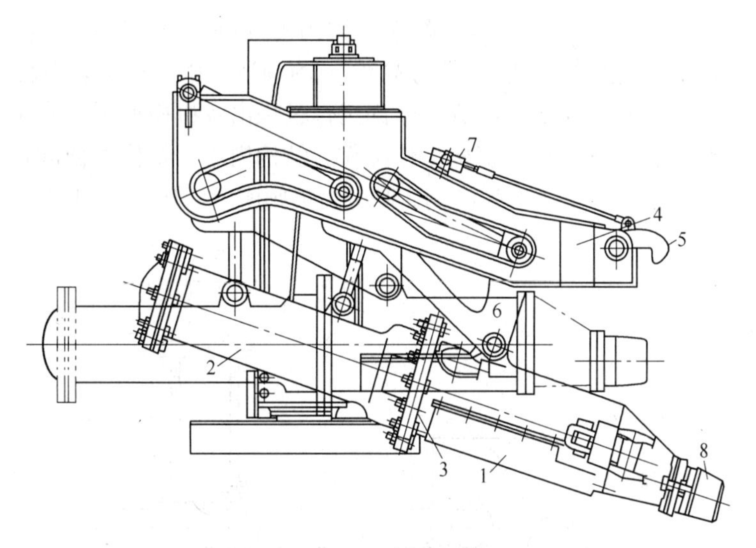

图 6-2　液压泥炮结构外形图
1—泥缸；2—液压推泥油缸；3—连接法兰；4—炮架；
5—搭钩；6—挂炮小车；7—锁炮油缸；8—炮嘴

船所设计，如图 6-3 所示。MHG-60 型液压矮炮由回转机构、锁炮机构、压炮机构、打泥机构和液压系统 5 部分组成，在堵铁口操作时，回转机构将炮身旋转到铁口中心线的正前方，锁炮机构将回转机构与机座锁住。设置在回转机构上的压炮机构将炮身按既定的轨迹曲线把炮嘴压紧铁口泥套，炮身上的打泥机构将填充在炮体内的炮泥打入铁口，然后再按相反的顺序把炮身转到初始位置。从而完成一次堵铁口操作，所有的动力均由液压系统供给。

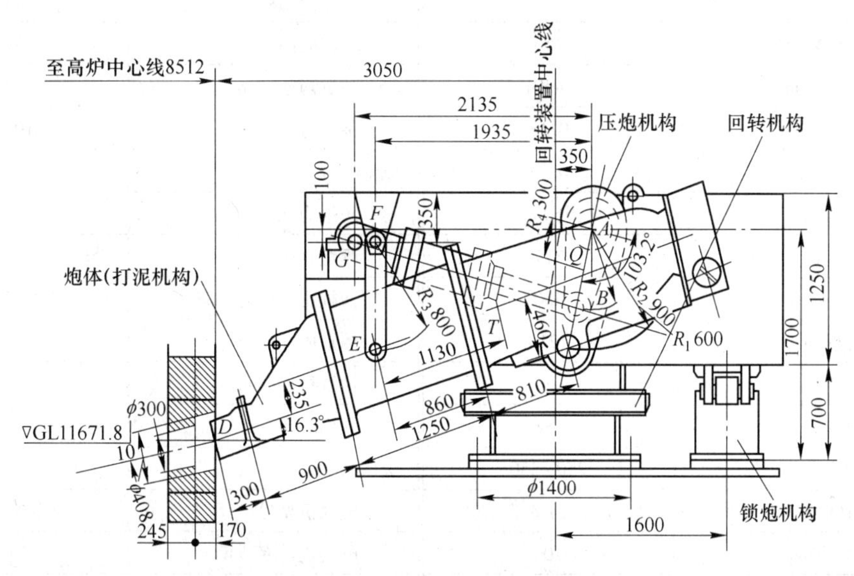

图 6-3　MHG-60 型液压矮炮

（2）DOS 液压泥炮。德国 DOS 公司生产的 NH250/160HZ 型倾注式液压矮泥炮应用于鞍钢 2580m^{3}高炉。

（3）倾座式液压矮泥炮。济钢设计院吸取国内外几种液压泥炮的特点，自行设计了倾座式液压矮泥炮，并应用于济钢3、4号高炉（$350m^3$）。该泥炮主要由打泥机构、压炮油缸、转炮机构、倾炮机构4部分组成。全部工作过程由各机构液压缸的动作来完成。它具有炮身矮，炮口对位准确，倾斜机构工作可靠，结构简单，检修方便的特点。图6-4为倾座式液压矮泥炮示意图，表6-5为济钢$350m^3$高炉倾座式液压矮泥炮主要技术参数。

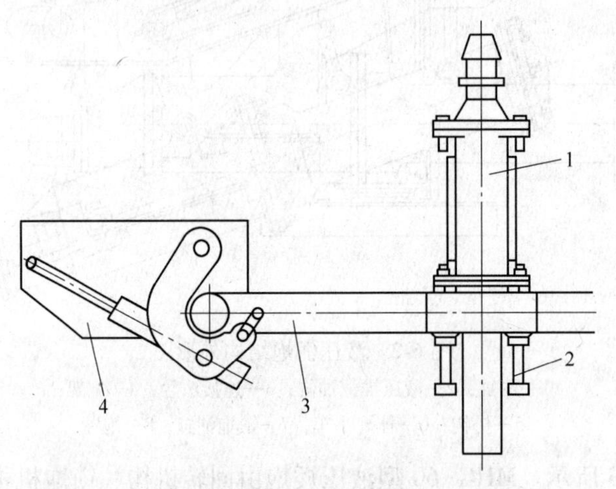

图6-4 倾座式液压矮泥炮

1—打泥机构；2—压炮油缸；3—转炮机构；4—倾炮机构

表6-5 济钢$350m^3$高炉倾座式液压矮泥炮技术参数

名称	规格	名称	规格
打泥机构		工作转角/(°)	145
炮口内径/mm	150	回转时间/s	5
泥缸内径/mm	450	油缸内径/mm	140
泥缸容积/mm^3	0.18	油缸行程/mm	100
吐泥速度/$m^3\cdot s^{-1}$	0.16	倾炮机构	
活塞工作压力/kN	600	倾炮力/kW	184
泥压/$N\cdot cm^2$	377	倾炮角度/(°)	
油缸内径/mm	250	油缸工作行程/mm	168~200
油缸行程/mm	1210	油缸内径/mm	140
压炮油缸		油缸行程/mm	250
压炮力/kN	188	倾炮时间/s	1.7~2.0
压炮行程/mm	250~350	液压站	
压炮时间/s	2.5~3.5	电动机型号	Y200L-4
油缸内径/mm	100	电动机功率/kW	30
油缸行程/mm	450	油泵型号	63MCY14-1B
油缸数量/个	2	油泵工作压力/MPa	12~16
转炮机构		油泵额定压力/MPa	31.5

（4）BG型矮式液压泥炮。BG型矮式液压泥炮由北京科技大学研制，已被国内钢铁厂普遍采用。

（5）SGXJP系列矮式液压泥炮。该系列液压泥炮是北京首钢设计院为150～2500m^{3}高炉配套而研制的。自1990年起已在150～2500m^{3}的多座高炉投入使用，取得了令人满意的使用效果。其中SGXP-400泥炮已通过了原冶金部部级鉴定。

6.3.2 开口机

开口机是高炉出铁时打开出铁口的重要机械。高炉所用的开口机形式很多，从安装方式分有悬挂式和落地式（带提升机构或不带提升机构）；按安装位置分有与泥炮同侧或异侧；按传动方式分有电动、全气动、气液动；按开口方式分有单向振打加钻孔和双向振打插棒式开孔等。国内代表性的大型高炉开口机为宝钢的全气动悬挂式开口机和鞍钢的DDS开口机（30HH1-K13）。

开口机按动作原理可分为钻孔式、冲击式和冲钻式三种。

开口机的钻头直径和钻孔深度是根据高炉容积、铁口区内衬厚度及铁口直径来确定的。同炉容的铁口深度和铁口直径见表6-6。

表6-6 确定开口机主要参数的参考数据

炉容/m^3	100～250	620	1000～2500	3200	4000
铁口内衬厚度/mm	920	1150	1380		
铁口深度/mm	1000～1300	1200～1800	1500～2200	2500～3000	3000～3500
铁口直径/mm	40～45	50～60	60～70	50～60	40～60

目前国内外高炉采用的开口机主要有以下5种类型。

6.3.2.1 电动吊挂式开口机

目前我国高炉广泛采用电动吊挂式开口机。工作时电动开口机与摆动梁采用软连接，开口机的钻进是靠前后两台行走电动机拖动来完成的（见图6-5）。开口机钻头如图6-6所示。

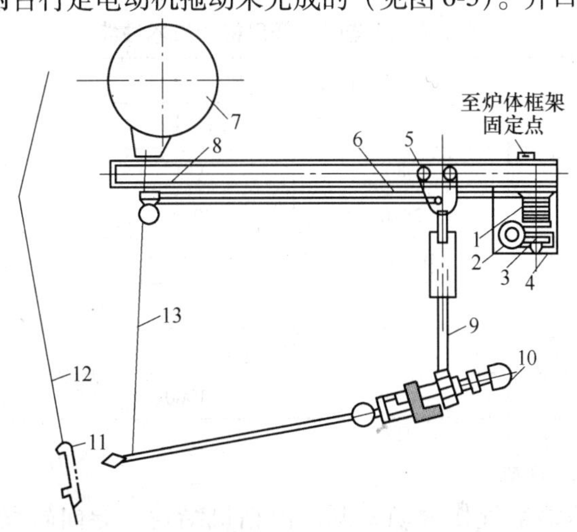

图6-5 电动吊挂式开口机示意图

1—钢绳卷筒；2—推进电动机；3—蜗轮减速机；4—支架；5—小车；6—钢绳；7—热风围管；8—滑轮；9—连接吊挂；10—钻孔机构；11—铁口框；12—炉壳；13—自动抬钻钢绳

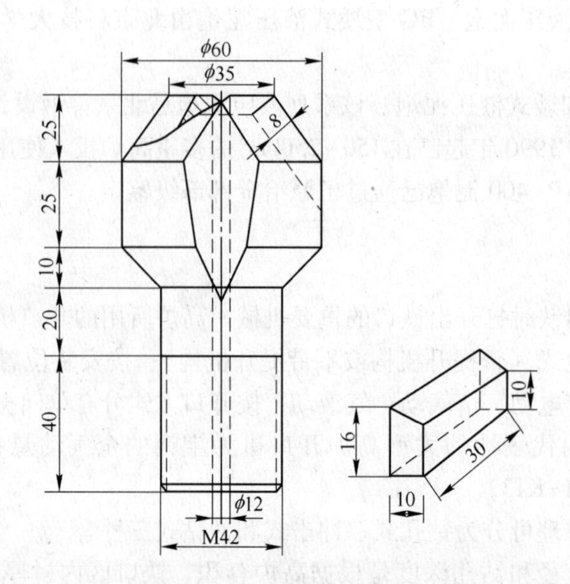

图 6-6　鞍钢电动开口机钻头与镶嵌合金刀头
（开口机钻头：材质 45 号，牌号 YG8，型号 GA130，焊条 T606）

电动吊挂式开口机只能在 $1000m^3$ 以下高炉上使用，这种开口机具有如下特点：

（1）结构简单，操作维护方便，适于有水炮泥开口作业。

（2）当使用无水炮泥后，开口能力明显不足。若强行钻进开孔易造成铁口孔道呈曲线形、葫芦形。

（3）控制铁口角度较为困难，随意性很大。当强行钻进时，整个行走架与摆动梁垂直角发生变化，使开口机设定角度也发生变化。

（4）铁口泥炮形成位置不稳定，几何形状达不到工艺要求。

（5）定位性差，易损坏铁口泥套，增加铁口维护量。

这类开口机的有关技术性能见表 6-7。

表 6-7　某些国产开口机的技术性能

类　型	无风钻头开口机		有风钻头开口机	
钻头直径/mm	60	60~80	60~70	60~70
钻头转速/$r\cdot min^{-1}$	380	430	140	430
钻孔深度/mm	2820	3000		3500
电动机型号	AJHO514-4	JO51-4	JO252-8	JHO52-4
功率/kW	4.5	4.5	5.5	7.5
转速/$r\cdot min^{-1}$	1290	1440	720	1500
适用高炉/m^3	<620	<1000	<1000	<1500

6.3.2.2　全气动开口机

全气动开口机以压缩空气作为动力源，由钻机结构、导向轨梁和送进机构、提升机构、安全装置、旋转机构 5 部分组成。我国宝钢 1 号高炉从日本引进了这种悬挂式全气动开口机，如图 6-7 所示。这种开口机的主要技术性能见表 6-8。

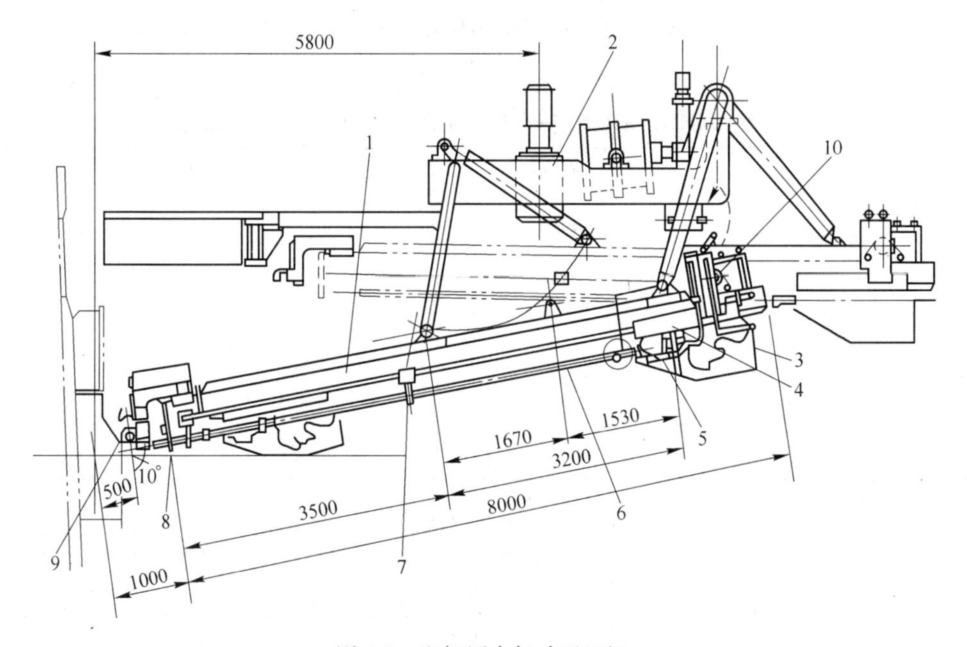

图6-7 宝钢用全气动开口机

1—导轨；2—升降装置；3—旋转正打击机；4—滑台；5—反打击机；6—钎杆；7—钎杆吊挂装置；8—对中装置；9—挂钩；10—送进机构

表6-8 宝钢全气动开口机的技术性能

技术指标	规格	技术指标	规格
钻杆行程/mm	5500	逆冲打频率/Hz	27.5
开口深度/mm	4000	转臂旋转角度/(°)	145~155
钻头直径/mm	40~58	转臂旋转时间/s	35~55
钢钎直径/mm	40~60	转梁提升时间/s	10~15
钻杆转速/r·min^{-1}	1500（最高）	压缩空气工作压力/MPa	0.5~0.7
正冲打频率/Hz	25.8		

6.3.2.3 气-液复合传动式开口机

气-液复合传动式开口机以德国DDS公司的开口机为代表，目前用于鞍钢11号高炉。上钢一厂引进的英国DAVY公司的开口机、邯钢2000m^{3}高炉所用的开口机也属于这种。国产的气-液复合传动式开口机应用在武钢、唐钢等。鞍钢11号高炉于1990年大修改造时，安装了DDS公司的30HHI-KR型开口机，开口机和泥炮布置在铁口的同一侧，开口机是落地式的，因此，为了不影响下方泥炮的转动，开口机设有固定臂和固定立柱，开口机的转臂绕固定壁端部的旋转轴旋转。这种开口机主要由钻冲机构、送进机构、倾动机构和旋转机构组成，其中钻冲机构和送进机构为气动，倾动机构和旋转机构为液压传动。开口机的主要性能见表6-9和表6-10，30HHI-KR型开口机如图6-8所示，DAVY型开口机如图6-9所示。

表6-9　30HHI-KR型气-液复合传动式开口机的主要技术性能

技术指标	规　格	技术指标	规　格
开口深度/mm	3500	开口角度/(°)	5~15
钻杆直径/mm	38	送进减速机速比	10.3
钻头直径/mm	70	倾动时间/s	2
冲打次数/次·min^{-1}	1780	旋转角度/(°)	160
钻冲机构行走速度/m·s^{-1}	1.2（最大）	旋转时间/s	15

表6-10　DAVY公司开口机的技术性能

技术指标	规　格	技术指标	规　格
最大钻杆行程/mm	3500	钻进速度/m·min^{-1}	24
钻孔的直径范围/mm	48~75	旋转角度/(°)	180
开口角度/(°)	8，12，15	旋转马达速度/r·min^{-1}	3

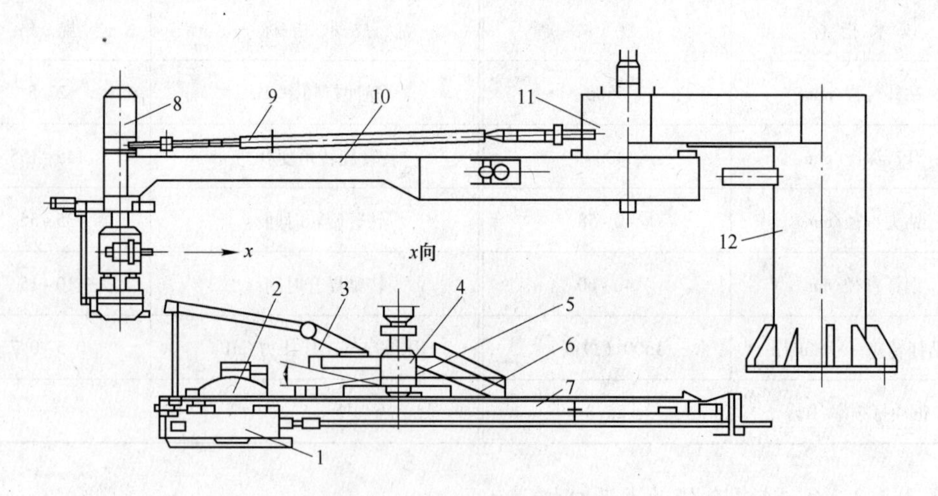

图6-8　30HHI-KR型开口机

1—钻冲机构；2—送进机构；3—调整杆；4—保持架；5—油缸；6—连接支座；7—导向轨梁；8—高度调整装置；9—可调节的连杆；10—回转臂；11—固定臂；12—固定立柱

6.3.2.4　全电动开口机

用于武钢3200m^3高炉的全电动开口机是从前苏联引进的。它和泥炮分别布置在铁口两侧，并设置在风口平台的下面。这种开口机主要由钻削机构、送进机构和旋转机构组成，没有冲打机构。其主要技术性能见表6-11。

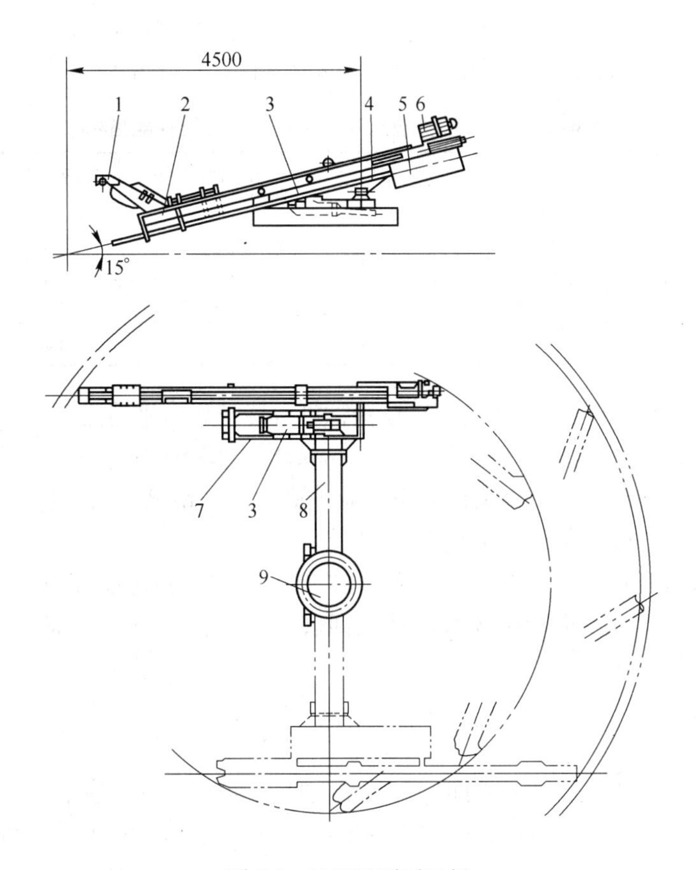

图6-9 DAVY型开口机
1—锚钩；2—导向轨梁；3—倾动气缸；4—三脚架；5—钻冲机构；
6—送进机构；7—支撑架；8—转臂；9—旋转机构

表6-11 武钢用全电动开口机的技术性能

技术指标	规格	技术指标	规格
钻孔工作行程/mm	3100	钻头返回速度/m·min^{-1}	300
钻孔直径/mm	60	旋转角度/(°)	120
开口倾角/(°)	6，9，12，16	旋转时间/s	9
钻头最大送进力/N	21800	钻削电动功率/kW	7.5
钻头转速/r·min^{-1}	388	送进电动功率/kW	7.5×2
钻头旋转力矩/N·m	771	旋转电动功率/kW	15
钻头进给速度/m·min^{-1}	2.4~3.8		

6.3.2.5 全液压开口机

首钢1、2、3、4号高炉全部采用了自行设计制造的SGK型全液压开口机。这种开口机在本钢5号高炉（2000m^3）、太钢4号高炉（1650m^3）、邯钢4号高炉（917m^3）、唐钢2560m^{3}高炉上也得到推广应用。

SGK 型全液压开口机是新一代多功能开口机，其结构紧凑，体积小，工作可靠，可在 300~3000m^{3}范围的高炉上配套使用。其主要技术特性见表 6-12。

表 6-12　SGK 型全液压开口机主要规格及性能指标

型　号	适用高炉/m^3	冲击功率/J	旋转扭矩/N·m	钻孔深度/mm	冲击油压/MPa	回转油压/MPa
SGK-Ⅰ	2000~3000	300	200	3800	16~19	16
SGK-Ⅱ	2000~3000	300	200	3000	16~19	16
SGK-Ⅲ	1000~2000	200	200	2800	14~16	16
SGK-Ⅳ	1000 以下	200	200	2500	14~16	16

SGK-Ⅳ型全液压开口机为矮式刚性结构，可放置于风口平台之下，其特点是能力强、功率大、效率高，打开铁口时间一般不超过 2min。全部操作通过 3 个手柄完成，操作安全、可靠，简单易掌握。该设备采用航空工业先进技术，用钢铰输油管路系统取代传统的软管输油管路系统，确保高炉安全生产。

SGK 型全液压开口机分为开口机设备本体和开口液压驱动装置两大部分，设备本体由斜基础、回转机构、钻进机构 3 大部分及回转油缸、液压马达、液压凿岩机、三四路铰、钎杆、钻头等组成。

6.3.3　堵渣机

高炉的渣口出完渣之后需要立即进行堵塞，堵渣机的作用就是不放渣时将渣口堵上。小高炉采用堵耙进行人工堵渣口，现代大中型高炉通常采用由气动、电动或液压驱动的堵渣机来堵渣口。目前国内外研制的堵渣机的结构形式很多，得到广泛应用的有四连杆式堵渣机和液压折叠式堵渣机。

6.3.3.1　*四连杆堵渣机*

我国堵渣机一般采用电动铰接的平行四连杆机构（见图 6-10）。这种堵渣机连杆的转动应灵活，不受高温作用影响，轻便、准确，保证塞头进入渣口大套后做直线运动；堵渣机杆平直，塞杆应与渣口中心线在同一垂直面内；塞头外形尺寸与渣口小套的孔型配合。

这种堵渣机的连杆固定在水平横梁上，梁的一端焊在炉壳上，另一端则挂在炉腰支圈处。四连杆的下杆延伸部分是带塞头的塞杆，塞杆和塞头均为空心式结构，使用时通水或通风冷却。堵渣机作业时，塞杆的提起是通过电动机带动卷筒转动缠绕钢丝绳来完成，堵口时通过电动机的反转，钢丝绳松弛，靠自身重力作用落下将渣口堵塞。

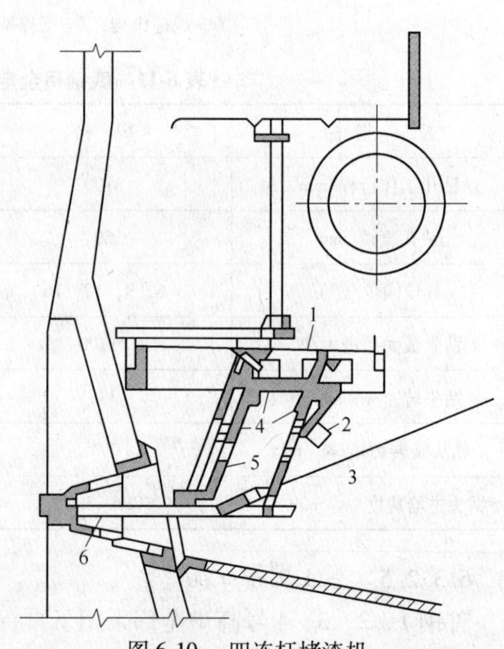

图 6-10　四连杆堵渣机
1—横梁；2—平衡锤；3—钢丝绳；
4—平衡连杆；5—活动水管；6—塞杆

通风堵渣机是在塞头内增加了一套逆止装置，保证压缩空气一个方向的进入。其优点是减轻打渣口的劳动强度，只要拔起堵渣机随时可以放上渣；可使渣口区域活跃，有利于多放上渣；可减少渣口的破损。存在问题是弹簧在高温下易变形，加上冷却强度不够，一旦熔渣反灌塞头现象出现，处理堵塞不方便。堵渣机技术性能见表 6-13。

表 6-13　堵渣机技术性能

项　目	规　格	项　目		规　格
塞头直径/mm	60	电动机	型　号	JO51-4
塞杆行程/mm	<3000		功率/kW	4.5
卷扬能力/kg	600		转速/r · min^{-1}	1500
卷扬速度/m · s^{-1}	0.925	减速机	型　号	ZQ-35
设备总重/kg	1193		速　比	32.63

6.3.3.2　折叠式堵渣机

鉴于四连杆结构堵渣机占据空间过大等问题，出现了一种折叠式堵渣机，结构如图 6-11 所示，它由摆动油缸、连杆、堵渣杆、滚轮和弹簧组成。

打开渣口时，液压缸活塞向下移动，推动刚性杆 *GFA* 绕 *F* 点转动，将堵渣杆抬起。在连杆未接触滚轮时，连杆绕铰接点 *D*（*DEH* 杆为刚性杆，此时 *D* 点受弹簧的作用不动）转动。当连杆接触滚轮后就带动连杆和 *DEH* 一起绕 *E* 点转动，直到把堵渣杆抬到水平位置。*DEH* 杆转动时弹簧受到压缩。堵渣杆抬起最高位置离渣口中心线可达 2m 以上。

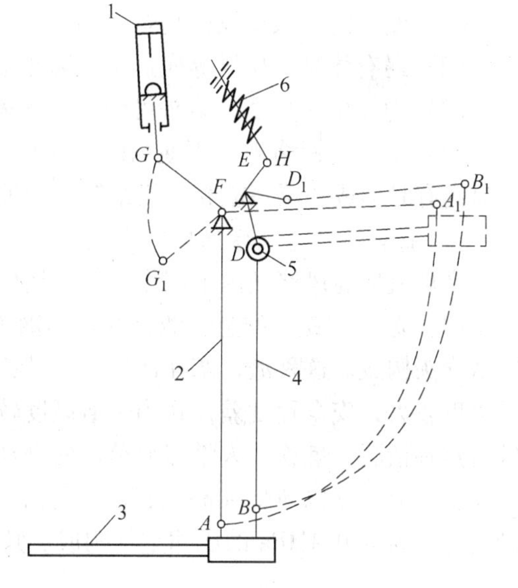

图 6-11　折叠式堵渣机

1—摆动油缸；2，4—连杆；3—堵渣杆；5—滚轮；6—弹簧

堵渣口时，液压缸活塞向上移动，堵渣杆得到与上述相反的运动，迅速将渣口堵塞。

6.3.3.3　高炉渣口通风堵耙

堵渣机使用前，中小高炉都是用堵耙人工堵渣口，人工用钢钎打渣口，劳动条件不好，劳动强度大。为解决此问题，20 世纪 60 年代济钢炉前工人发明创造了高炉渣口通风堵耙，并在该厂两座 255m^3 高炉应用多年。实践证明，高炉渣口通风堵耙制作简单，灵活好用，大大减轻了劳动强度，深受炉前工人欢迎。高炉渣口通风堵耙以后在全国中小高炉上得到了推广应用，也得到了良好的使用效果。

A　构造

高炉渣口通风堵耙构造简单，不需要任何制动设备，只是用一根 3m 左右（可根据操作者方便以适当长度为准）的四分钢管，前头根据渣口直径，用生铁铸一个堵头，用胶皮管接高炉冷风，通入渣口，使渣口成为送风口，里面形成一个鼠洞式洞穴，渣液不至冷凝，因而退出堵耙渣子即流出，不再用打钢钎，所以使用非常方便，如图 6-12 所示。

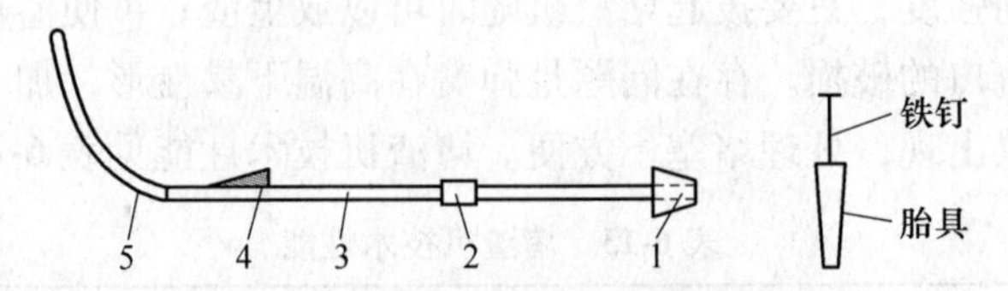

图 6-12　高炉渣口通风堵耙示意图

1—堵头；2—管子接头；3—钢管；4—焊在钢管上的退销；5—胶皮管接至冷风管

B　制作

先根据渣口直径，制作一个木头胎具，在黄沙上插出模型，将钢管（即堵耙杆）前头用沙堵死，烤热竖在模型中间，浇满铁水，冷却后即成。

为节约管子，前头 1m 左右用管子接头连接，一般只换前头一段即可。

C　应用要点

（1）使用时必须通风，高炉所用冷风的压力即够用。

（2）遇有休风、拉风等应退出，防止被渣子灌死。

（3）为使堵塞严密，堵头可糊一层耐火泥。

（4）堵时与死堵耙（不通风的）一样，退时一般轻轻一打就退出。如遇冷风湿度大，渣口内有时形成一层薄渣壳，用细铁棍猛捅速退，就会流出。

D　高炉渣口通风堵耙推广情况

高炉渣口通风堵耙由于制作简单，使用效果良好，在中小高炉上得到了广泛的使用。

（1）苏州钢铁厂的空气渣口塞。苏钢 $84m^3$ 高炉原渣口塞以圆钢作塞杆，在杆端有一铸铁塞头构成。这种渣口塞在使用时，其铸铁塞头顶端垒上耐火泥，并用人工堵口，故劳动强度较大，安全程度差，且当炉渣碱度较高或出现炉缸堆积时，渣口操作更显得繁重。针对这种情况，炼铁工人学习兄弟厂先进经验，采用了空气渣口塞。

空气渣口塞以 ϕ25. 4mm 铁管为塞杆，杆端用一中间钻有 ϕ8mm 孔的铸铁塞头，用软管通入压力为 0. 4MPa 的压缩空气构成。其构造如图 6-13 所示。

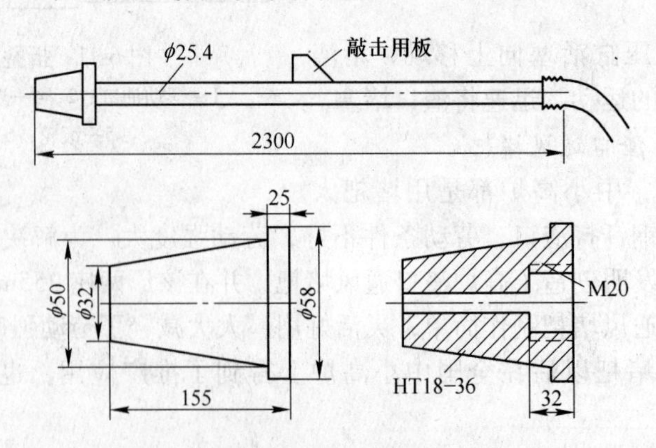

图 6-13　空气渣口塞构造示意图

生产实践证明，使用这种空气渣口塞时，由于压缩空气的推力，使其易于堵住。堵住后，由于通以压缩空气，保持其大于炉内压力，渣口凝成的渣壳中间保持着一个小孔，当开渣口时，只要将渣口塞拔出，熔渣能将小孔很快熔大而流出，拔出渣口塞亦较容易。使用这种方法可向炉缸喷吹压缩空气，有利于活跃炉缸中心气流，消除炉缸堆积，渣铁物热充沛，会有高炉炉况稳定顺行、产量提高、焦比降低的效果；对于高碱度渣冶炼和含钒钛矿石冶炼也更有利。

使用这种空气渣口塞时，若遇紧急停电、停风时，应立即取出，改用普通渣口塞堵渣口。否则，会由于渣口塞孔内无空压力造成灌渣而损坏。

（2）营口炼铁厂2003年在100m^{3}高炉上，由普通渣口堵耙改用通风渣口堵耙，也收到了拔出通风渣口堵耙熔渣自来，不用钢钎打渣口，减轻工人劳动强度的效果。

该厂最初通以0.4MPa的压缩空气，后因空压机故障改由高炉冷风管送气，效果同样很好。

6.3.4 换风口机和换弯头机

人工更换风口和弯头需要很多人，劳动强度大，在高温区作业，有时还不安全，遇到难更换的风口还需要很长时间才能换完。而采用机械化的换风口机和换弯头机就解决了以上问题。

6.3.4.1 换风口机

A 换风口机的结构

换风口机的结构如图6-14所示，它是由小车运行机构、回转机构、升降机构、摆动机构、移动机构、挑杠冲击机构组成。

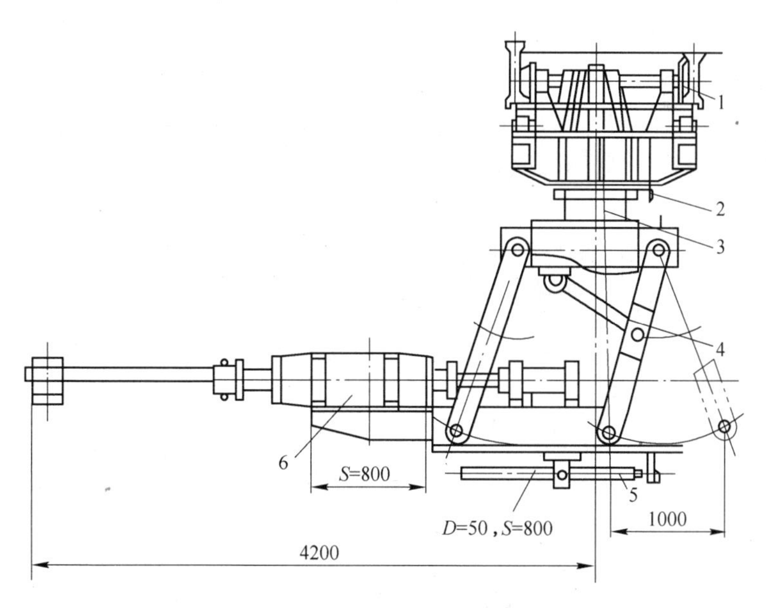

图6-14 换风口机结构示意图

1—小车运行机构；2—回转机构；3—升降机构；4—摆动机构；5—移动机构；6—挑杠冲击机构

B 换风口机的主要技术性能

换风口机的主要技术性能见表6-14。

表 6-14 换风口机的主要技术性能

名 称	单 位	指 标
液压锤一次冲击松动行程	mm	5
液压锤最大冲击频率	次/min	20
立柱升降油缸拉力	kN	28
挑杠伸缩油缸拉力	kN	22
挑杠伸缩油缸推力	kN	32. 5
挑杠摆动油缸拉力	kN	28
挑杠摆动油缸推力	kN	42. 5
吊弯头用卷扬能力	kN	7
空气锤冲击能力	kN	1. 6
升降油缸拉力	kN	39. 5
移动油缸拉力	kN	9. 63
移动油缸推力	kN	14. 31

C 换风口机工作范围

换风口机各机构均吊在小车上，小车在工字梁轨道上运行，此轨道环绕在高炉周围，换风口时，换风口机通过小车移到高炉任意一个风口处。换风口工作通过操纵液压缸来完成。

6. 3. 4. 2 换弯头机

A 换弯头机结构

换弯头机结构如图 6-15 所示，它由小车运行机构、回转机构、升降机构、摆动机构、托架移动机构、托架摆动机构组成。

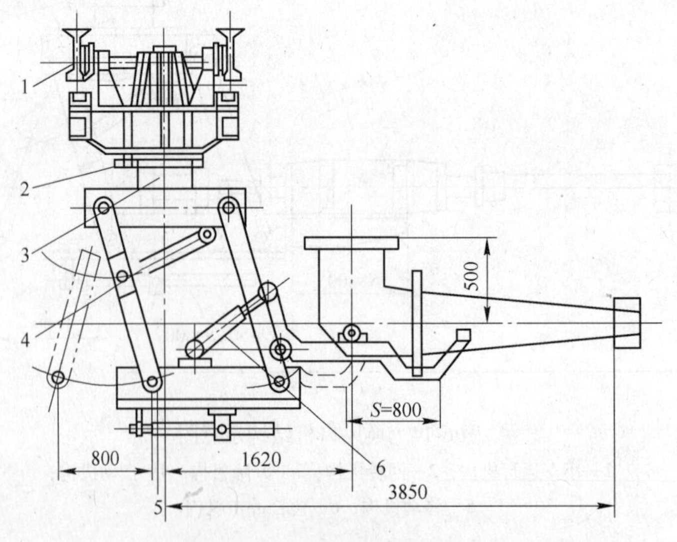

图 6-15 换弯头机结构示意图

1—小车运行机构；2—回转机构；3—升降机构；4—摆动机构；
5—托架移动机构；6—托架摆动机构

B 换弯头机的技术性能

换弯头机主要技术性能见表6-15。

表6-15 换弯头机的技术性能 (kN)

名称	指标
升降油缸提升力	39.50
托架移动油缸推力	14.13
托架移动油缸拉力	9.63
托架摆动油缸拉力	39.50

C 换弯头机工作范围

换弯头机是将卸下来的弯头和直吹管由托架托起，并撤离风口区，然后用换风口机拆卸风口和装新风口，新风口装好后，用弯头机将弯头和直吹管托起置于待装位置。

6.3.5 炉前辅助设备与工具

6.3.5.1 炉前辅助机械设备

A 炉前吊车

炉前吊车的作用是更换炉前设备，吊运耐火材料、炉体设备，清理渣铁沟内的残渣铁等。大中型高炉均应设置桥式横跨出铁场吊车，炉前吊车为通用机械。

B 其他机械设备

炉前机械设备还有铺垫渣铁沟用来夯实的电动震动夯，捣固砂口用的风锤及风镐，还有运送冷却设备等用的环形轨道上的单轨吊，吊运河砂、焦粉等用的抓斗机。

6.3.5.2 炉前工具

A 常用工具

炉前清理和修理铁沟及更换冷却设备常用的主要工具有：铁锹、夹钳、大锤、手铊、扁铲、泥叉、堵耙、钢钎子、楔子、楔套、手钻、长/短大钩、链式起重机、烧氧工具等。

B 专用工具——富氧吹烧铁口装置

高炉在开炉或长期休风后出第一次铁时，以及在生产过程中出现炉缸冻结等重大事故时，常出现铁口难开的现象，即使采用吹氧管吹烧也很难处理，有时甚至无法吹通，即使吹通也没有铁水流出，从而使铁口处理时间延长，而且炉前工人劳动强度大，操作环境恶劣。针对上述情况，为了缩短铁口处理时间，减少不必要的经济损失，鞍山热能研究院开发出了富氧吹烧铁口专利技术及富氧枪等相关设备。该技术和设备已多次在有关炼铁厂得到实际应用，并取得了很好的效果。实践表明，在高炉出现铁口难开的情况下，采用富氧吹烧铁口技术比采用常规处理方法开铁口的速度要快，经济损失要小。

a 富氧吹烧铁口装置

富氧吹烧铁口装置如图6-16所示。富氧吹烧铁口装置由富氧控制柜（内置电动阀、流量计、压力表、脱水器等）、富氧枪等组成。通过改变电动阀的开度可调节氧气和压缩空气的流量及压力，调配氧气和压缩空气比，调节混合气体的富氧率。富氧枪通过软管与富氧控制柜连接；富氧枪枪头用耐火材料层保护，以延长富氧枪的使用寿命；富氧枪枪头与枪座之间用法兰连接，安装和拆卸都比较灵活、方便。

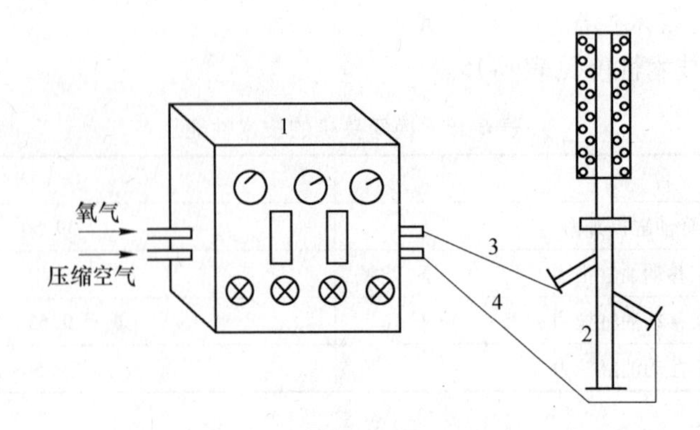

图 6-16　富氧吹烧铁口装置示意图
1—氧气控制柜；2—富氧枪；3，4—氧气、压缩空气导管

b　吹烧铁口工艺过程

在高炉送风之前，首先用吹氧管烧出一口径大于富氧枪外径的空间（其空间深度要大于炉墙厚度），然后将富氧枪插入其中（插入的深度不得小于炉墙厚度），最后用炮泥将铁口与富氧枪之间的缝隙封实。在富氧枪埋好，一切准备工作就绪后，先开通压缩空气阀，然后再开通氧气阀，并根据流量计的流量显示来控制富氧率。

富氧率可用下式计算：

$$\eta = \frac{V_y + 0.21V_k}{V_y + V_k} \times 100\% \tag{6-11}$$

式中　η——富氧率，%；

V_y——氧气流量（标态），m^3/h；

V_k——空气流（标态），m^3/h。

富氧率的大小要根据炉内状况和吹铁口时间适时进行调整，富氧空气量也要适时地有步骤地进行改变。如果操作不当，富氧枪会在较短的时间内烧损，影响富氧枪的使用效果和吹烧铁口工作进度。富氧枪在吹烧过程中，应根据吹烧情况，分阶段对富氧率进行调控，一般控制在30%~40%范围之内，最后阶段要控制在50%左右，富氧枪拔出的控制，要根据铁口实际情况和炉内实际炉况来确定。在吹烧过程中要勤观察，根据风口及其他铁口出现的现象来判断炉内情况，进而调整富氧枪的工作状态。

富氧吹烧铁口的最终目的就是要在炉内铁口周围吹烧出一定的燃烧空间，搞活铁口附近的炉况，并使铁口上方风口与该燃烧空间之间形成一燃烧通道，为送风后顺利出铁创造条件，避免送风后因长时间不能出铁造成风口灌渣、高炉恢复正常生产时间延长等现象的发生。

富氧吹烧铁口装置安装简单，操作方便，安全可靠，处理铁口时劳动强度较小，既适用于高炉首次出铁，又适用于处理高炉突发性重大炉缸冻结事故。在高炉休风时间较长，铁口经过常规处理（如吹氧管吹氧、爆破、加铝锭等）后仍无法出铁时，采用富氧吹烧铁口技术处理铁口能取得显著的效果。

c　应用实例

【例 6-3】　1997 年 3 月某钢铁公司炼铁厂 10 号高炉（$2580m^3$）由于热风围管爆裂将

高压水总管折断，大量冷却水从热风围管断开处灌入炉缸，致使炉缸严重冻结。该高炉共有 4 个出铁口，在出现炉缸冻结事故后，经过 6 天的常规处理仍无法出铁后，鞍山热能研究院有关技术人员到现场参与处理事故。首先在 3 号铁口插入富氧枪，同时处理铁口上方 14、15、16 号风口，在连续 12h 富氧吹烧后，拔出富氧枪，从 3 号铁口喷出大量渣铁，出铁量约在 20t 左右。3 号铁口经过处理后，铁口与风口之间形成燃烧通道，15、16 号风口开始送风。同时 2 号铁口也埋入富氧枪。3 号铁口每隔 30~40min 出一次渣铁。由于从风口大量供风，3 号铁口附近炉温恢复较快，相邻风口也相继被吹开并开始供风。2 号铁口经过 10h 左右吹烧后，与 3 号铁口及其上方的两个风口贯通。之后 2 号铁口上方的两个风口开始供风，随后各风口逐个恢复送风，炉内温度不断提高。经过 4 天左右的恢复，高炉基本达到正常生产状态。事后该公司有关专家认为使用富氧吹烧铁口技术至少为公司挽回 1 万吨生铁的损失。

【例 6-4】 1998 年 10 月 29 日某钢铁公司 3 号高炉（2560m^3）由于炉顶布料溜槽脱落，造成炉内布料不均，炉温下降，致使高炉炉缸严重冻结。该高炉共有 3 个出铁口，出现炉缸冻结事故后，炼铁厂采用吹氧管吹氧、放炮、加铝锭等方法处理铁口，仍不出铁后，决定采用富氧烧铁口技术，从 11 月 2 日 6：00 开始在 2 号铁口埋入富氧枪进行铁口吹烧操作，至 11 月 16 日高炉完全恢复正常生产。由于在这次 3 号高炉事故处理过程中只处理 1 个铁口，所以高炉恢复正常生产时间相对长一些。如果 1 号和 2 号铁口能够同时处理，3 号高炉恢复正常生产时间还要大大提前。

【例 6-5】 2000 年某钢铁公司炼铁厂 1 号高炉（380m^3）在开炉后因设备故障造成炉缸冻结。经过采用富氧吹烧铁口技术处理，3 天多就将炉缸冻结消除，高炉迅速转入正常生产。

除上述几例外，国内还有很多大中高炉采用富氧吹烧铁口技术处理炉缸冻结，都收到了明显的效果。

应用实践表明，富氧吹烧铁口技术在铁口难开、炉缸冻结过程中能起到加快铁口处理速度、缩短高炉休风时间、减少经济损失等作用。富氧吹烧铁口装置具有安装简单、操作方便、使用安全等特点。

任务 6.4 铁口操作

出铁是炉前操作的中心任务。在高炉冶炼过程中随着炉料的下降和熔化，铁水不断地产生，而炉缸所容纳铁水的数量是有限的，不按时放净铁水，炉缸的实际铁水量就会超过安全容铁量，不仅破坏了高炉顺行，同时也是造成各种恶性事故的隐患。因此，随着高炉的不断强化，必须确定适宜的出铁次数，按时出铁出渣，放净渣铁，这是炉前操作的中心任务。

6.4.1 铁口的构造

6.4.1.1 设计的铁口构造

铁口位于炉缸的最下沿，主要由铁口框架、保护板、砖套、泥套、流铁孔道及泥包组成，如图 6-17 所示。铁口框架如图 6-18 所示，外端与炉壳铆接（也有焊接）在一起，内端与炉缸中的环形炭砖相接触，周围用填料捣实，并且装有冷却壁。铁口框架内镶有砖套，铁口最外面是铁口保护板，铁口保护板内用泥套捣实做成铁口泥套。铁口保护板和铁口泥套的作用是使铁口框架不直接与渣铁水相接触，从而起保护铁口框架的作用。铁口泥套还起到保护铁口异型砖套，使铁水顺利排放及封闭铁口不冒泥，保持适宜铁口深度，有利于泥包的形成和稳定的作用。

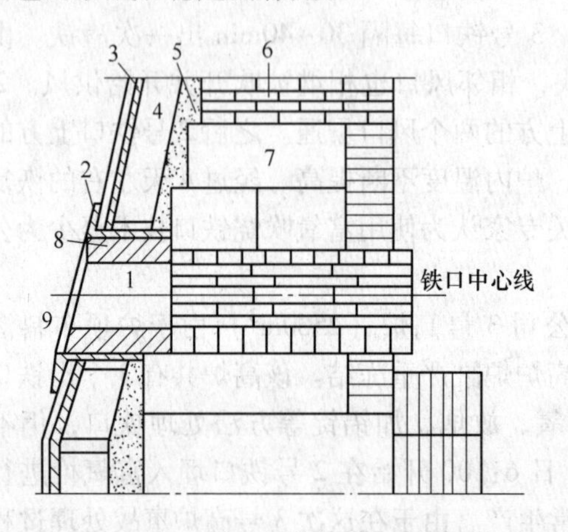

图 6-17 铁口整体结构剖面图

1—铁口泥套；2—铁口框架；3—炉皮；4—炉缸冷却壁；5—填料；
6—炉墙砖；7—炉缸环形炭砖；8—泥套；9—保护板

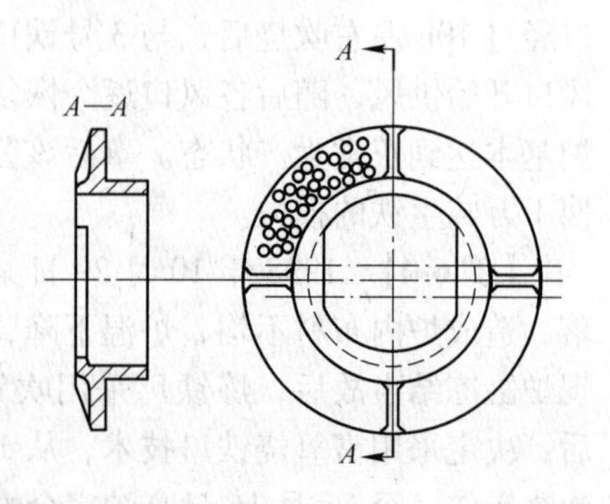

图 6-18 铁口框架

6.4.1.2 生产时铁口构造

高炉生产一个时期以后，铁口区域的炉墙砌砖由于渣铁水的侵蚀逐渐变薄，在整个炉役期间铁口区域始终由泥包保护着。生产过程中的铁口状况如图 6-19 所示。

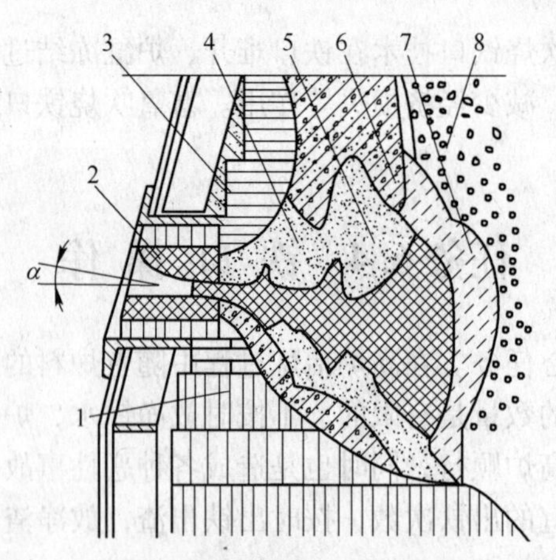

图 6-19 生产时铁口构造示意图

1—残存的炉底砖；2—铁口泥套；3—残存的炉墙砖；4—旧炮泥形成的铁口泥包；
5—新炮泥；6—炉墙渣皮；7—出铁口泥包可能的增长范围；8—炉缸中的焦炭

6.4.1.3 正常的铁口深度

根据铁口的构造，正常铁口的深度应稍大于铁口区炉衬的厚度。不同炉容的高炉，要求的铁口深度不同，表 6-16 是大中型高炉正常铁口深度参考值，表 6-17 是中小型高炉的正常铁口深度参考值。

表6-16　大中型高炉正常铁口深度参考值

炉容/m^3	<1000	1000~2000	2000~4000	>4000
正常铁口深度/m	1.5~2.0	2.0~2.5	2.5~3.2	3.0~3.5

表6-17　中小型高炉正常铁口深度参考值

炉容/m^3	100	255~300	300~750	750~1000
正常铁口深度/m	1.1~1.2	1.2~1.5	1.3~1.5	1.5~1.8

6.4.2　铁口的维护

6.4.2.1　影响铁口工作的因素

（1）熔渣和铁水的冲刷。铁口打开以后，铁水和熔渣在炉内煤气压力和炉料有效渣铁本身的静压力的作用下，以很快的速度流经铁口孔道，把铁口孔道里端冲刷成喇叭形。

（2）风口循环区对铁口的磨损。在高炉冶炼强化的条件下，风口前存在一定大小的循环区。渣铁在风口循环区的作用下，呈现出一种“搅动”状态，对突出在炉墙上的铁口泥包有一定的磨损作用。当风口直径越大，长度越短，循环区越靠近炉墙时，风口前渣铁对泥包的冲刷越剧烈，对炉墙和铁口泥包磨损也越大。

（3）炉缸内红焦的沉浮对铁口泥包的磨损。在出铁过程中，随着炉缸内存积的渣铁减少，风口前的焦炭逐渐下沉填充，堵上铁口后，随着炉缸存积的渣铁增多，渣铁夹着焦炭又逐渐上升，焦炭在下沉和浮起的过程中是不规则的，这种无规则运动的焦炭对铁口泥包有一定的磨损作用。

（4）煤气流对铁口的冲刷。出铁末期堵铁口之前，从铁口喷出大量的高温煤气（1600~1800℃），有时还夹杂着坚硬的焦炭同煤气流一道喷出，剧烈磨损铁口孔道和铁口泥包。

（5）熔渣对铁口的化学侵蚀。有水炮泥的主要成分（Al_2O_3为25%~30%，SiO_2为50%~55%）由酸性氧化物组成。在冶炼制钢铁时，其炉渣碱度$w(CaO)/w(SiO_2)=1.05\sim1.1$，碱性氧化物含量高于$SiO_2$含量。碱性氧化物与炮泥中的酸性氧化物生成低熔点物质，使黏土熔解。炉渣碱度越高而且流动性越好时，这种化学侵蚀就越强。从而使铁口泥包缩小，铁口孔道扩大，铁口变浅，使铁口工作失常。

现在新建大型高炉已采用无水炮泥，主要由二蒽油和沥青在高温下结焦，使炮泥结构强度加大，有利于铁口维护。

6.4.2.2　维护好铁口的主要措施

A　按时出净渣铁，全风堵铁口

要按时出净渣铁，首先要正点配好渣铁罐，同时按操作规程开好铁口。根据炉温、铁口深浅来选择铁口眼的大小，以保证渣铁在规定的时间平稳顺畅出净。只有渣铁出净后，铁口前才有焦炭柱存在，炮泥才能在铁口前形成泥包。

全风堵铁口时，炉内具有一定的压力，打进的炮泥才能被硬壳挡住，向四周延展均匀地分布在铁口内四周炉墙上，形成坚固的泥包。反之，若渣铁出不净，即使全风堵口，由于铁口前存在着大量液态渣铁，打入的炮泥被渣铁漂浮四散，不但形不成泥包，铁喇叭口也弥补不上，从而使铁口深度下降，很难保持适宜的铁口深度。

B　勤放上渣

多放上渣，减少下渣量，可以减少炉渣对铁口的机械磨损和化学侵蚀。上下渣量比与铁口合格率的关系见表6-18。

表6-18　上下渣量比与铁口合格率的关系

班　次	渣量比合格率/%	铁口合格率/%	班产量/t	备　注
1	90.7	63.3	630	均为月平均值
2	94.1	42.3	620	
3	66.4	41.8	617	
4	58.3	16.7	627	

C　严禁潮铁口出铁

潮铁口出铁时，炮泥中的残存水分剧烈蒸发，产生巨大的压力，使铁口泥包产生裂缝，同时还发生大喷，铁口孔道迅速扩大，发生“跑大流”。铁口大喷往往会烧伤人员。因此，铁口潮湿时，一定要彻底烤干后再出铁。杜绝“三漏”（钻漏、掏漏、烧漏）。

D　打泥量要适当而稳定

为了使炮泥克服炉内的阻力和铁口孔道的摩擦阻力，全部进入铁口，形成泥包，打泥量要适当而稳定；此外，铁口泥套必须完整，深浅适宜。打泥量过多过少均使铁口深浅度难于掌握，维护困难。

E　保持适宜的铁口角度

铁口角度是指铁口孔道中心线与水平线间的夹角。开炉初期高炉死铁层还没有受到侵蚀时，铁口角度只要保持0~2°就可以了。随着炉底侵蚀深度的增加，铁口角度也相应增加，这是为了减少死铁层铁水量，以利于维护炉底。但增加铁口角度应该根据炉基温度上升及见下渣后出铁量比正常时增多为前提条件。如果炉底未侵蚀，而人为地加大铁口角度，将使死铁层减薄，使高温区下移，反而加快炉底侵蚀，这种情况必须避免。开炉后经过一段时间，很多高炉炉底侵蚀基本减弱，炉底温度也基本稳定下来，在这一阶段铁口角度一般保持在12°较适当。只有在停炉前才将铁口角度加大到15°~17°。

在铁口正常生产中要固定一定的铁口角度，三班统一按固定角度开出铁口，不得任意改变，只有统一认为需要改变时，才可以用新的角度来操作。如果任意改变铁口角度，就等于改变了死铁层厚度，这对于维护炉底不利，更重要的是将使泥包中已经固定下来的出铁孔道遭到破坏，使泥包强度降低，因而造成泥包崩坏。

固定铁口角度，首先要固定好铁口泥套的位置，不论新换或修补的泥套，应该保证泥套位置固定不变。方法是用泥炮头来压出泥套位置，或根据泥套中心与铁口框架四周的距离来确定。而且泥套做好后，一定要用泥炮头来核对其位置是否正确。当然在校对前，需要先将泥炮角度校核正确，才能用来校核泥套位置。泥套位置不正时，不但不能保证铁口角度，也不能防止因泥套向外挤泥而造成铁口过浅现象。

使用开口机的高炉，要经常核对开口机的角度是否合乎规定。用人工开出铁口时，要根据铁口角度用铁口角度板选好“横梁”位置（即承放抠铁口钢钎的那个铁棒的位置），并加以固定。目前我国大部分高炉使用钻孔式开口机。钻孔时，钻杆与水平线的夹角是变化的，因此将钻头伸进铁口泥套中心尚未转动时钻杆与水平线间的初始角度定为铁口角度。现在新建大型高炉，如3000m^{3}以上的高炉，采用复合式开口机，铁口角度始终保持不变。

铁口保持一定角度的意义在于使死铁层保持一定厚度，有利于保护炉底和出净渣铁；堵铁口时铁口孔道内残留的液态渣铁可以全部流回炉缸，保持铁口清洁，便于下次开铁口操作。影响铁口角度的因素主要取决于炉缸、炉底侵蚀程度。随着炉龄的增加，铁口角度相应增大，见表6-19。

表6-19　高炉在一代炉龄中铁口角度的变化

炉龄期	开　炉	一年以内	中　期	后　期
铁口角度/(°)	0~2	5~7	10~20	15~17

钻孔式开口机钻头运行的轨迹近似于抛物线形，但在开口的过程中，往返钻进时，由于转杆的摆动，铁口孔道最后呈外大里小的喇叭形。往返前进的次数越多，喇叭口越大，铁口孔道直径的平均值越大，根据炉况来确定铁口的直径，由炉前操作者来掌握。

F　稳定炉内操作

高炉炉温和碱度波动过大，炉缸炉墙的渣皮经常受到破坏，渣铁直接侵蚀砖衬，使炉墙很快变薄，使铁口不好维护。渣皮脱落后，铁口泥包暴露在炉墙上，它直接受到渣铁的冲刷和焦炭的磨损，泥包极易断裂，铁口显著变浅，造成铁口工作失常。

G　提高炮泥质量

炮泥要求具有一定的可塑性，还必须抗渣铁冲刷、侵蚀和具有一定的高温结构强度。炮泥质量差，很容易被渣铁侵蚀破坏，铁口眼变大、变浅，突然来大流。一些高炉因炮泥质量差，曾多次发生炉前事故。因此，提高炮泥质量是维护好铁口的一个关键。现在大高炉早已使用无水炮泥来取代有水炮泥。有些高炉仍使用炭素炮泥，则应不断进行试验研究，以提高炮泥质量。

H　保持正常的铁口直径

铁口孔道直径变化直接影响到渣铁流速，孔径过大易造成流量过大，引起渣铁溢出主沟或下渣铁等事故。另外由于过早地结束出铁工序，造成下一次出铁的时间间隔延长，也影响炉况的稳定。铁口直径的大小与高炉容积大小、冶炼生铁的品种、炉顶压力高低、铁口深度等很多因素有关。一般小高炉的铁口直径为30~40mm，中型高炉铁口直径为50~60mm，大型高炉为60~80mm；炉顶压力高时铁口直径应小一些，炉顶压力低时铁口直径应大些；冶炼铸造铁时铁口直径应大些，冶炼炼钢铁时铁口直径应小些；当铁口过深或炉温较低，渣铁流动性不佳时，应采用大口径开口，相反铁口浅或炉温高及渣铁流动性好时，则要采用小口径开口。表6-20为不同顶压、铁种选用开口机钻头直径的参考值。

表6-20　不同顶压、铁种选用开口机钻头直径

炉顶压力/MPa	0.06	0.08	0.12~0.15	>0.15
铸造铁选用钻头直径/mm	80~70	70~65	65~60	60~50
炼钢铁选用钻头直径/mm	70~60	65~60	60~50	50~40

鞍钢高炉正常铁口深度为1.8~2.8m，标准钻头直径为60mm，泥炮嘴内径（泥芯直径）150mm。在使用电动吊挂式开口机情况下，当铁口深度失常，特别是连续过浅时，必须相应缩小铁口直径，其关系情况见表6-21。

表6-21 鞍钢高炉开口作业时出铁口孔径变化

铁口深度/m	铁口处理方法	铁口孔径变化
1.8~2.5	开口机直接钻到赤热层，捅开	孔径可大些
1.5~1.8	开口机直接钻到赤热层，捅开	相应小些
1.0~1.5	开口机钻到赤热层（严禁钻漏），捅开	还要缩小
<1.0	钻到距赤热层150~200mm，开口机退出	长钢钎捅开

6.4.3 铁口泥套的维护与制作

6.4.3.1 铁口泥套及其维护

在铁口框架距铁口保护板250~300mm的空间内，用泥套泥（制作铁口泥套专用泥）做成可容纳炮嘴的深度，称为铁口泥套。铁口泥套必须保持完整适宜，才能保证堵铁口顺利，不冒泥。在正常生产中，当铁口泥套破损时，必须及时修补，当泥套深度超过规定时，就需要重新制作铁口泥套。

6.4.3.2 铁口泥套的制作

A 制作新泥套前需要检查的内容

(1) 检查铁口周围是否有漏水现象，查清水源，妥善处理。

(2) 检查铁口框架、铁口保护板是否完好无损。

(3) 检查是否有漏煤气的缝隙，有时应用炭素捣料封死。

(4) 检查铁口孔道和铁门中心线偏差量，偏差超过50mm时，应查明原因重开铁口孔道，同时校正泥炮。

B 制作铁口泥套的方法

(1) 首先将旧泥套内的残渣铁抠净，并且深度要大于150mm以上，将旧泥套抠成内大外小形状，防止压炮时将新泥压“飞”。

(2) 泥套泥的软硬程度要合适，压炮时必须压紧压实，然后在泥套中心挖出直径略小于炮头内径，深度为150~200mm的铁口眼（圆眼）。

(3) 新泥套不得超出铁口保护板，应在保护板内20~40mm左右为宜。

(4) 如果铁口孔道偏差在要求范围内，不需要重新开铁口孔道时，新做泥套抠铁口眼时必须与旧铁口眼吻合，防止造成呛茬，出铁时喷掉新泥套。

(5) 烧铁口泥套时，用风和煤气火要先小后大，以防烧裂新泥套。烧铁口泥套的时间一般为40~50min，但必须确认烧干后方可使用。

如果铁口工作失常，渣铁又未出净，修补及制作泥套时必须注意安全，防止渣铁自动流出发生人身和其他事故。

6.4.4 出铁操作

出铁是炉前操作的中心任务。在正常情况下，操作人员应按规定的出铁时间，正点打开铁口，并在规定的时间内出净渣铁。因此，出铁前必须做好各项准备工作，使其具备出铁条件，以保证安全出铁。

6.4.4.1 出铁前的准备工作

（1）把主沟和下渣沟中的残渣残铁清理干净，保证渣铁顺利流入渣铁罐。

（2）检查铁口泥套是否完好，如发现破损，应及时修补烤干。

（3）定期铺垫渣铁沟，经常保护渣铁沟完好无损。

（4）出铁前将铁沟和下渣沟各道拨流闸放下，并用砂子叠好烤干。

（5）叠好砂坝、砂闸并烤干，开铁口前把砂口上的残渣凝结的硬壳打开。

（6）渣铁沟流嘴应定期修补，发现破损及时处理，以防渣铁流到罐外。

（7）把泥炮装满后，打泥活塞应顶紧炮泥；装泥时不要把冻泥、太硬和太软的泥装进炮膛，泥炮装满后，用水冷却炮头。

（8）检查开口机和泥炮运转是否正常，发现故障应及时处理。

（9）准备好出铁用的各种辅助工具。

（10）开铁口前应检查渣铁罐是否到位，若没到位及时同调度联系，等重新到位后才打开铁口出铁。

另外还要注意渣铁罐内是否有水和潮湿脏物，渣铁罐是否完好，以决定能否应用。

6.4.4.2 出铁操作及注意事项

A 开铁口

钻铁口时首先把钻头对准铁口泥套漏斗形深窝的中心，否则会钻坏铁口泥套或把铁口钻偏，堵口时冒泥或发生渣铁喷出沟外的现象。启动开口机时要稳，尤其是钻孔式开口机，应防止钻杆摆动过大或卡钻头。钻铁口时应注意以下事项：

（1）铁口内是否有潮泥，若有潮泥，应按处理潮铁口的规程操作。

（2）钻进一定深度后退出钻头，吹出钻下的炮泥粉末，观察铁口情况，是否钻到红点，并测量铁口深度，确定需要再钻多少比较合适，避免钻漏后烧坏钻头和钻杆。

（3）根据炉温情况和铁口变化，正确地掌握好铁口眼的大小。

（4）使用无水炮泥的高炉，开口机要正反转交替使用，防止铁口孔道偏斜。

（5）在钻铁口过程中，如果铁口过硬或者有残铁钻不开时，要抓紧时间用氧气烧开，烧铁口时，先小开氧气，使氧气管前端燃烧以后，伸入铁口，然后开大氧气，将铁口烧开。

确定铁口眼大小的原则：

（1）根据高炉有效容积及炉内压力来确定。高炉有效容积越大，炉内压力越高，铁口眼应越小些，反之亦然。

（2）根据炉温确定铁口眼的大小。炉温较高，冶炼铸造铁时，铁水流动性较差，铁口眼应大些；炉子大凉时，渣铁物理热不足，易于凝结，铁口眼也应大些。

（3）根据铁口眼深浅来确定铁口眼的大小。铁口过深时，眼应大些；铁口过浅时，则应小些。

B 堵铁口

为了确保铁口的正常深度，防止事故发生，堵好铁口很关键。在正常情况下，必须在渣铁出净后堵铁口。渣铁出净的特征：

（1）按料批计算的理论出铁量与实际出铁量符合，其差值不允许超过规定的铁量差。

（2）炉内有大量的煤气喷出，煤气喷射带出的渣铁已超过砂口大闸。

C　堵铁口时应注意事项

（1）铁口眼大，未等渣铁出净铁口开始喷射，应及时减风，使渣铁出净后堵口。

（2）堵口不应过早或过吹。过早渣铁未净，过吹煤气携带的碎焦和焦炭将剧烈地冲刷铁口孔道，扩大了的铁口孔道可被焦炭卡塞，使堵口时打泥不顺或打不进泥。

（3）堵口前应试转泥炮，操作泥炮要稳、准。

（4）铁口深度正常时，打泥量要保持稳定。

（5）铁口过深应减少几个泥球；铁口过浅应增加几个泥球；保持铁口深度正常。

（6）使用有水炮泥时，一般打完泥 5min 后退炮；使用无水炮泥时，打完泥后 30～40min 才能退炮。

6.4.5　出铁事故及其处理

在铁口维护不好，铁口深度不正常的情况下，往往会因操作不当或某些客观因素的影响，造成各种事故，轻则影响正常生产，重则造成设备损坏和人员伤亡及高炉长期休风等恶性事故。

高炉正常生产时，铁口深度应保持在规定范围内。如果铁口连续过浅造成事故，影响生产时渣铁排放，称为铁口工作失常。

引起铁口工作失常的因素较多，其危害极大，一旦铁口工作失常，如不能及时把铁口维护上来，将会酿成事故。因此，操作人员在操作中，遇有非正常情况，应具备处理异常情况的能力，并且查找其原因，做好预防。

6.4.5.1　铁口过浅或连续过浅

A　原因

引起铁口过浅的原因较多，如渣铁出不净、下渣量大、炮泥质量差、潮铁口出铁、打泥量少等，均能造成铁口过浅。

B　铁口过浅的危害

铁口过浅，其危害性极大，操作人员必须引起高度重视，认真对待，采取有力的措施，尽快地将铁口维护到正常水平。主要有以下几个方面：

（1）铁口过浅，出铁时往往会发生“跑大流”和“跑焦炭”等事故，高炉被迫减风降压出铁，而且必定造成渣铁出不净使炉缸存渣铁，影响高炉顺行，破坏正常的操作制度，导致高炉减产。

（2）铁口过浅渣铁出不净，当炉缸积存的铁水过多时，会给放上渣工作带来困难，上渣带铁多，易烧坏渣口，甚至会造成渣口爆炸等重大恶性事故。

（3）铁口过浅，堵铁口时，打入的炮泥很容易被炉内运动着的渣铁水浮起来，难以形成泥包，退炮时，渣铁也容易跟出来。

（4）尤其是铁口长期过浅，没有泥包保护炉墙，在渣铁的侵蚀冲刷下，炉墙越来越薄，容易造成铁水穿过残余的砖衬后烧坏冷却壁，发生铁口爆炸和炉缸烧穿等重大事故，不但影响生产，而且会缩短高炉的寿命。

（5）铁口长期过浅容易发生铁水跑大流或铁水外溢淌到炉台下，淹没铁道将道轨烧坏的重大事故。

C 铁口过浅的处理方法

（1）要保证渣铁罐的正点调配运输，尽可能减少炉缸存渣铁，如果存渣铁过多，可提前出铁，按铁量差及时出净渣铁。

（2）堵死铁口两侧的风口，使铁口区域炉缸不活，减轻渣铁对泥包的冲刷侵蚀，使铁口深度很快恢复到正常水平。当铁口深度达到正常水平时，即可捅开堵塞的风口，也可将铁口两侧的风口换成直径较小的风口加以巩固铁口深度。

（3）改变铁种，对冶炼低标号生铁的高炉可改炼高标号生铁，适当降低炉渣碱度，减轻渣铁对铁口的冲刷侵蚀。

（4）使用有水炮泥的高炉可改用无水炮泥，并改善提高炮泥的质量。

（5）适当增加每次打泥量。

（6）正确使用开口设备，减少铁口孔径。

（7）铁口长期过浅时应常压操作，待铁口恢复正常水平后再改回高压操作。适当增大铁口角度。

6.4.5.2 出铁跑大流、跑焦炭

出铁跑大流是打开铁口以后（有时在出铁一段时间之后），铁流急速增加，远远超过正常铁流，渣铁越过沟槽，漫上炉台，有时流到铁轨上，这种不正常的出铁现象称为跑大流。有时焦炭也随之大量喷出称为跑焦炭。

A 跑大流、跑焦炭的原因

（1）铁口过浅，开铁口操作不当，使铁口眼过大跑大流。

（2）铁口眼漏时闷炮，闷炮后发生跑大流。

（3）炮泥质量差，抗渣铁冲刷和侵蚀能力弱，见下渣后铁口眼迅速扩大，造成跑大流。

（4）潮铁口出铁，铁口眼内爆炸，使铁口眼扩大，造成跑大流。

（5）铁口浅，连续几次渣铁出不净，炉缸里积存渣铁过多，再次出铁时跑大流。

（6）炉况不顺，铁前发生憋风或悬料。

（7）冶炼强度高，焦炭质量差，块度小。

B 出铁跑大流的预防及处理

跑大流的预防和处理措施有：

（1）铁口浅时，开口孔径要小，严禁钻漏。

（2）炉前做好各种出铁准备工作。

（3）抓好正点出铁率，及时出铁，防止炉缸积存铁水过多。

（4）改善炮泥的质量，加强对铁口泥包的维护。

（5）做好铁流控制，出现铁流过大时要减风，以减少铁水流的流势。

（6）一旦发生跑大流就要进一步减风来降低铁水流势。如果发生铁水溢流或喷焦危险，而减风不能制止时，应采取休风措施来控制。

本钢917m^{3}高炉因铁口工作失常，连续过浅，渣铁出不净，造成炉缸存渣铁过多，出铁时出现特大铁流（≥25t/min），铁水流淌地下150余吨，淹没铁道，停产4天进行处理。

6.4.5.3 退炮时渣铁流跟出

铁口过浅时，往往渣铁出不净，堵上铁口后，铁口前仍然存在大量液态渣铁，打入的炮泥被渣铁漂浮四散，形不成泥包。在炉内较高的压力作用下，加上退炮时的瞬时抽力，渣铁冲开炮泥流出，有时铁水灌进炮膛。如果退炮迟缓，将会烧坏炮头，不能再堵口，或者炮泥全部打完，也不能再堵口。此时，如果砂口眼被捅开，铁水顺残铁沟流入铁罐，罐满后流到地上，烧坏铁道，陷住铁罐车；如砂坝被推开，铁水顺着下渣沟流入渣罐，烧漏渣罐，陷住罐车，造成大事故，有时被迫进行高炉休风处理。

为防止上述事故的发生，在铁口浅而渣铁又未出净的情况下，堵上铁口后先不退炮，待下次渣铁罐到位后再退炮。同时炮膛的泥不要打完，装泥时不要把太稀太软的泥装进炮膛，防止炮嘴呛铁。争取出净渣铁。

6.4.5.4 铁口自动漏铁

铁口深度连续过浅，如果经常小于200mm时，一旦泥炮退出去不久，由于炉缸压力将铁口堵泥冲开，就会发生未开铁口而铁水自动流出的漏铁事故。如果这一事故发生于出铁后，此时铸铁机模子、中间包、渣铁沟、砂口等还没有清理，或渣铁罐未配到时，可能造成渣铁溢流并烧坏铁道事故。因此当铁口深度长期过浅时，必须经常将泥炮装好泥，渣铁沟、砂口在出铁后尽快清理好，炉前铸铁机的模子和中间包也尽快清理好，或将渣铁罐提前配到炉前，以防万一。一旦发生铁口自动漏铁，就要紧急减风，强迫用泥炮堵住铁口，在一切出铁准备工作已经做好时，减风出铁。

铁口漏铁，说明铁口部分的炉衬厚度极薄，也就是铁口内部的泥包已经全部崩塌，使铁口部分极薄的炉衬处于高温的渣铁及煤气冲刷之下，这种情况如不及时扭转，必将发生铁口下方炉缸溃破烧穿事故。因此必须采取紧急措施来恢复铁口正常深度。可以堵塞铁口上方或两侧风口；用水分比较少的碳质炮泥；每次加泥量要有节制；烤干出铁口再出铁。必要时采取降低冶炼强度来恢复铁口深度。

6.4.5.5 炉缸溃破烧穿事故

铁水从铁口中心线以下部位自动流出称为炉缸溃破烧穿事故，多数发生于铁口下部，也有的发生于其他部位。

炉缸溃破烧穿的根本原因是：铁口长期过浅，特别是一代炉龄的中后期，砖衬被渣铁侵蚀严重，如果铁口区炉墙又无固定泥包保护，砖衬直接和渣铁接触，炉墙被渣铁冲刷侵蚀变得越来越薄，铁水会穿过残余砖衬直接和冷却壁接触，烧坏冷却壁。冷却壁漏水后，造成炉缸爆炸。如鞍钢4号高炉曾发生的铁口处烧穿事故，就是因为铁口长期过浅造成的。铁口深度由原来的1200mm降到600mm左右，出铁时铁口堵不上，后休风人工堵口。第二次铁要出完时，铁口下面部位炉缸烧穿，渣铁流入炉台排水沟中，严重爆炸，随即紧急休风处理。处理后发现铁口周围砖衬最薄处只有50~70mm，从而导致了炉缸烧穿。

预防炉缸烧穿事故的措施：必须维护好铁口，保持住铁口的正常深度，防止铁口发生过浅事故。

6.4.5.6 泥套外长

铁口泥套外长的原因是泥炮压力不足，或压上焦炭及杂物等造成。泥套外长时，必须及时处理，否则会导致铁口堵不上。因泥套上粘焦炭或凝渣铁，在出铁过程中压在泥套中的焦炭很容易松动脱落，铁口眼下部的凝渣铁会被铁水熔化，导致泥套与炮头压不严，堵不上铁口；如果是泥炮压力不足，使炮头与泥套压紧程度不够，也会导致堵不上铁口。

处理方法及预防措施：发现泥套外长时，应及时查出原因。如果是泥炮压力不足，应及时处理，如果是泥套上粘凝渣铁或焦炭，拔炮后应将残留物抠掉直到见泥套为止，并且要进行试炮，做到泥套表面光滑平整，炮头与泥套接触严密，保证堵铁口时不冒泥。

6.4.5.7 潮铁口出铁事故

A 原因

引起铁口潮湿的原因主要是铁口周围冷却壁设备漏水，打泥量大，铁口深度过长，增长的幅度过急，两次铁间间隔时间短，炮泥水分过大等。潮铁口出铁会导致铁口工作失常，打开铁口后，潮湿炮泥受热后水分迅速蒸发膨胀发生“打枪”，容易造成人身事故；在铁水的冲刷下铁口孔道变大，出现跑大流造成烧坏设备事故；铁口变浅出不净渣铁造成炉况难行，严重者还会发生铁口爆炸等重大事故。

B 处理方法

遇铁口有潮泥时，应适当提前处理铁口。

使用有水炮泥的高炉，退炮后立即抠好炮头并装泥顶紧，用手钻钻一定的深度，便于排出铁口孔道的潮气，加快水分的蒸发速度。并且严密监视铁口，一旦铁水自来就堵上铁口。开铁门时，铁口眼要小点，要分段进行，保证烧干，严禁钻漏。没烧干钻漏来铁时，应减风降压出铁，降低炉内的压力，减轻对铁口孔道的冲刷侵蚀。

C 预防措施

杜绝水源，经常检查铁口区域的冷却设备，发现漏水及时处理，在规定的时间内出完铁，防止出铁晚点及铁流时间过长，造成两次铁间间隔时间过短。保证炮泥质量，严禁装入水分过大的炮泥。

6.4.5.8 铁口孔道长期偏斜

铁口孔道应和铁口中心线一致，在正常生产中，其偏差不准大于50mm。如偏差过大，使铁口孔道和铁口两侧的冷却壁距离过小，一旦铁口工作失常或铁口孔道变大，就很容易烧坏铁口两侧冷却壁，严重者可导致炉缸烧穿等恶性事故。因此，操作者必须认真检查，及时纠正。

A 造成铁口孔道长期偏斜的原因

(1) 炮身偏斜，因撤炮或操作不当导致炮嘴中心没对准铁口中心，没有认真检查泥炮是否偏斜就新做泥套，这样周而复始，时间长了使铁口孔道偏斜。

(2) 开口机走行梁没有定位装置或定位钢丝绳长短不适，加之操作不当，开铁口时不能保证走行梁正对铁口中心。

(3) 使用无水炮泥时，开口机旋转方向总是一个方向，造成铁口孔道逐渐向一个方向偏斜。

B 纠正铁口孔道偏斜的方法

(1) 以泥炮钩座中心为基准，引铅坠检查铁口孔道左右偏斜程度，如超过标准，抠开铁口门的残渣铁及泥料，使铁口保护板完全裸露出来，根据铁口框架找出铁口中心线(设计)。

(2) 以设计铁口中心为依据，调正泥炮，使泥炮炮头中心与之吻合。重新做好铁口泥套。

(3) 调正开口机走行梁，定位钢丝绳长短合适。

C 预防措施

(1) 定期检查铁口孔道有无偏斜，及时调正。

(2) 操作开口机，泥炮一定要严格按技术规程要求操作。

(3) 使用无水炮泥的高炉，开口机要定期改变旋转方向。

武钢炼铁厂1号高炉于1981年7月16日3时15分由于偏离铁口中心线开口出铁，烧坏三块冷却壁，被迫停产11天7小时进行处理。

6.4.5.9 铁口难开

A 原因

(1) 炮泥耐压、抗折强度过大。

(2) 铁口泥芯内夹有凝铁。

(3) 开口机钻头老化。

B 采取的措施

(1) 加强炮泥制备工艺管理，改变炮泥配料组成。

(2) 出净渣铁，铁口适当喷射。

(3) 钻头老化时更新。

(4) 打不开时，用氧气烧开铁口。

6.4.5.10 铁口过深

A 原因

(1) 打泥量过多。

(2) 高炉小风操作或铁口上方风口的堵塞。

B 采取的措施

(1) 依铁口深度控制打泥量。

(2) 铁口过深时，开口操作勿使钻杆损伤泥套上沿。

6.4.5.11 铁水流出后又凝结

A 原因

(1) 炉温低。

(2) 铁口深，开口孔径小，没有完全打开铁口。

(3) 捅铁口时，粘钎子将铁口凝结。

B 采取的措施

(1) 提高炉温。

(2) 铁口过深应控制打泥量。

(3) 开口孔径适宜，有小流铁及时用软铁棍捅开铁口。

(4) 凝结后及时用氧气烧穿。

6.4.5.12 封不住铁口

A 原因

(1) 泥套破损，烧坏炮头。

(2) 泥炮故障，不能顺利打泥。

(3) 堵口时，铁口前凝渣抗炮。

B　采取的措施

（1）开口时钻头应对准出铁中心。

（2）捅出铁口时，于铁口前架横梁。

（3）堵口前清理铁口前凝渣。

（4）时刻保持铁口泥套完好，出铁中发现泥套损坏，应减风或休风堵铁口。

6.4.5.13　*铁口冷却壁烧坏*

A　原因

（1）铁口长期过浅。

（2）铁口中心线长期偏斜。

（3）铁口角度过大。

（4）大中修高炉开炉时铁口来水。

（5）铁口泥套制作质量差。

B　采取的措施

（1）执行铁口维护管理制度。

（2）执行烘炉规程。

（3）铁口附近留排气孔。

（4）中修开炉前应将炉缸内残存焦炭扒净，并砌保护砖。

（5）出铁过程中发现铁口内有不正常响声，及时堵口，防止泥套炸坏堵不住铁口，出铁后休风检查并进行针对性处理。

6.4.5.14　*出铁放炮*

A　原因

（1）铁口堵泥没有烘干，潮湿。

（2）冷却设备漏水。

（3）修补渣、铁沟或砂口使用的河沙过湿。

B　采取的措施

（1）烤干后出铁。

（2）使用无水炮泥。

（3）加强设备检查，发现漏水时及时堵炮，休风更换冷却设备。

（4）使用河沙的湿度应适宜。

任务 6.5　撇渣器操作

砂口又称撇渣器，有的工厂也称出铁大闸，位于主铁沟的末端，是出铁时渣铁分离的地方。炉前操作要做到渣沟不过铁，铁沟不过渣，铁流流经砂口不撇流，使渣铁顺利分离。

6.5.1　砂口结构及渣铁分离原理

6.5.1.1　*砂口结构*

砂口的作用是分离炉渣和铁水，使炉渣不通过砂口，直接沿下渣沟流走，而铁水经过砂口后，由铁水沟流走。设计砂口时必须保证下渣中不带铁，而铁水表面不漂渣。因此为了使渣、铁在砂口分离，必须使砂口后面的铁水沟高度，高于砂口前面主铁水沟底面的高度，也等于下渣沟闸板底部的高度，这样使下渣底部的水平与砂口后铁水沟铁水表面水平一致，以避免砂口过渣和下渣过铁。另外，砂口过铁孔尺寸要满足铁水沟的流动速度，其宽度与铁水沟基本接近，而高度为100~200mm，其中小型高炉可取100mm，而中型高炉可取150mm，大型高炉可取180~200mm 。最后主铁沟长度和倾斜度对砂口分离渣铁也有较大影响，一般主铁沟长度应达到5~8m，斜度以8°~10°为适宜。

砂口结构如图6-20所示，由前沟槽、大闸、小井、砂坝和砂口眼组成。

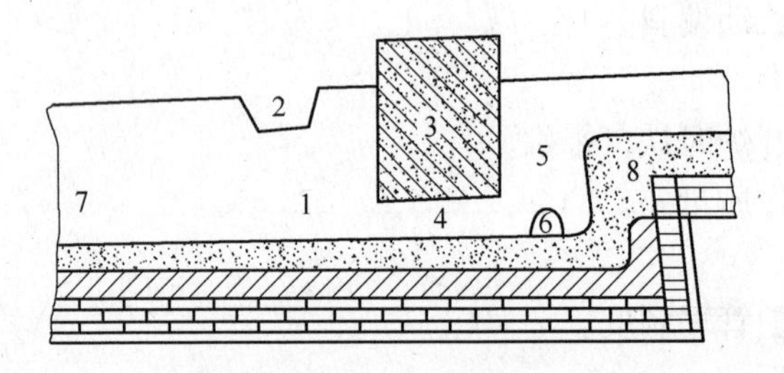

图6-20　砂口结构

1—前沟槽；2—砂坝；3，4—大闸；5—小井；6—砂口眼；7—主沟；8—沟头

我国大中型高炉砂口眼各部尺寸见表6-22。

表6-22　砂口眼各部尺寸

高炉有效容积/m^3	过道眼宽×高/mm×mm	大闸厚度/mm	小井			砂口眼直径/mm	砂坝平均宽/mm	存铁量/t
			上口长×宽/mm×mm	下口长×宽/mm×mm	井深/mm			
600	250×150	600	350×400	300×350	450	150	300	4~6
1000	300×180	800	400×450	350×400	500	200	350	6~9
1500~2000	400×200	1000	450×500	400×450	550	200	350	9~11

除表6-22所列的尺寸外，还必须使砂闸的底和沟头在同一水平面上，而砂坝的底比砂闸的底高出100~150mm。

6.5.1.2　*渣铁分离原理*

从铁口流出来的渣铁，按其密度不同，经过砂口眼使渣铁分离。炉渣比铁水轻，浮在其上，利用铁水出口处（小井）沟头的一定高度，使大闸前后铁水保持一定平面，过道眼连通大闸前后，使铁水流向砂口眼，大闸起挡墙作用，把熔渣撇在大闸前，浮在铁水上面，通过砂坝流入下渣渣沟内。

6.5.2　砂口操作要点

6.5.2.1　*砂口的维护*

砂口经常受到渣铁的高温、化学侵蚀及机械性的冲刷作用，以往每次出铁都要放砂口残铁，这不但劳动强度大，而且由于砂口耐火材料经受急冷急热的冲击，其寿命很短。最近多数高炉都已改为不放残铁操作。某些高炉采用新型耐火材料来砌筑砂口，使砂口寿命延长 3~6 个月。

砂口使用一段时间后经过渣铁的冲刷侵蚀，各部位的尺寸逐渐变大或破损，渣铁分离的效果会受到影响。此时应进行砂口的修补。

砂口破损不严重时可用有水炮泥修补，但其使用寿命较短，一般使用碳化硅捣料修补效果比较好。

砂口破损严重时就要进行大修，大修砂口时间长达 8~12h，这样必须设临时砂口来处理出铁。最好与计划休风同时进行。

不论大修或补修，都必须烤干后才能使用，以免砂口发生爆炸。

6.5.2.2 出铁前的砂口准备工作

为确保出铁工作顺利进行，在出铁前必须做好以下准备工作：

（1）检查砂口各部位能否保证安全出铁，如发现破损严重部位，要及时修补，烤干。

（2）清理残铁沟、残渣沟及砂口中的残渣铁，抠净残铁孔、残液坝底部，准备好上闸坝用的河沙（水分适宜），冬季生产时禁止用冻沙子上闸。

（3）工具准备齐全，并保持干燥好用，备足焦粉或炭化稻壳。

（4）闷砂口时，将砂口结壳打开。

（5）上实上好各砂坝和残铁孔（没闷砂口时）。

6.5.2.3 出铁时砂口操作

准备工作做好后，即可开铁口出铁：

（1）铁口打开后，当铁流太小时，应及时在砂口前端主沟内垒起砂坝。防止铁水将砂口凝死，来铁时推开砂坝。

（2）出铁见下渣时，适当往砂口表面上撒一层焦粉或炭化稻壳以起保温作用，防止渣凉结壳。

（3）当主沟和大闸前被熔渣充满时，将下渣沟砂坝推开。

（4）打开铁口先来渣时，用草袋子或破麻袋等物盖住小井再用河沙压之，立即将渣沟沙坝推开，防止大量熔渣流入铁罐凝住流铁沟及铁罐，待来铁流时及时除去小井上的草袋子，防止铁面升高流入下渣罐中烧穿渣罐。

（5）出铁过程中注意观察砂口的变化，有异常情况时及时采取措施并汇报炉前班长。

（6）确认铁口堵上后，先将残渣眼坝推开，渣子淌完后，抠开残铁孔放出残铁（没闷砂门时）。

（7）闷砂口时，待残渣放完后，在铁水面上撒适量焦粉或碳化稻壳防止凝结。

注意事项：新捣制砂口出第一次铁时，不宜闷砂口，炉况失常、渣铁流动性不好及出铁不正常时，也不准闷砂口操作。

6.5.2.4 闷砂口的作用

（1）减少铁中带渣，降低铁耗，改善产品外观质量。

（2）延长砂口的使用寿命，使砂口处于恒温状态，消除了热应力的影响。

（3）残铁口用耐火材料捣固，不易漏闸，同时也减轻了劳动强度。

（4）减少铁后放残铁工序，缩短了铁水罐调配运输时间。

但钒钛高炉冶炼，不管是酸性渣或碱性渣，均属于短渣。每次出铁后主沟和下渣沟都凝结较厚的残渣，必须清理干净才能出铁。因此，钒钛矿冶炼的高炉均不采用闷砂口操作。

6.5.2.5　开炉或封炉后的砂口操作

开炉或封炉前几次铁尽量不用砂口。因为前几次铁的铁水物理热低，流动性差，易于凝结，容易把砂口堵死。出铁前在砂坝处用铁板和砂子做好挡墙，使开炉前的几次渣铁不经砂口直接由下渣沟流入干壳罐。如需使用砂口时，待挡墙前的主沟内存满铁水后，抽去铁板，使铁水很快充满砂口，避免少量铁水流进砂口后凝结，堵死砂口过道眼。头几次铁不能闷砂口，每次出铁后均放残铁，出铁后砂口眼均清理干净，用砂子堵上并用火烤干，放砂口铁时才能很快把砂口眼抠开，防止时间过长糊死砂口。即使没有全部糊死，砂口过道眼四周挂铁，过道眼变小，也会使下次出铁撇流。

6.5.3　砂口事故及预防处理

6.5.3.1　砂口憋铁

A　砂口憋铁的原因

(1) 新修补的砂口过道眼尺寸过小，或沟头过高。

(2) 砂口过道中有渣铁凝块或异物堵塞（砂口没闷时）。

(3) 渣铁流动性能差，在砂口眼内壁上黏结一层渣铁，使砂口过道眼实际尺寸变小。

(4) 放残铁孔时，砂口内的残渣没放净凝固在砂口底部。

(5) 闷砂口时，保温不好，造成结壳没有及时处理。

B　处理方法

砂口憋铁多发生在打开铁口铁水淌入砂口，大闸板前铁面升高，而小井内铁面上升缓慢，铁水四溢，进入下渣沟，此时应立即堵上铁口。放出砂口内铁水，查找原因处理后再出铁。

C　预防措施

(1) 修补砂口时，各部位尺寸必须保持合适。

(2) 出铁前，必须检查砂口内有无异物，砂口眼内是否被黏结而使孔道变小，待处理好后才允许开铁口。

(3) 不闷砂口放残铁时必须放净砂口内残渣铁。

(4) 冶炼高标号生铁渣铁流动性较差时，砂口眼应适当放大些。

(5) 闷砂口残渣放后，铁水表面要及时撒上焦粉或炭化稻壳，防止凝固或结壳。

6.5.3.2　铁沟过渣

A　原因

造成铁沟过渣的原因是砂口大闸板破损及沟头过低或打开铁口先来渣没有及时采取措施。

B　处理方法

(1) 打开铁口先来渣时，可采用在小井上盖草袋子、麻袋等后压上沙子，也可以采用加高小井四周，或用河沙做临时沟子通向下渣沟或残渣沟中等方法把渣子引回下渣罐。鉴别铁水面上来的方法是：用勺子取渣沟底的渣子，按一定高度倒在平台上观看，当渣中有铁花喷溅时，即说明铁水面已经上来，应立即挑开小井和沟头的砂子使铁水流入铁沟中。

（2）因砂口大闸板破损或沟头过低造成过渣时，少量的过渣可用草袋子、破麻袋等物盖在小井上压上少量沙子，使铁水能够自动流出而抑制过渣。过渣量较大时应立即堵上铁口。可临时采用加高沟头的办法待出净渣铁后再进行修补。但应注意沟头的高度必须低于下渣沟高度，否则会引起下渣过铁。

C 预防措施

（1）砂口操作人员应经常检查砂口的各个部位及下渣沟带铁情况。

（2）闷砂口时应经常用烤热的铁棍探知砂口的破损程度，发现破损应及时修补，保证砂口各部位尺寸比例适宜。

6.5.3.3 砂口凝结

A 原因

发生砂口凝结的原因是炉凉、铁水物理热不足、流动性差、砂口进水或出铁间隔时间过长保温不良的情况下没及时放出铁口的铁水而造成的。此时出铁就会导致铁水溢出主沟及流入下渣罐，酿成事故。

B 处理方法

（1）铁口打开后发现砂口凝结必须立即降压减风堵住铁口。

（2）同时加高主铁沟两侧及下渣坝，防止铁水外溢及流入下渣罐中。

（3）铁口堵上后，仍需维持低风量操作。

（4）单铁口的高炉应积极组织放开残铁孔，残渣沟用河沙垒坝的立即抠开残渣坝，将结盖以上的铁水放出，尽最大可能减薄凝铁厚度。

（5）用氧气烧开小井过道眼，前沟槽烧开一个大洞足以使铁水顺利通过。

（6）上好各闸、坝，重新开铁口，由于时间较长，必须在低压下出铁，而铁口眼不宜过大。

C 预防措施

（1）如遇特殊情况，出铁间隔时间过长应及早放出残铁。

（2）新修补的砂口，第一次铁不宜闷砂口操作。

（3）炉凉或炉温太高、铁水流动性差及炉况失常时也不宜闷砂口操作。

（4）出铁前必须认真检查砂口中铁水有无凝壳，处理好后方能出铁。

（5）避免水流入砂口中。

（6）出完铁后，砂口内铁水表面必须立即撒上焦粉或炭化稻壳保温。

6.5.3.4 出铁时砂口爆炸

A 原因

（1）新修砌砂口没烤干。

（2）砂口内没清净，有异物。

B 处理方法

（1）修补或重做砂口后必须彻底烤干。

（2）清除干净砂口内异物。

（3）根据情况及时减风降压或堵铁口，处理后再重新出铁。

6.5.3.5　*砂口漏铁*

砂口漏铁是铁水穿透砂口泥衬及砌体，或从放残铁孔道堵泥中漏出，曾出现烧坏出铁场平台而漏到平台下事故。

A　原因

(1) 修补制度坚持不好或修补质量不好。

(2) 砂口使用时间过长，侵蚀严重。

(3) 放残铁孔道没堵严实出铁时漏铁。

(4) 主沟与砂口接合处没打结实。

B　处理方法

(1) 坚持砂口修补制度，修补时将旧泥、残渣铁清理干净，捣实，烤干。

(2) 遵守定期检修制度。

(3) 放残铁后将放铁孔道清净，堵严实，烤干。

(4) 发现砂口漏铁时，视情况决定是否堵铁口及修理方案。

6.5.3.6　*砂口事故实例*

【例 6-6】　砂口残铁眼漏铁事故。本钢二铁厂 5 号高炉为 $2000m^3$ 大型高炉，一个铁口，三个渣口。1975 年 3 月 12 日发生一起因砂口残铁眼漏铁，铁口堵不上，令一口重罐（罐内铁水 290t 左右）被铁水凝在铁道上的严重事故。

【例 6-7】　砂口残渣眼漏跑铁化渣罐事故。某厂高炉于 1986 年 1 月 22 日白班二次铁打开铁口放出铁水约 30t 左右时，砂口残渣眼漏铁（没见渣），铁水从渣眼直冲而下流入下渣一口罐里，几次堵铁口又堵不住上，铁水烧穿一口渣罐，淌在地上铁水 100 余吨，渣子 20 余吨，被休风处理。

任务 6.6　渣口操作

目前，我国高炉吨铁渣量大都超过 350kg/t，需设渣口放渣。渣口操作人员应尽力维护好上渣口，及时且多放上渣，以利于改善炉缸内透气性和顺行；又可减少下渣量，以利于安全出铁和铁口维护。

6.6.1　渣口结构

高炉渣口用来放渣，而从渣口放出的炉渣称为上渣。凡设有渣口的高炉都设有渣口装置，渣口装置位于风口与铁口水平面之间。小高炉渣口装置一般由两个或三个水套组成，而大中型高炉的渣口装置一般都由 4 个基本部分组成（见图 6-21）：铜质四套（亦称小套）、铜质三套、铸铁质二套、铸铁质大套和法兰盘；各套之间采用锥面相互连接。为了防止炉内压力使这些部件产生移动，三套设有通水冷却的顶杆，大套、二套设有挡板，分别用固定楔固定在法兰上。

由于渣口装置处于高温区域，各套及三套顶杆均采用水循环冷却。渣口装置中，大套和二套由于有砖衬保护，不直接与渣铁水接触，热负荷较低，故而采用了中间嵌有循环冷水管的生铁铸造结构。而三套和四套直接与渣铁水接触，热负荷很大，故而采用了导热性能好的铜质空腔式水冷结构。

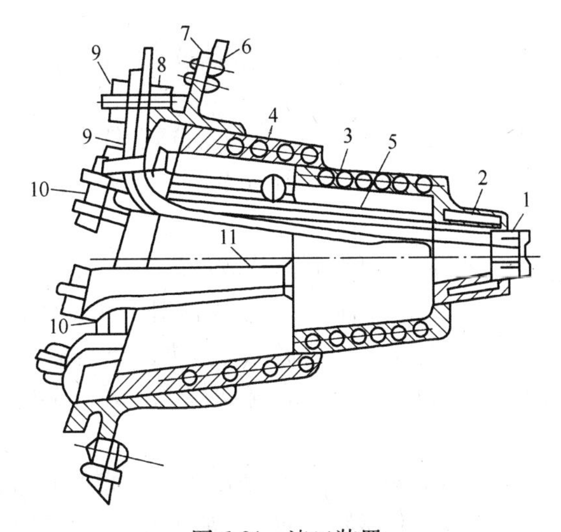

图6-21　渣口装置

1—渣口小套；2—渣口三套；3—渣口二套；4—渣口大套；5—冷却水管；
6—炉皮；7，8—大套法兰；9，10—固定楔；11—挡杆

实际生产中由于熔渣直接经渣口四套排出非常容易损坏，需要高炉拉风或休风更换，高炉强化程度受到一定的限制。近几年来，广大高炉工作者对高炉渣口四套在材质等方面进行了改造和试验，研制成功了合金质小套，延长了使用寿命。

渣口各套的尺寸主要根据高炉容积的大小、炉顶压力的高低、渣量的多少及高炉冶炼强度等因素来决定。

6.6.2　正常放渣操作

放好上渣对于活跃炉缸、改善炉况顺行和铁口维护都有着重要意义。为此，渣口操作人员要尽力多放上渣，维护好渣口，减少破损，每次铁的上下渣比达到或超过本高炉规定的指标，为炉况顺行和维护好铁口创造有利条件。

6.6.2.1　*放渣时间的确定*

确定放渣时间的依据是炉缸内熔渣达到或超过渣口中心线。但在实际生产中很难估计熔渣液面达到渣口中心线的准确时间，因此在正常生产中，放渣时间一般根据上次排放情况和堵铁口后的上料批数来确定。

当渣口打开后，从渣口喷煤气火或呼呼响不成流时，表明渣面还没有上升到渣口水平面，应及时堵上渣口过一会儿再打开。高炉工长应对放渣时间尽可能掌握的准确一些，过早开渣口会造成喷渣现象，增加渣口操作人员的劳动强度。

6.6.2.2　*放渣前的准备工作*

在开渣口之前必须做好以下工作，并及时处理，确保及时放渣。

（1）将渣沟里的残渣清理干净，用砂叠好渣沟中各道拨流闸板。

（2）检查堵渣机是否灵活好用，渣口泥套和流嘴是否完好无损，如果破损，应及时修补。

（3）检查渣罐是否到位，渣罐有无破损，罐内有无积水和潮湿物。罐位不正，应通知调度室对位，破损罐不能使用，罐内有积水或潮湿物时，放渣时引进小渣流进行烘烤，

严防大流进入罐内引起放炮。

（4）检查渣口小套有无破损，小套和三套接触是否严密，销子有无松动，发现问题应及时处理。

（5）准备好烧渣口和打渣口的工具（如钎子、大锤、楔子和人工堵口用的堵耙）。

（6）因故不能放渣时，除及时处理外，还要及时汇报班长和工长，安排提前出铁。

6.6.2.3 放渣

一切准备就绪后，到放渣时间即可打开渣口放渣。

（1）放渣操作人员应根据上次渣的温度及流动性对下次开渣口的难易程度做到心中有数。开渣口时，用锤将堵渣机打松，然后退出堵渣机，挂上安全钩。打渣口时，钎子应对准渣口中心，防止打偏损坏渣口；若渣口有凝铁打不开时，应打开另一个渣口先放渣，然后用氧气烧开此渣口。

若采用吹风堵渣机，拔开堵渣机，熔渣自动流出，这将减轻放渣劳动强度和物质消耗。吹风堵渣机有时造成渣口眼周围凝结，使渣口眼变小，给放渣操作带来困难，要及时进行处理。

（2）设有高低渣口装置的高炉，要先放低渣口，渣量大时也可以高低渣口同时放渣，如果低渣口带铁多，要考虑是否铁面已上来，应及时堵上低渣口。

（3）放渣过程中做到“三勤”（勤放、勤捅、勤堵），渣口门两侧的积渣要随时清理，防止卡堵渣机。

（4）放渣时要坚守岗位，注意观察出渣情况，渣口破损时应立即堵上。如果渣口坏又堵不上，应及时向班长、工长汇报，最大限度地减风降低风压，并立即组织出铁，出铁后休风进行处理。

（5）渣流小时，要及时透渣口，严禁用堵渣机透渣口，提放堵渣机不能用力过猛，当堵渣机提不上来时可用大锤打活再提起，不准强行硬提，以防拽断钢丝绳或把渣口小套拉活，造成四套与三套接触面间冒渣。渣水带铁多时，会损坏渣口三套。

（6）渣罐不可放的过满，要求渣面离罐沿200~300mm。

（7）正常情况下，放渣应在铁口开后渣门自动喷出煤气火焰为止。

（8）渣口堵上后，使用水冷堵渣机时，渣口眼结壳后应及时提起（风冷堵渣机严禁提起），防止时间过长结壳过厚，打渣口困难，但也应防渣壳过薄空喷烧人。如果渣子过黏或过凉估计下次渣口难开时，可在出铁后见下渣时将长钢钎子打入渣口眼中，待下次放渣打进一点再退出长钢钎子渣水即会流出。

（9）冲水渣操作注意事项。为确保设备和人身安全，保证高炉稳定均衡生产，生产出优质的高炉水渣，高炉放渣操作人员在冲水操作时应注意以下几点：

1）放渣前必须事先检查冲水渣沟是否干净，高压水泵是否启动，水压和水量是否正确，确认正常后，方可打渣口进行冲水渣。

2）冲水渣时，放渣人员必须适当控制渣流，不可跑大流，影响水渣质量。

3）放渣人员不可将挂沟的大块残渣推向渣流带入渣池，大块渣容易造成渣流堵塞，影响冲水渣的正常进行，也影响水渣质量。

4）水力冲渣切忌渣中带铁，铁流入水中容易发生爆炸，造成设备和人身事故，影响生产。

5）冲水渣人员在进行水力冲渣时要严密监视渣流，渣沟中有局部堵塞时，应随时处理，防止发生跑渣事故。

6.6.3　渣口维护及渣口破损

维护好渣口，减少事故，有利于放好上渣，给炉况顺行和铁口维护创造有利条件。

6.6.3.1　渣口的维护

（1）渣口泥套的维护。保持完整和适宜的渣口泥套，是维护好渣口装置的重要措施，渣口操作人员应随时检查渣口泥套是否完整好用，发现破损应在放渣前及时修补或制作并烧干。

（2）渣口泥套的制作方法：

1）提起堵渣机挂好安全钩，以防堵渣机滑下伤人，并点燃渣口装置的泄漏煤气。

2）将沟土料用水搅拌成黏糊状，水分适宜。

3）将渣口装置内的残渣铁抠净，并检查各部件有无损坏。

4）先将有水炮泥按泥套用量做成锥状扔在小套前，用平头堵耙捣实将小套掩埋起来，不能超过堵渣机头部，然后用堵渣机轻轻撞到渣口眼后，提起堵渣机挂上安全钩。再用小铲径向外扩10~20mm，防止泥套受热膨胀或渣子结壳造成堵渣机下不去堵不上渣口。

5）用和好的沟土泥前接小套泥套后再接渣口大套上的渣沟子，抹成槽式形状。两端接触处要捣实，要求坡度合适，内小外大，不能偏斜，尤其底部不能垫高，堵渣机下去后要留有空隙。

6）泥套做好后用煤气燃烧器烧干。

7）打渣口前检查新做泥套渣口眼是否与堵渣机头相吻合，无误后方可放渣。

注意事项：制作渣口泥套应在铁口打开见下渣之后进行，并且要防止提堵渣机时渣口前端结壳漏，发现渣口眼呈红色时应先打水冷却后再操作。使用风冷机头堵渣机时，应在铁口打开后降低风压，见下渣时，降压至50%，堵上铁口后将风关掉，10~15min后方可提起堵渣机，然后适当浇水以利于渣口熔渣结壳。

另外，制作渣口泥套前后应详细检查堵渣机头是否对正渣口眼，否则做好泥套开渣口时会将渣口打坏（或氧气烧坏）。

（3）渣流带铁多时，操作人员应勤透、勤堵、勤放，防止烧坏小套。

（4）发现渣口破损漏水时，应及时堵口。

（5）拔堵渣机时应先用大锤打松后再拔，对新换渣口更应注意，以防小套拔出，拉坏渣口和三套等事故。

（6）定期检查渣口各套的销子是否松动，松动的应打紧。

6.6.3.2　渣口破损的原因及征兆

A　渣口破损的原因

渣口破损主要是由于渣中带铁多、渣口断水以及铁水达到出渣口水平等因素造成，如果发现和处理不及时，继续放渣，轻者造成渣口堵不上，严重造成小套化掉三套烧坏，或者发生爆炸，崩坏渣口装置等恶性事故。因此，在放渣过程中操作人员必须准确及时地对渣口破损作出判断，发现渣口破损要及时进行更换，防止事故发生。

B 渣口破损的征兆

生产中渣口破损时有如下征兆：

(1) 渣口小套眼中及小套和三套接触处有水迹，正常时干燥不潮湿。

(2) 堵渣机退出后机头有水迹，正常时没有水迹。

(3) 用钢钎插进渣口眼里拔出后，钎头有水迹，正常时没有水迹。

(4) 渣口泥套潮湿有水流出。

(5) 渣口门煤气火焰呈暗红色，正常时火焰为蓝色。

(6) 渣口坏时有响声。

(7) 放渣时有气泡冒出渣面的响声。

(8) 渣温高时渣流中间有一条黑水线。

(9) 放渣时渣口小套出水管头有时窜火或有渣粒。

(10) 漏水严重渣中带铁多时有小的放炮声。

(11) 漏水严重时，渣液面有水渣。

但应注意，有时渣口两侧的风口或渣口附近的冷却壁破损以及渣口丝堵，冷却水管根漏水等亦会造成形似渣口破损的假象。操作人员必须认真检查鉴别。

6.6.4 渣口事故及预防处理

由于操作不当及设备故障或客观因素的影响，会导致渣口事故的发生，尤其恶性事故会造成较大的损失，因此，操作人员对渣口易出现的各种类型的事故处理方法和预防措施必须了解和掌握。

6.6.4.1 渣口爆炸

渣口爆炸是渣口最严重的事故。事故发生时渣口常被崩出或渣口全套遭到破坏，大量渣铁流出，迫使高炉长期休风处理，且极易引起一系列事故发生。

A 渣口爆炸的原因

出渣时炉渣大量带铁是渣口爆炸的根本原因。另外渣口严重损坏、漏水过多也是重要原因。引起上述情况的原因是：

(1) 连续几次渣铁出不净，操作上又未采取相应措施，炉缸内积存的渣铁过多，铁水面上升烧坏三套或小套引起爆炸，或放渣时，渣口过铁引起爆炸。

(2) 炉缸不活跃，有堆积现象，渣口附近有积铁存在，放渣时渣口过铁引起爆炸。

(3) 长期休风后开炉或炉缸冻结时，炉底凝铁增厚，铁水面升高，烧坏三套或小套发生渣口爆炸。

(4) 发现渣口破损不及时，漏水严重后堵不上渣口，渣流带铁引起爆炸。

(5) 炉温大凉，高碱度($w(CaO)/w(SiO_2)>1.3$)或高铝渣（渣中$w(Al_2O_3)>20\%$）操作，渣铁分离不好，出渣时带铁烧坏渣口引起爆炸。

B 预防措施

渣口爆炸后，渣铁从渣口冲出，漫到炉台，流到地面，烧坏铁路，陷住渣罐车，高炉被迫休风处理。为此，必须做好预防工作，主要措施是：

(1) 放渣时，渣口操作人员应随时观察渣口情况，发现渣口破损漏水或渣口过铁时应立即堵口。

（2）封炉后的开炉或炉缸冻结，送风前必须先打开铁口上方两侧的风口，同时铁口用氧气烧通，送风后渣铁均从铁口放出，根据炉况再打开风口，开风口应向渣口方向发展，在出铁顺畅后，打开渣口干喷一下，然后逐渐恢复渣口放渣。

（3）因某种原因不能正点出铁时，应视炉况及时减风，避免炉缸内积存大量铁水。

（4）发生爆炸后要立即减风或休风，炉前积极组织出铁。

（5）出现炉子大凉或高碱度、高铝渣，不要从渣口放渣。

6.6.4.2 渣口连续破损

A 渣口连续破损的原因

一座高炉一昼夜之内某个渣口连续破损几次，这种现象称为渣口连续破损。造成渣口连续破损的主要原因是炉缸堆积，渣口前有铁水积聚，或者边沿过重，煤气流分布失常，造成渣铁分离不好，渣中带铁多所致，严重时还会造成渣口爆炸事故。

B 防止渣口连续破损的措施

（1）更换渣口时，将渣口小套前面烧出一个坑，装入少量食盐后填上炮泥，然后把小套安装好。食盐起稀释熔渣作用，消除渣口前的堆积物。炮泥可暂保护小套不与铁水接触。

（2）有两个渣口的高炉，另一个渣口先放渣。出铁前先将渣口打开，用氧气往里深烧一些，放渣时要用钢钎勤捅渣口，使渣流大一些，渣流越小越容易烧坏渣口。

（3）炉内操作人员要采取适当的措施调剂炉况，使炉缸工作均匀活跃，这是从根本上消除渣口连续破损的措施。

6.6.4.3 渣口冒渣

渣口冒渣指渣口小套与渣口三套接触面有渣流出。引起渣口冒渣的原因是换渣口时没有换严或渣口销子松动及提堵渣机时用力过猛而造成渣口小套与渣口三套之间产生缝隙，使液体熔渣从缝隙中流出。冒渣的危害较大，因渣口小套与三套接触面的下部，其位置较低，当炉缸内铁水液面上来时，冒渣中带铁增多，很容易将渣口三套烫坏。一旦发生爆炸，后果更为严重。

（1）处理方法。发现渣口冒渣首先应降压减风，其目的一是降低炉内的压力，缓解熔渣对接触面的冲刷侵蚀；二是控制料速，防止铁水产生过多，使铁面上升到冒渣部位，三是应立即组织渣铁罐到位后打开铁口，渣铁放净后休风拽下渣口小套，检查三套有无损坏，确认二套完好无损时，将渣口小套前的残渣铁抠烧进一定的深度（包括径面），确保小套上严。

（2）预防措施。更换渣口小套时必须上严并打紧固定楔，提放堵渣机时严禁用力过猛将小套撞活或拉出，应经常检查渣口装置的固定楔，有松动及时打紧，保证泥套完整，尤其是新制作渣口泥套必须烧干方可使用，一般更换新渣口后，头一次放渣堵渣口时用人工堵，暂不用堵渣机以防把渣口小套提活。

6.6.4.4 更换渣口小套水管拽断

若渣口小套破损较严重被凝铁粘住，冷却水管壁薄或者渣口泥套抠得不彻底，此时换渣口小套很容易将小套的进出水管拽断。

（1）处理方法。当渣口破损被铁凝住或泥套抠得不彻底将水管拽断时，应首先将渣口残泥抠干净，然后用氧气将渣口眼前端烧空，使凝铁熔化，再将渣口小套烧成两瓣后取下。要严禁烧坏渣口三套加工面。

(2) 预防措施。更换渣口小套时，开始用力不要过大，当振动几下渣口小套没下来时，应检查泥套是否没抠干净，如果泥套抠得彻底，说明渣口小套粘铁，应用氧气将凝铁烧化后将渣口振活取出。另外，冷却渣口小套用的水管要合乎标准，能够承受换渣口小套时的拉力。

6.6.4.5 渣口自行流渣

A 原因

(1) 炉热边缘煤气流发展。

(2) 塞头或堵耙拔出过早，熔渣在渣口前凝壳太薄。

(3) 熔渣流动性太好。

B 预防措施

(1) 非放渣时间内，渣口用堵耙堵塞。

(2) 不要过早地拔堵渣机，发现壳薄应堵上。

(3) 洗炉料下达后要及时放渣，拔堵渣机应慎重。

(4) 发现自行流渣，立即堵上渣口。

6.6.4.6 事故案例

【例 6-8】 1982 年 6 月 24 日某厂 3 号高炉（$1036m^3$）东渣口发生爆炸事故，将渣口 4 个水套全部烧坏，烧毁了全部仪表电缆，为处理事故高炉停产 19 小时 19 分钟。

事故原因是由于上一次铁未出净，此次放渣时炉缸中存铁已达到渣口平面，渣中带铁较多，仍强行放渣以致造成铁水流经渣口（由东渣口流出铁水约 10t），正是这些铁水将渣口烧坏并发生爆炸。

处理措施也存在失误，从渣口烧坏到爆炸相隔 10 余分钟，在此期间没有采取降压措施，操作人员对可能发生的严重后果估计不足，如果能及时降压将渣口堵上，可能不致发生爆炸事故。另外发现渣口烧坏堵不上时，炉前铁口迟迟打不开，没能将炉缸中铁水液面降下来，导致了事故发生。

此类事故的预防措施是：

(1) 严格限制炉缸存铁量在安全的限度内，若上次铁未出净下次铁要提前出。一旦炉缸存铁过多，要提前减风控制，同时严禁放上渣。

(2) 遇有渣口烧坏堵不上的情况，要迅速地出铁并降低炉内压力，防止发生事故。

(3) 出铁次数要适应产量水平，以使每次出铁平均铁量控制在安全容铁量的 80%限度内。

【例 6-9】 酒钢 1 号高炉（$1513m^3$）于 1982 年 11 月 19 时 08 分，东渣口发生爆炸，渣口三套、二套及其冷却水管均被损坏，险些发生重大的人身事故。渣口爆炸时喷出大量液态渣铁和焦末，烧坏渣线轨道 20m，损坏三辆渣罐车大梁，迫使高炉休风 14 小时 30 分进行处理，损失很大。

事故的根本原因是铸铁机不能按时铸铁，迫使高炉连续两天均晚点出铁，且每次渣铁均未出净，炉缸里存铁量逐渐增多，到 19 时 05 分出铁时，炉缸里的存铁量达到 400t，超过了炉缸安全容铁量（根据计算为 350t），铁水面已接近于渣口，加之渣口破损后往炉内漏水。

在明知几次出铁晚点，渣铁出不净，炉缸存铁量较多，铁罐周转情况无好转时，没及时果断地大量减风，改常压操作来控制料速，致使炉缸积铁过多，再加上由于冶炼铸造生铁，炉渣碱度较高($w(CaO)/w(SiO_2)$为 1.14，包括 BaO 为 1.20)，炉渣流动性差，渣中带铁。

生产指挥不力，在上述情况发生时没有采取有力措施消除生产的不平衡状态，反而继续保持较大风量操作，以避免大量减产，也是这次事故发生的重要原因。

【例 6-10】 渣口不严造成的事故。1970 年 8 月 24 日 13 时 40 分，某厂三高炉东渣口损坏，当班换下来后再放渣，中班工人接班时发现东渣口不严，经检查认为问题不大，并于 16 时 20 分打开放渣，初期正常，18min 后，发现渣流不正常，检查确认是渣口不严漏渣所致，马上堵渣口，堵上后仍有较大渣流淌出，操作人员认为是渣口未堵上，就提起堵渣口机再次堵渣口，仍见有渣流，于是又重复几次，这时不但渣流未小，反而更大。到 16 时 50 分，工长看情况不好，立即减风降压，也未见效，这时堵渣机已不起作用，当准备进一步采取措施时，渣口发生爆炸，转眼之间已成火海。16 时 57 分减风到零，同时开铁口出铁，出铁后检查，发现渣口及渣口二套、三套以及堵渣机均被烧坏，休风处理事故用了 5h，减产 500 多吨生铁。

渣口不严是这次事故的基本原因，处理不当是事故的导火索。

任务 6.7　炉前特殊操作

所谓特殊情况下的炉前操作是指高炉大修、中修或封炉后复风开炉期间的炉前操作，以及处理由于突然停水、停电、停风、风口与直吹管烧穿、炉子大凉、炉缸冻结等期间的炉前操作。

特殊情况下炉前操作的重点是要能及时排放渣铁，以上情况常因铁口不能及时打开、不能排放渣铁而影响高炉进程顺利，甚至发生事故。如果炉前操作做得很好，不仅可以减少炉内事故的损失，还可以加快恢复生产的进度。因此在这些特殊情况下，对炉前操作的要求与正常操作大不一样，除了正常生产时的操作内容之外，还有一些特殊要求，尤其是要求操作人员在处理时要沉着果断、动作迅速准确，争取在最短的时间内把事故处理完，减少损失使高炉尽快恢复生产。

6.7.1　长期休风、封炉后复风时的炉前操作

6.7.1.1　长期休风、封炉停风前的炉前操作

（1）有两个以上出铁口的高炉，应根据炉前设施检修情况和其他生产要求，确定最后一次铁的出铁场。

（2）为确保复风顺利，停炉时必须把炉内渣铁出净，以尽量减少炉缸炉底的死铁量。为此炉前操作上应在停炉前的几次铁，将出铁孔道下移到铁口框下半部，并加大铁口角度到 20°左右。最后一次铁换用大钻头，适当加大铁口孔径。

（3）最后一次铁要做好一切工作，严格按规定时间出铁，确保出铁正常，使炉内加净焦、轻料或空料线在停风时达到预定的位置。

（4）停风前将停风后需要的各种工具、要更换的冷却设备、各种备品备件等准备好。

6.7.1.2　停风期间炉前的主要工作

（1）停炉后为了保持炉内密封，应于休风后立即将风门、渣口、铁口用泥严密封闭，以减少热量损失及由于漏风发生的焦炭燃烧，而产生新的凝渣、凝铁。密封方法随休风时间长短而异，各厂有不同的方法和经验。

首钢的做法是：一般休风4~48h，风渣口用耐火泥堵严；休风48h以上时，渣口要卸下，用耐火泥将风口和渣口三套堵严，外边涂一层废油脂；休风3天以上，应将直吹管卸下，渣口采用一层耐火泥、一层沙子、一层耐火泥，外涂废油脂的方法。非常长时间的休风，即卸下风口，采用耐火泥、耐火砖、沙子、耐火砖、耐火泥，外涂废油脂的方法。

其他有的厂的做法是：休风3天以内，需用炮泥堵风口；休风3天以上，应卸下直吹管，并根据休风时间长短采取相应措施。除风口堵泥外，还在二套砌砖，并用灰浆封严；卸下渣口堵泥，外面砌砖用灰浆封严。

有的厂采用上述方法后，还在灰浆上涂上一层沥青膏进一步密封。

风渣口的密封工作十分重要，若做不好会产生严重后果。例如某厂一座300m^{3}高炉因焦炭供应不足要封炉一个月。因缺少风渣口密封经验，风渣口没有密封严。一个月后扒开封闭风口的砌砖后，炉内已找不到红焦，被迫扒出已熄灭的焦炭和灰分，重新装料开炉，损失严重。

（2）为防止向炉内漏水，停风后应及时更换漏水的风渣口，可能漏水的风渣口也应换掉，以减少隐患。有的厂还在长期停风时，对使用了一定时间的风口有计划的予以更换。

（3）封炉期间要减少冷却水量，具体可参照表6-23。

表6-23　封炉期间冷却水量控制

封炉时间/d	10	10~30	>30
风口以上保持水量/%	50	最小水量	最小水量
风口以下保持水量/%	50	30	最小水量

6.7.1.3　长期休风、封炉后复风前的炉前工作

由于休风时间长，积存在炉内的渣铁随温度的下降逐渐凝结。渣口到铁口间积存的残渣与冷焦已结成一体，已无渗透液态渣铁的能力，复风后短期内很难将铁口区域加热熔化。因此，在炉前各种设备，如开口机、泥炮、堵渣机、摆动沟、冲水渣设备等试运转正常后，应做好如下炉前工作：

（1）送风前（约8h）用开口机以零度角钻铁口，将铁口挖大挖通，直到见焦炭为止，力求从铁口挖出焦炭来。

（2）当用开口机钻不动时，要用氧气烧开，待深入炉内，距炉墙0.5m以上时，即向上烧凝固层，距炉墙1.5m仍烧不开时，可用炸药将渣焦凝固层炸裂，促进复风后炉缸的加热。炸药用量可根据炉子容积大小确定，可从几两开始逐渐增多。

（3）为防止向炉内吸入空气，铁口挖通后用焦粉和炮泥堵实，复风前再开。

（4）将风口、渣口前面的渣铁除掉，扒出已熄灭的焦炭和灰分，直到见红焦为止，然后装上新焦炭。为使开炉后炉渣容易熔化和向下流动，于风口、渣口前放入一些食盐。

（5）用氧气将风口、渣口及铁口间烧出通道，以利复风后煤气流通，渣铁向下流动。

（6）中修或封炉的开炉前，都应从铁口插入一根钢管（炉内部分应钻有很多小孔）直达炉缸中心处，以便引下高温煤气来加热炉缸和铁口区域。

（7）根据休风时间长短以及开铁口情况，决定是否用一个渣口作为备用铁口。一般休风10d以上开铁口时，炉缸较凉，渣铁不易流动，铁口打不开，选择一个渣口，拉下小套，安装一个炭砖套作为备用铁口比较主动。炭砖套的大小与小套相同，只是中心孔小一些，内径可为40～50mm，外径为50～60mm，以便堵渣机堵口。在炭砖套外砌耐火砖，顶实，并垫好耐火泥，成喇叭形（见图6-22）。同时，制作堵口用堵耙或临时简易泥枪。要注意，不可用自焙炭砖套，它有自己烧出的危险。

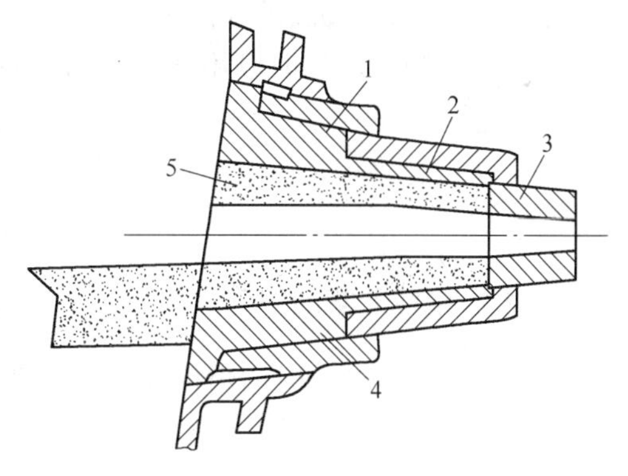

图 6-22　临时出铁口剖面图
1—渣口大套；2—渣口二套；3—石墨渣口三套；4—环形砌砖；5—临时出铁口泥套

（8）制作临时砂口，以防止第一、二次铁时炉凉，铁量小，在砂口处凝结，又须防止流量大，要起到撇渣的作用。一般不装砂口的大闸板，用河沙垫入砂口内使坑的深度变浅，上面用耐火砖与炮泥筑成临时闸板，两帮用河沙挡高。

（9）在炉前准备数量充足的河沙、焦粉或炭化稻壳、草袋子、烧氧气的材料、工具等。

（10）人员合理分工，并准备在启用备用铁口出渣铁时，安排好铁口、渣口两组人力。

6.7.1.4　长期休风、封炉复风后炉前操作

各项准备工作做完并在送风后准备出铁前的炉前操作如下：

（1）先用开口机以零度角钻通复风前开通的铁口（没有开口机的小高炉使用钢钎），待用开口机钻不动时，用氧气烧，尽力向上烧，必要时可拆除铁口砖套向上烧。

（2）送风数小时后，若炉缸积有一定数量的渣铁，风口有涌渣现象，而铁口仍烧不开时，可将炸药放入炉内（深度在炉墙砖1m以上），炸开凝结层，使渣铁流出。有富氧吹烧铁口装置的工厂，可用吹烧铁口处理凝结层。

（3）铁口烧开，但铁流过小，温度又低时，要防止铁水凝固，尤其是在砂口处凝固。要用河沙铺铁沟底，挡住小铁流，并撒上一层焦粉保温，保持铁水流动。万一砂口处凝死，应堵上铁口，并立即清理渣铁沟，重新开铁口，并进一步向上开。

长期休风或封炉后开炉的砂口操作很重要，且记开炉后头几次铁不要经过砂口，要走临时砂口，待炉温升高、铁水温度正常和流动性良好后再通过正常砂口。

（4）防止渣铁跑大流，除炉内放风配合外，还要用河沙立即加高铁沟两头。

（5）当铁口用氧气烧、炸药炸都打不开时，应采取果断措施，除留少数人继续在铁口烧氧气，加热铁口、炉缸，其余绝大部分人力集中从备用铁口排放渣铁。其注意事项是：

1）准备好带壳的渣罐或残废铁罐，没有渣罐的高炉应在炉前安排一个临时出铁场排

放渣铁。

2）烧备用铁口时，要注意尽量避免烧坏炭砖套。

3）堵备用铁口要放风或停风堵口，争取多打泥，一定要堵好。

（6）待铁口能出铁时停用备用铁口。从铁口出铁时，开始时铁流小、温度低，砂口应每次出完铁清理一次。

（7）铁口能够正常排放渣铁，炉温正常后休风换掉备用铁口的炭砖套，安装渣口三套与小套。

6.7.2 大、中修开炉的炉前操作

大、中修高炉开炉时的炉前操作与长期休风、封炉后复风的炉前操作有以下相同点和不同点。

6.7.2.1 不同点

（1）长期休风与封炉炉内有料，不用进行炉内清理；而大、中修后高炉开炉前要搞好炉内的清理工作。大修开炉是清除炉底的泥浆废料、杂物，中修开炉清理量很大，而且炉内积存渣铁清理得越深越好，至少要在铁口方向挖出一条通道，使安装铁口导管时有一定的角度。

（2）安装铁口煤气导出管。为争取延长喷吹铁口时间，煤气导出管的炉内一端要用两块以上的耐火砖垫起，防止炉底刚一有液体渣就得将煤气导出管堵死。

（3）炉内铁口附近要用耐火泥糊成一个大泥包。

（4）大、中修后高炉开炉要进行烘炉，而长期休风与封炉不用进行。

6.7.2.2 相同点

（1）同样要以零度角开铁口；

（2）同样要准备足够烧氧气的条件与工具、河沙、焦粉或炭化稻壳、草袋子等。

（3）烧铁口操作也要向上烧。

（4）要防止铁流小、铁水温度低的冷凝及铁流过大的跑大流。

（5）同样要注意砂口操作，制作临时砂口。

不过一般新开高炉的铁口有时比长期休风和封炉还好开一些，炉温也高一些，临时砂口要大一些。

与长期休风、封炉相同的地方，就可以按长期休风、封炉复风的炉前操作要点进行。

6.7.3 大修与新建高炉开炉的炉前操作

6.7.3.1 烘炉前炉前操作要求

（1）搞好炉内清理工作，将炉底的泥浆、废料杂物全部清理干净。

（2）炉内清理干净后，炉前工配合维修安装烘炉导管。

（3）安装铁口煤气导出管。煤气导出管安放时，要用支架固定牢，并使煤气导出管的中心线和铁口中心线一致。铁口煤气导出管外端应与泥套平齐，或伸出泥套外1～1.5m，里端应位于炉子中心，为防止渣铁液过早地铸死铁口煤气导出管，炉内端要用耐火砖（或支架）垫起，使其略高于外端。铁口煤气导出管的制作和安装形式各厂有所差异。某厂铁口煤气导出管构造及安装示意图如图6-23和图6-24所示。

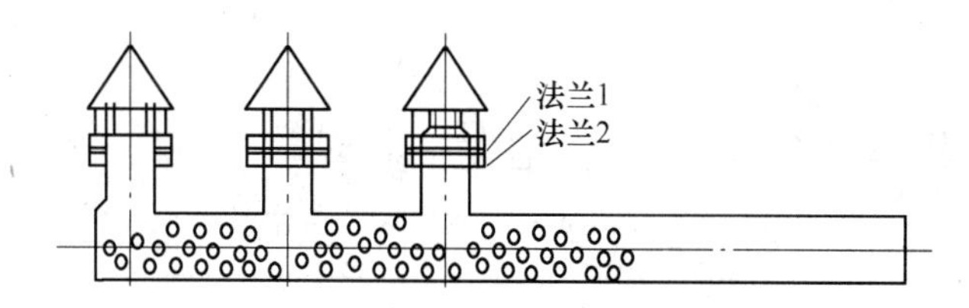

图 6-23　某厂铁口煤气导出管构造示意图

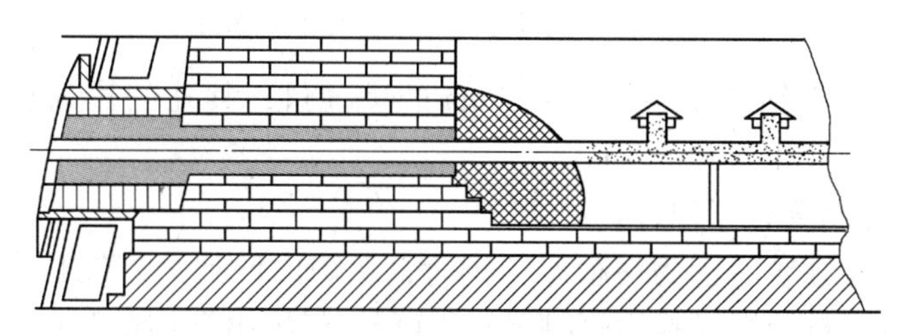

图 6-24　铁口煤气导出管安装示意图

在煤气导出管上有 3~4 个伞形帽进气孔，并在导出管周身钻有多个 10~30mm 的进气孔，钻孔区长度至泥包处。某厂煤气导出管用直径为 159mm 厚壁钢管制造，仅在周身上钻多个直径为 ϕ12mm 的进气孔，设有伞形帽进气孔。一些中小高炉的铁口煤气导出管也是用一根 ϕ108mm 厚壁钢管制造，仅在炉内部分，周身钻上 ϕ10~12mm 的进气孔，没有伞形帽进气孔。

安装好煤气导出管之后用炮泥（或砂口捣料）捣实孔道内径，并用炮泥制作铁口泥包。泥包大小根据高炉容积大小而不同，其大小应使铁口深度不小于规定的尺寸，近似馒头形，如图 6-24 所示。

（4）煤气导出管的用途和作用：

1）高炉送风点火后，部分煤气从导出管排出，可以加热铁口排除潮气，烘干铁口孔道以利加热炉底。

2）煤气从铁口煤气导出管喷出有利于出铁口前料柱松动，生成的液态渣铁在铁口区域聚积有利于出第一次铁。

3）根据煤气导出管喷出的煤气和渣铁情况确定第一次铁的出铁时间。

（5）煤气导出管的构造。从煤气导出管的用途与作用可看出它对高炉开炉顺利与否有重要意义。目前煤气导出管的形式与种类也较多，只要能防止装料时铁口眼不被焦炭卡住，送风后能引出煤气即可。其构造主要有以下几个方面：

1）一般高炉开炉使用的煤气导出管均采用厚壁无缝钢管制作，其直径为 108~159mm，炉容大的高炉选用直径大的，炉容小的高炉选用直径小的，其构造尺寸如图 6-25 所示。

2）煤气导出管的长度为炉缸半径（R）加上炉墙厚度（S）并延长 500mm 左右即可。导出管的高度（h）应比风口二套前端内径小 50mm 左右，这样可以顺利通过风口二套放到炉缸内。导出管上安装几个伞形帽，其作用是防止开炉装料时焦炭进入并堵死导出管的进气孔，影响煤气从导出管排出。有的厂已不安装伞形帽。

3）导出管炉内部分的顶端先用钢板焊封，然后再钻 3~5 个 ϕ30~40mm 的进气孔，

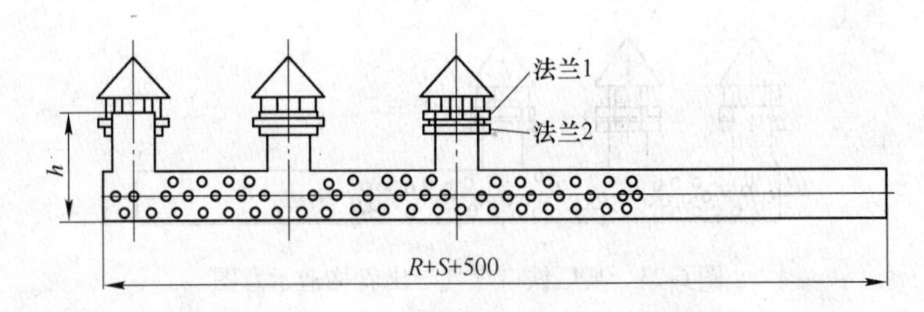

图 6-25 铁口导出管构造尺寸示意图

并在导出管的圆周壁上钻若干个 ϕ15~30mm 的进气口，其孔的排列长度到铁口泥包的外缘。

4）目前煤气导出管有三种形式：

第一种形式，煤气导出管为一根厚壁钢管，从炉内伸到炉外较长，炉内部分钻有小孔，炉外部分焊有敲打钢板（拔钢管时用），这种煤气导出管构造简单，但当铁口喷吹渣铁时，拔出十分困难，影响堵铁口，现使用这种形式的已较少。

第二种形式，将第一种形式所用钢管改为直径不同的两段钢管，一段在炉内，圆周身上钻有 ϕ15~20mm 的圆孔；一段在炉外，对接处在铁口孔道异型砖套附近，铁口喷吹渣铁时，很容易将炉外一段拔出进行堵铁口。

第三种形式，用一根钢管，从炉内只伸到铁口异型砖套处即可，喷吹渣铁后堵铁口。

6.7.3.2 送风前炉前操作

送风前炉前应做好以下工作：

（1）炉前各种设备试运转正常，并具备出铁条件，如泥炮装好炮泥等。

（2）炉前渣铁沟、主沟、砂口、摆动沟嘴、铁口泥套等要全部修垫好并烤干，具备出铁条件。

（3）各种炉前用的工具（如氧气带、大锤、钎子、更换风口工具等）、材料（如氧气管、圆钢等）准备齐全，备品备件齐全（如风口各套、渣口各套、炮头、吹管、弯头等）。

（4）备好足量的炮泥、沟料、保温剂、河沙等，要接通压缩空气、焦炉煤气、氧气。

（5）若用木柴开炉，则要在拆除烘炉导管后，从风口进入炉内，按开炉方案要求，摆放废木柴，木柴之间要有一定的间距（首钢为 200mm），从炉底一直摆放到规定的高度。最后，炉墙周围竖着摆放一圈木柴，保护风口和炉腹耐火砖在装料时不被砸坏。

（6）装上全部风口及吹管，并检查是否严密，确保送风时不漏风。

6.7.3.3 送风后炉前操作

（1）抬起堵渣机并点燃从渣口、铁口喷出的煤气，以防中毒。若喷吹不畅时，要及时捅开使其畅通，尽量延长喷吹时间。在渣口有渣流出时，则用堵渣机堵上渣口，在铁口流出渣铁时，则打入少量泥堵上铁口。

（2）根据下料批数，计算产生的渣量、铁量，确定放渣时间。一般情况和中修高炉相比，大修高炉炉缸比较干净，可以先放上渣。但毕竟是新开炉，放渣操作应严细，防止发生任何事故，给开炉带来被动。首钢高炉大修开炉时，一般都先放上渣，有的厂高炉在出过一次铁后再放上渣。

（3）根据下料批数计算产生的铁量，当达到一定量时，出第一次铁。开口机角度减到最小，当开口机钻不动时，用氧气烧铁口，角度尽最小。开炉的前几次铁一般应将砂口中的铁放掉，待渣铁分离及流动性好，炉温充足时，再开始闷砂口。

6.7.3.4　炉凉时炉前操作

由于负荷过重或管道行程、大崩料、冷却设备漏水、焦炭质量变坏、操作失误等因素的影响，会导致炉凉。

炉凉的危害极大，尤其是剧凉时，风口涌渣呈暗红色，渣口打开呼呼响不淌，渣色变黑，铁水铁花小而密，呈暗红色，渣铁黏稠，流动性极差，生铁中硫急剧升高。此时如果处理不当，就会造成风口灌渣或烧穿、渣铁排放不出来、凝死砂口、质量事故等。因此，除高炉操作人员应采取措施外，炉前操作的中心任务是尽快排除凉渣铁。避免事故进一步发展。

炉子剧凉，风口涌渣时，应迅速打开渣口放渣，严防烧穿。积极组织出铁，出铁前除应做好准备工作外，还要做到下列几条：

（1）放开砂口，砂口过道眼的尺寸要比正常出铁时大些（但仍要保持铁沟内不过渣）。

（2）主铁沟、流铁沟、下渣沟内的残渣铁必须彻底清理干净。

（3）主铁沟帮（尤其是铁口两侧）下渣沟内均需撒上河沙，便于清理。

（4）做好炉外脱硫准备工作。

（5）准备足焦粉（或炭化稻壳）。

由于炉子剧凉时，已经是常压低风量操作加之渣铁流动性差，因此，开铁口时铁口眼要比正常时开大些，以便渣铁顺利出完。出铁时应经常向砂口内撒焦粉或炭化稻壳保温，防止结壳。生铁中硫超过质量规定时，组织炉外脱硫。出铁时应及时清理铁口门两侧的残渣，以免堵铁口时卡炮，堵不上铁口。

出完铁后，应在铁罐液面上撒适量焦粉，高炉采用炉前铸铁机铸块时，应在中间包铁，液面上撒上适量焦粉或炭化稻壳，并及时组织人力清理渣铁沟残渣铁，确保下次铁及时打开铁口（因炉剧凉时，砂口前结壳较厚，下渣沟残渣几乎填满，清理工作是限制下次开铁口时间的环节）。

在炉凉没有解除时，炉前的工作必须抢时间，争速度，随时准备开渣口、铁口放渣出铁。

6.7.3.5　炉缸冻结时的炉前操作

炉缸冻结是因炉缸温度大幅度下降之后，渣铁在炉缸内变黏稠直到冷凝。严重的炉缸冻结会造成风口灌死，渣铁口放不出渣铁。炉缸冻结是高炉生产中严重的操作事故。

炉容小的高炉热惯性较小，炉缸潜热小，因此较易发生炉缸冻结，但处理比较容易。大型高炉炉缸潜热大则少发生冻结事故，一旦发生冻结，处理比较困难，损失惨重。

造成炉缸冻结的原因很多，如大崩料、管道行程、冷却设备破损长时间向炉内漏水、焦炭负荷过重、上错料或非计划的长期休风及封炉操作失误、中修开炉不慎等都能造成炉缸冻结。缸炉冻结有轻重程度之分，下面介绍的是铁口与风口之间没有通路，渣口、铁口已无法排放渣铁的情况下炉缸冻结的处理方法。处理炉缸冻结时炉前操作十分重要，同时炉前工劳动条件不好，劳动强度大，十分地辛苦劳累，事故造成的经济损失也很巨大，高炉管理与操作人员应尽力避免发生炉缸冻结事故。

A 炉缸冻结的处理原则

（1）建立燃烧区。一旦发生严重的炉缸冻结，渣铁口不能放渣出铁造成炉缸内的渣铁量越来越多，渣面会超过风口而吹不进风，造成风口灌渣。因此必须首先打开风口前的鼓风通道，建立燃烧区，以便产生热量和形成炉料运动。

（2）打通风口与临时出铁口的通道。建立了燃烧区之后新产生的渣铁必须有通路排放出来，因铁口与风口之间的距离远，不易造成通路，因此燃烧区要建立在离铁口最近的渣口周围，将渣口与燃烧区风口之间形成通路，作为临时出铁口。

（3）堵风口操作后，由点到面，依次增加送风风口数目。送风风口工作基本正常，熔化的产物能从渣口顺利排除时，可逐步增加送风风口的数目，扩大工作区间，逐步打通铁口的通路，使之能尽快地从铁口出铁。

B 炉缸冻结时炉前处理方法

发生炉缸冻结渣铁均不能从渣口、铁口排放时，除高炉操作争取措施处理外，应立即休风在炉前进行处理：

（1）烧通工作风口。将送风风口小套及二套卸下来，用氧气将风口烧通一定的空间，风口上方要烧到大量滴落赤红焦炭为止，使风口区与上方透气。

（2）烧通临时出渣铁口。

1）先选择铁口附近的渣口做临时出铁口，将渣口小套及三套卸下来，用氧气将渣口前方烧出较大的空间，然后向送风风口方向烧，直到烧通有焦炭落下，从风口能冒出烧氧气红烟。然后安装炭砖套代替渣口小套及三套，并用顶杆固定，做好泥套烧干准备出铁放渣，也可以向渣口前方的空间放食盐、萤石等物，降低熔点，改善炉渣流动性。

2）如果渣口与工作风口之间烧不开，可将工作风口邻近的风口做临时出铁口，也需将风口小套及二套卸下来，前端烧通并与送风风口烧通，在风口大套上砌砖衬，做好泥套烧干，卸下该风口的弯头，用厚铁板密封鹅颈管上的中接管防止跑风。垫好渣铁沟并烘烤干以备出渣铁。这是迫不得已的情况下才采取的措施。一般情况下应尽可能用渣口做临时出铁口，如图6-22所示。

（3）扩风口。待渣口排出来的渣铁流动性变好，送风风口工作正常时，可依次捅开送风风口两侧的风口，每次捅开风口的数目不宜超过两个。新开风口区熔化的渣铁能从临时渣铁口顺利地排出后，再考虑继续捅开风口，直到铁口出铁出渣正常，将临时出铁口改为放渣的渣口。铁口工作正常后根据实际情况可加快捅开风口的速度。值得提出的是临时铁口改为放渣渣口时，为了安全起见，最好仍然使用炭砖套放渣，待渣铁分离较好，上渣不带铁时，再将铜质渣口小套及三套换上。

（4）铁口出渣放铁。随着炉缸温度的升高，渣铁流动的改善后，炉缸凝结物逐渐熔化减少，铁口能放出渣铁，说明送风风口区域与铁口之间已经形成通路。这是处理炉缸冻结的一个重要转折，至于出铁的次数要根据具体情况而定，原则是加速炉缸的熔化过程，保证及时排出渣铁。

（5）炉缸冻结期间要减少冷却水流量，降低热量损失。待炉缸温度上升，再逐渐增加冷却水流量，直至正常。

C　处理炉缸冻结的安全工作

处理炉缸冻结往往时间很长，炉前工作很多，劳动强度很大，并可能发生其他事故，所以做好这期间的安全工作十分重要。

（1）处理炉缸冻结期间易发生风口灌渣、风口及直吹管烧穿等事故。因此必须加强巡回检查，当风口有灌渣和烧穿危险时，应及时打水，无关人员不准在风口区逗留。

（2）捅开风口时不能隔着堵死的风口开其他风口，应依次进行，防止炉缸不畅通渣铁排不出去，造成风口烧穿事故。

（3）风口出铁时要防止烧坏风口大套，大套砌砖必须保证坚固，致密烧干，临时铁沟的铺料也要捣实烧干。

（4）要勤出铁，避免渣铁过多造成事故。

（5）渣口出铁时必须防止烧坏渣口二套。渣口上完炭砖套后，整个渣口装置应砌砖、垫好料，做泥套工作要严格认真对待，必须捣固结实烧干，保证渣口大套与二套不与铁水接触。

（6）烧临时铁口时，必须对正中心，不准烧坏炭砖套。

（7）人工堵临时铁口困难时要减风操作。

以上介绍的炉缸冻结的炉前操作，是按常规法处理的。若采用富氧吹烧铁口技术后，可大大缩短铁口处理时间，减轻炉前工人的劳动强度，改善操作环境。

任务 6.8　不设渣口的炉前操作

本章炉前操作是在高炉设一个铁口、两个渣口的传统的生产工艺基础上叙述的。20世纪 70 年代以前，国内外高炉都是按这种工艺进行生产。

20 世纪 70 年代后，随着铁矿石品位的提高，冶炼工艺的进步和高炉大型化，国外新建大型高炉已不设渣口，而根据高炉炉容大小设 2~4 个铁口，用铁口出铁出渣。放上渣生产的高炉也将渣口堵上采用不放上渣操作。前苏联切列波维茨钢铁公司 4 号高炉（$2700m^3$）1971 年 10 月开始不放上渣操作，70 年代末期不放上渣操作在南方许多工厂相继采用。前苏联高炉不放上渣的操作表明，高炉冶炼顺行，风量增加，铁水含硫量下降，质量提高；可以减少渣中带铁引起损失 3%；同时没有烧损渣口和更换渣口操作，慢风和休风次数减少；此外大大减轻了炉前体力劳动强度，减少了炉前人身和设备事故。鞍钢有渣口的 7 号高炉（$2580m^3$），有两个铁口，两个渣口，1985 年 6 月 26 日~7 月 3 日因渣口烧坏被迫不放上渣，增加出铁次数到 14 次，由两个铁口轮流出渣出铁，结果高炉顺行，一级品率提高 21.69%，生铁含硫量降低 0.054%，脱硫率提高 25%，利用系数提高 $0.043t/(m^3 \cdot d)$，吨铁燃料比下降 11kg/t。

目前世界上有很多国家的大型高炉采用了不放上渣操作。国内宝钢 1 号高炉（$4063m^3$）因没渣口也不放上渣，武钢 4 号高炉（$2516m^3$）从 1987 年 11 月摒弃了传统的从渣口放上渣的操作，采用了全部从铁口出渣不放上渣的新工艺，取得了节焦 13kg/t、增产 38t/d、一年节约渣口费用 118608 元的显著效果，这在当时国内有渣口高炉尚属首创。以后又有一些大型高炉采用不放上渣操作，一些只有一个铁口的高炉，如松汀的两座 $450m^3$ 高炉堵死渣口采用不放上渣操作也已多年。

根据国内外有关资料报道，采用不放上渣工艺的条件为：

（1）高炉至少有两个铁口。

（2）每日出铁15次以上，吨铁渣量500kg/t或以下。

（3）炮泥质量要高。

（4）能够正点配好渣铁罐，按时出尽渣铁维持高炉顺行。若渣铁出不尽，轻者造成风压高，导致崩料，重者发生管道现象，高炉被迫大减风，严重影响炉况。

高炉不放渣操作已推广多年，并取得良好效果，并逐渐被一些大型高炉采用。但也看到仍有不同的看法，至今尚有很多高炉仍采用传统的放上渣操作。一座高炉是否采用不放上渣操作，要根据本厂具体条件确定。

技能训练实际案例1　某高炉渣口爆炸事故

某高炉有效容积2000m^3，于××××年建成投产，设有铁口1个，渣口3个，风口22个，炉缸直径为9.8m。××××年7月31日停炉中修，9月22日开炉，25日8时40分第一次打开南渣口时发生大爆炸，将下部冷却壁炸坏，事故休风29小时13分钟。

一、事故经过

9月22日中修开炉复风后共堵风口10个，东南西三个渣口，东西两渣口均换上炭砖套，南渣口未换。送风16小时52分后第一次打开铁口，并于23、24日分别出铁五次和六次。24日第五次铁后打开镶有炭砖套的东、西渣口放渣一次后，未再放渣。23日捅开4、13号风口，24日捅开8、11、17、19号风口，爆炸前尚堵4个风口。25日8时40分，投产后第三天第一次打开南渣口时，随之来铁发生了爆炸，三、四套崩飞，二套、大套及法兰崩掉一半，法兰下的18、19号冷却壁炸去一个角，里面的水管崩漏；卷扬通向炉顶的液压的电缆烧坏，大量的渣铁及焦炭涌出，把两个渣罐埋住。经抢修后，南渣口亦换上炭砖套，于26日13时53分复风生产。

二、事故原因

（1）渣口爆炸前，该方向周围的风口开得过快，对于开炉常压操作的大型高炉，从22日送风到24日，除6、15号风口继续堵着外，7~14号8个风口全部捅开，使之在炉缸直径大，未放残铁炉缸温度本身就低的情况下，中心吹不透，炉缸不活跃产生的渣铁不易流向铁口方向，故打开渣口后大量来铁，是南渣口爆炸的主要原因。

（2）靠近铁口左右方向的东、西渣口开炉前换上了炭砖套，而铁口对面的南渣口却未换上。在炉缸工作未达到正常的情况下，急于打开南渣口是发生爆炸的直接原因。

（3）南渣口方向的炉底过高（距渣口下沿仅600mm），中修时处理的炉底大块凝聚物堵堆在南渣口，没有清出炉外，使铁水很容易接近渣，这也是发生爆炸的一个重要原因。

三、事故预防

中修的高炉因炉底过高，为保证渣口放渣安全，渣口必须换上炭砖套。对炉缸直径大的高炉，距铁口远的渣口更应该换上炭砖套。

复风后要保持一定的风速，炉缸活跃均匀使风口、渣口、铁口尽快连通。捅风口的时间、方位一般是渣口恢复正常后再捅开堵着的风口。在渣口未恢复正常之前，风量恢复不能过急过快，一般应维持正常风量的三分之二。

中修开炉的高炉，在渣口未恢复正常时，铁次不能过少，一般每日出铁次数不能低于8次，随着风量的逐步恢复，强度的提高，而渣口还不能正常时，铁次还应增加。

技能训练实际案例2　铁口过浅造成跑铁事故

某钢厂917m³高炉因铁口工作失常，连续过浅，渣铁出不净，造成炉缸存渣铁过多，出铁时出现特大铁流（≥25t/min），铁水淌地下150余吨，淹没铁道，停产四天。

一、事故经过

这座高炉的冶炼强度较高，生产的铁水全部铸块，因铸块机负荷过重，造成铁罐晚点时间长，正常出铁顺序被打乱，渣铁排放不净，炉缸存铁过多，最后导致铁口深度过浅，出现重大跑铁事故。

事故前一次铁铁口深度0.7m（正常铁口深度1800～2100mm），本次铁口深度只有0.3m。由于铁口眼有意开小，开始铁水是喷射出来的，放至半罐铁时，突然一股黑烟，铁水来大流。部分铁水出槽溢到平台，同时几次企图用泥炮堵铁口均未成功，铁口泥套已不复存在。虽然紧急休风，但仍无济于事。最后铁水将铁轨全部淹没，三个铁罐架被埋在铁水中，大约淌在地上的铁水150t，炉台上20t，铁罐中120t，本次共出铁约290t。

二、事故处理

清理因紧急休风灌渣的直吹管和炉台上的渣铁都是比较容易的，最困难的是处理铁道上的凝渣铁和抢救三个铁水罐。

首先是对铁水罐线上的铁水喷水冷却，熄灭明火，防止铁罐下沉，然后进行清除。铁水罐被地上铁水凝固住，已无法拉走，而铁道上能进来的最大吊车是60t，所以只有采取化整为零，分段放出重灌里铁水的办法，即在附近卸大量河沙，打好沙池，接好流槽，依次将铁罐中的铁水放出。车架分解吊走，地上凝铁用氧气割成能吊动的小块，吊起装车，整个处理过程用了四天时间。高炉恢复产生，在复风前，由于铁口是自然凝死的，必须进行处理。先将铁口眼里的凝渣清出半米深，然后用泥捣实，做好泥套，全部烘干试好泥炮。配好渣铁罐后复风常压操作。复风后一小时就开始出铁，铁口眼开的很小，又放了一百多吨铁水，渣铁放净，打足炮泥，高炉逐渐恢复正常生产水平。

三、事故原因

（1）渣铁连续放不净，造成铁口工作失常，铁口深度连续过浅。由于高炉产量与铸铁机能力不相匹配，铁罐失调，炉缸存铁放不净，铁口深度浅，经常是1000mm左右。出事故时铁口深度只有0.3m。这样的铁口深度无法控制铁流大小，铁口泥套也处在危险状态，这是事故的主要原因。

（2）炉缸积存铁水量过多。这座高炉的炉缸理论安全出铁量为250t，而事故前炉缸实际存铁量约350t，当时铁罐位只有三个（装铁水250t），给出铁和出渣带来巨大威胁，一旦铁口堵不住，势必导致罐满外溢，造成跑铁事故。当时为了追求高产，没有引起高度重视，即使在存铁量如此之多、铁口如此之浅的情况下也不减风，甚至事故前仍保持高压操作。

四、预防事故措施

防止此类事故的发生，首先必须保证铁口正常深度，使用质量合格的炮泥和精心操作。其次必须保证按规定时间正点配罐出铁，在规定铁流时间内按铁量差放净渣铁。第三铁口连续过浅，必须按其原因采取措施，降低冶炼强度，尽快恢复铁口正常深度，保证安全生产。

技能训练实际案例3　1880m³高炉无计划长期休风快速恢复实践

莱钢1880m³高炉自2005年2月投产以来，由于工艺、设备、外围等因素的影响，无计划休风比较频繁。2007年上半年高炉运行平稳，进入8月份以来，受雷雨天气及外围因素的影响，停电停风及无计划休风次数较多。

下面以一次典型计划休风为例，说明一下复风的过程、采取的措施及效果等。

2007年8月12日12:10高炉发生氧气管道爆炸事故，高炉停止富氧，氮气供应停止，高炉预备休风，12:30开始上休风料，焦比由400kg/t调至510kg/t，13:00上附加焦40t，13:30上附加焦20t，高炉组织出铁，13:55打开东场铁口，14:05打开西场铁口重叠出铁，15:35两场铁口大喷，15:40铁后休风。2007年8月13日16:00复风，共计休风24小时20分钟。

一、休风期间的密封和安全措施

休风后风口堵泥，风口大套法兰涂抹黄油，铁口刷泥浆密封，以保存炉缸热量；停气密箱水量，关闭炉顶打水手动阀，关停已损坏的冷却壁的倒冲水，避免向炉内漏水；高炉循环水量调整到4200m³/h，减少炉体热量的散失；风口堵完后通知煤气净化岗位关眼镜阀，之后炉顶点火，更换上下密封圈。炉顶点火稳定后，观察料面形状比以前的休风料面形状要规则一些，休风后，料线在3m左右，有明显的平台及中心漏斗，火盆范围较大，中间有馒头状突起，估计与休风前的最后一罐附加焦布在中心有关，靠近炉墙处料线略深，估计是休风前长期慢风所致。总之，料面的形状说明上部布料制度没有大的出入，合适的布料制度也是恢复好炉况的基础。

二、复风前的准备

联系确认好是否具备复风条件，提前1h盖重力除尘器放散和点火孔，通知热电厂开眼镜阀；复风前附加焦炭一批10t，正常布料，上料系统试车正常；复风前将气密箱水量调至2t/h，复风后根据风量及顶温水平，逐步增加至正常水平，并通氮气，打开炉顶打水手动阀，高炉循环水量调整到正常水量；复风前将5、11，14、19、25、28号六个风口堵泥，其他风口全开，并检查风口大盖是否关严，炉顶通氮气，详细检查是否具备复风条件；炉前提前处理东场撇渣器，为复风出第一炉铁做好准备。协调供应站备足氧气瓶，为烧铁口做准备。

复风料选择的原则是补焦炭、提炉温、降碱度。复风料的选择：矿批38t，焦比510kg/t，球团比例增加6%，配吃锰矿800kg，维持510kg/t焦比直至赶上料线，根据炉况逐步调整焦比至450kg/t，用煤量调剂炉温，风温根据火焰温度来调整平衡。高炉于16:00复风，复风时堵6个风口，因炼钢没有恢复，暂时无法消化铁水，按3000m³/min风量控制，因风量小，2~3批料后料线正常，调焦比至450kg/t，后因慢风时间长，没有富氧，煤量大，于23:00调焦比至480kg/t。因为无计划休风前料柱的矿焦比大，焦炭骨架作用削弱，透气、透液性差，休风时炉料压实，炉内易形成死焦堆，造成复风后料柱透气性差，风压高，不易接受风量，影响恢复。所以此时应密切关注风压及透气性指数的波动和探尺作业情况，严防发生管道、崩料和悬料，从而引发炉凉。无计划休风复风后的当务之急是想尽一切办法提高炉缸热量。休风前上的休风料还在炉身上部，只有靠煤量和风温提高炉缸热量。休风和复风过程有2h不能喷煤，而喷煤具有热滞后的特点，炉容越大，冶炼时间越长，热滞后也越显著。复风后作用的是重负荷料，会引起送风后炉温的下降，对头三炉铁水温度、Si含量的影响最大，所以此时应根据炉况的接受能力，过量喷煤，全用风温，提高火焰温度，以提高炉缸热量，防止炉凉。煤量控制上，在无富氧的情况下，16:45~21:10喷18~20t/h，燃料比560kg/t。21:10视渣铁热量低，喷煤22t/h提热量。0:00附加焦下达，风口转热，减煤至10t/h，但风压曲线上没有明显的上行波动。前期因热风炉煤气压力低，风温不足，17:30才达到900℃，20:40到1000℃，附加焦下达时，平衡风温1000℃左右。

出铁组织上，复风后应尽快排出凉渣凉铁。第1炉用东场，兑罐较晚，铁口也不好开，用备用氧气烧，因处理时间长，期间略控制风量至2800m³/min。18:25铁口打开，19:35出完。铁水温度前期低，只有1380℃，但铁水的流动性还算可以，后期上升至1430℃，第一炉出铁200t，渣子15t。因铁水罐紧张，从老区调65t小罐，配罐较晚，第二炉21:00打开，22:30出完，铁水温度有所降低，最高1385℃，出铁400t，出渣40t。两炉共亏渣270t。但随着铁水温度的上升，至14日夜班第一炉铁水温度1423℃，第二炉铁水温度1478℃，此后铁水温度上升至1480℃以上，渣铁都能出净，甚至出超。至此轻料作用，热量提起。从十字测温情况看，全风前的十字测温中心温度偏低一些，大约440℃左右，边缘温度略高。加全风后十字测温分布趋于合理，中心温度升高到620℃左右。东北方向边缘温度始终较高，与前期东铁口连续出铁有关，西铁口投用后情况有所好转。从13日中班后期11、14号风口相继吹开，23:40被迫加风至3300m³/min。14日0:25加风至3450m³/min。9:45炼钢逐渐恢复，制约高炉的因素消除，高炉也具备开风口的条件，铁水温度上升到1480℃以上、渣铁出净、压量关系较为疏松，10:00开28号风口、10:15开19号风口，10:35开25号风口、10:50开5号风口，至此风口开全，逐开风口逐加风，至11:00，1h内风量由3450m³/min加至4300m³/min，风压及透气性指数合适，焦比由480kg/t调至445kg/t，风温1130℃左右，煤量16t/h。除了仍不能富氧外，高炉基本转入正常。

三、恢复炉况采取的措施

1. 操作参数细化和定量化

附加焦的选择，根据休风时间的长短，炉体的老化程度、炉容的大小、休风前炉温水平的高低、休风前炉况的好坏等因素确定加焦量，此次共计附加焦70t，基本是按“附加焦量/时间=3~4t/h”的关系考虑的；顶压的调整是按“风量/压差=0.047”考虑的，以保证充足的中心气流及合适的透气性指数；调整焦炭矩阵，以保证一定的中心气流。十字测温中心温度的高低是判定中心气流是否畅通的依据，中心温度应达到550~600℃，随着风量的增加和角度的调整，2007年8月14日12:00以后，中心温度逐渐上升到600℃左右，说明中心气流得到发展；煤气温度比值“W”参数正常值为0.5~0.65时，炉况、气流稳定性好，高炉燃料消耗指标也较好，若该值升高说明边缘相对变轻，该值降低说明边缘相对变重，从而做相应调剂；风量与风口面积要严格对应，保证一定的风速和鼓风动能；加风的时机要把握好，风压和透气性指数合适，加风幅度可以大些，避免出现反复；火焰温度在规定范围内调剂，正常控制在2100~2200℃；铁水温度大于1450℃时，渣铁流动性明显好转，但要处理炉缸，铁水温度必须大于1500℃，渣铁才能出净；配料中配吃800kg/t的锰矿，使铁水中Mn的含量由0.2%增加到0.5%，改善了渣铁流动性，同时对炉缸也起到了清洗作用。

2. 出铁条件的确认

(1) 铁水罐的运行比较关键，因为炼钢还没有恢复，需要从炼铁老区调配小罐，时间较长，所以要合理安排，尽早调配铁水罐，为开口创造条件。

(2) 开口机、泥炮、摆动流嘴等重要设备运行可靠。

(3) 保持泥套完好，主沟及撇渣器清理干净。

(4) 备足氧气瓶，由于休慢风时间长，炉缸死，铁口不好开，备足氧气瓶烧铁口，做好烧铁口的准备。

(5) 东、西两铁口都要达到随时能出铁的条件，以防一边铁口打不开或铁流小时，可同时开另一铁口或重叠出铁。

(6) 干渣场具备放火渣条件，以备急用。

(7) 炉前人员配备充足，恢复炉况期间劳动强度大，可暂时实行两班倒，保证足够的人员。

3. 全风后的操作要求

(1) 高炉操作上以稳为进，坚持“不顶、不贪、不追”的原则，出现气流不稳或探尺作业不好，立即控制风量，稳定炉况后，逐步恢复风量。

(2) 风温1130~1150℃，以保证火焰温度在规定范围内为基础，按75kg/t煤比调整焦比，如煤量超过16t，焦比可调整至460kg/t。

(3) 炉温控制0.60%~0.70%，铁水温度1500℃。

(4) 积极组织炉外出铁，及时出净渣铁，并确保炉前氧气瓶的安全使用。在无富氧的情况下，适当喷吹煤量。

技能训练实际案例4 撇渣器（砂口）残铁眼跑铁事件

某高炉是2000m³大型高炉，改造前为一个铁口，三个渣口，××××年3月12日发生一起撇渣器残铁眼漏铁，铁口堵不上，将一个重铁罐埋在铁道上事故。

一、事故经过

3月12日高炉第四次铁后垫主铁沟前半截，垫好后试炮泥套下部，沟底显高未做处理。铁沟烤干后，用沙子堵好残铁眼。第五次铁11时50分打开铁口，铁流正常。11时55分左右，在1号位铁罐已装5t左右铁水时，突然残铁眼漏铁，铁水直接从残铁眼流入1号位铁罐。此时，决定1号位铁罐满后再堵铁口，但上炮后炮压不严，铁口堵不上，立即改常压大减风。与此同时第二次进行堵铁口，但又未堵上，这时1号位铁罐早已放满。铁水由铁罐嘴流到铁罐两侧安全沟里，而当时铁罐内侧安全沟的沟内被残渣铁填平，平面高出铁道表面。铁水直接流进铁道中心，将铁道和铁罐车轮凝在一起。铁水顺道心流向2号铁罐位。当火车头赶来时，1号为重铁罐已无法拖出。共淌在地上二三十吨铁，造成重铁罐（罐内有铁水 90t 左右）被铁水凝在铁道上的严重事故。

二、处理经过

事故发生后，立即决定由铁罐线另一头拉走其他四个百吨铁罐，在 3、4、5 号位配三个 140t 大罐（2 号位已无法配罐）。维持低风量操作。炉前将铁沟清净，换好炮头，将残铁眼用铁沟料闷死。再次出铁，渣铁放净后休风两个小时，抢修 2 号位铁道。复风后 2、3、4、5 号罐位均可使用，每次配大罐四个（140t 铁罐），维持较低风量，炉顶压力为 0.9kPa。

为处理 1 号位铁罐，在铁罐线外侧用细沙铺成大沙池，在铁罐外壳开孔，搭设流铁沟，在沙池内铸块，喷水冷却后装车。铁罐内铁水放净后，借用炉前 20t 吊车，将分解的罐帽、罐体、车架、车轮等部件吊走，清理铁道残铁，更换枕木、铁轨。

三、事故原因

发生这次事故原因有多种因素。首先是堵残铁眼用的沙子较干，堵不实，铁口打开后不久即漏铁。这时若能及时堵铁口，即使铁口堵不上，铁罐有空间，还可以避免跑铁事故。其次是泥套下部主铁沟垫的高，烘烤及出铁中受热上涨，致使压炮不严铁口堵不上，再者安全沟长期不清理失去安全沟的作用。

四、经验教训

（1）堵残铁眼用的沙子温度要合适，捣紧上实，并在外面加挡板，提高对铁水压力和冲刷的承受能力。

（2）一旦发生漏铁要立即组织堵铁口。

（3）新垫主铁沟与铁口泥套应有一定的坡度。不能垫高，应留有充分余地。

（4）安全沟要经常保持一定的深度和坡度，并要互相连通。

复习与思考题

6-1 填空题

(1) 确定铁口合理深度的原则是炉缸内衬至炉壳厚度的（　　）倍。
(2) 确定炉前出铁主沟长短的主要依据是（　　）。
(3) 大型高炉死铁层深度一般为炉缸直径的（　　）。
(4) 炉前摆动流嘴溜槽的摆动角度一般为（　　）度左右。
(5) 残铁口位置的确定方法基本上有（　　）法和（　　）法两种。
(6)（　　）和生铁是高炉冶炼中生成的两种产品，互相影响。
(7) 高炉生产一段时间后炉墙受到侵蚀，炉型发生变化，这时的炉型称为（　　）。
(8) 炉渣稠化的主要原因一是（　　），二是炉渣在炉缸内停留的时间太长。
(9) 渣口破损的主要原因是（　　）为多。
(10) 出铁口状况的三要素指的是（　　）、（　　）和（　　）。
(11) 出铁操作主要包括（　　）、（　　）、（　　）和（　　）等工作。
(12) 炉前操作指标是（　　）、（　　）、（　　）和（　　）。
(13) 操作液压泥炮时，应防止泥缸间隙大，造成过泥，液压油温不许超过（　　）。
(14) 炉缸安全容铁量计算公式是（　　）。

（15）铁口由铁口保护板、铁口框架、（　　）、砖套、砖衬、通道等部分组成。
（16）砂口分离渣铁原理是利用渣铁的（　　）不同而实现的。
（17）炮泥按调和剂不同可分为（　　）和（　　）。
（18）炉缸中心堆积，一般先坏渣口，后坏（　　）。

6-2　选择题

（1）出铁次数是按照高炉冷冻温度及每次最大出铁量不应超过炉缸安全出铁量多大比例来确定的？（　　）
A. 按安全出铁量的60%~80%定为每次出铁量
B. 按安全出铁量的30%~50%定为每次出铁量
C. 按安全出铁量的50%~60%定为每次出铁量
（2）用氧气烧渣、铁、风口时，确认氧气压力在（　　）。
A. 800kPa 以上　B. 500kPa 以上　C. 1000kPa 以上
（3）在炉凉情况下，铁口深度往往会变浅，铁口眼应（　　）。
A. 适当加大　B. 维持正常　C. 适当减小
（4）炉缸边缘堆积时，易烧化（　　）。
A. 渣口上部　B. 渣口下部　C. 风口下部　D. 风口上部
（5）衡量出铁口维护好坏的标准是（　　）。
A. 铁口深度　B. 铁口合格率　C. 渣铁出尽情况
（6）风口小套主要是受到（　　）而烧坏。
A. 炉内的高温气流　B. 渣铁与风口小套的直接接触
C. 喷吹煤粉的燃烧　D. 热风烧损
（7）炉渣熔化后能自由流动的温度是炉渣的（　　）。
A. 熔化性　B. 熔化温度　C. 黏度　D. 熔化性温度
（8）铁口泥套必须（　　）。
A. 坚固　B. 完整　C. 适宜　D. 干燥
（9）撇渣器要求（　　）和（　　）。
A. 渣铁畅流　B. 不憋渣　C. 铁沟不过渣　D. 渣沟不过铁
（10）高炉生产时，铁口主要受到（　　）等的破坏作用。
A. 高温　B. 机械冲刷　C. 紊流冲刷　D. 化学侵蚀
（11）高炉炉渣中 MgO 能起脱硫作用，要求 MgO 含量在（　　）为好。
A. 7%~12%　B. 12%~16%　C. 16%~20%　D. 20%以上
（12）炉缸安全容铁量的计算与下列（　　）因素有关。
A. 炉缸高度　B. 炉缸直径　C. 渣口高度
D. 铁水密度　E. 炉缸安全容铁系数　F. 最低铁水面的变化值
（13）为提高炮泥的可塑性，在碾泥中可适当增加（　　）配比。
A. 黏土　B. 熟料　C. 焦粉　D. 沥青
（14）高炉开炉初期铁口角度应为（　　）度。
A. 0　B. 5　C. 8　D. 12
（15）有渣口的高炉，上渣率一般要求在（　　）。
A. 大于50%　B. 100%　C. 大于70%　D. 大于30%
（16）高炉铁口以上炉缸部位炉衬损坏的主要原因是（　　）。
A. 渣铁水侵蚀　B. 碱金属侵蚀　C. 高温气流冲刷　D. 热应力破坏

6-3 是非题

(1) 炉渣颜色变豆绿色，是渣中 MnO 含量高。 ( )

(2) 在处理炉缸冻结过程中，起初绝大部分风口均被堵死，随着炉况好转，逐渐增开风口，为避免炉况偏行，可先捅开铁口对面的风口。 ( )

(3) 铁口泥套泥可分为两类，即捣打料泥套泥和浇注料泥套泥。 ( )

(4) 有水炮泥是以水为胶结剂，也可以以树脂为胶结剂。 ( )

(5) 铁口角度大小取决于出净渣铁的程度。 ( )

(6) 从渣的用途来看，可用作绝热材料的是干渣。 ( )

(7) 从渣口和铁口出渣的情况看，渣液的流动不是三维的非稳定态流。 ( )

(8) 在渣沟中设置沉铁坑作用是防止渣中带铁时避免冲水渣发生爆炸。 ( )

(9) 风口生降、涌渣时，应增大喷吹量，尽快提高炉温。 ( )

(10) 风口小套主要是受到渣铁的直接接触而烧坏。 ( )

(11) 有水炮泥和无水炮泥的区别主要指含水分的多少。 ( )

(12) 上下渣比是衡量上渣放得好坏的标志。 ( )

(13) 铁口是否正常主要反映在泥包是否坚固和完整上。 ( )

(14) 铁口中心线在正常生产时，与设计中心线偏差不大于 100mm。 ( )

(15) 出铁后铁口自流是由于炮泥质量不好而造成的。( )

(16) 铁水罐检查的内容主要是：对位是否正确及其容量大小、是否干燥、无杂物等。 ( )

(17) 出铁过程中见下渣后，待铁水面上积存了一定的下渣之后，才可把溢渣坝推开。 ( )

(18) 堵风口操作时，操作人员应首先站在风口前打开窥视孔，并用堵耙把风口泥堵紧，直到风口内不见亮光。 ( )

(19) 铁口区域的炉墙砌砖在高炉生产过程中是靠渣皮保护层来保护的。 ( )

(20) 炉缸堆积，风口小套烧坏上半部的较多。 ( )

6-4 简答题

(1) 固定适宜铁口角度的操作有何意义?

(2) 高炉生产对炮泥的要求有哪些?

(3) 炮泥的成分及各成分的作用是什么?

(4) 炉前操作指标有哪些?

(5) 出铁口的构造如何?

(6) 如何处理炉缸冻结事故?

项目7 高炉开炉、停炉、封炉操作

【教学目标】

知识目标：

(1) 了解高炉炼铁特殊操作的内容及重要意义；
(2) 掌握新建、大修、中修后高炉的配料计算和开炉操作知识；
(3) 掌握高炉停炉要求及停炉准备工作及停炉方法的操作知识；
(4) 掌握高炉封炉准备工作和时间、焦比的确定及封炉操作知识。

能力目标：

(1) 能根据配料计算进行开炉操作；
(2) 具有做好停炉前的准备和出残铁操作的能力；
(3) 能够根据封炉要求、确定封炉时间、焦比和封炉操作的能力。

【任务描述】

新建高炉和高炉经过大修、中修及长期封炉后开始生产的过程称为开炉。

开炉是高炉作业的开始。开炉工作的好坏，直接影响到高炉运行和达到正常生产水平的速度，以及设备、人身安全和一代高炉的使用寿命，因此，必须认真做好充分的准备工作。

对开炉的要求是在开炉过程中要安全生产并保证炉衬完整；在最短时间（5~7天）达到设计产量，并保证不出号外生铁。

任务7.1 高炉开炉操作

7.1.1 新建或大修后高炉的开炉

新开高炉所有设备都是初次使用，容易发生操作事故和设备事故，影响高炉投产和其使用寿命，因此，开炉前必须做好充分准备。

7.1.1.1 设备验收及试车

(1) 鼓风机、水泵及电气设备在安装完毕后，应进行不少于8h的试车，只有合乎规定后才验收。

(2) 试水。高炉整个冷却系统，包括各种冷却设备、风口、渣口及管道、热风炉的热风阀及烟道阀要按生产时的用水量和水压进行连续8h的通水试验。冷却设备不漏水，阀门开关灵活，管道畅通，给排水系统畅通无阻才能验收。高炉试水时要进入炉内观察，看是否有漏水情况。

（3）试风。开动鼓风机使风压达到最高水平，先试冷风管道，再试每座热风炉的各阀门及炉壳，然后试冷风大闸、冷风调节阀及热风管道、鼓风支管及直吹管，最后送入高炉。只有各管道、阀门、炉壳不漏风，各阀门灵活，达到设计要求时，试风才算合格。

（4）试汽。高炉炉顶大小钟之间、整个煤气系统、泥炮等使用蒸汽的部位，都要用大于 0.4MPa 的压力试汽。只有各管道阀门不漏汽，阀门开闭灵活，压力达到设计水平，管路有保温装置才算合格。使用氮气的高炉，应试氮气。

（5）炉顶装料设备、卷扬及整个装料系统。对主卷扬机、探尺及大小料钟卷扬机、布料器、料车、称量秤斗及皮带运输机等设备进行不少于 8h 的连续试车；对无料炉钟炉顶各阀门、旋转溜槽进行试车，验收，各设备性能必须达到设计要求。

（6）炉前的主要设备，如开口机、泥炮、堵渣机及辅助设备均安装完毕，并进行试车，合乎规定后才验收。

（7）高炉本体及热风、煤气、喷吹等系统的计器仪表安装调试完毕并达到设计水平后才能验收。

（8）各系统计算机安装调试完毕并达到设计水平后，才能验收。

7.1.1.2 烘炉

烘炉包括高炉热风炉烘炉和高炉本体烘炉。它是在前几项工作基本结束或接近完成时进行的。烘炉的目的和作用是缓慢蒸发砖和砖缝中的泥浆水分，增加砌体整体强度，避免因剧烈升温而使砖衬胀裂破损；使整个炉体设备逐渐加热至生产状态，避免生产后因剧烈膨胀而损坏设备。

A 热风炉烘炉

热风炉的烘炉有两种方法：一种是没有燃气或燃气量不足的烘炉；另一种是利用热风炉燃烧系统的烘炉。

（1）没有燃气或燃气量不足的烘炉。有的新建高炉没有燃气或燃气量不足。在热风炉外砌个简易炉灶，烧煤或其他燃料，把产生的高温烟气由热风炉燃烧口引入燃烧室，再进入蓄热室及烟道，由烟囱抽走。烘烤必须按规定的程序和升温曲线进行。它主要是通过抽入的高温烟气量来控制烘炉温度。首钢在没有富余燃气时，对于 $1000m^3$ 以下高炉才采用此法。把炉顶温度升到 600～700℃时，所消耗的燃料量，即每平方米加热面积耗煤5～6kg。

（2）利用热风炉燃烧系统烘炉。热风炉的烘炉时间，应根据不同情况而有所区别：

1）大修或新建的热风炉，如安装了陶瓷燃烧器，一般烘炉时间为 9～11 天，未安陶瓷燃烧器的一般烘炉时间为 5～7 天。

2）中修或局部改修的热风炉，烘炉时间一般为 3～4 天。

3）只更换格子砖的热风炉，基本上可以不烘。

（3）热风炉烘炉进度见图 7-1（不包括陶瓷燃烧器）。

1）新建和大修的热风炉按曲线 I 进行。应先用木柴烘烟道和火井，然后用高炉煤气烘炉。

开始炉顶温度不应高于 150℃，以后每班升温 30℃，炉顶温度达到 300℃时，保温 16h，以后炉顶温度再以每班 50℃的升温速度将炉顶温度升至 600℃，再保温 16～30h，再以每班 100℃的升温速度提高到规定的炉顶温度。

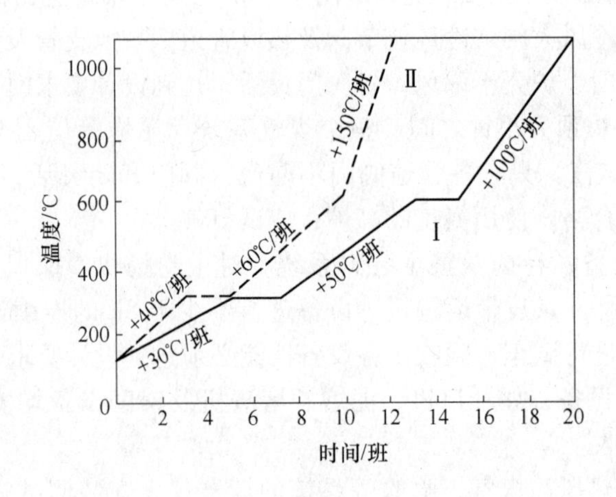

图 7-1　热风炉烘炉曲线

2）局部改建或中修的热风炉按曲线Ⅱ烘炉。先在火井内点燃木柴，然后用高炉煤气烘炉。开始炉顶温度不高于 150℃，以后每班升温 40℃达到 300℃时，保温 8h，然后以每班升温 60℃的速度达到 600℃，再以每班 150℃的升温速度达到规定的炉顶温度。

（4）烘炉注意事项：

1）利用煤气烘炉时，开始必须向木柴火焰上送煤气，以防爆炸。

2）严格执行烘炉制度，操作时应利用烟道阀、风量调节器与煤气调节阀，来控制加温速度。

3）烘炉必须连续进行，严禁一烘一停，以免砖墙破裂。为此，在烘炉期间必须经常的检查煤气压力及火焰情况，并以焦炉煤气为辅助，在高炉煤气不足时作为备用。

4）烘炉前必须把热风炉底的固定螺栓松开。在烘炉期间必须经常检查各螺栓的情况，发现炉皮上涨顶到螺帽时，应及时松开，以防胀裂。

5）烘炉期间应定期取样分析废气成分和水分。

6）烘炉的废气温度不允许高于 300℃。

7）炉顶温度达到 700~800℃时，可以烘高炉，达到 1000℃时可以送风。

B　高炉烘炉

高炉烘炉的重点是炉底，把炉衬中的泥浆水分缓慢烘干。

国内高炉烘炉时间一般在 7 天以上。现在，新建大型高炉炉身下部使用碳化硅砖及无料钟炉顶，因受温度的限制，烘炉时间可设定在 15 天左右。烘炉终了时间以炉顶废气湿度为标准。当炉顶废气湿度等于大气湿度时，可以开始降温凉炉。

（1）高炉烘炉的条件。开始高炉烘炉的条件如下：

1）热风炉烘炉完毕，已具备正常生产条件。

2）高炉、热风炉、煤气系统试漏和试压合格，缺陷得到处理，达到规定要求。

3）高炉、热风炉、运料和上料系统计算机经过空载联合试车，运行正常，操作可靠，各项参数、功能、画面显示、打印记录均达到设计水平和竣工验收标准。

（2）高炉烘炉方法。根据烘炉条件不同烘炉方法有三种：

1）用固体燃料（煤、焦炭或木炭）烘炉。新建的高炉没有煤气及热风，可在铁口、渣口砌炉灶烧煤。炉缸内砌几个砖堆，上面铺上圆形铁板，使废气能沿着炉墙上升。烘炉时，除用个别口添燃料外，其余风口全部用砖砌死。大钟关闭，废气由煤气上升管逸出，用炉顶放散阀开启程度和调节燃煤量、风量等手段控制烘炉温度。用木柴烘炉不用砌炉灶，将劈柴从风口投入炉内即可。

2）用热风烘炉。厂内有其他高炉生产，并能提供剩余煤气加热热风炉时，可采用此法，不但方便可靠而且烘炉温度也易于控制。烘炉时，热风从风口引进，为加强对炉顶的烘烤，至少在半数风口上安装有向下吹风弯管，烘炉使热风吹向炉底。烘炉导管安装见图 7-2。

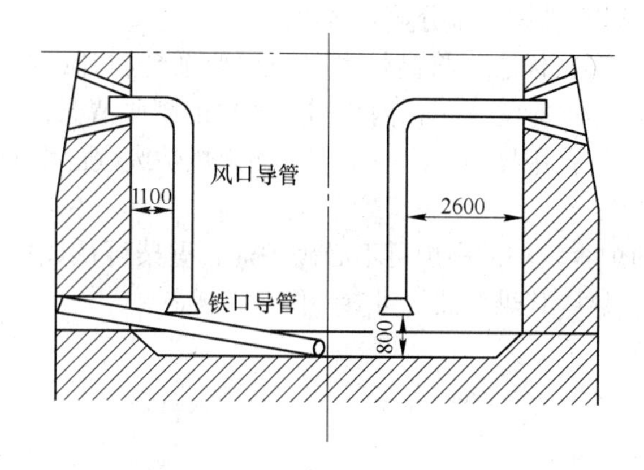

图 7-2　高炉烘炉导管安装图

烘炉温度用混风阀控制。如果烘炉温度过高，可用热风炉冷风阀开启程度配合混风调节阀联合控制。

350m^3以下的高炉可不设热风导管而直接从风口吹入热风，但炉缸内设一钢架（可用砖砌 4 根砖柱）上面置圆形铁板，高度超过风口，该挡风铁板与炉墙间隙为 0. 15～0. 30m。更小的高炉可只设铁口废气导出管。

3）用气体燃料（焦炉或高炉煤气）烘炉。当有高炉煤气或焦炉煤气时应尽量利用煤气烘炉，烘炉的方法是用导管将煤气引到在高炉内设置的煤气燃烧器内，用调节燃烧量来控制温度。助燃空气由铁口及渣口进入高炉内。

煤气烘炉的特点是：烘炉时间可以略为缩短，烘炉的温度较高，用炭捣或炭砖作炉衬的高炉，采用此法较为合适。

它的缺点是温度不好控制，冷却时间较长，烘炉时必须注意保持有不灭的火焰，以免发生煤气爆炸。

鞍钢用煤气烘烤炉底的煤气管装置如图 7-3 所示。

（3）高炉烘炉前的准备工作：

1）根据选择的烘炉方法制作和安装烘炉装置。以选用热风烘炉方法为例，安装烘炉导管：烘炉导管为“┏”形、下端喇叭口，导管直径 ϕ108mm，每隔一个风口安装一个，水平插入深度 2. 0～4. 0m，垂直深度 2～3m。可根据高炉炉容大小自行设计。

2）从铁口插入两根热电偶，一根插入炉子中心，一根插在铁口边缘。测示仪表安装在值班室，同时烘炉期间还应注意炉体内衬所设热电偶温度变化情况。

3）安装烘炉用 0~700℃临时风温表和炉顶常压表。

4）大、小钟切断阀，大钟均压阀和小钟均压阀关闭，炉顶放散阀开一个。

5）无料钟气密箱处于工作状态，气密箱冷却正常运行，水量和水位达到要求；通氮气管路系统工作正常，压力调节准确；检修风机处于完好状态。

6）冷却设备通水。高炉炉体各部冷却设备、风口、渣口通水量为正常水量的 50%。

7）炉底砌保护砖。炉缸炉底用炭砖或炭素材料捣打的高炉，烘炉前砌一层黏土砖保护层，要求砖缝合格，灰浆饱满；炉身用炭砖砌筑的部分，烘炉前应抹一层保护层。铁口通道用黏土粉、砖粉和水玻璃填充捣实。

8）安装铁口煤气导出管，可根据炉容大小自行设计，并做好铁口泥包。

9）打开灌浆孔，以利烘炉时水分蒸发逸出。

10）设置高炉本体膨胀标志，将高炉本体与框架平台脱开；在 4 根上升管上分别设置膨胀标志；以检测炉体各部位（包括内衬和炉壳）的膨胀情况，发现问题及时处理。

11）从炉顶煤气取样孔用导管导出一根用于测定烘炉废气湿度的管道。

（4）高炉烘炉操作：

1）用木材烘炉的炉容较小的高炉可不必砌炉灶，劈柴可从风口投入炉内，但要经常清灰，以利于炉底的加热，其烘炉曲线可参考图 7-4 制定。

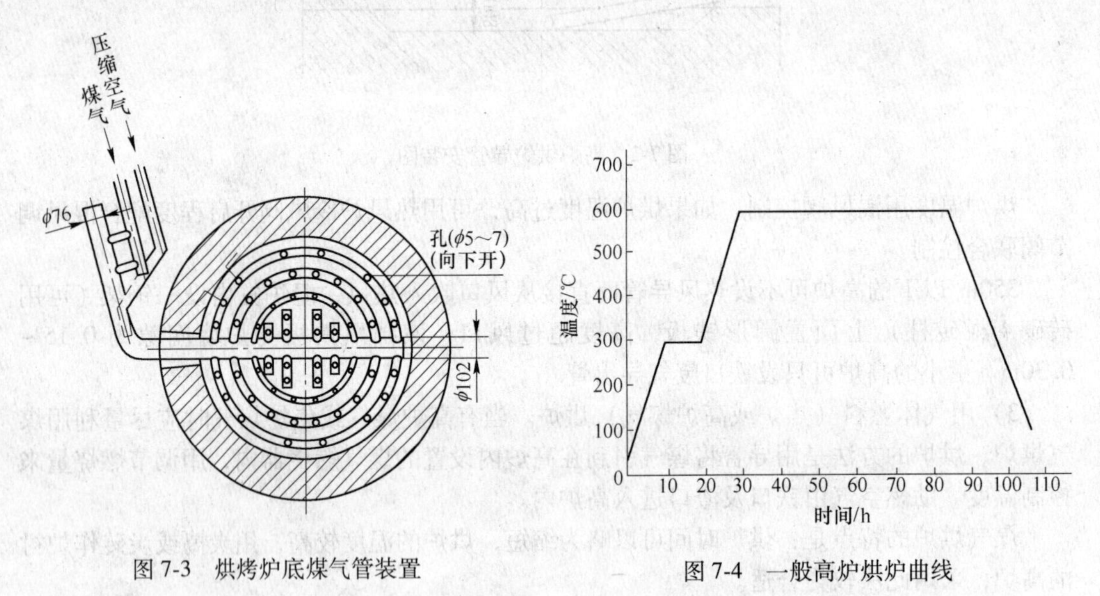

图 7-3　烘烤炉底煤气管装置　　图 7-4　一般高炉烘炉曲线

2）用无烟煤烘炉的高炉要在铁口和渣口各砌一个炉灶，用燃烧煤的废气来烘炉，也应按制定的烘炉曲线进行。用调节燃煤量和炉顶放散阀开度，来控制炉顶温度。

3）用热风炉烘炉，风温按烘炉曲线控制，同时参考其他温度参数，烘炉中测定的废气湿度与大气湿度相比，以判断烘炉终点。图 7-5 是某厂有效容积 1200m^3，炉顶为无料钟的高炉烘炉曲线。图 7-6 为唐钢一铁厂 1 号高炉的烘炉曲线。各厂可根据各自高炉的具体情况并参考其他厂高炉的烘炉曲线制定本厂高炉的烘炉曲线，并按烘炉曲线严格进行烘炉操作。

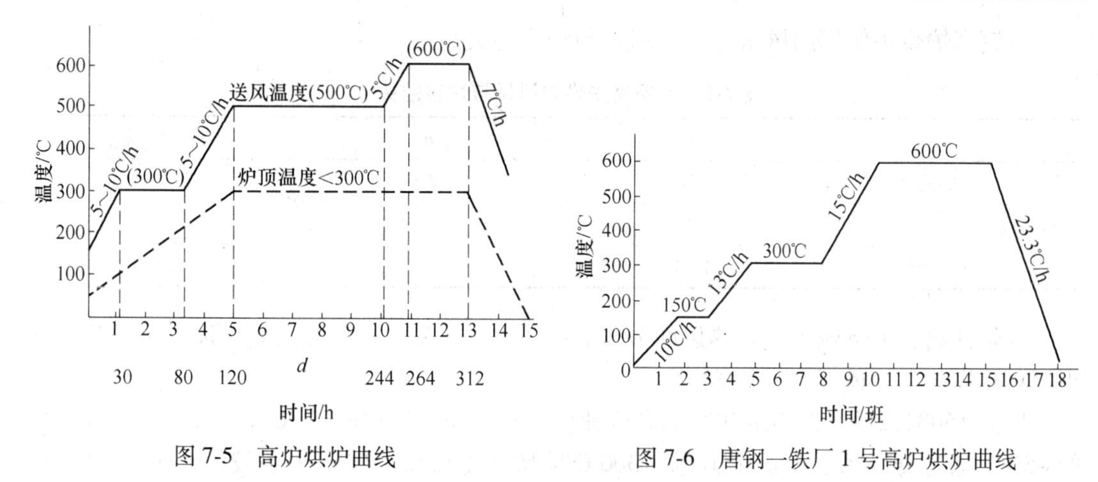

图 7-5　高炉烘炉曲线

图 7-6　唐钢一铁厂 1 号高炉烘炉曲线

从以上烘炉曲线可以看出在 300℃和 600℃都有较长的保温时间，所谓烘炉曲线是指烘炉过程中对炉衬加热和冷却的速度，烘炉曲线是按炉衬耐火材料性质制定的。

高炉和热风炉常用的耐火砖为黏土砖或高铝砖，是由 Al_2O_3和 SiO_2及少量的杂质所组成的，根据砖中含的数量分为黏土砖和高铝砖。

	Al_2O_3	SiO_2	杂质
黏土砖	30%~46%	47%~63%	6%~7%
高铝砖	>46%		

耐火砖中的 SiO_2在一定温度范围内发生相变时，体积将发生变化。所以耐火砖在相应的温度范围内体积也发生一些变化。

β 白硅石和 α 白硅石在 180~270℃转化，体积发生变化 2.8%，β 石英和 α 石英在 573℃转化，体积发生变化 0.82%。

这如同水到 0℃时开始结冰，若再继续降温时，则由液相向固相变化，即由液体的水变成固体的冰，同时体积增大。所以烘炉曲线在 300℃和 600℃保温一段时间，以便使耐火砖中的 SiO_2缓慢地充分地发生相变。

烘炉期间要注意控制 300℃和 600℃的保温时间要足够，温度波动幅度不要太大，以免损坏炉衬。

烘炉时原则上采用大风量，以便带入较多的热量，有利于烘好炉子；炉顶应保持适当的压力，有利于热量的传递，烘炉顶压维持在一定水平，顶压可通过开闭炉顶放散阀来调节；烘炉期间的风温操作以烘炉曲线为基准。烘炉操作过程的炉顶温度，鼓风参数及烘炉进度，见表 7-1。

表 7-1　烘炉过程鼓风参数控制

序号	风温区间/℃	升降温速度/℃ · h^{-1}	所需时间/h	风量/$m^3 \cdot min^{-1}$	炉顶压力/MPa	钟式高炉顶温/℃	无钟高炉顶温/℃
1	150~300	20	7.5	50%炉容	0.005~0.007	400~450	250~300
2	300 恒温	0	31.5	65%炉容	0.007~0.010	400~450	250~300
3	300<$\frac{500}{600}$	20~30	10	80%炉容	0.010~0.015	400~450	250~300
4	$\frac{500}{600}$>恒温	0	106	80%炉容	0.010~0.015	400~450	250~300
5	$\frac{500}{600}$>100	-30	13	65%炉容	0.015~0.010	400~450	250~300

首钢高炉烘炉使用的风量较大，风量与炉容的关系见表7-2。

表7-2　首钢高炉烘炉风量与炉容的关系

高　炉	1	4	2
炉容/m^3	576	1200	1327
烘炉开始风量/$m^3 \cdot min^{-1}$	700	1100	1150
风量/炉容	1.21	0.917	0.867

烘炉开始，关倒流阀，开热风调节阀和冷风大闸，稍关高炉放风阀回风，然后开冷风小门和热风阀，加风至50%炉容。

风温150℃以后，以20~30℃的升温速度，经7.5h风温升至300℃，风量增加至炉容的65%，通过开冷风小门逐渐升温。300℃时黏土砖和高铝砖膨胀率较大，恒温31.5h，风量可达80%炉容。

300℃以后，以20~30℃/h的升温速度，经10h达到600℃（无料钟炉顶达到500℃），通过冷风小门控制风温，只有冷风阀的开度大于50%时，才能启动风温自动调节调整风温。

600℃或500℃恒温后，以30℃/h速度，经13h将风温降至100℃，该过程风量约为炉容的65%，炉顶废气含H_2O量接近大气湿度。

当风温降至100℃以后，烘炉结束。全开放风阀，打开风口视孔盖，开倒流阀休风，卸下风、渣口和部分风管凉炉。

4）烘炉期间两个炉顶放散阀定期轮流开关一次，一定要先开后关。

5）烘炉期间要定期分析炉顶废气水分。

6）烘炉期间要定期测量炉体各部的膨胀情况，并记录清楚。

7）烘炉时酌情调整风口拉杆。

8）烘炉应连续进行不得中断，风温要稳定，不得波动。

（5）异常故障处理：

1）风口破损，要立即休风更换。

2）炉内着火，要立即进行倒流休风，停鼓风机，卸下部分风管打开渣口自然通风，热风炉停止烧炉，待炉内煤气、氮气合格，温度小于50℃，进入炉内检查处理。

3）局部漏风严重，要立即休风处理。

（6）烘炉后与点火前的全面大检查。检查工作是一项十分细致又非常重要的工作，它是保证开炉顺利必不可少的步骤。除平常的试车、试压、试汽、试水等检查工作外，开炉前还要进行两次大检查。

一次是高炉烘炉后的大检查，检查的重点是炉体各部结构经过烘炉后的变化。内容包括：炉体钢壳是否产生裂缝，冷却水箱管子是否变形，炉体上涨量，热风总管各部位的移动量等，若发现问题及时研究处理。

另一次是高炉点火前的全面大检查，检查的重点内容包括：

1）机械设备和电气设备的试运转情况是否达到开炉要求。

2）送风系统、煤气系统、氮气系统和蒸汽系统各阀门是否开关灵活好用，并使各阀门开关处于正常位置。

3）检查原料各矿槽所存炉料的品种、质量和数量。

4）渣铁沟修补质量，渣、铁罐配置是否到位。

5）高炉各段冷却水量，水压是否满足要求，各出水头的水流是否正常。

6）开炉方案及配料计算是否准确无误。

7）计器仪表计算机调试是否合格，并做好必要的标记，炉体安装计器仪表的孔洞是否做好封闭。

8）开炉用辅助材料和工具是否准备齐全。

9）风、渣口安装严密程度，计划堵住的风门是否堵好。

10）备品备件是否准备齐全，风、渣口是否试压合格。

7.1.1.3　开炉配料计算

配料计算的目的，在于使开炉填充料具有合适的焦比和炉渣成分，既能保证开炉的热量需要，也能保证炉渣具有良好的流动性和脱硫能力，保证冶炼出合格生铁。因此，在配料计算中要决定开炉料的总焦比、正常料焦比、炉渣碱度和炉渣成分以及生铁品种及成分等主要指标。

A　生铁品种及成分的确定

开炉初期都要冶炼铸造生铁。生铁成分应控制［Si］含量为2.5%~3.0%，［S］含量小于0.05%，［Mn］含量为1.0%。

B　开炉焦比（总焦比）的选择

所谓开炉焦比是指开炉料的总焦量与理论出铁量之比。开炉焦比又称总焦比。

由于新开高炉炉衬温度低于生产时的高炉炉衬温度，炉料没有经过充分预热和还原，热量消耗大，所以开炉焦比高于正常焦比。选择合适的开炉焦比，对开炉进程有决定性的影响。选得过高既不经济，又可能导致炉况不顺，铁水流动性差，粘沟粘罐，而且会使高温区上移，在炉身中上部容易产生炉墙结厚现象，更严重的是延长了开炉期；焦比选得过低，会造成炉缸温度不足，渣铁流动不畅，出铁放渣困难，严重时会造成炉缸冻结。一般要求开炉第一次铁含硅量为3%~3.5%。合适的开炉焦比由经验确定，主要考虑因素有：炉容大小、原料种类、渣量大小、风温水平、加风速度、烘炉程度及炉缸填充方式等，经验数值见表7-3，小高炉、风温低、风量大、枕木填充炉缸天然矿开炉，总焦比和正常料焦比选择上限；大高炉、风温高、焦炭填充炉缸烧结矿开炉选择下限。

表 7-3　开炉料开炉焦比和正常料焦比

炉缸填充	人造富矿		天然块矿		备　注
	开炉焦比/$t \cdot t^{-1}$	正常料焦比/$t \cdot t^{-1}$	开炉焦比/$t \cdot t^{-1}$	正常料焦比/$t \cdot t^{-1}$	
枕　木	3.0~3.5	0.9~1.0	3.5~4.0	1.1~1.2	
焦　炭	2.5~3.0	0.8~0.9	3.0~3.5	1.0~1.1	

选择合适的开炉焦比，要根据本厂具体情况参考有关资料提供的开炉焦比参数进行。表7-4~表7-6，介绍了一些开炉焦比的参考值，可在选择时参考。

表 7-4　大中型高炉开炉焦比参考值

炉容/m^3	<350	500~1000	>1000
开炉焦比/$t \cdot t^{-1}$	2.5~6.0	2.5~4.0	2.0~3.5

表 7-5　中小高炉开炉焦比参考值

炉容/m^3	<55	55~100	255~620
开炉焦比/$t \cdot t^{-1}$	4.0~6.0	3.5~4.0	2.0~3.5

表 7-6　不同风温时开炉焦比的参考值

高炉容积/m^3	300~255	150~84	55	28	13
开炉焦比（天然矿石，风温小于600℃）/$t \cdot t^{-1}$	2.5~3.5	3.5~4.5	5.0~7.0	7.0~8.0	8.0~10.0
开炉焦比（人造富矿，风温大于600℃）/$t \cdot t^{-1}$	2.0~2.5	2.5~3.5	3.5~4.5	4.5~6.0	6.0~8.0

开炉风温与开炉焦比有着密切关系，开炉风温越低，开炉焦比越高。在加热炉墙和加热炉料的耗热量不变的情况下，通过计算某厂条件下，开炉风温和开炉焦比的关系见表7-7。

表 7-7　开炉风温与开炉焦比的关系

开炉风温/℃	200	300	400	500	600	700	800
开炉焦比/$t \cdot t^{-1}$	6.0	4.60	3.76	3.18	2.9	2.41	2.16

从表7-7可以看出，在600~800℃之间，提高风温100℃，平均降低开炉焦比16.3%，在200~300℃之间提高风温100℃降低开炉焦比26.4%。故开炉时热风温度应在保证炉况顺行的前提下，达到热风炉可能允许的最高风温。

焦炭灰分对开炉焦比也有重要影响，计算表明，降低焦炭灰分1%，可降低开炉焦比8.5%，故应在开炉时尽量选用灰分低的焦炭。选择开炉焦比时对焦炭灰分应予以考虑。

此外，开炉用矿石种类、炉缸充填物和方式、开炉后加风速度快慢等因素对开炉焦比都有影响，选择开炉焦比亦应予以考虑。

为便于正确比较分析，表7-8列出国内高炉开炉方法和开炉焦比的选用。

表 7-8　国内某些高炉开炉总焦比

厂　别	炉别	开炉日期	炉容/m^3	开炉焦比/$t \cdot t^{-1}$	炉料填充和风温	第一次铁 Si/%
鞍　钢	4	1959.09.08	1002	3.06	焦炭、天然矿、风温695℃	3.40
鞍　钢	10	1963.12.27	1513	2.5	焦炭、烧结矿、风温700℃	5.26
鞍　钢	1	1970.10.29	568	2.5	焦炭、球团矿、风温630℃	4.20
鞍　钢	3	1969.09.14	831	2.15	焦炭、球团矿、风温740℃	2.10
鞍　钢	11	1971.10.01	2025	2.5	焦炭、球团矿、风温695℃	4.28
首　钢	3	1970.04	1036	2.2	焦炭	0.43
首　钢	4	1972.10	1200	2.5	焦炭	1.60
首　钢	2	1979.12	1327	3.0	半木材	5.32
本钢一铁	2	1969.05	334	2.5	焦炭、烧结矿	2.91
马钢一铁	2	1974.11.03	255	3.0	焦炭、烧结矿和天然矿各半	4.28
马钢二铁	4	1975.05.09	294	2.9	焦炭、烧结矿和天然矿各半	3.61
马钢一铁	12	1972.03	300	2.6	焦炭、烧结矿和天然矿各半	3.51

续表 7-8

厂　别	炉别	开炉日期	炉容/m^3	开炉焦比/$t \cdot t^{-1}$	炉料填充和风温	第一次铁 Si/%
马钢一铁	11	1973.05	300	2.4	焦炭、烧结矿和天然矿各半	4.08
湘　钢	1	1977.10.09	741	3.2	焦炭、天然矿，风温 860℃	4.09
湘　钢	2	1975.12.25	750	3.5	焦炭、天然矿，风温 820℃	5.80
唐钢一铁	4	1990.06	124	2.5	半木柴、烧结矿和球团矿	2.53
唐钢一铁	1	1993.06.18	124	2.5	半木柴、烧结矿和球团矿	2.10
宝　钢	1	1997.03.05	4063	3.50	装枕木 400m^3、烧结矿、球团矿、精块矿；送风温度 700℃，鼓风湿度 25g/m^3	3.76
石　钢	1	2000.08.25	215	2.86	全焦开炉 10 个风口	
邯　钢	6	2000.06.28	2000	3.43	高碱度烧结矿加硅石，木柴加到风口中心线；28 个风口开 18 个	2.08

C　开炉料炉渣成分控制

为改善渣铁流动性能，冶炼合格生铁，开炉料的炉渣碱度和 Al_2O_3 含量不宜太高。如 Al_2O_3 含量大于 18%，开炉配料中需增加低 Al_2O_3 的造渣剂。控制生铁中 $w[Mn]=0.8\%$，维持渣中 $w(MgO)=6\%\sim10\%$。炉渣碱度，采用烧结矿开炉 $w(CaO)/w(SiO_2)=0.95\sim1.0$，采用天然矿开炉 $w(CaO)/w(SiO_2)=1.05\sim1.10$。

因为开炉时焦比高，尤其小高炉更高，渣中 Al_2O_3 往往在 20%以上（特别是在空料段中更高），为了保证炉渣具有良好的流动性，必须采取措施将渣中 Al_2O_3 冲淡至 18%以下，或加入部分白云石代替石灰石增加渣中 MgO 来改善炉渣流动性，两种措施的计算方法如下：

（1）在空料段加入干渣。料批中不装矿石，只装焦炭和熔剂者称为空料。

设 X 为加入干渣的数量（kg），空料中焦炭数量 G（kg），空料中石灰石的成渣量不予考虑时，则干渣数量 X 由下式求得：

$$18\% = \frac{X \times w(Al_2O_3)_{干渣} + G_{空料焦} \times 灰分\% \times w(Al_2O_3)_{焦灰}}{X + G_{空料焦} \times 灰分\%} \tag{7-1}$$

将有关数据代入上式中，即可求得加入干渣的数量。

【例 7-1】 某厂 87m^3 高炉，经计算加入空料中焦炭数量为 13.3t，焦炭灰分为 12.5%，灰分中 Al_2O_3 含量为 39.18%，干渣中 Al_2O_3 含量为 12.9%。

解：将以上数值代入公式中则：

$$18\% = \frac{0.129X + 13.3 \times 0.125 \times 0.3918}{X + 13.3 \times 0.125}$$

解上式后，$X=6.85$，即需加入干渣量 6.85t。

对干渣的要求：渣中 Al_2O_3 含量低，FeO 含量低，块度适宜，一般为 25~60mm。在加入干渣时须计算其渣焦比（吨焦/吨渣）加入适量焦炭，以保证干渣熔化和有良好的流动性，某厂空料段渣焦比选定为 2.0t/t。

【例 7-2】 某厂 1260m^3 高炉，开炉配料计算确定，炉缸木材以上装净焦 17 批，焦炭批重 6t；净焦以上装空料 23 批，空料组成为焦炭 6t，石灰石 0.3 t，石灰石烧损 47%；焦炭灰分13.90%，灰分中Al_2O_3含量为37.8%。计算控制这段料的炉渣中Al_2O_3含量为18%时干渣的加入量，干渣中Al_2O_3含量为11.5%。

解：设干渣需要量为X，不考虑空料中石灰石成渣量影响时，将已知数代入式（7-1）得出：

$$18\% = \frac{11.5\%X + (17 + 23) \times 6 \times 13.9\% \times 37.8\%}{X + (17 + 23) \times 6 \times 13.9\%}$$

解方程式得：X=101.6t，可取干渣量102t。

当考虑空料中石灰石成渣量影响时，则：

$$18\% = \frac{11.5\%X + (17 + 23) \times 6 \times 13.9\% \times 37.8\%}{X + (17 + 23) \times 6 \times 13.9\% + 23 \times 0.3 \times (1 - 0.47)}$$

解方程式得：X=81.39t，可取干渣量82t。

（2）在空料段加入白云石（代替部分应当加入的石灰石），利用增加渣中MgO来改善炉渣的流动性，此时已不考虑渣中的Al_2O_3含量，实践已证实，这种办法是可行的。但其先决条件是开炉焦比低，矿石较贫，渣量大，预计渣中Al_2O_3含量不会太高。

其计算方法是解联立方程式，求出石灰石及白云石加入量，保证渣中：$w(MgO)$=8%，$w(CaO)/w(SiO_2)$=0.9或其他碱度值。

详细计算见本书项目九。

D　炉料填充方式

高炉送风点火后，炉缸最需要热量。正常生产时炉腹以下基本上为焦炭所填充。故开炉装料上部应尽量多装焦炭，避免先凉后热。填充方式见表7-9。

表7-9　开炉料填充方式

部　位	焦炭填充炉缸	枕木填充炉缸	部　位	焦炭填充炉缸	枕木填充炉缸
炉　喉	正常料	正常料	炉　腰	空料	空料
炉身上部	正常料	空料+正常料	炉　腹	空料	净焦
炉身中部	空料+正常料	空料+正常料	炉　缸	净焦	枕木
炉身下部	空料+正常料	空料	死铁层	净焦	枕木

E　炉料压缩率

为确保开炉填充料的准确性，炉料压缩系数必须选择准确，否则会导致炉温大波动。一般天然矿压缩率较小，烧结矿、焦炭压缩率较大。相同的原燃料，大高炉较小高炉压缩率大，高炉下部较上部压缩率高，见表7-10。

表7-10　开炉填充料压缩率选择参考值　（%）

填充料	大型高炉 >2000m³	中型高炉 600~1990m³	小型高炉 300~599m³
正常料	14~15	11~13	8~11
空料	15~16	12~14	9~12
净焦	16~17	13~15	10~13
平均	15~16	12~15	10~13

各厂炉料的堆积密度应进行实测，高炉内型尺寸应力求准确，否则开炉料填充也会出现很大误差。如原料的堆积密度和压缩率取得合适，内型尺寸准确，填充料误差应小于 2 批料。

7.1.1.4　开炉配料计算实例

开炉配料计算概括为以下几个步骤：

（1）选择好焦比（正常料及全炉焦比），渣铁比和炉渣碱度。

（2）计算好高炉各部分的容积，确定经炉顶装料的容积。

（3）计算正常炉料的组成及质量。

（4）以全炉焦比为基础，计算出装炉炉料的组成及质量。

（5）根据计算结果，安排开炉装料表。

（6）验算各部炉渣成分是否合乎冶炼要求。

开炉配料计算的方法很多，有繁有简。下面以某厂 300m^3 高炉的配料计算介绍一种方法。

A　开炉用原燃料的理化性能

开炉用原燃料化学成分及堆密度见表 7-11。

表 7-11　原燃料化学成分和堆密度　（%）

原燃料	全铁	FeO	SiO_2	Al_2O_3	CaO	MgO	Mn	S	堆密度/t · m^{-3}
烧结矿	46.00	16.00	15.28	1.16	15.28	1.98	0.12	0.065	1.54
锰　矿	9.15		17.50	0.34	7.40	1.30	24.61	0.050	1.55
石灰石	0.05		1.42	1.20	52.60	1.95		0.004	1.50
焦　炭	2.10		6.94	4.35	0.40	0.12		0.74	0.54
焦炭灰分分析	15.09		49.89	31.27	2.88	0.86			
焦炭工业分析	水分 8%；灰分 13.91%；挥发分 0.76%								

B　配料计算的原始依据

（1）确定冶炼生铁成分。生铁的化学成分如表 7-12 所示。

表 7-12　生铁化学成分

成　分	C	Mn	F	S	Fe	Si
质量分数/%	4.0	0.8	0.08	0.03	92.09	3.0

（2）开炉焦比。全炉料焦比 3.0；正常料焦比 1.2。

（3）炉渣碱度。全炉料炉渣碱度 $w(CaO)/w(SiO_2)=1.05$，空料及正常料炉渣碱度 $w(CaO)/w(SiO_2)=1.10$。

（4）各元素在生铁中的分配率：Fe 99%；Mn 60%；S 5%。

（5）炉料压缩率：净焦 12%；空料 10%；正常料 8%。

（6）焦炭批重 400kg；干焦炭批重 1288kg。

（7）高炉内各段容积，如表 7-13 所示。

表 7-13　高炉内各段容积

部位	死铁层	炉缸	炉腹	炉腰	炉身	炉喉	总计
符号	V_1	V_2	V_3	V_4	V_5	V_6	$V_{2\sim6}$
容积/m^3	6. 59	47. 88	56. 35	34. 48	148. 88	16. 28	303. 87

料线定在 1. 2m 处，在料线以上炉喉容积为 12. 2m^3。

死铁层填充垫底料（90%焦粉+10%沥青）和护底枕木。

因此实际需要填充容积为 303. 87−12. 20 = 291. 67(m^3)。

C　计算正常料

正常料焦比定为 1. 20，则每批料出铁量为 1288÷1. 2 = 1073(kg)。

（1）计算烧结矿和锰矿的需要量。

在 1073kg 生铁中

含金属铁　　1073×92. 09% = 988. 13(kg)

含金属锰　　1073×0. 8% = 8. 59(kg)

含硅　　1073×3. 0% = 32. 19(kg)

焦炭带入的铁　1288×2. 1% = 27. 05(kg)

设每批正常料中需要的烧结矿量为 Xkg，而锰矿量为 $y$kg 则：

$$0.46X+0.0915y+27.05=988.13/0.99 \quad \text{铁平衡}$$

$$0.0012X+0.2461y=8.59/0.60 \quad \text{锰平衡}$$

解上述联立方程式得：X = 2101. 9kg，y = 49. 148kg。

取烧结矿量为 2100kg，锰矿量为 50kg。

（2）计算石灰石需要量。

1）各种原料带入的 SiO_2 量：

焦　炭　1288×0. 0694 = 89. 39(kg)

烧结矿　2100×0. 1528 = 320. 88(kg)

锰　矿　50×0. 175 = 8. 65(kg)

合计：418. 92kg

2）生铁中含硅所需要的 SiO_2 量：

$$32.19\times(60/28)=68.98(\text{kg})$$

3）造渣所需要的 CaO 量：

$$(418.92-68.98)\times1.10=384.93(\text{kg})$$

4）脱硫所需要的 CaO 量：

$$(1288\times0.74\%+2100\times0.0065\%+50\times0.005\%)\times0.95\times(56/32)=18.17(\text{kg})$$

5）各种原料带入的 CaO 量：

焦　炭　1288×0. 4% = 5. 15(kg)

烧结矿　2100×15. 28% = 320. 88(kg)

锰　矿　50×7. 4% = 3. 70(kg)

CaO 合计：329. 73(kg)

石灰石的有效熔剂性的计算公式为：

$$有效\ CaO\ 含量 = w(CaO)_{熔剂} - w(SiO_2)_{熔剂} \times \frac{w(CaO)_{炉渣}}{w(SiO_2)_{炉渣}} \tag{7-2}$$

因此造渣所需要的石灰石量为：

$$\frac{384.93-329.73+18.17}{0.526-1.1\times0.0142}=143.75(kg)，取\ 140kg。$$

正常料组成及炉渣成分如表 7-14 所示。

表 7-14 正常料组成及炉渣成分

正常料组成 \ 质量/kg \ 含量/% \ 炉渣成分		SiO_2	CaO	Al_2O_3	MgO	FeO	Fe
		39.00	44.72	9.12	5.16	1.42	
烧结矿	2100	320.88	320.88	24.36	42.58		966
锰　矿	50	8.65	3.70	0.17	0.65		4.58
石灰石	140	1.85	73.64	1.68	2.73		
焦炭（湿）	1400	89.39	5.15	56.03	1.55		27.05
进入渣中		351.79	403.37	82.24	46.51		9.97
进入铁中		68.98					987.65

校验：

$$炉渣碱度 = \frac{w(CaO)}{w(SiO_2)} = \frac{403.37/x}{351.79/x} = 1.1466 \quad (x\ 表示炉渣量)$$

$$焦比 = \frac{焦批重}{生铁产量} = \frac{1288}{987.0+0.9207} = 1.20069$$

$$\begin{aligned}总渣量 &= m(SiO_2) + m(CaO) + m(MgO) + m(Al_2O_3) + m(Fe)\\ &= 351.79 + 403.37 + 46.51 + 82.24 + 9.97\\ &= 893.68(kg)\end{aligned}$$

$$渣中\ Al_2O_3\ 含量 = \frac{渣中\ Al_2O_3\ 重}{总渣量} = \frac{82.24}{893.68} = 9.2\%$$

$$渣中\ MgO\ 含量 = \frac{渣中\ MgO\ 重}{总渣量} = \frac{46.51}{893.68} = 5.2\%$$

D 计算空料

（1）每批料出铁量：

$$(1288\times2.1\%\times0.99)/0.9209 = 29.08(kg)$$

（2）石灰石需要量：

$[(1288\times6.94\%-29.08\times3.0\%\times60/28)\times1.1+1288\times0.74\%\times(56/32)\times0.95-1288\times0.4\%]\div0.510=207.91(kg)$，取 210kg。

E 计算填充料体积

计算填充料体积可参考表 7-15。

表 7-15　计算填充料体积

料　别	每批料体积/m^3	压缩后体积/m^3
正常料	$\frac{2.100}{1.54}+\frac{1.400}{0.54}+\frac{0.050}{1.55}+\frac{0.140}{1.50}=4.082$	3.755
空 料	$\frac{1.400}{0.54}+\frac{0.21}{1.50}=2.372$	2.459
净 焦	$\frac{1.400}{0.54}=2.592$	2.281

F　计算正常料及空料批数

（1）计算空料和正常料在炉内所占的体积。

1）炉缸填充 7 批空料其体积为：

$$2.459\times7=17.21(m^3)$$

2）炉缸及部分炉腹填充净焦所占体积。炉缸除 7 批空料外全部填充净焦，炉腹 900mm 以下容积填充净焦，炉腹 900mm 以下容积为 16.30m^3，因此填充净焦体积为：

$$47.88+16.30-17.21=46.97(m^3)$$

因此，净焦批数为 46.97÷2.281=20.59（批），取 20 批。

空料与正常料所占体积之和为：

$$291.67-45.62-17.21=228.84(m^3)$$

为了保证渣中不超过 18%，应加入高炉干渣来冲淡 Al_2O_3。

炉腹以下填充焦炭数量为：

$$46.97\div0.88\times0.54=28.82(t)$$

炉腹中空料为 7 批，则焦炭重为 7×1.288=9.02（t）。

合计焦炭量为 28.82+9.02=37.84（t）。

按表 7-11 焦炭中含 Al_2O_3为 4.35%（焦炭灰分×灰分中 Al_2O_3含量），干渣中 Al_2O_3为 12%，设加入干渣量为 X，在不考虑空料中石灰石时，则高炉干渣加入量按下式计算：

$$18\%=\frac{12\%X\times37.84\times4.35\%}{X+37.84\times13.91\%}$$

解上式得：$X=11.65t$，取 12t。

高炉干渣的堆密度为 1.2t/m^3，则干渣体积为：

$$\frac{11.65\times0.88}{1.2}=8.54(m^3)$$

则炉腹以下加入的开炉料体积为：

$$291.67-45.62-17.21-8.54=220.34(m^3)$$

（2）计算正常料及空料批数。

设该容积内空料批数为 Z，正常料批数为 H 则：

$2.459Z+3.755H=220.34$　　容积平衡

$(Z+H+20+7)\times1288/29.08(Z+20+7)+1073H=3.0$　　焦比平衡

解联立方程式得：$H=37.91$，$Z=32.88$，取 $H=38$，$Z=33$。

G 填充料安排

以 K 代表净焦，以 Z 代表空料，以 H 代表正常料，则根据计算填充料做如下安排：

$$7K+7Z+13K+20Z+3(2Z+H)+3(Z+2H)+3(Z+3H)+8(Z+4H)+8H$$

高炉干渣的填充安排：最下面的 7 批净焦不加入高炉干渣，以上的空料和净焦即 7+13+20=40(批) 料中，加入高炉干渣。高炉干渣质量为 12t，则每批料中加入的高炉干渣质量为 12+40=0.3(t)，即 300kg/批。

H 核算

(1) 物料平衡如表 7-16 所示。

(2) 焦炭总消耗量 128.8001t。

(3) 总出铁量 42.564t。

(4) 总出渣量 48.938t。

(5) 渣焦比 3.026。

(6) 全炉渣铁比 1.149。

(7) 全炉炉渣碱度 $CaO/SiO_2=1.07$。

(8) 炉料填充如表 7-17 所示。

表 7-16 物料平衡

原材料	批数	质量/%	Fe		SiO_2		CaO		Al_2O_3		MgO		Mn	
			%	kg	%	kg	%	kg	%	kg	%	kg	%	kg
烧结矿	38	79800	46.0	36708.01	15.28	12193.40	15.28	12193.40	1.16	925.68	1.98	1580.04	0.12	95.76
锰矿	38	1900	9.15	173.8	17.50	322.50	7.4	140.60	0.34	6.46	1.30	24.70	24.61	467.59
石灰石	38	14140	0.05	7.07	1.42	200.79		7437.64	1.20	169.63	1.95	275.73		
焦炭	100	128800	2.10	2704.80	6.94	8938.72		515.20	4.35	5602.80	0.12	154.56		
合计				39593.72		21655.41		20286.84		6704.57		2035.03		563.35
进入生铁中				39197.78		1276.94								338.01
进入渣中				395.94		18932.76		20286.84		6704.57		2035.03		225.34

表 7-17 炉料填充

段数	料批组成	焦比	装料制度
9	8H	1.2	2KKJJ↓+JJKK↓ 每批 60°
8	3(4H+Z)	1.5	KKJJ↓+JJKK↓ 每批 60°
7	3(3H+Z)	1.6	PPKK↓+2KKPP↓每批 60°
6	3(2H+Z)	1.8	JJKK↓
5	3(H+2Z)	3.0	JJKK↓
4	20Z		
3	13K		
2	7Z		
1	7K		
死铁层			

I 料批组成表

料批组成如表7-18所示。

表7-18 料批组成 (kg)

料批组成	烧结矿	锰 矿	石灰石	焦 炭	高炉干渣
正常料	2100	50	140	1400	
空 料	0	0	210	1400	300
净 焦	0	0	0	1400	300

7.1.1.5 开炉操作

A 高炉装料

（1）装料前准备工作如下：

1）调整风口面积。开炉风口面积较正常风口面积小15%～20%，送风点火风口面积为开炉风口面积60%，堵塞40%，靠近铁口和渣口上方的风口打开。也可不堵风口，在风口内加耐火砖套。尽量使用等径风口。

2）向矿槽卸料。向矿槽卸料时间不能太早，特别是烧结槽如果卸料太早，在槽内易风化粉碎。一般要求装料前8 h卸入槽内即可。天然矿、锰矿、石灰石、焦炭可提前1～2天卸入槽内。

3）准备枕木。加工枕木应提前2周进行，加工后成品按不同长度，分别堆放在风口平台或其他运输方便的地点。不准使用带油的腐烂枕木。

4）各阀门应处的状态。高炉放风阀开；热风炉除倒流阀和废气阀开启外，其他阀门一律关闭；煤气系统炉顶放散阀、均压放散阀、除尘器放散阀、清灰阀全部打开；煤气切断阀、一二次均压阀全部关闭；大小钟关闭，上下密封阀和料流调节阀关闭。

5）封闭人孔。冷、热风系统人孔、除尘器人孔全部封闭；大钟下和无料钟人孔打开；封闭炉体所有灌浆孔，关闭煤气取样孔。

（2）向高炉装料。填充料由枕木、净焦、空料和正常料组成。

1）死铁层和炉缸装枕木，枕木按“#”形排列，间距相当枕木宽度，彼此用扒锔子固定，每层要错开一个角度，要求排列整齐，装枕木应严格按设计图纸进行。

填充枕木的形式及枕木的规格尺寸，应按炉子大小进行设计，并提前2周按图纸进行加工。图7-7为某厂750m^{3}高炉开炉枕木填充示意图及枕木尺寸，可供设计及填充时参考。

鞍钢2580m^{3}高炉首次开炉采用了木材开炉，炉缸木材的填充方法为：

加垫底焦炭，数量22t，高度接近铁口下沿，并扒平。

第一层枕木的摆法；头一排枕木放在两个铁口中心线的连线中点的垂直方向，往两侧按规定摆放，每隔一根抽两根。

第二层，中心枕木放在两个铁口中心线的连线上，往两侧排列，每隔一根抽两根。

第2～18层，同第二层摆法，方向，每层转90°。

第19、20层，为每隔一根抽一根。

最上层（21层）：为满铺密集排列。具体填充见图7-8。

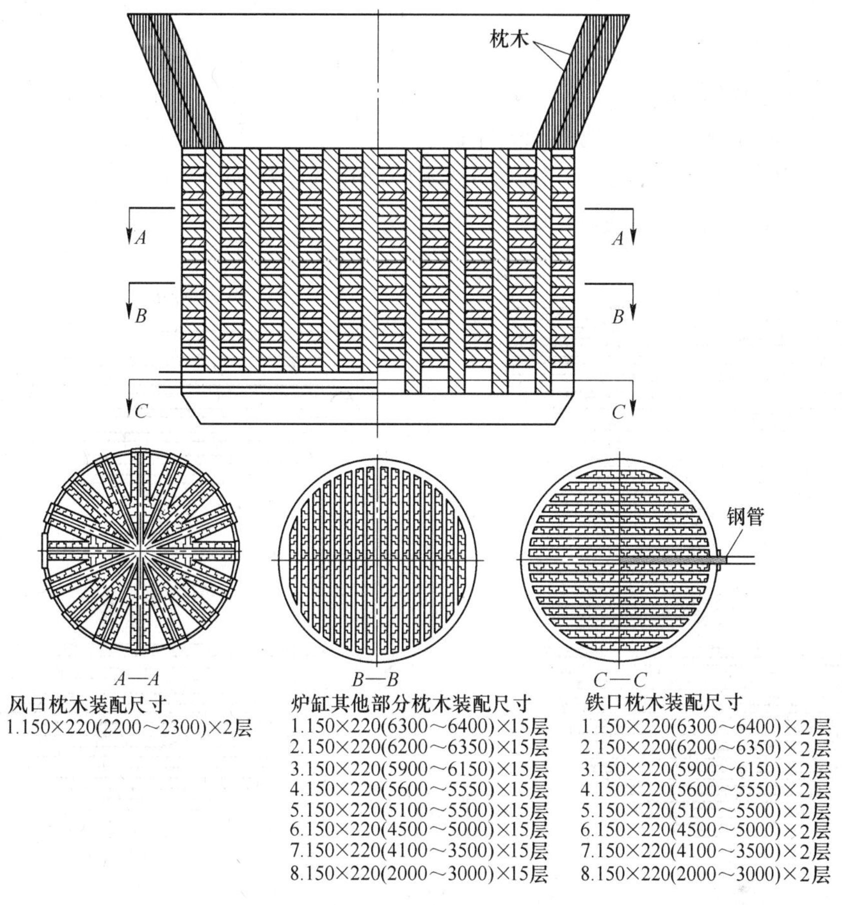

图 7-7　某厂 750m³高炉开炉枕木填充装配示意图

（高炉炉腹排两层枕木共 180 根，炉缸直径 6600mm，高 3000mm，
铁口钢管 ϕ159mm，枕木断面 150mm×220mm）

枕木的断面为高 0.155m、宽 0.12m 的矩形，枕木长度有 0.3m、1.0m、2.0m 、2.5m 4 种，根据炉内尺寸大小进行组合，各层的木用量及长度组合见表 7-19。

表 7-19　各层枕木用量及长度组合情况

层数 \ 根数 \ 长度/m	2.5	2.0	1.5	1.0	0.3
第 1 层	33	8	5	6	7
第 2~18 层	39	13	4	3	6
第 19~20 层	63	15	4	7	4
第 21 层	131	19	14	16	14
总　计	953	276	95	87	131

填充枕木操作：

在高炉南北两侧各选一个进枕木和进出人的风口；

卸下风口小套和二套；

卸下渣口小套。

炉内枕木的固定方法：

中心枕木和下一层之间用把锔子固定；

枕木进口和工作人员进出口，每两块枕木门间用一个把锔子；

长 300mm 和 1m 枕木门要钉把锔子。

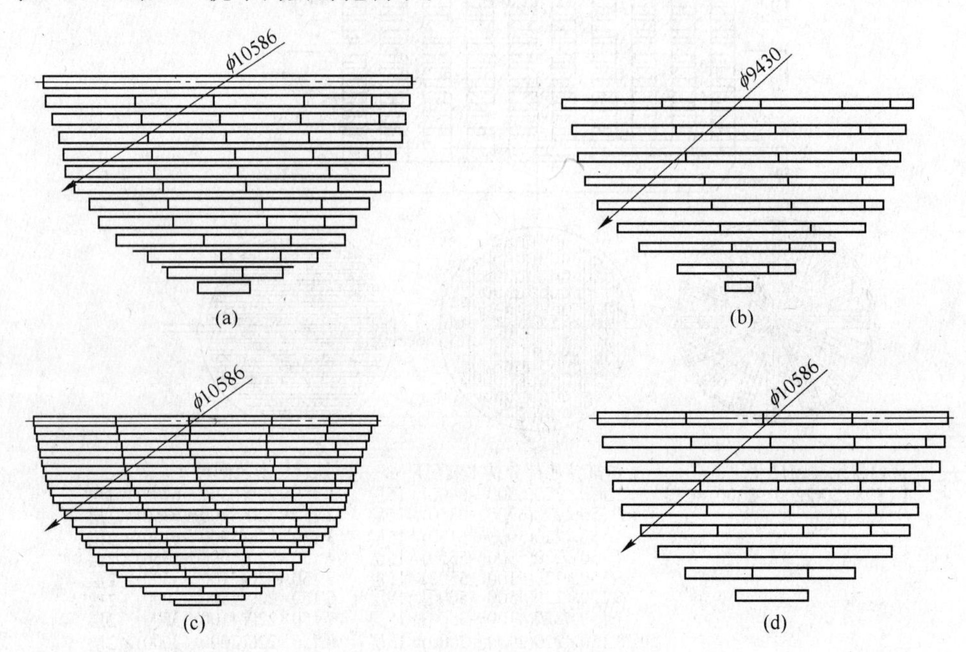

图 7-8　炉缸木材的填充方法

(a) 第 19、20 层枕木填充图；(b) 第一层枕木填充图；(c) 最上层（第 21 层）满铺枕木填充图；(d) 第 2~18 层枕木填充图

装枕木时做好以下安全工作：操作人员进入炉内前测定以下项目，合格后可进入炉内，测定项目分析一氧化碳小于或等于 30mg/m^3；空气分析含氧量大于 20.65%；炉内温度小于 50℃；保持炉内空气流通；防止高空坠物伤人；防止伤亡事故；做好防火工作，防止火灾发生。

由于各项工作做得充分，枕木装填工作基本上按计划进行。

具体操作时，首先从 30 个风口中送 21 号和 28 号作为人员和枕木进出口，炉内环境测定是：CO_2 1mg/m^3，空气含氧量 20.9%，炉内温度 38℃，都合乎安全规程要求。枕木装填工作顺利完成。

2）炉腹装净焦。

3）炉腰和炉身下部装空料（空料=净焦+石灰石）。

4）炉身中上部装空料和正常料，两者按规定的组合装入炉内。

5）炉喉附近装正常料。

填充料由下往上焦比逐渐降低，最上部炉喉为正常料焦比。正常料装入制度为正分装即 K↓J↓。球团与烧结混装，避免球团滚向边缘。填充料装完正常料后料线深度为 1.5~

1.7m，或达到规定深度。

（3）装料注意事项如下：

1）装料前再次校正称量设备，确保称量准确。

2）填写好上料清单，各料单要按规定的装料程序编号，装一个送一个，不得有误。

3）装料过程工长要密切注视模拟盘装料程序和周期变化，如出现问题，停止上料，待问题查清后再恢复上料。

4）采用焦炭填充炉缸开炉时，炉缸净焦装完后要从风口观察装满情况，不足时要补上。

料线到达 10m 左右要再次核对装入数量的准确性。填充料装完达不到规定料线，适当补装部分净焦和正常料。

（4）带风装料。采用焦炭填充炉缸、冷矿开炉的装料也可在鼓风的状态下进行，即所谓带风装料。主要优点有：缩短凉炉时间，加速开炉进程；改善料柱透气性，有利于高炉顺行；减轻炉料对炉墙的冲击磨损；蒸发部分焦炭水分，有利于开炉后出铁操作。湘钢高炉带风装料和不带风装料比较，见表 7-20。湘钢规定装料前炉内温度和装料时风温不超过 300℃，风量 900~950m^3/min（相当炉容的 1.5 倍）。开炉后炉况顺行，炉缸热状态良好，开炉进程大为加快。

表 7-20　湘钢高炉开炉两种装料方法比较

炉别（容积）		1 号炉（741m^3）	1 号炉（741m^3）		2 号炉（750m^3）	
炉代（开炉日期）		第一代（1968.12.24）	第二代（1977.10.09）		第一代（1975.12.25）	
炉料填充方式，装料方法		木柴，鄂城矿石，不带风装料	焦炭，海南岛矿石，带风装料		焦炭，海南岛矿石，带风装料	
总焦比/t·t^{-1}			3.2		3.5	
点火送风情况		风温 630℃，风速 617m^3/min，风压 0.025MPa，7 个风口送风，堵 5 个风口，风口直径 ϕ120mm	风温 860℃，风速 800m^3/min，风压 0.059MPa，12 个风口送风，风口直径 ϕ12mm		风温 820℃，风速 950m^3/min，风压 0.098MPa，14 个风口送风，风口直径 ϕ120mm	
第一次出铁时间 出铁量/t		点火后 16h 1 次 1t，2 次 2t，3 次 12t	点火后 13h17min 1 次 10t，2 次 35t，3 次 70t		点火后 8h40min 1 次 65t，2 次 15t	
铁　次			1	2	1	2
生铁成分/%		Si	4.09	4.58	5.80	6.20
		Mn	0.618	0.830	1.24	1.16
		S	0.021	0.017	0.023	0.009

带风装料对设备要求更加严格，系统所属设备要具备送风点火要求，特别是风温控制必须安全可靠，不许在装料过程中炉内着火。

B　送风点火

（1）点火前准备工作。

1）检查落实各阀门是否处在应处的状态。

2）检查高炉、热风炉、除尘器和煤气清洗系统各部位人孔是否封闭严实。

3）按特殊情况要求，做好炉前出铁准备工作，渣铁沟、砂口、铁口泥套用煤气火烤干。

4）上好风口和风管，各风口内加砖套，或每隔1个堵1个。

5）通知动力厂调度启动鼓风机，2h后送到高炉放风阀。通知燃气厂做好回收煤气准备工作。

6）炉顶和除尘器通蒸汽（或氮气），保证蒸汽管路畅通，炉顶放散阀冒蒸汽，蒸汽压力大于0.5MPa，无料钟气密箱通氮气。

7）冷却系统水位、水量达到规定要求。

（2）送风点火。点火方法分为两种：

1）人工点火。新建高炉开炉时因无高温热风炉，采用人工点火。事先在点火的地方装进刨花，小劈柴或塞进蘸有煤油的棉纱布用红热的铁棍伸进风口点火。点火后靠自然通风进行燃烧，待风口全亮后，送入少量风，以不吹灭火为度，而后逐步加大风量到开炉风量为止。

2）热风点火。有高温热风炉的开炉，直接吹入700~750℃热风便可点燃填充到炉缸的焦炭（焦炭的着火点600~700℃）。开始点火时应全关混风调节阀，使风温迅速上升到800℃，风口全部点燃后，可根据风温供应情况或炉况需要降低风温，但点火后初期风温不得低于700~750℃。

为了更好地加热炉墙和使矿石充分还原，开炉风量不宜过大，一般开炉风量与炉容之比在1.0左右。为了维持适宜的鼓风动能，开炉时堵风口50%左右，随着炉况的恢复，风量的加大风口再逐个捅开。开风口速度与风口直径有关，直径小，开风口速度可快些，直径大可慢些，一般开风口速度每日3个，7~10天风口可全部工作。开风口一定要在顺行和出渣出铁正常情况下进行，按压差操作。每开一个风口要相应加风，保持适宜风速。表7-21为某高炉开炉送风情况，表中可见高炉开炉风量与容积之比。

表7-21　开炉送风情况

日　期	1959.5	1965.5	1970.4	1972.10	1972.12	1969.10
高炉容积/m^3	963	576	1036	1200	1327	1350
开炉风量/$m^3 \cdot min^{-1}$	1050	700	1200	1100	1200	1300
风量/容积	1.09	1.21	1.21	0.91	0.904	0.976

开炉时，炉缸蓄积热是头等大事。因此加风速度不宜过快，如果加风速度过快，炉缸积存的铁水过多，不利于第一炉铁水顺利排出。表7-22为某高炉点火后的加风情况。

表7-22　某高炉点火后的加风情况

日　期	1983.11.30	1983.12.1	1983.12.2	1983.12.3	1983.12.4	1983.12.5	1983.12.6
配矿比的变动情况/%	100	100	20	20	20	10	8
风量/$m^3 \cdot min^{-1}$	919	1426	1792	1547	1360	2145	2138

注：表中高炉容积为1200m^3，1983年11月30日开炉，开炉用全块矿，开炉后第三天就转为用烧结矿；第五天高炉转为正常生产。

送风点火后，检查所有风口有无漏风情况，如漏风严重应休风更换铁口喷出的煤气，用焦炉煤气火点燃，如没有焦炉煤气，可用铁口前燃烧木材的明火来点燃，防止煤气中毒。铁口见渣后用泥炮堵上，少量打泥。

①送煤气。送风后，风口前焦炭全部燃烧，炉顶煤气压力大于 3000Pa，煤气经爆发试验合格，含氧小于 0.6%，向燃气管网送煤气。

送风后出第一次铁的时间与高炉容积大小、加风速度，顺行情况等因素有关，一般大中型高炉为 16~20h，小高炉要短一些。

送风后 16~20h 出第一次铁，新建和大修高炉开炉第一次出铁前可以放上渣。但中修高炉如炉缸焦炭未清除开炉第一次出铁前不能放上渣，待炉缸正常后才放上渣；如果中修期间，炉缸焦炭全部清除，开炉第一次铁前也可放上渣。

炉顶压力不宜增加太快，如果设备工作正常，能够按时出净渣铁，风口全部工作后，可逐渐提高炉顶压力，但不得一次到位。

②调整炉温。开炉保持炉缸温度充足，各部砌体得到良好的加热是非常必要的。但也要防止炉温长期过高，甚至超出砌体的临界温度。这就要求及时增加焦炭负荷，一般要求生铁含硅量 2%以上的炉温不应小于 6 天，冶炼铸造铁时间控制在 15~20 天。变料时间和步骤见表 7-23。

表 7-23　开炉后变料时间和步骤

变料步骤	变料时间	焦比/kg·t^{-1}	生铁含 Si/%	冶炼时间/d
开炉正常料		900	3.0~3.5	1~2
第一次变料	送风后 1 天	750	2.5~3.0	2~3
第二次变料	送风后 2~3 天	650	2.0~2.5	3~4
第三次变料	送风后 3~4 天	620	1.25~1.75	9~11

③提高风温和喷煤。随着风量加大和焦炭负荷增加可适当提高热风温度。风口全部工作，风温高于 850℃时可进行喷吹煤粉。一般开炉后 10 天左右风温可达 900℃以上，以后根据负荷变动情况，逐步提高风温至正常水平。

注意煤气流分布变化，防止边缘发展，保持足够的风速或鼓风动能。控制强化速度，开炉初期强化速度太快，对炉子寿命影响甚大，故新建或大修高炉开炉，强化速度控制在 2~4 个月内主要技术经济指标达到设计水平。

表 7-24 列出了几座高炉开炉情况，实际操作时可参考。

表 7-24　几座高炉开炉情况

厂名，炉号	首钢，1 号	鞍钢，1 号	总后 2672 厂，1 号	唐钢一铁，1 号
炉容/m^3	576	568	100	124
开炉日期	1965.5	1970.10	1979.3.28	1993.6.18
填充方式及矿石	全木柴	全焦，球团	全焦，烧结矿	半木柴，2/3 烧结矿+1/3 球团矿
开炉焦比/t·t^{-1}	2.4	2.5	2.4	2.5
送风风口情况	风口加圈，总面积 0.13m^3	堵 3 个风口，使用 9×ϕ300mm	6 个风口全部送风	6 个风口全部送风
风温/℃		630		680

续表 7-24

厂名，炉号	首钢，1号	鞍钢，1号	总后2672厂，1号	唐钢一铁，1号
风量/$m^3 \cdot min^{-1}$	700	593		265
风量与炉容之比	1.21	1.04		2.14
第一次出铁距点火时间	17h6min	15h30min	13h55min	13h37min
第一次铁含[Si][S]/%	1.13	4.2/0.01	2.48/0.140	2.12/0.023
第一次出渣距点火时间	9h15min	12h5min	12h20min	11h49min
炉渣碱度，$w(CaO)/w(SiO_2)$		0.968	1.03	1.15

7.1.2 中修后高炉开炉

中修停炉与大修停炉不同，大修停炉的主要依据是炉缸、炉底受到严重侵蚀，停炉时需要放残铁。中修停炉的主要依据是风口带以上炉体和冷却水箱受到严重侵蚀，停炉时不放炉缸残铁。中修后开炉操作方法与新建或大修后高炉开炉有相同之处，也有不同之处。

7.1.2.1 高炉中修后开炉的情况

高炉中修后开炉有以下三种情况：

（1）为减轻开炉损失及困难，开炉前应将炉缸内残余的物质（包括施工废弃物）清除至铁口平面以下，清除越彻底越好，然后烘炉。

（2）也有清理炉缸后不烘炉的，但采用较高的开炉焦比。

（3）还有不清理炉缸内残余物质的，但应做好烧通铁口、渣口及根据情况准备用渣口做临时铁口出铁等项准备（参见项目6）。这种方式开炉容易发生事故。

7.1.2.2 开炉准备

填充方法也有半木柴及全焦之分，未充分清除炉缸残余物时只能全焦填充。

开炉料准备与计算，以及净焦、空料、正常料的装料安排都与大修后开炉相同。但开炉焦比须根据清理炉缸及烘炉与否来确定：清理炉缸且烘炉的，开炉焦比取值同大修后开炉；未经烘炉的开炉焦比较高，一般要高出10%~20%；中修没换炉衬的高炉，清理炉缸而未烘的，较已烘高炉开炉焦比高5%~10%；未清理炉缸的开炉焦比最高，因为要加热炉缸还包括其中残余物和凝固渣、铁的加热与熔化。

7.1.2.3 中修后高炉开炉操作

（1）已清除炉缸残余物时，点火送风的操作同大修后开炉。未清理炉缸时，应根据残余物情况选择送风风口个数及方位，风量应与风口个数相适应。中修开炉送风的原则是风量较大修后开炉时小，避免在残余物未及熔化之前，新生成的渣、铁数量过多，温度不够，不能流动。

（2）点火送风后，根据下料情况，及早处理铁口，争取顺利从铁口流出渣、铁。因为死铁层或其上有残余物，炉缸容积较小，所以铁口见渣一般应较大修后开炉的为早。若铁口烧氧烧进深度超过正常许多而仍不能流出渣、铁，应改用其他方式出铁，高炉操作转为按炉缸冻结来处理（参见项目6）。

（3）根据铁口流出渣、铁的情况来决定放上渣时机，避免渣口事故。

(4) 高炉操作制度应以炉顶温度、炉身温度和炉底温度的变化为依据。特别是炉底温度对出铁难易和铁口角度的恢复具有很重要的参照依据。

(5) 中修开炉期间应尽量减少休风，休风次数增多，造成重大事故可能性增加。

任务 7.2 停 炉 操 作

高炉生产到一定年限，就需要停炉进行中修或大修。长期以来，我国将要求处理炉缸缺陷，出净炉缸内残铁的停炉，称为大修停炉；不要求出残铁的停炉，称为中修停炉。

大修停炉标志一代高炉寿命的结束。高炉一代寿命正常时间应为 10 年以上，日本最长者为 17 年。高炉大修停炉主要是炉缸、炉底侵蚀严重，高炉无法继续生产。高炉其他部位设备损坏情况也是应该考虑的重要因素。如炉底冷却壁水温差超过一定限度，不停炉有烧穿炉缸的危险时，必须停炉大修。当炉底、炉缸状况良好，而其他部分损坏或炉腹以上砖衬侵蚀严重，则停炉中修。大修和中修停炉的主要区别是：中修停炉不放炉缸残铁，大修停炉必须放净炉缸残铁。

高炉停炉是个比较危险的作业，其重点是抓好停炉准备和安全措施，做到安全、顺利停炉。

7.2.1 停炉要求

(1) 确保安全，避免发生设备和人身事故。在停炉过程中，由于煤气中 CO 浓度升高，煤气温度也逐渐上升，再加上停炉时喷入炉内的水分分解，使煤气中的 H_2浓度加大，从而增加了煤气爆炸的危险性。同时还要防止煤气温度过高，使炉顶着火烧坏炉顶设备。

(2) 有利于停炉后的拆卸和清理，应将高炉炉墙和炉缸内的黏结物清理干净，尽量出净渣铁。

(3) 尽可能缩短停炉时间，在停炉过程中，煤气爆炸的危险性始终是存在的。所以，缩短停炉时间就是减少煤气爆炸的概率，有利于安全。减少因停炉时间延长的经济损失。

7.2.2 停炉前的准备工作

为了便于停炉后迅速拆除残余炉衬和减少炉缸残余渣量，停炉前必须做好以下几项工作：

(1) 降低炉渣碱度，减轻焦炭负荷。在停炉前应适当地提高炉缸温度和降低炉渣碱度，以改善渣铁流动性和出净炉缸中的渣铁。冶炼炼钢生铁时将生铁含 [Si] 量提高到 1.0%以上；冶炼铸造生铁时要控制在 Z22~Z26 号生铁，避免含 [S] 量大于 3.0%。中修高炉如果有炉缸堆积现象，应在消除炉缸堆积后再停炉。

(2) 安装炉顶喷水设备和长探尺。停炉时为了保证炉顶设备和炉壳的安全，必须将炉顶温度控制在 500℃以下，可以从煤气取样孔插入带孔的钢管作为打水设备，并由设在炉台上的专用高压水泵供水。喷水设备应在停炉前安装好，调试正常后才能使用。

为了探测停炉期间的料面位置，要安装软探尺，能探明深度要比预定的料线位置长 1~3m。软探尺结构见图 7-9。

(3) 做好煤气安全工作。在停炉前，要用盲板将高炉炉顶与重力除尘器分开，也可以在关闭的煤气切断阀上加砂子来封严，防止煤气漏入煤气管道中去。同时，保证炉顶和大、小料钟间蒸汽管道能安全使用。如果发现风口和渣口有破损时，要在停炉前更换。

（4）做好炉缸放残铁的准备工作。

（5）组织建立停炉指挥机构，人员安排齐整，制定停炉运行网络图等。

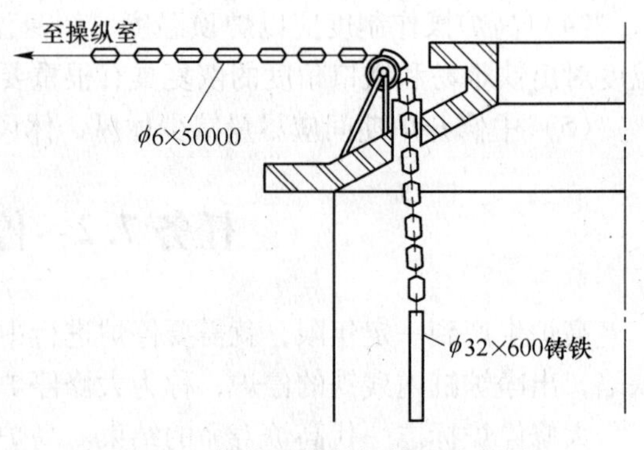

图7-9　停炉用特制探料尺示意图

7.2.3　停炉方法

停炉方法可分为填充法和空料线法两种。

填充法即在停炉过程中用碎焦、石灰石或砾石来代替正常炉料向炉内填充，当填充料下降到风口附近进行休风。这种方法，优点是停炉过程比较安全，炉墙不易塌落。缺点是停炉后炉内清除工作繁重，耗费大量人力、物力和时间，很不经济。

空料线法即在停炉过程不向炉内装料，采用炉顶打水控制炉顶温度，当料面降至风口附近进行休风。此法优点是停炉后炉内清除量减少，停炉进程加快，为大、中修争取了时间。缺点是停炉过程炉墙容易塌落，需要特别注意煤气安全。

停炉方法的选择，主要取决于炉体结构强度、砖衬和冷却设备损坏情况。一般小型高炉冷却结构差，到大修时，炉壳变形严重炉体结构强度低，多采用填充法停炉。炉壳完整、结构强度高的中小型高炉和大型高炉多采用空料线法停炉，如大型高炉炉壳损坏严重，或想保留炉体砖衬，可采用填充法停炉。

7.2.3.1　*填充法停炉*

（1）碎焦法。停炉操作开始即陆续装入湿度较大的碎焦代替正常炉料，如炉顶温度过高可进行炉顶打水，碎焦降至炉腹附近，出最后一次铁，出铁后进行休风。然后卸下风管，继续打水，直至红焦熄火为止。但打水速度不能太快，打水过程风口平台周围不许有人通行或工作，防止烧伤。

采用碎焦填充法停炉优点是湿焦与打水量配合，易于控制炉顶温度；产生大量水蒸气可稀释煤气中CO；炉内有碎焦填充，炉墙不易塌落；碎焦透气性较好，有利于顺行和出净渣铁；与其他填充法相比碎焦从炉内容易清除，因而可防止炉墙塌落。缺点是碎焦价格较贵，停炉过程要打水控制炉顶温度，并须防止水进入高温区急剧汽化而形成爆炸。

（2）石灰石法。停炉过程以石灰石代替正常炉料装入炉内，待石灰石下降至风口附近时停炉休风。该法优点是石灰石分解吸收热量可降低煤气温度，而不需炉顶打水；石灰石分解产生大量CO_2，可稀释煤气中CO，有利于煤气系统安全；炉内有石灰石填充料可防止炉墙塌落，缺点是停炉后炉内清除工作困难，劳动条件恶劣。故此法已很少采用。

（3）砾石法。停炉过程以砾石代替正常炉料装入炉内，待砾石下降至风口附近时停炉休风。该法停炉优点是砾石来源广，价格低；炉顶温度易于控制；可少用填充料，料线维持在10m左右，并相应降低清除量；砾石滚动性好，清除工作容易。

1981年4月武钢4号高炉（$2516m^3$）中修高炉，为保护炉顶设备和防止炉身砖衬塌落，采用砾石填充法停炉。砾石化学成分见表7-25。砾石的粒度为25~100mm。

表 7-25 砾石化学成分 (质量分数，%)

编号	SiO_2	Al_2O_3	CaO	FeO	MnO	MgO	烧损
1	98.06	0.102	0.355	1.50	0.080	0.015	增重
2	97.56	0.306	0.215	1.40	0.085	0.025	增重
3	96.68	0.258	0.250	2.00	0.150	0.060	

7.2.3.2 空料线法停炉

在停炉过程中，料线逐渐降低，而空料线后，用炉顶打水的方法控制炉顶温度不超过400~500℃。当料线降到风口水平面或风口以上1m左右出完残铁时，停止送风，继续打水冷却，当炉内焦炭全熄灭后，开始拆卸工作。

鞍钢是我国最早应用空料线打水停炉的工厂，1953年5月27日首先在2号高炉应用，以后经过逐年改进，方法日趋成熟，时至今日一直沿用，停炉次数已超过70余次。

近年来，由于停炉操作技术水平的不断提高，空料线炉顶打水停炉法的安全问题已基本解决。因此，充填停炉法已被空料线炉顶打水停炉法所取代。

A 停炉技术的改进

(1) 改善炉顶打水装置，由单用1根水管，改用从煤气取样孔安装4支水枪，且每支水枪都有控制阀门。调整水量喷淋均匀，爆震现象显著减少。

(2) 停炉净焦数量减少。

(3) 按料线与煤气中CO_2变化规律掌握料线深度。

(4) 停炉过程回收煤气。

B 停炉操作参数控制

(1) 炉顶温度。料钟式高炉为400~450℃，个别点不大于500℃，无料钟高炉为250~300℃，个别点不大于350℃。

(2) 打水装置进水点压力，要高于炉顶压力，最少要高出0.05MPa。水量比计算值高20%~30%，按此要求选择水泵。

(3) 严格控制煤气含H_2量和含O_2量，要求H_2含量小于12%，最高不大于15%；O_2含量小于2%，当炉顶温度300℃时为1.8%，600℃以上时为0.8%。

(4) 风量不宜过大，特别在料面降至炉身下部以后，应控制不易产生管道行程的煤气速度。

(5) 停炉期间炉前出铁作业按正常时间进行，料面降至风口中心线上0.5m时出最后一次铁，最后一次铁要大喷，出铁后进行停炉。

C 空料线停炉炉顶打水最大耗水量计算

(1) 计算方法Ⅰ。

设定条件为：

炉顶煤气成分为，$\varphi(CO)=35.1\%$，$\varphi(H_2)=1.4\%$，$\varphi(N_2)=63.5\%$。煤气在炉腰上沿及炉缸上沿的温度分别为1300℃及1450℃，要求炉顶煤气温度为500℃，煤气降温至500℃时所放出的热量完全被水吸收，且变成500℃的水蒸气。

计算方法：

水量由下式计算

$$Q = \frac{(T_{煤} C_{煤}^{T} - 500C_{煤}^{500}) \times 1.22V_{B} \times \frac{60}{100}}{C_{水}(100 - t_{水}) + q_{汽} + \frac{22.4}{18}(500C_{汽}^{500} - 100C_{汽}^{100})} \tag{7-3}$$

式中　Q——所需水量，t/h；

$T_{煤}$——煤气温度，℃；

$C_{煤}^{T}$，$C_{煤}^{500}$——煤气在温度为 T 及 500℃ 时的比热容，kJ/(m^3·℃)；$C_{煤}^{500}$ = 1.344kJ/(m^3·℃)，$C_{煤}^{1300}$ = 1.448kJ/(m^3·℃)，$C_{煤}^{1450}$ = 1.462kJ/(m^3·℃)；

V_B——操作风量，m^3/min；

$C_{水}$——水的比热容，4.19kJ/(m^3·℃)；

$C_{汽}^{100}$，$C_{汽}^{500}$——水蒸气在 100℃ 及 500℃ 时的比热容，分别为 1.5kJ/(m^3·℃) 和 1.6kJ/(m^3·℃)；

$q_{汽}$——水的汽化热，kJ/kg（取 2253）；

$t_{水}$——入炉水温，℃。

举例：某高炉停炉时初期操作风量为 240m^3/min，料面降至炉腰时，风量为 200m^3/min，入炉水温为 25℃，根据上述条件代入式（7-3）有：

风量 240m^3/min 时需水量（Q_1）：

$$Q_1 = \frac{(1300\times1.448-500\times1.344)\times1.22\times240\times\frac{60}{100}}{4.19(100-25)+2253+\frac{22.4}{18}(500\times1.6-100\times1.5)} = 6.3(\mathrm{t/h})$$

风量降至 200m^3/min 时需水量（Q_2）：

$$Q_2 = \frac{(1450\times1.462-500\times1.344)\times1.22\times200\times\frac{60}{100}}{4.19(100-25)+2253+\frac{22.4}{18}(500\times1.6-100\times1.5)} = 6.28(\mathrm{t/h})$$

因此，停炉过程中最大耗水量为 6.3t/h，应据此选水泵。

（2）计算方法Ⅱ。

设定条件：

炉顶煤气成分 $\varphi(CO) = 35.1\%$，$\varphi(H_2) = 1.4\%$，$\varphi(N_2) = 63.5\%$；$V_{煤} = 1.24V_{风}$，即煤气量为风量的 1.24 倍；炉缸上沿和炉腹上沿的煤气温度为 1450℃ 和 1300℃，要求降至 400℃，所放出的热量全部被水吸收，且变成 400℃ 的蒸汽。

计算方法：

水量由下式计算

$$Q_{水} = \frac{(j_{煤_t} - j_{煤_{400}}) \times 1.24V_{风} \times 60}{0.004(100 - t_{水}) + q_{汽} + \frac{22.4}{18}(i_{汽_{400}} - i_{汽_{100}})} \tag{7-4}$$

$$= \frac{(j_{煤_t} - j_{煤_{400}}) \times 1.24V_{风} \times 60}{3197}$$

式中 $j_{煤_t}$——温度 t℃ 时煤气焓，MJ/m³；$j_{煤_{1450}}=2.120$MJ/m³，$j_{煤_{1450}}=1.882$MJ/m³，$j_{煤_{400}}=0.533$MJ/m³；

$V_{风}$——风量，m³/min；

0.004——换算 MJ 的系数；

$t_{水}$——入炉水温,℃（取 25）；

$q_{汽}$——水的汽化热，MJ/kg（取 2.253）；

$i_{汽_{400}}$——水蒸气 400℃时的焓，MJ/m³（取 0.626）；

$i_{汽_{100}}$——水蒸气 100℃时的焓，MJ/m³（取 0.108）。

举例：某高炉停炉，初期风量 1800m³/min，料面降至炉腰时风量 1500m³/min，根据上述设定条件计算水量：

$$Q'_{水}=\frac{(1.882-0.533)\times 1.24\times 1800\times 60}{3197}=56.5(\text{t/h})$$

$$Q''_{水}=\frac{(2.120-0.533)\times 1.24\times 1500\times 60}{3197}=55.4(\text{t/h})$$

最后确定水泵的水量为 $Q=Q_{水}\times K$

式中 Q——选用的水泵水量，t/h；

$Q_{水}$——公式计算水量，t/h；

K——安全系数，K=1.1～1.2。

若选 K=1.15，则最后 $Q=Q_{水}\cdot K=56.5\times 1.15=64.975$（t/h）。

取 65t/h，依此选水泵。

D 打水装置的组装

（1）喷水枪的制作。制作 4 支喷水枪，喷水管直径根据炉容大小确定。一般喷水管直径为 38～44mm，靠近炉墙 1m 部位不开孔，水枪伸至高炉中心，沿圆周方向开孔 5～6 排，孔径 ϕ5mm，顶端焊死，如图 7-10 所示。

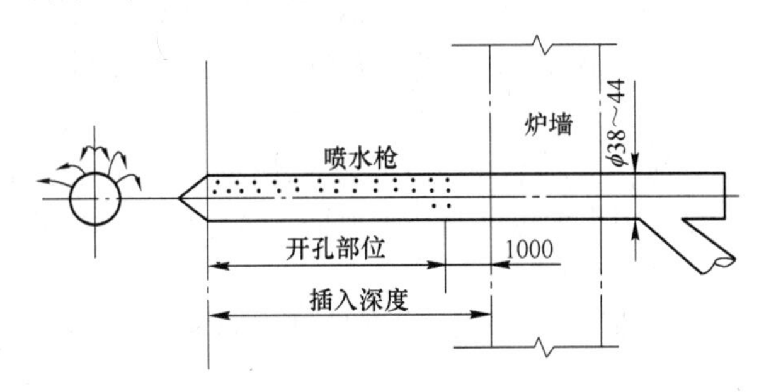

图 7-10 喷水枪示意图

（2）炉顶打水管路布置。炉顶打水泵安装两台，一台工作，一台备用，两台并联，水泵出口配有回水管，回到水泵入口。要求炉顶进水点水压高于炉顶压力 0.05MPa。为保证安全供水，要求水泵配两套电源，工艺流程如图 7-11 所示。

E 空料线停炉操作

空料线停炉又分为不回收煤气及回收煤气两种。

（1）不回收煤气的空料线停炉操作。

1）往炉顶大钟下及大小钟之间通入蒸汽或氮气。

2）连续装入盖面净焦，其数量相当于炉缸及炉底死铁层容积的净焦（停炉休风时到达炉缸起填充作用），然后停止从炉顶装料。

3）随着料面下降，炉顶温度升高，当炉顶温度在 400℃左右时，开始向炉内喷水，将炉顶温度控制在 350～500℃范围内（必要时控制在 350℃以下）。

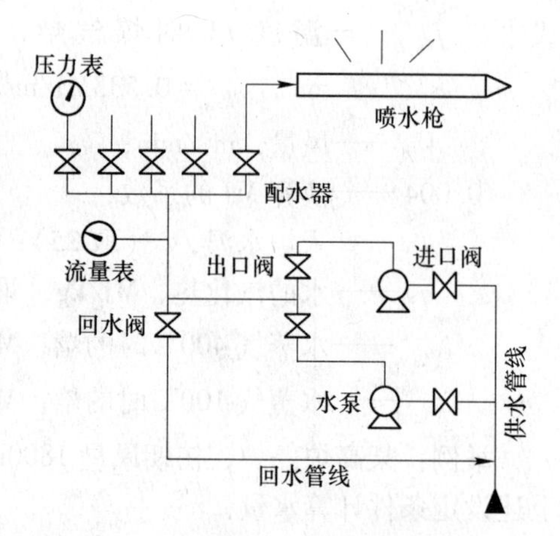

图 7-11　炉顶打水管路布置
（喷水孔盘径：5mm；孔间距离：90～100mm；离炉墙 1m 位置不开孔）

4）水量开始要少，以后随料面的降低而增加，喷水要连续进行，不能时喷时停，造成炉顶温度大幅度波动。若在炉顶高温条件下突然增加水量，由于水的急剧汽化，形成蒸汽爆炸。会损伤炉顶设备及炉壳，尤其是在炉衬严重侵蚀时，蒸汽爆炸会引起残余炉衬的倒塌而造成煤气爆炸。打水时绝不能使炉顶温度降到 100℃以下，不然水未经汽化而进入高温区，会因急剧的汽化而发生爆炸。

5）停炉过程中必须休风时，应先停止打水，且炉顶点火后再休风。

6）有条件可每隔半小时取煤气样及测量料线各 1 次，并认真记录。

7）空料线初期，为求料面迅速降低，可在顺行及放散能力允许范围内用大风随着料柱的不断降低，风量会自动增加，此时单凭打水已不能降低炉顶温度，必须配合减少风量来控制。但减风量不能太大，否则使料柱下降的速度大大减慢。

8）当炉料面降到炉身中、下部时，可将风量减到全风量的 2/3，料面下降到炉腰时，将风量减到全风量的一半左右。

9）当料面降至风口以上 1～2m 处时，如需出残铁，此时可从铁口出最后一次铁，同时用氧气烧残铁出口。如不必出残铁，可稍晚从铁口出最后一次铁。此外，出残铁也可在休风后进行。

10）料面降至风口区时，其标志是：风口不见焦炭，风口没有亮度，同时炉顶煤气成分中 CO_2 含量升高，煤气中出现过剩氧，为保证安全，风压不得低于 20kPa，切忌中途停止打水。

11）在停炉过程中要特别注意顺行，如有悬料或崩料征兆时，应及早地减少风量或降低风温。

12）在停炉过程中，若发现风口破损，漏水不严重时，可适当减少供水量，使之不向炉内大量漏水。如风口破损严重时，迅速切断冷却水，从外部喷水冷却，直到休风为止。

13）在停炉前几天就要将铁口角度逐步增大。对于需要大修的高炉停炉时，最后一次出铁将铁口角度加大到 20°左右；中修最后一次出铁铁口角度比大修时稍低，并尽量喷吹铁口，以利于出净渣铁，减少停炉后的扒炉量。

14）出完最后一次铁即可休风，可按短期休风进行。如需放残铁，应立即停止向炉内打水，用氧气烧残铁口。

15）休风放完残铁后，迅速卸下直吹管，用炮泥将风口堵严，然后向炉内喷水凉炉。中修停炉时，风口有水流出，即说明炉缸内焦炭已经熄灭，可停止打水。大修停炉时要继续打水，直到铁口向外流水为止。休风后的打水量，大修停炉可多些，中修停炉应考虑保护炉缸炉底炭砖。

（2）回收煤气的空料线停炉。

与不回收煤气的空料线停炉基本相同。其不同之处是：1）要求炉顶蒸汽（或氮气）压力较高；2）不关闭煤气切断阀；3）保留炉顶放散阀。准备工作简化，并有可能不必预休风。

其回收煤气的空料线停炉操作如下：

1）、2）同不回收煤气空料线停炉，但装完盖面净焦后，大、小钟均保持关闭。

3）开始打水，因不可开启大钟，故不能在大钟上方打水。

4）、5）同不回收煤气空料线停炉。

6）有条件可每半小时取煤气样及测料线各 1 次。当煤气成分 $\varphi(H_2)>6\%$，$\varphi(O_2)>2\%$或炉顶压力剧烈波动时，为保证安全，即停止回收煤气，改由炉顶放散，停止回收煤气时，要全开炉顶放散阀。

关闭煤气切断阀，往除尘器及洗涤塔系统通入大量蒸汽。

7）~15）同不回收煤气停炉。注意因煤气切断阀不能绝对保证严密，所以休风停炉后，尚需驱尽荒煤系统的残余煤气后才能施工动火。

F 停炉过程故障处理

停炉过程中故障处理有：

（1）风口烧坏。停炉过程尽量避免休风，如风口烧坏可适当闭水，外部喷水强制冷却。如发生某些重大设备事故，非休风不能处理，首先停止炉顶打水，然后进行炉顶点火休风。

（2）炉顶放散阀着火。首先加大炉顶蒸汽，并适当减少风量。如果仍不熄灭，可临时关闭着火的放散阀。待火熄灭后再重新打开。

（3）炉顶爆震。立即减少风量和水量，特别是料线降到炉身以下时，炉墙容易倒塌，要事先主动减少风量。

G 停炉安全规定

停炉安全规定如下：

（1）不回收煤气停炉，必须切断高炉与煤气系统联系，在切断阀上和回压管道堵盲板。

（2）高炉炉壳损坏，要事先进行补焊加固。否则不许采用空料法停炉。

（3）停炉过程炉顶温度必须控制在规定的区间内，打水要均匀，要及时调整水量，禁止水淋至料面上。

（4）料线降至炉腰以下，如煤气含 H_2大于 12%，煤气压力频繁出现高尖峰，应停止回收煤气，开炉顶放散阀，关煤气切断阀。

（5）料线降到风口以上 0.5m 左右，部分风口发红和挂渣，煤气中还没有 O_2出现，应及时出最后一次铁。出铁后休风停炉，防止料线过低，出现 O_2，形成爆炸性气体。

（6）出残铁前，炉基平台应清扫干净，并保持干燥，不允许有积水。

7.2.4　出残铁

为便于大修施工修理炉底，停炉时应放出留存于炉底被侵蚀部位的残铁。出残铁就要开残铁口。

残铁口的选择原则：必须保证残铁出净，又能保证出残铁工作方便、安全；一般设一个残铁口，估计残铁较多时，可设两个残铁口。

残铁口方位的选择原则：应选择在炉缸水温差和炉底温度较高的方向，同时又要考虑出残铁时铁罐配备方便。

7.2.4.1　出残铁前的准备工作

（1）选择残铁口位置。选择残铁口位置的方法有两种：

1）通过确定炉底侵蚀深度，从而确定残铁口位置。可从两方面着手，对于无炉底温度测量装置的高炉可凭经验估计，其根据有：铁口角度的大小，下渣量多少，炉底冷却壁水温差及基础的损坏情况等。对于有炉底热电偶的高炉，可根据测得的温度进行计算，将计算结果进行分析，定出炉底侵蚀程度。残铁口的位置是按炉底侵蚀程度而定的。

2）利用计划休风机会，在休风后期使炉缸冷却壁停水4h以后，按炉缸周围划分为若干区，每区从上到下按高度划分若干平面，用表面温度计测量各区各平面的炉壳温度。炉底已侵蚀段和未侵蚀段的炉壳温度有明显差异，从测量记录还可推定径向侵蚀情况，若侵蚀最严重的方位无构筑物妨碍出残铁工作，即可选作出残铁口的方位。越临近停炉日期，此法测得的结果越准确。不休风及冷却壁不停水时也可测量，但准确性差。测量时应有煤气安全措施。

（2）准备足够的盛残铁罐及连接出残铁口至盛残铁罐的流槽，流槽可用10mm厚的钢板焊制，底部砌黏土砖两层，两侧各砌砖一层，再以铺沟泥衬垫。残铁罐及流槽均须烘干，保持整洁。对于小高炉，可用砂模将残铁铸成铁块。

（3）清理好出残铁场地，有必要搭好一个出残铁平台，架设好残铁流槽。

（4）装设并供应照明、煤气、压缩空气、氧气、烧氧用管材等，准备出残铁用工具。

7.2.4.2　炉底侵蚀深度的计算

停炉后大修的高炉必须将铁口中心线以下的铁水（称残铁）放净，故较准确地估算出炉底侵蚀深度，从而确定出残铁口的位置是非常必要的。对于有炉底温度检测手段的高炉，可以根据炉底温度计算出侵蚀深度，由于炉底结构及使用耐火材料的不同，从一些资料介绍看到有如下几种计算方法：

（1）原冶金部炉体调查组提出的公式（对于黏土砖无风冷炉底高炉）：

$$X = K \cdot d \cdot \lg \frac{t_0}{t} \tag{7-5}$$

式中　X——炉底剩余厚度，m；

d——炉缸直径，m；

t_0——炉底侵蚀面上的铁水温度，℃；

t——炉底中心温度，℃；

K——系数，当 $t<1000$℃时，取 $K=0.0022t+0.2$；当 $t=1000\sim1100$℃ 时，$K=$

2.5~4.0。

（2）鞍山钢铁公司提出的公式：

$$L = \frac{1}{N}(1350 - t) \tag{7-6}$$

式中 L——炉底剩余厚度，m；

t——炉底底面温度，℃；

N——温度系数，24~27℃/(d·m)，在炉役中期，炉底温度稳定时，N取上限，炉役末期炉底温度较高时，N取下限。

（3）莫依森科公式（适用于无风冷的黏土砖炉底）：

$$h = \frac{d}{K} \cdot \frac{1}{p} \cdot \lg\left(\frac{T_0}{t}\right) \tag{7-7}$$

式中 h——炉底中心剩余厚度，m；

d——炉缸直径，m；

$\frac{1}{p}$——常数，$\frac{1}{p} = 2.3026$；

T_0——炉内铁口中心线铁水温度（一般为1400℃）；

t——炉底中心温度，℃；

K——系数，参见莫氏曲线：$t>0.5T_0$以后为渐开线，其极限值为2.36。

（4）开勒公式：

$$h = 1.2 \cdot d \cdot \lg\frac{T_0 - t_0}{t - t_0} \tag{7-8}$$

式中 h——炉底中心剩余厚度，m；

d——炉缸直径，m；

T_0——铁口中心线铁水温度，℃；

t_0——大气温度，℃；

t——炉底中心温度，℃。

（5）以传热为基础的计算方法（适用于炭砖综合风冷炉底）。当炉底侵蚀达到稳定状态时，从炉缸向炉底的传热可以认为是一维传热，炉底剩余厚度可由下式给出：

$$x = \frac{\lambda(T - t)}{q} \tag{7-9}$$

式中 x——炉底剩余厚度（侵蚀线至炉底热电偶间距离），m；

λ——炉底耐火材料的热导率，W/(m·℃)；

T——铁水侵蚀线温度，一般为1250℃左右；

t——炉底中心温度，℃；

q——炉底垂直方向热流，W/m^2。

若炉底设有两层热电偶，其间距为h_1，则炉底垂直方向热流为：

$$q = \frac{\lambda(t_1 - t_2)}{h_1} \tag{7-10}$$

式中 t_1，t_2——分别为炉底上层和下层热电偶测量温度，℃。

对于炉底只有一层热电偶的风冷炭砖炉底高炉，炉底垂直方向热流也可用下述方法近似计算。由于炭砖风冷炉底冷却效果好，炭砖导热性又强，可以认为铁水与炉底炭砖之间的热交换达到稳定的平衡状态，其接触面上温度即为侵蚀线温度，因此当铁水向炉底传热达到稳定态时，其垂直方向热流为：

$$q = \frac{\lambda_{Fe}(T_0 - T)}{L - x} \tag{7-11}$$

式中 λ_{Fe}——铁水导热系数，λ_{Fe} = 17. 445W/(m · ℃)；

T_0——铁口中心线铁水温度，一般为 1350～1400℃；

T——铁水侵蚀线温度（1250℃）；

L——实际铁口中心线至炉底热电偶间距离，m；

x——炉底剩余厚度，m；

q——炉底垂直方向热流，W/m^2。

由式（7-9）及式（7-10）两式联立可解出炉底剩余厚度。

【例 7-3】 以唐钢一炼铁厂 1 号高炉 1993 年大修数据为例，对炉底剩余厚度进行计算。已知 L=1. 877m，T_0=780℃，A=5. 815W/(m · ℃)。

解：将已知数据代入式（7-9）及式（7-11）得：

$$x = \frac{5.815 \times (1250 - 780)}{q}$$

$$q = \frac{17.445 \times (1400 - 1250)}{1.877 - x}$$

解方程组得：x = 0. 959m，扣除炭捣 0. 143m，实际炉底剩余厚度为 0. 959－0. 143 = 0. 816（m），与停炉后实测剩余厚度 0. 82m 基本相符。

按上列公式计算的结果还要根据高炉情况加以分析和判断，选择符合该炉况的残铁口标高。

【例 7-4】 以首钢 3 号高炉大修数据为例，按原冶金部炉体调查组提出的公式计算。已知：炉缸直径 d=6900mm，炉体侵蚀面铁水温度 t_0 = 1300℃，炉基表面温度 t = 836℃，系数 K=0. 0022t+0. 2 = 0. 0022×836+0. 2 = 2. 0392，取 2. 0。

解：将已知数据代入式（7-5）则炉底残余厚度为：

$$X = K \cdot d \cdot \lg\frac{t_0}{t} = 2.0 \times 6900 \times \lg\frac{1300}{836} = 2430(\text{mm})$$

炉底底面距铁口中心线的侵蚀深度为 4620mm，则距铁口中心线的侵蚀深度为 4620－2430 = 2190(mm)。

【例 7-5】 以首钢 3 号高炉大修数据为例，按鞍钢提出的经验公式计算。已知：炉底侵蚀面铁水温度 1350℃，温度系数 K 取 24℃/dm，炉基表面温度 836℃。

解：将已知数代入式（7-6）则得出炉底剩余厚度为：

$$L = \frac{1}{N}(1350 - t) = \frac{1}{24}(1350 - 836) = 21.42(\text{dm}) = 2.142(\text{m}) = 2142(\text{mm})$$

按此公式计算则铁口中心线的侵蚀深度为：

$$4620 - 2142 = 2478(\text{mm})$$

7.2.4.3 炉底侵蚀深度计算法与实测法比较

通过计算法可计算出炉底侵蚀深度，但由于有很多因素影响，如有时炉底有裂缝，少量铁水下漏炉基温度升高，或因所取的系数与设定值的误差，以及现代高炉多采用综合炉底，加上风冷、水冷，计算起来相当复杂，会使计算的侵蚀深度与实际深度有一定的误差，有时还较大。因此，计算数据必须同实测数据结合分析，这样确定的残铁口标高才较准确。实践证明，高炉越接近末期，炉缸周围侵蚀越严重，直接测量越准确。

残铁口标高的直接测量法是在停炉的前一段时间，根据铁口角度大小，见下渣变化情况，并结合炉基温度的变化，判断炉底侵蚀程度。首钢 1964 年用直接测量法测定某高炉残铁口标高，为铁口中心线以下 2.0m，炉底残存厚度为 2.6m。停炉观察，实际侵蚀 4 层耐火砖，加上原有 450mm 的死铁层，共距铁口中心线的深度为 1830mm，炉底残存厚度为 2760mm，直接测得的数据与计算数据和实际数据相比较见表 7-26。从表中可看出直接测定误差最小。

表 7-26 直接计算和实际高炉残存厚度的比较

方 法	残存度/mm	实际厚度/mm	误差/mm
原冶金部推荐公式	2430	2760	-330
鞍钢经验公式	2142	2760	-618
直接测定	2620	2760	-140

7.2.4.4 残铁量的估算

炉底侵蚀深度确定后，一般可参考式（7-12）估算残铁量，准备残铁量：

$$T_{残} = \frac{\pi}{4} \cdot K \cdot d^2 \cdot h \cdot \gamma_{铁} \qquad (7\text{-}12)$$

式中 $T_{残}$——残铁量，t；

d——炉缸直径，m；

h——炉底侵蚀深度，m；

$\gamma_{铁}$——铁水重度（7.0t/m^3）；

K——系数，一般 $K=0.4\sim0.65$；侵蚀深度小时取低值，较大时取较高值。

在一定侵蚀深度下，炉底侵蚀的范围可能差别较大，系数 K 很难取得合适，残铁量的估算就会与实际相差较大。有的高炉估算量与实际量又相差不多。

例如，某厂 3 号高炉炉缸直径为 6.5m，停炉前按炉底侵蚀深度为 2.5m，在选 $K=0.515$ 时，按式（7-12）估算残铁量为 300t 左右，实际残铁是 520t，此时 K 值为 0.892。而某厂某高炉炉缸直径为 7.8m，炉底侵蚀深度为 1.555m，取 $K=0.6$，也按式（7-12）计算，结果残铁量为 312.1t，该炉这次实际放残铁量 308.0t，基本上放净残铁，计算与实际相差不多。所以计算残铁还应考虑炉底可能侵蚀的范围，使估算结果与实际值尽量接近，相差少 一些。由于估算可能有误差，甚至较大，实际备铁罐时应留有余地。

另外根据炉底侵蚀深度和残铁量计算，确定残铁口位置对于炉底较大，侵蚀较严重的高炉，残铁量较多的高炉，可选择两个残铁口（高低），具体选择残铁口一个还是两个要根据高炉的实际情况来确定。

7.2.4.5　出残铁操作

A　开残铁口前的准备

（1）当高炉预休风时，将残铁沟搭好焊在残铁口下方炉皮上，搭好工作平台。

（2）残铁沟安装好后，沟内砌砖并用泥料按一定坡度垫好及烘烤干。残铁沟槽及其衬砖，泥料结构见图 7-12。

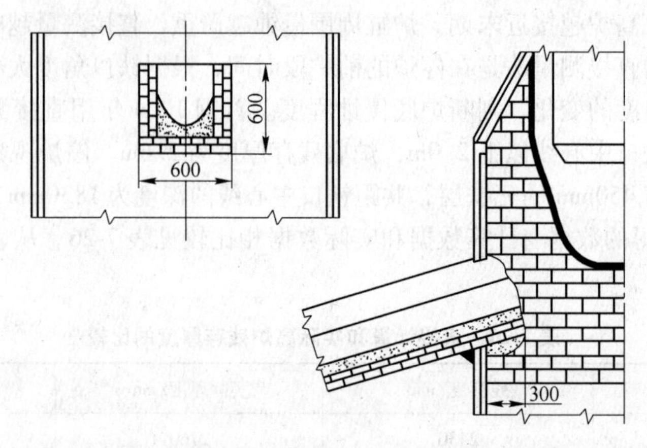

图 7-12　炉缸残铁口示意图

（3）完成残铁罐的试配工作，图 7-13 为某厂高炉停炉放残铁示意图。

（4）按计算及估算的残铁量多少，准备足够的残铁罐及带渣壳渣罐，以及残铁罐之间的联结铁沟。

（5）残铁罐之间设的联结沟要用泥料铺好烧干，两个残铁罐间钩头用炮泥糊好，防止联结铁沟出故障烧坏残铁罐间的钩头。

（6）残铁沟两侧地面和残铁罐两侧地面要干燥，断绝一切水源，并挖好安全沟，准备河沙铺在残铁罐线及残铁沟两侧，防止铁水外溢发生爆炸。

（7）残铁罐要配有专用火车头两个，防止因残铁水温度比正常铁水温度低，而造成残铁水凝铁罐，加快残铁罐的倒配速度。

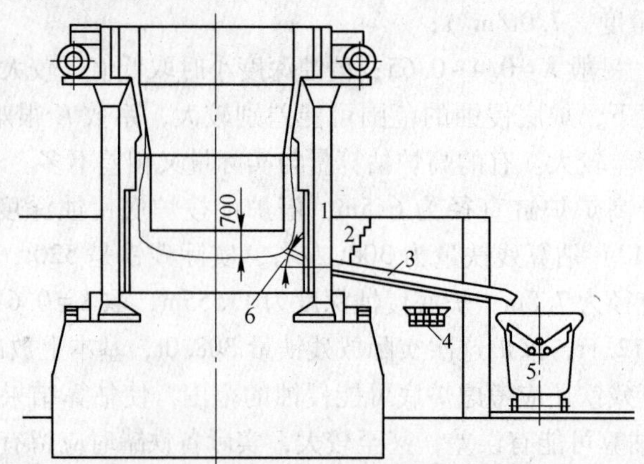

图 7-13　某厂停炉放残铁示意图

1—炉缸围板；2—自炉台掘下一坑以利工作；3—流铁槽；4—临时砖垛；5—60t 铁水罐；6—用铁钎和氧气开设的放铁孔（ϕ150）

（8）残铁口平台应选择适当位置，安装好焦炉煤气、氧气、水和风等管路阀门。

（9）准备好放残铁所用的工具及劳动保护用品。

B　放残铁操作

在开残铁口前的各项准备工作做好之后，就要进行放残铁操作，具体方法如下：

（1）在空料线最后一次出铁中或休风后，以残铁口位置为中心点，割开炉皮钢壳。割开炉皮钢壳面积的大小根据炉容确定，对于 1000～2000m^3 高炉，一般割钢壳面积为 600mm×600mm 或 800mm×800mm 左右的方眼。

（2）钢壳割完后将要割的冷却壁，用压缩空气撵出残水后，用氧气烧开，打掉填料层露出炭砖（或其他种耐火砖）。

（3）在炭砖（或其他种耐火砖）上准备选好残铁口眼位置，做好残铁口泥套，泥套一定要捣实烧干，尤其是残铁沟与炉皮钢壳接触处要用料垫好烧干，防止残铁水漏出烧坏炉缸底部钢壳。放残铁一定要在泥套烧干后进行。

（4）现代大中型高炉放残铁开残铁口眼一般都采用风钻或电钻（小型式）开残铁口，按着一定坡度钻，到熔点结层后，撤出风钻或电钻，用氧气烧，按着一定的角度向上烧。直到残铁水淌出。

（5）如果烧过规定的深度没有见残铁水时，应提高残铁口眼的标高，重新开残铁口，直到见残铁水。一般炭砖综合风冷炉底的高炉放残铁，在炉底侵蚀较深，残铁量较多时，应该设高低两个残铁口，先烧开高残铁口，待残铁快出完时，立即开烧低残铁口。

（6）停炉放残铁应听从炉前总技师指挥，严格执行操作规程。

（7）运输调配人员应在现场负责调运火车头，及时运送残铁罐。

任务 7.3　高炉封炉操作

封炉是长期休风的一种特殊形式。其原因往往不是高炉本身的问题，而是产、供、销等。

生产组织平衡中的问题，或重大设备故障需要较长时间修理，而暂时不需要继续生产将高炉密封起来。对封炉的叫法有很多：

（1）将炉料长期地保存于高炉内的休风过程叫封炉。

（2）封炉即时间特长的长期休风。时间长到炉内渣、铁可能冷凝，或炉容 1000m^3 以上的高炉休风期超过 10 天，都应按封炉处理，以利恢复生产。

（3）封炉即满炉炉料的特长时间的休风。

（4）长期休风超过 10 天，就要封炉，休风期间为防止空气进入炉内，炉子要严格密封，故称为封炉。

有的工厂又习惯把封炉叫“焖炉”。

从上述可看出封炉是一种有计划的工作，封炉是为了以后还要开炉生产。所以封炉要做到安全生产，不发生设备和人身事故，并在开炉后 3～5 天达到正常生产水平，同时在封炉和开炉过程中，保证获得合格的生铁。

封炉工作实践证明，封炉的好坏取决于停炉和开炉前的准备工作，开炉后的进度快慢，主要取决于炉前工作。

7.3.1 封炉前操作

封炉前操作，主要是做好封炉前的准备工作，妥善地安排封炉料及做好炉前工作。

7.3.1.1 封炉前的准备工作

(1) 封炉前对高炉设备进行严格检查，尤其是冷却系统，发现问题及时处理，不允许向炉内漏水，损坏的风、渣口要及时更换，烧损的冷却设备要闭水。千方百计防止煤气中毒和煤气爆炸事故的发生。

(2) 准备数量足、质量良好的原燃料。

1) 为了再开炉炉温充足和炉况顺行，封炉料要强度高、粉末少，粒度均匀、还原性好的人造富矿或天然矿。

2) 长期封炉使用的焦炭应是灰分低、含硫少、水分低和强度高的焦炭，以减少热损失，并保证炉料具有良好的透气性。

(3) 封炉前应适当增大铁口角度并要大喷，一定要出净渣铁。

(4) 炉前必须保证炉况顺行，不许产生崩料或悬料，不得慢风操作，并维持充足的炉温；严禁大凉或过热时休风，待休风料到达风口时休风。

7.3.1.2 封炉料的安排

A 封炉时间的确定

无论是什么原因造成的封炉，都要对封炉时间有一个准确的估计。因为随着封炉时间的延长，炉内蓄积的热量逐渐散失，渣铁冷凝，温度一直降到接近大气温度，所以应根据封炉时间长短选择合适的封炉焦比。

B 封炉焦比的确定

正确的选择封炉焦比（或总焦比）是保证开炉后炉缸热增充沛、加速残渣铁熔化及顺利出铁放渣的关键。确定封炉焦比的原则：

(1) 封炉时间长短。封炉时间越长，封炉焦比越高。表 7-27 为鞍钢高炉封炉时间与封炉焦比的关系。封炉半年以上的高炉，封炉焦比与大中修开炉焦比相似。表 7-28 为首钢高炉封炉焦比，表 7-29 为邯钢高炉封炉焦比，可供选择高炉封炉焦比时参考。

表 7-27 鞍钢 $1000m^3$ 高炉封炉焦比（用烧结矿）

封炉时间/d	10~20	20~60	60~150	150~180
封炉焦比/$t \cdot t^{-1}$	1.2~1.4	1.4~2.0	2.0~2.7	2.7~3.0

注：冷却设备损坏较多的高炉，焦比增加 10%~20%，$600m^3$ 高炉焦比增加 20%，$1500m^3$ 高炉焦比减少 15%。

表 7-28 首钢高炉封炉焦比选择

封炉时间/d	15~30	30~60	60 以上
封炉焦比/$t \cdot t^{-1}$	1.5~2.0	2.0~2.5	2.5~3.0

表 7-29 邯郸钢铁总厂高炉封炉焦比

炉 别	高炉容积/m^3	封炉时间/d	封炉焦比/$t \cdot t^{-1}$
1	294	8.54	1.92
2	294	7.87	2.06

（2）炉容大小。炉容小散热较快，散热损失多，封炉焦比也较高，一般 600~1000m³高炉封炉焦比较大于 1000m³高炉的封炉焦高 10%左右。表 7-30 为高炉不同炉容、封炉时间与封炉焦比的关系。

表 7-30　不同炉容、不同时间与封炉焦比关系的参考值

封炉时间/d 焦比/kg·t⁻¹ 高炉容积/m³	10~30	30~60	60~90	90~120	120~150	150~180
100	1.6~1.9	1.9~2.3	2.3~2.7	2.7~3.0	3.0~3.3	3.3~3.6
300	1.3~1.5	1.5~1.9	1.9~2.2	2.2~2.5	2.5~2.8	2.8~3.1
750	1.3~1.4	1.4~1.6	1.6~1.9	1.9~2.4	2.4~2.6	2.6~2.8
1000	1.2~1.3	1.3~1.5	1.6~1.8	1.8~2.3	2.3~2.5	2.5~2.9
1500	1.1~1.2	1.2~1.4	1.4~1.7	1.7~2.2	2.2~2.4	2.4~2.6
2000	1.1~1.2	1.2~1.3	1.3~1.6	1.6~2.1	2.1~2.3	2.3~2.5

除了封炉时间和炉容与封炉焦比有密切关系外，还与其他因素，如原燃料质量、设备状况等因素有关，所以表 7-30 的数值只供选择封炉焦比时参考使用。

表 7-31 为炉容大小与封炉焦比的关系，即封炉时间大致相同时，炉容越大封炉焦比越低，炉容越小封炉焦比越高。

表 7-31　炉容大小与封炉焦比的关系

高炉容积/m³	散热面积/m²·m⁻³	封炉时间/d	封炉焦比/t·t⁻¹	生铁含硅/%	
				封炉前	封炉后
831	0.607	31	1.46	1.05	1.02
1513	0.48	38	1.20	1.02	1.25~1.35

（3）热风温度高低。封炉前后的热风温度差距也影响封炉焦比，若封炉后比封炉前热风温度低，则封炉焦比要选择高一些。

（4）冷却设备状况。炉壳和冷却设备损坏严重的高炉，一般不允许长期封炉。特殊情况非封炉不可，必须彻底查处漏水点，确保不向炉内漏水。为预防万一，封炉焦比要相对提高 5%~10%。

高炉设备状况不好，一些高炉漏水和漏风较多，致使送风后炉缸温度降低。如鞍钢某高炉曾两次封炉，其封炉时间、总焦比、装料制度和原燃料条件均相同，而开炉后温差很大，见表 7-32。第二次封炉后的开炉炉温大大降低，这是由于密封不严，焦炭燃烧掉一些的结果。

表 7-32　鞍钢某高炉前后两次封炉比较

封炉时间/d	封炉焦比/t·t⁻¹	装料制度	封炉轻料/kg	封炉炉温 w[Si]	开炉炉温 w[Si]	封炉料线/m	开炉料线/m	送风前风口前焦炭情况
68	1.55	KP	13000	2.18	2.30	1.50	1.50	不见红焦
67	1.55	KP	13000	1.98	1.50	1.50	>4.0	风口 0.5~1.0m 左右有红焦

（5）高炉使用强度低，易粉化碎裂的原料时，其封炉焦比要额外增高一些。

C 炉渣碱度的选择

封炉料中应配少量锰矿，控制生铁含锰量为 0.8%，炉渣碱度应掌握偏低水平，$w(CaO)/w(SiO_2)$应按 0.95~1.05 考虑，以改善炉渣流动性，便于开炉后炉况顺行并尽快达产。

D 炉缸工作

要消除炉缸堆积现象，在封炉前要加适量萤石清洗炉缸。即使无炉缸堆积，也应保证炉缸热量充沛，含［Si］量应控制在 1.5%~2.5%区间。

7.3.2 封炉操作

7.3.2.1 停风前操作

（1）采取发展边缘煤气流等一系列利于高炉顺行措施，确保高炉在封炉期间不出现崩、悬料。

（2）封炉用原、燃料的质量要求不低于开炉料，要使用不易粉化的矿石和强度好的焦炭。

（3）封炉料也应和开炉料安排一样，炉缸、炉腹全装焦炭，炉腰及炉身下部根据封炉时间长短装入空焦和正常轻负荷料，其计算方法参照开炉计算。

（4）在封炉前几次铁就将铁口角度适当地增大。

（5）最后一次铁，加大铁口角度，全风喷吹后再堵铁口，以保证休风前出净渣铁，最大限度地减少炉缸中的剩余渣铁。

（6）当封炉料到达风口平面时可按长期休风程序休风。

（7）炉顶料面加装水渣（或矿粉）封盖，以防料面焦炭燃烧。

7.3.2.2 停风后操作

（1）检查炉壳有无漏风部位，若有要用耐火泥封严。

（2）卸下风口小套堵泥，用耐火砖将风口砌上，再从外侧涂耐火泥或其他材料封严。

（3）将渣口小套和二套卸下堵泥，也用砖砌好涂泥封严。

（4）对封炉期间损坏的冷却设备和蒸汽系统能更换的就更换，严重者要关闭。冬季对关闭的冷却设备要吹空其中剩余水防冻。

（5）封炉期间减少冷却水量可参照表 7-33。

表 7-33 封炉期间冷却水量控制

封炉时间/d	10	10~30	>30
风口以上保持水量/%	50	最小水量	最小水量
风口以下保持水量/%	50	30	最小水量

注：最小水量指维持正常水温所需的最小水量。

（6）封炉一天后，为减小自然抽力，应逐渐关闭放散阀，大钟常闭，大钟下人孔仍开启。

（7）封炉期间设专人观察。

1）炉顶温度在降到 100℃以下是否保持平稳。

2）观察炉顶料面是否下降和炉顶煤气火焰颜色。火焰呈蓝色说明高炉漏风，应迅速弥补，一是检查炉壳是否有开裂漏风，二是检查风、渣口砌砖密封是否开裂漏风，发现问题及时处理；若呈黄色且时有爆裂声说明漏水，应立即检查冷却设备和其他水源，发现后立即处理。

3）炉体各处有无变化。

4）检查未闭水的冷却器是否畅通、损坏，若有问题应立即处理。

5）高炉停风在 2~3 天以后炉顶应点不着火。

7.3.2.3 高炉封炉后开炉的送风操作

高炉在封炉期间，炉缸都存有部分渣铁，由于处于休风状态，炉缸温度逐渐降低，铁水和熔渣从炉缸周边开始凝结，时间越长，凝结越严重。

开炉送风时，风口以上炉料受高温煤气流预热和还原，连续产生渣铁，并不断流向炉缸。炉缸加热较慢，凝结的渣铁熔化迟缓，在此情况下，炉缸渣铁越积越多，如果不及时放出，不但有碍于炉况恢复，而且极易造成风口灌渣或烧坏风口。因此，如何促使铁口区域加热，尽快从铁口放出铁水和熔渣，是炉前操作的关键。

A 送风前准备工作

（1）送风前各项设备试运转，详细检查冷却系统、蒸汽系统、煤气系统、氮气系统，确认各系统能保证开炉工作正常。

（2）有条件情况下，加强热风炉烘炉工作，保证在开炉期间有较高的热风温度，应尽量使开炉期间热风温度接近停炉前的热风温度水平。热风温度高，有利于加热炉缸和易恢复铁口。一般情况下，热风炉应能达到 800℃以上风温。

如果是单炉生产时，要用烧煤的热废气来加热热风炉，可利用助燃风机来加速烧煤量和提高烧煤产生的废气温度，于开炉前将热风炉拱顶温度提高到 800~1000℃以上。

B 送风前的炉前准备工作

（1）送风前把铁口钻开（铁口角度为零），并抠到见红焦炭。抠开风口堵泥，安装好直吹管，然后用炮泥把风口重新堵严。

（2）由于休风时渣铁未出净以及休风后风口堵泥不严，因漏风焦炭燃烧，造成风、渣口前有渣铁凝结物，送风前用氧气把渣铁凝结物烧掉。

（3）送风前应把铁口上方两侧的风口与铁口烧通，如果准备临时铁口时，还要把临时铁口上方两侧的风口烧通，在烧出的通道空间里装入一定量的铝锭和食盐，然后用焦炭填满。

（4）根据封炉时间的长短，来确定送风风口数目以及是否准备临时铁口等。

（5）由于开炉的前几次出铁不正常，渣铁流动性差，为防止糊死砂口，在砂口前用铁板和河砂垒一道挡墙与下渣沟连接，下渣配干壳罐。

C 出渣出铁操作

封炉后的开炉，炉前操作的关键是送风到一定时间后能及时打开铁口或用临时铁口出铁。如果不能及时打开铁口出铁，炉缸渣铁将越积越多，不但影响高炉顺行，到一定时候风口挂渣糊死，或造成风口灌渣而引起直吹管烧穿事故。

封炉后的高炉铁口前凝结着大量渣铁，开炉送风后的第一次铁铁口很难处理，送风后炉前采取相应措施：

（1）送风前用氧气将铁口与送风风口烧通。

(2) 送风后从铁口喷出来的煤气用火点燃，要经常用钎子捅铁口，避免卡塞，保持煤气火焰正常有力。见渣铁后用炮泥把铁口封住，打泥量要少。若铁口被渣铁糊死，就不再用炮泥堵口。

(3) 根据风量和下料情况来确定开铁口时间，一般在送风 5~6h 后开铁口。烧铁口要集中力量，连续进行，及时烧开铁口。

(4) 如果烧进 1.5~3.0m（根据炉缸直径大小确定）以上仍未见渣铁时，根据送风风口情况，准备了临时铁口的，用临时铁口出铁，没有准备临时铁口的，可炸铁口出铁。

有关封炉后开炉的炉前操作详情请参阅第 5 章和第 6 章特殊情况下炉前操作一节。

D 炉况恢复

炉内操作与大、中修高炉开炉时基本相同。主要注意以下几点：

(1) 根据封炉质量、漏水情况，补足够的焦炭。

(2) 根据炉容大小一般送风后 5~6h 或 8~12h 出第一次铁。如出铁困难很大，超过 12h，风口有自动灌渣危险，可迅速转为备用铁口出铁。

(3) 铁口出铁顺利，可逐渐增加送风风口的数量；顺序是依次向渣口方向转移，不允许间隔开风口。

(4) 按压差操作，控制风量与风压对应关系，初期每班可开 1~2 个风口，无特殊情况，一周左右时间风口可全部送风。

(5) 视炉温水平情况，逐渐增加焦炭负荷。一般第二次铁后通过 2~3 次变料将生铁含硅量降至 1.25%~1.75%水平。

(6) 随着焦炭负荷的增加相应提高风温，风温大于 850℃，风口全部工作后，可考虑喷吹煤粉。

(7) 提高炉顶压力应逐步进行，不宜太快。铁口深度合格，风量大于 80%时，可转为高压操作。

(8) 前几次铁流动性不好，数量少，可走临时砂口，每 2h 出一次铁。铁水通过正常砂口后，转为正常时间出铁。

(9) 随着炉缸残铁熔化速度的加快，铁口角度可逐渐加大，风口全部工作后，铁口角度达到正常水平。

技能训练实际案例 1 某厂 6 号高炉开炉实践

一、概况

某厂 6 号高炉有效容积为 1050m^3。由于炉体冷却设备破损严重，于 2000 年 12 月 1 日停炉进行中修，更换了炉体全部破损的冷却壁及炉缸环形炭砖和炉底一层满铺炭砖。2001 年 3 月 13 日 23：30 高炉送风开炉，历时 102 天 23 小时 30 分钟。与停炉前相比，高炉仍设有 16 个风口、2 个渣口、1 个铁口，炉内更换了比较完善的仪表控制系统，同时加强对操作人员技术培训。经过充分的准备和周密的布置，本次开炉取得了圆满成功，47h 后风口全部工作，达到全风操作水平，创造了鞍钢高炉开炉恢复的纪录。

二、开炉准备

1. 热风炉烘炉

6号高炉有3座马琴式外燃热风炉，停炉前蓄热室格子砖粉化，塌落严重，风温很低。本次中修将蓄热室格子砖全部更换，热风炉炉顶、大墙无明显损坏，仍继续使用，陶瓷燃烧器更新。为满足高炉烘炉需要，3座热风炉于2001年2月20日10:00开始烘炉，3月5日16:00烘炉结束，改用高炉煤气烧炉。

2. 高炉烘炉

本次6号高炉中修炉底更换了一层满铺焙烧炭砖，炉缸采用焙烧炭砖内砌高铝砖形式，计划烘炉144h，高炉实际烘炉从3月6日18:30开始，到3月12日13:00结束，共用时139.5h。烘炉前各个系统进行试漏及处理系统漏风共用5.5h。高炉烘炉时采用16个风口送风，风口安装烘炉管，加热炉底。烘炉过程中严格控制风温，换炉风温波动要求小于20℃，由100℃开始，以30℃/h的速度升温到300℃后，恒温24h，再以40℃/h的速度升温到500℃后，恒温100h，然后以50℃/h速度降温到100℃，烘炉结束。在烘炉中期（500℃恒温阶段）提高风压和风量，当时最高风压为50kPa，最高风量为2950m^3/min，这有利于加快炉衬中水分的蒸发，缩短了烘炉时间。

3. 开炉料

为了保证装入炉内的开炉料准确合理（设定料线1.5m），预先进行了详细计算。开炉料采用高碱度烧结矿配加酸性球团矿，开炉总焦比定为2500kg/t，炉渣碱度定为0.92（二元碱度）。开炉料共分两段：第一段为净焦（共230t），填充炉缸、炉腹、炉腰；第二段为正常料，正常料又分成两部分，下部焦比为1550kg/t，终渣碱度为0.91，上部焦比为1000kg/t，终渣碱度为0.97，预装料128批，当炉料装至119批，按容积计算，料线为8m左右时，点火送风。

三、开炉操作

炉内操作如下：

（1）风量、批重。6号高炉于2001年3月13日23:30送风点火，采用7个风口分散送风，送风风口面积为0.1271m^2，风量700m^3/min，风压35kPa，风温750℃。由于装炉料没上完，且风闸钢绳松套，造成风温不稳，故暂未加风，先上料，1h40min后预装料装完，料线正常，高炉开始变料，矿批重14t，其中烧结矿8.55t、球团5.15t、锰矿0.3t，焦批重7.525t，焦比922kg/t，入炉碱度1.17。14日1:00，5号、10号、16号风口燃烧；14日2:00，1号、5号、12号、14号风口燃烧。此时风间处理基本正常，逐步加风。14日7:00风量为1550m^3/min，风压75kPa，风温860℃，风量、风压平稳对称，打开7号风口。14日15:05出第一次铁，渣铁2t左右，17:25出第二次铁，渣铁约15t。随着炉前出铁的好转，逐步打风口加风。至15日白班5:00风量加到2650m^3/min，风压165kPa，风口面积0.2609m^2。在打风口的同时逐渐扩大矿石批重，至15日风口全开时，批重已扩至16.0t，入炉焦比降到573kg/t。

（2）炉温、碱度。开炉时炉温高，应适当控制较低碱度。本次开炉料装完后第一次变料，焦比由999kg/t降至922kg/t，碱度为1.17；按计划冶炼5天铸造铁，一方面为增加炉缸石墨碳沉积，保护炉缸；另一方面是由于上料系统时有耽误，为提高适应能力，有意维持较高炉温。20日焦比降至497kg/t，入炉碱度提至1.28，生铁含[Si]降至0.459%，生铁含[S]为0.027%。由于正确处理了炉温与碱度的对称关系，保证了渣铁足够的物理热和生铁质量。

（3）风温、喷煤。本次开炉后，高炉风温比上一代高炉明显提高，且在煤气管道上安装了荒煤气预热净煤气装置，使用热矿时，可将煤气预热到 270℃，平均风温可达 1050℃。风温提高有利于喷煤量的增加，喷煤量的增加又有利于风温的提高。3 月 21 日，高炉平均风温已达 1057℃，煤比 122.9kg/t。

（4）装料制度。随着工作风口和风量的增加，逐渐采取发展中心和适当抑制边缘气流的措施，开炉装料制度为全焦矿同装。当送风风口增加到 14 个，最高风量达 $2600m^3/min$ 时，装料制度调整为 40%正同装、60%倒同装，此种装料制度炉料分布明显改善，中心发展，边缘适当加重。除尘器煤气分析：CO_2 为 18.7%，CO 为 22.0%，H_2为 2.2%，N_2为 59.1%，CO 利用率为 45.9%说明采用上述装料制度是合适的。开炉后各项生产操作指标正常，炉前操作点火送风后，从铁口喷出来的煤气用明火点燃，防止煤气中毒。14 日 15 铁口自动来铁，即送风后 15 小时 35 分钟出第一次铁，渣铁为 2t 左右，7:25 出第二次铁，渣铁约 15t，由于渣铁量较少，且渣铁沟为初次使用，渣铁动性差，至 15 日 8:35，由于出铁量明显增加，并适当提高铁口角度。本次出铁 90t，渣 35t，生铁成分 $w[Si]=2.850\%$，$w[S]=0.028\%$，$w[Mn]=0.480\%$，炉温充足，渣铁流动性转好，炉前劳动强度降低，为炉况恢复创造了条件。

四、总结

1. 经验

（1）本次开炉保证了充足、连续的烘炉时间，且烘炉风量较大，取得了较好的烘炉效果。尤其对炉缸的烘烤较彻底，为高炉首次铁的顺利放出创造了条件。

（2）本次开炉与以前开炉有所不同，按容积计算，当炉料装至炉身，炉身还有 1/3 部分未装料，即料线为 8m 左右时，开始点火送风，送风 1 小时 40 分钟后料线正常，此种状态下送风在鞍钢尚属首次。其优点是可以保证上部料柱疏松，同时由于提前送风，上部料柱经过预热，水分蒸发，透气性变好有利于炉况顺利进行。

（3）本次开炉装料取消了空料部分，并把净焦之上的正常料分成两部分，下部料碱度和焦比稍高，以起到原空料“中和碱度”的作用，上都碱度和焦比略低，以便使开炉料和送风后装入料能平稳过渡。

（4）摒弃了开炉用锰矿的传统开炉方法，不仅简化了装料程序，节省了宝贵的锰矿资源，而且有利于保护炉体、炉缸耐火材料，延长高炉寿命。

（5）重负荷料加得比较靠上，铁口来渣铁时炉缸和铁口得到了充分加热，出铁比较顺利。

（6）本次开炉原燃料准备充分，成分稳定，为开炉操作的顺利进行打下了基础。

（7）本次 6 号高炉采用荒煤气预热净煤气技术，在荒煤气管道上设置换热器，使热风炉用净煤气温度由 70℃升到 270℃，风温平均达到 1050℃，比停炉前风温提高近 300℃。开炉过程中风温尽可能用全，上述措施加快了开炉进度，为降低焦比，提高煤比提供了保障。

2. 存在问题

本次开炉仍有一些不足之处，即开炉前炉顶装料设备的联合试车存在问题较多，在全风操作后，由于炉顶上料时有耽误，造成在风口全开的情况下，未能尽快达产。

技能训练实际案例2 1880m³高炉短期休风后炉况快速恢复实践

一、概述

莱钢2座1880m³高炉分别于2004年6月18日及2005年2月28日投产。投运后依靠科技创新和技术攻关，在高炉快速达产达效上取得了重大突破，高炉很快达产。然而对短期休风后炉况的恢复缺乏足够的认识，仍然用小高炉操作理念，使得炉况恢复时间长。一般需10h以上才能达到全风、全氧水平，影响了生产。为此，根据喷煤后焦比高、炉缸热量不足、顶温低、干法除尘受影响以及喷煤热滞后造成的复风炉温由高到低再到高的特点，对炉况恢复过程加风速度控制、热量平衡、炉温调节、风温运用、上部制度调整、炉前出铁管理等进行探讨和分析。

二、影响炉况恢复的原因分析

（1）高炉喷吹煤粉最大程度地替代焦炭，煤比提高后焦比大幅度降低，从全焦冶炼时的焦比550kg/t下降到喷煤后焦比350kg/t，但给高炉短期休风后炉况的恢复操作带来了一些困难。主要表现在以下几个方面：

1）目前高炉尽管在150kg/t煤比下炉况能够顺行，但随着煤比进一步增加以及受煤种限制、富氧不足的影响，无法保证煤粉在炉内充分燃烧。如果休风前处理不当，煤粉燃烧不充分，将会影响料柱的透气性，给高炉快速回风带来困难。

2）喷煤具有热滞后现象，其热效应需要一段时间才能显示出来，炉容越大，冶炼时间越长，热滞后越显著。送风恢复过程炉温一般由高到低再到高，波动大，影响生铁质量。

3）送风恢复过程炉温下行，一般要控制加风速度，等待炉温回升，恢复时间长，产量损失大。

4）矿焦比高，对送风后气流重新分布带来一定影响，因为透气性差，上部制度调整不及时引起炉况难行，造成更大的产量损失。

（2）赶料线造成顶温过低，给高炉恢复带来影响。高炉恢复后赶料线过快，会引起顶温过低，干法除尘不能正常投运，尤其是上料系统或炉顶设备故障引起的休风，料线往往比较深，常达6m以上。恢复过程如果风量太小、赶料线太快，顶温下降较多。如果顶温低于80℃，干法除尘无法正常投运，给高炉快速恢复带来较大困难。

（3）风温使用不当也会延迟高炉恢复。以往高炉恢复炉况过程习惯控制风温，避免风温过高出现憋风甚至引起难行，造成炉况不顺，给恢复增加困难。然而无计划休风使炉缸热量损失大，加上重负荷料多，使用高风温是能够接受的。如果不能及时保证炉缸足够的热储备，渣铁流动性变差，引起炉内透液性、透气性差，渣铁不能顺畅地滴落与排放，给高炉快速恢复带来更大困难。

（4）顶压设定高低也会影响高炉恢复。炉况处理过程中，顶压运用不当会造成高炉无法正常回风，给恢复炉况带来困难。风量低时，顶压一次性过高，会引起风压高，给高炉加风缩小空间，无法快速加到正常风量。顶压过低煤气流不稳压差升高，透气性指数低，会引起管道行程甚至导致悬料。因此顶压的使用必须与风量和系数（正常时风量与顶压的比值）的乘积相对应。才会保证炉况顺行。

（5）上部疏松料柱的制度不同，对顶温的影响不同，赶料线的效果也不同。因炉顶设备或上料系统影响造成的无计划休风，高炉复风料线往往较深，在复风初期风量过小，赶料线、顶温下降过低影响干法除尘正常运行，使恢复时间延长。上部往往采用疏松边沿的装料制度，中心气流得不到兼顾甚至压得很死，顶温难以回升，使得低料线时间过长给炉况快速恢复带来困难。

三、短期休风后炉况快速恢复操作

1. 做好休风前的准备

休风前的充分准备是确保高炉休风后炉况恢复的前提和基础，尤其在喷吹煤比高时更要精心准备。

（1）炉况稳定顺行，炉温充沛。休风前炉况是否顺行直接关系到送风后炉况能否顺利恢复，喷煤后焦比大幅度降低，透气性变差，影响送风后合理气流快速重建。

（2）无论是计划性的还是无计划性的休风都要确保炉况顺行，消除崩料、滑料。使炉料在高炉内保持合理有序的层状分布，确保高炉在送风后炉料的透气性，有利于形成合理的软熔带形状，保证恢复过程的顺行。

（3）高炉休风前如果炉况不顺或出现崩料、塌料现象，应及时控制冶炼强度，待炉况转好后再休风。

（4）风前如果炉温低，热量不足，在外部条件允许时，可延迟休风或不休风，必要时待炉温提起、热量充足后再休风，以免引起风口灌渣给炉况恢复增加困难。

2. 改进送风操作

以往炉况恢复时间长的主要原因是炉缸热量储备不足，送风后总有一段重负荷料。另外，存在在赶料线时，风量过大会造成料线更深、更难赶料线的错误认识。为此炉况恢复可采用“全风温、快速提风、早喷煤并一次喷到正常煤量、适当富氧”的操作思路。具体措施如下：

（1）第一阶段。高炉送风后，炉缸铁水含硅稍有升高，但物理热低。受喷煤的影响，休风前喷入煤粉的热效应逐步减弱，所以炉温从送风后逐步下降。此时，全用风温，停止加湿，提高风口区域的火焰温度以尽快提高炉缸的物理热。因此阶段风量小，不会引起憋风，将风量可一次提升到正常风量的 45%，以尽快提高顶温早引煤气，缩短恢复时间。

（2）第二阶段。由于短期休风对炉况的影响不是很大，干法除尘投运后，高炉以较快的速度将风加到正常风量的 80%，同时按一定比例提高顶压。此时送煤并一次喷到正常煤量，适当富氧以减少重负荷料下达对炉缸的影响。此后炉温会逐步下行，回风速度可视实际情况放缓。

（3）在炉况恢复过程中，赶料线引起顶温过低，当影响干法除尘投运时，逐步增加风量来提高顶温效果较好。只要矿批大小超过赶料线时的下料量，料线就不会越赶越深。采用大风量大矿批效果较明显。料线深时，布料矩阵相应调整。往常只缩矿角，焦角不动，以发展边沿为主，此时中心相对压得过死，低料线到达软熔带时必将引起风压升高，导致炉况波动，另外边沿气流的短时发展对提顶温效果并不明显。大高炉追求适当发展中心、稳定边沿气流，达到上稳下活的目的。炉况恢复过程处于慢风状态，边沿气流自然相对发展，此时应以疏导中心为主，有利于快速加风。顶温回升快，赶料线时间短，降低长时间低料线对高炉的危害。

（4）第三阶段。随着喷煤热效应开始反应，炉温逐步提高，铁水含硅会大幅度反弹。此时根据风口表现加快恢复节奏，伴随赶料线情况提高风量、氧量，焦比调到正常水平，如果炉况接受可将风量加全。此阶段恢复过程中，喷煤热效应未表现前，风量也可一次提到正常水平，但热量恢复慢，以及重负荷料的影响会引起憋风。所以大风量不能长时间维持，必须控制冶强保顺行，否则会延缓恢复速度。

（5）第四阶段。随着风量的提高，炉温不会很快反弹。操作上应加强控制，利用加湿调整好理论燃烧温度（可比正常高20~30℃），当炉缸热储备正常时，各控制参数趋向正常，炉温趋于平稳，进入正常生产。

（6）出好渣铁，稳定气流。由于高炉休风，冶炼停止，气流消失，送风后炉内的炉料处于低温状态，炉缸亏热严重。此时，根据送风风量大小、时间长短及时打开铁口。如果打开铁口后长时间不能来渣，可酌情重叠出铁。加强炉前管理，及时出净渣铁，为快速恢复风量创造条件。另外，复风后风口工作极不稳定，应加强巡检，确保安全。

复习与思考题

7-1 填空题

（1）停炉方法有（　　）和（　　）两种方法。

（2）停炉过程中，CO_2 变化曲线存在一拐点，其对应含量是（　　）。

（3）空料线停炉时，随料面的下降，煤气中 CO_2 含量变化与料面深度近似抛物线关系，拐点处标志着（　　）。

（4）高炉水压低于正常（　　）应减风，低于正常（　　）应立即休风，其原因是（　　）。

（5）开炉料的装入方法有炉缸填柴法、（　　）、半填柴法。

（6）中修或（　　）的高炉烘炉时间不超过3~4昼夜。

（7）采用空料线法停炉过程中炉料料面下降到（　　）时 CO_2 含量最低。

（8）煤气的危害是中毒、（　　）、爆炸，而氮气的危害是（　　）。

（9）停炉方法选择主要取决于（　　）和（　　）。

（10）空料线喷水法停炉，在降料线过程中要严格控制（　　）温度和煤气中（　　）的含量。

（11）高炉空料线停炉，规定煤气中氧不能大于（　　），否则应进行放散。

7-2 选择题

（1）空料线停炉时，随着料面下降，煤气中 CO_2 含量的变化规律是（　　）。

A. 逐渐下降　　B. 逐渐上升　　C. 先升后降　　D. 先降后升

（2）高炉开炉初期铁口角度应为（　　）度。

A. 0　　B. 5　　C. 8　　D. 12

（3）空料线停炉时，应控制好煤气中 H_2 含量，当 $\varphi(H_2) \geqslant 15\%$，应（　　）。

A. 减少打水量，减风，降风温　　B. 加大打水量，减风，升风温

C. 减少打水量，加风，风温不变　　D. 减少打水量，减风，风温不变

（4）开炉条件相同的情况下，用枕木填充炉缸的高炉和用焦炭填充炉缸的高炉，哪个开炉焦比更高一些（　　）。

A. 枕木填充　　B. 焦炭填充　　C. 差不多

（5）开炉时为了降低炉渣中 Al_2O_3 含量，炉缸中常装入干渣，扩大渣量，此举（　　）。

A. 合理　　B. 不合理　　C. 尚待研究

（6）开炉一般都在炉腰以下用净焦、空焦填充，理由是（　　）。

A. 炉腰以下不应有未还原矿石，保证开炉炉缸温度充沛

B. 为防止矿石破碎　　C. 为高炉顺行

（7）新建或大中修高炉开炉时的炉渣二元碱度控制一般在（　　）。

A. 0.95~1.0　　B. 1.0~1.05　　C. 1.05~1.10　　D. 1.10~1.15

（8）打水空料线时，高炉炉顶温度控制在（　　）。

A. 越低越好　　B. 大于500℃小于700℃

C. 400~500℃之间　　D. 大于250℃

（9）开炉点火后要不断用钎子捅开塞堵铁口喷吹的焦炭，其目的是（　　）。

A. 防止炉内压力升高　　B. 利于炉况顺行　　C. 喷吹好铁口、加热炉缸

（10）空料线停炉，打水管的安装位置应设置在（　　）。

A. 小料斗上　　B. 大料斗内　　C. 从炉喉取样孔插入

（11）高炉停炉方法基本有两种，为（　　）。

A. 填充停炉法和降料面停炉法　　B. 降料面停炉法和煤气回收法

C. 降料面停炉法和煤气不回收法

7-3　简答题

（1）高炉有几种停炉方法?

（2）叙述高炉大修后烘炉的目的和用热风烘炉的方法。

（3）封炉操作停风前应做好哪些工作?

（4）简述烘炉前安设铁口煤气导出管的作用。

（5）封炉或长期休风应注意哪些问题?

项目8　热风炉操作和煤气操作

【教学目标】

知识目标：

（1）了解高炉热风炉结构和煤气净化系统的原理及煤气输出与输入；
（2）掌握热风炉烧炉与送风制度的知识；
（3）掌握热风炉送风操作的知识；
（4）掌握热风炉管道及阀门知识；
（5）掌握热风炉常见事故处理的知识；
（6）掌握高炉长期休风煤气操作的知识；
（7）掌握高炉特殊休风煤气操作的知识。

能力目标：

（1）能够完成送风操作；
（2）能够合理地选择热风炉烧炉与送风制度；
（3）能够处理热风炉常见的事故；
（4）能够操作休风时的煤气操作及处理常见事故的能力。

【任务描述】

热风炉操作的基本任务是在现有设备和燃料供应条件下，通过精心调节燃烧器的煤气量和空气量的比例，以及正确掌握换炉时间，最大限度的发挥热风炉的供热能力，尽量提高风温，为高炉降低燃料比，强化冶炼和保证产品质量创造有利条件。此外，还要与高炉操作配合做好休风、复风操作。

任务8.1　热风炉操作原理

热风炉是高炉鼓风的加热器。热风炉的种类虽然很多，但它们的基本工作原理是相同的，即利用高炉煤气或混合煤气燃烧产生的高温废气加热热风炉内蓄热室的耐火格子砖或耐火球，使格子砖或耐火球吸收燃烧废气的热量，达到1200～1400℃的高温，再经过一段时间的保温，使格子砖内外温度基本一致后，通过换炉操作，使送往高炉的冷风穿过处于高温状态的蓄热室内蓄热体的格孔或球层，吸收格子砖或耐火球的热量，达到接近燃烧过程中格子砖或耐火球所达到的温度。现代热风炉通过这样的方法，能使鼓风温度达到1200℃以上。冷风在热风炉吸收的热量，来源于煤气燃烧放出来的热量。所以，热风炉实际上是一种热量转换器，它把煤气的化学能转换成鼓风的物理热，用于高炉冶炼，达到降低焦比和强化高炉冶炼的目的。

任务 8.2　热风炉的结构

8.2.1　热风炉的主要类型

热风炉的类型有多种，从发展过程看，自 1829 年开始采用的换热式铸铁热风炉；1857 年开始建造用固体燃料加热的蓄热式热风炉；1865 年开始出现用气体燃料加热的蓄热式热风炉（亦称内燃式热风炉）。由于高风温是强化高炉冶炼增产节焦的重要措施，以及喷吹技术的发展，需求的热风温度更高。当前国内外大型先进高炉使用的风温都在 1200℃，个别的达到 1350℃，最高的鼓风压力达到 550～606kPa。因而在 20 世纪初出现了很多新型热风炉，如改进型内燃式热风炉（亦称霍戈文式）、外燃式（又分为马琴式、考柏式、地得式、新日铁式等）、顶燃式及小高炉用的石球式热风炉等。

关于一座高炉配备几座热风炉的原则：一要考虑投资费用，二要能满足高炉连续送风和对高风温的要求。一般大中型高炉配备 3～4 座热风炉，有的小高炉只配备两座石球式热风炉。但从多年生产实践看，在投资允许的情况下，每座高炉配备 4 座热风炉更好一些，这样既有利于实现双炉并联送风操作，充分发挥热风炉的效能，而且在有 1 座热风炉检修时也能保证高炉风温不会大幅度降低。使用球式热风炉的高炉也应配备 3 座球式热风炉。

8.2.2　各类型热风炉的特点

按照燃烧室和蓄热室的布置形式不同，热风炉又分为内燃式、外燃式和顶燃式。目前普通内燃式热风炉仍占绝大多数。现将几种类型热风炉的特点简介如下。

8.2.2.1　内燃式热风炉

内燃式热风炉的燃烧室和蓄热室在同一炉壳内，结构形式如图 8-1 所示。燃烧室形状有圆形、眼睛形和复合形 3 种，如图 8-2 所示。圆形燃烧室的稳定性较好，但蓄热室有很

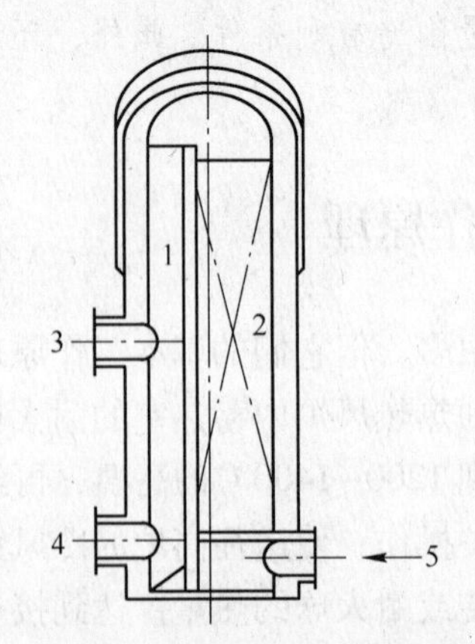

图 8-1　内燃式热风炉

1—燃烧室；2—蓄热室；3—热风；4—煤气助燃空气；5—冷风

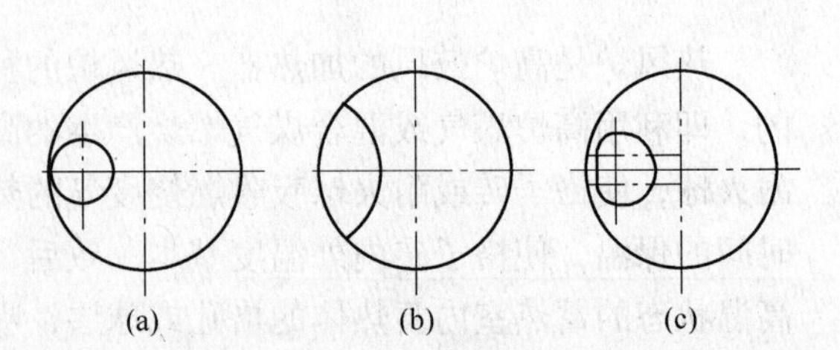

图 8-2　内燃式热风炉燃烧室形状

（a）圆形；（b）眼睛形；（c）复合形

多死角不能利用，热风炉的有效断向利用较差，故设计中很少采用。眼睛形燃烧室的热稳定性较差，但蓄热室的有效面积利用较好，气流分布也均匀，一般中小型热风炉多采用这种形式。大型高炉的燃烧室多采用复合型，靠蓄热室的部分为圆形，靠炉壳的部分为椭圆形，兼有圆形和眼睛形两者的优点。

内燃式热风炉因结构上的固有缺陷会出现以下几个问题：

（1）燃烧室火井上部砖墙向蓄热室一侧倒，使格子砖错乱、堵塞；

（2）燃烧室火井下部隔墙开裂、烧穿，产生短路；

（3）格子砖错位；

（4）高温区耐火砖剥落、釉化变质；

（5）热风出口、烟道口等孔口砖脱落，导致钢壳烧坏而漏风；

（6）炉底板上翘，焊缝开裂漏风。

产生上述问题的主要原因是燃烧室火井和蓄热室两侧存在着温度差、压力差以及结构上产生的应力。

由于内燃式热风炉的投资较低，现在仍占多数。

8.2.2.2　外燃式热风炉

外燃式热风炉燃烧室和蓄热室分别在两个圆柱形壳体内，两个室的顶部以一定方式连接起来，其结构如图 8-3 所示。

由于燃烧室和蓄热室是独立砌筑，因而具有以下优点：

（1）从根本上消除了内燃式热风炉由于燃烧室隔墙两侧温差而造成的砌体裂缝和倒塌，燃烧室和蓄热室的砖墙受热均匀，结构的热稳定性较好，热风炉的使用寿命较高；

（2）气流在蓄热室格子砖内分布均匀，提高了格子砖的有效利用率和热效率。

不同形式外燃式热风炉的主要差别在于拱顶形式。在图 8-3 中，（a）为地得式，拱顶由两个直径不等的球形拱构成锥形结构相连通；（b）为考柏式，两室的拱顶由圆柱形通道连成一体；（c）为马琴式，蓄热室的上端有一段倒锥形，锥形上部接一段直筒部分，直径与燃烧室立径相同，两室用水平通道连接起来。

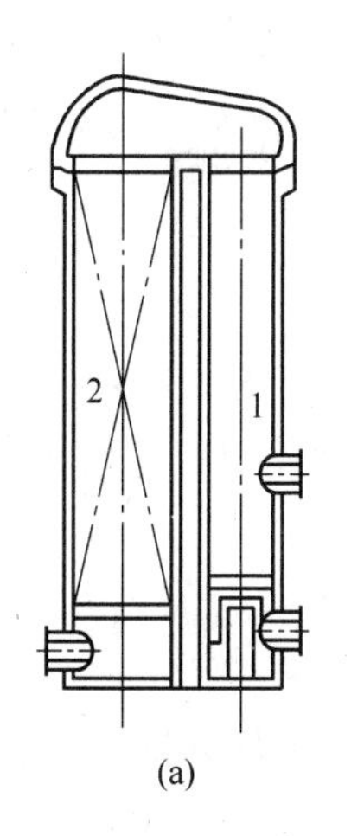

(a)

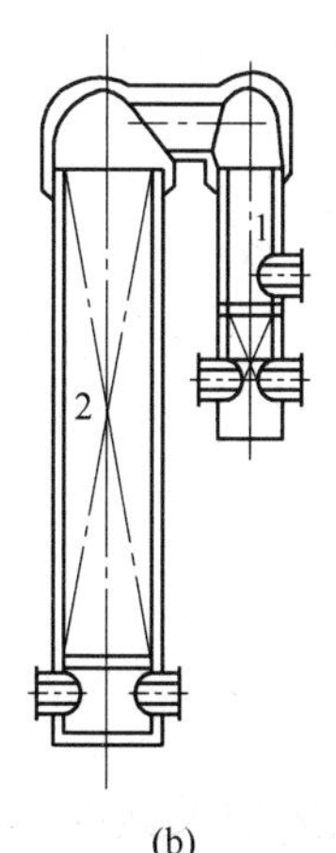

(b)

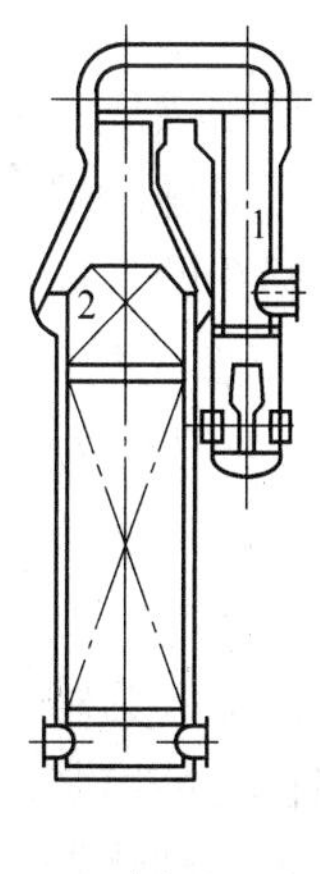

(c)

图 8-3　外燃式热风炉结构示意图

（a）地得式；（b）考柏式；（c）马琴式；

1—燃烧室；2—蓄热室

地得式热风炉拱顶造价较高，砌筑施工复杂，而且需用多种形式的异型耐火砖，所以新建的外燃式热风炉多采用考柏式和马琴式。

地得式、考柏式、马琴式 3 种热风炉的比较情况为：

（1）从气流在蓄热室中均匀分布看，马琴式较好，地得式次之，考柏式稍差。

（2）从结构看，地得式炉顶结构不稳定，为克服不均匀膨胀，主要采用高架燃烧室，设有金属膨胀圈，吸收部分不均匀膨胀；马琴式基本消除了由于送风压力造成的炉顶不均匀膨胀。

新日铁式外燃热风炉是在考柏式和马琴式外燃热风炉的基础上发展而成的，其主要特点是：蓄热室上部有一个锥体段，使蓄热室拱顶直径缩小至和燃烧室拱顶直径大小相同，拱顶下部耐火砖承受的荷重减小，提高结构的长期稳定性；对称的拱顶结构有利于烟气在蓄热室中的均匀分布，提高热风炉的传热效率。

外燃式热风炉的结构复杂，占地面积大，钢材和耐火材料消耗量大，基建投资比同等风温水平的内燃式热风炉高 15%~35%，一般应用于新建的大型高炉。

8.2.2.3 改进型内燃式热风炉

改进型内燃式热风炉如图 8-4 所示。改进型内燃式热风炉的特点为：

（1）隔墙砖层间设有滑动缝和膨胀缝，砌体可以沿着垂直方向和水平方向自由移动。

（2）隔墙中间加隔热层以减少两侧的温度梯度，从而降低了热应力，防止隔墙向蓄热室倒塌。

（3）在隔墙热层靠近蓄热室一侧设置耐热钢板，以防止短路。

（4）高温区采用硅砖。

（5）采用陶瓷燃烧器。

鞍钢 9 号高炉改进型内燃式热风炉的特点为：

（1）热风炉拱顶增设箱形梁，采用 120°球顶与锥台相接的锥形拱顶。

（2）采用新型燃烧室隔墙。

（3）采用陶瓷燃烧器。

（4）采用圆孔的热风炉炉箅和七孔格子砖。

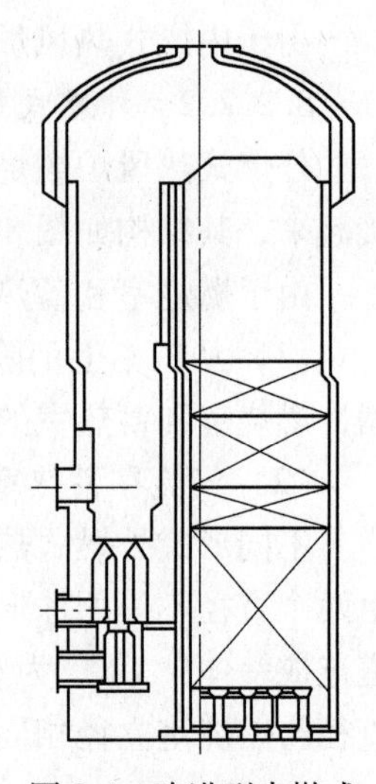

图 8-4 改进型内燃式热风炉剖面图

8.2.2.4 顶燃式热风炉

顶燃式热风炉又称为无燃烧室热风炉，其结构如图 8-5 和图 8-6 所示。顶部的燃烧器是许多小而独立的陶瓷或金属燃烧器，使煤气和空气的混合过程变短，燃烧过程较为迅速和安全。顶燃式热风炉的优点在于：

（1）炉顶尺寸大为缩小。

（2）结构稳定性增强。

（3）采用短焰燃烧器，直接在热风炉拱顶部位燃烧，使高温热量集中，减少了热量损失。

（4）改善了耐火材料的工作条件，使下部工作温度降低，负重大，上部工作温度高，荷重小，允许相应提高耐火材料的工作温度并延长使用寿命。

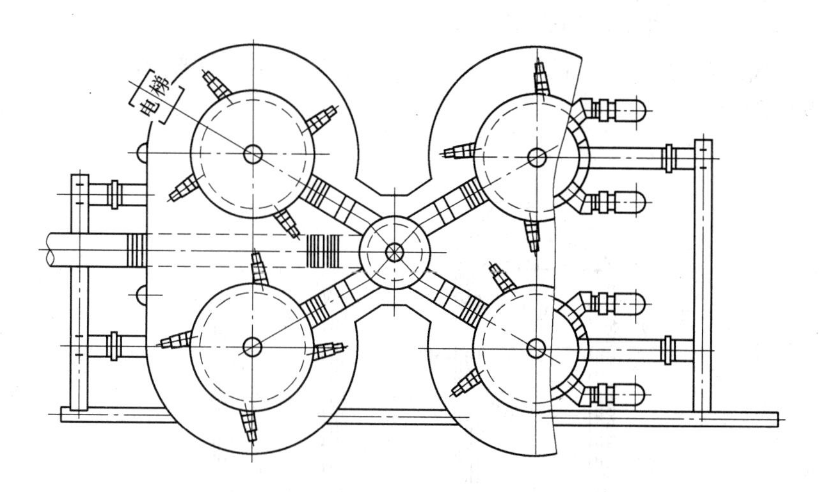

图 8-5 首钢 2 号高炉顶燃式热风炉平面图

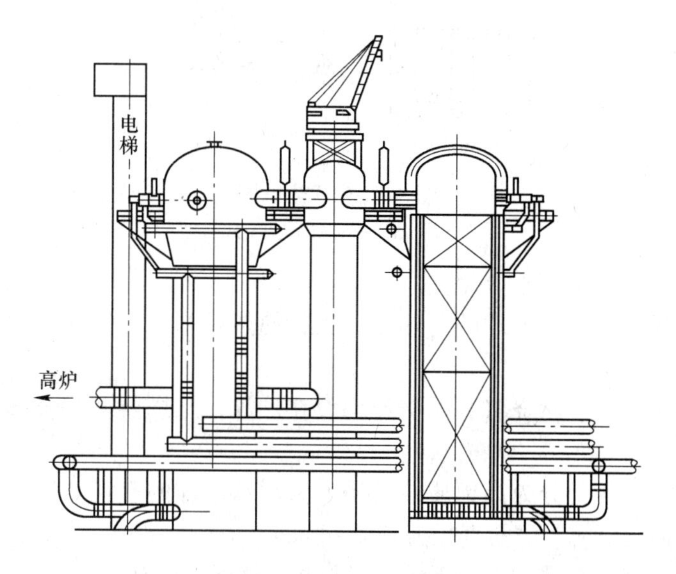

图 8-6 首钢 2 号高炉顶燃式热风炉立面图

此外，与外燃式热风炉相比，顶燃式热风炉投资和维护费用较低，结构对称，占地小，效率高。和内燃式热风炉相比，能更为有效地利用热风炉的空间，在热风炉容量相同的情况下，可使蓄热面积增加 25%~30%。在为提高风温而改建现有内燃式热风炉时，采用顶燃式效益较为明显，这在欧美、日本已引起广泛兴趣，首钢也已将顶燃式热风炉应用于 1726~2536m^3高炉中。

8.2.2.5 球式热风炉

球式热风炉属于顶燃热风炉，只是不砌格子砖，将耐火球直装入热风炉的蓄热室内。从 1974 年以来结合干式布袋除尘，先在 100m^3以下的高炉上得到了普遍的推广，近十多年正逐步扩展到 300~400m^3的高炉上。基本上解决了小高炉长期低风温的局面。

球式热风炉按结构形式分为落地式和架空式两种：

（1）落地式：多为内燃式改造而成，它的炉箅子结构是耐火支柱和可卸的带孔铸铁炉箅子。其结构形式如图 8-7（a）所示。

（2）架空式：多为新建的球式炉，它的炉箅子为耐热铸铁笼形炉箅子。其结构形式如图 8-7（b）所示。

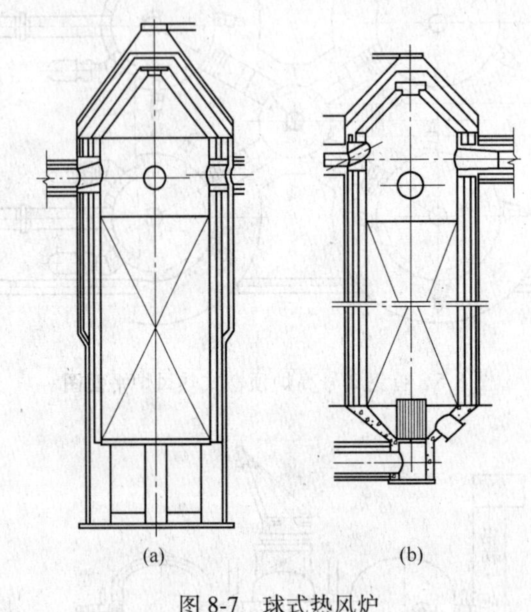

图 8-7　球式热风炉
（a）落地式；（b）架空式

球式热风炉主要特征：

（1）球式热风炉，由于火球的蓄热面积大，使热风炉高度变矮，它的拱顶多为锥形和悬链线形。

（2）它的热风出口、燃烧口、燃烧器均设在炉顶，燃烧器多为金属与陶瓷相结合的套筒燃烧器。

（3）耐火球的高温部分为高铝质或硅质耐火材料，球的直径 $\phi40\sim60$mm，低温部分多为黏土质或高铝质材料，球的直径为 $\phi30\sim40$mm。

（4）球床的气孔度与球的直径无关，只与球的排列状况有关。

（5）球床的加热面积大，砖量系数小。

由于球床加热面积大，可缩小热风温度与拱顶温度的差距，而砖量系数小，使高炉热量贮备小，这样周期风温降低，为保持风温就需要缩短送风期，增加换炉次数。

成都钢铁厂 1991 年 10 月在 318m^3 高炉采用了球式热风炉，并取得成功。凌源钢铁公司炼铁厂 2003 年 9 月在 420m^3 高炉采用了球式热风炉取得成功，运行至今平均风温达到 1150℃。

8.2.2.6　ZSD 热风炉

ZSD 型热风炉是内燃式与顶燃式相结合而产生的一种新型热风炉。它是在热风炉内具有热风通道的顶燃式热风炉。内燃式热风炉的燃烧室有两个作用，燃烧期是燃烧室，送风期是热风通道。将这两个作用分开，把燃烧器安装在炉顶成为顶燃式，把燃烧室的直径缩小作为热风通过。它保持了内燃式和顶燃式各自的优点，同时又比较好的克服了它们的缺点。

将内燃式热风炉改为 ZSD 型热风炉，格子砖重量和蓄热面积增加 20%～40%，消除了火井的破损。可提高风温 100～200℃。

ZSD 型热风炉使用陶瓷短焰燃烧器，它是多嘴旋流燃烧装置。煤气和助燃空气分别通过设在炉顶的煤气环管和空气环管，再通过小支管进入套管，然后进入烧嘴，在烧嘴内进行混合，沿切线方向喷入燃烧室，立即着火燃烧，在燃烧室内烟气流做旋转运动。陶瓷短焰燃烧器安装在热风炉顶部，下面是喇叭口，烟气在蓄热室的分布是比较均匀的，这解决了内燃式热风炉烟气分布极度不均匀的问题。把热风出口拿下来，缓解了顶燃式热风炉炉顶结构的整体稳定性差的问题。其结构形式见图 8-8。

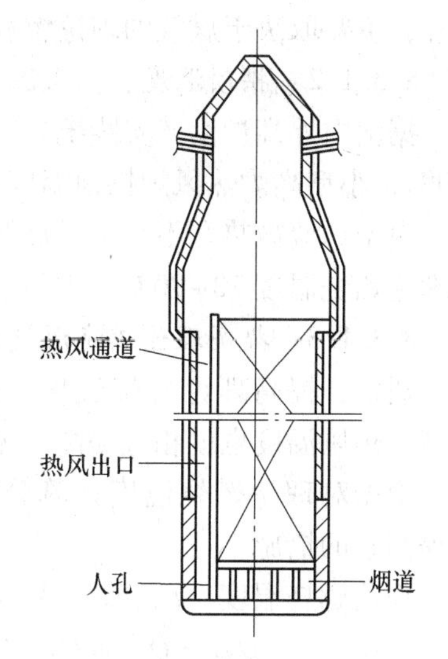

图 8-8　ZSD 型热风炉结构示意图

但这种结构热风炉还存在一些问题需要进一步完善。

任务 8.3　热风炉的风温

影响风温提高的因素很多，提高风温的措施也很多。归纳起来有改善操作和改进设备两个方面。在改善操作方面：一是提高热风炉的拱顶温度，降低拱顶温度与风温的差值；二是提高烟道废气温度。从改进设备方面：一是提高耐火材料的质量；二是改进热风炉的设备、结构。

8.3.1　提高拱顶温度

8.3.1.1　拱顶温度的确定

烧炉末期拱顶温度高低，直接影响风温水平，但是拱顶温度受拱顶耐火材质、燃料质量的限制，不允许无限制的提高。确定拱顶温度有以下几方面：

（1）由耐火材料质量确定。为防止因测量误差或燃烧控制的不及时而烧坏拱顶，一般将实际的拱顶温度控制在比拱顶耐火砖的荷重软化点低 100℃左右。

（2）由燃料的含尘量确定。格子砖因渣化和堵塞使寿命降低。产生格子砖渣化的条件是煤气的含尘量和温度，见表 8-1。

表 8-1　不同含尘量允许的拱顶温度

煤气含尘量/mg·m^{-3}	80～100	<50	<30	<20	<10	<5
拱顶温度/℃	1100	1200	1250	1350	1450	1550

（3）受生成腐蚀介质限制。热风炉燃烧生成的高温烟气中含有 NO_x 腐蚀性成分，NO_x 的生成量与温度有关，为避免发生拱顶钢板的晶间应力腐蚀，需控制拱顶温度不超过 1400℃或采取防止晶间应力腐蚀的措施。

当拱顶耐火砖质量一定时，是否能达到允许的最高炉顶温度，除了烧炉制度和操作水平外，主要取决于煤气的理论燃烧温度。

8.3.1.2　拱顶温度、热风温度与理论燃烧温度的关系

据国内外高炉生产实践统计，大、中型高炉热风炉拱顶温度比平均热风温度高 100~200℃，小型高炉热风炉拱顶温度比平均风温高 150~300℃。

由于炉墙散热和不完全燃烧等因素的影响，我国大、中型高炉热风炉实际拱顶温度低于理论燃烧温度 70~90℃，拱顶隔热措施好的为 70℃。

8.3.1.3　提高理论燃烧温度的措施

通常，提高理论燃烧温度，拱顶温度相应提高，热风温度也就相应提高。见图 8-9。

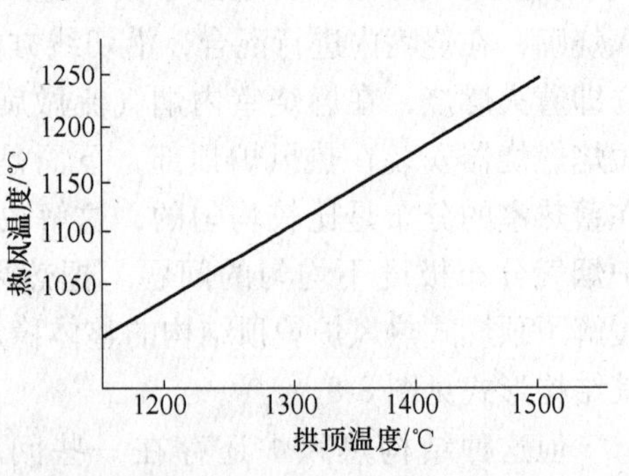

图 8-9　热风温度与拱顶温度的关系

根据对理论燃烧温度计算公式的分析可找到提高它的措施。

理论燃烧温度（$t_{理}$,℃）表达式：

$$t_{理}=\frac{Q_{燃}+Q_{空}+Q_{煤}+Q_{水}}{V_{气}\cdot C_{产}} \tag{8-1}$$

式中　$Q_{燃}$——煤气燃烧放出的热，kJ/m³；

$Q_{空}$——助燃空气带入的物理热，kJ/m³；

$Q_{煤}$——燃烧用煤气带入的物理热，kJ/m³；

$Q_{水}$——煤气中水分的分解热，kJ/m³；

$C_{产}$——燃烧产物量，m³；

$V_{气}$——燃烧产物的平均比热容，kJ/(m³ · ℃)。

有的计算 $t_{理}$时不考虑煤气水分的分解热，即从式（8-1）中去掉一项，则计算公式变为：

$$t_{理}=\frac{Q_{燃}+Q_{空}+Q_{煤}}{V_{气}\cdot C_{产}} \tag{8-2}$$

从上式看出，影响理论燃烧温度的因素及提高措施主要有：

（1）提高煤气发热值 $Q_{燃}$，理论燃烧温度相应提高。目前高炉焦比大幅度降低。高炉煤气发热值相应降低。仅使用单一高炉煤气时，大致上，湿高炉煤气 $Q_{燃}$，每±100kJ/m³，$t_{理}$相应±24℃，见表 8-2。

在高炉煤气混入一定数量的焦炉煤气或天然气变成混合可提高值，以提高理论燃烧温度。

据一定的煤气成分的计算，高炉煤气中，每增加焦炉煤气 1%，混合煤气值增加 150kJ/m³，在混合量不超过 15%以前，每 1%焦炉煤气提高理论燃烧温度约 16℃。

表 8-2　高炉煤气不同发热值的理论燃烧温度

高炉煤气发热值/kg · m⁻³	3000	3200	3400	3600	3800	4000
$t_{理}$（$b_{空}$=1.10）/℃	1211	1256	1303	1350	1395	1450

注：高炉煤气含水 5%，煤气温度 35℃，空气温度 20℃。

在高炉煤气中混入天然气，每增加 1%天然气的混合煤气的 $Q_{燃}$，约增加 325kJ/m³；

$t_{理}$随之提高 23℃。

（2）预热助燃空气和煤气。预热助燃空气对理论燃烧温度的影响见图 8-10 和表 8-3。表中列出了几种发热值的煤气，在不同助燃空气湿度时的 $t_{理}$。

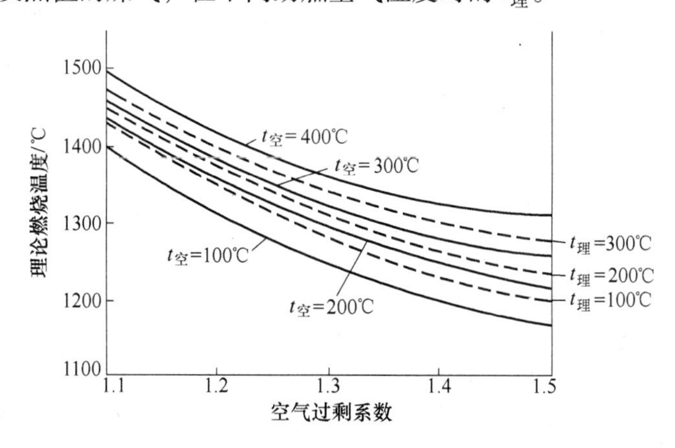

图 8-10　空气、煤气预热温度和空气过剩系数与理论燃烧温度的关系

表 8-3　几种发热值不同的煤气在不同助燃空气预热温度下的 $t_{理}$　（℃）

助燃空气预热温度	20	100	200	300	400	500	600	700	800
煤气 $Q_{燃}$ = 3000kJ/m³	1211	1233	1263	1293	1323	1352	1385	1417	1449
煤气 $Q_{燃}$ = 340010J/m³	1303	1328	1360	1302	1424	1548	1491	1526	1562
煤气 $Q_{燃}$ = 380010J/m³	1395	1420	1451	1488	1524	1560	1596	1634	1673

注：高炉煤气 H_2O=5%，$\eta_{空}$ = 1.10。

煤气预热温度对理论燃烧温度的影响，见表 8-4。表中列出几种发热值的煤气在不同预热温度下的 $t_{理}$。

表 8-4　几种发热值的煤气在不同预热温度下的 $t_{理}$　（℃）

煤气预热温度	35	100	200	300	400
煤气 $Q_{燃}$ = 3000kJ/m³	1213	1243	1293	1344	1398
煤气 $Q_{燃}$ = 340010J/m³	1303	1333	1381	1429	1479
煤气 $Q_{燃}$ = 380010J/m³	1395	1422	1467	1514	1561

注：高炉煤气 H_2O=5%，$\eta_{空}$ = 1.10。

助燃空气和煤气同时预热，提高理论燃烧温度的效果为两者分别预热效果之和。预热助燃空气和预热煤气的方法，请参考有关资料。

（3）减少燃烧产物量 $V_{产}$，理论燃烧温度相应提高。在有条件的地方采用富氧燃烧或缩小空气过剩系数，均使 $V_{产}$降低，从而获得较高的理论燃烧温度 $t_{理}$，如图 8-11 所示。在相同条件下，理论燃烧温度随着空气过剩系数的降低而升高。但这一措施使废气量减少，对热风炉中下部热交换不利。

（4）降低煤气含水量 $Q_{水}$，理论燃烧温度相应提高。煤气经过湿法除尘后，含有不少机械水和饱和水，其含量随煤气温度升高而增加。使用干式布袋除尘器，煤气水分可显著降低。

8.3.2　提高烟道废气温度

8.3.2.1　提高烟道废气温度的意义

提高废气温度，可以增加热风炉的蓄热量，尤其是增加热风炉中下部的蓄热。因此，适当提高废气温度，减少周期性的温度降落，是提高热风温度的一项措施。例如鞍钢经验，当废气温度在 200～400℃范围内时，每提高废气温度 100℃，风温提高约 40℃。值得注意的是，提高废气温度，将导致热效率的降低，同时存在烧坏下部金属支柱结构和炉墙的危险。根据测量数据表明，燃烧末期炉箅子温度比废气平均温度高 130℃左右。因此，一般热风炉废气温度都控制在 350℃以下，大型高炉控制在 300℃左右。攀钢新建大型高炉外燃式热风炉烟道废气温度控制在 250～300℃范围内。

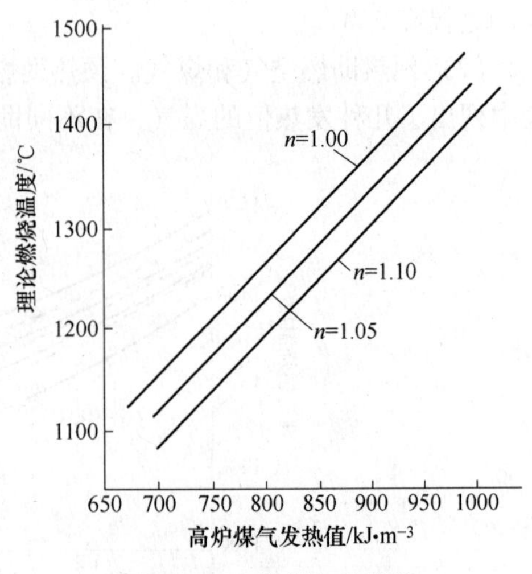

图 8-11　高炉煤气发热值与理论燃烧温度的关系

因此，提高烟道废气温度必须结合热效率及热风炉结构来综合考虑，否则适得其反。

8.3.2.2　影响烟道废气温度的因素

影响废气温度的主要因素有：单位时间消耗的煤气量、烧炉时间、热风炉的加热面积、空气过剩系数。当加热面积一定时，增加煤气消耗量，延长烧炉时间，提高空气过剩系数都可以提高废气温度，反之则降低废气温度，现将三个因素与废气温度的关系介绍如下：

（1）烟道废气温度与单位时间消耗的煤气量有关，单位时间消耗的煤气量越多，烟道废气温度越高。煤气消耗量与烟道废气温度的关系如图 8-12 所示，它们几乎成直线关系。

（2）热风炉蓄热面积对烟道废气温度的影响。在换炉次数相同和单位时间消耗煤气量相等的条件下，热风炉蓄热面积越小，废气温度升高越快，如图 8-13 所示。

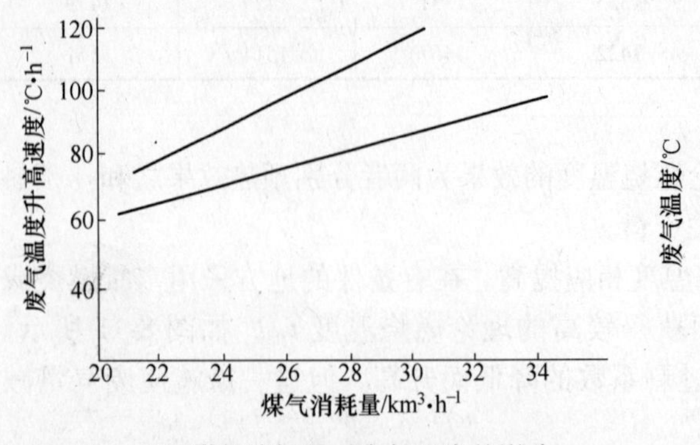

图 8-12　煤气消耗量对废气温度的影响

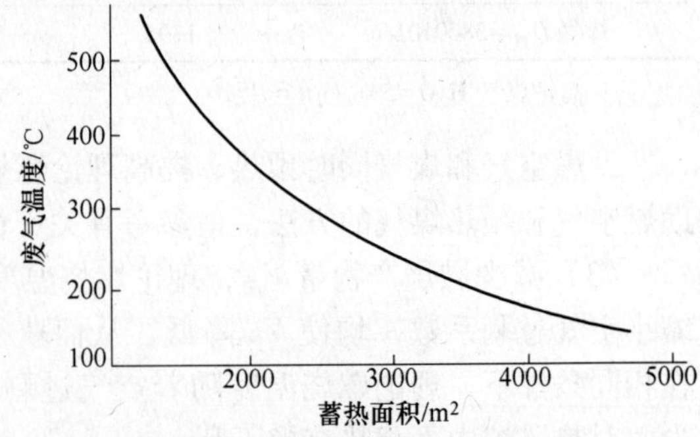

图 8-13　废气温度与蓄热时间的关系

（3）废气温度与燃烧时间的关系，废气温度随燃烧时间的增长近似直线上升，如图 8-14 所示。

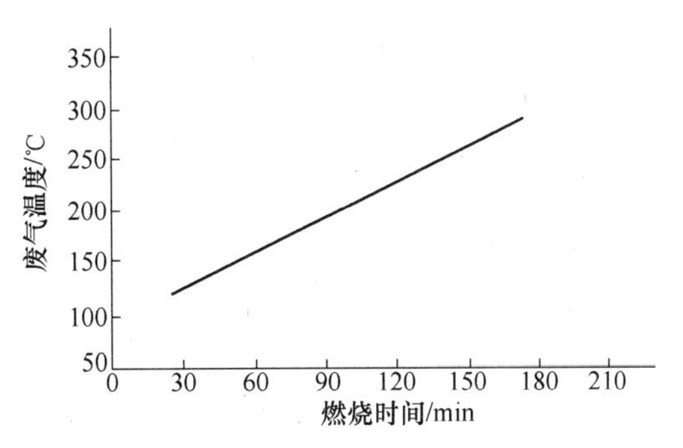

图 8-14 废气温度与燃烧时间的关系

任务 8.4 烧 炉 操 作

烧炉是热风炉操作的重要环节，烧炉的好坏直接关系到风温水平的高低、热效率的大小和设备维护。影响烧炉的因素有：煤气和空气的配比，煤气的质量和数值，助燃风机能力和烟囱抽力的大小。

8.4.1 烧炉过程的煤气与风量的调节

8.4.1.1 拱顶温度与烟道废气温度的选择确定

热风炉的拱顶温度、烟道废气温度与风温高低有着密切关系，选择与控制好拱顶温度与烟道废气温度，对保证热风炉连续、稳定的送出最高风温有着重要意义。

（1）依据耐火材料件可选择确定。热风炉使用的耐火材料性能是选择确定拱顶温度与烟道废气温度的重要依据之一。

目前国内外大中型高炉热风炉拱顶大多采用高铝砖或黏土砖砌筑，其主要理化指标见表 8-5。

表 8-5 热风炉拱顶耐火砖的主要理化指标

种类	Al_2O_3(质量分数)/%			荷重软化温度（开始软化温度）/℃ (0.2MPa)			耐火度（开始软化温度）/℃		
	最高	最低	平均	最高	最低	平均	最高	最低	平均
黏土砖	46.24	41.40	44.50	1470	1360	1400	1730	1710	1720
高铝砖	76.16	70.25	73.51	1575	1510	1565			>1790

最高拱顶温度不应超过该拱顶耐火材料的最低荷重软化温度。为防止监测仪表误差造成炉拱顶温度过高，一般都限制稍低于最低荷重软化温度。

烟道废气温度一般限制在 300~350℃以下，最高不得超过 400℃。攀钢新建高炉热风炉的烟道废气温度限制在 250~300℃之间。

（2）依据热风炉结构选择与控制。热风炉结构不同，选择与控制拱顶温度也不同，见表 8-6。

表 8-6　不同结构热风炉的温度控制

热风炉结构形式	拱顶温度/℃	废气温度/℃	可能提高的最高风温/℃
一般内燃式热风炉（黏土砖）	<1300	350	1100
一般内燃式热风炉（高铝砖）	<1360	350	1250
改进型内燃式热风炉（硅砖）	<1450	350	1300
外燃式热风炉（硅砖）	<1450	350	1300
顶燃式热风炉（硅砖）	<1450	350	1300

8.4.1.2　烧炉过程的煤气与空气调节法

A　燃烧制度的分类

在设备条件一定时，影响烧炉好坏的关键是烧炉操作，即按照烧炉各阶段的要求控制煤气量与空气量（即燃烧制度）。燃烧制度有以下三种：

（1）固定煤气量调节空气量的烧炉操作（见表 8-7）。

（2）固定空气量调节煤气量的烧炉操作。这种烧炉方法在保温期减少煤气量，即废气量相应减少，这对热风炉中下部对流传热将产生不利影响。因而不如第一种烧炉制度好。但调节较方便，易掌握。这种烧炉制度适用于燃烧器鼓风能力不够和风量不能调节的热风炉，如表 8-7 所示。

（3）煤气量和空气量都不固定的烧炉操作。这种烧炉制度在烧炉初期用最大的煤气量和相应的空气量配合燃烧。当炉顶温度达到规定值后，同时减少煤气量和空气量，在保持拱顶温度不变的情况下来加热热风炉中下部。这种操作方法难以掌握两者同时变化的比例。

空气量和煤气量的同时减少，不利于热风炉中下部的对流热交换，造成整个热风炉蓄热量的降低。因此，这种方法除了煤气压力波动大的热风炉和用以控制废气温度外，一般很少采用。

B　各种燃烧制度的比较

各种燃烧制度的特点和比较见表 8-7 和表 8-8。

表 8-7　各种燃烧制度的特点

项　目	固定煤气量调节空气量		固定空气量调节煤气量		煤气量空气量都不固定（或煤气量固定调节其热值）	
	升温期	蓄热期	升温期	蓄热期	升温期	蓄热期
空气量	适量	增大	不变	不变	适量	减少
煤气量	不变	不变	适量	减少	适量	减少
过剩空气系数	较小	增大	较小	增大	较小	较小
拱顶温度	最高	不变	最高	不变	最高	不变
废气量	增加		减少		减少	
热风炉蓄热量	加大，利于强化		减少，不利于强化		适量	
操作难易	较难		易		微机控制	
适用范围	空气量可调 助燃风机容量大		空气量不可调 助燃风机容量小		自动燃烧	

表 8-8 各种燃烧制度的比较

固定煤气量 调节空气量	固定空气量 调节煤气量	空气量煤气量都不固定 （或煤气量固定调节其热值）
（1）整个燃烧期用最大的煤气不变； （2）当炉顶温度达到规定值后，以增大空气量来抑制炉顶温度的继续上升； （3）因废气量大，流速加快有利于传热，强化了热风炉中下部传热； （4）空气和煤气的配合比难以找准	（1）当炉顶温度达到规定值后，采用减少煤气量来控制炉顶温度； （2）因废气量减少不利于传热和热交换的强化，不利于维持较高的风温； （3）调节方便，容易找准适宜的空燃比	（1）当炉顶温度达到规定值后，采用空气、煤气同时调节，来控制炉顶温度。或用改变煤气热值来控制炉顶温度； （2）适用于微机控制燃烧，用高炉需要的风温来确定煤量，使热风炉既能贮备足够热量，又能节约燃料； （3）调节灵活，过剩空气系数较小达到完全燃烧

C 燃烧制度的选择

选择燃烧制度时应考虑如下几点：

（1）结合热风炉设备的具体情况，充分发挥助燃风机、煤气管网的能力。

（2）在允许的范围内，最大限度的增加热风炉的蓄热量。

（3）燃烧完全、热损小、热效率高、降低能耗。

三种燃烧制度各有特点，要根据热风炉的设备状况、操作条件来选择。

新建的、自动化程度较高的热风炉，应选择空气量、煤气量都不固定的燃烧制度。

助燃风机能力大，是可以调节的热风炉，应选择固定煤气量，调节空气量的燃烧制度。对旧的热风炉，助燃风机能力不足、助燃风量又不可调，最好选用固定空气量，调节煤气量的燃烧制度。

D 烧炉调火原则

以煤气压力为参考，以煤气流量为依据，以调节空气量和煤气量为手段，使空气过剩系数（即实际空气量与理论空气量之比）在 1.05~1.10 之间为宜，达到拱顶温度上升的目的。应注意以下几个要点：

（1）煤气压力保持在 4.9~9.6kPa（500~700mm 水柱）为宜。

（2）开始燃烧时根据高炉所需要的风温高低来决定烧炉操作，一般应在保持完全燃烧的情况下，尽量加大空气量和煤气量，采用快速燃烧的方法，力求获得较好的燃烧效果。

（3）拱顶温度达到技术指标时，应加大空气量来保持拱顶温度不上升。

（4）烟道废气温上升较快时，应适当减少煤气量与空气量，以达到延长烧炉时间。

（5）如拱顶、烟道废气温度同时达到指标，应及时停烧换炉送风，或短时间焖炉，而不应减烧。

（6）在正常情况下，燃烧周期按顺序交错进行，如高炉生产不正常，风温要求较低时，在 4h 以上，应采取减烧或并联送风。

（7）禁止用燃烧好的热炉子焖炉。

8.4.2 合理燃烧及其判断

8.4.2.1 合理燃烧周期的确定

热风炉内的温度是周期性变化的。所谓一个周期就是从燃烧开始到送风末了所需的整个时间，即燃烧、送风和换炉三个过程所需时间的总和。

A 风温与送风时间的关系

随着送风时间的增加，送风热风炉出口的温度逐渐降低。鞍钢某高炉热风炉送风时间由 2h 缩短为 1h，热风炉出口温度提高 90℃；不同送风时间与相应热风出口温度的关系见表 8-9。

表 8-9 送风时间与热风出口温度的关系

送风时间/h	热风出口温度/℃	送风时间/h	热风出口温度/℃
0.5	1100	1.5	1030
0.75	1100	2	1000
1	1090		

注：固定炉顶温度为 1250℃，烟道废气温度为 200℃。

B 合理燃烧周期的确定

热风炉送风时间与燃烧时间的关系可用式（8-3）描述：

$$t_{燃} = (n - 1)t_{送} - t_{换} \tag{8-3}$$

式中 $t_{燃}$——燃烧时间，min；

n——组热风炉座数；

$t_{送}$——送风时间，min；

$t_{换}$——换炉时间，min。

增加热风炉座数和送风时间及减少换炉时间，则燃烧时间增加，反之则缩短。

热风炉合理周期的确定。

热风炉必须的燃烧时间可用式（8-4）计算：

$$\Delta r = \sqrt{2T \cdot t_{换}} \tag{8-4}$$

式中 Δr——热风炉烧炉时间（包括换炉时间），h；

$t_{换}$——换炉时间，h；

T——废气温度从开始升到与炉顶末温相同水平所需的时间，h。

【例 8-1】 热风炉废气开始温度 99℃，末温 321℃，炉顶温度为 1320℃，烧炉时间 159min，换炉时间 10min。

则烟道废气上升的平均速度为：

$$\frac{321 - 99}{159/60} = 83.60(℃/h)$$

$$T = \frac{1320 - 99}{83.6} = 14.6(h)$$

故　　$$\Delta r = \sqrt{2 \times 14.6 \times 10/60} = 2.2(\mathrm{h})$$

当换炉时间为 10min 时，合理的燃烧时间为：

$$2.2 \times 60 - 10 = 122(\mathrm{min})$$

两烧一送制的热风炉，合理送风时间为：

$$(122 + 10)/2 = 66(\mathrm{min})$$

设每班换炉次数为 N 时，则：$N = 8 \times 60/66 = 7.3$(次)，取 7 次。

所以合理的操作制度应为每班换炉 7 次。

当上例中其他条件不变，只末温为 350℃时，则废气温度上升速度为：

$$\frac{350 - 99}{159/60} = 94.7(℃/\mathrm{h})$$

$$T = \frac{1320 - 99}{94.7} = 12.8(\mathrm{h})$$

$$\Delta r = \sqrt{2 \times 12.8 \times 10/60} = 2.07(\mathrm{h})$$

当换炉时间为 10min 时，合理的燃烧时间为：

$$2.07 \times 60 - 10 = 114(\mathrm{min})$$

两烧一送制的热风炉合理送风时间为：

$$(114 + 10) \div 2 = 62(\mathrm{min})$$

每班（8h）换炉次数为 N 时，则：$N = 8 \times 60 \div 62 = 7.73$(次)，取 8 次。

从以上计算可以看出，在一定条件下热风炉向高炉供应的热风的温度水平，取决于送风末期的热风出口温度。送风时间越长，热风出口温度越低，给出的风温水平也越低。显然，缩短送风时间可以提高风温。但送风时间太短，相应换炉次数增加，烧炉时间减少，格子砖积蓄的热量也减少，这样风温不但不能提高，反而会降低。送风时间缩短后，为弥补燃烧时间缩短造成的热量减少，必须提高烧炉期的燃烧强度。因此，合适的送风时间最终还是取决于保证热风炉有足够的温度水平（表现为拱顶温度）和热量（表现为废气温度）所需要的燃烧时间。

8.4.2.2　合理燃烧的判断

在烧炉过程中要经常观察判断燃烧状况，及时调节空气、煤气配比，达到合理燃烧。判断是否合理燃烧的方法有两种：

（1）利用废气分析判断合理燃烧制度。在大型高炉热风炉都设有废气分析器，使用废气成分分析来判断热风炉燃烧时的空气与煤气配比是否恰当，燃烧是否合理。其理想的烟道废气成分应该是 O_2和 CO 含量均为零。但实际生产中做不到，为了保证煤气中的可燃成分完全燃烧，每单位体积煤气燃烧所需的空气量往往要比理论空气量多，即空气过剩系数为：

$$\alpha = \frac{L_n}{L_m} > 1$$

式中　L_n——实际空气消耗量；

　　L_m——理论空气消耗量。

在有自动废气分析设备的热风炉，利用废气分析器取样分析，是操作者判断和调节烧炉的依据。合理的废气成分见表 8-10。

表 8-10 烟道废气成分

燃料种类	成分/%			α
	CO_2	O_2	CO	
高炉煤气	23~25	0.5~1.0	0	1.05~1.10
混合煤气	19~23	1.0-1.5	0	1.10~1.15

(2) 利用火焰来判断合理的燃烧制度。有些高炉热风炉没有废气分析器，热风炉操作人员常常借助燃烧火焰来判断热风炉燃烧时助燃空气和煤气配比是否合理。由于影响火焰颜色的因素较多（如煤气成分、含尘量、含水量、气温及燃烧室形状等）不易准确掌握，操作人员只有在长期生产实践中，经常对照拱顶温度和废气成分分析，勤观察，勤判断，勤调节，积累经验，逐步掌握。表 8-11 为不同空气、煤气配比的火焰状况。

表 8-11 不同空气、煤气配比的火焰状况

状况 / 比例	火焰颜色	拱顶温度	废气温度	废气成分/%	
				O_2	CO
空气、煤气里配比合适	中心黄色，四周微蓝，透明清晰，可见燃烧室对面砖墙	升温期迅速上升，保温期稳定	均匀、稳定上升	微量	0
空气里过多	天蓝色，明亮耀眼，燃烧室炉墙也清晰可见，却发暗	上升缓慢，达不到规定值	上升快	多	0
煤气量过多	暗红，混浊不清，看不清燃烧室炉墙	上升缓慢，达不到规定值	上升快	0	多

8.4.2.3 快速烧炉法

在正常情况下，热风炉的烧炉与送风周期大体是一定的，如图 8-15 所示。在烧炉期，应使拱顶尽快升至规定的温度 T_1，延长恒温时间，使热风炉长时间在高温下蓄热。如果升温的时间较长，如图 8-15 中虚线所示，则相对缩短了恒温时间，即热风炉在高温下的蓄热时间减少。快速烧炉的要点就是缩短图中 t_2 的时间，以尽可能大的煤气量和适当的空气过剩系数，在短期内将拱顶温度烧到规定值，然后再用燃烧期约 90% 的时间以稍高的空气过剩系数继续燃烧。此期间在保持拱顶温度不变的情况下，逐渐提高烟道废气温度，增加蓄热室的热量。但在整个烧炉过程中，烟道废气温度不得超过规定值。

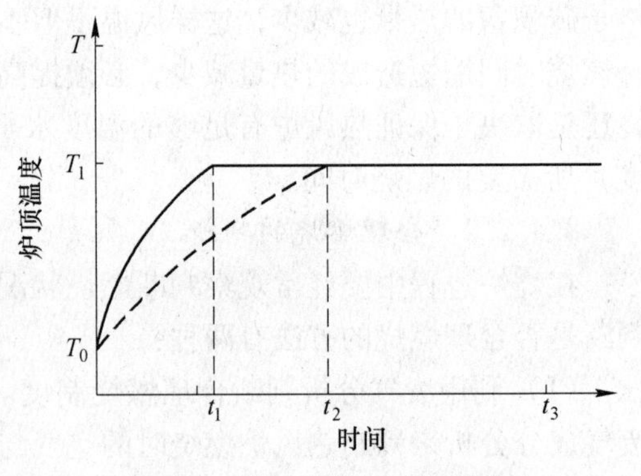

图 8-15 热风炉炉顶升温曲线

为了同时取得热风炉最大热量（容量因素）和最高风温水平（强度因素），必须根据不同情况来调节煤气和空气的配比；当拱顶温度达到规定值时，应固定煤气量去调节空气量，以改善热风炉蓄热室中下部对流传热交换的条件。

现在很多热风炉采用陶瓷燃烧器，为快速烧炉创造了条件。例如首钢一高炉原来是 20~25min 将拱顶温度烧到规定值 1280~1300℃，现在改用陶瓷燃烧器后，只用 15min，

就能将拱顶温度烧到规定值。目前攀钢4座高炉热风炉均采用了陶瓷燃烧器。

任务8.5 送 风 操 作

8.5.1 送风制度的种类

热风炉的送风制度基本分为三种：交叉并联制，两烧一送制，半交叉并联制。

8.5.1.1 交叉并联制

交叉并联制适用于拥有4座热风炉的高炉。两座热风炉燃烧，两座热风炉送风，交错进行。在关上混风阀的情况下，高炉也能获得稳定的风温。目前交叉并联送风已发展成为热风温度自动控制的新方法。热风温度的自动控制是通过变更高温热风炉和低温热风炉的风量比例来进行的，风量调节是通过装在各冷风支管上的蝶形调节阀或冷风阀开度大小来实现的。交叉并联送风制度的作业图见图8-16。

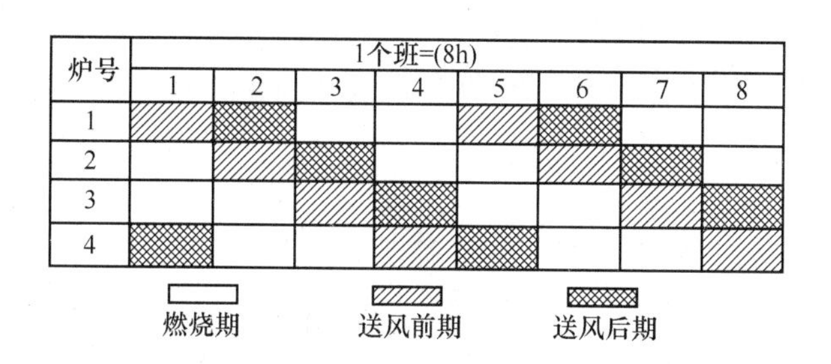

图8-16 交叉并联运送风制度作业示意图

8.5.1.2 两烧一送制

两烧一送制，适用于有3座热风炉的高炉，它是一种老的基本送风制度。必须和混入冷风装置相配合，用调节混入的冷风使高炉得到稳定的风温。两烧一送制的作业图，见图8-17。

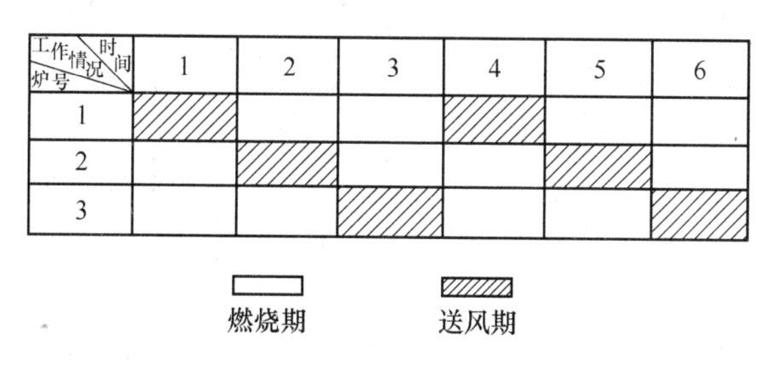

图8-17 两烧一送制作业示意图

8.5.1.3 半交叉并联制

它适用于拥有3座热风炉的高炉和用于热风炉控制废气温度。半交叉并联制的作业图见图8-18。

还有一些送风制度，如“三烧一送”、“一烧两送”等都构不成一种基本送风制度，是上述3种基本送风制度派生的。

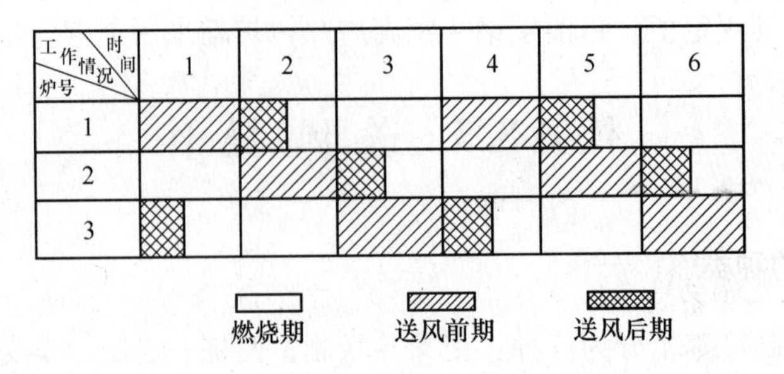

图 8-18 半交叉并联送风制作业示意图

8.5.1.4 送风制度的比较

各种送风制度的比较见表 8-12。

表 8-12 各种送风制度的比较

送风制度	适 用 范 围	热风温度	热效率	周期煤气量
交叉并联	4 座热风炉常用	波动小风温高	最高	少
两烧一送	3 座热风炉常用，4 座热风炉检修 1 座时用	波动稍大风温低	低	多
半交叉并联	3 座热风炉燃烧能力大时用控制废气温度时用	波动较小	高	少

8.5.2 送风制度的选择

送风制度的选择依据：

(1) 热风炉组座数和蓄热面积。

(2) 助燃风机和煤气管网的能力。

(3) 有利于提高风温，提高热效率和降低能耗。

例如：交叉并联送风，比单炉送风可提高风温 20~40℃，热效率也相应提高，但它需要 4 座热风炉，建设费用高。目前大型高炉都设置 4 座热风炉，采用交叉并联送风制度。

再如：3 座热风炉在热风炉燃烧能力较大的情况下，采用半交叉送风制度，也能提高风温度和热效率，并减少了风温波动。

任务 8.6 换 炉 操 作

换炉就是把热风炉由燃烧变为送风或由送风变为燃烧。经与高炉值班室联系得到允许后进行换炉。换炉必须做到准确、快速、安全。就是做到：不间断地向高炉送风，并且风压、风量波动较小；注意安全防止煤气中毒或爆炸。

8.6.1 换炉操作程序

8.6.1.1 基本换炉操作程序

由于热风炉的设备、结构和使用燃料的不同，热风炉的换炉程序多种多样，有代表性的基本换炉程序见表 8-13。

表 8-13 热风炉的基本换炉程序

由燃烧转为送风		由送风转为燃烧	
停止燃烧	送风	停止送风	燃烧
(1) 关焦炉煤气阀或适当减少用量(指混合煤气炉子); (2) 关小助燃风机拨风板(指集中鼓风的炉子); (3) 关煤气调节阀; (4) 关煤气闸板; (5) 停助燃风机(集中鼓风应关空气调节阀); (6) 关煤气燃烧闸板; (7) 开煤气安全放散阀; (8) 关空气燃烧闸板; (9) 关烟道阀	(1) 逐渐开冷风小门; (2) 炉内灌满风后开热风阀; (3) 全开冷风阀	(1) 关冷风阀; (2) 关热风阀; (3) 开废风阀,放净废气	(1) 开烟道阀,关废气阀; (2) 开空气燃烧闸板; (3) 关煤气安全放散阀; (4) 开煤气燃烧闸板; (5) 小开煤气调节阀和空气调节阀; (6) 开煤气闸板; (7) 启动助燃风机(集中鼓风的炉子大开空气调节阀); (8) 大开煤气调节阀; (9) 开大助燃风机拨风板; (10) 开焦炉煤气阀达到规定用量

换炉操作的注意事项:

(1) 换炉应先送后撤,即先将燃烧炉转为送风炉后再将送风炉转为燃烧炉,绝不能出现高炉断风现象。

(2) 换炉要尽量减少高炉风温、风压的波动。

(3) 使用混合煤气的炉子,应严格按照规定混入高发热量煤气量,控制好拱顶和废气温度。

(4) 热风炉停止燃烧时先关高发热量煤气后关高炉煤气;热风炉点炉时先给高炉煤气后给高发热量煤气。

(5) 使用引射器混入高发热量煤气时,全热风炉组停止燃烧时,应事先切断高发热量煤气,避免高炉煤气回流到高发热量煤气管网,破坏其发热量的稳定。

8.6.1.2 内燃式热风炉的换炉操作程序

(1) 燃烧转送风操作:先停燃后送风。

1) 停止燃烧转焖炉:

关闭煤气调节阀;

停助燃风机(在关闭煤气调节阀后继续工作数秒钟);

关闭煤气闸板阀;

关闭燃烧阀(用陶瓷燃烧器的热风炉先关煤气燃烧闸板阀);

开燃烧器的煤气放散阀;

关烟道阀。

2) 焖炉转送风:

与高炉值班室联系得到允许后,手动开冲压阀(或开冲压小门)进行冲压,待压力上升到风压水平后开冷风阀;

开热风阀;

需要混风时，开混风调节阀。

（2）送风转燃烧操作：先停止送风后燃烧。

1）送风转为焖炉：

关闭冷风阀；

关闭热风阀。

2）焖炉转为燃烧：

开废气阀；

经过一定时间后，使热风炉与烟道之间的废气达到或接近均压后，开烟道阀；

关闭废气阀；

开燃烧闸板阀（用陶瓷燃烧器的热风炉应先开空气闸板阀，后开燃烧闸板阀）；

开煤气闸板阀；

小开、稳开煤气调节阀，点燃煤气，关煤气放散阀；

启动助燃风机，同时开大煤气调节阀。

8.6.1.3 换炉操作注意事项

操作人员必须细心谨慎，操作要准确无误。各阀门开、关行程及模拟信号必须正确。如果混风阀全关时，换炉时应打开各阀门，以免风温波动。

换炉操作一般不超过 10min，以争取燃烧时间多一些。

8.6.2 休风与复风操作

高炉休风分短期休风、长期休风、特殊休风。

短期休风指在生产时需要短时间的休风操作。一般多指更换风、渣口等。休风后开倒流阀的休风称为倒流休风。

长期休风多指在设备定期检修的休风，此时若炉顶及煤气系统有动火工程项则要进行炉顶点火。

特殊休风系指无准备的在事故状态下被迫的休风操作。

8.6.2.1 短期休风时热风炉的操作

短期休风时热风炉的操作程序为：

（1）接到高炉值班室休风通知后，应立即做好休风准备，并将燃烧的炉子停止燃烧。

（2）当高炉拉风风压降至指定压力以下时，关混风闸阀。

（3）听到休风信号后，立即关闭热风阀，关闭冷风阀，开废气阀。

（4）向高炉发送回休风完毕信号。

8.6.2.2 倒流休风操作

倒流休风常在更换冷却设备时进行。倒流休风的形式有两种：一种是利用热风炉烟囱抽力把高炉内剩余的煤气经过热风总管、热风炉、烟道，由烟囱排出，如图 8-19 所示；另一种是利用热风总管尾部的倒流阀倒流休风，如图 8-20 和图 8-21 所示。

A 利用热风炉倒流休风

（1）热风炉操作人员接到倒流休风通知时，应作如下准备工作：

1）将准备作倒流休风的热风炉，改为自然通风燃烧。

2）其余燃烧的热风炉按煤气压力降低来减少燃烧煤气量或停止燃烧。

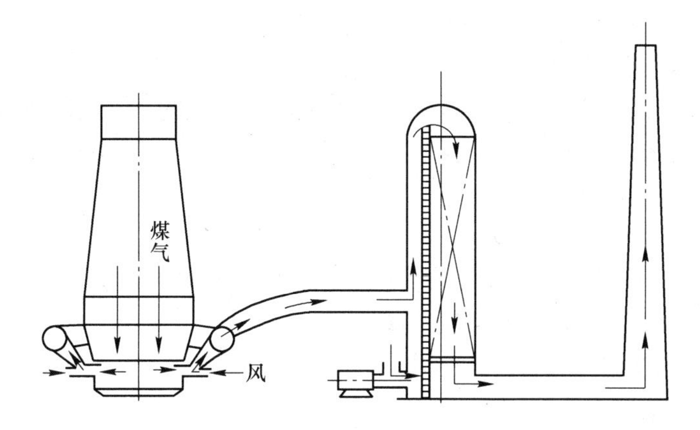

图 8-19　利用热风炉倒流休风示意图

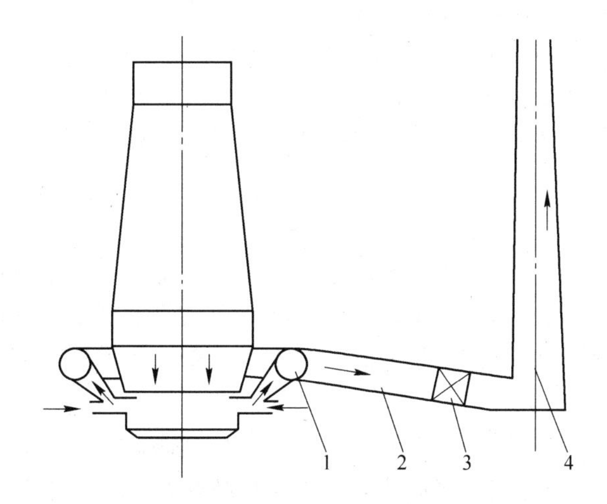

图 8-20　倒流休风管、倒流休风示意图
1—热风围管；2—热风干管；3—热风阀；4—倒流管

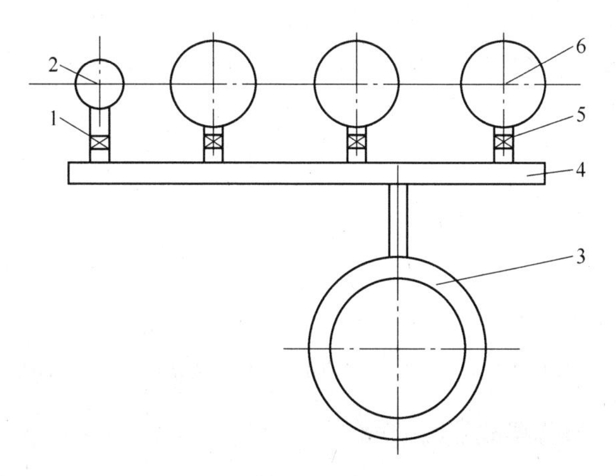

图 8-21　倒流管位置示意图
1，5—热风阀；2—倒流管；3—热风围管；4—热风干管；6—热风炉

3）关冷风大闸和混风调节阀，等待高炉倒流休风信号。

（2）倒流休风的操作程序：

1）接到倒流休风的信号时，关送风炉的冷风阀和热风阀，并关闭废气阀。

2）关倒流炉的煤气闸板和调节阀。

3）开倒流炉的热风阀倒流。

（3）倒流休风后的送风程序：

1）得到高炉停止倒流转为送风的通知后，关倒流炉的热风阀。

2）开送风炉的冷风阀，同时关废气阀。

3）给信号通知高炉送风后，开冷风大量和混风调节阀。

（4）倒流休风注意事项：

1）倒流休风炉炉顶温度必须在 1000℃以上。

2）倒流时间不超过 60min，否则应换炉倒流。

3）一般情况下，不应同时有两个炉倒流。

4）正在倒流的炉子不得处于燃烧状态。

5）倒流的炉子一般不能立即用作送风炉，如果必须使用时，应待残余煤气抽净后，方可作送风炉。

B　利用倒流阀倒流休风

利用热风炉倒流休风的缺点是：倒流休风操作程序复杂；大量荒煤气进入热风炉造成蓄热室格子砖堵塞和渣化。因此，新建高炉都在热风总管的尾部上另设一个倒流休风管作为倒流休风用。倒流休风管上采用闸式阀，并通水冷却。用倒流阀倒流休风操作简便，同时克服了热风炉倒流的缺点。

利用倒流阀和倒流管进行倒流，操作简便。当切断高炉与热风炉的联系后，打开倒流阀，倒流即开始；关闭倒流阀，倒流停止。为了保护热风炉，一般都不用热风炉倒流，只是在没有倒流管，或倒流阀故障时，才被迫使用热风炉倒流，但时间不能超过 30min。

8.6.2.3　复风操作

复风前，最少要有一座热风炉提前燃烧，为送风做好准备，当接到高炉值班工长复风通知后，立即把烧好的热风炉由燃烧变为送风，待煤气充足后，其他炉子即可正常燃烧。

复风操作的程序：

（1）开冷风阀；

（2）打开热风阀；

（3）关废气阀；

（4）开冷风大闸；

（5）炉关闭高炉放风阀；

（6）风压大于 0.05MPa 时，打开混风阀，调节风温到指定数值。

8.6.3　热风炉常见的操作事故及其处理

新建的大型高炉热风炉，自动化程度高，各阀门采用连锁控制和自动换炉程序，很少发生操作事故。但目前国内还有少数高炉热风炉自动化水平程度低，热风炉在换炉及休风操作时，如果发生违反操作规程的错误，将会造成严重事故，给人身或设备带来很大损失。现将几种常见的事故及其处理方法叙述如下：

（1）烟道阀或废气阀未关就开冷风小门送风，风从烟道阀或废气阀跑了，造成高炉热风压力波动，甚至可引起崩料。

这种事故的征兆是：风压达不到规定值，从冷风管跑风声音增大。

其处理的方法是：应立即关冷风小门，停止送风，待烟道阀或废气阀关严后，再开冷风小门送风。

（2）燃烧阀未关就开冷风小门送风，将造成高温热风大量从燃烧阀泄出，把燃烧器烧坏。如果遇上煤气阀不严漏煤气时，将会造成煤气爆炸，甚至将整个燃烧器鼓风机炸毁。此时应立即开废气阀，并将冷风小门关闭，停止灌风。然后将燃烧阀关严后重新灌风。

（3）换炉时送风炉废气未放净就强开烟道阀，由于炉内压力较大，强开的结果会使烟道阀钢绳或月牙轮损坏，还会由于负荷较大烧坏电机。只要严格监视冷风压力表证实废气放净后就可避免。

（4）换炉时若先停电机后关煤气，会造成一部分未燃烧的煤气进入热风炉形成爆炸气体，损坏炉体。另一部分煤气从燃烧器鼓风机喷出，引起操作人员煤气中毒。特别是因煤气闸板故障一时关不严时，后果更加严重。因此，一定要严格执行先关煤气调节阀后停电机的规定。

（5）倒流休风时，忘了关冷风大闸，如果冷风放不净，可能影响倒流，如果冷风放净了，将会使高炉煤气进入冷风总管，可能发生煤气爆炸。

（6）倒流休风后的送风，如果忘记关倒流炉的热风阀就用送风炉送风，高温热风会从倒流炉热风阀进入，将倒流炉燃烧器烧坏。当发现倒流炉燃烧器大量冒烟或喷火时，应立即将送风炉冷、热风阀关闭。确认倒流炉热风阀关严后再送风。

任务8.7 煤 气 操 作

从高炉炉顶排出的煤气中一般 $\varphi(CO_2)=15\%\sim20\%$，$\varphi(CO)=20\%\sim26\%$，$\varphi(H_2)=1\%\sim2\%$，其发热值在 $3200kJ/m^3$ 以上，可作为钢铁厂的能源加以利用。但高炉生产的煤气含粉尘很高，一般为 $10\sim40g/m^3$（具体数字取决于炉料中的粉料率、原燃料强度、炉顶压力、煤气流速、使用富氧等情况），这种煤气称荒煤气（或叫粗煤气，或叫脏煤气）。而高炉热风炉及其他用户要使用净煤气，荒煤气要经过一组除尘设备把煤气中的含尘量降至 $10mg/m^3$ 以下的净煤气后才能送给各用户（包括高炉热风炉自用）。

将荒煤气送往清洗设备及燃气管理单位称为煤气输出或称送荒煤气（有的单位习惯称引煤气），将净煤气引至热风炉及其他用户称煤气引入或称引净煤气。两个系统，两种操作程序。

高炉在生产过程中因故要有休风、复风的情况发生，也要有处理煤气的操作。

这些都是一项危险的煤气作业，它涉及调度室、鼓风机、煤气管理单位、煤气除尘系统、热风炉、供料、喷吹燃料等众多单位和岗位，应联系妥当，由调度室统一指挥，互相配合，严格按规程操作，避免发生煤气爆炸和煤气中毒事故。

目前大多数高炉的除尘系统仍为湿法除尘工艺，国内各厂采用的湿法除尘系统也不完全一致，这里按常用的湿法塔文系统介绍高炉煤气操作。

近些年出现了干式布袋除尘法。太钢 1200m^3 高炉从日本引进的干式布袋除尘系统于 1987 年建成投产。我国自行研制的干式布袋除尘，已在 450m^{3}的高炉得到应用，但各厂的系统也有一些差别，这里只按基本流程（见图 8-22）介绍煤气操作。

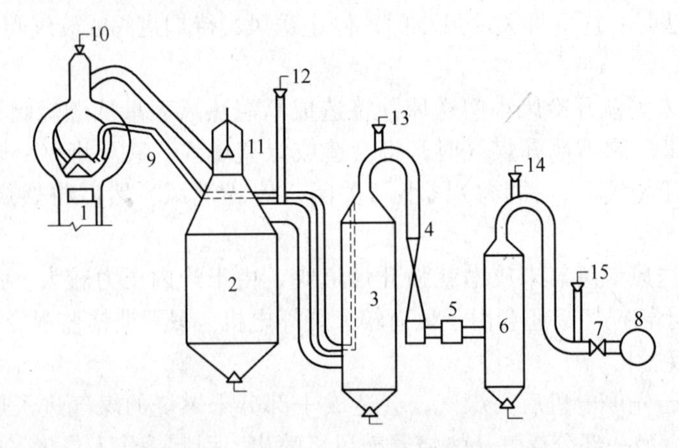

图 8-22 高炉煤气系统各阀位置示意图

1—高炉；2—除尘器；3—洗涤塔；4—文氏管；5—调压阀组；6—脱水器；7—叶形插板；8—煤气总管；9—均压管；10—炉顶放气阀；11—煤气切断阀；12~15—各放散阀

8.7.1 煤气的输出与引入

8.7.1.1 煤气的输出

A 湿法除尘的荒煤气输出操作程序

按湿法除尘的基本系统进行的操作程序为：

(1) 送煤气前与燃气管理单位联系，并在执行过程中互相配合。

(2) 参照开炉送风或休风后复风的程序，做好煤气系统的准备，包括开、闭各阀门、入孔及通入蒸汽（或通入氮气）；高炉送风前，洗涤塔和脱水器水位应在指定的范围。

(3) 高炉风压达到正常水平的 1/3 以上，炉顶压力大于 0.003MPa（可根据炉容大小确定炉顶压力），荒煤气成分合格，然后开启煤气切断阀。

荒煤气成分合格与否，通常作爆发试验：用点火筒采煤气试样，因高炉煤气比空气稍重，故筒口朝上，将煤气导管伸至筒内底部，以排出空气。然后关闭取样导管，在点火筒点火。如火焰为蓝色，且一直烧到筒底，视为合格。如燃烧时发出吸入声或小爆破声，燃烧时间短促，颜色不好，都为不合格。

(4) 除尘器清灰口在冒煤气后关闭。

(5) 关闭部分炉顶放散阀，维持炉顶压力 0.003~0.005MPa。

(6) 开大钟均压阀约 10min，即以煤气本身来驱出均压管内的空气。

(7) 开启煤气切断阀，经 15~25min 后，开启叶形插板。

(8) 除大、小钟之间及拉杆处之外，关闭炉顶、除尘器及煤气系统的蒸汽。

(9) 依据先低后高、先远后近（都对高炉而言）的原则，关闭煤气系统各放散阀。

B 干式布袋除尘系统的荒煤气输出操作

按图 8-23 基本系统进行操作。

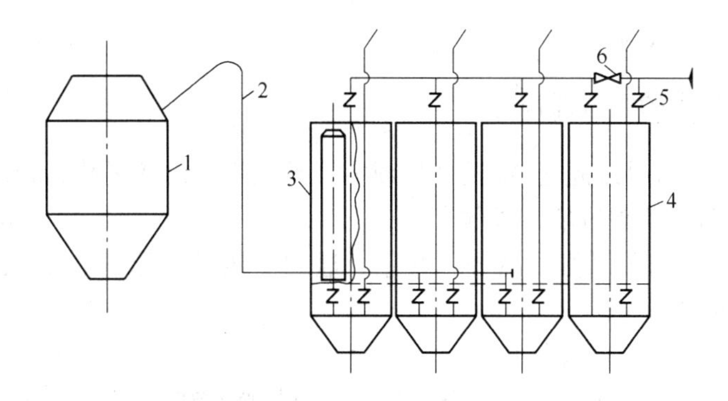

图 8-23　高炉煤气干式除尘系统

1—重力除尘器；2—脏煤气管；3—一次布袋除尘器；4—二次布袋除尘器；
5—蝶阀闸阀；6—闸阀

（1）输送煤气前与燃气管理单位进行联系，并在执行过程中互相配合。

（2）输送煤气前检查箱体内有无冷凝水，各阀门位置是否正确，各入孔是否关严，有问题及时处理，并提前 2h 通蒸汽对箱体保温。

（3）操作人员离开煤气设施区。

（4）向箱体内及煤气管道内通入氮气。

（5）按下顺控器电源开关。

（6）按下手动按钮。

（7）关闭净煤气工作阀，开荒煤气放散阀和箱体上的净煤气放散阀及眼镜阀。

（8）通知高炉关掉炉顶及重力除尘器蒸汽，并进行输送煤气操作。

（9）待重力除尘器、荒煤气管道上的放散阀和箱体上放散阀冒煤气后，开各箱体净煤气放散阀，关各箱体荒煤气放散阀。

（10）待净煤气管道上的放散阀冒煤气后，便可将荒煤气管道上的放散阀关闭，开净煤气工作阀，煤气进入净煤气总管道，输送煤气完毕。

（11）关闭氮气。

（12）根据燃气管理部门的需要，调整净煤气管道上放散阀的开启度，直至全部关闭。

有些小高炉因没有氮气，采取煤气赶空气，空气赶煤气的操作。这种办法有一定的危险性，因此在生产前要求对操作人员进行技术培训，合格后才能上岗，并严格按照操作规程进行操作。

8.7.1.2　引入净煤气操作

燃气管理单位将净煤气引至热风炉或其他用户的操作引入净煤气操作，其操作程序：

（1）事先与燃气管理单位联系，并在执行过程中互相配合。

（2）检查煤气管路及各阀门的严密性，新投产的设备应经耐压试验合格。

（3）关闭各热风炉的煤气闸板和其他用户的开闭器，封下水梢，开后管道末端放散阀，封闭入孔，开启压力调节器翻板，通入蒸汽或氮气。

（4）抽出盲板，开启开闭器。

（5）煤气压力正常并经爆发试验合格后，关闭管道末端放散阀，引入净煤气完毕。

（6）关闭蒸汽或氮气。

8.7.2　高炉长期休风的煤气操作

高炉长期休风通常是以超过 4h 的休风或需处理荒煤气的休风称为长期休风。

8.7.2.1　长期休风前的准备工作

（1）高炉值班室与鼓风机，燃气厂联系，通知热风炉、原料、卷扬机、煤粉各岗位做好长期休风准备。

（2）休风前漏净除尘器煤气灰。

（3）热风炉备好点火用煤油、破布、红焦炭或红烧结矿。

（4）管工检查处理炉顶、除尘器、煤气切断阀、荒煤气管道、高压回炉管蒸汽管路和点火用焦炉煤气畅通、阀门好用。

8.7.2.2　炉顶点火的长期休风程序

（1）高炉值班室与鼓风机、燃气厂联系后，通知热风炉等有关单位准备休风。

（2）往炉顶各部位、除尘器、煤气切断阀、高压回炉管和荒煤气管道通蒸汽。蒸汽压力应不低于 392kPa（$4kg/cm^2$），有氮气的可通氮气。

（3）高压转常压操作，开放风阀风压降至 49kPa（$0.5kg/cm^2$）。

（4）热风炉停止燃烧。

（5）风温自动改手动，关混风调节阀和混风闸板阀。

（6）开炉顶放散阀。

（7）关煤气切断阀。

（8）关热力式插板阀。

（9）待高炉休风后，洗涤系统方可处理荒煤气。

（10）料线迅速达到规定水平后提起探尺，开小钟均压阀（不再关），放风风压降至 98kPa（$0.1kg/cm^2$），风量至零时，按下列程序点火：

1）装入红烧结矿或红焦炭；

2）开大、小钟；

3）关闭炉顶蒸汽；

4）打开大钟下的入孔，投入燃烧的油布；

5）待炉顶煤气燃烧正常后，发信号通知煤气负责人。高炉值班室人员敲钟通知热风炉休风，同时打开大、小钟之间的入孔。

（11）热风炉休风操作完毕，敲点通知高炉值班室。

（12）休风后进行荒煤气处理操作。

（13）需要压料时可进行压料。

（14）卸直吹管、风口堵泥，然后通知热风炉停止倒流。

（15）通知动力厂停鼓风机，如果鼓风机不停可不卸直吹管，但风口必须堵严，风口视孔大盖处于开启状态，并应随时检查风口严密情况。

（16）休风期间看火人员应随时注意炉内残余煤气燃烧状况，如果料面火焰熄灭，应迅速往炉顶通蒸汽，约 10min 后关闭蒸汽，待工作人员撤离后，再用点燃的油布重新点火以防爆炸，火点不着应放明火。

8.7.2.3 炉顶不点火的长期休风程序

休风时可省去炉顶点火的程序，但必须注意以下几点：

（1）炉顶及煤气系统应始终保持通入蒸汽或氮气。

（2）关闭大、小钟，必要时大、小钟之间应装料密封。

（3）休风后应及时驱赶荒煤气系统的煤气。

（4）煤气切断阀上部放散阀及入孔可不开。

（5）不必重开重关煤气切断阀。

8.7.2.4 长期休风注意事项

（1）应组织严密，操作准确，配合默契，确保安全。

（2）炉顶点火时，料间过低应迅速达到规定料面，如达不到规定料面，料面过低时，必须保持较高的炉顶压力 0.49～0.78kPa（50～80mmH_2O），或风压不低于 9.8kPa（0.1kg/cm^2）来保证炉内正压，并且点火时烧结矿要红（温度较高）或点燃的红焦炭数量要加倍，开入孔人员应远离入孔，避免爆炸伤人。

（3）炉顶蒸汽或氮气不宜关闭过早，以防开大、小钟或开入孔时间过长，点火时会产生爆炸或伤人。如蒸汽已关，应迅速通蒸汽，待大、小钟开启后，关蒸汽或氮气再进行点火。

（4）计划长期休风蒸汽压力应不低于 294kPa（3kg/cm^2），以防冬季蒸汽或氮气压力不足，达不到驱赶煤气的目的。

（5）各种阀开关应到位，确认无误。

（6）吹空煤粉罐、氧气阀门确保不漏，调节阀、切断阀关闭。

8.7.3 驱尽煤气系统残余煤气操作

高炉长期休风或煤气系统检修，均须驱尽煤气系统中的残余煤气，以防肇事，以利施工。

通常采用使空气从系统低处进入，煤气从系统高处泄出的方法来驱除。操作程序因休风分炉顶点火或不点火而随之有所差别。

8.7.3.1 炉顶点火休风驱尽荒煤气系统残余煤气操作

炉顶点火休风后，驱尽荒煤气系统残余煤气的操作程序依下述次序逐段进行：

（1）炉顶段已关闭煤气切断阀，已点火烧尽残余及新生的煤气，并保持火焰燃烧正常。

（2）除尘器至洗涤塔段：

1）开启除尘器弯管上的放散阀（图 8-22 中的 12），数分钟后开启除尘器入孔；

2）开启洗涤塔前净煤气管道上的入孔；

3）放净除尘器内的残余炉尘，然后开启附近的入孔。

（3）洗涤塔至叶形插板（图 8-22 中的 7，休风过程中已关闭）段：

1）依次开启塔顶、脱水器、叶形插板前的各放散阀（图 8-22 中的 13、14、15）；

2）洗涤塔、脱水器排水；

3）按先高后低，先近后远（对高炉而言）原则依次开启各入孔。

（4）均压管道：关闭大钟后，全开大钟均压阀，再经 10～15min。

（5）全煤气系统沟通：各段都驱尽残余煤气后，开启煤气切断阀（图 8-22 中的 11）使全系统内外都与大气相通。

（6）测试：一般在上述各步完成后经 30min，关闭除尘器蒸汽或氮气。用 C0 测定仪测系统内气体成分，CO 含量应小于 30mg/m^3。或以家鸽置入系统中，经 15min 其神态无异状，即证明煤气驱尽，宣告处理完毕，允许开始施工。

（7）关煤气切断阀、大钟均压阀，同时开启煤气切断阀上方的入孔。

（8）在休风停产期间，炉顶料面上应保持煤气正常燃烧。如熄火，应立即向炉顶通蒸汽 10~15min，再闭蒸汽并投入火把。如点不着火，应在大钟下置明火。

（9）休风停产期间，不准关闭炉顶放散阀。如必须检修试验，至少应保持一个全开。

8.7.3.2　炉顶不点火驱尽荒煤气系统残余煤气操作

炉顶不点火休风后驱尽荒煤气系统中残余煤气的操作程序：

炉顶段不停地通入蒸汽或氮气 1h 以上。除尘器至洗涤塔段，洗涤塔至叶形插板，均压管道段，都分别与 8.7.3.1 小节中的炉顶点火休风后驱尽荒煤气系统中残余煤气的操作程序的（2）、（3）、（4）相同。然后即可进行测试。

驱除荒煤气系统中残余煤气过程中的注意事项：

（1）切断煤气来源。炉顶点火是烧尽新生煤气，关闭煤气切断阀是切断高炉本体与荒煤气输出系统的联系，关闭叶形插板是隔断本高炉荒煤气系统与煤气管网的联系。

（2）除炉顶点火之外，在测试系统内气体成分符合安全规定，宣布驱尽残余煤气完毕并允许施工之前，全部煤气系统及邻近区域严禁动火。

（3）炉顶点火，料面不宜过深。若必须较低料面，点火时应维持较高的炉顶压力（490~785Pa），且一定用燃着的焦炭，数量加倍。

（4）长期休风期间，切忌冷却设备漏水，因为炉内会产生大量水煤气，容易发生爆炸事故。休风后如炉顶温度较高又长期降不下来，必有漏风或漏水，其部位可能在炉顶温度较高的方向。

（5）炉顶火熄灭后再行点火，应事先通知炉顶和风口周围人员离开，以防爆炸伤人。

（6）如果只在设备外部施工，人员并不进入设备，则测试得 CO 含量小于 2%即可开始施工，大致在开启放散阀和入孔后再经 20min 便可达此标准。若人员必须进入设备内，则必须按规定严格执行。

8.7.3.3　干式布袋除尘器驱赶荒煤气系统中残余煤气操作

由于干式布袋除尘器的箱体内布袋怕潮不能用蒸汽，只能用氮气驱赶残余煤气，而一些没有氮气的高炉只能用空气驱赶煤气，用煤气赶空气，将其操作分别介绍如下。

（1）用氮气驱赶荒煤气系统中残余煤气操作，操作步骤为：

1）炉顶残余煤气点火燃烧正常后，打开煤气系统所有放散阀，并通氮气；

2）打开重力除尘器入孔；

3）打开布袋除尘器前荒煤气主管入孔，放散阀；

4）打开布袋除尘器箱体入孔，储气罐入孔，箱体放散阀；

5）打开重力除尘器放灰阀，放尽残灰，保持开启状态；

6）打开各布袋除尘器清灰阀，放尽残灰，保持开启状态；

7）打开布袋除尘器下锥体入孔；

8）全煤气系统沟通，各段都驱尽残余煤气后，开启煤气切断阀，使全系统内外都与大气相通；

9）测试：上述各步骤完成经 30min 后关闭氮气，用 CO 测定仪测量系统中气体成分，CO 含量应小于 30mg/m^{3}或用家鸽放置于系统中，经 15min 神志无异常状态，即证明合格。驱尽荒煤气系统残余煤气工作完毕。

（2）用空气驱赶荒煤气系统中残余煤气操作，操作步骤为：

1）炉顶残余煤气点火燃烧正常后，打开煤气系统所有放散阀；

2）打开重力除尘器入孔；

3）打开布袋除尘器前荒煤气主管入孔；

4）打开布袋除尘器箱体入孔，储气罐入孔；

5）打开重力除尘器放灰阀，放尽残灰，保持开启状态；

6）打开各布袋除尘器清灰阀，放尽残灰，保持开启状态；

7）打开布袋除尘器锥体入孔；

8）打开煤气加压机吸口和出口闸阀；

9）关各布袋除尘器净煤气、加压煤气蝶阀；

10）开吹扫用热风炉的煤气调节阀、煤气阀、空气调节阀；

11）启动助燃风机吹扫净煤气管道，加压煤气管道，加压煤气储气罐；

12）10min 后开各布袋除尘器净煤气蝶阀和加压煤气蝶阀；

13）20min 后停助燃风机，打开各布袋除尘器荒煤气蝶阀；

14）关重力除尘器煤气切断阀；

15）打开煤气切断阀，进行整个系统沟通；

16）15min 后关煤气切断阀；

17）测试方法及内容同 8.7.2.3 小节。

应当指出，用空气驱赶荒煤气系统中残余煤气的操作具有危险性，是不宜采用的，一些小高炉也应创造条件，采用氮气操作。

8.7.4 驱赶净煤气系统中的残余煤气操作

8.7.4.1 准备工作

（1）做好堵盲板的准备工作，如准备好盲板，更换盲板及入孔法兰的螺钉，搭好盲板架子，接地线等。

（2）准备好驱赶煤气的风源，检查接好蒸汽管或氮气管。

（3）检查试好该系统的放散阀及开闭器。

（4）通知该管道的所有用户。

（5）堵盲板位置如在铁路、公路区域内，应事先联系封道。

8.7.4.2 操作程序

（1）使用该管道煤气的热风炉及其他用户应全部停止燃烧，关严各燃烧闸板阀和开闭器，打开未端放散阀。

（2）往净煤气管道通蒸汽（或氮气）。

（3）关开闭器，切断总管煤气来源。

（4）先打开热风炉区域最高的放散阀。

（5）打开煤气压力翻板。

（6）关小蒸汽或关闭部分蒸汽，堵盲板，打开管道上人孔，全开蒸汽或氮气。

（7）用空气、蒸汽或氮气驱赶煤气。

1）用热风炉助燃风机鼓风吹扫的程序：

先打开末端热风炉煤气闸板阀及煤气调节阀，打开热风炉末端放散阀，启动鼓风机吹扫煤气管道 5min；

打开管道下水封槽，再依次打开各热风炉煤气闸板、煤气调节阀，启动鼓风机吹扫煤气管道 5min；

停鼓风机后，煤气闸板阀、煤气调节阀、人孔、管道水封、各放散阀应处于开启位置；

稍开开闭器，关开闭器附近处的放散阀。

2）用压缩空气吹扫的程序（用于使用陶瓷燃烧器热风炉）：

关严各燃烧闸板；

由各煤气燃烧闸板与煤气阀板阀之间的排水孔，通入压缩空气；

依次打开各热风炉的煤气闸板和煤气调节阀；

打开煤气管道下水封槽放尽水。

3）自然通风吹扫程序：

依次打开各热风炉的煤气闸板阀和煤气调节阀；

从各燃烧闸板阀与煤气闸板之间排水孔通入蒸汽；

煤气管道下水封槽放尽水；

吹扫时间不得小于 2h。

（8）停蒸汽或氮气。

（9）经燃气厂气体测定分析合格后方可施工。

8.7.4.3　注意事项与异常处理

（1）驱赶净煤气注意事项：

1）统一指挥，安全可靠，设备检修试车正常，做好一切准备工作方可驱赶煤气。

2）驱赶煤气前应先往管道内通蒸汽或氮气，然后方可通风清扫。

3）管道内不准存留残余煤气，死角处、管道尾部更应彻底处理干净。

4）凡是经处理的设备、管道，动火检修前必须取样分析合格后方准动火检修。

5）焦炉煤气管道煤气处理合格后，仍需通蒸汽方可动火操作，以防着火。

（2）异常处理：

1）发生人员中毒应按中毒事故处理，查明原因，抢救中毒人员，采取对应措施。

2）盲板堵上后煤气分析总不合格，应查盲板是否堵严，是否与其他煤气管道连通，如盲板不严，重新更换盲板，重堵上；如与其他管道连通，立即堵上盲板。

3）管道内着火，应迅速关闭人孔及全部放散阀，并往管道内通蒸汽或氮气灭火，待火灭后通蒸汽或氮气放散，重新处理；待气体分析合格后，动火作业时，仍需不间断地通蒸汽或氮气，以至动火作业完毕方准停蒸汽或氮气。

8.7.5 高炉特殊休风煤气操作

8.7.5.1 高炉突然停风的煤气处理

由于电网供电或动力厂方面原因造成的鼓风机停机，高炉热风炉应按如下程序操作：

（1）高炉值班室立即与动力厂变电所或鼓风机室、燃气调度、热风炉联系，按下列程序休风：

1）热风炉迅速关混风调节阀和混风闸板，以免煤气经混风管流入冷风管道和鼓风机，引起爆炸；

2）热风炉立即停止燃烧，关煤气调节阀和煤气闸板阀，全厂性（全部高炉）停风时，所有高炉煤气用户停烧，以维持管网压力；

3）如果发现煤气流入冷风管道，可迅速开启一座废气温度较低热风炉的冷风阀和烟道阀，将煤气抽入烟道而排往大气中；

4）高炉全开放风阀，值班室关混风调节阀，同时关热风炉冷风阀及热风阀，开倒流阀；

5）开炉顶放散阀，关除尘器煤气切断阀，并向炉顶通蒸汽或氮气；

6）停止喷吹（人手够用时，时间允许，可与上述操作同时进行）。

（2）如果鼓风机不能短期送风，需要转入长期休风时，可用下列程序进行操作：

1）打开风口窥视孔，让高炉自然通风；

2）打开炉顶入孔进行点火，关闭炉顶蒸汽或氮气，蒸汽或氮气散后即可点火。点火后，风口堵泥，卸下直吹管；

3）除尘器漏灰，把灰漏净后关闭；

4）关热力式插板阀；

5）开除尘器切断阀上下部放散阀，开清灰阀；

6）打开除尘上部入孔和下部入孔；

7）开洗涤塔将增放散阀，停水，开排水阀，开入孔。

8.7.5.2 停电的煤气操作

鼓风机停电按鼓风机停风操作处理。

热风炉助燃风机停电不能烧炉时，如果时间短，找电工并与变电所联系送电，如果预计长时间不能送电时，剩最后一个热炉子时，可事先与高炉值班室联系，按正常休风处理。

上料系统停电，可依停电时间长短采取常压，慢风或正常休风，但炉顶温度不宜超过500℃。

8.7.5.3 停蒸汽操作

如果高炉停蒸汽，高炉工长、瓦斯工此时要特别注意把炉子搞顺，争取做到不拉风，不休风，以维持煤气系统正常。

如果高炉非要休风不可，可用胶管把火车头的蒸汽接到炉前汽包，如果有条件的可将氮气接到炉前汽包。

8.7.5.4 停水操作

根据停水范围分别处理。

(1) 高炉本体停水，按短期休风处理。

(2) 一座高炉的煤气净化系统停水，该高炉改常压操作，开炉顶放散阀，关煤气切断阀。

减风维持生产：该系统停止输入荒煤气，借蒸汽和净煤气充压。如需休风，按休风程序进行。

(3) 所有高炉的煤气净化系统停水，所有高炉煤气用户停烧。各高炉按上项维持生产，管网用蒸汽或焦炉煤气充压。如无充压气体或蒸汽不足，可选用具有空心洗涤塔的高炉只作炉顶放散而不关煤气切断阀，以此来维持整个管网的正压。

8.7.5.5　高炉突然停电、停风、停汽、停水、停煤气处理

钢铁企业最怕出现突然停电、停风、停汽、停水、停煤气这一类事故，如果处理不好，极易造成连续反应事故，给企业带来灾难，造成严重的经济损失，此时要百倍提高警惕，头脑冷静，迅速进行稳妥果断的处理，尽量减少事故造成的损失。

A　处理原则

当全厂高炉电、风、水、汽、煤气（包括焦炉煤气）的供应全部中断时，煤气处理的原则为：

(1) 一切燃烧煤气的炉子立即停止燃烧止火，防止煤气管路大量泄漏。

(2) 煤气系统及煤气设备，严禁一切人为的火源，这是防止爆炸的最根本条件。

(3) 切断高炉（火源地）与除尘器、洗涤塔、冷风系统的联系。

(4) 只准开煤气设备的放散阀（上部阀门），不准开煤气设备下部阀门、人孔等，尽力减少空气从下部吸入，与煤气混合形成爆炸性气体。

(5) 煤气密封设备上部阀门尽早打开，一旦发生爆炸也会减少爆炸力和对设备的破坏力。

(6) 一切人员严禁在煤气设备的人孔、爆发孔甚至煤气设备前站立停留。

B　处理程序

根据上述基本原则，煤气正确处理的程序为：

(1) 热风炉操作人员发现风压下降至 49kPa（$0.5 kg/cm^2$）以下时，关冷风混风闸板阀。

(2) 全部热风炉停止燃烧。

(3) 高炉值班工长判定发生停电、水、汽、风、煤气后，要采取紧急休风，首先要开炉顶煤气放散阀。

(4) 关高炉煤气切断阀，开除尘器和煤气切断阀上部放散阀。

(5) 开放风阀，使放风阀回零。

(6) 关冷风阀，热风阀。

(7) 开倒流阀。

(8) 打开风口大盖，堵泥，如果风口有灌渣趋势便可提前打大盖。

(9) 开炉顶小钟均压阀，关大钟均压阀。

(10) 休风作业完毕后，要积极联系蒸汽（或氮气）尽快给煤气系统通蒸汽（或氮气）。

(11) 联系关热力闸板阀。

净高炉煤气系统和焦炉煤气系统要在燃气厂调度的统一指挥下开管道末端的，最好是最高的放散阀、下部煤气切断阀、煤气调节阀，但清灰阀一律关严，禁止漏灰。

各钢铁企业应根据上述处理原则和处理程序，结合本厂各高炉的工艺流程和装备情况，制定出本企业乃至各高炉处理停电、风、水、蒸汽、煤气的原则和具体操作程序。以便及时、迅速、果断、准确、安全地处理这类事故，尽虽减少事故所造成的损失。

技能训练实际案例1 某炼铁厂热风炉操作

一、热风炉工艺控制制度

1. 温度控制

拱顶温度不大于1350℃；

烟气温度不大于350℃；

换热器烟气段入口温度不大于280℃。

2. 压力控制

助燃空气总管压力4~8kPa；

煤气换热器后总管压力不小于3.0kPa；

冷却水总管压力不小于0.35MPa；

换炉风压波动不小于0.015MPa。

3. 燃烧制度

(1) 必须严格执行温度、压力工艺控制制度。

(2) 根据目前的工艺和设备条件，选择适合于本热风炉的烧炉控制方式，由分管车间主任决定。

(3) 空燃比设定：热风炉工设定适当空燃比，一般控制在0.55~0.70。

(4) 空燃比调节：空燃比设定是否适当的判断依据为同时满足燃烧炉拱顶温度上升保持最快，否则应调节空燃比，确保燃烧炉拱顶温升。

(5) 调火原则：以空燃比为原则，以残氧值（设备待装）为参考，以煤气压力为根据，以调节空、煤气流量为手段，达到炉顶温度上升的目的。

1) 开始燃烧时，根据高炉所需风温的高低决定燃烧操作。一般应在保持完全燃烧的情况下，尽量加大空气煤气流量，采用快速燃烧法。

2) 正常燃烧时，通常采用固定煤气量调节空气量的烧炉方法。即将煤气置于手动调节状态，助燃空气置于零动状态，按设定的空燃比零动跟踪调节烧炉。也可固定空气量调节煤气量操作。

3) 当一座热风炉停止燃烧时，调节另一座燃烧炉的煤气量，同时调节助燃风机进风口的开度，使助燃空气总管压力保持在4~8kPa之间烧炉。

4) 当另一座热风炉转入燃烧后，调节助燃风机进风口开度，将助燃空气调节阀转入手动开到所需开度（热风炉进入自动设定空燃比），再将煤气调节阀开到额定量。待助燃空气量和煤气量基本到位后，将助燃空气调节阀转入自动状态按设定的空燃比自动调节空气量，同时调节原燃烧热风炉的空煤气流量烧炉。

5) 当拱顶温度达到给定值时，减少煤气量加大空燃比，保持拱顶温度稳定在给定值；当烟气温度上升过快或达到给定值时，可减少煤气和空气量直至最低限度，维持烟气温度在规定的范围之内。此时空燃比设定与调节同前。如拱顶及烟道温度同时达到给定值，采取换炉送风办法，而不应减烧。

4. 送风制度

送风控制为两烧一送制，特殊情况根据当班值班工长要求由分管车间主任决定。

二、助燃风机操作程序

1. 启动前的检查

(1) 检查开动牌齐全。

(2) 全关启用助燃风机进风口调节阀，全开启用风机出口阀。

(3) 检查停用风机出口阀是否全关。

(4) 全开助燃风机总管空气放散阀。

(5) 由到现场的主管电工、钳工检查助燃风机联轴器松紧是否合适，螺栓有无断裂松动，叶轮和机壳有无碰撞和异声。

(6) 轴承温度正常。

(7) 风机轴承箱润滑油位高于油位线。

2. 机旁启动操作

(1) 经检查确认正常，启用助燃风机旁无人后，启动助燃风机。

(2) 若助燃风机运行正常，则慢慢开启助燃风机进风口阀，调节电机转速，调节助燃空气压力，若发现异常情况，立即按“停止钮”排除故障并确认正常后，重新启动。

(3) 逐步关闭助燃空气总管放散阀，以达到所需风量。

3. 停机操作程序

停机前必须通知当班值班工长、主管电工、厂调度，得到允许后进行如下操作：

(1) 气总管放散阀。

(2) 烧的热风炉停止燃烧，转入焖炉。

(3) 降低电机转速。

(4) 闭助燃风机出口调节阀。

(5) 若停机通知电工停机；故障时，先停机，后通知电工。

4. 换机操作程序

(1) 正常情况下更换助燃风机，由检修主管人员与热风护工到现场进行；中、夜班报告当班值班工长及值班厂长同意后，当班高压电工与熱风炉工按停止及启动助燃风机的操作程序操作，并记录备案。

(2) 换机前，必须先打开空气放散各阀，将燃烧的热风炉转入焖炉状态，停止运行助燃风机后，再启动备用助燃风机。

5. 运行及维护制度

(1) 开一备一。

(2) 烧炉及换炉时，禁止用助燃空气总管放散阀调节压力，只允许用进风口调节阀调节压力在 4~8kPa 之间。

(3) 全部热风炉停止烧炉时，保持助燃空气总管放散阀全开。此时应关小助燃风机进风口的调节阀，使风机空负荷运行。

（4）高炉不超过2h的短期休风时，可不停助燃风机，按步骤（3）操作，使风机空负荷运行。

（5）禁止频繁启动同一台助燃风机，两次启动同一台助燃风机间隔时间应>30min。

（6）运行中发现故障报警，立即停机检查。

（7）每季更换一次助燃风机，风机故障时可临时变更。

（8）每班检查助燃风机叶轮的运行振动，各阀门的阻卡及管道漏风、电机电流及润滑情况，做好记录，发现问题及时联系处理。

（9）定期清灰、加油。

三、热风炉运行控制方式及选择

热风炉运行控制方式有：集中手动、机旁手动、全自动、半自动4种。采用“两烧一送”按“时间”送风的工作制度，即两座热风炉燃烧，一座热风炉送风，按设定时间换炉。进行换炉操作前，通知值班室，特殊情况时换炉，要征得值班室同意。下面介绍热风炉集中手动、机旁手动控制方式的操作要求。

1. 集中手动方式

（1）燃烧—焖炉—送风。

1）关煤气调节阀和助燃空气调节阀。

2）关煤气切断阀。

3）关燃烧阀和助燃空气切断阀。

4）关1号、2号烟道阀。

5）开煤气安全阀（支管煤气放散阀），此时，热风炉处于焖炉状态，显示“焖炉”信号，接“送风”信号后，执行下列程序。

6）开充压阀（先小开后大开）。

7）当冷风阀前后压差等于给定值时关充压阀，开热风阀。

8）开冷风阀；此时，换炉结束，热风炉由燃烧状态转为送风状态，显示“送风”信号。

（2）送风—焖炉—燃烧。

1）关冷风阀。

2）关热风阀；此时，热风炉处于焖炉状态，显示“焖炉”信号，接“燃烧”信号后，执行下列程序。

3）开废气阀。

4）当烟道阀前后压差等于给定值关废气阀，开1号、2号烟道阀。

5）开燃烧阀和助燃空气切断阀。

6）开煤气切断阀。

7）小开煤气调节阀和助燃空气调节阀。

8）延时30s开煤气调节阀和助燃空气调节阀至给定开度。此时，换炉结束，热风炉由送风状态转为燃烧状态，显示“燃烧”信号。

（3）非正常换炉程序：倒流休风。值班工长发出“倒流休风”指令，正在送风的热风炉转入非正常换炉操作。

1）关混风调节阀和混风切断阀。

2）关冷风阀。

3）关热风阀。

4）值班工长口头发出“倒流”指令后，开倒流休风阀；此时，热风炉处于“焖炉”状态；显示“倒流休风”信号。值班工长指令倒流休风结束，解除“倒流休风”信号，热风炉恢复正常操作。

5）关倒流休风阀。

6）开热风阀。

7）开冷风阀。

8）开混风调节阀和混风切断阀。

（4）非正常换炉程序：一般休风。“休风”程序同“倒流休风”程序的1）~3），终止“休风”程序同倒流休风程序的终止6）~8）。

（5）冷风压力降到规定值，正在送风的热风炉按值班工长指令转入非操作。

1）关混风调节阀和混风切断阀。

2）关冷风阀。

3）关热风阀，此时，热风炉处于“焖炉”状态。事故完毕，按值班工长指令恢复正常操作。

4）开热风阀。

5）开冷风阀。

6）开混风调节阀和混风切断阀。

2. 机旁手动方式

（1）将热风炉电控柜转至机旁手动。

（2）在设备附近的就地操作箱中用按钮进行操作。

四、慢风、放风操作程序

通常情况下，当班值班工长应在高炉需要慢风或放风前通知热风炉工。

（1）热风炉工接到当班值班工长发出的“慢风”信号后（风压大于0.05MPa），停止热风炉燃烧，并告知值班工长。

（2）热风炉工接到当班值班工长发出的“放风”信号后，立即关闭混风阀，并告知当班值班工长。

（3）回风操作程序：

1）慢风或放风结束，接到当班值班工长发出的“正常”信号后，在风压大于0.05MPa时，可按当班值班工长指令打开混风阀。

2）高炉回风后必需待煤气压力≥3.0kPa时方可恢复烧炉。

五、短期休风操作

（1）由当班值班工长通知热风炉工准备休风。

（2）同慢风、放风操作的（1）、（2）项。

（3）接到当班值班工长发出的休风信号和口头通知后，关送风炉的冷风阀、热风阀，操作完毕即告知当班值班工长。

（4）接到当班值班工长“倒流”的指令后，打开倒流休风阀并告知当班值班工长。

（5）短期休风的复风操作：

1）接到当班值班工长要求“停止倒流”的指令后，关闭倒流休风阀并告知当班值班工长。

2）接到当班值班工长发出的“正常”及“复风”信号，并口头确认后，全开送风炉的热风阀、冷风阀，操作完毕即告知当班值班工长。

其他同回风操作。

六、炉顶点火的长期休风操作

1. 休风前的准备工作

（1）热风炉工在休风前一天准备好炉顶点火用的油棉纱等用品。

（2）将通入炉内的焦炉煤气和空气胶皮管接好，放置点火平台。

（3）休风前放尽除尘器内的炉灰。

2. 休风操作

（1）同短期休风操作的（1）~（4）。

（2）热风炉停止燃烧后，即与电工联系，停助燃风机。

3. 点火操作

（1）由厂部煤气负责人主持，厂部有关负责人参加，热风炉工负责执行点火操作。

（2）热风炉工接到煤气负责人（或休风负责人）点火指令后，按要求进行点火。

（3）炉内煤气点燃着火后，点燃焦炉煤气管，并调节好空气与煤气的比例，伸放到炉内。

（4）点火完毕，由热风炉工负责看火、防火、熄火。如发现炉内煤气熄灭，立即报告当班值班工长和煤气负责人（或休风负责人），决定是否重新点燃。

（5）按当班值班工长指令打开倒流休风阀；按当班值班工长指令，打开热风炉的冷风阀、烟道阀。

（6）混风管水阀封闭，高炉风机停后，关冷风阀、烟道阀。

4. 赶净煤气操作

热风炉煤气系统检修或需动火，必须在厂部煤气系统负责人指挥和安全负责人监督下，由热风炉工赶尽煤气后，方可进行检修操作。

（1）所有热风炉处于焖炉状态。

（2）通知煤气调度，关闭电动翻板阀，切断净煤气。

（3）开净煤气管道和热管换热器煤气段上各放散阀。

（4）净煤气管道通蒸汽，各放散阀见蒸汽后，由厂部煤气系统负责人决定是否关闭蒸汽阀门。

（5）由安全负责人判定是否具备动火条件。

5. 送净煤气操作程序

（1）关闭热风炉各煤气闸阀，开管道末端放散阀并通蒸汽。

（2）放散阀见蒸汽5min后，通知煤气调度打开电动蝶阀。

（3）关蒸汽末端放散见煤气5min后关闭。

七、长期休风的复风操作

（1）复风前必须详细检查和验收各检修项目和设备，联系并征得煤气调度同意后，从净煤气总管引气。

（2）确认混风阀关闭、各热风阀处于焖炉状态、除尘器放灰球阀关严、取样机在“炉内”停止位置。

（3）根据当班值班工长提供的复风时间和煤气总管压力，热风炉工须提前至少 lh 启动助燃风机烧炉，保证高炉复风后所需风温。

（4）按短期休风后的复风操作程序操作。

（5）待值班工长引煤气结束，除尘器蒸汽关闭后，开除尘器放灰阀放净除尘器冷凝水。

八、整体式热管换热器操作程序

高炉的热风炉配有两套整体式热管换热器，其投入和退出使用，由厂部决定。热管换热器各阀均在机旁操作，阀位在计算机的“热风炉系统总画面”的“系统阀操作”栏中显示。

（1）烟气主管段换热器的操作：

1）全开烟气主管段换热器的旁通蝶阀。

2）全关烟气主管段换热器的进口、出口蝶阀。

（2）煤气段换热器的操作：

1）全开煤气段换热器的旁通阀。

2）全关煤气段换热器的进口、出口蝶阀（检修前需做赶煤气处理，并有效隔离）。

（3）助燃空气段换热器的操作：

1）全开烟气主管段换热器的旁通蝶阀，

2）全开烟气主管段换热器的进口、出口蝶阀。

（4）热管换热器的使用及维护：

1）投入和退出使用必须严格执行规范的操作程序。投用时，先投冷端，后投热端；退出时，先退热端，后退冷端。

2）当热风炉净煤气系统的管道及设备需检查时，打开煤气总管放散阀的同时，必须打开净煤气总管段换热器上的放散阀，并通蒸汽。

3）计划检查时，开各段换热器检修人孔用水冲洗管束。

九、特殊事故处理

1. 高炉风机突然断风的处理

（1）接到当班值班工长发出的“紧急休风”信号及口头通知后即关闭混风阀和送风热风炉的冷风阀、热风阀。

（2）全部热风炉停止燃烧，转为焖炉状态。

（3）按当班值班工长指令打开燃烧热风炉的冷风阀，烟道阀。

2. 休风时放风阀打不开的处理

班值班工长通知风机房将风量减到最低后，通知热风炉工打开：

（1）一座焖炉热风炉的废气阀和烟道阀。

（2）缓慢打开该热风炉的冷风均压阀。

（3）缓慢打开该热风炉的冷风阀放风。

（4）放风完毕，接到当班值班工长休风的指令后，关闭送风炉的热风阀，冷风阀。

（5）待放风阀检修完毕，得到当班值班工长放风阀已全开的通知后，使全部热风炉处于焖炉状态。

3. 冷却系统发生故障及断水处理

（1）热风炉系统均为中压水。

（2）若热风炉冷却水系统压力降低，水量减少，应及时报告当班工长和厂调，并及时联系处理。

（3）当热风炉冷却水系统压力低于规定下限时，应优先保证送风热风炉的冷却，其余热风炉转为焖炉。

（4）若热风炉冷却水系统断水：

1）应及时报告当班值班工长和值班厂长。

2）中压水断水由事故水塔水补充，但水压下降，水量减少，应确保送风热风炉的热风阀冷却用水。

3）全线断水，按“紧急休风”程序进行处理。

（5）热风阀冷却系统故障处理：

1）若热风阀阀柄断水，可将该炉转为送风状态下处理。

2）热风阀断水且冒蒸汽时，应及时加备用水逐渐通冷却水，并逐渐使各出水管出水量增加，严禁加水过急，待水温下降后，才可将通水量开到正常。

3）倒流休风阀冷却水故障及断水，参照热风阀同类情况处理。

4. 断电处理

（1）助燃风机断电：

1）当助燃风机停电或故障跳闸时，程序保证处于燃烧的热风炉立即关闭煤气调节阀、煤气阀和燃烧阀，关空气阀，然后按手动联锁操作转入焖炉状态。

2）立即报告当班值班工长，同时与变电所联系，并通知主管电工、钳工到现场，查明事故原因。

3）属变电所故障，须得到其检修正常的通知后，按启动助燃风机的操作程序启动原助燃风机，或征得主管部门同意后启用备用风机。

4）若属助燃风机故障，则应与相应变电所及主管部门联系，按换助燃风机操作程序启用备用风机。

（2）公司生产系统断电：

1）热风炉工接到当班值班工长发出的“紧急休风”指令后，立即将全部电动阀门拉下电源开关，改为手动操作。

2）关闭混风大闸，送风炉的热风阀、燃烧炉的煤气闸阀。燃烧炉的烟道阀、冷风阀。开助燃风机放散阀、关送风炉的冷风阀。按值班工长指令开倒流休风阀。

3）以上处理完毕后，尽快将热风炉系统转入正常休风状态。

4）送电后，按助燃风机启动程序启动助燃风机。

十、环保及节能降耗操作注意事项

（1）在助燃风机旁操作时，应戴上耳塞，减轻噪声对人体的损害。

（2）烧炉时，以空燃比为原则，使煤气充分燃烧，确保从高烟囱排出的烟尘、SO_2、NO_x 等浓度不超过国家允许排放的标准。

（3）经常检查炉体、阀门、管道等处是否有跑风现象，并及时汇报处理，以减少风耗，降低噪声。

技能训练实际案例2　某炼铁厂8号高炉更换风口操作

作业人员：值班工长、炉前各岗位人员、看水工。

一、作业准备

1. 值班室分工及准备

（1）看水工确认风口已烧坏，及时汇报值班室，如需更换，值班工长通知当班调度，并通知看水工、炉前工准备相关工具及备件，副工长联系进罐出铁。

（2）出铁时，看水工密切注意坏风口的工作状态，值班室副工长看住风口工作情况，按休风程序出铁后进行休风。

2. 炉前工准备及分工准备

（1）备好所更换送风口的备品、备件。

（2）准备好更换所需的工具。

（3）确认电葫芦是否能用、挂好倒链及拴好钢丝绳。

（4）将所更换的送风口的风管弯头拴牢。

（5）先打掉弯头的两条活销子，对角各剩下一条待休风后再卸掉。

分工如下：

（1）组长负责全面工作，并督促看水工准备好所需更换送风装置的备件。

（2）铁口工负责电葫芦、倒链、钢丝绳的准备及安装和收拾，同时协助组长烧残渣铁，清理送风装置球面及接触面工作。

（3）副铁口工负责钢钎、大锤、手电筒、金属垫片、销子、扳手、管钳、麻绳的准备工作和收拾。

（4）配管工负责风口大、小架及大杠的准备和收拾。

（5）配管工负责所更换送风装置的准备工作和收拾更换下来的设备。

（6）清渣工负责有水炮泥、堵口拍、铁锹、铁钩、捅口辊等准备工作和收拾。

3. 看水工准备及分工

（1）主代班在休风前将风口小套通水试验并保持内部存水，禁止上风口前倒出。

（2）跟班员将工具材料准备到位，待休风更换。

（3）休风前将损坏的风口小套进水量适当控制，要保持风口明亮，要防止小套烧穿（控制水量由代班长负责）。

（4）休风前将风口小套进出水管金属软活接头卸松，但不准断水（进水管代班长负责，排水管跟班员负责）。

二、作业过程

1. 值班室

（1）出铁后适当喷吹铁口，值班室人员按程序进行休风作业（放风后，副工长检查风口，确认无涌渣，流渣，通知风机房休风，热风炉开启休风阀）。

（2）确认后通知炉前、看水开始更换操作。

2. 炉前操作

（1）将电葫芦开至风口处，用钢丝绳拴弯头窥视孔尾部，用电葫芦拉紧，在风口上方的左右两侧设有工字钢挂球，将倒链各挂一台，从弯头两侧用钢丝绳下端绕一圈拴牢，并用倒链拉紧，先把风口与短接卡的销子用大锤打出，注意：不要全部打下，必须对角留2条，这时卸下拉杆，再将弯头上的销子卸下，开始松倒链，电葫芦随着倒链慢慢上升，直至弯头和风管退出，松开倒链，电葫芦挂在弯头挂梁两侧，将风管吊运到4m以外。

（2）扁担将大架抬起，钩头伸入风口内，用大杠撞击架尾处，进入风口内，需要支架放在钩头下方，将钩头撬起，拉动滑铺将风口带出。

注意：看水工卸下进出水管把旧风口运至平台边缘。

（3）用有水炮泥将中套内上方堵住，再用钩子把下方的焦渣钩出，清理干净接触面，用扁担抬起风口前端，放在中套内，用撞杆轻撞风口下方，待风口位置对正后，再用力撞紧。

（4）用绳套拴住弯头横梁，将电葫芦运送至风口前放下，用倒链挂住弯头横梁两侧，拉至合适的位置，然后将金属垫放好，再拉倒链，拉紧到位后先将拉丝挂上打紧，把所有销子用大锤打紧。

注意：安装完毕后，确认不跑风、漏气，通知值班室开风、送风。

3. 看水工操作

（1）休风后，炉前风口小套卸松后看水代班及时将进出水软管卸下，跟班员将出水软管卸下，并将小套旋转在炉台边。

（2）小套卸下后，必须抠清积铁，积铁渣未抠净，禁止强顶撞，防止撞坏小套接触面。

（3）上风口小套时，代班长把握好角度，按风口标记对准中心后，把好进水管，跟班员把好进水管，炉前将小套上好后，看水工及时将进出水软管装好，跟班员打开进水阀门进行通水，通水时缓慢通水，代班长认真检查所有冷却器及其他风口是否正常，有无挂渣，准备开风。

注意：更换完毕，看水、炉前确认，停倒流阀待指令开风。

三、作业工具，更换风口作业工具及注意事项

（1）注意煤气区域中毒。

（2）防止更换中烧、烫伤。

（3）注意更换时炉内向外喷火伤人，不准站在风口前面。

（4）打锤时，严禁戴手套和握钢钎人同侧站立。

（5）用氧气烧残渣铁时注意防止被火烧伤。

复习与思考题

8-1 填空题

（1）选择风机时，确定风机出口压力应考虑风机系统阻力、（ ）和（ ）等因素。

（2）从有利于热风炉的换热和蓄热来讲，上部格子砖应具有（ ）能力，中下部格子砖应具有较大的（ ）能力。

（3）一般风温每提高100℃，使理论燃烧温度升高（ ），喷吹煤粉每增加10kg/t，理论燃烧温度降低（ ）。

（4）炉缸煤气热富裕量越大，软熔带位置（ ）软熔带位置高低是炉缸（ ）利用好坏的标志。

（5）热风炉烘炉升温的原则是（ ）、（ ）、（ ）。

（6）富氧鼓风可以提高理论燃烧温度的原因是（ ）。

(7)（ ）调剂是控流分布和产量影响最大的调剂。

(8) 热风炉炉顶最高温度不应超过耐火材料的（ ）。

(9) 热风炉要求所用的高炉煤气含尘量应少于（ ）mg/m^3煤气。

(10) 高炉煤气、焦炉煤气和转炉煤气三种煤气中，发热值最低的是（ ），发热值最高的是（ ）。

(11) 高炉减风时，炉内煤气量、气流速度下降并降低了料速，所以能够取得防凉和（ ）的效果。

(12) 倘若煤气的（ ）和（ ）得到充分利用，高炉冶炼就愈经济。

(13) 高炉每冶炼一吨生铁可产生煤气（ ）m^3。

(14) 鼓风动能的大小决定着炉缸煤气的（ ），影响着煤气的（ ）分布和（ ）分布。

(15) 在适宜的鼓风动能范围内，随着鼓风动能的增大，（ ）扩大，（ ）减弱，（ ）增强。

(16)（ ）是炉缸煤气的发源地，它的大小影响煤气流的初始分布。炉缸理论燃烧温度是重要参数之一，一般风温每提高 100℃使 $t_{理}$ 升高。

(17)（ ），富氧增加 1%$t_{理}$ 升高（ ），喷吹燃料使 $t_{理}$ 降低。

(18) 影响提高风温的因素很多，提高风温的措施也很多。归纳起来可以从两个方面着手：一是提高热风炉的（ ），一是降低拱顶温度与（ ）的差值。除此之外，必须提高（ ）的质量，改进热风炉的（ ）、（ ）。

(19) 热风炉燃烧器目前常用的有两种，即（ ）和（ ）。

(20) 煤气中的除尘灰经煤气除尘器回收后，可以用作（ ）原料。

8-2 选择题

(1) 鼓风动能是从风口高速送入炉内的鼓风所具有的能量，故影响鼓风最大的因素是（ ）。

A. 标准风速　B. 实际风速　C. 鼓风质量

(2) 高炉煤气除尘后对净煤气的要求，其中含尘率为（ ）。

A. 小于 $30mg/Nm^3$　B. 小于 $20mg/Nm^3$

C. 小于 $10mg/Nm^3$　D. 小于 $5mg/Nm^3$

(3) 高炉炉尘一般含铁 30%~50%，含碳在（ ）经除尘回收后可作烧结原料。

A. 30%~40%　B. 20%~30%　C. 15%~25%　D. 10%~20%

(4) 高炉煤气中 CO 的含量在（ ）。

A. 20%以上　B. 30%以上　C. 10%~20%　D. 15%~18%

(5) 从改善传热和热利用的角度看，热风炉蓄热室上、下部格砖设计时，采用（ ）是合理的。

A. 上部强调蓄热量，砖可厚些，下部强调加强热交换，隔孔可小些，砖薄些

B. 上、下隔孔应该一致

C. 上部隔孔小些，下部隔孔大些，砖厚些

(6) 通常鼓风温度升高，则带入炉缸的物理热增加，从而使理论燃烧温度升高，反之则降低。一般来说每 100℃风温可影响理论燃烧温度（ ）。

A. 70℃　B. 80℃　C. 90℃

(7) 高风温操作后煤气中 CO 利用率提高，原因在于（ ）。

A. 间接还原区扩大　B. 焦比降低

C. 炉身温度升高　D. 料柱透气性差，煤气在炉内停留时间延长

(8) 高炉混合煤气中 CO_2 增加 1%，焦比降低（ ）。

A. 10~20kg　B. 20~25kg　C. 25~30kg

(9) 对鼓风动能影响最大的参数是（ ）。

A. 风量　B. 风口面积　C. 风温　D. 风压

(10) 风温在 900~1000℃时，干风温度变化 100℃，焦比影响（ ）。

A. 2.5%　B. 3.5%　C. 4.5%

（11）鼓风中含氧增加1%，理论上高炉可提高产量（　　）。

A. 1.0%　　B. 2.1%　　C. 3.71%　　D. 4.76%

（12）炉缸煤气成分主要包括（　　）。

A. CO、H_2、N_2　　B. CO、CO_2、H_2　　C. CO、CO_2、N_2

（13）热风炉用高炉煤气的含尘量应小于（　　）。

A. $10mg/m^3$　　B. $30mg/m^3$　　C. $20mg/m^3$　　D. $50mg/m^3$

（14）高炉煤气除尘系统中属于半精细除尘的设备有（　　）。

A. 电除尘设备　　B. 一级文氏管　　C. 二级文氏管　　D. 洗涤塔

（15）热风炉的基本送风制度有（　　）。

A. 交叉并联　　B. 两烧一送　　C. 一烧两送　　D. 半交叉并联

（16）热风压力的测量点应设在（　　）位置。

A. 热风总管与热风围管交接前约1m处

B. 热风总管与热风围管交接前约10m处

C. 热风总管的任一地方

（17）热风炉快速燃烧的目的是尽量缩短（　　）的时间。

A. 燃烧期　　B. 换炉期　　C. 加热期　　D. 保温期

（18）热风炉常用的隔热耐火材料有（　　）。

A. 硅藻土砖　　B. 黏土砖　　C. 高铝砖　　D. 硅砖

8-3　是非题

（1）提高热风炉拱顶温度与风温的差值可提高风温。（　　）

（2）燃烧$1m^3$高炉煤气的理论空气需要量为$0.88m^3$左右。（　　）

（3）顶燃式热风炉更加适应高炉大型化的要求。（　　）

（4）并联风机可提高送风压力。（　　）

（5）在目前热风炉结构条件下，单用高炉煤气，采用热风炉废气预热助燃空气与煤气的办法也达不到1350℃的风温。（　　）

（6）风温提高后，煤气利用率提高，原因是间接还原发展的结果。（　　）

（7）富氧鼓风后因为入炉氮气减少即使比不变也可以提高高炉的煤气利用率。（　　）

（8）实际风速是鼓风动能中最活跃的因素。（　　）

（9）热风炉炉壳的半径误差应小于3‰。（　　）

（10）高炉煤气着火温度为700~800℃。（　　）

（11）热风炉的燃烧期主要传热方式是辐射传热。（　　）

（12）风量过大时，风对料柱的浮力会增大，易发生悬料。（　　）

（13）富氧鼓风能够提高风口前理论燃烧温度和降低炉顶温度。（　　）

（14）高炉煤气的体积，在上升过程中是减少的。（　　）

（15）在一定的冶炼条件下，选择适宜的风口面积和风口长度是合理送风制度的中心环节。（　　）

（16）当两座高炉的热风炉共用一座烟囱时，两座高炉可以先后同时利用热风炉倒流。（　　）

（17）炉缸煤气在上升过程中CO浓度增大，同时体积也增大，全焦冶炼时炉顶煤气大致是入炉风量的1.4倍。（　　）

（18）减风时，炉内煤气流速度下降并降低了料速，可以提高炉温。（　　）

（19）决定热风炉蓄热能力大小的关键因素是每座热风炉的蓄热面积。（　　）

（20）热风炉烘炉开始点火时，应以离烟囱最近的热风炉开始，依次进行。（　　）

项目9　炼铁常用计算和简易计算

【教学目标】

知识目标：

(1) 了解高炉炼铁的计算对高炉冶炼的意义和重要性；

(2) 掌握高炉炼铁的有关原材料配料的计算；

(3) 掌握高炉炼铁的鼓风参数的选择和计算；

(4) 掌握高炉炼铁的生产中的变料计算；

(5) 掌握高炉炼铁的生产中影响焦比和产量因素及应用计算。

能力目标：

(1) 能够根据原材料成分、质量进行有关配料计算；

(2) 能够从现场高炉生产的实际情况进行变料的计算；

(3) 能够掌握生产中影响焦比和产量的因素及其有关计算。

【任务描述】

炼铁工艺计算内容丰富，但很多计算程序比较复杂，计算时间很长。在高炉生产中，工长和技术人员经常会遇到配料、变料、调整操作参数，以及对冶炼过程进行定量分析的问题，这时就要进行计算。为了迅速得到计算结果，现场就出现了一些既快速，计算误差又在允许范围内的简易计算方法。本项目从炼铁教科书、参考书和有关文献资料中收集到的一些简易计算和一些常用计算汇集到一起予以介绍，以便在生产和工作中参考使用，节省查找时间，提高工作效率。

任务9.1　原材料的计算

9.1.1　冶炼1t生铁原料消耗计算

9.1.1.1　原始条件

(1) 原料成分（%）：

原料成分	TFe	Mn	SiO_2	CaO	MgO
混合矿石	55.39	0.178	7.98	10.02	2.06
锰矿石	10.82	TMn34.39	18.07	6.74	2.23
碎　铁	75.44		8.47	2.08	0.60

（2）焦炭成分（%）：

固定碳	灰分 12.06				全硫	H_2O
	SiO_2	Al_2O_3	CaO	MgO		
80.08	5.89	4.08	0.60	3.15	0.58	4.2

（3）煤粉成分（%）：

C	S	灰分 12.14				
		SiO_2	Al_2O_3	CaO	MgO	Fe
76.92	0.20	6.8	2.97	0.68	0.17	0.856

（4）选定条件：焦比 400kg/t；煤粉量 110kg/t，炉尘中含 Fe 为 0.378，则 $Fe_{尘}=10\times 0.378=3.78$kg；生铁中含铁为 944.78kg/t。

9.1.1.2　物料用量计算

A　锰矿用量计算

根据锰量平衡，在混合矿含锰不高的情况下，每吨生铁需要的锰矿量（$G_{锰}$）可按下式计算：

$$G_{锰}=\frac{1000}{w(Mn)_{Mn}}\left(\frac{w[Mn]}{\eta_{Mn}}-w(Mn)_P\frac{w[Fe]}{w(Fe)_P}\right) \tag{9-1}$$

式中，$w[Mn]$、$w(Mn)_{Mn}$、$w(Mn)_P$分别为生铁、锰矿和混合矿的含锰量，%。

将已知数据代入式（9-1）中：

$$G_{锰}=\frac{1000}{0.3439}\left(\frac{0.005}{0.7}-0.00178\times\frac{0.94478}{0.5539}\right)=12(kg)$$

B　铁矿石用量计算

铁矿石用量（P）可由铁平衡得：

$$P=\frac{m(Fe)_{铁}+m(Fe)_{渣}+m(Fe)_{尘}-[m(Fe)_{碎}+m(Fe)_{锰}+m(Fe)_{焦}+m(Fe)_{吹}]}{m(Fe)_P} \tag{9-2}$$

$$m(Fe)_{渣}=\frac{1-\eta_{Fe}}{\eta_{Fe}}\times m(Fe)_{铁} \tag{9-3}$$

式中，$m(Fe)_{铁}$、$m(Fe)_{渣}$、$m(Fe)_{尘}$分别为生铁、炉渣和炉尘（煤气灰）中的铁量，kg/t；$m(Fe)_{碎}$、$m(Fe)_{锰}$、$m(Fe)_{焦}$、$m(Fe)_{吹}$分别为碎铁、锰矿石、焦炭和喷吹物中的铁量，kg/t；η_{Fe}为铁进入生铁的回收率，本例取 $\eta_{Fe}=0.998$。

将已知数据代入式（9-3）中得：

$$m(Fe)_{渣}=\frac{1-\eta_{Fe}}{\eta_{Fe}}\times m(Fe)_{铁}=\frac{1-0.998}{0.998}\times 944.98=1.804(kg/t)$$

由式（9-2）可知，$m(Fe)_{尘}$和焦比（K）为未知，设炉尘为 10kg/t，炉尘中含 Fe 为 0.378，则炉尘中的含铁量为 10×0.378=3.78kg。由于焦炭中 Fe 的含量极低，此处焦比（K'）的误差对计算的结果影响不大，可根据具体条件设定。本例取 $K'=400$kg/t，得：

将已知数代入式（9-2）

$$P = \frac{944.78+\frac{0.002}{0.998}\times 944.78+3.78-(20\times 0.7544+12\times 0.1062+400\times 0.0091+110\times 0.00856)}{0.5539}$$

$$=1678(\text{kg/t})$$

C　熔剂用量计算

根据炉渣碱度：

$$R=\frac{\sum G_i \cdot w(\text{CaO})+w(\text{MgO})}{\sum G_i \cdot w(\text{SiO}_2)-2.413m(\text{Si})_{\text{铁}}} \tag{9-4}$$

计算熔剂需要量为：

$$G_{\text{熔}} = \frac{\overline{\text{RO}_{\text{P}}} \cdot P + \overline{\text{RO}_{\text{锰}}} \cdot (\text{G})_{\text{锰}} + \overline{\text{RO}_{\text{碎}}} \cdot (\text{G})_{\text{碎}} + \overline{\text{RO}_{\text{K}}} \cdot K + \overline{\text{RO}_{\text{吹}}} \cdot (\text{G})_{\text{吹}} - \overline{\text{GO}_{\text{尘}}} \cdot (\text{G})_{\text{尘}} + 2.143m(\text{Si})_{\text{铁}} \cdot R}{-\overline{\text{RO}_{\text{熔}}}} \tag{9-5}$$

R 取二元碱度时，各种原料的碱性氧化物含量按式（9-6）计算：

$$w(\overline{\text{RO}_{\text{i}}}) = w(\text{CaO}_{\text{i}}) - R \cdot w(\text{SiO}_{2\text{i}}) \quad (\text{kg/kg}) \tag{9-6}$$

R 取三元碱度时，各种原料的碱性氧化物含量按式（9-7）计算：

$$w(\overline{\text{RO}_{\text{i}}}) = w(\text{CaO}) + w(\text{MgO})_{\text{i}} - R \cdot w(\text{SiO}_{2\text{i}}) \quad (\text{kg/kg}) \tag{9-7}$$

式中，$G_{\text{碎}}$、$G_{\text{吹}}$分别为单位生铁的碎铁和喷吹燃料用量，kg/t；$m(\text{Si})_{\text{铁}}$为进入生铁的硅量，kg/t；$w(\text{CaO}_{\text{i}})$、$w(\text{MgO}_{\text{i}})$、$w(\text{SiO}_2)$分别为相应原料的成分，kg/kg。

本例取 $R=1.35$；代入式（9-7）得：

$\overline{\text{RO}_{\text{P}}}$	$\overline{\text{RO}_{\text{锰}}}$	$\overline{\text{RO}_{\text{碎}}}$	$\overline{\text{RO}_{\text{K}}}$	$\overline{\text{RO}_{\text{煤}}}$	$\overline{\text{RO}_{\text{石}}}$	$\overline{\text{RO}}$	$\overline{\text{RO}_{\text{尘}}}$
0.01307	-0.15438	-0.08755	-0.07202	-0.08411	0.5084	-0.01678	-0.01678

上述数据代入式（9-5）得：

$$G_{\text{熔}}=\frac{1678\times 0.01307+12\times(-0.15438)+20\times(-0.08755)+400\times(-0.07202)}{-0.5084}+$$

$$\frac{110\times(-0.08411)-10\times(-0.01678)+\frac{60}{28}\times 5.5\times 1.35}{-0.5084}$$

$$=7(\text{kg/t})$$

根据以上计算得到，冶炼 1t 生铁的物理用量为混合矿石 1678kg/t、锰矿 12kg/t、熔剂 7kg/t、焦炭 400kg/t、煤粉 110kg/t、碎铁 20kg/t。

9.1.1.3　不使用熔剂时的配料计算

在推行高碱度烧结矿与酸性炉料（酸性球团矿、低碱度烧结矿、富含 SiO_2的铁矿石）搭配的炉料结构后，石灰石、白云石等熔剂就不再加入高炉中，而是加入烧结矿中，因此，在高炉操作上就有了不配加熔剂的配料计算。

9.1.2　矿石某些伴生元素含量的限制计算

9.1.2.1　矿石允许含磷量的计算

磷在铁矿石中一般以磷灰石（$3\text{CaO} \cdot \text{P}_2\text{O}_5$）状态存在，也有以蓝铁矿（$3\text{FeO} \cdot \text{P}_2\text{O}_5$）

状态存在的，由于磷在选矿和烧结过程中不易去除。高炉冶炼普通生铁时，炉料中磷几乎全部还原进入生铁，只有在冶炼高磷生铁时约有 5%～10%的磷进入炉渣。采用高碱度渣操作，有利于阻止磷的还原，使磷酸钙直接进渣。因此，一般情况下要得到含磷合格的生铁，就应该从原料入手，遇有高磷矿石应搭配低磷矿石使用，以限制原料带入的磷量。

为了保证生铁的质量，必须控制矿石含磷量，根据磷的平衡，矿石中允许含磷 $w(P_{矿})$ 可用式（9-8）计算：

$$w(P)_{矿}=\frac{w[P]-w(P)_{熔、焦}}{K}=\frac{(w[P]-w(P)_{熔、焦})w(Fe)_{矿}}{w[Fe]} \tag{9-8}$$

式中　$w[P]$——生铁中规定的含磷量，%；

$w(P)_{熔、焦}$——生产单位生铁所需的熔剂和焦炭带来的磷量，一级为 0.03%；

K——生产单位生铁的矿石消耗量，$K=\frac{w[Fe]}{w(Fe)_{矿}}$

$w(Fe)_{矿}$——由矿石带入生铁中的铁，%；

$w[Fe]$——矿石含铁量，%。

【例 9-1】　用含铁 50%，含磷 0.17%的矿石冶炼炼钢生铁，生铁中 $w[Fe]=92\%$，试计算说明用这种矿石能否炼出含磷合格的生铁？

解： 取生铁含磷 0.4%（限界），冶炼每吨生铁由熔剂、燃料通常带入磷 0.3kg，将上述数据代入式（9-10），则：

$$w(P)_{矿}=\frac{(w[P]-w(P)_{熔、焦})w(Fe)_{矿}}{w[Fe]}=\frac{(0.004-0.003)\times 50}{0.92}\times 100\%=0.201\%$$

此种情况下，可允许矿石含磷 0.201%，而实际才含 0.17%，因此，用这种矿石可以炼出含磷合格的生铁。

9.1.2.2　*矿石允许含铜量的计算公式*

在高炉冶炼时铜全部还原到生铁中，在炼钢时又进入钢中，铜在钢中含量不超过 0.3% 时，能改善钢的质量特别是能提高钢的耐腐蚀性能。但当含铜量超过 0.3%时，则金属的焊接性能降低并产生热脆现象。

钢铁中含铜量主要决定于原料含铜量，矿石的最大允许含铜量 $w(Cu)_{矿}$ 可用式（9-9）计算：

$$w(Cu)_{矿}=\frac{w[Cu]\times w(Fe)_{矿}}{w[Fe]} \tag{9-9}$$

式中　$w[Cu]$——生铁中允许含铜量，%；

$w(Fe)_{矿}$——矿石中含铁量，%；

$w[Fe]$——由矿石带入生铁中的铁量，%。

【例 9-2】　在生铁中 $w[Cu]=0.25\%$，$w(Fe)_{矿}=50\%$，$w[Fe]=93\%$时，矿石允许含铜量为：

$$w(Cu)_{矿}=\frac{w[Cu]\times w(Fe)_{矿}}{w[Fe]}=\frac{0.25\%\times 50\%}{93\%}=0.134\%$$

一般矿石允许含铜量不超过 0.20%。

对于一些难选的高铜氧化矿，除可用氧化焙烧回收铜外，还可以冶炼高铜（含铜量超过 1.0%）铸造生铁，这种合金铸铁具有很好的机械强度和耐腐蚀性。

9.1.2.3　*矿石允许 MgO 含量计算公式*

对于含 MgO 较高的矿石，配料计算时应注意渣中 MgO 含量是否超出规定范围。渣中含量太高，炉渣流动性变差，脱硫能力亦降低，给高炉操作带来困难。一般渣中 MgO 量不应超过 20%，这是一个界限值。矿石允许 MgO 含量是由 MgO 的平衡计算得到的。

A　*矿石允许 MgO 含量计算方法 I*

根据 MgO 平衡得式（9-10）：

$$A \times w(\mathrm{MgO})_{矿} + m(\mathrm{MgO})_{其他} = U \times w(\mathrm{MgO}) \tag{9-10}$$

式中 $m(\mathrm{MgO})_{其他}$——焦炭和熔剂带入的 MgO 量，kg/t；一般情况下量不多，可忽略；

$w(\mathrm{MgO})$——渣中 MgO 含量，计算时可取 $w(\mathrm{MgO})$= 20%，也可根据需要选定其他数值；

U——1t 生铁的渣量，kg；

A——1t 生铁的铁矿石需用量，kg。

因此，矿石允许 MgO 含量的计算式为

$$w(\mathrm{MgO})_{矿} = w(\mathrm{MgO}) \times U/A \tag{9-11}$$

若用渣铁比 Z（1t 生铁的渣量，t；或 1t 生铁的渣量，kg）及矿比 n 表示，则上式为：

$$w(\mathrm{MgO})_{矿} = w(\mathrm{MgO}) \times Z/n = w(\mathrm{MgO}) \times Z \times w(\mathrm{TFe})/w[\mathrm{Fe}] \tag{9-12}$$

【例 9-3】　已知矿石含 TFe 为 50%，渣铁比 0.6，当渣中 MgO 含量为 20%，求矿石中允许的 MgO 含量。

解： $w(\mathrm{MgO})_{矿} = w(\mathrm{MgO}) \times Z \times w(\mathrm{TFe})/w[\mathrm{Fe}] = 0.3 \times 0.6 \times \dfrac{0.50}{0.93} = 0.0645 = 6.45\%$

当高炉生产要求渣中 $w(\mathrm{MgO})$含量 8%左右，如果按 $w(\mathrm{MgO})$= 8%计算，矿石含 TFe 为 50%，渣量为 600kg/t 时，则矿石 MgO 含量应为：

$$w(\mathrm{MgO})_{矿} = \frac{0.08 \times 0.6 \times 0.5}{0.93} = 2.5\%$$

当矿石中 MgO 含量低于此含量时，应在高炉配料中加入白云石或在烧结球团中加入白云石、硼泥或菱镁石来提高 MgO 含量。

B　*矿石允许 MgO 含量的计算方法 II*

矿石允许 MgO 含量也可按式（9-13）计算

$$w(\mathrm{MgO})_{矿} = \frac{w(\mathrm{TFe}) \times Q \times m + K \times w(\mathrm{SiO_2})}{2} \tag{9-13}$$

式中 $w(\mathrm{TFe})$——矿石含铁量，%；

Q——单位生铁渣量（渣铁比），一般在 0.6~8 之间；

m——炉渣中 MgO 含量，%，一般取 20%；

K——炉渣中三元碱度与二元碱度的差值，大致在 0.2~0.4 之间；

$w(\mathrm{SiO_2})$——矿石中二氧化硅含量，%。

【例 9-4】　塔儿山铁矿，矿石品位为 40.91%，矿石中 SiO_2 含量为 13.3%，该矿石供应某厂，参考生产情况选取：渣铁比 Q = 0.8，碱度差值 R = 0.45，炉渣中 MgO 含量为 20%，将以上数据代入式（9-13）中，则矿石中 MgO 的允许含量为：

$$w(\mathrm{MgO})_{矿}=\frac{0.45\times 0.8\times 20\%+0.45\times 0.13}{2}=0.06525=6.525\%$$

因此，确定塔儿山铁矿的高炉富矿中，MgO 允许含量小于或等于 6.5%。如果高炉富矿中 MgO 含量超过 6.5%，则确定为高镁富矿，不能作为直接单位入炉的富矿，应与其他低镁矿石配合使用。

9.1.2.4　冶炼铸造铁时矿石含锰量的检查计算

冶炼铸造生铁时，矿石含锰量是否满足生铁要求，是否需另加锰矿，可用式（9-14）检查计算：

$$w[\mathrm{Mn}]=\eta_{\mathrm{Mn}}\times w(\mathrm{Mn})_{\mathrm{P}}\times\frac{m(\mathrm{Fe})_{矿}}{w(\mathrm{Fe})_{\mathrm{P}}}\tag{9-14}$$

式中　$w[\mathrm{Mn}]$——生铁含锰量，%；

$w(\mathrm{Mn})_{\mathrm{P}}$——矿石含锰量，%；

η_{Mn}——锰元素进入生铁的回收率，一般为 0.5~0.8，kg/kg；

$m(\mathrm{Fe})_{矿}$——由矿石带入生铁的铁量，kg/kg；

$w(\mathrm{Fe})_{\mathrm{P}}$——混合矿石的含铁量，%。

【例 9-5】　混合矿石含铁 55.39%，含锰 1.78%，$m(\mathrm{Fe})_{矿}$为 0.94478，η_{Mn}取 0.8。Z22 号生铁中含 $w[\mathrm{Mn}]$为 0.8%，问用此矿石能否冶炼出含锰合格的生铁?

解：将已知数据代入式（9-14）中得：

$$w[\mathrm{Mn}]=\eta_{\mathrm{Mn}}\times w(\mathrm{Mn})_{\mathrm{P}}\times\frac{m(\mathrm{Fe})_{矿}}{m(\mathrm{Fe})_{\mathrm{P}}}=0.8\times 1.78\%\times\frac{0.94478}{0.5539}=0.024\%$$

生铁 $w[\mathrm{Mn}]$只有 0.024%，低于 $w[\mathrm{Mn}]$0.8%的要求，因此用此矿石冶炼出生铁的含[Mn]达不到 Z22 号生铁含 $w[\mathrm{Mn}]$的要求，因此，需配加锰矿石。

9.1.2.5　冶炼锰铁时锰矿石允许含铁量的计算

冶炼锰铁时，为保证其含锰量，必须用式（9-15）检查锰矿石中含铁量是否超过允许范围：

$$w(\mathrm{Fe})_{\mathrm{Mn}}=\frac{100-w[\mathrm{Mn}]_{\%}-w[\mathrm{C}]_{\%}-w[\mathrm{Si}]_{\%}-w[\mathrm{P}]_{\%}}{100\times w[\mathrm{Mn}]/(w(\mathrm{Mn})_{\mathrm{Mn}}\times\eta_{\mathrm{Mn}})}\tag{9-15}$$

式中　$w(\mathrm{Fe})_{\mathrm{Mn}}$——锰矿石中的允许含铁量，%；

$w[\mathrm{Mn}]_{\%}$，$w[\mathrm{C}]_{\%}$，$w[\mathrm{Si}]_{\%}$，$w[\mathrm{P}]_{\%}$——锰铁中相应元素的质量分数。

【例 9-6】　用含锰 42%，含铁 5.3%，冶炼含锰 80%的锰铁合金，合金中 $w[\mathrm{C}]+w[\mathrm{Si}]+w[\mathrm{P}]=8\%$，锰的回收率为 80%，计算锰矿石中含铁量是否超出允许含铁量。

解：将已知数据代入公式（9-15）中得：

$$w(\mathrm{Fe})_{\mathrm{Mn}}=\frac{100-80-8}{100\times 80\%/(42\%\times 80\%)}=5.05\%$$

锰矿中实际含铁量 5.3%，超过了锰矿中铁的允许含量 5.05%，由上述已知条件，单独用这种锰矿不能炼出含锰 80%的锰铁合金，需选一种含铁量低的锰矿石配合使用，使其混合矿的铁量低于锰矿中铁的允许含量。

锰矿石中允许含铁量也可用式（9-16）和式（9-17）计算：

$$w(\mathrm{Fe})_{矿} = \frac{100 - (w[\mathrm{Mn}]_{\%} + w[\mathrm{C}]_{\%} + w[\mathrm{Si}]_{\%} + w[\mathrm{P}]_{\%})}{K} \tag{9-16}$$

$$K = \frac{w[\mathrm{Mn}] \times 100}{w(\mathrm{Mn})_{矿} \times \eta} \tag{9-17}$$

式中 $w(\mathrm{Fe})_{矿}$——锰矿中含铁量，%；

$w[\mathrm{Mn}]_{\%}$，$w[\mathrm{C}]_{\%}$，$w[\mathrm{Si}]_{\%}$，$w[\mathrm{P}]_{\%}$——铁合金中各元素的质量分数；

K——冶炼单位质量铁合金锰矿消耗量；

$w(\mathrm{Mn})_{矿}$——锰矿含锰量，%；

η——锰的还原回收率，%。

将上述已知数据代入式（9-16）、式（9-17）中得：

$$K = \frac{w[\mathrm{Mn}] \times 100}{w(\mathrm{Mn})_{矿} \times \eta} = \frac{0.80 \times 100}{0.42 \times 0.80} = 238$$

$$w(\mathrm{Fe})_{矿} = \frac{100 - (w[\mathrm{Mn}]_{\%} + w[\mathrm{C}]_{\%} + w[\mathrm{Si}]_{\%} + w[\mathrm{P}]_{\%})}{K} = \frac{100 - (80 + 8)}{238} = 5.05\%$$

判定某种锰矿石能否直接入炉还可用标准对比进行计算，在冶炼高炉锰铁时，不但要有锰铁比要求，还要有标准，若该锰矿的锰铁比低于某标准，则使用该锰矿炼不出高锰铁合金锰矿和锰铁比：

锰矿和锰铁比：

$$\frac{w(\mathrm{Mn})_{矿}}{w(\mathrm{Fe})_{矿}} \leqslant \frac{w[\mathrm{Mn}] \times \eta_{\mathrm{Fe}}}{w[\mathrm{Fe}] \times \eta_{\mathrm{Mn}}} \tag{9-18}$$

式中 $w(\mathrm{Mn})_{矿}$——锰矿含锰量，%；

$w(\mathrm{Fe})_{矿}$——锰矿中含铁量，%。

【例 9-7】 已知某高炉炼高锰铁合金：$w[\mathrm{Mn}] = 80\%$，$w[\mathrm{Fe}] = 12.0\%$，$\eta_{\mathrm{Mn}} = 80\%$，$\eta_{\mathrm{Fe}} = 99.9\%$现有一批锰矿石，其成分：$w(\mathrm{Mn})_{矿} = 30\%$，$w(\mathrm{Fe})_{矿} = 3.4\%$，计算一下可否用这批锰矿配料入炉。

解：将已知数据代入式（9-18）中得：

锰矿和锰铁比：

$$\frac{w(\mathrm{Mn})_{矿}}{w(\mathrm{Fe})_{矿}} = \frac{30\%}{3.4\%} = 8.63$$

$$\frac{w[\mathrm{Mn}] \times \eta_{\mathrm{Fe}}}{w[\mathrm{Fe}] \times \eta_{\mathrm{Mn}}} = \frac{0.80 \times 0.999}{0.12 \times 0.80} = 8.325$$

从计算结果知，锰矿的锰铁比 8.83>8.325，可用该矿配料入炉。

9.1.3 有关熔剂方面的计算

9.1.3.1 有效熔剂性的计算

A 石灰石“自由”碱量——碱性熔剂的有效熔剂性计算

石灰石“自由”碱量是指扣除进入生铁 $w[\mathrm{Si}]$ 所需 SiO_2 后，石灰石的有效熔剂性，其计算公式：

$$w(CaO)_{自由}=w(CaO)-R\left(w(SiO_2)-\frac{60}{28}\times e_{灰}\times w[Si]\right) \tag{9-19}$$

式中　$w(CaO)_{自由}$——石灰石“自由”碱量，kg/kg 或%；

$w(CaO)$——石灰石 CaO 含量，%；

R——炉渣碱度 $w(CaO)/w(SiO_2)$；

$w(SiO_2)$——石灰石 SiO_2 含量，%；

$\frac{60}{28}$——SiO_2 相对分子质量与 Si 相对原子质量之比；

$e_{灰}$——石灰石理论出铁量，kg/kg；

$w[Si]$——生铁含硅量，%。

【例 9-8】 某炉炉渣 $w(CaO)/w(SiO_2)=1.10$，生铁中 $w[Fe]=95\%$，$w[Si]=0.6\%$，炉料中铁进入生铁中 99.5%。

使用的石灰石成分（%）：

TFe	CaO	SiO_2
0.4	51.0	1.2

求石灰的自由碱。

解： 将已知数据代入式（9-19）中得：

$$w(CaO)_{自由}=0.51-1.10\times\left(0.012-\frac{60}{28}\times 0.004\times\frac{99.5\%}{95.0\%}\times 0.6\%\right)$$
$$=0.49686=49.69\%或0.4969kg/kg$$

B　石灰石有效熔剂性的计算

石灰石的有效熔剂性，是指熔剂按炉渣碱度的要求，除去本身酸性氧化物含量所消耗的碱性氧化物外，剩余部分的碱性氧化物含量。它是评价熔剂最重要的质量指标，它的计算公式有两种：

（1）石灰石中 MgO 含量较高时计算公式为：

$$w(CaO)_{有效}=w(CaO)_{熔}+w(MgO)_{熔}-w(SiO_2)_{熔}\times\frac{w(CaO+MgO)_{渣}}{w(SiO_2)_{渣}} \tag{9-20}$$

（2）熔剂中 MgO 含量很少时计算公式为：

$$w(CaO)_{有效}=w(CaO)_{熔}-w(SiO_2)_{熔}\times\frac{w(CaO)_{渣}}{w(SiO_2)_{渣}} \tag{9-21}$$

式中　$w(CaO)_{熔}$，$w(MgO)_{熔}$——石灰石中 CaO、MgO 的含量，%；

$w(SiO_2)_{熔}$——石灰石中 SiO_2 的含量，%；

$w(CaO+MgO)_{渣}$——炉渣中（CaO+MgO）的含量，%；

$w(CaO)_{渣}$——炉渣中 CaO 的含量，%；

$w(SiO_2)_{渣}$——炉渣中 SiO_2 的含量，%；

$\frac{w(CaO+MgO)_{渣}}{w(SiO_2)_{渣}}$——炉渣的三元碱度，$R_3$；

$\frac{w(CaO)_{渣}}{w(SiO_2)_{渣}}$——炉渣的二元碱度，$R_2$；

【例 9-9】 已知石灰石成分（%）为：

	CaO	MgO	SiO_2
甲种石灰石	50	3	1.5
乙种石灰石	53	1	1.4

炉渣成分	CaO	MgO	SiO_2
用甲种石灰石	40	5	39
用乙种石灰石	41	2	40

求石灰的有效熔剂性。

解： 将已知数据代入式（9-20）、式（9-21）中得：

甲种石灰石　$w(\text{CaO})_{有效} = 50\% + 3\% - 1.5 \times \dfrac{40\% + 5\%}{39\%} = 48.27\%$

乙种石灰石　$w(\text{CaO})_{有效} = 53\% - 1.4 \times \dfrac{41\%}{40\%} = 51.56\%$

9.1.3.2　*石灰石用量计算*

已知原料成分（%）：

	Fe	Mn	P	S	SiO_2	CaO	MgO
球团矿	56.23	0.797			8.00	7.89	1.01
石灰石	0.545				2.28	52.48	0.81
焦炭灰分	3.24				5.58	0.679	0.196

焦炭工业分析：

固定类	灰分	挥发分	硫
82.68%	16.11%	0.67%	0.54%

【例 9-10】 已知冶炼 1t 生铁消耗球团矿 1625kg，焦炭 713kg，炉渣碱度 $K=1.17$，生铁 $w[\text{Si}]=2.36\%$，求石灰石用量多少？

解： 石灰石用量按下式计算

$$G_{熔} = \frac{\sum m(\text{SiO}_2)_{入} - 2.14 \times Q \times w[\text{Si}] \times R - \sum m(\text{CaO})_{入}}{w(\text{CaO})_{有效}} \tag{9-22}$$

式中　$\sum m(\text{SiO}_2)_{入}$——除石灰石外炉料带入的 SiO_2 量之和，kg；

$\sum m(\text{CaO})_{入}$——除石灰石外炉料带入的 CaO 量之和，kg；

Q——生铁产量，kg；

2.14——Si 与 SiO_2 的换算系数；

$w[\text{Si}]$——生铁含 Si 量，%；

$w(\text{CaO})_{有效}$——石灰石有效氧化钙，%。

据已知条件计算矿石和焦炭带入的 SiO_2 和 CaO 数量：

球团矿和焦炭带入的 SiO_2 量：

球团矿：1625×0.08=130(kg)；

焦炭：713×0.0558=39.6(kg)

合计：169.6(kg)

焦炭和球团矿带入的 CaO：

球团矿：1625×0.0789=128(kg)；

焦炭：713×0.00679=4.82(kg)

合计：132.82(kg)

石灰石的有效熔剂性 $CaO_{有效}$：

石灰石 $w(CaO)-w(SiO_2)\times$炉渣碱度=52.84%-2.23%×1.17 = 50.23%

将已知数据代入式（9-22）中得：

$$G_{熔}=\frac{(169.6-2.14\times1000\times0.0236)\times1.17-132.82}{0.5023}=27.32(kg)$$

取 28kg 所以石灰石用量为 28kg。

9.1.3.3　白云石用量的计算

为改善炉渣流动性和脱硫能力，需要增加渣中 MgO 的含量，并达到适宜范围，一般为 8%~10%，这就需要在炉料中加入一定数量的白云石，现介绍几种白云石用量的计算方法。

A　联立方程式计算法

为求得空焦和正常料中白云石和石灰石用量需两个方程联立：

$$\frac{\sum m(MgO)}{Q_{渣}}=w(MgO)_{渣} \tag{9-23}$$

$$\frac{\sum w(CaO)}{\sum w(SiO_2)}=R_{炉渣} \tag{9-24}$$

式中　$\sum m(MgO)$——全部物料带入的 MgO 量之和，kg；

$Q_{渣}$——全部物料的成渣量之和；

$w(MgO)_{渣}$——要求渣中的 MgO 含量，%；

$\sum w(CaO)$——渣全部的 CaO 含量，%；

R——炉渣碱度。

设石灰石用量为 x，设白云石用量 y，对式（9-23）、式（9-24）细化得：

$$R_{渣}=\frac{Q_{焦}\times w(CaO)_{焦}+w(CaO)_{石}\times x+w(CaO)_{白}\times y}{Q_{焦}\times w(SiO_2)_{焦}+w(SiO_2)_{石}\times x+w(SiO_2)_{白}\times y} \tag{9-25}$$

$$w(MgO)_{渣}=\frac{w(MgO)_{石}\times x+w(MgO)_{白}\times y}{Q_{焦}\times 灰分_{焦}+x(1-烧损)+y(1-烧损)} \tag{9-26}$$

式中，$w(CaO)_{焦}$、$w(CaO)_{石}$、$w(CaO)_{白}$分别为焦炭、石灰石、白云石中 CaO 含量，%；$w(MgO)_{石}$、$w(MgO)_{白}$分别为石灰石、白云石中 MgO 含量，%；$w(SiO_2)_{焦}$、$w(SiO_2)_{石}$、$w(SiO_2)_{白}$分别为焦炭、石灰石、白云石中 SiO_2含量，%；x(1-烧损)为石灰石的入渣量，kg；y(1-烧损)为白灰石的入渣量，kg。

【例 9-11】　已知某厂 81m³高炉开炉配料计算得知炉缸、炉腹空焦量为 7.98t，计划下半段空焦段加入石灰石、白云石，将渣中 MgO 含量达到 8%，炉渣碱度 1.2，空焦量 7.98t

的一半 3. 99t，即 3990kg。

已知原燃料成分（%）：

	SiO_2	Al_2O_3	CaO	MgO	烧损
石灰石	1. 15	0. 58	53. 74	0. 66	43. 66
白云石	0. 78	0. 37	30. 75	20. 81	47. 32

焦炭灰分 13%，灰分分析（%）：

	SiO_2	Al_2O_3	CaO
灰分中	48. 55	37. 33	2. 8
焦炭中	6. 31	4. 9	0. 369

将已知数据代入式（9-25）、式（9-26）中得：

$$1.2=\frac{3990\times0.36\%+53.74\%\times x+30.75\times y}{3990\times6.31\%+1.15\%\times x+0.78\%\times y}$$

$$8\%=\frac{0.66\%\times x+20.1\%\times y}{3990\times13\%+x(1-43.66\%)+y(1-47.32\%)}$$

解：$x=359.95$kg，取 360kg；$y=333.36$kg，取 340kg。

即空焦下半段需加入焦炭 3990kg，石灰石 360kg，白云石 340kg。可分批加入。

【例 9-12】 某厂 1260m^3高炉开炉配料计算及装炉方案确定，炉缸木材以上装净焦 17 批。焦炭批重 6t，焦类质量为 17×6 =102t，空料 12 批，焦炭批重 6t，石灰石批重 0. 6t，共为焦炭 72t，石灰石共计 7. 2t，根据计算此段，共装焦炭量为 174t，石灰石量为 7. 2t。欲在此段中加入白云石、石灰石，使渣中 MgO 达到 8%，炉渣碱度（CaO/SiO_2）为 1. 05，计算白云石，石灰石加入量。

解：已知原燃料成分（%）：

	SiO_2	Al_2O_3	CaO	MgO	烧损
石灰石	1. 16	0. 58	53. 04	0. 70	44. 50
白云石	0. 79	0. 37	30. 25	20. 51	46. 20

焦灰成分 13. 0%，灰分分析（%）：

	SiO_2	Al_2O_3	CaO
灰分中	48. 50	37. 35	2. 8
焦灰中	6. 31	4. 85	0. 364

设石灰石加入量为 x，白云石加入量为 y，在考虑空料中石灰石成渣的影响时，将已知数据代入式（9-25）、式（9-26）中则：

$$1.05=\frac{174\times0.364\%+53.04\%\times x+30.25\times y+7.2\times53.04\%}{174\times0.31\%+1.16\%\times x+0.79\%\times y+7.2\times1.16\%}$$

$$8\%=\frac{0.70\%\times x+20.51\%\times y+7.2\times0.70\%}{174\times13\%+x(1-0.445)+y(1-0.462)+7.2\times(1-0.445)}$$

解联立方程式得：$x=6.77$t，取 7t；$y=12.42$t，取 13t。

即在此段中需加石灰石 7t，白云石 13t，可使渣中 MgO 达到8%，炉渣碱度($w(CaO)/w(SiO_2)$)达到1.05。

负荷料欲控制渣中 MgO 和炉渣碱度，也可用上述方法计算，只需在渣中增加铁矿石、锰矿石等含铁物料的渣量。

B　分步计算法

【例 9-13】 已知原燃料成分（见表 9-1）；造渣制度要求炉渣碱度 $w(CaO)/w(SiO_2)=1.05$，MgO 含为 12%；有关经验数据及设定值为：

$w[S]$	$w[Fe]$	η_{Fe}	L_S	$S_{挥}$
0.50%	94.5%	100.0%	25.0	5%

表 9-1　原燃料成分　　(%)

物　料	每批质量/kg	Fe	FeO	CaO	SiO_2	MgO	S
烧结矿	1423	50.95	9.5	10.4	7.70	3.2	0.029
球团矿	251	62.9	10.06	1.23	7.44	0.88	0.026
焦　炭	620	0.54			5.55		0.76
白云石	?			30.0		20.95	
石灰石	?			49.0		4.58	

求炉料中白云石和石灰石用量。

(1) 一批料的理论出铁量（T_i）与被还原的 SiO_2 量计算：

$$T_{理}=\frac{1423\times0.5095+251\times0.629+620\times0.0054}{0.945}=937.8(kg)$$

$$被还原的 SiO_2 量=937.8\times0.005\times\frac{60}{28}=10.0(kg)$$

(2) 一批料的理论出渣量（$T_{渣}$）计算：

原料带入 SiO_2 量 $=1423\times0.077+251\times0.0744+620\times0.0555=162.7(kg)$

进入炉渣 SiO_2 量 $=162.7-10.0=152.7(kg)$

进入炉渣 CaO 量 $=152.7\times1.05=160.3(kg)$

烧结矿和生矿中的 Al_2O_3 量平日是不分析的，因而渣中 Al_2O_3 量可取生产经验数据，这里取 Al_2O_3 含量为 12%，另外渣中 S、FeO、MnO 等微量组分之和按生产数据取为 4.0%，由于渣中 MgO 含量要求为 12.0%，故渣中$(CaO)+(Al_2O_3)=100\%-(12+4+12)\%=72\%$。

$$T_{渣}=\frac{152.7+160.3}{0.72}=434.7(kg)$$

$$吨铁渣量=\frac{434.7}{937.8}\times1000=463.5(kg)$$

(3) 白云石用量计算：

应进入炉渣的 MgO 量 $=434.7\times0.12=52.2(kg)$

炉料已带入 MgO 量 $=1423\times0.032+251\times0.0088=47.7(kg)$

应配加白云石量 $=21.5(kg)$，取 21kg。

(4) 石灰石用量计算：

炉料已带入 CaO 量 $=1423\times0.104+251\times0.0123+21\times0.30=157.4(\text{kg})$

应配加石灰石量 $=\dfrac{160.3-157.4}{0.49}=5.9(\text{kg})$，取 6kg。

9.1.4 有关辅助材料用量计算

9.1.4.1 *炉外增硅时硅铁用量的简易计算*

炉外增硅法即高炉冶炼炼钢生铁，按计划出铁时在铁沟中加入硅铁，使生铁含硅量升高至满足用户要求。此法在硅铁成分及价格适宜时采用，尤宜用于炼钢生铁需求紧张，难以安排高炉变料改炼铸造生铁时，可以解决生产能力、成本和产品供需三者之间的矛盾。

（1）根据炉况，在出铁前预测生铁 w［Si］量及出铁量，依式（9-27）预计硅铁需要量：

$$\Delta w[\text{Si}]=w[\text{Si}]_{后}-w[\text{Si}]_{前}$$

$$需用硅铁量=\frac{A\times\Delta w[\text{Si}]}{B\times C} \tag{9-27}$$

式中 $\Delta w[\text{Si}]$——增硅前、后生铁含硅量之差，%；

$w[\text{Si}]_{前}$——增硅前生铁含硅量，%；

$w[\text{Si}]_{后}$——预想的增硅后生铁含硅量，%；

A——预测出铁量，kg/次铁；

B——硅铁含硅量，%；

C——硅的利用率，%，可取前期经验值，一般为 80%~90%。

（2）计算实例。某高炉预计生铁增 $w[\text{Si}]$ 量 0.80%，预计这次出铁量 80t，硅铁含 Si 量 75%，硅的利用率 85%，预计硅铁的需要量按式（9-27）计算：

$$需用硅铁量=\frac{A\times\Delta w[\text{Si}]}{B\times C}=\frac{80\times1000\times0.8\%}{75\%\times85\%}=1003.92(\text{kg})$$

9.1.4.2 *炉前脱硫时曹达灰用量简易计算*

由于高炉炉温和渣碱度的波动，可能使生铁含［S］超出规定值，需要在炉前用曹达灰脱硫。

（1）根据炉况，在出铁前预测出要降低的生铁含硫量及出铁量，依式（9-28）预算出曹达灰用量：

$$C=\frac{A\times\Delta w[\text{S}]\%}{\eta} \tag{9-28}$$

式中 $\Delta w[\text{S}]\%$——预想降低的生铁含硫量，%；

C——曹达灰用量，kg/次；

A——预测的出铁量；

η——曹达灰经验脱硫率，一般为 0.004%~0.007%，（即 1t 铁水中加入 1kg 曹达灰可脱的硫量）。

（2）计算实例。某高炉由于炉凉，生铁含［S］升高要出格，预计需要降低硫含量 0.04%；预测的出铁量为 120t/t 次，η 值取 0.005%，则需要的曹达灰用量为：

$$C=\frac{A\times\Delta w[\text{S}]\%}{\eta}=\frac{120\times0.04\%}{0.005\%}=960\text{kg}$$

经计算这次铁需要加曹达灰 960kg。

9.1.4.3　洗炉时萤石用量简易计算

高炉炉况不顺时，有时采用萤石洗炉，主要是利用萤石中的 CaF_2 和炉墙上黏结物或炉缸堆积物不断接触冲洗，生成易熔物而消解。加萤石后，渣相中出现大量枪晶石、CaF_2、钙铁橄榄石组成的矿物，在 1250℃以上黏度均在 0.5Pa·s（5P）以下，远低于炉渣从高炉内顺利流出的黏度（2Pa·s），具有足够良好的流动性。

A　萤石用量的计算

试验研究表明，在渣温 1400℃时，渣中 CaF_2 含量 5%时流动性已足够好，再增加其含量已无意义。故一般洗炉墙时，渣中 CaF_2 含量控制在 2%~3%，洗炉缸时可掌握在 5%左右，一般可控制在 4.5%。每批炉料的加入量可用式（9-29）计算：

$$X = \frac{P_{矿} \times w(\mathrm{TFe}) \times Q \times w(\mathrm{CaF_2})}{w[\mathrm{Fe}] \times N} \tag{9-29}$$

式中　X——每批炉料中萤石加入量，kg/批；

$P_{矿}$——矿批重，kg/批；

$w(\mathrm{TFe})$——综合矿含铁量，%；

$w[\mathrm{Fe}]$——生铁中含铁量，%；

Q——吨铁渣量，t/t；

$w(\mathrm{CaF_2})$——渣中 CaF_2 含量，%；

N——萤石中 CaF_2 含量，%。

【例 9-14】　已知某高炉矿石批重 2000t/批，矿石含铁 55%，渣量 0.6t/t，萤石中 CaF_2 含量为 60.5%。计算渣中 CaF_2 为 5%时的萤石加入量。

解： 将以上数据代入式（9-29）中，则萤石加入量为：

$$X = \frac{P_{矿} \times w(\mathrm{TFe}) \times Q \times w(\mathrm{CaF_2})}{w[\mathrm{Fe}] \times N} = \frac{2000 \times 55\% \times 0.6 \times 5\%}{93\% \times 60.5\%} = 58.65(\mathrm{kg/批})$$

可取 60kg/批。

B　加萤石后炉渣真实碱度的计算

加入萤石后，化验人员一律将渣中 Ca 当做 CaO 中的 Ca，因而出现化验碱度比实际碱度高的假象。用萤石洗炉时，炉渣的真实碱度按式（9-30）计算：

$$R_{实} = \frac{w(\mathrm{CaO}) - \frac{56}{78} w(\mathrm{CaF_2})}{w(\mathrm{SiO_2})} \tag{9-30}$$

式中　$R_{实}$——加萤石炉渣的真实碱度；

$w(\mathrm{CaO})$——渣中 CaO 含量，%；

$w(\mathrm{CaF_2})$——渣中 CaF_2 含量，%；

$w(\mathrm{SiO_2})$——渣中 SiO_2 含量，%；

56，78——分别为 CaO、CaF_2 的相对分子质量。

【例 9-15】　某高炉洗炉时炉渣化验时 $w(\mathrm{CaO}) = 47\%$，$w(\mathrm{CaF_2}) = 4.5\%$，$w(\mathrm{SiO_2}) = 39\%$，求炉渣的真实碱度。

解： 根据已知数据可算出炉渣的二元碱度：

$$\frac{w(\mathrm{CaO})}{w(\mathrm{SiO_2})}=\frac{47\%}{39\%}=1.205$$

将已知数据代入式（9-30）中得：

$$R_{实}=\frac{w(\mathrm{CaO})-\frac{56}{78}w(\mathrm{CaF_2})}{w(\mathrm{SiO_2})}=\frac{47\%-\frac{56}{78}\times 4.5\%}{39\%}=1.122$$

从以上计算结果可看出，两个炉渣碱度相差 1.205−1.122＝0.083。

9.1.4.4 高炉开炉干渣需要量的简易计算

一些高炉，尤其是中小高炉，由于开炉焦比高、焦炭质量差、灰分高，致使开炉炉渣中 Al_2O_3 含量很高，炉渣流动性很差。为了改善炉渣流动性，需将渣中 Al_2O_3 含量降至 18%以下。在空焦段中加入干渣（高炉正常生产时出的干渣）就是一种有效措施。在不考虑空焦中石灰石量时，加入干渣量可按式（9-31）估算：

$$18\%=\frac{X\times w(\mathrm{Al_2O_3})_{干渣}+G_{空焦}\times 焦炭灰分\times w(\mathrm{Al_2O_3})_{焦灰}}{X+G_{空焦}\times 焦炭灰分}\tag{9-31}$$

式中 18%——空焦段炉渣中的 Al_2O_3 含量；

X——需要加入的干渣量，t；

$G_{空焦}$——空焦量，t；

$w(\mathrm{Al_2O_3})_{干渣}$——干渣中 Al_2O_3 含量，%；

$w(\mathrm{Al_2O_3})_{焦灰}$——焦炭灰分中 Al_2O_3 含量，%。

如果考虑空焦中石灰石的量时，应在总渣中加上石灰石的渣量，即石灰石量×(1−烧损)，则公式变为：

$$18\%=\frac{X\times(\mathrm{Al_2O_3})_{干渣}+G_{空焦}\times 焦炭灰分\times(\mathrm{Al_2O_3})_{焦灰}}{X+G_{空焦}\times 焦炭灰分+石灰石量(1-烧损)}$$

对干渣的要求是渣中含量 Al_2O_3 低，FeO 低，块度适宜。

【例 9-16】 已知某高炉开炉，经配料计算得知空焦段的焦炭数量为 30t，拟加入干渣稀释炉渣中 Al_2O_3 含量到 18%，并已知焦炭灰分为 13%，焦炭灰分中 Al_2O_3 含量为 39%，干渣中 Al_2O_3 含量为 1%，计算干渣需用量。

解： 设干渣用量为 X，将已知数代入式（9-31）中得：

$$18\%=\frac{X\times 11\%+30\times 13\%\times 39\%}{X+30\times 13\%}$$

解方程式：X＝11.7t，取 12t。

经计算干渣需用量为 12t。

9.1.5 生铁成分计算

一般生铁中主要成分有 Fe、C、Si、Mn、P、S 等，其中［Si］、［S］含量与高炉操作制度密切相关，无法准确计算。只有［C］、［P］、［Mn］可以根据配料、炉料成分等进行计算，而［Fe］是在其他成分已知后自然得到的，因为，一般生铁上述各成分之和应为 100%。

9.1.5.1 生铁中含磷量的计算

生铁中含磷量取决于炉料带入的磷量，因为磷在炉内全部还原进入生铁。使用新矿种都要进行计算，看其是否符合标准。

（1）计算方法Ⅰ：

$$w[\mathrm{P}] = \frac{\text{每批料带入总磷量}}{\text{每批料产铁量}} \times 100\% \tag{9-32}$$

（2）计算方法Ⅱ：

由于随炉尘吹出的磷和熔剂带入的磷都很少，可以相互抵消，使计算简化。

$$w[\mathrm{P}] = \frac{\text{矿石批重} \times \text{矿石中}\ w(\mathrm{P}) + \text{焦比} \times \text{焦炭中}\ w(\mathrm{P})}{\text{每批料产铁量}} \times 100\% \tag{9-33}$$

（3）计算方法Ⅲ：

如果已知每吨生铁矿石消耗量（也称矿比）及焦比，则可使计算简化为：

$$w[\mathrm{P}] = \frac{\text{矿比} \times \text{矿石中}\ w(\mathrm{P}) + \text{焦比} \times \text{焦炭中}\ w(\mathrm{P})}{1000} \times 100\%$$

【例 9-17】 已知某高炉用铁矿石含铁量 56%，含磷 0.18%，石灰石含磷 0.005%，焦炭灰分 14.12%，灰分含磷 0.4%。铁的分配率 99.5%，生铁含铁 93%，计算在矿批 15t/批，焦批 5t/批，石灰石批重 0.3t/批时，生铁的含磷量。

解：将已知数据代入方法Ⅰ得出：

$$\begin{aligned} w[\mathrm{P}] &= \frac{\text{每批料带入总磷量}}{\text{每批料产铁量}} \times 100\% \\ &= \frac{15 \times 0.18\% + 5 \times 14.12\% \times 0.04\% + 0.3 \times 0.005\%}{15 \times 56\% \times 0.995 / 0.93} \times 100\% \\ &= 0.00303 = 0.303\% \end{aligned}$$

将已知数据代入方法Ⅱ得出：

$$\begin{aligned} w[\mathrm{P}] &= \frac{\text{矿石批重} \times \text{矿石中}\ w(\mathrm{P}) + \text{焦比} \times \text{焦炭中}\ w(\mathrm{P})}{\text{每批料产铁量}} \times 100\% \\ &= \frac{15000 \times 0.18\% + 5000 \times 14.12\% \times 0.04\%}{15000 \times 56\% \times 0.995 / 0.93} \times 100\% \\ &= 0.00304 = 0.304\% \end{aligned}$$

将已知数据代入方法Ⅲ得出：

在矿比 1.669t/t、焦比 0.556t/t 时

$$\begin{aligned} w[\mathrm{P}] &= \frac{\text{矿比} \times \text{矿石中}\ w(\mathrm{P}) + \text{焦比} \times \text{焦炭中}\ w(\mathrm{P})}{1000} \times 100\% \\ &= \frac{1.669 \times 0.18\% + 0.556 \times 14.12\% \times 0.04\%}{1000} \times 100\% \\ &= 0.00303 = 0.303\% \end{aligned}$$

从以上计算结果看出，采用三种计算结果是一样的。

9.1.5.2　生铁中含锰量的计算

生铁中含 Mn 量的计算可按以下两种公式进行：

（1）公式Ⅰ：

$$w[\mathrm{Mn}] = \frac{(\text{矿石批重} \times \text{矿石中}\ w(\mathrm{Mn}) + \text{锰矿批重} \times \text{矿石中}\ w(\mathrm{Mn})) \times \mathrm{Mn}\ \text{回收率}}{\text{每批料产铁量}} \times 100\% \tag{9-34}$$

（2）公式Ⅱ：

$$w[\mathrm{Mn}]=\frac{(\text{矿比}\times\text{矿石中}\,w(\mathrm{Mn})+\text{锰矿耗量}\times\text{矿石中}\,w(\mathrm{Mn}))\times\text{锰回收率}}{1000}\times 100\% \tag{9-35}$$

【例 9-18】 已知某高炉矿石含铁 56%，含锰 0.5%，锰矿石含锰 25%，含铁 18%，锰回收率 65%，铁矿石批重 15t/批，锰矿石批重 0.2t/批，求生铁含锰量。

解：将已知数据代入方法Ⅰ式（9-34）中得出：

$$w[\mathrm{Mn}]=\frac{(\text{矿石批重}\times\text{矿石中}\,w(\mathrm{Mn})+\text{锰矿批重}\times\text{矿石中}\,w(\mathrm{Mn}))\times\mathrm{Mn}\,\text{回收率}}{\text{每批料产铁量}}\times 100\%$$

$$=\frac{(15000\times 0.5\%+200\times 25\%)\times 65\%}{(15000\times 56\%+200\times 18\%)\times 0.995/0.93}\times 100\%$$

$$=0.009027=0.9027\%$$

【例 9-19】 在矿比 1.70t/t，锰矿比 0.024t/t，其他条件与例 9-18 相同时，计算生铁含 Mn 量。

解：将已知数据代入方法Ⅱ式（9-35）中则：

$$w[\mathrm{Mn}]=\frac{(\text{矿比}\times\text{矿石含}\,w(\mathrm{Mn})+\text{锰矿耗量}\times\text{矿石中}\,w(\mathrm{Mn}))\times\text{锰回收率}}{1000}\times 100\%$$

$$=\frac{(1.70\times 0.5\%+0.024\times 2.5\%)\times 65\%}{1000}\times 100\%$$

$$=0.009425=0.9425\%$$

9.1.5.3 生铁含碳量的计算

在炼铁学教学用书及某些资料中，估算生铁含碳量时，多采用前苏联学者 A. 高特里普提出的公式：

$$w[\mathrm{C}]=4.3-0.27w[\mathrm{Si}]_{\%}-0.32w[\mathrm{P}]_{\%}-0.032w[\mathrm{S}]_{\%}+0.3w[\mathrm{Mn}]_{\%} \tag{9-36}$$

式中，$w(\mathrm{Si})_{\%}$、$w(\mathrm{Mn})_{\%}$、$w(\mathrm{P})_{\%}$、$w(\mathrm{S})_{\%}$分别为生铁中相应元素的质量百分数。

这个公式提出的时间较久，应用的范围也较广。

最近出版的《炼铁计算》一书认为它是写错了的公式。错误之处就是 Mn 的系数 0.03 误写成了 0.3。因此，建议在采用该公式估算生铁含碳量时，应将其修正为：

$$w[\mathrm{C}]_{\%}=4.3-0.27w[\mathrm{Si}]_{\%}-0.32w[\mathrm{P}]_{\%}-0.032w[\mathrm{S}]_{\%}+0.03[\mathrm{Mn}]_{\%} \tag{9-37}$$

《炼铁计算》一书还给出了其他文献的相关公式：

$$w[\mathrm{C}]_{\%}=1.34+2.54\times 10^{-3}t-0.30w[\mathrm{Si}]_{\%}-0.35w[\mathrm{P}]_{\%}-0.40w[\mathrm{S}]_{\%}+0.04w[\mathrm{Mn}]_{\%} \tag{9-38}$$

这个公式考虑了铁水温度 t 对其含碳量的影响，各项元素对铁水含碳量影响的程度（系数）也有一定的依据。比较起来可以看出高氏公式的锰、硫两项系数与之相差较多。

式中，4.3 为生铁中的饱和含碳量；$w[\mathrm{Si}]_{\%}$、$w[\mathrm{P}]_{\%}$、$w[\mathrm{S}]_{\%}$、$w[\mathrm{Mn}]_{\%}$分别为该成分在生铁中的质量百分数。

【例 9-20】 某生铁化验结果为 $w[\mathrm{Si}]=1.4\%$，$w[\mathrm{Mn}]=0.9\%$，$w[\mathrm{P}]=0.25\%$，$w[\mathrm{S}]=0.026\%$，求生铁含碳量。

解：将已知数据代入公式（9-36）中得出：

$$\begin{aligned}w[C]_{\%}&=4.3-0.27w[Si]_{\%}-0.32w[P]_{\%}-0.032w[S]_{\%}+0.3w[Mn]_{\%}\\&=4.3-0.27\times1.4-0.32\times0.25-0.032\times0.026+0.3\times0.9\\&=4.18\end{aligned}$$

将已知数据代入公式（9-37）中得出：

$$\begin{aligned}w[C]_{\%}&=4.3-0.27w[Si]_{\%}-0.32w[P]_{\%}-0.032w[S]_{\%}+0.03w[Mn]_{\%}\\&=4.3-0.27\times1.4-0.32\times0.25-0.032\times0.026+0.03\times0.9\\&=3.92\end{aligned}$$

将已知数据代入公式（9-38）中得出：

$$\begin{aligned}w[C]_{\%}&=1.34+2.54\times10^{-3}t-0.30w[Si]_{\%}-0.35w[P]_{\%}-0.40w[S]_{\%}+0.04w[Mn]_{\%}\\&=1.34+2.54\times10^{-3}\times1250-0.30\times1.4-0.35\times0.25-0.40\times0.026+0.04\times0.9\\&=4.0331\end{aligned}$$

9.1.5.4　生铁中含铁量的确定

A　生铁含铁量计算方法Ⅰ

在一般原料条件下，生铁中除 C、Si、Mn、S、P、Fe 6 种元素外，其他元素微量，可忽略不计。因此从 100 中减去除 Fe 以外的 5 种元素后的含量即为铁的含量。可用式（9-39）表述：

$$w[Fe]_{\%}=100-(w[C]_{\%}+w[Si]_{\%}+w[Mn]_{\%}+w[P]_{\%}+w[S]_{\%}) \tag{9-39}$$

式中，$w[C]_{\%}$、$w[Si]_{\%}$、$w[Mn]_{\%}$、$w[S]_{\%}$、$w[P]_{\%}$分别为该成分在生铁中的质量百分数。

某炼钢生铁的成分（%）：

Fe	Mn	Si	P	S	C	合计
94.275	0.600	0.65	0.150	0.025	4.300	100.00

B　生铁含铁量计算方法Ⅱ

生铁中含铁量可以冶炼 1t 生铁需物料含铁量之和乘以铁在生铁中的分配率来计算：

$$w[Fe]_{\%}=(A\times(w(TFe)_{\%}/100)+m(Fe_i))\eta_{铁}/10 \tag{9-40}$$

式中　A——冶炼 1t 生铁铁矿石的用量，kg；

$w(TFe)_{\%}$——铁矿石全铁的质量百分数；

$m(Fe_i)$——冶炼 1t 生铁由燃料带入的铁量，kg。

【例 9-21】　已知某高炉用铁矿石含 TFe58%，吨铁矿石耗量 1621kg，焦比 550kg/t，焦炭灰分 14% ，灰分中含铁 0.73%，$\eta_{铁}$为 99.5%，计算生铁中含铁量。

解：将已知数据代入式（9-40）中得：

$$\begin{aligned}w[Fe]_{\%}&=(A\times(w(TFe)_{\%}/100)+m(Fe_i))\eta_{铁}/10\\&=(1621\times(58/100)+550\times14\%\times0.73\%)\times0.995/10\\&=93.604\end{aligned}$$

9.1.5.5　生铁含硫量的估算

生铁中硫的含量与高炉操作制度密切相关，无法准确计算。但生铁中硫［S］可以通过吨铁渣量（kg/t），吨铁炉料硫负荷 S 负荷（kg/t）和硫的分配系数 L_S 近似地算出。现举例计算如下：

A　生铁含硫量估算

【例9-22】 某炉冶炼条件：

吨铁原、燃料消耗量（t/t）：

烧结矿	焦炭	煤粉
1.650	0.470	0.060

原、燃料含硫量（%）：

烧结矿	焦炭	煤粉
0.025	0.70	0.80

挥发硫量占入炉总硫量的15%，硫在渣、铁间的分配系数 $L_S=30$，渣、铁比0.420 t/t，求：生铁含硫量。

解：生铁含硫量按式（9-41）计算：

$$w[S]=\frac{m(S)_{总}(1-w(S)_{挥})}{1+nL_S}=\frac{m(S)_{负荷}(1-w(S)_{挥})}{1+nL_S} \tag{9-41}$$

式中　$w[S]$——生铁含硫量，%；

$m(S)_{总}$——吨铁入炉总硫量（即硫负荷），t/t；

$w(S)_{挥}$——挥发硫量的质量分数，%；

n——吨铁含渣量，t/t；

L_S——硫在渣、铁间的分配系数。

将已知数代入式（9-41）中得到：

$$w[S]=\frac{[1.65\times0.025\%+0.47\times0.70\%+0.06\times0.8\%]\times(1-0.15)}{1+0.426\times30}=0.0261\%$$

【例9-23】 某炉冶炼条件：

吨铁原、燃料消耗量（kg/t）：

烧结矿	球团矿	焦炭
1423	251	620

原、燃料含硫量（%）：

烧结矿	球团矿	焦炭
0.025	0.026	0.76

原、燃料含铁量（%）：

烧结矿	球团矿	焦炭
50.95	62.9	0.54

解：入炉总硫量 $=1423\times0.00029+251\times0.00026+620\times0.0076=5.19(kg)$

一批料的理论出铁量：

$$T_{理}=\frac{1423\times0.5095+251\times0.629+620\times0.0054}{0.945}=937.8(kg)$$

吨铁硫负荷 $=\dfrac{5.19}{937.8}\times1000=5.53(kg/t)$

其中燃料带入硫量占：

$$\frac{620\times0.0076}{5.53}\times100\%=85.2\%$$

由硫平衡建立联立方程：

$$937.8w[S] + 434.7w(S) = 0.95 \times 5.19 \tag{9-42}$$

$$L_S = w(S)/w[S] = 25 \tag{9-43}$$

式中　$w(S)$——渣中含硫量，%；

$w[S]$——生铁中含硫量，%。

解式（9-42）、式（9-43）得：$w[S]=0.042\%$。

B　有关生铁含硫量计算参数的计算

（1）硫负荷计算。硫负荷即每吨生铁所用原料带入炉内的硫量。又称吨铁原料入炉总硫量。

【例 9-24】　已知冶炼生铁的原料消耗量及含硫量：矿石消耗 1651.13kg，含硫 0.035%；锰矿消耗 20kg，含硫 0.038%；碎铁消耗 10kg，含硫 0.040%；焦炭消耗 560kg，含硫 0.69% ；煤粉消耗 80kg，含硫 0.50%。

计算：

吨铁硫负荷 = 1651.13×0.035%+20×0.038%+10×0.040%+560×0.69%+80×0.50%

= 4.853(kg/t)

【例 9-25】　某高炉一批料的理论出铁量，$T_{理}=3390\text{kg}$(或 3.39t)，炉料带来的入炉总硫量 14.12kg，则：

$$吨铁硫负荷 = \frac{S_{批}}{T_{理}} = \frac{14.12}{3.39} = 4.17(\text{kg/t})$$

（2）硫的分配系数 L_S 计算。L_S 是硫在炉渣与生铁中含量的比，用以代表渣铁间的分配关系，用式（9-44）计算：

$$L_S = \frac{w(S)}{w[S]} \tag{9-44}$$

式中　L_S——硫的分配系数；

$w(S)$——炉渣中的含硫量，%；

$w[S]$——生铁中的含硫量，%。

举例计算：某高炉某次铁样化验结果，生铁含硫 0.04%，渣样化验含硫量 1.05%，将其代入公式得：

$$L_S = \frac{w(S)}{w[S]} = \frac{1.05\%}{0.04\%} = 26.25$$

（3）硫在高炉内的挥发率。高炉内硫的挥发率与炉温高低，石灰石用量和煤气量多少等因素有关，各厂的数据也有较大差异。据生产统计，冶炼不同品种的生铁时，硫的挥发率的范围为：

炼钢生铁	5%～15%
铸造生铁	10%～20%
镜 铁	20%～30%
硅铁和锰铁	40%～60%

9.1.6　矿石有关参数计算

9.1.6.1　铁矿石折算品位的计算

A　入炉铁矿石品位的要求

《铁矿地质勘探规范（试行）》规定，高炉直接入炉铁矿石的质量要求为：

磁铁矿、赤铁矿　　TFe≥50%

褐铁矿、菱铁矿　　TFe≥50%（扣除烧损折算）

B　矿石折算品位计算

一般铁矿石的脉石成分中以 SiO_2 居多，其含量越高，所需添加熔剂量及产生的渣量也随之增多。有的矿石含 CaO、MgO 碱性成分较多，脉石中的碱性成分 CaO 和 MgO 可节省外加熔剂。对于 CaO+MgO 含量相当于半自熔性更高的铁矿，采取扣去碱性成分后折算铁分来评价铁矿石，其计算公式为：

$$折算铁分 = \frac{w(\mathrm{TFe})_{\%}}{100 - (w(\mathrm{CaO})_{\%} + w(\mathrm{MgO})_{\%})} \tag{9-45}$$

式中　$w(\mathrm{TFe})_{\%}$——铁矿石中全铁的质量百分数；

$w(\mathrm{CaO})_{\%}+w(\mathrm{MgO})_{\%}$——铁矿石中 CaO 和 MgO 的质量百分数。

一般要求入炉铁矿石的折算品位不应低于 50% 。

【例 9-26】　已知某天然铁矿石的化学成分（%）：

	TFe	SiO_2	CaO	MgO
1 号铁	50.0	11.0	14.3	1.5
2 号铁	53.0	19.0	2.5	1.4

解： 1 号铁矿折算铁分 $=\frac{50.0}{100-(14.3+1.5)}\times100\%=59.38\%$

2 号铁矿折算铁分 $=\frac{53.0}{100-(2.5+1.4)}\times100\%=55.15\%$

从以上计算结果可以看出，1 号铁矿石 TFe 低于 2 号铁矿石，但折算后铁分却高于 2 号铁矿石，故质量优于 2 号铁矿石。

9.1.6.2　烧结矿含铁量的计算

为提高烧结矿碱度，在烧结生产中要加入碱性熔剂（石灰石、白云石），会使烧结矿含铁量降低，碱性熔剂加入得越多，全铁量降低得越多，所以要用扣去 CaO+MgO 后的含铁量。烧结铁矿含铁量按式（9-46）计算：

$$w(\mathrm{Fe}) = \frac{w(\mathrm{TFe})_{\%}}{100 - (w(\mathrm{CaO})_{\%} + w(\mathrm{MgO})_{\%})} \tag{9-46}$$

式中　$w(\mathrm{TFe})_{\%}$——化验得到的全铁的质量百分数；

$w(\mathrm{CaO})_{\%}+w(\mathrm{MgO})_{\%}$——化验得到的氧化钙加氧化镁的质量百分数。

【例 9-27】　已知某厂烧结矿化验成分如下，计算含铁量。

	TFe	SiO_2	CaO	MgO	$w(CaO)/w(SiO_2)$
1 号烧结矿	55.03	6.02	9.89	1.90	1.64
2 号烧结矿	51.29	7.36	13.79	2.74	1.85

解： 1 号烧结矿 $w(Fe)=\dfrac{55.03}{100-(9.89+1.9)}=62.39\%$

2 号烧结矿 $w(Fe)=\dfrac{51.29}{100-(13.79+2.74)}=62.02\%$

从计算结果可以看出，1 号和 2 号烧结矿 TFe 相差 3.24%，但 $w(Fe)$ 却近似。

球团矿的 $w(Fe)$ 也按同样方法计算。

9.1.6.3　*磁铁矿磁性强度的判断*

磁铁矿主要含铁矿物为磁铁矿，其化学式为 Fe_3O_4，其中 FeO = 31%，Fe_2O_3 = 69%，理论含铁量为 72.49%，磁铁矿的磁性率判断参见本书项目 2。

磁铁矿具有强磁性，但随着氧化程度的增加，磁性减弱，纯磁铁矿的 FeO 为 31%，磁性最强，铁矿中 FeO 含量越多，表明矿石磁性越强，可选性越好。一般可用矿石化验结果的 TFe 和含量来粗略地判断铁矿石的磁性即可选性。

【例 9-28】 已知某贫铁矿石化验结果 $w(TFe)=33\%$，$w(FeO)=11.5\%$，问矿石可选性怎样。

解： 将已知数据代入公式中得：

$$磁性率=\frac{w(TFe)}{w(FeO)}=\frac{33\%}{11.5\%}=2.87$$

因 2.87 小于 3.5 可判断为磁铁矿，可选性较好。

9.1.6.4　*炉料实际需要量的计算*

在进行炼铁设计时，采用的矿石量、焦比、煤比、熔剂量等均为参加炉内冶炼过程的数量，这是后面进行的物料平衡和热平衡计算所用的数量。这些物料入炉时的数量要考虑到作为炉尘吹损（以及机械损失）而要多一些。通常矿石按外加 3%，焦炭外加 2%，熔剂外加 1%计算。当炉料强度较差，粉末较多时，机械损失要再多一些。另外入炉的焦炭是湿焦（干法熄焦除外），湿焦水分是外算的（水分不包含在干基之内），湿焦入炉实际量（kg）按式（9-47）计算：

$$入炉湿焦量=\frac{K}{1-w(H_2O)_{焦}}(1+0.02) \tag{9-47}$$

式中　K——干焦炭用量，kg；

$w(H_2O)_{焦}$——焦炭实际含水量，%；

0.02——焦炭的损失率，即 2%。

【例 9-29】 已知某批炉料用量，焦炭 450kg，矿石 1860kg，石灰石 16kg，焦炭含水量为 4.8%，求实际用量。

解：（1）将已知数据代入式（9-47）中得：

$$入炉湿焦量=\frac{450}{1-4.8\%}(1+0.02)=\frac{450}{0.952}\times1.02=482.14(kg)$$

（2）矿石实用量计算：

矿石实用量 = 矿石计算量 ×（1 + 3%）= 1860 × 1.03 = 1915.8(kg)

（3）石灰石用量计算：

石灰石实用量 = 石灰石计算量 ×（1 + 1%）= 16 × 1.01 = 16.16(kg)

任务 9.2　鼓风和冶炼参数的确定

9.2.1　鼓风口数计算

9.2.1.1　入炉实际风量的计算

计算风口内风速及鼓风动能，需要先知道入炉实际风量，由于高炉的设备状况不同，漏风率在较大范围内波动，因此仪表指示风推算入炉风量有误差。需计算入炉实际风量。

入炉实际风量 m^3/min 可由式（9-48）计算：

$$V_B = \frac{0.933 \times w(C)_{焦} \times w(C)_{\phi} \times K \times P}{(0.21 + 0.29f) \times 1440} \tag{9-48}$$

式中　V_B ——入炉实际风量，m^3/min；

0.933 ——1kg 碳燃烧需要的氧量，m^3/kg；

$(0.21+0.29f)$——湿空气的含氧量，其中 f 为鼓风湿分，%；

$w(C)_{焦}$——综合燃料含碳量，%；

$w(C)_{\phi}$ ——风口前燃烧的碳量占入炉量的比率，%。$w(C)_{\phi}$ 与直接还原度 r_d 有关，r_d 升高，$w(C)_{\phi}$ 减小，一般取 65%~75%，中、小高炉取较小值；

K ——综合燃料比，kg/t；

P ——昼夜产铁量，t。

【例 9-30】　已知：某高炉综合燃料比 620kg/t，综合燃料含碳量 85.0%，日产铁 800t，鼓风湿度 2%，$w(C)_{\phi}$70%，求入炉实际风量。

解：将已知数据代入式（9-48）中得：

$$V_B = \frac{0.933 \times 85\% \times 70\% \times 620 \times 800}{(0.21 + 0.29 \times 2\%) \times 1440} = 886(m^3/min)$$

【例 9-31】　某高炉口产生铁 1100t，全焦冶炼，焦比 550kg/t，焦炭含固定碳 86%，鼓风湿度 2%，$w(C)_{\phi}$ 选取 72%。

解：将已知数据代入式（9-48）中得：

$$V_B = \frac{0.933 \times 86\% \times 70\% \times 550 \times 1100}{(0.21 + 0.29 \times 2\%) \times 1440} = 1124.8(m^3/min)$$

【例 9-32】　已知：某高炉，$P = 2870t$，$K = 596kg/t$，$f = 2\%$，$w(C)_{焦} = 84\%$，$w(C)_{\phi} = 65\%$，则入炉实际风量为：

$$V_B = \frac{0.933 \times 84\% \times 65\% \times 596 \times 2870}{(0.21 + 0.29 \times 2\%) \times 1440} = 2804(m^3/min)$$

9.2.1.2　风口风速计算

（1）标准风速计算：标准风速由式（9-49）计算：

$$v_0 = \frac{V_B}{60 \times \sum S} \tag{9-49}$$

式中　V_B——入炉风量，m^3/min；

v_0——标准风速，m/s；

$\sum S$——风口总面积，m^2。

（2）实际风速计算。实际风速由式（9-50）计算：

$$v = v_0 \frac{273 + T_B}{273} \times \frac{0.101}{0.101 + p_B} \tag{9-50}$$

式中　v——实际风速，m/s；

T_B——热风温度，t；

p_B——热风压力，MPa。

9.2.1.3　鼓风动能计算

鼓风动能由式（9-51）计算：

$$E = \frac{1}{2}mv^2 \tag{9-51}$$

式中　E——鼓风动能，W；

m——所选风口的鼓风质量流量，kg/s。

其中

$$m = \frac{S}{60 \times \sum S} \times V_B \times \gamma$$

S——所选风口面积，m^2；

γ——鼓风密度，kg/m^3。

【例 9-33】　已知：$\sum S = 0.047m^2$，某个风口面积 $S = 0.0078m^2$，$T_B = 950℃$，$V_B = 280.4m^3$，$p_B = 0.101MPa$，$\gamma = 1.293kg/m^3$，将已知数分别代入式（9-49）~式（9-51），则：

标准风速：$v_0 = \frac{280.4}{60 \times 0.047} = 99.4(m/s)$

实际风速：$v = 99.4 \times \frac{273+950}{273} \times \frac{0.101}{0.101+0.101} = 222.6(m/s)$

鼓风动能：$E = \frac{1}{2} \times \frac{0.0078}{0.047} \times \frac{280.4}{60} \times 1.293 \times (222.6)^2 = 24845.2(W)$

9.2.1.4　煤气在炉内停留时间计算

从资料中查到煤气在高炉内停留时间有以下三种计算方法：

（1）按煤气在炉内停留时间（S）意义计算：

$$停留时间 = \frac{炉内风口以上炉料空隙体积}{每秒钟产生的煤气体积} = \frac{风口以上高炉工作容积 \times 0.36}{14000 \times \frac{K}{86400}} \tag{9-52}$$

式中　0.36——炉料的空隙度；

K——每昼夜实验的焦炭量，t；

14000——1t 焦炭产生的煤气量，m^3/t；

86400——1 昼夜的秒数，s。

【例 9-34】　某 255m^3高炉，风口以上工作容积 209m^3，每昼夜燃烧焦炭 400t，求煤气在炉内的停留时间。

解：将已知数据代入式（9-53）中得：

$$T = \frac{0.36 \times 209}{10.42 \times \frac{400}{86400}} = 1.16(\mathrm{s})$$

（2）按式（9-53）近似计算：

$$T = \frac{0.36 \times V}{10.42 \times \frac{K}{86400}} \tag{9-53}$$

式中　T——煤气在炉内停留时间，s；

V——风口中心线到规定料线之间的容积，m^3；

0.36——炉料孔隙度；

10.42——固定碳为 88.5%的焦炭，燃烧 1kg 焦炭生成的煤气体积，m^3；

86400——昼夜的秒数，s/d；

K——昼夜燃烧的焦炭量，kg。

将以上 255m^3高炉有关数据代入式（9-53），则：

$$T = \frac{0.36 \times 209}{10.42 \times \frac{400 \times 1000}{86400}} = \frac{75.24}{48.24} = 1.5597(\mathrm{s})$$

（3）煤气在高炉内停留时间（s）可用式（9-54）进行近似计算：

$$T = \frac{0.36 \times V_1}{10400 \times \frac{K}{86400}} \tag{9-54}$$

式中　V_1——高炉风口以上工作容积；

K——昼夜燃烧的焦炭量，t/d；

0.36——假定的料层间总空隙为高炉工作容积的 36%；

10400——考虑了高炉实际的温度及压力之后每吨焦炭平均生成的煤气，m^3/t；

86400——昼夜的秒数，s/d。

【例 9-35】　已知某高炉 $V_U = 1002m^3$，$V_1 = V_U \times 0.85$，利用系数 $\eta_v = 1.826t/m^3$，每吨铁中的焦比 0.453t/t，求煤气在炉内停留的时间。

解：将已知数据代入式（9-54）中得：

$$V_1 = V_U \times 0.85 = 1002 \times 0.85 = 851.7(\mathrm{m^3})$$

$$K = 1.826 \times 1002 \times 0.453 = 828.8(\mathrm{t/d})$$

$$T = \frac{0.36 \times 851.7}{10400 \times \frac{828.8}{86400}} = 3.075(\mathrm{s})$$

【例 9-36】　将以上 255m^3高炉有关数据代入式（9-54）：

$$T = \frac{0.36 \times 209}{10400 \times \frac{400}{86400}} = \frac{75.24}{48.15} = 1.563(\mathrm{s})$$

从以上计算结果可以看出，用三种方法计算条件相同的 $255m^3$ 高炉煤气在炉内停留时间不同，第二种和第三种计算方法的计算结果相近似，而与用第一种方法的计算结果相差较大。

9.2.1.5 有关风量的计算

（1）风口前燃烧 1kg 炭素的风量计算。

$$V_{风} = \frac{22.4}{24} \times \frac{1}{0.21 + 0.29f} \times m(C)_{风} = \frac{0.933}{0.21 + 0.29f} \times m(C)_{风} \tag{9-55}$$

式中 $V_{风}$——风口前燃烧 1kg 炭素的风量，m^3/kg；

f——鼓风湿度，%。

【例 9-37】 已知条件：

1）自然鼓风，湿度 $f=0\%$ 时，风口前燃烧 1kg 炭素的风量计算；

2）自然鼓风，湿度 $f=1.0\%$ 时，风口前燃烧 1kg 炭素的风量计算；

3）富氧鼓风，$w(O_2)=2.2\%$，$f=1.0\%$ 时，风口前燃烧 1kg 炭素的风量计算。

解： 将已知数据代入式（9-55）中得：

1）$$V_{风} = \frac{0.933}{0.21 + 0.29f} \times m(C)_{风} = \frac{0.933}{0.21} \times 1 = 4.44(m^3/kg)$$

2）$$V_{风} = \frac{0.933}{0.21 + 0.29f} \times m(C)_{风} = \frac{0.933}{0.21 + 0.29 \times 0.01} \times 1 = 4.3837(m^3/kg)$$

3）$$V_{风} = \frac{0.933}{w(O_2)(1-f) + 0.5f} \times m(C)_{风} = \frac{0.933}{0.21 + 0.28 \times 0.01} \times 1 = 4.189(m^3/kg)$$

（2）冶炼每吨生铁消耗风量的计算。

$$V_{风} = \frac{0.933}{0.21 + 0.29f} \times w(C)_K \times K \times K_{\phi} \tag{9-56}$$

式中 $V_{风}$——每吨铁的风量，m^3/t；

K——每吨铁的焦比，kg/t；

$w(C)_K$——焦炭含碳量，%；

K_{ϕ}——焦炭燃烧率，%；

f——鼓风湿度，%。

【例 9-38】 已知某炉入炉焦比 550kg，焦炭含碳量 85%，风口前焦炭燃烧率 70%，自然鼓风 $f=2\%$ 时，计算冶炼每吨铁消耗的风量。

解： 将已知数据代入式（9-56）中得：

$$V_{风} = \frac{0.933}{0.21 + 0.29 \times 0.02} \times 550 \times 85\% \times 70\% = 1415.4(m^3/t)$$

（3）风量增加，上料量增加计算。

【例 9-39】 已知某炉干焦批重 6t/批，焦炭含碳量 84%，焦炭燃烧率为 70%，鼓风湿度 2%，计算风量为 1.2 标态风量。求：加 $120m^3/min$ 风量，每小时可多上几批料。

解： 设冶炼强度提高后对 K_{ϕ} 无影响。

风量与料速关系式：

$$n \times K_{批} \times 10^3 \times w(C)_K \times K_{\phi} = \frac{0.21 \times 0.29f}{0.933} \times V_{风} \times 60$$

$$n = \frac{60 \times (0.21 + 0.29f)}{0.933 \times K_{批} \times 10^3 \times w(C)_K \times w(C)_\phi} \times V_{风} \tag{9-57}$$

式中 $K_{批}$——焦炭批重，kg 或 t；

$w(C)_K$——焦炭含碳量，%；

K_ϕ——焦炭燃烧率，%；

$V_{风}$——每吨铁产生的风量，m^3/t；

n——上料批数；

f——鼓风湿度，%。

将已知数据代入式（9-57）中得：

当表风量增加 $120m^3/min$，折合标态风量为 $100m^3/min$，每小时多上料批：

$$n = \frac{60 \times (0.21 + 0.29 \times 0.02)}{0.933 \times 6 \times 10^3 \times 0.84 \times 0.70} \times 100 = 0.393(批/h)$$

9.2.1.6 炉缸煤气量计算

【例 9-40】 已知鼓风湿度 $f=2\%$，计算 $100m^3$ 湿风所生成的炉缸煤气量。

解 1：

$$V_{CO} = 2 \times V_{O_2} = 2 \times 100 \times (0.21 + 0.29 \times 0.02) = 43.16(m^3) \tag{9-58}$$

$$V_{H_2} = 2 \times V_{风} = 0.02 \times 100 = 2(m^3) \tag{9-59}$$

$$V_{N_2} = 0.79 \times (1 - f) \times V_{风} = 0.79 \times (1 - 0.02) \times 100 = 77.42(m^3) \tag{9-60}$$

$$V_{煤气} = \sum V = 43.16+2+77.42 = 122.58(m^3/100m^3) \tag{9-61}$$

解 2：

$$V_{煤气} = (0.21 + 0.29f) \times 100 = 122.58(m^3/100m^3) \tag{9-62}$$

9.2.1.7 风口前燃烧 1kg 炭素的炉缸煤气量计算

$$V_{煤气} = \frac{1.21 + 0.79f}{0.21 + 0.29f} \times 0.933 \times m(C)_{风} \tag{9-63}$$

式中 $V_{煤气}$——燃烧 1kg 炭素生成的煤气，m^3/kg；

f——鼓风湿度，%；

$m(C)_{风}$——风口前燃烧的炭素量，kg。

【例 9-41】 已知：自然鼓风 $f=2\%$，计算风口前燃烧 1kg 炭素的炉缸煤气量。

解： 把已知数据代入式（9-63）中得：

$$V_{煤气} = \frac{1.21 + 0.79f}{0.21 + 0.29f} \times 0.933 \times m(C)_{风}$$

$$= \frac{1.21 + 0.79 \times 0.02}{0.21 + 0.29 \times 0.02} \times 0.933 \times 1 = 5.3(m^3/kg)$$

依上法计算：当 $f=0$ 时，$V_{煤气}=5.38m^3/kg$；当 $f=1$ 时，$V_{煤气}=5.32m^3/kg$。

9.2.1.8 综合喷吹时冶炼 1t 生铁炉缸煤气量计算

【例 9-42】 已知：冶炼 1t 生铁，需用湿分 $f=2\%$ 的鼓风 $1470m^3$，油比 70kg/t，煤比 30kg/t，风量包括喷煤风。

喷吹物成分	O	N	H	H_2O
油	0.01	0.009	0.12	0.03
煤	0.0356	0.012	0.04	0.01

计算：冶炼每吨生铁所生成的炉缸煤气量。

解：

计算式：
$$V_{煤} = V_{CO} + V_{H_2} + V_{N_2} \tag{9-64}$$

式中　$V_{煤}$——冶炼每吨生铁的炉缸煤气量；

V_{CO}，V_{H_2}，V_{N_2}——煤气中 CO、H_2、N_2的含量，m^3/t。

先分别计算 V_{CO}、V_{H_2}、V_{N_2}的体积再代入式（9-64）中

$$V_{CO} = 2 \times (V_{风O_2} + V_{油O_2} + V_{煤O_2})$$

$$= 2 \times [V_{风} \times (0.21 + 0.29f) + \frac{22.4}{32}(y \times Q_y + M \times w(O_M)) + \frac{16}{18} \times \frac{22.4}{32}(y \times w(H_zO_y) + M \times w(H_zO_M))]$$

$$= 2 \times [1470 \times (0.21 + 0.29 \times 0.02) + 0.7 \times (70 \times 0.01 + 30 \times 0.0356) + 0.6222(70 \times 0.03 + 30 \times 0.01)]$$

$$=637.06(m^3/t)$$

$$V_{H_2} = V_{风} \times f + \frac{22.4}{2}(y \times H_y + M \times H_M) + \frac{16}{18} \times \frac{22.4}{2}(y \times H_zO_y + M \times H_ZO_M)$$

$$=1470 \times 0.02 + 11.2(70 \times 0.12 + 30 \times 0.04) + 1.246 \times (70 \times 0.03 + 30 \times 0.01)$$

$$=139.9(m^3/t)$$

$$V_{N_2} = V_{风} \times 0.79(1 - f) + \frac{22.4}{28}(y \times N_{zy} + M \times N_M)$$

$$=1470 \times 0.79(1 - 0.02) + \frac{22.4}{28} \times (70 \times 0.009 + 30 \times 0.012)$$

$$=1138.8(m^3/t)$$

$$V_{煤} = V_{CO} + V_{H_2} + V_{N_2} = 637.06 + 139.9 + 1138.8 = 1915.8(m^3/t_{铁})$$

9.2.1.9　喷油时炉顶煤气量的计算

【例 9-43】 已知：焦比 460kg，油比 40kg，石灰石量 20kg，炉尘量 15kg，含碳量（%）：

焦炭	油	炉尘	生铁	石灰石 CO_2
84.0	86.0	8.0	4.3	42.0

煤气成分（%）：

CO	CO_2	CH_4
23.0	16.7	0.8

计算：冶炼每吨生铁的炉顶煤气量。

解：

$$V_{炉顶}=\frac{w(C)_{焦}+w(C)_{油}+w(C)_{石灰石}-w(C)_{炉尘}-w(C)_{生铁}}{(\varphi(CO)+\varphi(CO_2)+\varphi(CH_4))\times\frac{12}{22.4}} \tag{9-65}$$

式中，$V_{炉顶}$为炉顶煤气量，m^3/t；$w(C)_{焦}$、$w(C)_{油}$、$w(C)_{石灰石}$、$w(C)_{炉尘}$、$w(C)_{生铁}$分别为焦炭、油、石灰石、炉尘、生铁的含碳量，%；$\varphi(CO)$、$\varphi(CO_2)$、$\varphi(CH)_4$分别为煤气中各成分的含量，%。

将已知数据代入式（9-65）中得：

$$V_{炉顶}=\frac{460\times0.84+40\times0.86+20\times0.42\times\frac{12}{44}-15\times0.08-43}{(0.23+0.67+0.008)\times\frac{12}{22.4}}=1754.8(m^3/t)$$

9.2.1.10　喷煤时炉顶和炉缸煤气量，风量的计算

【例9-44】　已知：焦比460kg，煤比80kg，炉尘12kg，$f=12g/m^3$，

含碳量（%）：

焦炭	煤	炉尘	生铁
85.0	65.0	8.0	4.2

煤气成分（%）：

CO	CO_2	CH_4	H_2	N_2
22.00	18.2	0.8	0.4	58.6

焦炭和煤粉挥发分对风量和炉缸煤气量影响不计。求：风量、炉缸煤气量和炉顶煤气量。

解1：按C平衡计算炉顶煤气量

$$V_{炉顶}=\frac{w(C)_{焦}+w(C)_{煤}-w(C)_{炉尘}-w(C)_{生铁}}{(\varphi(CO)+\varphi(CO_2)+\varphi(CH_4))\times\frac{12}{22.4}} \tag{9-66}$$

式中，$w(C)_{焦}$、$w(C)_{煤}$、$w(C)_{炉尘}$、$w(C)_{生铁}$分别为焦炭、煤粉、炉尘、生铁的含碳量，%；$\varphi(CO)$、$\varphi(CO_2)$、$\varphi(CH_4)$分别为煤气中各成分的含量，%。

将已知数据代入式（9-66）中得：

$$V_{炉顶}=\frac{460\times0.85+80\times0.65-12\times0.08-42}{(0.22+0.182+0.004)\times\frac{12}{22.4}}=1839.3(m^3/t_{铁})$$

解2：按N平衡计算风量

$$V_{风}=\frac{V_{炉顶}\times\varphi(N_2)_{煤}}{\varphi(N_2)_{风}} \tag{9-67}$$

式中　$V_{风}$——炉顶煤气量，m^3/t；

$V_{炉顶}$——炉顶煤气量，m^3/t；

$\varphi(N_2)_{煤}$——煤气中含氮量，%；

$\varphi(N_2)_{风}$——鼓风中含氮量，%。

将已知数据代入式（9-67）中得：

$$V_{风}=\frac{V_{炉顶}\times\varphi(N_2)_{煤}}{\varphi(N_2)_{风}}=\frac{1839.3\times0.586}{0.79\times\left(1-\frac{12}{8}\times\frac{1}{100}\right)}=1385.1(m^3/t)$$

解 3：按风量计算炉缸煤气量

$$V_{炉缸}=(1.21+0.79f)\times V_{风} \tag{9-68}$$

式中　$V_{炉缸}$——炉缸煤气量，m^3/t；

$V_{风}$——入炉风量，m^3/t。

将已知数据代入式（9-68）中得：

$$V_{炉缸}=(1.21+0.79f)\times V_{风}=\left(1.21+0.79\times\frac{12}{8}\times\frac{1}{100}\right)\times1385.1=1692.4(m^3/t)$$

9.2.1.11　高炉荒煤气发生量的简易计算

高炉荒煤气发生量可由配料计算详细得到，生产中也可由式（9-69）进行估算：

$$V_m=(1.34\sim1.45)V_e \tag{9-69}$$

式中　V_m——高炉煤气量，m^3/t；

V_e——高炉入炉风量，m^3/t。

【例 9-45】　已知某炉入炉风量为 $1385m^3/t$，计算荒煤气发生量。

解：按 $1.34V_e$ 和 $1.45V_e$ 计算

（1）按 $1.34V_e$ 计算则：

$$V_m=1.34V_e=1.34\times1385=1856(m^3/t)$$

（2）按 $1.45V_e$ 计算则：

$$V_m=1.45V_e=1.45\times1385=2008(m^3/t)$$

生产中由于煤气放散及设备管路漏损，实际煤气产量要少一些，小高炉煤气量要扣除4%~7%。

9.2.1.12　高炉入炉风量计算

高炉入炉风量，是指由高炉风口进入炉内的鼓风流量（换算为标准状况），可按式（9-70）计算：

$$V_O=\frac{V_U\times I\times V}{1440} \tag{9-70}$$

式中　V_O——高炉入炉风量（标准状态下），m^3/min；

V_U——高炉有效容积，m^3；

I——冶炼强度，$t/(m^3\cdot d)$；

V——每吨干焦耗风量（标准状态下），m^3/t；

1440——日历分钟，min。

式中，V 可通过以下方面得到：

（1）查表。V 可由表 9-2 查到。

（2）根据炉料及其产品成分计算。这里不做介绍，可自行查找有关资料计算。

【例 9-46】　已知某高炉 $V_U=100m^3$，冶炼强度 $1.5t/(m^3\cdot d)$，焦炭灰分 14%，鼓风

湿度 3%，计算高炉入炉风量。

解：查表知干风温（标准状态下）时，$V=2650m^3/t$，$f=3\%$时，$V_{\phi 3}=2500m^3/t$，将已知数据代入式（9-70）中得：

表 9-2　每吨干焦的耗风量（标准状态下）

焦炭灰分/%	风量/m^3	
	干　风	鼓风湿度 3%时
10	2750	2600
12	2700	2550
14	2650	2500
16	2600	2400

干风温时　$$V_0=\frac{100\times 1.5\times 2650}{1440}=276.04(m^3/min)$$

湿度 3%时　$$V_{\phi 3}=\frac{100\times 1.5\times 2500}{1440}=260.42(m^3/min)$$

9.2.1.13　利用煤成分计算高炉内直接还原度

高炉内直接还原度的计算式：

$$R_d=\frac{0.5[\varphi(CO_2)+\varphi(CO)]-\beta\times\varphi(N_2)}{\varphi(CO_2)+0.5\varphi(CO)-\beta\times\varphi(N_2)} \tag{9-71}$$

式中，R_d 为直接还原度，%；$\varphi(CO_2)$、$\varphi(CO)$、$\varphi(N_2)$分别为炉顶煤气中这几种成分的含量，%；β 为鼓风中氧量与氮气量之比。当不富氧时：

$$\beta=\frac{0.21(1-f)+0.5f}{0.79(1-f)} \tag{9-72}$$

式中　f——鼓风湿度，%。

【例 9-47】　已知某高炉鼓风湿度 2%，

炉顶煤气成分（%）：

CO	CO_2	H_2	CH_4	N_2
22.00	18.00	0.7	0.4	58.90

解：β 的计算，将已知数据代入式（9-72）中得：

$$\beta=\frac{0.21(1-f)+0.5f}{0.79(1-f)}=\frac{0.21\times(1-0.02)+0.5\times 0.02}{0.79\times(1-0.02)}=0.2529$$

将已知数据代入式（9-71）中得：

$$R_d=\frac{0.5(\varphi(CO_2)+\varphi(CO))-\beta\times\varphi(N_2)}{\varphi(CO_2)+0.5\varphi(CO)-\beta\times\varphi(N_2)}=\frac{0.5\times(0.18+0.22)-0.2529\times 0.589}{0.18+0.5\times 0.22-0.2529\times 0.589}=0.3619$$

9.2.1.14　利用煤气成分计算一氧化碳利用率

一氧化碳利用率的计算式：

$$\eta_{CO}=\frac{\varphi(CO_2)}{\varphi(CO_2)+\varphi(CO)} \tag{9-73}$$

式中　η_{CO}——一氧化碳利用率，%；

$\varphi(CO)_2$，$\varphi(CO)$——炉顶混合煤气中 CO_2、CO 的含量，%。

【例 9-48】 已知煤气成分计算一氧化碳利用率。

煤气成分（%）：

CO	CO_2	H_2	CH_4	N_2
22.00	18.00	0.7	0.4	58.89

解：将已知数据代入式（9-73）中得：

$$\eta_{CO} = \frac{\varphi(CO_2)}{\varphi(CO_2) + \varphi(CO)} = \frac{0.18}{0.18 + 0.22} = 0.45$$

9.2.1.15　氢（H_2）利用率的计算

高炉内参加还原反应的氢（H_2）$_{还}$ 与入炉总氢量（H_2）$_{总}$ 的比值称作氢的利用率（η_{H_2}）。氢利用率的计算式：

$$\eta_{H_2} = \frac{m(H_2)_{还}}{m(H_2)_{总}} = \frac{V_{煤} \times (\varphi(H_2)_{煤} + 2\varphi(CH_4)_{煤}) \times \dfrac{2}{22.4}}{m(H_2)_{风} + m(H_2)_{油} + m(H_2)_{煤粉} + m(H_2)_{焦}} \tag{9-74}$$

式中，$m(H_2)_{还}$为参加还原反应的氢量，kg/t；$V_{煤}$ 为冶炼 1t 生铁的炉顶煤气量，m^3/t；$\varphi(H_2)_{煤}$为炉顶煤气中氢含量，%；$\varphi(CH_4)_{煤}$为炉顶煤气中甲烷含量，%；$m(H_2)_{风}$、$m(H_2)_{油}$、$m(H_2)_{煤粉}$、$m(H_2)_{焦}$分别为鼓风、重油、煤粉、焦炭带入氢量，kg/t。

以上式中各项的计算如下：

（1）参加还原反应 $H_{2还}$量的计算：

$$m(H_2)_{还} = m(H_2)_{总} - m(H_2)_{煤} \tag{9-75}$$

式中　$m(H_2)_{还}$——参加还原反应的氢量，kg/t；

$m(H_2)_{总}$——每吨铁入炉 H_2的总量，kg/t；

$m(H_2)_{煤}$——高炉煤气中的 H_2量，kg/t。

（2）入炉总 H_2量（$m(H_2)_{总}$）的计算：

$$m(H_2)_{总} = m(H_2)_{风} + m(H_2)_{油} + m(H_2)_{煤粉} + m(H_2)_{焦} \tag{9-76}$$

式中，$m(H_2)_{风}$、$m(H_2)_{油}$、$m(H_2)_{煤粉}$、$m(H_2)_{焦}$分别为每吨铁鼓风、喷油、喷煤、焦炭带入的氢量，kg/t。

式中各项按下列各式计算：

1）鼓风带入氢量的计算。

$$m(H_2)_{风} = V_{风} \times f \times \frac{2}{18 \times 1000} \tag{9-77}$$

式中　$V_{风}$——鼓风量，m^3/t；

f——鼓风湿分，g/m^3。

2）喷吹带入氢量的计算。

$$w(H_2)_{油} = M \times w(H_2)_{油} + \frac{2}{18} \times M \times w(H_2O)_{油} \tag{9-78}$$

式中　M——每吨生铁的喷油量，kg/t；

$m(H_2)_{油}$，$w(H_2O)_{油}$——油中 H_2和 H_2O 的含量，%。

3）煤粉带入氢量的计算。

$$w(H_2)_{煤粉} = Y \times w(H_2)_{煤粉}\% + \frac{2}{18} \times Y \times w(H_2O)_{煤粉} \tag{9-79}$$

式中 Y——每吨生铁的喷煤量，kg/t；

$w(H_2)_{煤粉}$——煤粉中H元素的含量，%；

$w(H_2O)_{煤粉}$——煤粉中H_2O的含量，%。

4）焦炭带入氢量的计算。

$$w(H_2)_{焦} = K \times w(H_2)_{焦} + K \times w(H_2)_{挥焦} \tag{9-80}$$

式中 K——每吨铁的焦比；kg/t；

$w(H_2)_{挥焦}$——焦炭挥发分中的H_2（包括CH_4分解出的H_2）含量，%；

$w(H_2)_{焦}$——焦炭中有机H_2的质量分数。

（3）计算实例。已知数据，利用某高炉的原燃料成分、焦比、喷吹燃料数量、鼓风湿度、煤气成分等，计算出：

$V_{煤} = 2097m^3/t$；

$m(H_2)_{风} = 1.19kg/t$；

$m(H_2)_{油} = 7.87kg/t$；

$m(H_2)_{煤粉} = 2.72kg/t$；

$m(H_2)_{焦} = 1.64kg/t$。

炉顶煤气中含：

$w(H_2)_{煤} = 3.4\%$；

$w(CH_4)_{煤} = 0.69\%$。

将以上已知数据代入式（9-74）中得：

$$\eta_{H_2} = \frac{m(H_2)_{还}}{m(H_2)_{总}} = \frac{2097 \times (0.034 + 2 \times 0.006) \times \frac{2}{22.4}}{1.19 + 7.87 + 2.72 + 1.64} = \frac{4.81}{13.42} = 0.3584 = 35.84\%$$

9.2.2 高炉冶炼操作参数计算

9.2.2.1 冶炼周期计算

炉料在炉内的停留时间称为冶炼周期。它主要与冶炼强度和焦比有关，高炉冶炼强度高则冶炼周期短，冶炼周期是高炉工长应该掌握的重要操作参数，在正常生产中，根据冶炼周期可以估计改变装料制度（如变料等）后渣铁成分、温度、流动性等发生变化的时间，从而及时注意观察、分析判断、掌握炉况变化动向；当高炉计划休风或停炉时，根据冶炼周期可以推测休风料下达的时间，以便掌握休风或停炉的时机。

冶炼周期计算方法：

（1）按时间计算：

$$T = \frac{24V_a}{P(1-\alpha)\left(\frac{OR}{\rho_0} + \frac{C}{\rho_C}\right)} \tag{9-81}$$

式中　T——冶炼周期，h；

V_a——高炉工作容积，m^3（指料线到风口中心线间的容积）；

P——昼夜产铁量，t；

α——炉料的平均压缩率，%（一般中小高炉为 10%~11%）；

OR——冶炼单位生铁所消耗的主、辅原料量，t/t；

C——焦比，t/t；

ρ_0——主、辅原料的平均堆密度，t/m^3；

ρ_C——焦炭的堆密度，t/m^3。

（2）按上料批数计算：

$$N = \frac{V_a}{(1 - \alpha) \times V_b} \tag{9-82}$$

式中　N——炉料由规定料线到达风口的上料批数，批；

V_a——每批料的体积（包括焦炭和矿石），m^3。

【例 9-49】　某 $100m^3$ 高炉，$V_a = 91.3m^3$，$P = 287t$，$OR = 1.787t/t$，$C = 0.596t/t$，$\rho_0 = 1.7t/m^3$，矿批 1.859t，焦批 0.62t，$\alpha = 10\%$，则：

$$T = \frac{24 \times 91.3}{287 \times (1 - 10\%) \times \left(\frac{1.787}{1.7} + \frac{0.596}{0.5}\right)} = 3.8(h)$$

$$N = \frac{91.3}{(1 - 10\%) \times \left(\frac{1.859}{1.7} + \frac{0.62}{0.5}\right)} = 43.5(批)$$

因此，经过 3.8h 或下料 43.5 批之后，首批料到达风口水平。

【例 9-50】　已知某高炉有效容积 $1200m^3$，工作容积 $V_a = V_u \times 0.86 = 1200 \times 0.86 = 1032(m^3)$，日产铁 2400t/d，$OR = 1.789t/t$，$C = 0.480t/t$，$\rho_0 = 1.70t/m^3$，$\rho_C = 0.5t/m^3$，$\alpha = 9\%$，矿批 12t，焦批 4t/批，计算冶炼周期。

解：将已知数据代入式（9-82）中得出：

$$T = \frac{24 \times 1032}{2400 \times (1 - 9\%) \times \left(\frac{1.787}{1.7} + \frac{0.480}{0.5}\right)} = 5.65(h)$$

$$N = \frac{1032}{(1 - 9\%) \times \left(\frac{12}{1.70} + \frac{4}{0.5}\right)} = 75.31(批)$$

经计算，经 5.65h 或下料 75.31 批后，首批料到达风口水平。

9.2.2.2　低料线赶料时间计算

（1）计算公式。设赶料线时间为 t，低料线深度为 H，规定料线为 h_0，每批料在炉喉的厚度为 $h_料$，卷扬机最快上料速度为每批 $t_快$，正常上料速度则近似计算：

$$\frac{t}{t_快} = \frac{t}{t_正} \times \frac{H - h_0}{h_料} + 1$$

$$t = \frac{t_{快} \times t_{正}}{t_{正} - t_{快}}\left(\frac{H - h_0}{H_{料}} + 1\right) \tag{9-83}$$

（2）计算实例。已知低料线深度 4m，规定料线 1.5m，每批料可提高料层厚度为 0.75m，卷扬机最快上料时间每批为 5min，正常上料时间为 9min，则赶料线时间为：

$$t = \frac{t_{快} \times t_{正}}{t_{正} - t_{快}}\left(\frac{H - h_0}{H_{料}} + 1\right) = \frac{5 \times 9}{9 - 5} \times \left(\frac{4 - 1.5}{0.75 + 1} + 1\right) = 48.7(\text{min})$$

因此，经过 48.7min 可将料线赶上。

9.2.2.3　炉料由料线到达风口批数计算

A　近似计算公式

近似计算公式为：

$$N_{批} = \frac{V}{(V_{矿} + V_{焦}) \times (1 - \xi)} \tag{9-84}$$

式中　$N_{批}$——炉料由料线达到风口的批数；

V——风口以上高炉的工作容积，m^3；

$V_{矿}$——每批矿石的体积，m^3；

$V_{焦}$——每批焦炭的体积，m^3；

ξ——炉料的压缩率，%。

计算步骤：

（1）风口以上高炉工作容积的计算公式：

$$V = V_{效} - \frac{\pi}{4}(D^2 \times H + d^2 \times h) \tag{9-85}$$

式中　$V_{效}$——高炉有效容积，m^3；

D——炉缸直径，m；

H——铁口中心线至风口中心线的距离，m；

d——炉喉直径，m；

h——高炉料线，m。

（2）每批矿石的体积：

$$V_{矿} = \frac{A}{\gamma_{矿}} \tag{9-86}$$

式中　A——矿石批重，t；

$\gamma_{矿}$——矿石平均堆密度，t/m^3（烧结矿 $\gamma_{矿}$ = 1.64，天然矿 $\gamma_{矿}$ = 2.20）。

（3）每批焦炭体积的计算公式：

$$V_{焦} = \frac{K}{\gamma_{焦}} \tag{9-87}$$

式中　$V_{焦}$——每批焦炭的体积，m^3；

K——焦炭批重，t；

$\gamma_{焦}$——焦炭平均堆密度（大块焦炭 $\gamma_{焦}$=0.45，中块焦 $\gamma_{焦}$=0.58）。

（4）炉料压缩率的选择。炉料压缩率与炉容大小有关，一般情况为高炉越大压缩率越大。压缩率选择时大高炉较大，小高炉较小。一般小高炉可选 8%～10%，中型高炉

10%~12%，大高炉 12%~16%。

压缩率选择难度较大，如果本厂不能自行测定和计算，可参考同类高炉的压缩率并结合本厂实际情况选择确定。

B　计算实例

已知鞍钢某高炉焦炭批重（大块焦）为 5t，矿石批重为 20.5t，全部使用烧结矿，计算炉料由料线达到风口的批数。

根据计算或查表知：$V_{焦}=11.11\text{m}^3$；$V_{矿}=12.50\text{m}^3$；$V=800.82\text{m}^3$；压缩率 $\xi=12.0\%$，则

$$N_{批}=\frac{V}{(V_{矿}+V_{焦})\times(1-\xi)}=\frac{800.82}{(12.50+11.11)\times(1-0.12)}=38.5(批)$$

从以上计算得知下料 38.5 批后，所下料可到达风口。

9.2.2.4　炉料下降速度的计算（平均）

高炉的下料情况直接反映冶炼进程的好坏。生产中可通过探料尺的变化和风口观察了解。也可以通过计算炉料的平均下降速度，生产过程要把下料速度控制在一个适宜的范围内，超过适宜的下降速度表明炉况不正常，如出现难行或悬料，或炉凉。生产中控制料速的主要方法是：加风量则提高料速，减风量则降低料速，还可以通过控制喷吹量来控制料速或用控制炉温来微调料速。炉料平均下降速度的计算方法为：

$$V_{均}=\frac{V}{S\times 24} \tag{9-88}$$

式中　V——每昼夜装入高炉的全部炉料体积，m^3；

　　S——炉喉截面积，m^2。

或

$$V_{均}=\frac{V_{有}\times\eta_{有}\times V_{料}}{S\times 24} \tag{9-89}$$

式中　$V_{均}$——炉料平均下降速度，m/h；

　　$V_{有}$——高炉有效容积，m^3；

　　$V_{料}$——吨铁炉料的体积，m^3/t；

　　$\eta_{有}$——有效容积利用系数，$\text{t}/(\text{m}^3\cdot\text{d})$。

由上可见，在一定条件下，利用系数越高，下料速度越快，每吨铁炉料体积越大，下料速度越快。

【例 9-51】　某 300m^3 高炉，炉喉直径 3600mm，有效容积利用系数 $2.5\text{t}/(\text{m}^3\cdot\text{d})$，焦比 620kg/t，焦炭堆密度 0.5t/m^3，每吨生铁的矿石和熔剂耗量为 1.787t/t，堆密度 1.7t/m^3，计算平均下料速度。

解：将已知数据代入式（9-89）中得：

$$V_{均}=\frac{300\times 2.5\times\left(\dfrac{1.787}{1.7}+\dfrac{0.620}{0.50}\right)}{\dfrac{3.14\times 3.6\times 3.6}{4}\times 24}=7.04(\text{m/h})$$

【例 9-52】　已知某高炉有效容积 1080m^3，利用系数 $2.40\text{t}/(\text{m}^3\cdot\text{d})$，炉喉直径 5.8m，焦比 450kg/t，堆密度 1.9t/m^3，计算平均下料速度。

$$V_{均} = \frac{1080 \times 2.4 \times \left(\frac{1.785}{1.7} + \frac{0.45}{0.50}\right)}{\frac{3.14 \times 5.8 \times 5.8}{4} \times 24} = 7.96(\mathrm{m/h})$$

还可以用冶炼周期和从风口到料面的高度来计算下料速度（平均）：

$$V_{均} = \frac{H}{t} \tag{9-90}$$

式中　$V_{均}$——平均下料速度，m/h；

H——从风口到炉顶料面的高度，m；

t——冶炼周期，h。

【例 9-53】　已知某厂高炉 750m³，从风口中心线到炉顶料面的距离为 19.6m，冶炼周期为 4.8h，计算平均料速。

解：将已知数据代入式（9-90）中得：

$$V_{均} = \frac{H}{t} = \frac{19.6}{4.8} = 4.080(\mathrm{m/h})$$

9.2.2.5　理论出铁量的计算

通过计算理论出铁量，可以检查放铁的好坏（炉缸内的铁水是否放完）和铁损（包括吹损和渣中带铁）的情况，如发现差距较大时，应及时找出产生的原因，尽快进行解决。

（1）铁矿石理论出铁量的计算。

每吨铁矿石的理论出铁量（kg）可按式（9-91）计算：

$$出铁量 = 1000 \times \frac{w(\mathrm{TFe})_{矿}}{w(\mathrm{Fe})_{生}} \times \eta_{\mathrm{Fe}} \tag{9-91}$$

式中　$w(\mathrm{TFe})_{矿}$——铁矿石的全铁含量，%；

$w(\mathrm{Fe})_{生}$——生铁中含铁量，一般可取 93%~94%；

η_{Fe}——铁的回收率，一般可取 98%~99%，最高可取 99.5%。

【例 9-54】　已知生铁含量为 93%，矿石含铁量为 55%，η_{Fe} 取 99.5%，1000kg 矿石理论出铁量为：

$$出铁量 = 1000 \times \frac{0.55}{0.93} \times 0.995 = 588.444(\mathrm{kg})\ 或\ 0.5884(\mathrm{t})$$

（2）每批炉料的理论出铁量的计算。

每批炉料的理论出铁量（t）由式（9-92）计算：

$$出铁量 = \frac{批重_{矿} \times w(\mathrm{Fe})_{矿} + 碎铁 \times w(\mathrm{Fe})_{碎}}{w(\mathrm{Fe})_{生}} \times \eta_{\mathrm{Fe}} \tag{9-92}$$

式中　$批重_{矿}$——矿石批重，t；

$w(\mathrm{Fe})_{矿}$——矿石含铁量，%，若几种矿石配合使用，则 $w(\mathrm{Fe})_{矿}$ 为混合矿的含铁量；

碎铁——每批料中碎铁的加入量，t；

$w(\mathrm{Fe})_{碎}$——碎铁的含铁量，%；

η_{Fe}——铁的回收率，取决于冶炼条件和操作水平，通常可取为 98%~99%，最高可取 99.5%；

$w(Fe)_{生}$——生铁的含铁取决于冶炼生铁种类，炼钢生铁可取为 93%~94%。

【例 9-55】 已知矿石批重 2.2t，矿石含铁量 59%，每批料加入碎铁 30kg，碎铁含铁量 85%，η_{Fe}为 99%，生铁中含铁量 93%，计算理论出铁量。

解： 将已知数据代入式（9-92）中得：

$$出铁量 = \frac{2.2 \times 59\% + 0.03 \times 85\%}{93\%} \times 99\% = 1.4088(t)$$

（3）每炉铁理论出铁量的计算。

每炉铁的理论出铁量（t）按式（9-93）计算：

$$出铁量_{炉} = 批数_{下} + 出铁量 \tag{9-93}$$

式中　批数$_{下}$——上炉出铁结束时到该炉结束时之间炉料的下料批数。

【例 9-56】 已知每批炉料出铁量为 1.4088t，每炉铁的下料批数为 21 批，计算每炉铁的出铁量。

解： 将已知数据代入式（9-93）中得：

$$出铁量_{炉} = 批数_{下} + 出铁量 = 21 \times 1.4088 = 29.585(t)$$

9.2.2.6　理论出渣量的计算

通过理论出渣量的计算，可以检查放渣情况的好坏，如发现放渣量与理论出渣量相差太大时，应及时研究处理。

理论渣量（渣铁比）可根据 CaO 平衡进行计算。因为：

$$Q_{CaO} = w(CaO)_{渣} \times 渣量$$

所以

$$渣量 = \frac{m(CaO)}{w(CaO)_{渣}} \tag{9-94}$$

式中　渣量——每批炉料的理论渣量，t；

Q_{CaO}——每批炉料带入的 CaO 量，t；

$w(CaO)_{渣}$——炉渣中 CaO 的含量，%。

于是，渣铁比（t/t）为：

$$渣铁比 = \frac{渣量}{出铁量} = \frac{Q_{CaO}/w(CaO)_{渣}}{出铁量} \tag{9-95}$$

【例 9-57】 已知炉渣中 CaO 含量为 41%，每批炉料带入的 CaO 量为 0.34t，每批炉料的理论出铁量为 1.4088t。

解： 将已知数据代入式（9-94）、式（9-95）中得：

$$渣量 = \frac{m(CaO)}{w(CaO)_{渣}} = \frac{0.34}{0.41} = 0.829(t)$$

$$渣铁比 = \frac{渣量}{出铁量} = \frac{0.829}{1.4088} = 0.5886(t/t)$$

9.2.2.7　理论燃烧温度的计算

高炉喷吹辅助燃料时，维持一适宜的理论燃烧温度是获得良好喷吹效果的重要条件之一。因此，当高炉喷吹燃料时要经常计算理论燃烧温度。理论燃烧温度的计算有常规法和经验法两种。

A 常规法

理论燃烧温度$t_{理}$可用式（9-96）计算：

$$t_{理}=\frac{9797+Q_{风}+Q_{喷燃}-Q_{分}}{V_{煤}\times c_{煤}-1.25\alpha} \tag{9-96}$$

式中 $t_{理}$——理论燃烧温度,℃;

$Q_{风}$——热风带入热量，kJ/kg;

$Q_{喷燃}$——喷吹燃料带入的热量，kJ/kg;

$Q_{分}$——鼓风水分和喷吹燃料的分解热，kJ/kg;

$V_{煤}$——燃烧生成的煤气量，m^3/kg;

$c_{煤}$——煤气的比热容，$kJ/(m^3\cdot ℃)$;

α——焦炭的碳占全部碳的比例，%。

由于常规法理论燃烧温度的计算很复杂，现场又很少应用，故不作举例计算，如需要时可查找有关参考书。

B 理论燃烧温度的经验计算法

由于常规法的计算比较复杂，计算时间又很长，故有些厂根据自己的具体情况总结出理论燃烧温度的经验计算法，计算比较简易，现介绍如下。

a 国外的经验计算法

（1）澳大利亚布罗希尔（B. H. P）公司的试验式：

$$t_{理}=1570+0.808t_{风}+4.37W_{氧}-5.85W_{湿}-4.4W_{油} \tag{9-97}$$

（2）日本君津钢铁厂的经验式：

$$t_{理}=1559+0.839t_{风}-6.0337W_{湿}-4.972W_{油}+4.972W_{氧} \tag{9-98}$$

式中 $t_{理}$——理论燃烧温度,℃;

$t_{风}$——热风温度,℃;

$W_{氧}$——富氧量，m^3/km^3;

$W_{湿}$——鼓风水分，g/m^3;

$W_{油}$——喷吹油的数量，kg/km^3。

b 国内的一些经验计算法

（1）唐钢一铁厂的经验式。在有喷煤、加湿、富氧、喷油条件风口前理论燃烧温度可按式（9-99）计算出：

$$t_{F}=1570+0.808t_{风}+4.37W_{氧}-5.85W_{湿}-4.4W_{油}-(2.37\sim2.75)W_{煤} \tag{9-99}$$

式中 t_{F}——理论燃烧温度,℃;

$t_{风}$——鼓风温度,℃;

$W_{湿}$——鼓风中湿分，g/m^3;

$W_{油}$——重油喷吹量，kg/km^3;

$W_{氧}$——氧富氧量，m^3/km^3;

$W_{煤}$——喷煤量，kg/km^3。

前面所讲，高炉具有一个极限的理论燃烧温度，故t_{P}有一个上限。目前，国外认为不应超过 2300~2400℃，国内则倾向于不大于 2300℃。对于理论燃烧温度的下限值，在国内一般认为不应小于 2050~2100℃。

在综合鼓风条件下，因加湿和喷吹燃料均分解吸热，会使理论燃烧温度下降，一般鼓风中增加 1.0g/m³ 湿分，从总热平衡讲，相当于降低风温 6℃；喷吹 10kg/t 煤粉，则可使理论燃烧温度降低 15℃左右。

（2）新余钢铁厂理论燃烧温度的经验计算法。新余钢铁厂总结出理论燃烧温度与现场各参数之间的关系式：

$$t_F = 1570 + 0.808t_{风} - 5.85W_{湿} - \frac{250W_{煤}}{6Q_{风}} \tag{9-100}$$

式中　$W_{煤}$——喷煤量，t/h；

$Q_{风}$——鼓风量，km³/min；

$W_{湿}$——鼓风中湿分，g/min；

$t_{风}$——鼓风温度，℃。

（3）包钢高炉理论燃烧温度的经验计算法。

$$t_{理} = 156.2 - 2.04M + 37.1\Delta Q + 0.76t - 38.9W \tag{9-101}$$

式中　$t_{理}$——理论燃烧温度，℃；

M——煤比，kg/t；

ΔQ——富氧率，%；

t——风温，℃；

W——鼓风湿度，%。

（4）首钢理论燃烧温度计算的经验式。

$$t_{理} = 1536 + 0.7938t + 40.3w(O_2) - 2.0W_{煤} \tag{9-102}$$

式中　$t_{理}$——风口前理论燃烧温度，℃；

t——热风温度，℃；

$w(O_2)$——富氧率，%；

$W_{煤}$——喷煤量，kg/t。

应当指出的是，这些经验计算式是在各厂具体冶炼条件下，通过实践对生产结果统计回归而得出的，冶炼条件不同，经验式也有差别。因此，在使用上有局限性。在必须使用时，应对比冶炼条件作一定的修正。

C　计算实例

【例 9-58】　已知 $K=454$，$w(C_k)=0.85$，$M=65.3$，$Y=49.8$，$w(C_\phi)=0.7$，$f'=f=0.015$，$t_b=1043.7$，$t_{输}=100$，$b_M=b_y=1.0$，$b_{输}=0.06$。

	C/%	H_2/%	O_2/%	N_2/%	H_2O/%
无烟煤	78.42	3.84	1.53	1.20	0.67
重　油	86	12	1	0.869	

（1）常规计算法（以每吨铁为单位）。

将已知数据用公式（9-102）进行运算后得出：$t_{理}=2011$℃。计算过程这里不做介绍，可参阅主要参考资料［2］。

(2) 经验计算法。

按某厂经验式（9-99）计算 $t_{理}$：

$$t_{理} = 1570 + 0.808t + 4.37W_{氧} - 5.85W_{湿} - 4.4W_{油} - (2.37 \sim 2.75)W_{煤}$$

计算：$W_{煤}$ 的系数取 2.37~2.75 的平均值，即 $\frac{2.37+2.75}{2} = 2.56$。

$$W_{煤} = 49.8 \div 1.461 = 34.1(\text{kg/km}^3)$$

$$W_{油} = 65.3 \div 1.461 = 44.7(\text{kg/km}^3)$$

式中 1.461 为吨铁耗风量/1000 之值，吨铁耗风量可用有关公式计算得出：

将以上三个已知数和其他已知数据代入公式（9-99）则得出：

$$t_{理} = 1570 + 0.808 \times 1043.7 - 5.85 \times 12 - 4.4 \times 44.7 - 2.56 \times 34.1 = 2057(℃)$$

经验计算法的表达式适于综合鼓风时的计算，与喷吹燃料时计算不尽相同。

9.2.2.8 喷吹燃料“热滞后”时间的计算

喷吹煤粉后由于 H_2 代替 C 参加还原反应，要节省一部分热量，这个反应区域在炉身下部 1100~1200℃处，而这个热效应又必须等待这些炉料下降到炉缸时才能反映出来，而这个时间又大致等于冶炼周期的一半，这种现象叫“热滞后”现象。“热滞后”时间 t 时按式（9-103）进行计算：

$$t = \frac{V_{总}}{V} \times \frac{1}{n} \tag{9-103}$$

式中 $V_{总}$——H_2 参加反应区起点处平面（炉身温度 1100~1200℃处）至风口平面之间的容积，m^3；

V——每批料的体积，m^3；

n——平均每小时的下料批数，批/h。

【例 9-59】 某高炉炉缸直径 7m，炉腰直径 7.9m，炉腹、炉腰高各为 3m，约为 478m³，焦重 5.2t，矿批重（烧结矿）20t，平均下料速度为 6.6 批/h，其滞后时间为：

$$t = \frac{478}{\frac{5.2}{0.45} + \frac{20}{1.64}} \times \frac{1}{6.6} = 3.05(\text{h})$$

式中，0.45 和 1.64 分别为焦炭与烧结矿的堆密度，t/m^3。

9.2.2.9 综合喷吹燃料时补偿热的计算

高炉喷吹燃料时，因燃料加热和裂解而消耗部分热域，致使理论燃烧温度降低、炉缸热量不足，为保持原有的炉缸热状态，需要热补偿，如提高风温和富氧等。

A 计算公式

根据热平衡 $V_{风} \times c_{p风} \times t = Q_{分} + Q_{1500}$ 导出：

$$t = \frac{Q_{分} + Q_{1500}}{V_{风} \times c_{p风}} \tag{9-104}$$

式中 t——喷吹燃料时应补偿的风温，℃；

$V_{风}$——风量，m^3/t；

$c_{p风}$——热风温度在 t 风时的比热容，kJ/(m³·℃)；

$Q_{分}$——喷吹燃料的分解热，kJ/kg（或 m^3）。

$Q_{分}$ 计算方法为：

$$Q_{分(煤)} = 33411C + 121019H + 9261S - Q_{低}$$
$$Q_{分(油)} = 32741C + 121019H + 12309S - Q_{低}$$
$$Q_{分(天然气)} = 3475CH_4 + 5250C_2H_6 + 7453C_3H_8 + 10802H_2O + 7402CO_2$$

式中的化学符号（元素或分子）是喷吹燃料的化学组成，单位为 kg/kg 或 m^3/m^3；油、煤中各元素前面的系数是其完全燃烧时产生的热量，天然气中的系数是气体的分解热，单位分别为 kJ/kg 或 kJ/m^3。$Q_{低}$是喷吹燃料的低发热值（kJ/kg）。

Q_{1500}为喷吹燃料升温至 1500℃时所需要的物理热［kJ/kg（m^3）］，其计算方法为：

$$Q_{1500} = \sum c_p \times \Delta t \times i$$

式中 Δt——温度变化范围,℃；

i——单位燃料中各组分含量，kg/kg 或 m^3/m^3；

c_p——各组分在 Δt 时的平均比热容（见表 9-3）。

表 9-3 喷吹燃料的比热容

温度范围/℃	0~100	100~325	325~1500	温度范围/℃	0~500	500~800	800~1500
重　油	2.09	2.81	1.26	煤　粉	1.00	1.20	1.51

B 计算实例

已知：$t_{风}$ = 1050t，f = 2%，$V_{风}$ = 1400m^3/t，其他条件不变，但油比由 30kg/t 增至 50kg/t，煤比由 50kg/t 减至 28kg/t，并增加天然气 10m^3/t。需要补偿风温的计算过程为：

喷吹燃料的理化性能为：

	C/%	H/%	S/%
重油	86.45	11.99	0.13
煤粉	73.04	3.42	0.68

	燃料温度/℃	$Q_{低}$/kJ·kg^{-1}	气化温度/℃
重油	80	41085	325
煤粉	50	27595	500

	CH_4/%	C_2H_6/%	C_3H_8/%	H_2/%	N_2/%	CO_2/%
天然气	93.87	1.41	0.41	3.25	0.66	0.40

重油：

$$Q_{分} = 32741 \times 0.8645 + 121019 \times 0.1199 + 12309 \times 0.0013 - 41085 = 1746(kJ/kg)$$
$$Q_{1500} = 2.09 \times (100 - 80) + 2.81 \times (325 - 100) + 1.26 \times (1500 - 325) = 2155(kJ/kg)$$

煤粉：

$$Q_{分} = 33411 \times 0.7304 + 121019 \times 0.0342 + 9261 \times 0.0068 - 27595 = 1010(kJ/kg)$$
$$Q_{1500} = 1 \times (500 - 50) + 1.26 \times (800 - 500) + 1.51 \times (1500 - 800) - 1885(kJ/kg)$$

天然气：

$Q_{分} = 3475 \times 0.9387 + 5250 \times 0.0141 + 7453 \times 0.0041 + 7402 \times 0.0040 = 3396(kJ/kg)$

$Q_{1500} = 2.14 \times 800 \times 0.96 + 1.34 \times 700 \times 1.936 + 13.68 + 12.56 + 63.27 = 3549(kg/m)$

将算出的 $Q_{分}$ 和 Q_{1500}列出为：

	重油	煤粉	天然气
$Q_{分}$	1746	1010	3396
Q_{1500}	2155	1885+121	3549
$\sum Q$	3901	3016	6945

式中，烟煤的分解热可取 1170kJ/kg；“1885+121” 是输送煤粉的压缩空气加热到 1500℃时需要的热量。

根据上述计算，需要补偿的风温为：

$$t = \frac{3901 \times (50 - 30) + 3016 \times (28 - 50) + 6945 \times 10}{1400 \times 1.4256} = 40.6345(℃)$$

9.2.2.10　喷煤时热补偿的计算

高炉喷煤时，因喷吹的煤粉以常温状态进入高炉，在风口区需加热和裂解，消耗部分热量，致使理论燃烧温度降低，炉缸热量不足，要以提高风温来进行热补偿，提高风温的数量用式（9-105）计算：

$$t = \frac{Q_{分} + Q_{1500}}{V_{风} \times c_{p风}} \tag{9-105}$$

式中　t——喷吹燃料时应补偿的风温，℃；

$V_{风}$——风量，m^3/t；

$c_{p风}$——热风温度在 t 风时的比热容，kJ/(m^3 · ℃)；

$Q_{分}$——喷吹燃料的分解热，kJ/kg（或 m^3）。

$Q_{分}$ 的计算方法为：

$$Q_{分} = 33411C + 121019H + 9261S - Q_{低}$$

式中，元素符号 H、C、S 是煤粉的化学组成，单位为 kg/kg；元素前面的系数是完全燃烧时产生的热量；$Q_{低}$ 是煤粉的低位发热值（kJ/kg）。

Q_{1500}为煤粉升温到 1500℃时所需要的物理热（kJ/kg），计算方法：

$$Q_{1500} = \sum c_p \times \Delta t \times i$$

式中　Δt——温度变化范围，℃；

i——单位燃料中各组分含量，kg/kg；

c_p——各组分在 Δt 时的平均比热容，kJ/(kg · ℃)。

喷吹燃料的比热容见表 9-4。

表 9-4　喷吹燃料的比热容

温度范围/℃	0~100	100~325	325~1500
承　油	2.09	2.81	1.26
温度范围/℃	0~500	50~800	800~1500
煤　粉	1.0	1.26	1.51

【例 9-60】　已知 $t_{风} = 1050℃$，$f = 2\%$，$V_{风} = 1400m^3/t$，其他条件不变，计算喷吹煤

粉由 50kg/t 增加到 100kg/t，需要补偿风温多少？

解：煤粉理化性能：$w(C)=72.04\%$，$w(H)=4.42\%$，$w(S)=0.65\%$，温度 60℃，$Q_{低}=27795kJ/kg$，气化温度 500℃。

$$Q_{分}=33411\times 0.7204+121019\times 0.0442+9261\times 0.0065-27795=1349.41(kJ/kg)$$

$$Q_{1500}=1.0\times(500-60)+1.26\times(800-500)+1.51\times(1500-800)=1875(kJ/kg)$$

喷煤带入的压缩空气加热到 1500℃，需热量 130kJ/kg。

将已知数据代入式（9-105）中得：

$$t=\frac{(1349.41+1875+130)\times(100-50)}{1400\times 1.4265}=84(℃)$$

9.2.2.11　喷吹重油、煤粉时置换比的计算

喷吹 1kg（或 $1m^3$）附加燃料能替换多少焦炭，称为喷吹燃料的置换比。它是衡量喷吹燃料效果如何的重要指标。置换比越高说明喷吹燃料的利用效果越好。

单纯喷吹重油或煤粉时：

$$R_{油}=\frac{K_0+K_1+\sum\Delta K}{M} \tag{9-106}$$

$$R_{煤}=\frac{K_0+K_1+\sum\Delta K}{Y} \tag{9-107}$$

式中　$R_{油}$——喷油时的置换比；

$R_{煤}$——喷煤时的置换比；

K_0——基准期（未喷油或煤时）的实际平均焦比；

K_1——喷油或喷煤时期的实际平均焦比；

M——每吨铁的喷油量，kg/t；

Y——每吨铁的喷煤量，kg/t；

$\sum\Delta K$——喷吹阶段对基准期，除喷吹因素外诸因素影响焦比数值的代数和。

9.2.2.12　喷吹燃料时置换比的简易计算

喷吹燃料时的置换比可按常规法，也可按以下简易法计算：

（1）实际置换比：

$$\alpha_{实}=\frac{K_1-K_2}{G} \tag{9-108}$$

（2）校正置换比：

$$\alpha_{校}=\frac{K_1-K_2+K_3}{G} \tag{9-109}$$

式中　$\alpha_{实}$——实际置换比；

$\alpha_{校}$——校正置换比；

G——喷吹物实物总量，kg/t；

K_1——基准期焦比，kg/t；

K_2——试验期焦比，kg/t；

K_3——基准期与试验期相比，各因素对焦比的影响量之和，kg/t。

【例 9-61】　已知某高炉入炉焦比 616kg/t；喷煤粉 78kg/t 后焦比 548kg/t，经计算各

因素影响焦比之和为 5. 23kg/t，计算实际置换比及校正置换比。

解：将已知数据代入式（9-108）、式（9-109）中得：

实际置换比：

$$\alpha_{实} = \frac{K_1 - K_2}{G} = \frac{616 - 548}{78} = 0.8718$$

校正置换比：

$$\alpha_{校} = \frac{K_1 - K_2 + K_3}{G} = \frac{616 - 548 + 5.23}{78} = 0.80$$

【例 9-62】 已知某高炉入炉焦比 628kg/t，喷吹煤粉 89kg/t 后焦比 555kg/t，经计算各因素影响焦比之和为+10. 4kg/t，计算实际置换比及校正置换比。

解：将已知数据代入式（9-108）、式（9-109）中得：

实际置换比：

$$\alpha_{实} = \frac{K_1 - K_2}{G} = \frac{628 - 555}{89} = 0.82$$

校正置换比：

$$\alpha_{校} = \frac{K_1 - K_2 + K_3}{G} = \frac{628 - 555 + 10.4}{89} = 0.937$$

（3）理论置换比。在冶炼条件相对稳定的前提下，以高温区域为基础，将喷吹煤粉（或燃料）和焦炭均换算成焦炭碳素的热量，两者之比为理论置换比。理论置换比的常规计算法很复杂，现只介绍简易计算法：

1）按其含固定碳计算（煤、油）：

$$\alpha_{理} = \frac{w(\mathrm{C})_{\mathrm{G}}}{w(\mathrm{C})_{\mathrm{K}}} \tag{9-110}$$

2）按其发热值计算：

$$\alpha_{理} = \frac{Q_{\mathrm{G}}}{Q_{\mathrm{K}}} \tag{9-111}$$

式中 $\alpha_{理}$——理论置换比；

$w(\mathrm{C})_{\mathrm{G}}$——单位喷吹物含固定碳量，%；

$w(\mathrm{C})_{\mathrm{K}}$——单位焦炭含固定碳量，%；

Q_{G}——单位喷吹物发热值；

Q_{K}——单位焦炭发热值。

【例 9-63】 已知某高炉使用焦炭的固定碳含量为 85. 91%，喷吹用煤粉含碳量为 77. 83%。1kg 焦炭在风口区燃烧放出热量 9797kJ；1kg 喷吹煤粉在风口区燃烧放出的热量为 9165kJ，计算理论置换比。

解：将已知数据代入式（9-110）、式（9-111）中得：

按其含固定碳计算：

$$\alpha_{理} = \frac{w(\mathrm{C})_{\mathrm{G}}}{w(\mathrm{C})_{\mathrm{K}}} = \frac{77.83}{85.91} = 0.9060$$

按其发热值计算：

$$\alpha_{理} = \frac{Q_G}{Q_K} = \frac{9165}{9797} = 0.9355$$

9.2.2.13　高炉富氧鼓风富氧率的计算

A　高炉富氧鼓风的概念

高炉富氧鼓风是往高炉鼓风中加入工业氧（一般含氧 99.5%），使鼓风含氧超过大气含量，其目的是提高冶炼强度以增加高炉产量和强化喷吹燃料在风口前燃烧。

$$鼓风含氧 = 大气中含氧 + 富氧率 \quad (9\text{-}112)$$

式中，鼓风含氧单位为%；富氧率单位为%；大气中含氧一般取 21%。

$$富氧率 = \frac{富氧量}{风量 + 富氧率} \quad (9\text{-}113)$$

式中，富氧率单位为%；富氧量单位为 m^3/min；风量单位为 m^3/min；或以吨铁所用的风量和吨铁耗的氧气量为单位计算的。

对于富氧工艺，氧气多在高炉放风阀前兑入冷风内，这样能保持高炉风量波动时富氧率不变，但在放风时也放掉了一些氧气，有些浪费；也有采用放风阀后（靠近高炉侧）兑入氧气的，其特点与前者相反。

B　富氧率的计算

（1）富氧后鼓风含氧量的计算。设鼓风湿度为 ϕ，$1m^3$ 鼓风中兑入的富氧气体 W（m^3），富氧气体纯度为 α 时，在有湿分和富氧的情况下，鼓风含氧量用式（9-114）计算：

$$w(O_{2b}) = 0.21 + 0.29 \times \phi + (\alpha - 0.21) \times W \quad (9\text{-}114)$$

式中　$w(O_{2b})$ ——鼓风中含氧量，%；

ϕ ——鼓风湿度，%；

W ——$1m^3$ 鼓风中兑入的富氧体积，m^3/m^3；

α ——富氧气体纯度，%。

（2）富氧率的计算。高炉炼铁中所说的富氧率是指因富氧鼓风使鼓风中含氧量提高的幅度。式（9-114）中的第 3 项就足通常所说的富氧率，这里用"f_0"（或 $\Delta w(O_{2b})$）表示，即：

$$f_0 = (\alpha - 0.21) \times W \quad (9\text{-}115)$$

式中　f_0 ——富氧率，%；

α ——富氧气体纯度，%；

W ——$1m^3$ 鼓风中兑入的富氧体积，%。

（3）富氧体积的计算。当高炉冶炼富氧率确定后，可由式（9-115）来计算所需的富氧气体量。

$$W = f_0/(\alpha - 0.21) \quad (9\text{-}116)$$

式中，W 为 $1m^3$ 混合风中富氧气体的数量，m^3/m^3，若规定高炉 1min 或 1h 的风量，就可以计算出 1min 或 1h 的富氧气体量。

（4）包钢高炉富氧鼓风富氧率的计算。

包钢高炉采用式（9-117）计算富氧率 f_0：

$$f_0 = \frac{0.78 \times V_0}{60 \times V} \tag{9-117}$$

式中 V_0——富氧气体量，m^3/h；

V——高炉（仪表显示）风量（包括在内），m^3/min。

0.78=0.99-0.21（包钢氧气纯度取为99%）。

包钢高炉富氧率算式与式（9-115）是相吻合的。包钢算式中的 $V_0/(60\times V)$ 就是定义式中的 W，它是按1min的风量和1h氧量计算的。

（5）中小高炉富氧鼓风富氧率的计算。

对于某些中小型高炉，若风量、氧量均按小时计量，则富氧率算式应表示成：

$$f_0 = (\alpha - 0.21) \times V_0/V \tag{9-118}$$

式中各项与上式中相同。

（6）富氧鼓风时鼓风中含氮量的计算。

在富氧鼓风时鼓风中氮的含量，可用式（9-119）计算：

$$\varphi(N_{2b}) = 0.79 \times (1 - \phi) - (\alpha - 0.21) \times W \tag{9-119}$$

当鼓风湿度忽略不计时：

$$\varphi(N_{2b}) = 0.79 - f_0 \tag{9-120}$$

式中 $\varphi(N_{2b})$——富氧鼓风时鼓风中的含氮量，%；

ϕ、α、W与上式中相同。

【例9-64】 若高炉冶炼需要富氧3%，高炉风量为 $2500m^3/min$，氧气纯度99%，试计算向鼓风中兑入的富氧气体量。

解：由式（9-116）

$$W=f_0/(\alpha-0.21)=0.03/(0.99-0.21)=0.0385(m^3/m^3)$$

$$V_0 = 60 \times 2500 \times 0.0385 = 5775(m^3/h)$$

因此，不计算管道损失，制氧厂每小时需供给 $5775m^3$ 的富氧气体（氧气），才能使高炉富氧3%。

【例9-65】 某高炉鼓风湿度 $\phi=1.7\%$，富氧气体纯度（$\alpha=1$），氧气量 $W=2\%$，计算鼓风含氧量。

将已知数据代入式（9-114）中得鼓风含氧量：

$$\begin{aligned}\varphi(O_{2b}) &= 0.21 + 0.29 \times \phi + (\alpha - 0.21) \times W \\ &= 0.21 + 0.29 \times 0.017 + (1 - 0.21) \times 0.02 \\ &= 0.21 + 0.00493 + 0.0156 \\ &= 0.23073 = 23.073\%\end{aligned}$$

9.2.2.14 高炉鼓风湿度的计算

A 鼓风湿度的概念与意义

空气中总是含有水蒸气的，表示水蒸气含量多少的物理量即为湿度。炼铁界常用两种方法表示鼓风湿度：

一种是：$1m^3$ 鼓风中水蒸气所占的体积，包括湿分在内的（或称之为“湿风”），这种鼓风湿度用 ϕ 表示；

另一种是：$1m^3$ 干风所带有的水蒸气质量（g），这里用 q 表示。

前者，鼓风湿度 ϕ 常在炼铁工艺计算中使用，用体积小数参与各项计算较为方便；后者在高炉热能利用、热平衡研究上有其方便的一面。

鼓风湿分在高炉风口区能够分解，其反应是：

$$H_2O = H_2 + 1/2O_2 - 4.18 \times 3211(kJ/kg)$$

分解出的氧能够燃烧炭素，强化高炉过程；氢能够参加还原，改善高炉冶炼；缺点是湿分分解要消耗风口区的宝贵热量。

在有湿分时鼓风含氧量的算式是：

$$\varphi(O_{2b}) = 0.21 \times (1 - \phi) + 0.5\phi = 0.21 + 0.29\phi \tag{9-121}$$

式中，后面一项（0.29ϕ）是因鼓风中含有湿分而引起氧的增量。因此，每增加 1% 的湿分，将多烧炭素提高冶炼强度的幅度为：

$$0.29 \times 0.01/0.21 = 1.38\%$$

在高炉焦比不变的情况下，能够提高产量 1.38%。因此，在高炉采用喷吹燃料技术之前，加湿鼓风是强化高炉冶炼、降低焦比的一种有效措施。对于目前仍用全焦炭冶炼的高炉，应该重视鼓风湿分的作用。

在某些热工计算与分析上，采用鼓风湿度 q 是方便的。这里有经验数据：当 $\phi = 1\%$ 时，大约每立方米干风带有 8g 水蒸气，每克水蒸气分解耗热约用 9℃ 风温的热量来补偿。其粗略计算是，每克水蒸气的分解耗热为 4.18×3.21kJ，则：

$$\Delta t \times \bar{c}_p = 4.18 \times 3.21 \tag{9-122}$$

$$\Delta t = \frac{4.18 \times 3.21}{\bar{c}_p}$$

式中　Δt——鼓风中增加 1g 湿分需补偿的风温，℃；

$\bar{c}_p$——风温 t℃ 时鼓风热容，kJ/m^3。

热风温度不同热容不同，可查表得知。

当热风温度 1000℃ 时，干风平均热容 $\bar{c}_p = 4.18 \times 0.336 kJ/(m^3 \cdot ℃)$；这时算得 $\Delta t = 4.18 \times 3.21/(4.18 \times 0.336) = 9.6(℃)$；

若风温 1050℃，热容 $\bar{c}_p = 4.18 \times 0.354 kJ/(m^3 \cdot ℃)$，则 $\Delta t = 9.1℃$；

若风温 1100℃，热容 $\bar{c}_p = 4.18 \times 0.372 kJ/(m^3 \cdot ℃)$，则 $\Delta t = 8.6℃$。

如果考虑到分解出的氢参加 FeO 还原，比用碳还原能节约热量，H_2 有 1/3 参加还原被利用（回收），因此，又有每克 H_2O 分解干风温度要降低 6℃ 的经验数据，用 9℃ 风温补偿每克 H_2O 的分解耗热，相当于降低了实际的干风温度，这是湿分分解在炉缸风口区产生的影响；而降低 6℃ 风温的作用，这是对全炉而言的。这些简明的数据对高炉操作者是有用的。

B　两种湿度之间的换算

生产中常遇到用 g/m^3 或%来表示鼓风湿度，计算要进行换算，其换算方法为：

设 $1m^3$ 干风带有 q(g) 水蒸气，标准状况 q(g) 水蒸气的体积是：

$$\frac{22.4q}{1000 \times 18} = 0.00124q \quad (m^3)$$

因此，鼓风湿度 ϕ 应为：

$$\phi = \frac{0.00124q}{1 + 0.00124q} \quad (m^3/m^3_{湿风}) \tag{9-123}$$

反之，由鼓风湿度 ϕ 去求 $1m^3$ 干风所带有的水蒸气克数的计算是：

$$q = \frac{18000\phi}{22.4 \times (1 - \phi)} = \frac{803.6\phi}{1 - \phi} \quad (g/m^3) \tag{9-124}$$

当鼓风湿度为 1%（$\phi = 0.01$）时，$q = 8.036/0.99 = 8.12g/m^3$。通常采用的数据是，1%的鼓风湿度相当于每立方米干风带有 8g 水蒸气，故日常生产中可用简易法进行换算：

$$\frac{每\ 1m^3\ 鼓风中的蒸汽克数}{8} = \phi \tag{9-125}$$

【例 9-66】 已知鼓风中蒸汽量为 $12g/m^3$，换算为鼓风湿度 ϕ。

解：将已知数据代入式（9-123）中：

$$\phi = \frac{0.00124q}{1 + 0.00124q} = \frac{0.00124 \times 12}{1 + 0.00124 \times 12} = 0.01486 = 1.486\%$$

用简易法计算则：

$$\phi = \frac{12}{8}\% = 1.5\%$$

即鼓风湿度为 1.5%。

以上两种计算方法计算结果近似。

9.2.2.15 空料线停炉炉顶打水最大耗水量简易计算

空料线停炉炉顶最大耗水量计算已在高炉停炉一节做了介绍，这里再介绍一下简易计算法，并举例进行对比分析。

【例 9-67】 高炉停炉初期操作风量为 $240m^3/min$，料面降至炉腰时，风量为 $200m^3/min$，入炉水温为 25℃，求停炉时最大耗水量。

解：（1）常规计算法。空料线打水停炉法最大耗水量的计算方法已在项目 7 中做了详细介绍，这里不再介绍。

将本例的已知数据用式（7-3）计算：

当风量为 $240m^3/min$ 时，最大耗水量 $Q_1 = 6.3t/h$；

当风量为 $200m^3/min$ 时，最大耗水量 $Q_2 = 6.28t/h$。

据此，停炉过程中的最大耗水量为 6.3t/h，可据此选择水泵。

（2）简易计算法。《中小高炉实用操作技术》一书中提出，在一般情况下，如果煤气成分变化忽略不计，煤气比热容可视为常数，在上述假设温度下，可按以下简化式计算：

空料线达到炉腰处：

$$Q_水 = 0.032V_风 \tag{9-126}$$

空料线达到炉缸上沿（风口以上附近）：

$$Q_水 = 0.036V_风 \tag{9-127}$$

按简易计算法，用本节设定的数据，则：

当风量为 $240m^3/min$ 时，则需水量为：

$$Q_水 = 0.032V_风 = 0.032 \times 240 = 7.68(t/h)$$

当风量降至 $200m^3/min$ 时：

$$Q_{水} = 0.036V_{风} = 0.036 \times 200 = 7.2(t/h)$$

从以上两种计算法比较，简易法得出的耗水量高于常规法计算得出的耗水量，但差距不大，用简易计算法得出的耗水量可以据此选用水泵。

9.2.2.16　高炉长、短期休风损失产量简易计算方法

A　休风损失

$$休风损失产量 = \frac{高炉计划日产量}{日历分钟} \times 休风分钟 \times 恢复系数 \tag{9-128}$$

恢复系数的确定：

（1）休风小于 24h，系数按 1.5 计算；

（2）休风 24~28h，系数按 1.4 计算；

（3）休风 48~120h，系数按 1.3 计算；

（4）休风 120h 以上按 1.2 系数计算，大于 15 天，系数按 1.1 计算。

恢复系数是因高炉休风或减风复风后，还要有一段时间才能把炉况恢复到正常，也要有产量损失而设定的。

【例 9-68】　已知某高炉计划日产生铁 1500t，因检修设备计划休风 36 h，计算休风期间产量损失有多少。

解： 根据休风时间 36h 选择恢复系数 1.4，

将已知数据代入式（9-128）中得：

$$\begin{aligned}休风损失产量 &= \frac{高炉计划日产量}{日历分钟} \times 休风分钟 \times 恢复系数 \\ &= \frac{1500}{60 \times 24} \times 36 \times 24 \times 1.4 \\ &= 3150(t)\end{aligned}$$

B　减风损失

$$减风损失产量 = \frac{减风数量 \times 减风时间}{吨铁耗风量(1600m^3)} \times 恢复系数(1.5) \tag{9-129}$$

【例 9-69】　某 $300m^3$ 高炉冲渣系统设备需处理而进行减风操作，减风量为 $220m^3/min$，减风时间 1.5h，计算减风期间损失产量多少。

解： 已知数据代入式（9-129）中得：

$$\begin{aligned}减风损失产量 &= \frac{减风数量 \times 减风时间}{吨铁耗风量(1600m^3)} \times 恢复系数(1.5) \\ &= \frac{220 \times 1.5 \times 60}{1600} \times 1.5 \\ &= 18.56(t)\end{aligned}$$

任务 9.3　变 料 计 算

高炉生产过程中遇到的变料计算种类和次数很多，现选一些常用的和简易的变料计算

方法加以介绍。

9.3.1 焦炭成分变化时焦批调整计算

9.3.1.1 焦炭水分波动时焦批调整计算

按湿焦称重上料的焦炭的水分波动时，直接影响入炉的干焦量，必须进行调整批重，以保持入炉干焦量不变。计算方法有两种。

A 入炉干焦量平衡法

$$新焦批重(1-新含水量)=原焦批重(1-原水量)$$

$$新焦批重=原焦批重+焦批调整量$$

解联立方程式得：

$$焦批调整量=原焦批重\times\frac{新含水量-原含水量}{1-新含水量} \tag{9-130}$$

【例9-70】 已知原焦批重5000kg，原含水3%，新含水量5%，求焦批调整量。

解：将已知数据代入式（9-130）中得：

$$焦批调整量=5000\times\frac{0.05-0.03}{1-0.05}=105.3(kg)$$

$$新焦批重=5000+105.3=5105.3(kg)$$

验算：

$$原焦批干焦量=5000\times(1-0.03)=4850(kg)$$

$$新焦批干焦量=5105.3\times(1-0.05)=4850.035(kg)$$

从以上计算可知，调整前后干焦量基本是相同的。

B 现场简易计算法

$$焦批调整量=原焦批重\times(新含水-原水量) \tag{9-131}$$

将已知数据代入式（9-131）中得：

$$焦批调整量=5000\times(0.05-0.03)=100(kg)$$

$$新焦批重=5000+100=5100(kg)$$

此种方法计算比较简单，但严格说来是不够精确的。

验算：

平衡法： $原焦批干焦量=5000\times(1-0.03)=4850(kg)$

简易法： $新焦批干焦量=5100\times(1-0.05)=4845(kg)$

差值：$4850-4845=5(kg)$

以上计算结果说明，用简易法计算的焦批干焦量比原焦批干焦量少了5kg。因此，在焦批质量较大或水波动量较大时，不宜采用简易计算法，而采用干焦平衡法计算。

9.3.1.2 焦炭固定碳含量改变焦批变化的计算

（1）焦批变化计算当焦炭固定碳含量变化时，但变化量不大，对焦炭性能无大影响时，这时可按保持入炉碳不变的原则调整焦批，即：

$$新焦批重\times新固定碳=原焦批重\times原固定碳$$

整理后得：

$$新焦批重=原焦批重\times\frac{原固定碳}{新固定碳} \tag{9-132}$$

【例9-71】 已知焦批重5000kg，原焦炭固定碳85%，新焦炭固定碳83%，求新焦批重。

解：将已知数据代入式（9-132）中得：

$$新焦批重 = 5000 \times \frac{0.85}{0.83} = 5120.5(\text{kg})$$

（2）石灰石调整量简易计算法一般说来，焦炭固定碳含量改变，焦炭灰分变化，灰分中主要成分是SiO_2，也要变化，为了保持炉渣碱度不变，还要调整石灰石用量，其计算方法为：

$$石灰石调整量 = \frac{焦炭批重 \times 灰分变化值\% \times 灰中 w(SiO_2) 含量 \times 炉渣碱度}{石灰石有效熔剂性} \tag{9-133}$$

【例9-72】 已知焦批重5000kg，灰分变动3%，灰中SiO_2为48%，石灰石有效熔剂性50%，炉渣碱度1.1。

解：将已知数据代入式（9-133）中得：

$$石灰石调整量 = \frac{5000 \times 0.03 \times 0.48 \times 1.1}{0.5} = \frac{79.2}{0.5} = 158.4(\text{kg})$$

（3）石灰石调整量精确计算法。

$$石灰石调整量 = \frac{新焦批重 \times 新焦灰\% \times 灰中 w(SiO_2) - 原焦批重 \times 原焦灰分\% \times 灰中 w(SiO_2)}{石灰石有效熔剂性/炉渣碱度} \tag{9-134}$$

【例9-73】 已知原焦批重5000kg，灰分含量12%，灰分中$w(SiO_2) = 48\%$，新焦批重5120.5kg，灰分含量15%，灰分中$w(SiO_2) = 45\%$，求石灰石调整量。

解：将已知数据代入式（9-134）中得：

$$石灰石调整量 = \frac{5120.5 \times 0.15 \times 0.45 - 5000 \times 0.12 \times 0.48}{50/1.1} = 124.3(\text{kg})$$

$$差值 = 155.29 - 124.3 = 30.99(\text{kg})$$

以上计算结果可以看出，两种算法结果有一定差值。

9.3.1.3 焦炭含硫量改变焦炭负荷和石灰石用量调整计算

A 焦批调整计算

根据经验，焦炭中含硫量每改变0.1%，影响焦比（焦炭负荷）1.5%，因此：

$$新焦批重 = 原焦批重 \times \left(1 + \frac{硫变动量}{0.1} \times 0.015\right) \tag{9-135}$$

【例9-74】 已知焦炭成分变化为（%）：

	固定碳	灰分	硫	灰分中SiO_2
原焦炭	84	14	0.70	0.48
新焦炭	82	16	0.75	0.48

原焦批500kg，炉渣碱度1.1，石灰石有效$w(CaO) = 50\%$。

解：

1）固定碳改变，应改变焦批重：

$$新焦批重 = 500 \times \frac{0.84}{0.82} = 512.2(\mathrm{kg})$$

2）因含硫量变化应再调整焦批重：

$$新焦批重 = 512.2 \times \left(1 + \frac{0.75 - 0.70}{0.1} \times 0.015\right) = 512.2 \times 1.0075 = 516.04(\mathrm{kg})$$

最后应将焦批重调整到516kg。

B　石灰石量的调整计算

由于焦炭灰分含量变化焦炭批重变化，石灰石调整量应为：

$$石灰石调整量 = \frac{新焦批重 \times 新焦灰分\% \times 焦灰中\ w(SiO_2) - 原焦批重 \times 原焦灰分\% \times 灰中\ w(SiO_2)}{石灰石有效熔剂性/炉渣碱度} \tag{9-136}$$

将已知数据代入式（9-136）中得：

$$石灰石调整量 = \frac{516 \times 0.16 \times 0.48 - 500 \times 0.14 \times 0.48}{0.50/1.1} = 13.26(\mathrm{kg})$$

取 14kg。

最后应得焦炭批重调整到516kg，并补加石灰石 14kg。

C　按简易法计算

$$石灰石调整量 = \frac{焦炭批重 \times 灰分波动量\ \% \times 灰中\ w(SiO_2) \times 炉渣碱度}{石灰石有效\ w(CaO)} \tag{9-137}$$

将已知数据代入式（9-136）中得：

$$石灰石调整量 = \frac{500 \times (0.16 - 0.14) \times 0.48 \times 1.1}{0.5} = 10.56(\mathrm{kg})$$

按此法计算较简单，但计算结果不够精确，如时间允许，还是按原焦批重和变化后焦批重计算，才能保证炉渣碱度不变。

9.3.1.4　焦炭水分波动

焦炭水分波动时，铁矿石用量调整的简易计算

$$\Delta P = \Delta w(H_2O_K) \times K_P \times F \tag{9-138}$$

式中　ΔP——铁矿石调剂批，kg/批；

$\Delta w(H_2O_K)$——焦炭水分波动量，%；

K_P——焦炭批重，kg/批；

F——焦炭负荷。

【例 9-75】　已知焦批重 5000kg，焦炭水分由 2%增加到 5%，负荷 2.9，求铁矿石调整量。

解： $\Delta P = (5\% - 2\%) \times 5000 \times 2.9 = 5000 \times 3\% \times 2.9 = 435(\mathrm{kg})$

每批料应减少铁矿石 435kg。

【例 9-76】　已知焦批重 600kg，焦炭水分由 5%变为 3%，负荷 2.8，求铁矿石调整量。

解： $\Delta P = (5\% - 3\%) \times 600 \times 2.8 = 33.6(\mathrm{kg})$

每批料铁矿石应增加33.6kg。

9.3.1.5 焦炭含固定碳

焦炭含固定碳变化时，铁矿石用量调整的简易计算

$$\Delta P = \frac{(w(C_2) - w(C_1)) \times K_P}{w(C_2)} \times F \tag{9-139}$$

式中 ΔP——铁矿石调剂量，kg/批；

$w(C_2)-w(C_1)$——焦炭含固定碳前后变化；

K_P——焦炭批重，kg/批；

F——焦炭负荷。

【例9-77】 已知焦批重600kg，焦炭固定碳由85%变为83%，负荷2.9，求铁矿石调整量。

解： 将已知数据代入式（9-139）中得：

$$\Delta P = \frac{(85-83)\% \times 600}{83\%} \times 2.9 = \frac{2\% \times 600}{83\%} \times 2.9 = 41.92(\text{kg})$$

取42kg。矿批质量应减去42kg。

【例9-78】 已知焦批5000kg，焦炭变固定碳由85%变为83%，负荷2.9，求铁矿石调整量。

解： 将已知数据代入式（9-139）中得：

$$\Delta P = \frac{(85-83)\% \times 5000}{83\%} \times 2.9 = 349.397(\text{kg})$$

取350kg。矿批质量应减去350kg。

9.3.1.6 焦炭灰分波动

焦炭灰分波动时，石灰石及铁矿石用量调整的简易计算。

（1）焦炭灰分波动时，石灰石用量调整：

$$\Delta H = \frac{\Delta A \times K_P \times w(SiO_2)_{灰} \times R}{w(CaO)_{有效}} \tag{9-140}$$

式中 ΔH——石灰石调剂量，kg/批；

ΔA——焦炭灰分变化量，%；

K_P——焦炭批重，kg/批；

$w(CaO)_{有效}$——石灰石有效熔剂性，%；

$w(SiO_2)_{灰}$——焦炭灰分中的SiO_2含量，%；

R——炉渣碱度。

【例9-79】 已知焦炭灰分减少2%，焦炭批重5000kg，$w(CaO)_{有效}=50\%$，炉渣碱度1.1，灰分中$w(SiO_2)=48\%$，求石灰石调整量。

解： 将已知数据代入式（9-140）中得：

$$\Delta H = \frac{2\% \times 5000 \times 48\% \times 1.1}{50\%} = 105.6(\text{kg})$$

取 106kg。每批料应减少石灰石 106kg。

（2）焦炭灰分波动时，铁矿石用量调整的简易计算：

$$\Delta P = \Delta A \times \alpha \times K \times T \times P \tag{9-141}$$

式中　ΔP——铁矿石调剂量，kg/批；

α——焦炭灰分波动 1%影响焦比数，一般取 2%；

ΔA——焦炭灰分变化量，%；

K——焦比，kg/t；

T——每批料出铁量，t/批；

P——焦炭负荷。

【例 9-80】　已知焦炭批重 16000kg，每吨铁的焦比 490kg/t，焦炭灰分由 14%变为 16%，焦灰中含铁 0.73%，矿石含铁量 55%，负荷 3.0，生铁含铁 93%，η_{Fe}为 99.5%，求矿石变化量。

解：每批料出铁量计算

矿石出铁量：$\dfrac{16000 \times 3.0 \times 55\%}{0.93} \times 0.995 = 28245.16(\text{kg})$

取 28245kg。

焦炭出铁量：$\dfrac{16000 \times 16\% \times 0.73\%}{0.93} \times 0.995 = 19.99(\text{kg})$

取 20kg。

每批料出铁量：$28245 + 20 = 28265(\text{kg})$

将已知数据代入式（9-141）中得：

$$\Delta P = \Delta A \times \alpha \times K \times T \times P = 2\% \times \frac{2\%}{1\%} \times 490 \times 28.265 \times 3.0 = 1661.86(\text{kg/批})$$

取 1662(kg/批)。每批料应减去铁矿石 1662kg。

9.3.1.7　焦炭灰分变化时调整负荷的简易计算

当焦炭灰分变化时，其固定碳含量变化。相同数量的焦炭发热量变化，为稳定热制度必须调整焦炭负荷。调整的原则是保持入炉的总碳量不变。

当固定矿批调节焦批时，每批焦变化量为：

$$\Delta K = \frac{(w(\text{C}_{前}) - w(\text{C}_{后})) \times K_{\text{P}}}{w(\text{C}_{后})} \tag{9-142}$$

式中，$w(\text{C}_{前})$、$w(\text{C}_{后})$为波动前后焦炭含碳量；K_{P} 为焦批质量。如果固定焦批调整矿批时，只需将 ΔK 乘以焦炭负荷 H，即 $\Delta P=\Delta K \times H$。

【例 9-81】　某高炉使用焦炭的固定碳由 85%降至 83%，原焦批 14t，焦炭负荷为 4，即矿批 56t，求负荷变动量。

解：将已知数据代入式（9-142）中得：

当焦炭固定碳含量由 85%降至 83%时，则：

$$\Delta K = \frac{(0.85 - 0.83) \times 14}{0.83} = 0.337(\text{t})$$

当焦炭负荷为4时，则：

$$\Delta P = \Delta K \times H = 337 \times 4 = 1348(\mathrm{kg})$$

调整负荷时或多加焦炭337kg/批，或减少矿石1348kg/批。

9.3.2 矿石成分变化时的变料

9.3.2.1 *矿石成分变化时石灰石用量的调整计算*

假定矿石批重不变，炉渣碱度不变，仅由于矿石中CaO、SiO_2含量变化，每批料的石灰石调整量为：

$$石灰石调整量 = \frac{矿石批重 \times (w(SiO_2)\ 变动量 \times R + w(CaO)\ 变动量)}{石灰石有效熔剂性} \tag{9-143}$$

这里矿石中SiO_2含量增加，CaO含量减少时，式中的调整量取正值，即需要增加石灰石用量。计算时石灰石有效熔剂性常取50%。因矿石批重以吨为单位，算出的石灰石调整量亦为吨（t），可换算为千克（kg）。

【例9-82】 已知新旧矿石成分（%）为：

成 分	TFe	SiO_2	CaO
变化前	49.59	10.87	11.00
变化后	46.42	12.82	10.30

矿石批重10000kg，焦比590kg/t，炉渣碱度1.15，生铁含铁93%，石灰石有效CaO含量取50%，计算石灰石调整量。

解：

由于矿石中SiO_2变动石灰石的调整量：

$$10000 \times (0.1282 - 0.1087) \times 1.15/0.50 = 449(\mathrm{kg})$$

取450kg。

由于矿石中CaO变动石灰石的调整量：

$$10000 \times (0.11 - 0.103) \times 1150 = 140(\mathrm{kg})$$

由于新矿石SiO_2含量增加，CaO含量减少，都应补加石灰石，所以每批料共补加石灰石量450+140=590(kg)。

9.3.2.2 *矿石品位变动时焦批的调整计算*

（1）当矿石品位变动时，假定变动前后焦比不变，则应调整焦批，其调整量为：

$$焦批调整量 = \frac{矿石批重 \times 品位变动量}{生铁含铁量} \times 焦比 \tag{9-144}$$

$$新焦批重 = 原焦批重 \times \frac{新品位}{原品位} \tag{9-145}$$

（2）考虑焦比变化时焦批调整量计算，由上面算式能够看出，当焦比不变时，矿石品位提高，焦炭批量要随之增加；品位降低时，焦批亦要减少。但是，实际上矿石品位变化时，总是会影响焦比的，高炉冶炼通常的经验是，品位提高1%，焦比可降低2%，冶炼状况较好的高炉，焦比降低得还要多些。因此，焦批调整量的算式，还要考虑焦比变动的因素，据此可用下式计算：

$$新焦比=\frac{新焦比}{矿批\times w(\mathrm{TFe})/w[\mathrm{Fe}]}$$

$$=\frac{原焦比}{矿批\times w(\mathrm{TFe})w[\mathrm{Fe}]}\times[1-(w(\mathrm{TFe}')-w(\mathrm{TFe})\times\alpha)]$$

整理后得到：

$$新焦批=原焦批\times\frac{w(\mathrm{TFe}')}{w(\mathrm{TFe})}\times[1-(w(\mathrm{TFe}')-w(\mathrm{TFe}))]\times\alpha \tag{9-146}$$

式中　$w(\mathrm{TFe})$, $w(\mathrm{TFe}')$——变动前后的矿石品位；

α——矿石品位波动1%对焦比的影响值（此值可根据高炉的经验数据选取）。

【例9-83】　已知新旧矿石成分（%）为：

成　分	TFe	SiO_2	CaO
变化前	49.59	10.87	11.00
变化后	46.42	12.82	10.30

已知矿批20000kg，焦比550kg/t，炉渣碱度1.15，生铁含铁93%，石灰石有效氧化钙为50%，计算焦比调整量。

解：

（1）由于矿石品位变化焦批的调整量按变化前焦比不变，依据（9-144）焦批调整量应为：

$$焦批调整量=\frac{矿石批量\times品位变动量}{生铁含铁量}\times焦比$$

上式利用焦比计算，故将矿石批重改为以吨计算，即矿石批重为1000/1000=1.0(t)，当矿石批重为2000kg时，为2.0t。当矿石批重为20000kg时，为20t。

将已知数据代入上式，则：

$$焦批调整量=\frac{20\times(0.4959-0.4642)}{0.93}\times550=369$$

$$原来情况时的焦炭批重=\frac{20\times0.4959}{0.93}\times550=5869$$

此例矿石含铁量减少，使之每批料的产铁量减少，在假设焦比不变的条件下，每批焦炭量应减少369kg。

（2）考虑焦比变化时，实际上矿石品位降低了3.17%，焦比还维持在原来水平上是很困难的，按通常经验焦比要升高6%~7%。这里按品位降低1%，焦比升高2%考虑，计算焦批的变化，则品位变化后的新焦批：

$$5869\times0.4642/0.4959\times[1-(0.4642-0.4959)\times2]=5869\times0.936\times(1+0.063)=5834$$

因此，在考虑到品位对焦比的影响后，焦批的调整量应为5834−5869=−35(kg)，即焦批应减少35kg。而按前面计算要减少369kg，两者是有较大差距的。

矿石品位变化后的焦比为：

$$\frac{5834}{20\times0.4642/0.93}=\frac{5834}{9.98}=584(\mathrm{kg})$$

新焦比比原焦比增加了（584−550）/550=0.0618 =6.18%

由上面计算能够看出，按《炼铁计算》提出的矿石品位变动时新焦批的算式是更为合理的，特别是品位变动较大时，品位对焦比的影响是必须考虑的。这里还应指出，由于矿石中 SiO_2 含量增加，CaO 含量减少，在保持原来炉渣碱度时，每批料要补加近 190kg 石灰石，这也要求焦比增加，焦批作相应调整才行。

9.3.2.3　*铁矿石中铁含量变化*

铁矿石含铁量变化时，矿石变动量的简易计算：

$$\Delta P = \frac{\Delta w(\mathrm{Fe}) \times P_1}{w(\mathrm{Fe}_2)} \tag{9-147}$$

式中　ΔP——矿石变动量，kg/批；

$\Delta w(\mathrm{Fe})$——矿石含铁波动量，%；

P_1——变动前矿石用量，kg/批；

$w(\mathrm{Fe}_2)$——变动后矿石含铁量，%。

【例 9-84】　已知铁矿石含铁量由 55%下降到 51%，矿石批重 2000kg，计算铁矿石波动量。

解：已知数据代入式（9-147）中得：

$$\Delta P = \frac{(55 - 51)\% \times 2000}{51\%} = 115.38(\mathrm{kg})$$

取 115kg。每批料应增加铁矿石 115kg。

9.3.2.4　*锰矿石使用量计算*

（1）生铁含锰变动时，调锰矿量简易计算：

$$\Delta M = \frac{\Delta w[\mathrm{Mn}] \times T}{w(\mathrm{Mn})_{锰} \times \eta} \tag{9-148}$$

式中　ΔM——锰矿调剂量，kg/批；

$\Delta w[\mathrm{Mn}]$——生铁含锰变动量，%；

T——每批炉料出铁量，kg/批；

$w(\mathrm{Mn})_{锰}$——锰矿含锰量，%；

η——锰的回收率。

【例 9-85】　已知生铁含锰由 0.4%升高到 0.8%，锰矿石含 $w(\mathrm{Mn})=24\%$，锰回收率 η70%，每批出铁量 0.9936t(993.6kg)，求锰矿变动量。

解：将已知数据代入式（9-148）中得：

$$\Delta M = \frac{(0.8 - 0.4)\% \times 993.6}{24\% \times 70\%} = 23.66(\mathrm{kg/批})$$

取 24kg/批。由于生铁含锰量升高，每批料中应增加锰矿石 24kg。

（2）锰矿含锰变动后，锰矿变动量的简易计算：

$$\Delta M = \frac{\Delta w(\mathrm{Mn}) \times M_1}{w(\mathrm{Mn}_2)} \tag{9-149}$$

式中　ΔM——锰矿变动量，kg/批；

$\Delta w(Mn)$——锰矿含锰变动量，%；

M_1——变动前锰矿石用量，kg/批；

$w(Mn_2)$——变动后锰矿石含锰量，%。

【例9-86】 已知锰矿石含锰量由24%降低到20%，变动前每批料锰矿石用量60kg，求锰矿石变动量。

解：将已知数据代入式（9-149）中得：

$$\Delta M = \frac{(24\% - 20\%) \times 60}{20\%} = 12(\text{kg/批})$$

因锰矿石含Mn量降低，每批料应增加锰矿石12kg。

9.3.2.5　烧结矿含铁量变化

烧结矿含铁量变化，负荷调整的简易计算

在两种烧结矿还原性相近，TFe波动不大时，用铁平衡变料快速、实用，误差不大。

按铁平衡可列出式（9-150）：

$$Q_{现} = Q_{原} \times \frac{w(TFe)_{原}}{w(TFe)_{现}} \tag{9-150}$$

式中　$Q_{现}$——变化后矿批重，t；

$Q_{原}$——变化前矿批重，t；

$w(TFe)_{现}$——变化后烧结矿全铁含量，%；

$w(TFe)_{原}$——变化前烧结矿全铁含量，%。

【例9-87】 已知原烧结矿TFe 58%，现烧结矿TFe 57%，原矿批重40.0t/批，求TFe波动1.0%，每批料负荷调整量。

解：将已知数据代入式（9-150）中得：

$$Q_{现} = 40 \times \frac{58\%}{57\%} = 40.702(\text{t/批})$$

取40.7t/批。即：全铁下降1%，应加料7kg/批，原批重越大，加料越多。

9.3.2.6　铁矿石品种变化时变动量的简易计算

在变换量较少，可按Fe平衡计算，可列出计算式（9-151）：

$$Q_{烧} = Q_{球} \times \frac{w(TFe)_{球}}{w(TFe)_{烧}} \tag{9-151}$$

式中　$Q_{烧}$——烧结矿的质量，t/批；

$Q_{球}$——球团矿的质量，t/批；

$w(TFe)_{烧}$——烧结矿的全铁含量，%；

$w(TFe)_{球}$——球团矿的全铁含量，%。

【例9-88】 已知某高炉全部用烧结矿冶炼，烧结矿 $w(TFe)=57\%$，$w(FeO)=10.0\%$，烧结矿批重41.10t/批，球团矿 $w(TFe)=63\%$，$w(FeO)=7.0\%$，现每批料加3.0t球团矿，求应减烧结矿多少。

解：将已知数据代入式（9-151）中得：

$$Q_{烧} = 3.0 \times \frac{63.0\%}{57.0\%} = 3.316(\text{t/批})$$

取3.3t/批。加3.0t球团，应减烧结矿3.3t/批。

注：负荷调完后还应考虑碱度调整。

9.3.2.7　*矿石成分变化时调整负荷的简易计算*

对负荷影响最大的是矿石的含铁量。矿石含铁量降低，出铁量少，负荷没变时单位生铁的 C（焦比）量增加，炉温上升，因此应加电焦炭负荷。相反，矿石铁分升高，出铁量增多，单位铁 C（焦比）量降低，炉温下降，因此应减轻焦炭负荷。两种情况负荷都调整，调整是按焦比不变的原则进行。

当矿批不变调整焦批时，焦批的变化量为：

$$\Delta K = \frac{P \times (w(\mathrm{Fe})_{后} - w(\mathrm{Fe})_{前}) \times \eta_{\mathrm{Fe}} \times C}{0.95} \tag{9-152}$$

式中　ΔK——焦批的变化量；

$w(\mathrm{Fe})_{前}$，$w(\mathrm{Fe})_{后}$——成分波动前、后矿石含Fe量，%；

C——焦比，kg/t；

η_{Fe}——铁在生铁中的分配率；

0.95——生铁中含铁量。

当焦批固定调整矿批时，其批质量为：

$$P_{后} = \frac{P_{前} \times w(\mathrm{Fe})_{前}}{w(\mathrm{Fe})_{后}} \tag{9-153}$$

式中　$P_{前}$，$P_{后}$——分别为波动前后矿石批重；

$w(\mathrm{Fe})_{前}$，$w(\mathrm{Fe})_{后}$——分别为波动前后矿石含铁量。

【例9-89】　已知某高炉使用烧结矿，其含Fe量由58.49%下降至57.5%，原焦批14t，焦炭负荷为4，即矿批56t，焦比528kg/t，生铁含Fe 0.95，$\eta_{\mathrm{Fe}} = 0.997$，求负荷变动量。

解： 当矿批不变调整焦批时，每批焦炭变动量为：

$$\Delta K = \frac{56 \times (0.575 - 0.5849) \times 0.977 \times 528}{0.95} = -307(\mathrm{kg})$$

即每批焦炭量减少焦炭量307kg。

当焦批不变调整矿批时，调整后矿批质量为：

$$P_{后} = \frac{56 \times 0.5849}{0.575} = 56.964(\mathrm{t})$$

即每批矿需多加56.964−56=0.964(t)，才能保持焦批不变，高炉热制度稳定。

9.3.3　熔剂变动的调量计算

熔剂成分的变化和其他因素的变化都会引起熔剂用量的变动，需进行调整计算，现选一部分予以介绍。

9.3.3.1　*石灰石成分变化*

石灰石成分变化时，石灰石用量变化的简易计算。

$$\Delta H = \frac{\Delta w(CaO)_{有效} \times H_1}{w(CaO)_{有效2}} \tag{9-154}$$

式中 ΔH——石灰石用量变化，kg/批；

H_1——原石灰石用量，kg/批；

$\Delta w(CaO)_{有效}$——石灰石有效熔剂性的变化，%；

$w(CaO)_{有效2}$——变化后石灰石有效熔剂性，%。

【例 9-90】 已知石灰石用量为 220kg/批，有效熔剂性由 51%降低到 48%，计算石灰石变动调整量。

解：将已知数据代入式（9-154）中得：

$$\Delta H = \frac{(51 - 48)\% \times 220}{48\%} = 13.75(kg)$$

取 14kg。石灰石量应增加 14kg/批。

9.3.3.2 白云石与石灰石用量换算的简易计算

为改善炉渣流动性，需在炉料中加入白云石，由于白云石中既含 MgO 又含 CaO，可用式（9-155）进行与石灰石互换量的简易计算：

$$B = H \times \frac{w(CaO)_{有效}h}{w(CaO)_{有效}b} \tag{9-155}$$

式中，B 为白云石用量，kg/批；H 为石灰石用量，kg/批；$w(CaO)_{有效}h$ 为石灰石有效熔剂性，一般为石灰石中 $w(CaO)+w(MgO)-w(SiO_2)\times R_3$，%；$w(CaO)_{有效}b$ 为白云石有效熔剂性，一般为白云石中 $w(CaO)+w(MgO)-w(SiO_2)\times R_3$，%；其中，$R_3 = \frac{w(CaO) + w(MgO)}{w(SiO_2)}$，$w(CaO)$、$w(MgO)$、$w(SiO_2)$ 分别为炉渣中 CaO、MgO 和 SiO_2 含量，%。

【例 9-91】 已知原料成分（%）为：

	CaO	MgO	SiO_2
石灰石	52	2	1.3
白云石	30	20	1.4
炉　渣	40	8	39

石灰石用量 2204 批，求白云石用量。

解：将已知数据代入式（9-155）中各项计算式中得：

$$炉渣\ R_3 = \frac{w(CaO) + w(MgO)}{w(SiO_2)} = \frac{40 + 8}{39} = 1.23$$

$$w(CaO)_{有效}h = w(CaO)+w(MgO)-w(SiO_2)\times R_3 = 52\%+2\%-1.3\%\times 1.23 = 52.4\%$$

$$w(CaO)_{有效}b = w(CaO)+w(MgO)-w(SiO_2)\times R_3 = 30\%+20\%-1.4\%\times 1.23 = 48.28\%$$

将以上 3 项代入式（9-155）中得：

$$B = H \times \frac{w(CaO)_{有效}h}{w(CaO)_{有效}b} = 220 \times \frac{52.4\%}{48.28\%} = 238.77(kg)$$

取239kg。计算结果可以看出，按铁平衡计算需要白云石239kg/批。

9.3.3.3 *石灰石量变动*

石灰石量变动时，对炉渣碱度影响的简易计算。

$$\Delta R=\frac{\Delta H\times w(\mathrm{CaO})_{有效}}{w(\mathrm{SiO_2})\times Z\times T} \tag{9-156}$$

式中 ΔR——炉渣碱度变动量；

ΔH——石灰石变动量，kg/批；

$w(\mathrm{SiO_2})$——炉渣中SiO_2含量，%；

Z——渣铁比，kg/t；

T——出铁量，kg/批；

$w(\mathrm{CaO})_{有效}$——石灰石有效熔剂性，%。

【例9-92】 已知石灰石变动300kg/批，炉渣中SiO_2含量为39%，渣铁比590kg/t，铁矿石含铁55%，负荷2.9，石灰石有效CaO为50%，生铁含铁0.93%，焦批6000kg/批，η_{Fe}=99.5%，求对碱度的影响。

解：

$$T=\frac{焦批\times 负荷\times 矿石含铁量\times \eta_{Fe}}{0.93}=\frac{6000\times 2.9\times 55\%\times 0.995}{0.93}=10238.87\mathrm{kg/批}$$

取10239kg/批。

将已知数据代入式（9-156）中得：

$$\Delta R=\frac{\Delta H\times w(\mathrm{CaO})_{有效}}{w(\mathrm{SiO_2})\times Z\times T}=\frac{300\times 50\%}{39\%\times 10.239\times 590}=0.064$$

石灰石变动300kg/批，影响炉渣碱度0.064。

9.3.3.4 *炉渣碱度波动对石灰石用量影响的简易计算*

$$\Delta H=\frac{w(\mathrm{SiO_2})\times Z\times T\times \Delta R}{w(\mathrm{CaO})_{有效}} \tag{9-157}$$

式中 ΔH——石灰石变化量，kg/批；

$w(\mathrm{SiO_2})$——炉渣中SiO_2含量，%；

Z——渣铁比，kg/t；

T——每批炉料出铁量，t/批；

ΔR——炉渣碱度波动量；

$w(\mathrm{CaO})_{有效}$——石灰石有效熔剂性，%。

【例9-93】 已知炉渣（SiO_2）39%，渣铁比590kg/批，炉渣碱度波动0.07，$w(\mathrm{CaO})_{有效}$为50%，焦批重6000kg/批，负荷2.9，铁矿石含铁58%，生铁含铁0.93，η_{Fe}0.995，求炉渣碱度波动0.07时，石灰石用量变化。

解：出铁量计算

$$T=\frac{焦批\times 负荷\times 矿石含铁量\times \eta_{Fe}}{0.93}=\frac{6000\times 2.9\times 58\%\times 0.995}{0.93}=10797.4(\mathrm{kg/批})$$

将已知数据代入式（9-157）中得：

$$\Delta H=\frac{w(SiO_2)\times Z\times T\times \Delta R}{w(CaO)_{有效}}=\frac{39\%\times590\times10.797\times0.07}{50\%}=347.8(kg/批)$$

取 348kg/批。石灰石用量变化 348kg/批。

9.3.3.5　*渣中氧化镁变动*

渣中氧化镁变动，白云石用量调整的简易计算。

本计算忽略白云石中含 CaO 对碱度的影响

$$\Delta B=\frac{Z\times T\times \Delta w(MgO)}{w(MgO)} \tag{9-158}$$

式中　ΔB——白云石调剂量，kg/批；

Z——渣铁比，kg/t；

T——出铁量，t/批；

$\Delta w(MgO)$——渣中 MgO 变动量，%；

$w(MgO)$——白云石中含 MgO 量，%。

【例 9-94】　已知炉渣中 $w(MgO)$ 由 4%增加到 8%，渣铁比 520kg/t，出铁量 10.85t/批，白云石含 MgO 为 19.50%，求白云石变动量。

解：将已知数据代入式（9-158）中得：

$$\Delta B=\frac{520\times10.85\times(8-4)\%}{19.50\%}=1157.3(kg/批)$$

由于渣中 MgO 增加 4%，需增加白云石 1157.3kg/批，并相应减少石灰石用量。

在白云石中含 CaO 为 30%，石灰石有效 CaO 为 50%时，则相应减少的石灰石量为 1157.3×30%÷50%=694.38kg/批。

9.3.3.6　*硫磺波动*

硫磺波动时，石灰石用量调整的简易计算。

（1）生铁含硫波动时，石灰石用量的调整量：

$$\Delta H=1.75\times\frac{\Delta w[S]\times T\times L_S}{w(CaO)_{有效}} \tag{9-159}$$

（2）焦炭含硫波动时，石灰石用量的调整量：

$$\Delta H=1.75\times\frac{\Delta w(S_K)\times K_P\times \eta}{w(CaO)_{有效}} \tag{9-160}$$

（3）喷吹煤粉时，煤粉含硫波动对石灰石用量的调整：

$$\Delta H=1.75\times\frac{\Delta w(S_m)\times M\times \eta}{w(CaO)_{有效}} \tag{9-161}$$

式中　ΔH——石灰石调剂量，kg/批；

$\Delta w[S]$——生铁含硫波动量，%；

$\Delta w(S_K)$——焦炭含硫波动量，%；

$\Delta w(S_m)$——煤粉含硫波动量，%；

T——每批料出铁量，kg/批；

L_S——硫在渣铁中之分配系数；

1.75 ——CaO与S相对分子质量之比；

K_P ——焦批，kg/批；

M ——每批料喷吹煤粉量，kg/批；

η ——硫进入炉渣中的质量分数；

$w(CaO)_{有效}$ ——石灰石有效熔剂性，%。

【例9-95】 已知焦批5000kg，矿石含铁60%，$L_S=26$，$w(CaO)_{有效}=50\%$，喷煤量90kg/t，硫进入炉渣 $\eta=85\%$，负荷2.9，$\eta_{Fe}=0.995$，求在生铁含硫波动0.02%，焦炭含硫波动0.2%，煤粉含硫波动0.2%时石灰石调整量。

解： 每批出铁量计算：

$$T=\frac{焦批\times负荷\times矿石含铁量\times\eta_{Fe}}{0.93}=\frac{5000\times2.9\times60\%\times0.995}{0.93}=9308(kg/批)$$

每批喷煤量计算：

$$m=每批出铁量\times吨铁喷煤量=9.308\times90=837.72(kg/批)$$

将已知数据分别代入式（9-159）~式（9-161）中得：

（1）生铁含硫波动时石灰石的调整量：

$$\Delta H=1.75\times\frac{\Delta w[S]\times T\times L_S}{w(CaO)_{有效}}=1.75\times\frac{0.02\%\times9308\times26}{0.50}=169.41(kg/批)$$

（2）焦炭含硫波动时，石灰石用量的调整量：

$$\Delta H=1.75\times\frac{\Delta w(S_K)\times K_P\times\eta}{w(CaO)_{有效}}=1.75\times\frac{0.2\%\times5000\times85\%}{0.50}=29.75(kg/批)$$

（3）喷煤粉时，煤粉含硫波动石灰石用量的调整数：

$$\Delta H=1.75\times\frac{\Delta w(S_m)\times M\times\eta}{w(CaO)_{有效}}=1.75\times\frac{0.2\%\times837.72\times85\%}{50\%}=4.99(kg/批)$$

9.3.3.7 *石灰石使用量大波动*

石灰石用量大波动时，负荷调整的简易计算。

$$\Delta P=0.35\times\Delta H\times V \tag{9-162}$$

式中 ΔP ——铁矿石调剂域，kg/批；

ΔH ——石灰石变动量，kg/批；

V ——焦炭负荷；

0.35 ——每1kg石灰石分解熔化成渣过热所需要的焦炭量，kg。

【例9-96】 已知石灰石变动量110kg/批，负荷2.9，求铁矿石调整量。

解： 将已知数据代入式（9-162）中得：

$$\Delta P=0.35\times\Delta H\times V=0.35\times110\times2.9=111.65(kg/批)$$

取112kg/批。石灰石量增加时，则应减少矿石量112kg/批，石灰石量减少时，应增加矿石量112kg/批。

9.3.3.8 *原料成分波动时熔剂调整量的简易计算*

当原料成分波动时，炉渣碱度也随之波动，为稳定炉渣碱度，熔剂用量需要调整。假如矿石含SiO_2量由SiO_2变为SiO_2'，CaO含量由CaO变为CaO′，为保持炉渣碱度的稳定，单位矿石熔剂消耗量变化可用式（9-163）计算：

$$\Delta\phi = \frac{(w(SiO_2') - w(SiO_2)) \times RO - w(CaO') - w(CaO)}{w(CaO)_{有效}} \tag{9-163}$$

式中　$\Delta\phi$——溶剂调整量，kg/kg 或 t/t；

$w(SiO_2)$，$w(SiO_2')$——变化前后矿石中 SiO_2 的含量，%；

$w(CaO)$，$w(CaO')$——变化前后矿石中 CaO 的含量，%；

RO——炉渣碱度，倍；

$w(CaO)_{有效}$——石灰石的有效 CaO，%。

【例 9-97】　在烧结矿中 SiO_2 含量由原来的 6.28%增至 8%，CaO 由原来的 8.63%降至 7%，炉渣碱度 RO 为 1.11，石灰石 $CaO_{有效}$为 50%，计算石灰石调整量。

解：将已知数据代入式（9-165）中得：

$$\Delta\phi = \frac{(0.08 - 0.0628) \times 1.11 - (0.07 - 0.0863)}{0.5} = 0.0708(kg/kg)$$

如矿批为 56t，每批料需增加石灰石 56×0.0708＝3.9648(t)。

9.3.3.9　调整炉渣碱度时熔剂变化量的简易计算

根据脱硫的需要，操作时常需调整炉渣碱度。调整炉渣碱度是通过改变熔剂用量来实现的。调整碱度时各原料熔剂用量变化用式（9-164）计算：

$$\Delta\phi = \frac{\left(w(SiO_2) - \varepsilon \times \frac{60}{28} \times w[Si]\right) \times \Delta RO}{w(CaO)_{有效}} \tag{9-164}$$

式中　$\Delta\phi$——溶剂变化量，kg/kg 或 t/t；

ΔRO——炉渣碱度变化量，倍；

ε——理论出铁量，kg/kg；

$w[Si]$——生铁含 Si 量，%；

$w(CaO)_{有效}$——石灰石有效氧化钙，%。

【例 9-98】　已知某高炉使用烧结矿含 SiO_2 为 6.28%，理论出铁量 $\varepsilon = 0.6136$kg/kg，冶炼炼钢生铁 $w[Si] = 0.65\%$，焦炭理论出铁量 $\varepsilon = 0.0189$kg/kg，焦炭含铁量为 1.80%，石灰石 $CaO_{有效}$为 50%，焦批重 14t，矿批重 56t，求高炉使用单一烧结矿，在炉渣碱度需提高 0.1 时，石灰石的变动量。

解：将烧结矿和焦炭的已知数据代入式（9-164）中分别得：

炉渣碱度需提高 0.1，高炉使用单一烧结矿，则石灰石变化量可计算为：

1kg 烧结矿需变动熔剂量：

$$\Delta\phi_1 = \frac{\left(0.0628 - 0.6136 \times \frac{60}{28} \times 0.0065\right) \times 0.1}{0.5} = 0.011(kg)$$

1kg 焦炭需变动熔剂量：

已知焦批重为 14t，矿批重 56t，则每批料需变化石灰石量为：

$$14 \times 0.0036 + 56 \times 0.011 = 0.67(t)$$

即 670kg。

9.3.4 冶炼铁种改变时的变料计算

9.3.4.1 冶炼铁种改变时调整炉料的要求

冶炼铁种改变时，高炉配料要作相应的调整，这主要包括以下几方面：

（1）调整焦炭负荷。焦炭负荷和炼铁焦比是紧密相关的，根据生铁含 Si、Mn 量的变化及其对焦比的影响，计算焦炭负荷的变化。通常生铁含 Si 每改变 1%，影响焦比 10%（亦有数据为影响焦比 40~60kg）；含 Mn 改变 1%时，影响焦比 5%。

（2）调整炉渣碱度。铁种改变时，应首先确定新铁种的炉渣碱度，由炉渣碱度及新的矿批、焦批计算石灰石的变化量。冶炼铸造生铁时，炉渣碱度一般取 0.95~1.05；冶炼炼钢生铁时，炉渣碱度为 1.05~1.15。有些小高炉，由于硫负荷较高，要保证生铁的质量，炉渣碱度都做得高些，就是在冶炼铸造铁的情况下，炉渣碱度也有 1.2~1.3 的，因而其焦比也就比较高。

（3）调整锰矿用量。有的铸造铁要求一定的含 Mn 量，这时就需要配加锰矿。而炼钢生铁对 Mn 无特殊要求，就不另配锰矿。在计算锰矿用量时，应注意 Mn 的回收率（一般铸造铁取 60%，炼钢生铁取 50%）及生铁中含 Mn 量的计算。

9.3.4.2 变料计算

（1）已知条件。

1）原燃料成分和批重。

【例 9-99】 由 L08 号炼钢生铁改炼 Z22 号铸生铁，要求生铁含 Mn 0.8%，所用原料的有关成分（%）为：

成 分	TFe	Mn	SiO_2	CaO
烧结矿	54.0	0.09	10.0	8.5
锰 矿	14.0	27.0	17.0	4.6
焦 炭	灰分 14.0		灰中 45.0	6.0

冶炼 L08 时焦批量 3900kg，矿批重 11000kg。

2）铁种改变前后生铁成分和炉渣碱度。

成 分	Si/%	Mn/%	炉渣 $R=w(CaO)/w(SiO_2)$
L08	0.85	0.2	1.15
Z22	2.25	0.8	1.0

（2）改炼 Z22 生铁时变料计算。

1）焦批调整量计算。

解： 由于铁种改变，冶炼 Z22 生铁时焦比应该提高

$$(2.25-0.85)\times 10\%+(0.8-0.2)\times 5\%=17\%$$

则

$$\frac{\text{L08 焦批}}{\text{L08 矿批}}\times(1+0.17)=\frac{\text{Z22 焦批}}{\text{Z22 矿批}} \qquad (9\text{-}165)$$

（焦批/矿批具有焦比的意义）

将上式整理后得：

$$\frac{\text{L08 焦批}}{\text{L08 矿批}} \times (1.17) = \frac{\text{Z22 焦批}}{\text{Z22 矿批}}$$

在调整焦炭负荷时，可以固定矿批变焦批，亦可固定焦批变矿批。究竟怎样变动，这要看高炉冶炼的情况和装料设备的状况。如果矿批不变，只变焦批，则：

$$\text{Z22 焦批} = 1.17 \times \text{L08 焦批} = 1.17 \times 3900 = 4563$$

如果焦批不变只变矿批，则：

$$\text{Z22 矿批} = \frac{\text{L08 矿批}}{1.17} = \frac{1100}{1.17} = 9402(\text{kg})$$

取9400kg。

以下按固定矿批计算锰矿及石灰石的用量。

2）锰矿石用量的调整计算。根据生铁含Mn量公式，列出如下方程求解锰矿用量：

$$[\text{Mn}] = \frac{(11000 \times 0.0009 + \text{锰矿量} \times 0.27) \times 0.6}{(11000 \times 0.54 + \text{锰矿量} \times 0.14) \times 0.995/0.93} = 0.008 \quad (9\text{-}166)$$

这里需要指出，式中分子部分是每批料进入生铁的Mn量（kg），Mn的回收率为60%；分母部分是每批料的生铁量（kg），Fe的回收率为99.5%，生铁含Fe93%。两者相除的结果是生铁中的含Mn量。

在将上式化简后得到：

$$0.161 \times \text{锰矿量} = 44.91$$

则：锰矿量=44.91×0.161=279，取280kg。

3）石灰石用量的调整计算。根据新的焦炭、矿石和锰矿批重及炉渣碱度要求，计算需配加的石灰石量。

成　分	SiO_2	CaO
烧结矿带入	11000×0.1=1100	1100×0.085=935
焦炭带入	4560×0.14×0.45=287	4560×0.14×0.06=380
锰矿带入	280×0.17=48	280×0.046=13
总计/kg	1435	986

每批炉料的出铁量=(11000×0.54+280×0.14)×0.995/0.93=6397(kg)

取6400kg。

$$\text{Si 还原消耗的 } SiO_2 \text{量} = 6400 \times 0.0225 \times 60/28 = 309(\text{kg})$$

$$\text{需要造渣的 } SiO_2 \text{量} = 1435 - 309 = 1126(\text{kg})$$

$$\text{需要配加的石灰石量} = (1126 \times 1.0 - 986)/0.50 = 280(\text{kg})$$

因此，改炼Z22号生铁后，每批炉料配比应为：焦炭4560kg，烧结矿11000kg，锰矿280kg，石灰石280kg。

9.3.5 其他因素变动的变料计算

9.3.5.1 冶炼强度变化焦炭量变动计算

当冶炼强度提高，喷煤量不变，应补加焦炭；冶炼强度降低，喷煤量不变，应减少焦炭。

冶炼强度提高，喷煤量不变，补焦炭应按以下两步计算：

(1) 喷煤量变动计算。以料批数增加表示冶炼强度提高，当小时喷煤量不变则使每批料的喷煤量减少，喷煤减少量（t/批）按式（9-167）计算：

$$喷煤减少量 = \frac{喷煤量 \times 料批增加数}{原料批数} - \frac{喷煤量 \times 料批增加数}{现料批数} \tag{9-167}$$

(2) 补加焦炭量（t/批）计算。

$$补加焦炭量_{(1)} = 喷煤减少量 \times 置换比 \tag{9-168}$$

【例 9-100】 已知某 2000m³ 高炉，原规定料批 56 批，矿批重 38.7t/m，干焦批重 10.6561/批，每小时喷煤量 10.0t/h，煤置换比 0.7。现规定料批提到 64 批/班，在每小时喷煤量不变时，求提高冶炼强度后补加焦炭量。

解：料批增加数为 64−56 = 8(批/h)，将已知数据代入式（9-167）中得：

$$喷煤减少量 = \frac{10 \times 8}{56} - \frac{10 \times 8}{64} = 1.428 - 1.25 = 0.1786(t/批)$$

将已知数据代入式（9-168）中得：

$$补加焦炭量_{(1)} = 0.1786 \times 0.7 = 0.125(t/批)$$

当冶炼强度提高，下料批数由 58 批/h 增加到 64 批/h 后，补加焦炭量为 0.125t/批。

(3) 提高冶炼强度补加焦炭量的计算。

查影响焦比和产量因素表知：冶炼强度提高 10%，焦比升高 1%，以下料批数代替冶炼强度，并进行简化整理。

则提高冶炼强度补加焦炭量的计算可按式（9-169）进行。

$$\begin{aligned} 补加焦炭量_{(2)} &= \frac{现冶强 - 原冶强}{原冶强} \times \frac{100}{10} \times 1.0\% \times 综合焦比 \times 批铁量 \\ &= \left(\frac{现料批}{原料批} - 1\right) \times 0.1 \times 综合焦批重 \end{aligned} \tag{9-169}$$

其中　　综合焦批重 = 干焦批重 + 每批料喷煤量 × 置换比

$$每批料喷煤量 = \frac{小时喷煤量}{小时料批} = \frac{10}{7} = 1.4286(t/批)$$

$$喷煤量折合干焦量 = 每批料喷煤量 \times 置换比 = 1.4286 \times 0.7 = 0.9999(t/批)$$

取 1.0(t/批)。

$$综合干焦批 = 10.565 + 1.0 = 11.565(t/批)$$

将已知数据代入式（9-169）中得：

$$补加焦炭量_{(2)} = \left(\frac{64}{56} - 1\right) \times 0.1 \times 11.565 = 0.1652(t/批)$$

$$总补加焦炭量 = 补加焦炭量_{(1)} + 补加焦炭量_{(2)} = 0.125 + 0.1652 = 0.2902(t/批)$$

$$提高冶炼强度后焦炭批重 = 10.565 + 0.2902 = 10.8552(t/批)$$

取 11t/批。

9.3.5.2　风温变化

风温变化时，负荷或喷吹物调整量的简易计算。

(1) 风温变化时铁矿石用量的调整：

$$\Delta P = \Delta t \times f \times T \times F \tag{9-170}$$

（2）风温变化时，喷吹物的调整：

$$\Delta G = \frac{\Delta t \times f \times T}{\alpha} \tag{9-171}$$

式中　ΔP——铁矿石调剂量，kg/批；

ΔG——喷吹物调剂量，kg/批；

Δt——风温变化数，℃；

f——风温变化 1℃影响的焦比数量，一般为 0.3kg；

T——每批料出铁量，kg/批或 t/批；

F——焦炭负荷；

α——置换比。一般煤粉按 0.8~1.0，重油按 1.0~1.2，焦炉煤气按 0.5。

【例 9-101】　已知风温由 1000℃降至 950℃，每批料出铁量为 1100kg/批或 1.1t/批，f 选取 0.3，焦炭负荷 2.9，求风温变化后负荷和喷吹物调整量。

解：

（1）风温变化时铁矿石用量的调整简易计算。

将已知数据代入式（9-170）中得：

$$\Delta P = \Delta t \times f \times T \times F = 50 \times 0.3 \times 1.1 \times 2.9 = 47.85(\text{kg/批})$$

取 48kg/批。

每批铁矿石调整后应减去 48kg。

（2）风温变化时，喷吹物的调整简易计算。

将已知数据代入式（9-171）中得：

$$\Delta G = \frac{\Delta t \times f \times T}{\alpha} = \frac{50 \times 0.3 \times 1.1}{0.9} = 18.33(\text{kg/批})$$

风温降低 50℃，应增加喷吹量 18.33kg/批。

9.3.5.3　*改变负荷调节炉温的简易计算*

生产中炉温习惯用生铁含 Si 量来表示。高炉炉温的改变通常用调整焦炭负荷来实现。理论计算和经验都表明，[Si] 每变化 1%，影响焦比 40~60kg。大高炉可取下限，小高炉可取上限。

变动焦炭负荷有两种方法，固定矿批调整焦批时可用式（9-172）计算：

$$\Delta K = \Delta w[\text{Si}] \times m \times E \tag{9-172}$$

式中　ΔK——焦批变化量，kg/t；

$\Delta w[\text{Si}]$——炉温变化量，%；

m——$w[\text{Si}]$ 变化 1%时焦比变化量，kg/t；

E——每批料出铁量，t/t。

假定铁全部由矿石带入，则：

$$E = P \times \varepsilon_{矿} \tag{9-173}$$

式中　P——矿石批重，t；

$\varepsilon_{矿}$——矿石理论出铁量。

将 $E = P \times \varepsilon_{矿}$ 代入式（9-172）中得：

$$\Delta K = \Delta w[\mathrm{Si}] \times m \times P \times \varepsilon_{矿} \tag{9-174}$$

将 $E = P \times \varepsilon_{矿}$ 代入式（9-174）中得：

$$\Delta P = \Delta w[\mathrm{Si}] \times m \times P \times \varepsilon_{矿} \times H \tag{9-175}$$

式中，H 为焦炭负荷。当 H 为 4 时，则

$$\Delta P = 0.2 \times 40 \times 56 \times 0.6136 \times 4 = 1099.37(\mathrm{kg})$$

取 1100kg。调节炉温 $\Delta w[\mathrm{Si}]$ 0.2%时，焦批变动 275kg，或矿批变动 1100kg。

9.3.5.4 风温变化时调整负荷的简易计算

高炉生产中由于多种原因可能出现风温较大的波动，从而导致高炉热制度的变化，为保持高炉操作稳定，必须及时调整负荷。高炉使用的风温水平不同，对焦比的影响不同。按经验可取以下数据：

风温水平/℃	600~700	700~800	800~900	900~1000	1000~1100
焦比变化/%	7	6	5	4.5	4

风温变化后高炉焦比可按式（9-176）计算：

$$C_{后} = \frac{C_{前}}{1 - \Delta t \times n} \tag{9-176}$$

式中 $C_{前}$，$C_{后}$——风温变化前后高炉焦比，kg/t；

Δt——风温变化量，取 100℃ 为单位，100℃ 为 1；

n——每变化 100℃ 风温焦比降低率，%。

当固定矿批操作，调整焦批时，调整后焦比质量。

$$K_{后} = C_{后} \times E \tag{9-177}$$

式中 $K_{后}$——调整后焦炭批重，t/批；

$C_{后}$——风温变化的焦比，kg/t；

E——出铁量，$E = K_{前} / C_{前}$。

将 E 代入式（9-177）中得：

$$K_{后} = K_{前} \times \frac{C_{后}}{C_{前}} \tag{9-178}$$

当焦批固定调节矿批时，调整后的矿石批重。

$$P_{后} = \frac{K_{前}}{K_{后} \times \varepsilon_{矿}} \tag{9-179}$$

式中 $P_{后}$——风温变化后矿石批重，t/批；

$K_{前}$，$K_{后}$——风温变化前后的焦炭批重，t/批；

$\varepsilon_{矿}$——石的理论出铁量，kg/kg 或 t/t。

【例 9-102】 已知某高炉原焦比 528kg/t，焦批 14t，全部使用烧结矿，$\varepsilon_{矿} = 0.6136$，计算风温降低后负荷调整量。

解：将已知数据代入式（9-176）中得：

当风温由 1000℃ 降至 920℃ 时，风温降低后焦比应为：

$$C_{后} = \frac{528}{1 - 0.8 \times 0.045} = 548(\mathrm{kg/t})$$

将已知数据分别代入式（9-178）、式（9-179）中得：

当矿批不变时，调整后焦批质量为：

$$K_{后} = 0.548 \times \frac{14}{0.528} = 14.53(\text{t})$$

当焦批不变时，调整后矿批重为：

$$P_{后} = \frac{14}{0.548 \times 0.045} = 583(\text{kg/t})$$

两种情况均使焦炭负荷减轻，以保证稳定的炉温。

【例9-103】 已知某高炉焦比570kg/t，焦炭批重为620kg/批，$\varepsilon_{矿}=0.5699$t/t或kg/kg，风温由1000℃降至950℃，问焦炭批重如何调整？

解：风温降低后焦比为：

$$C_{后} = \frac{570}{1 - 0.5 \times 0.045} = 583(\text{kg/t})$$

当矿批不变时，将已知数据代入式（9-178）中，则调整后的焦炭批重为：

$$K_{后} = 583 \times \frac{620}{570} = 634(\text{kg/批})$$

因此，由于风温降低50℃，焦炭批重应增加14kg/批。当焦批固定调节矿批时，风温降低50℃，调整后的矿石批重为：

$$P_{后} = \frac{620}{0.634 \times 0.5699} = 1716(\text{kg/批})$$

风温降低50℃后的矿石批重为1716kg。

9.3.5.5 用风温调节炉温的简易计算

有时炉温要调节量不大，风温又有余地，此时可用风温调节炉温。以$\Delta w[\text{Si}]$表示炉温的变化：

$$\Delta w[\text{Si}] = \frac{\Delta t \times C \times n}{m} \tag{9-180}$$

式中 $\Delta w[\text{Si}]$——风温变化量，每100℃为1；

C——高炉焦比，kg/t；

n——每100℃风温焦比变化率，%；

m——1%[Si]焦比变化量，一般为40~60kg。

将式（9-180）变化为：

$$\Delta t = \frac{\Delta w[\text{Si}] \times m}{C \times n} \tag{9-181}$$

【例9-104】 已知某高炉焦比为528kg/t，炉温需要调整量$\Delta w[\text{Si}]=0.3\%$，取1100℃范围内，$\eta$取4%，求需要变化的风温量。

解：将已知数据代入式（9-181）中得：

$$\Delta t = \frac{\Delta w[\text{Si}] \times m}{C \times n} = \frac{0.3 \times 50}{528 \times 0.04} = 0.71(℃)$$

因设风温每100℃为1，故100×0.71=71℃，即需要调整风温71℃。

9.3.5.6　碎铁用量波动时负荷调整的简易计算

$$\Delta P = 0.25 \times \Delta t \times F \tag{9-182}$$

式中　ΔP——铁矿石调整量，kg/批；

Δt——碎铁波动量，kg/批；

F——焦炭负荷；

0.25——每1kg碎铁熔化和过热所需要的焦炭量，kg。

【例9-105】　已知碎铁增加30kg，焦炭负荷2.9，求铁矿调整量。

解： 将已知数据代入式（9-182）中得：

$$\Delta P = 0.25 \times \Delta t \times F = 0.25 \times 30 \times 2.9 = 21.5(\text{kg})$$

取22kg。从计算结果得知增加碎铁30kg/批应减少铁矿石22kg/批。

9.3.5.7　低料线时负荷调整的计算

高炉连续处于低料线作业时，炉料的加热变坏，间接还原度降低，须补加适当数量的焦炭。表9-5是鞍钢处理低料线时的焦炭补加量，其对象是1000~2000m^{3}高炉，对于能量利用较差的小高炉，参考表中数据时补焦量要酌情加重。

表9-5　低料线时间、深度与补焦数量

低料线深度/m	低料线时间/h	补加焦炭量/%
<3.0	0.5	5~10
<3.0	1.0	8~12
>3.0	1.5	8~12
>3.0	1.0	15~25

【例9-106】　某高炉不减风检修称量车，计划检修时间35min，当时料速为11批/h，正常料线为1m，每批料可提高料线0.45m，焦批620kg，炉况正常，检修前高炉压料至0.5m料线，如检修按计划完成，计算检修完毕料线到多深；若卷扬机以最快速度3.5min/批赶料线，多长时间才能赶上正常料线；赶料时炉料的负荷如何调整。

解： 检修完毕时料线为：

$$L = 11 \times \frac{35}{60} \times 0.45 + 0.5 = 3.4(\text{m})$$

设在$r$min后赶上正常料线，在这段时间内共上料$\frac{t}{3.5}$批，其中包括：

充填低料线亏空容积　$\dfrac{3.4 - 1.0}{0.45} = 5.33$(批)

赶料线过程高炉下料批数　$\dfrac{t}{60} \times 11 = 0.183t$(批)

赶上正常料线后上一批料，因此有方程式：

$$\frac{t}{3.5} = 5.33 + 0.183t + 1$$

解方程式得：$r = 61.6$min。在此期间下料61.6/3.5=17.6批。

由计算知，赶料线需 61.6min，料线深达 3.4m，为了补热，负荷应作调整，按经验应补焦 20%；赶料线过程中下料约 17.6 批，应补焦 3.52 批，焦炭批重 620kg，共计 3.52×620=2182.4kg。

9.3.5.8 长期休风时负荷调整

高炉休风 4h 以上，都应适当减轻焦炭负荷，以利复风后恢复炉况。减负荷的数量取决于以下因素：

（1）高炉容积。炉容越大减负荷越少，否则相反。

（2）喷吹燃料。喷吹燃料越多，减负荷越多，否则相反。

（3）高炉炉龄。炉龄越长，减负荷越多，否则相反。

（4）休风时间。休风时间越长，减负荷越多，否则相反。

表 9-6 列出了鞍钢高炉（600~1500m^3）的经验数据，对中、小高炉参考表中数据时，要酌情取较大值。

表 9-6 休风时间与负荷调整

休风时间/h	8	16	24	48	72
减负荷/%	5	8	10	10~15	15~20

济南铁厂 100m^3高炉长期休风减负荷的经验是：

（1）冶炼制钢生铁时，休风前将炉温提高，改炼铸造铁。

（2）休风料不加碎铁，并适当降低炉渣碱度。

（3）休风时间 4 h，加空焦 2~4 批（批重 400~500kg）；休风时间 6h，加空焦 5~6 批；休风时间 8h，加空焦 8~10 批。

9.3.5.9 长期休风负荷调整的计算

按负荷平衡列出下式：

休风料负荷：
$$F_{休} = F_{正}(1 - n) \tag{9-183}$$

休风料焦批重：
$$K_{p风} = \frac{P_{正}}{F_{休}} \tag{9-184}$$

每批焦炭增加量：
$$\Delta P = K_{p休} - K_{p正} \tag{9-185}$$

休风期焦炭增加量：
$$K_{休增} = \Delta P \times T \times N \tag{9-186}$$

增加焦炭量折合料批数：
$$N_{休} = \frac{K_{休增}}{K_{p正}} \tag{9-187}$$

式中 $F_{正}$——正常料焦炭负荷；

$F_{休}$——休风料焦炭负荷；

$K_{p正}$——正常料焦批重，kg/批；

$K_{p休}$——休风料焦批重，kg/批；

$P_{正}$——正常料矿批重，kg/批；

n——减负荷率，%；

N——正常生产时每小时下料批数，批/h；

T——计划休风时间，h；

$K_{休增}$——休风期应增加的焦炭量，kg；

$N_{休}$——折合休风期应加焦炭批数。

【例 9-107】 某高炉正常 $K_P=500$kg/批，负荷 3.0，矿批 1500kg/批，下料批数 9/h，计划检修 16 h，计算负荷调整量。

解：查表 9-6 知休风 16h，需减负荷 $n=8\%$，考虑到高炉较小，取 $n=10\%$，将已知数据分别代入式（9-183）~式（9-187）中得：

$$F_{休}=F_{正}(1-n)=3\times(1-10\%)=2.7$$

$$K_{p休}=\frac{P_{正}}{F_{休}}=\frac{1500}{2.7}=555.56(\text{kg/批})$$

取 556kg/批。

$$\Delta P=K_{p休}-K_{p正}=556-500=56(\text{kg/批})$$

$$K_{休增}=\Delta P\times T\times N=56\times16\times9=8064(\text{kg})$$

$$N_{休}=\frac{K_{休增}}{K_{p正}}=\frac{8064}{500}=16.128(\text{批})$$

取 16 批。

经计算休风 16h 应增加焦炭量 9064kg，折合正常料焦批数 16 批，可据此安排休风料。

9.3.5.10　下雨时焦炭负荷的调整

料车式高炉焦炭按批称重入炉，下雨天焦炭水分增加，如不按实际水分自动补偿装置，须临时调整焦炭负荷，表 9-7 为鞍钢经验数据，可以参考。

表 9-7　雨量与焦炭负荷调整

雨 1（估计）	冷风温度下降/℃	焦炭含水量（估计）/%	减轻焦炭负荷/%
大	>20	>10	4~6
中	10~20	5~10	3~4
小	<10	<5	1~2

【例 9-108】 已知某高炉下雨前焦批重 2000kg，负荷 3.2，矿批重 6400kg，天降中雨，计算负荷调整量。

解：查表 9-7 知，下中雨时应减轻焦炭负荷 3%~4%，取 $n=4\%$，将已知数据代入式（9-183）中，只是将 $F_{休}$ 改 $F_{雨}$，则：

$$F_{雨}=F_{正}(1-n)=3.2\times(1-4\%)=3.2\times0.96=3.072$$

则雨天的焦批重为：

$$K_{p风}=\frac{P_{正}}{F_{休}}=\frac{6400}{3.072}=2083.33(\text{kg/批})$$

取 2083kg/批。下中雨时，每批焦炭应增加 83kg 焦炭。

9.3.5.11　减少或停止喷吹燃料时的焦炭负荷调整

（1）喷吹燃料量和置换比。影响置换比的因素很多，表 9-8 为鞍钢的经验值。

表 9-8　喷吹燃料量与置换比

每吨铁喷吹燃料量/kg·t⁻¹		20	40	60	80	100
置换比	重　油	1.35	1.25	1.15	1.10	1.00
	煤　粉	0.90	0.85	0.80	0.75	0.70

（2）减少或停止喷吹燃料时的负荷调整计算。大量减少或停止喷吹燃料时，均应补加焦炭。补加焦炭的数量除与置换比有关外，还要考虑当时的煤气利用率、料速以及停止喷吹时间的长短。停止喷吹时间超过冶炼周期，应按全焦冶炼处理；小于冶炼周期时可参考表 9-9。

表 9-9 停止喷吹的时间和加焦率

停止喷吹时间/h	加焦率/%
1~4	50~70
4~6	60~90
>8	100

【例 9-109】 某高炉喷吹煤粉，因故吨铁喷吹量要由 80kg/t 降至 20kg/t，预计 48h，计算减少喷煤后补加焦炭量。

解： 查表 9-8、表 9-9 选取置换比 0.9，加焦率为 100/100，计算的经验式为：

$$\text{补加焦炭量} = \text{减少喷吹量} \times \text{置换比} \times \text{加焦率} \tag{9-188}$$

将已知数据代入式（9-188）中得：

$$\text{补加焦炭量} = (80 - 20) \times 0.9 \times (100/100) = 54(\text{kg/批})$$

减煤量后焦批中应补加 54kg 焦炭。

9.3.5.12 改倒同装时焦炭负荷的调整计算

高炉因洗炉或炉况失常而需采用全倒同装时，应视原先装料制度中的倒同装所占比例、改全倒同装的批数及炉况，来相应减轻焦炭负荷。原先装料制度中的倒同装所占比例越小，改倒同装的批数越多，顺行及炉温越差，则需要减轻的焦炭负荷越大。表 9-10 为鞍钢 1000m^{3}高炉改倒同装批数与焦炭负荷的经验关系。

表 9-10 改倒同装批数与焦炭负荷的关系

改倒同装批数	减轻焦炭负荷/%
20~40	10~15
40~150	15~20
>150	20~25

【例 9-110】 已知某高炉焦批 13000kg/批，负荷 3.0，矿批重 9000kg/批，因故需改倒装 30 批，计算负荷调整。

解： 查表 9-10 知改倒装 30 批需减轻负荷 10%~15%，取 13%，则

减轻后的负荷为：

$$3.0 \times (1 - 13\%) = 3.0 \times 0.87 = 2.61$$

若保持焦批重不变，则减负荷后的矿石批重为：

$$\text{原焦批重} \times \text{减轻后的负荷} = 3000 \times 2.61 = 7830(\text{kg/批})$$

若保持矿批重不变，则减轻负荷的焦批重为：

$$\frac{\text{原矿批重}}{\text{减轻后的负荷}} = \frac{9000}{2.61} = 3448.28(\text{kg/批})$$

9.3.5.13 布料器停转减负荷的计算

布料器运转失灵时影响炉料分布，降低煤气利用率。在布料器修好之前，需临时减轻焦炭负荷，鞍钢经验示于表 9-11。

表 9-11 布料器停转时间与减轻负荷的比例

停转时间/h	减轻焦炭负荷/%
4~8	1~2
8~24	2~3
>24	>3

【例 9-111】 某高炉焦批重 2000kg，负荷 3.3，矿批量 6600kg，因故布料停转，预计 12h 能处理，计算负荷的调整量。

解：查表 9-11，知布料器停转 12h，应减轻负荷 2%~3%，取 3%，布料器停转后减轻的负荷为 3.3×(1−3%)= 3.201，则布料器停转的焦批重为：

$$6600 \div 3.201 = 2061.19(\text{kg/批})$$

取 2061kg/批。每批料应加焦炭 2061−2000=61(kg)。

9.3.5.14 高炉减风操作时的负荷调整

高炉长期（超过 2h）减风操作，由于煤气分布改变，趋向边缘，煤气能量利用变差，炉尘吹出量减少，冷却强度相对增大等影响，导致炉温最终向凉。减风越多，时间越长，向凉程度越严重。

临时减风操作时，若减风量 10%左右，在约 2~4h 内，可不调整负荷，但须注意防热。时间过长，仍须减负荷 5%左右。减风率越大，时间越长，须减负荷越多，此种现象小高炉更是如此。

预计长期大量减风操作时，应及时进行控制边缘气流与缩小风口面积的上、下部调节。

任务 9.4 影响高炉焦比和产量的因素及其应用计算

9.4.1 影响高炉焦比和产量因素的概述及数值

9.4.1.1 影响高炉焦比和产量因素的概述

高炉冶炼用的炉料品种的改变，理化性质的波动以及生铁成分、风温、炉顶压力、喷吹量等参数的变化，必然引起炉内热制度与造渣制度的变化，从而影响高炉顺行。当上述因素有少量变动时，利用日常的上下部调剂就可以克服其不利影响；当上述因素有显著变动时，必须校正炉料，调整原燃料的配比，才能够维护要求的基本操作制度，保证高炉顺行。

例如：矿石含铁量变化时，除及时调焦炭的负荷以外，还应按其 SiO_2 的变化相应调整石灰石加入量，以维持渣碱度不变；锰矿石成分变化时，应根据锰和 SiO_2 含量对生铁和炉渣成分的影响，进行校正；焦炭灰分波动时，要相应调整焦炭负荷和石灰石加入量；石灰石的有效碱度变化时，也要相应调整石灰石用量。因此，炉料理化性质的变化，最终要影响到高炉焦比和产量的变化。生铁成分、风温与喷吹量等参数的变化更是直接与焦比、产量有关。

影响焦比和产量的因素很多，按各因素对焦比影响校正炉料和计算产量，应用比较困难，需要在方法上做适当的变动，以求工艺上简便适用。因此很多企业通过试验和生产中积累找出各因素对焦比和产量影响的数据和简易计算方法，使计算简便、快速，更利于在生产工艺上的利用。

9.4.1.2 影响高炉焦比和产量因素的数值

从一些炼铁教科书、参考书和有关资料中常常可以看到，各种因素对焦比、产量的影响数值，且国内外各厂的数据大致相同，但由于这些数值很多是经验值，或试验值，所以有些差距，有的数值差距还比较大，因此在选用这些影响因素数值时，要尽量注意选用与自己工厂条件相近工厂的数值，最好在生产中积累出自己厂的经验数值，更为适宜，国内外一些大中型企业都有自己积累的经验数值。

9.4.2 选用计算

影响焦比和产量的因素很多，现选用几个因素，举例计算供选用时参考。

9.4.2.1 按生铁含硅量的变化进行的调整计算

（1）一般情况下可按以下两种方法进行计算决定每批料焦炭增减量。

1）查表法。可按±(Si) 1%影响焦比±40kg 调整负荷。

2）按经验式计算确定每批料的焦炭增减量

$$\Delta C = \frac{\Delta w[\mathrm{Si}] \times \text{批重}(\mathrm{t}) \times 1\mathrm{t}\,\text{矿石的出铁量}}{0.025} \tag{9-189}$$

式中 ΔC ——每批料的焦炭增减，kg；

$\Delta w[\mathrm{Si}]$——生铁含硅的增减量，%；

0.025 ——换算系数。

（2）在喷吹燃料的高炉上，由于炉温提高允许提高喷吹其数量（按高炉具体情况决定），进行喷吹物与焦炭的置换计算。

（3）实际操作时，可先按需要增减的焦炭量调整负荷，然后再调整喷吹量和变更负荷。也可以调整负荷和变动喷吹量同时并举。

【例 9-112】 已知某高炉喷油 7t/h，矿石批重 21t，每批出铁 10.5t，每小时 8 批料，焦炭批重 5t，油焦置换比 1.0，当［Si］提高 1%时，应如何变料。

解：

（1）按±[Si]1%，焦比±40kg 计算，在每批料出铁量 10.5t 时，固定矿批高炉提高 1%[Si]，每批应增加焦炭量为：

$$1 \times 40 \times 10.5 = 420(\mathrm{kg})$$

（2）将已知数据代入经验式（9-189）中得：

$$\Delta C = \frac{1 \times 21 \times \dfrac{10.5}{21}}{0.025} = 420(\mathrm{kg})$$

当已知某批料的出铁量时，式（9-189）变为式（9-190）

$$\Delta C = \frac{\Delta w[\mathrm{Si}] \times 每批料的出铁量}{0.025} \tag{9-190}$$

按以上已知数，当 $\Delta w[\mathrm{Si}]$ 为 0.8%时，则每批料增加焦炭为：

$$0.8 \times 40 \times 10.5 = 336(\mathrm{kg/批})$$

代入式（9-189）中得

$$\Delta C = \frac{0.8 \times 21 \times \dfrac{10.5}{21}}{0.025} = 336(\mathrm{kg/批})$$

以上两种方法计算结果相同，将已知数据代入式（9-190）中得

$$\Delta C = \frac{\Delta w[\mathrm{Si}] \times 每批料的出铁量}{0.025} = \frac{0.8 \times 10.5}{0.025} = 336(\mathrm{kg})$$

（3）如果把喷油量由 7t/h 提到 8t/h，每小时 8 批料，则相当每批增加焦炭量为：

$$\frac{增加喷油量 \times 置换比}{每小时下料批数} = \frac{1000 \times (8-7) \times 1.0}{8} = 125(\mathrm{kg})$$

因此，每批只要增加焦炭 420−125=295(kg)。

（4）因焦批固定，只能调整矿批，此时每批应减去矿石量：

$$焦炭量 \times 焦炭负荷 = 焦炭量 \times \frac{矿批重}{综合焦批重} = 420 \times \frac{21}{5 + \dfrac{7 \times 1.0}{8}} = 1501.3(\mathrm{kg})$$

同理，当喷吹量提高 8t/h，则每批只要减去矿石量为：

$$295 \times \frac{21}{5 + \dfrac{7 \times 1.0}{8}} = 1054.5(\mathrm{kg})$$

9.4.2.2　*炉顶高压操作的效果的计算*

提高炉顶压力能降低炉内压差，有利于加风而增加产量。在高炉维持原压差操作下，增加的风量或正常炉况下增产的百分率（δ）可按计算式计算和查表计算的经验计算法。

（1）计算式计算。提高炉顶的操作效果可按两个计算式计算

$$\delta = \left[\left(\frac{p'_{风} + p'_{顶}}{p_{风} + p_{顶}}\right)^{0.556} - 1\right] \times 100\% \tag{9-191}$$

或

$$\delta = \left[\left(\frac{2p'_{顶} + \Delta p}{p_{风} + p_{顶}}\right)^{0.556} - 1\right] \times 100\% \tag{9-192}$$

式中　$p_{风}$，$p'_{风}$——高炉炉顶压力变化前后风口处的绝对压力，kPa；

$p_{顶}$，$p'_{顶}$——高炉炉顶压力变化前后的绝对压力，kPa；

Δp——高炉炉顶压力变化前的压差（$p_{风}-p_{顶}$）值，kPa。

（2）经验计算法。找出提高炉顶压力影响产量的数值来计算

$$产量增加值 = \frac{炉顶压力增加值}{10} \times 影响产量值 \tag{9-193}$$

【例 9-113】　两座高炉原炉顶压力分别为 29.4kPa 和 68.6kPa，原风压各为 137kPa 和 206kPa。现将炉顶压力分别提高到 58.8kPa 和 98kPa，风压各升至 167kPa 和 235kPa。

用式（9-192）计算增加的风量分别为：

$$\delta_1 = \left[\left(\frac{167 + 58.8 + 2 \times 101.325}{137 + 29.4 + 2 \times 101.325}\right)^{0.556} - 1\right] \times 100\% = 8.63\%$$

$$\delta_2 = \left[\left(\frac{235 + 98 + 2 \times 101.325}{206 + 68.6 + 2 \times 101.325}\right)^{0.556} - 1\right] \times 100\% = 6.63\%$$

已知炉顶压力提高 10kPa 影响产量增加 3%，据已知条件计算炉顶压力增加数为：

1 号炉： $58.8 - 29.4 = 29.4(\text{kPa})$

2 号炉： $98.0 - 68.6 = 29.4(\text{kPa})$

将已知数据代入式（9-193）中得：

$$1\text{ 号炉增加产量} = \frac{29.4}{10} \times 3\% = 0.0882 = 8.82\%$$

$$2\text{ 号炉增加产量} = \frac{29.4}{10} \times 3\% = 0.0882 = 8.82\%$$

通过计算结果看出，1 号炉用经验法计算结果与用式（9-193）计算结果相近似，2 号炉的结果相差很多。

【例 9-114】 某座高炉原来的炉顶压力和风压分别为 29.4kPa 和 137kPa，现将炉顶压力提高到 58.8kPa。在保持炉内压差不变情况下，增加的风量由式（9-192）得：

$$\delta = \left[\left(\frac{58.8 \times 2 + (137 - 29.4) + 2 \times 101.325}{137 + 29.4 + 2 \times 101.325}\right)^{0.556} - 1\right] \times 100\% = 8.57\%$$

例 9-113 一般用于核算高压操作的实际增产效果。例 9-114 可以当前冶炼条件为基础定量地预估提高炉顶压力与增加风量（或增加产量）之间的相应数值。上述表明，炉顶压力提高 29.4kPa，可分别增加产量为 8.83%和 6.63%；每提高 9.81kPa（相当于 0.1 个工程大气压）；正常情况下分别可增加产量 2.8%和 2.2%。应该指出，随着炉顶压力的逐步提高，高炉增加产量的效果是递减的。

9.4.2.3 热风温度影响焦比的计算

提高风温节省焦炭量的经验公式为：

$$\Delta K = b_1 \times (t_1 - t_0) \times K_0 \tag{9-194}$$

式中 ΔK——提高风温节省的焦炭量，kg/t；

K_0——基准干风温度时的折算焦比（干焦比+喷吹燃料比×置换比），kg/t；

b_1——不同风温水平时影响焦比的经验系数；

t_0，t_1——变化前后的干风温度，℃。

$$t_1(t_0) = t_b - \frac{q_{H_2O}}{c_p^{tb}}(1 - \eta_{H_2}) \times \phi' \tag{9-195}$$

式中 t_b——进入高炉的热风温度，℃；

q_{H_2O}——每克水分分解消耗的热量，kJ/g；

c_p^{tb}——热风温度为时的比热容，kJ/(m³·℃)；

ϕ'——鼓风水分，g/m³。

【例 9-115】 某高炉焦比 476kg/t，煤粉 80kg/t，煤粉置换比 0.8，热风温度 1120℃，$\phi' = 13.44\text{g/m}^3$，$\eta_{H_2O} = 0.40$ 时，计算风温由 1120℃提高至 1170℃时节约的焦炭量。

解：

（1）干风温度计算。查表得 $c_p^{1120}=1.4347\text{kJ}/(\text{m}^3\cdot℃)$、$c_p^{1170}=1.4405\text{kJ}/(\text{m}^3\cdot℃)$，代入式（9-195）得：

$$t_0 = 1120 - \frac{13.44}{1.4347} \times (1 - 0.40) \times 16 = 1030(℃)$$

$$t_1 = 1170 - \frac{13.44}{1.4405} \times (1 - 0.40) \times 16 = 1080(℃)$$

（2）b_1 取值。t_0 和 t_1 均在 1000~1100℃范围内，查表取 $b_1=0.035\%$。

（3）节约焦炭量。$K_0=476+80\times0.8=540(\text{kg/t})$，代入式（9-194）得：

$$\Delta K = 0.035\% \times (1080 - 1030) \times 540 = 9.45(\text{kg/t})$$

9.4.2.4　增减喷吹量的影响计算

喷吹量的变动会影响高炉的热平衡，为使热平衡稳定，当改变喷吹量时要相应调整负荷。具体调整量与该高炉的喷吹物置换比、焦炭负荷和小时料批数有关。

【例 9-116】　已知某高炉焦炭负荷为 3.65，油、煤对焦炭的置换比分别为 1.0 和 0.8，每小时上 7.3 批料，增减 1t 油、煤后，计算应如何分别调整负荷。

解：

（1）增减 1t/h 油时影响负荷的计算。在置换比为 1.0 时，增减喷油量 1t/h，相当增减焦炭量 1×1.0=1.0(t/h) 或 1000kg/h；折合每批料成增减焦炭量为：

$$\frac{\text{折合焦炭量}}{\text{小时上料批数}} = \frac{1000}{7.3} = 137(\text{kg/批})$$

或相当每批料增减矿石量为：

$$\text{焦炭量}\times\text{负荷}=137\times3.65=500(\text{kg})$$

（2）增减 1t/h 煤时影响的负荷的计算，在置换比为 0.8 时，增减喷煤量 1t/h，相当增减焦炭量为：1×0.8=0.8t/h（或 800kg/h）；折合每批料应减焦炭量为：

$$\frac{\text{折合焦炭量}}{\text{小时上料批数}} = \frac{800}{7.3} = 109.6(\text{kg/批})$$

或相当增减矿石量 109.6×3.65=400(kg/批)。

可见，每小时增减 1t 喷吹物的焦炭负荷变动量是：

$$\text{增减焦炭量} = \frac{\text{增减喷吹量}}{\text{小时料批数}} \times \text{置换比}$$

或

$$\text{增减矿石量} = \frac{\text{增减喷吹量}}{\text{小时料批数}} \times \text{置换比} \times \text{焦炭负荷}$$

当高炉冶炼条件基本稳定时，可预先算出 1t 喷吹物的焦炭或矿石的变动量，以指导生产。

9.4.2.5　风温大幅度波动时的变料计算

大幅度降低风温时，必须相应减轻负荷，对于喷吹燃料的高炉，还应减少喷吹量，直至完全停喷。

【例 9-117】　已知某高炉喷油 5t/h，喷煤 4t/h（油、煤的置换比分别为 1.0、0.8），风温 1000℃，矿石批重 20t，焦炭批重 4.5t，每小时 8 批料，每批出铁 10t。当该高炉一座热风炉检修风温降低300℃时，高炉变料为：

（1）风温大幅度降低时必须停喷油和煤，此时应补加焦炭量，在油、煤置换比分别为1.0、0.8时为：

$$\frac{\text{减少喷油量} \times \text{置换比}}{\text{小时下料批数}} + \frac{\text{减少喷煤量} \times \text{置换比}}{\text{小时下料批数}} = \frac{5 \times 1.0}{8} + \frac{4 \times 0.8}{8} = 1.025(\text{t/批})$$

因此，停喷后的焦炭批重是4.5+1.025=5.525(t)。

（2）风温降低减少了高炉的热收入，须补加焦炭弥补热量不足。当风温700℃时，已知每100℃风温影响焦比约6%，相当每吨铁增加$\frac{5525}{10}$×6%=33.2(kg)焦炭。

因此，降低300℃风温后，设每100℃风温为1，300℃风温为3，则每批须增加焦炭量3×33.2×10=996(kg)。风温降低后共应增加焦炭1025+996=2021(kg)。

当焦批固定时，高炉应减少矿石量：

$$\text{负荷} \times \text{增加焦炭量} = \frac{\text{矿批重}}{\text{综合焦批重}} = \frac{20}{5.525 + 0.996} \times 2.021 = 6.2(\text{t/批})$$

9.4.2.6　富氧鼓风的效果计算

高炉富氧鼓风可以提高产量和降低焦比。

设富氧鼓风前后高炉入炉风量不变，鼓风含量由原来大气鼓风α_0增加到α，其增加量为$\alpha-\alpha_0=\Delta\alpha$，相当于增加风量$\Delta V=\frac{\Delta\alpha}{\alpha_0}$。提高含氧量1%时，相当于增加风量：

$$\Delta V = \frac{\Delta\alpha}{\alpha_0} = \frac{0.01}{0.21} = 4.76\%$$

因此鼓风中每提高1%的氧，如无其他因素影响，理论上应增产4.76%。

富氧鼓风的理论增产值随着鼓风含氧的递增而递减。

【例9-118】　已知某高炉全风量1700m^3，每小时出铁量63.7t/h，采用富氧鼓风，富氧率1%，则增加风量为：

$$\Delta V = 1700 \times 4.76\% = 80.92(\text{m}^3/\text{min})$$

相当于全风量为1700+80.92 =1780.92(m^3/min)，相当于出铁量增加63.7×4.76% =3.03 (t/h)。已知富氧率增加1%，增产3%~6%，取5%时，增产量为63.7×5%=3.185t/h，计算结果近似。

已知富氧1%，影响产量提高3%~6%，范围较大，其原因这些数值都是经验数据或试验值。有的资料介绍富氧1%影响产量2.5%~3%，还有的资料介绍富氧1%影响产量4%，差距都较大，选择时要注意数据的来源与自己工厂条件的差距。

9.4.2.7　校正焦比的计算

将不同冶炼时期影响焦比的诸因素，按标准进行比较校算，得出的焦比称为校正焦比。通过校正焦比的计算，有助于分析高炉冶炼的技术经济效果，确定某一因素的单位变动量对焦比的影响值。

选定标准量的原则是，使标准量的值接近不同时期该因素的平均值，以使计算更为可靠。在进行具体计算时，还应选定基准期，以便进行比较。

A　校正焦比的原则

（1）凡影响焦比的因素有较大变动者均应校正，变动量很小者可忽略不计。

（2）诸因素对焦比的影响值（即焦比校正量）应根据具体的冶炼条件和生产数据选定。

（3）有些影响焦比的因素互相关联，为了避免重复计算，应适当选择校正因素和校正量。如渣量与矿石含铁、焦炭灰分及石灰石用量等有关。

B　校正焦比的方法

根据选择校正因素和校正量有 4 种方法：

第一种方法：选择石灰石用量、焦炭灰分和渣量的影响进行校算，其校正量可取如下数据：

校正因素	影响焦比
石灰石 100kg/t	30kg（只考虑分解热及 CO_2 的影响）
焦炭灰分 1%	1.2%（只考虑发热值）
渣量 100kg/t	20kg（只考虑渣的熔化热）

第二种方法：选择焦炭灰分和渣量的影响进行校算。其校正量可取如下数据：

校正因素	影响焦比
焦炭灰分 1%	1.2%（只考虑发热值）
渣量 100kg/t	50kg（考虑渣的熔化热、石灰石分解热和 CO_2 的影响）

第三种方法：选择矿石含铁、石灰石用量和焦炭灰分的影响进行校算，其校正量可取如下数据：

校正因素	影响焦比
矿石含 Fe 1%	2%（考虑脉石和石灰石的成渣熔化热及其他因素的影响）
石灰石 100kg/t	30kg（只考虑分解热及 CO_2 的影响）
焦炭灰分 1%	2%（考虑发热值和成渣熔化热）

第四种方法：选择矿石扣除 CaO 后的含铁、石灰石用量和焦炭灰分进行校算。其校正量可取如下数据：

校正因素	影响焦比
矿石中 CaO 含 Fe 1%	2%（考虑矿石的脉石成渣熔化热及其他因素的影响）
石灰石 100kg/t	40kg（只考虑分解热、成渣热及 CO_2 的影响）
焦炭灰分 1%	2%（考虑发热值和成渣熔化热）

通常采用第一种方法进行校正焦比的计算较好，第二种方法较方便。

任务 9.5　炼铁计算的常用数据

在炼铁工艺计算和设计计算时，需要从各种参考书中查找有关数据。现行出版的书刊均已使用法定计量单位符号，而过去发行的书刊仍使用应淘汰的计量单位符号，使用时要进行换算，这些都很费时间，为便于使用，现选一些常用数据列于表 9-12。

表 9-12　几种元素在炉渣、煤气中的分配率

铁种	炼钢生铁					铸造生铁				
元素	Fe	Mn	P	S	Si	Fe	Mn	P	S	Si
煤气 λ	0	0~0.1	0	0~0.1	0	0	0.2	0	0.1~0.2	0~0.05
炉渣 μ	0.003~0.01	0.2~0.5	0~0.12	0.8~0.95		0.002~0.004	0.3~0.5	0	0.7~0.85	

元素在生铁中的分配率 $\eta=1-\lambda-\mu$。冶炼炼钢生铁时常见元素的分配率，计算时可取表 9-13 中的数值。

表 9-13　冶炼炼钢生铁时元素分配率

元　素	Fe	Mn	P	S
生铁 η	0.997	0.5	1.0	
炉渣 μ	0.003	0.5	0	
煤气 λ	0	0	0	0.05

冶炼不同生铁时炉渣性能如表 9-14 所示。

表 9-14　冶炼不同生铁时炉渣性能

铁　种	$\frac{w(CaO)}{w(SiO_2)}$	$\frac{w(CaO+MgO)}{w(SiO_2)}$	熔点/℃	熔化性温度/℃	焓/kJ · kg^{-1}
炼钢铁	1.0~1.2	1.2~1.4	1300~1600	1200~1350	1460~1670
铸造铁	0.95~1.1	1.15~1.3	1300~1600	1200~1450	1800

复习与思考题

(1) 已知矿石含 TFe 为 54%，渣铁比 0.65，当渣中 MgO 含量为 18%，求矿石中允许的 MgO 含量。

(2) 混合矿石含铁 55.39%，含锰 1.78%，$m(Fe_{矿})$ 为 0.99478，η_{Mn}取 0.8。Z22 号生铁中含［Mn］为 0.8%，问用此矿石能否冶炼出含锰合格的生铁?

(3) 用含锰 40%，含铁 5.2%，冶炼含锰 80%的锰铁合金，合金中 $w[C]+w[Si]+w[P]=8.2\%$，锰的回收率为 82%，计算锰矿石中含铁量是否超出允许含铁量。

(4) 已知某高炉炼高锰铁合金：$w[Mn]=80\%$，$w[F]=12.0\%$，$\eta_{Mn}=80\%$，$\eta_{Fe}=99.9\%$现有一批锰矿石，其成分：$w(Mn_{矿})=30\%$，$w(Fe_{矿})=3.4\%$，计算一下可否用这批锰矿配料入炉。

(5) 已知某高炉矿石批重 2000t/批，矿石含铁 55%，渣量 0.6 t/t，萤石中 CaF_2含量为 60.5%。计算渣中 CaF_2为 5%时的萤石加入量。

(6) 某炉炉渣 $w(CaO)/w(SiO_2)=1.10$，生铁中 $w[Fe]=95\%$，$w[Si]=0.6\%$，炉料中铁进入生铁中 99.5%。

使用的石灰石成分（%）：

TFe	CaO	SiO_2
0.4	51.0	1.2

求石灰的自由碱。

(7) 已知某高炉开炉，经配料计算得知空焦段的焦炭数量为32t，拟加入干渣稀释炉渣中Al_2O_3含量到18%，并已知焦炭灰分为12%，焦炭灰分中Al_2O_3含量为38%，干渣中Al_2O_3含量为1%，计算干渣需用量。

(8) 已知某高炉用铁矿石含铁量55%，含磷0.16%，石灰石含磷0.005%，焦炭灰分14.22%，灰分含磷0.4%。铁的分配率99.5%，生铁含铁94%，计算在矿批15t/批，焦批5t/批，石灰石批重0.3t/批时，生铁的含磷量。

(9) 某生铁化验结果为$w[Si]=1.3\%$，$w[Mn]=0.8\%$，$w[P]=0.26\%$，$w[S]=0.025\%$，求生铁含碳量。

(10) 已知某高炉用铁矿石$w(TFe)=56\%$，吨铁矿石耗量1620kg，焦比540kg/t，焦炭灰分14%，灰分中含铁0.73%，$\eta_{铁}$为99.5%，计算生铁中含铁量。

(11) 已知某厂烧结矿化验成分如下，计算含铁量：

	TFe	SiO_2	CaO	MgO	$w(CaO)/w(SiO_2)$
1号烧结矿	55.00	6.06	9.85	1.90	1.65
2号烧结矿	51.26	7.36	13.79	2.74	1.85

(12) 已知某批炉料用量，焦炭450kg，矿石1860kg，石灰石16kg，焦炭含水量为4.8%，求实用量。

(13) 某255m^3高炉，风口以上工作容积209m^3，每昼夜燃烧焦炭400t，求煤气在炉内的停留时间。

(14) 已知：某高炉综合燃料比600kg/t，综合燃料含碳量85.0%，日产铁800t，鼓风湿度2%，$w(C_{\phi})=70\%$，求入炉实际风量。

(15) 某100m^3高炉，$V_a=91.3m^3$，$P=287t$，$OR=1.787t/t$，$C=0.596t/t$，$\rho_0=1.7t/m^3$，矿批1.859t，焦批0.62t，$\alpha=10\%$，计算冶炼周期。

(16) 已知某炉干焦批重6t/批，焦炭含碳量84%，焦炭燃烧率为70%，鼓风湿度2%，计算风量为1.2标态风量。求：加120m^3/min风量，每小时可多上几批料。

(17) 某300m^3高炉，炉喉直径3600mm，有效容积利用系数2.5t/(m^3·d)，焦比620kg/t，焦炭堆密度0.5t/m^3，每吨生铁的矿石和熔剂耗量为1.787t/t，堆密度1.7t/m^3，计算平均下料速度。

(18) 已知生铁含量为93%，矿石含铁量为55%，取99.5%，1000kg矿石理论出铁量。

(19) 已知某高炉入炉焦比600kg/t；喷煤粉80kg/t后焦比550kg/t，经计算各因素影响焦比之和为-5.23kg/t，计算实际置换比及校正置换比。

(20) 若高炉冶炼需要富氧4%，高炉风量为2400m^3/min，氧气纯度99%，试计算向鼓风中兑入的富氧气体量。

参考文献

[1] 北京钢铁学院炼铁教研室．炼铁（上中下册）［M］．北京：冶金工业出版社，1960.
[2] 鞍钢炼铁厂．炼铁工艺计算手册［M］．北京：冶金工业出版社，1973.
[3] 张玉柱．高炉炼铁［M］．北京：冶金工业出版社，1995.
[4] 贺友多．炼铁学（上册）［M］．北京：冶金工业出版社，1980.
[5] 邓守强．从高炉解剖看操作调剂方向［J］．吉林冶金，1983（1）．
[6] 徐矩良，刘琦．高炉事故处理一百例［M］．北京：冶金工业出版社，1986.
[7] 史效文．一高炉恶性管道行程浅析．新抚钢科技，1987（1）．
[8] 董一诚．高炉生产知识问答［M］．北京：冶金工业出版社，1991.
[9] 冶金工业部工人视听教材编辑部．高炉炼铁生产［M］．北京：冶金工业出版社，1990.
[10] 邓守强．高炉炼铁技术［M］．北京：冶金工业出版社，1990.
[11] 成兰伯．高炉炼铁工艺及其计算［M］．北京：冶金工业出版社，1991.
[12] 李安宁．高炉炉缸炉底烧穿及处理［J］．炼铁，1991（6）．
[13] 史效文．高炉操作中的直观判断［J］．辽宁冶金，1994（2）．
[14] 杨宗成．高炉铁样硫（硅）的判断方法及凝固机理［J］．凌钢技术，1994（4）．
[15] 范广权．高炉炼铁操作［M］．北京：冶金工业出版社，2008.
[16] 段国绵．唐钢 100m^3级高炉炉底烧穿事故分析［J］．炼铁，1994（2）．
[17] 那树人．炼铁工艺计算［M］．北京：冶金工业出版社，1999.
[18] 由文泉．实用高炉炼铁技术［M］．北京：冶金工业出版社，2004.